Vergeet-mij-nietjes voor eenzijdig ingeklemde prismatische ligger

(1)		$\theta_2 = \dfrac{T\ell}{EI}$	$w_2 = \dfrac{T\ell^2}{2EI}$
(2)		$\theta_2 = \dfrac{F\ell^2}{2EI}$	$w_2 = \dfrac{F\ell^3}{3EI}$
(3)		$\theta_2 = \dfrac{q\ell^3}{6EI}$	$w_2 = \dfrac{q\ell^4}{8EI}$

Vergeet-mij-nietjes voor een in beide einden opgelegde prismatische ligger

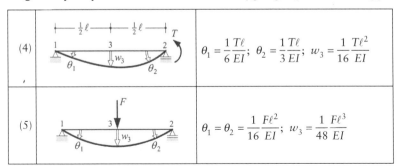

(4)		$\theta_1 = \dfrac{1}{6}\dfrac{T\ell}{EI}$; $\theta_2 = \dfrac{1}{3}\dfrac{T\ell}{EI}$; $w_3 = \dfrac{1}{16}\dfrac{T\ell^2}{EI}$
(5)		$\theta_1 = \theta_2 = \dfrac{1}{16}\dfrac{F\ell^2}{EI}$; $w_3 = \dfrac{1}{48}\dfrac{F\ell^3}{EI}$

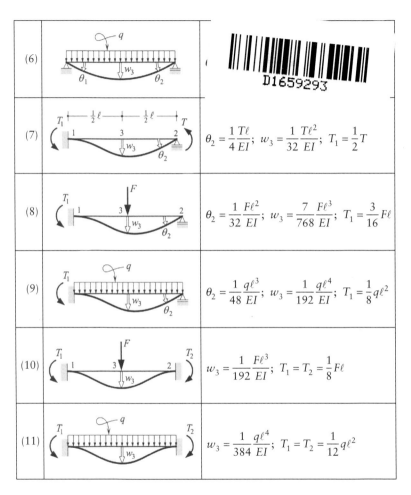

(6)		
(7)		$\theta_2 = \dfrac{1}{4}\dfrac{T\ell}{EI}$; $w_3 = \dfrac{1}{32}\dfrac{T\ell^2}{EI}$; $T_1 = \dfrac{1}{2}T$
(8)		$\theta_2 = \dfrac{1}{32}\dfrac{F\ell^2}{EI}$; $w_3 = \dfrac{7}{768}\dfrac{F\ell^3}{EI}$; $T_1 = \dfrac{3}{16}F\ell$
(9)		$\theta_2 = \dfrac{1}{48}\dfrac{q\ell^3}{EI}$; $w_3 = \dfrac{1}{192}\dfrac{q\ell^4}{EI}$; $T_1 = \dfrac{1}{8}q\ell^2$
(10)		$w_3 = \dfrac{1}{192}\dfrac{F\ell^3}{EI}$; $T_1 = T_2 = \dfrac{1}{8}F\ell$
(11)		$w_3 = \dfrac{1}{384}\dfrac{q\ell^4}{EI}$; $T_1 = T_2 = \dfrac{1}{12}q\ell^2$

Oppervlakte-eigenschappen die veelvuldig worden gebruikt bij de momentenvlakstellingen

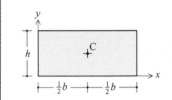

rechthoek:

$A = bh$

$x_C = \tfrac{1}{2}b$

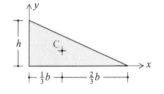

driehoek:

$A = \tfrac{1}{2}bh$

$x_C = \tfrac{1}{3}b$

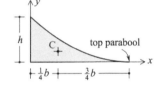

parabool:

$A = \tfrac{1}{3}bh$

$x_C = \tfrac{1}{4}b$

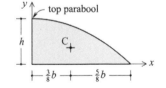

parabool:

$A = \tfrac{2}{3}bh$

$x_C = \tfrac{3}{8}b$

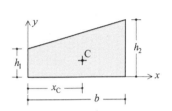

trapezium:

$A = \tfrac{1}{2}b(h_1 + h_2)$

$x_C = \tfrac{1}{3}b\dfrac{h_1 + 2h_2}{h_1 + h_2}$

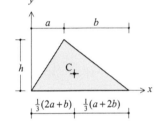

driehoek:

$A = \tfrac{1}{2}(a+b)h$

$x_C = \tfrac{1}{3}(2a+b)$

parabool:

$A = \tfrac{2}{3}bh$

$x_C = \tfrac{1}{2}b$

Toegepaste mechanica

deel 2 Spanningen, vervormingen, verplaatsingen

COENRAAD HARTSUIJKER

ACADEMIC SERVICE

Op het gebied van mechanica en sterkteleer zijn bij Academic Service de volgende uitgaven beschikbaar / in voorbereiding:

ir. C. Hartsuijker,
    Toegepaste mechanica,   *Deel 1 Evenwicht*, ISBN 90 395 0593 4
                                   Deel 2 Spanningen, vervormingen, verplaatsingen, ISBN 90 395 0594 2
                                   Deel 3 Statisch onbepaalde constructies en bezwijkanalyse, ISBN 90 395 0595 0
                                   Deel 4 Stabiliteit en andere onderwerpen, verschijnt eind 2005, ISBN 90 395 2237 5

Russell C. Hibbeler,
    Mechanica voor technici, Deel 1 - Statica, 1997, ISBN 90 395 0398 2
    Mechanica voor technici, Deel 2 - Dynamica, 1998, ISBN 90 395 0399 0
    Sterkteleer voor technici, 1997, ISBN 90 395 0537 3

dr.ir. J. Blaauwendraad,
    Eindige-elementenmethode voor staafconstructies (inclusief een evaluatieversie van het EEM-programma Matrix Frame, 2de druk, 2000, ISBN 90 395 1585 9

1^e druk, 1^e oplage augustus 2001
              2^e oplage januari 2003
              3^e oplage januari 2005

Uitgegeven door: Academic Service, Den Haag
Foto's omslag: Staalbouwkundig Genootschap, Rotterdam
Foto's links en rechts: Maeslantkering in de Nieuwe Waterweg bij Maassluis
Foto midden: de tuibrug over de A16 bij Rotterdam-Zuid
Zetwerk: Blom & Ruysink, Lexmond
Druk en bindwerk: Giethoorn Ten Brink, Meppel

ISBN 90 395 0594 2
NUR 929/123

© Niets uit deze uitgave mag worden verveelvoudigd en/of openbaar gemaakt door middel van druk, fotokopie, microfilm, geluidsband, elektronisch of op welke andere wijze ook en evenmin in een retrieval systeem worden opgeslagen zonder voorafgaande schriftelijke toestemming van de uitgever.

Hoewel dit boek met zeer veel zorg is samengesteld, aanvaarden auteur(s) noch uitgever enige aansprakelijkheid voor schade ontstaan door eventuele fouten en/of onvolkomenheden in dit boek.

Woord vooraf van de uitgever

Dit boek is het tweede deel uit een serie leerboeken Toegepaste Mechanica, waarin een helder en compleet beeld wordt gegeven van de theorie en toepassingen van de mechanica van constructies in de bouwkunde en weg- en waterbouwkunde/civiele techniek.

De serie bestaat uit drie delen:
- Deel 1 Evenwicht
- Deel 2 Spanningen, vervormingen, verplaatsingen
- Deel 3 Bijzondere onderwerpen

Het is niet noodzakelijk deel 1 volledig af te ronden om aan deel 2 te kunnen beginnen. Als de onderwijssituatie daarom vraagt kunnen de delen 1 en 2 gedeeltelijk ook parallel aan elkaar worden behandeld.

De inhoud is het resultaat van een jarenlange ervaring met het mechanicaonderwijs aan de Technische Universiteit Delft en het commentaar van vele collega's in de onderwijssector en generaties studenten. Niet voor niets hebben deze dictaten binnen én buiten de Technische Universiteit Delft al lange tijd een goede reputatie. Bovendien hebben vele docenten mechanica van de jongere generatie het mechanicavak tijdens hun opleiding bestudeerd aan de hand van deze dictaten. Mede hierdoor wordt een aantal van deze dictaten reeds aan verschillende HBO-opleidingen gebruikt.

De inhoud van deze dictaten is gebundeld tot een drietal leerboeken, waardoor het resultaat van deze rijke onderwijservaring voor een veel grotere groep toegankelijk wordt als ondersteuning bij het mechanicaonderwijs in zowel het HBO als bij de Technische Universiteiten.

Bij de opzet is gezocht naar een fundamentele aanpak zonder daarbij de relatie met de bouwpraktijk te verliezen. Het grote aantal uitgewerkte voorbeelden in de tekst, alsmede de vele vraagstukken aan het einde van ieder hoofdstuk maken van dit boek een belangrijk hulpmiddel bij het bestuderen en oefenen van het vak Toegepaste Mechanica.

De uitgever

Woord vooraf van de auteur

Dit boek, bestemd voor HBO- en TU-studenten en verder voor ieder die kennis wil maken met de eerste beginselen van de Toegepaste Mechanica, is het tweede deel uit een serie van drie.
In het eerste deel, met het thema 'Evenwicht', wordt onder meer aangegeven hoe men in een statisch bepaalde staafconstructie de snedekrachten kan berekenen. Het tweede deel bouwt hierop verder met een onderzoek naar het gedrag van staaf en constructie voor wat betreft de *Spanningen, vervormingen, verplaatsingen*'. De inhoud is voor een deel gebaseerd op dictaten die werden ontwikkeld voor het onderwijs in de basis aan de faculteit Civiele Techniek, thans Civiele Techniek en Geowetenschappen, van de Technische Universiteit Delft.

Om de spanningen en vervormingen te kunnen berekenen moet men eerst het *materiaalgedrag* kennen. Hieraan wordt aandacht besteed in hoofdstuk 1. Een aantal materiaaleigenschappen die van belang zijn bij de op buiging en extensie belaste staaf vindt men in het spanning-rek diagram, af te leiden uit de trekproef.
Er wordt aangenomen dat het materiaal zich linear-elastisch gedraagt en de wet van Hooke volgt.

In hoofdstuk 2 wordt aan de hand van het vezelmodel het gedrag (de 'spanningen, vervormingen, verplaatsingen') onderzocht van *de op extensie belaste staaf*. Behalve een evenwichtsvergelijking zijn daarvoor nodig een constitutieve en een kinematische vergelijking, die daartoe worden afgeleid. Verder komen aan de orde: zwaartepunt, normaalkrachtencentrum, rek- en spanningsdiagram, rekstijfheid, lengteverandering door extensie en tenslotte de differentiaalvergelijking voor extensie.

Vervolgens worden in hoofdstuk 3 de *doorsnedegrootheden* (lineaire en kwadratische oppervlaktemomenten) gedefinieerd die een rol spelen bij de op buiging en extensie belaste staaf. De lineaire oppervlaktemomenten (statische momenten) gebruikt men bij de zwaartepuntbepaling. De kwadratische oppervlaktemomenten (traagheidsmomenten) spelen onder meer een rol in de formules voor buiging.
Door de doorsnedegrootheden voorafgaand aan hoofdstuk 4 te definiëren wordt bij de behandeling van de op extensie en buiging belaste staaf de aandacht niet van de kern van de zaak afgeleid.

In hoofdstuk 4 wordt het gedrag van *de op buiging en extensie belaste staaf* onderzocht. Aan de hand van opnieuw het vezelmodel worden de constitutieve en kinematische vergelijkingen afgeleid. Aan de orde komen: normaalkrachtencentrum, spanning- en rekdiagram, kromming, buigstijfheid, spanningsformule (betrokken op de hoofdrichtingen van de doorsnede), weerstandsmoment, kern van de doorsnede en tenslotte de differentiaalvergelijkingen voor buiging en extensie. Door de staaf als lijnelement te laten samenvallen met de vezel door het normaalkrachtencentrum kan men de gevallen van buiging en extensie gescheiden behandelen.

Als het buigend moment in een staaf niet constant is moet de staaf ook een dwarskracht overbrengen. Dit leidt niet alleen tot schuifspanningen in het vlak van de doorsnede, maar ook tot schuifkrachten en -spanningen in langsrichting. Beide kunnen direct uit het evenwicht worden berekend. De vervorming door afschuiving blijft buiten beschouwing.
In hoofdstuk 5, *schuifkrachten en -spanningen door dwarskracht*, worden eerst de schuifkrachten en -spanningen in langsrichting behandeld (toepassingen zijn: lijm- en lasnaden, verbindingen met deuvels en draadnagels) en vervolgens worden de formules voor de schuifspanningen in het vlak van de doorsnede afgeleid en toegepast op verschillende doorsnedevormen (rechthoek, T-balk, driehoek, dunwandige open doorsneden, symmetrische dunwandige eencellige kokerdoorsneden). Aan de orde komt ook het dwarskrachtencentrum: dat is het punt in de doorsnede waar de werklijn van de dwarskracht door moet gaan opdat er geen wringing optreedt. Het hoofdstuk wordt afgesloten met enkele bijzondere gevallen van afschuiving, zoals pons en de schuifspanningen in een overlappende boutverbinding.

Behalve dwarskrachten geven ook wringende momenten schuifspanningen in het vlak van de doorsnede. In hoofdstuk 6 wordt de *op wringing belaste staaf* behandeld. Voor de vervorming door wringing moet men van het materiaalgedrag de relatie tussen schuifspanning en hoekvervorming kennen, af te leiden uit de wringproef. Opnieuw wordt aangenomen dat het materiaal zich lineair-elastisch gedraagt en de wet van Hooke volgt. De elementaire begrippen bij wringing worden gedefinieerd aan de hand van een dunwandige cirkelvormige doorsnede. Aan de orde komen: constitutieve betrekking, kinematische betrekking, torsietraagheidsmoment, wringstijfheid, schuifstroom, verwringing, rotatie door wringing. Vervolgens worden de formules voor schuifspanningen en vervorming uitgewerkt voor andere cirkelvormige doorsneden (dikwandig, massief), voor dunwandige eencellige kokerdoorsneden, voor een strip en voor open dunwandige doorsneden.

Bleef de aandacht in de meeste gevallen tot nu toe beperkt tot een enkele staaf, in de laatste twee hoofdstukken gaat de aandacht ook uit naar *staafconstructies*. In hoofdstuk 7 wordt de *vervorming van vakwerken* behandeld en in hoofdstuk 8 de *vormverandering door buiging* van onder meer, geknikte staven, spanten en scharnierliggers.

In hoofdstuk 7 wordt beschreven hoe men in een *vakwerk* uit de lengteverandering van de staven de knoopverplaatsingen kan berekenen. Daarbij wordt de grafische aanpak met behulp van een *Williot-diagram* gevolgd. Het succes van deze methode is een gevolg van het feit dat men telkens een knooppunt kan vinden dat direct verbonden is met twee andere knooppunten waarvan de verplaatsingen bekend zijn. Wanneer dat niet zo is wordt de berekening bewerkelijker. Voor die gevallen worden het *Williot-diagram met terugdraaien* behandeld en het *Williot met nulstandsdiagram* of *Williot-Mohr-diagram*. De verschillende methoden worden toegelicht aan de hand van voorbeelden.

In hoofdstuk 8 wordt aangegeven hoe de verplaatsing ten gevolge van buiging kan worden berekend. Aan de hand van voorbeelden wordt een viertal methoden besproken, gebaseerd op respectievelijk:
- een rechtstreekse berekening uit het momentenverloop;
- de differentiaalvergelijking voor buiging;
- de vergeet-mij-nietjes;
- de momentenvlakstellingen.

De eerste twee methoden zijn gebaseerd op *differentiaalbetrekkingen* en hebben een *analytisch* karakter. De methode gebaseerd op vergeet-mij-nietjes is sterk *visueel* gericht. Ook bij de uitwerking van de momentenvlakstellingen is gekozen voor een *visuele interpretatie*. Hoofdstuk 8 wordt afgesloten met enkele aan de momentenvlakstellingen gerelateerde eigenschappen voor een vrij opgelegde ligger; het gaat daarbij om de rotatie in de opleggingen en een benaderingsformule voor de maximum doorbuiging.

In de hoofdstukken 2 t/m 8 zijn talrijke uitgewerkte voorbeelden opgenomen. Verder worden de hoofdstukken afgesloten met een groot aantal vraagstukken.

Als voorkennis is een goede beheersing van de evenwichtsleer (TOEGEPASTE MECHANICA - deel 1) vereist. Voorts is kennis op het gebied van differentieren en integreren noodzakelijk.

Voor de opzet van dit deel geldt hetzelfde als wat is geschreven in het woord vooraf van deel 1.

De tekst wordt ondersteund door een zeer groot aantal figuren en is zo opgeschreven dat studenten zich de lesstof in principe zelfstandig eigen kunnen maken.
Het boek zal echter nooit de docent kunnen vervangen. In het onderwijsproces is de docent een onmisbare katalysator. Door de docent kan dit proces, gericht op het verwerven van kennis, inzicht en vaardigheid, in belangrijke mate worden versneld. Zo zou de docent aan de hand van de figuren uit het boek het verhaal in grote lijnen kunnen vertellen, waarna de student een en ander nog eens zelf kan nalezen - en dan blijkt dat vaak veel gemakkelijker en sneller te gaan dan men in eerste instantie zou verwachten. Maar ook andere werkwijzen zijn denkbaar.

Ondanks de hiervoor beschreven en welbewust gekozen opbouw van het boek zijn er voldoende mogelijkheden om zonder problemen bepaalde delen over te slaan als het onderwijsprogramma daar om vraagt of als de docent dat wenselijk acht. Daarnaast biedt het grote aantal vraagstukken de docent de gelegenheid een eigen aanvullende onderwijsstrategie te ontwikkelen.

Onder de vraagstukken bevindt zich een groot aantal kleine opgaven die zich bij uitstek lenen voor oefening in groepsverband, tijdens de les. De grotere vraagstukken, meestal opgesplitst in deelvragen, zijn eerder bedoeld als opdrachten die individueel of in kleine groepjes moeten worden uitgevoerd. Samenwerking tussen de studenten dient daarbij te worden aangemoedigd: het aan elkaar vertellen wat je *niet* begrijpt is net zo leerzaam als het aan elkaar vertellen wat je *wel* begrijpt. Bovendien wordt de student aldus uitgedaagd zelf te ontdekken dat er vaak meerdere wegen zijn die tot het gevraagde resultaat leiden.
Een beter inzicht en grotere vaardigheid is alleen te bereiken door veel en regelmatig te oefenen. Voor een goede afstemming en dosering is ook hier weer de hand van de meester nodig: de docent.

Prof. ir. D. Dicke dank ik voor de opgavenverzameling die hij mij ter beschikking stelde. Ir. Charles Vrijman, dr. ir. Harm Askes, ir. Rob Mooyman (†), ir. Sandra Faessen en de groep studentassistenten verdienen mijn dank voor het kritisch doornemen van het manuscript. Ir. Rob Mooyman heeft bovendien een belangrijke bijdrage geleverd in het opzetten en uitwerken van de figuren in de hoofdstukken 5 en 6.

Nootdorp, zomer 2001   *C. Hartsuijker*

Inhoud

1 Materiaalgedrag *1*
1.1 Trekproef *1*
1.2 Spanning-rek-diagrammen *5*
1.3 Wet van Hooke *10*

2 De op extensie belaste staaf *13*
2.1 Het vezelmodel voor de staaf *14*
2.2 De drie basisbetrekkingen *16*
2.3 Rekdiagram en normaalspanningsdiagram *22*
2.4 Normaalkrachtencentrum en staafas *23*
2.5 Wiskundige beschrijving van het extensieprobleem *28*
2.6 Rekenvoorbeelden met betrekking tot lengteverandering en verplaatsing *32*
2.7 Rekenvoorbeelden met betrekking tot de differentiaalvergelijking *41*
2.8 Vraagstukken *49*

3 Doorsnedegrootheden *63*
3.1 Lineaire oppervlaktemomenten; zwaartepunt en normaalkrachtencentrum *65*
3.2 Kwadratische oppervlaktemomenten *82*
3.3 Dunwandige doorsneden *111*
3.4 Vraagstukken *122*

4 De op buiging en extensie belaste staaf *135*
4.1 Het vezelmodel voor de staaf *136*
4.2 Rekdiagram en neutrale lijn *138*
4.3 De drie basisbetrekkingen *140*
4.4 Spanningsformule en spanningsdiagram *150*
4.5 Rekenvoorbeelden met betrekking tot de spanningsformule voor buiging met normaalkracht *153*
4.6 Weerstandsmoment *165*
4.7 Rekenvoorbeelden met betrekking tot de spanningsformule voor buiging zonder normaalkracht *167*
4.8 Algemene spanningsformule betrokken op de hoofdrichtingen *178*
4.9 Kern van de doorsnede *183*
4.10 Toepassingen kern van de doorsnede *188*
4.11 Wiskundige beschrijving van het probleem van buiging met extensie *197*
4.12 Temperatuurinvloeden *201*
4.13 Kanttekeningen bij het vezelmodel en samenvatting formules *206*
4.14 Vraagstukken *212*

5 Schuifkrachten en -spanningen ten gevolge van dwarskracht *245*
5.1 Schuifkrachten en -spanningen in langsrichting *246*
5.2 Voorbeelden met betrekking tot schuifkrachten en -spanningen in langsrichting *255*
5.3 Schuifspanningen in het vlak van de doorsnede *271*
5.4 Voorbeelden met betrekking tot het schuifspanningsverloop in de doorsnede *279*
5.5 Dwarskrachtencentrum *331*
5.6 Bijzondere gevallen van afschuiving *340*
5.7 Samenvatting formules en regels *345*
5.8 Vraagstukken *348*

6 De op wringing belaste staaf *369*
6.1 Materiaalgedrag bij afschuiving *370*
6.2 Wringing van cirkelvormige doorsneden *373*
6.3 Wringing van dunwandige doorsneden *384*

6.4 Uitgewerkte rekenvoorbeelden 400
6.5 Overzicht formules 422
6.6 Vraagstukken 424

7 Vervorming van vakwerken 435
7.1 Het gedrag van een enkele vakwerkstaaf 436
7.2 Williot-diagram 439
7.3 Williot-diagram met terugdraaien 456
7.4 Williot-Mohr-diagram 465
7.5 Vraagstukken 472

8 Vormverandering door buiging 491
8.1 Directe berekening uit het momentenverloop 493
8.2 Differentiaalvergelijking voor buiging 507
8.3 Vergeet-mij-nietjes 526
8.4 Momentenvlakstellingen 548
8.5 De vrij opgelegde ligger en het M/EI-vlak 581
8.6 Vraagstukken 594

Materiaalgedrag

Om de spanningen in en vervormingen van constructies te kunnen berekenen moet men het *materiaalgedrag* kennen. Inzicht in het materiaalgedrag is slechts langs experimentele weg te verkrijgen.

Door middel van gestandaardiseerde proeven tracht men de materiaaleigenschappen vast te leggen in de waarden van een aantal specifieke grootheden. Eén van deze proeven is de in paragraaf 1.1 beschreven *trekproef* die resulteert in een zogenaamd *spanning-rek-diagram*.

In paragraaf 1.2 wordt voor een aantal materialen het spanning-rek-diagram nader bekeken.

Omdat het hierna overwegend zal gaan over materialen die zich *lineair-elastisch* gedragen en de *wet van Hooke* volgen, wordt in paragraaf 1.3 apart aandacht besteed aan deze materialen.

1.1 Trekproef

Enkele belangrijke materiaaleigenschappen zijn de sterkte, stijfheid en taaiheid, als volgt te omschrijven:
sterkte   – de weerstand die overwonnen moet worden om de samenhang van het materiaal te breken;
stijfheid – de weerstand tegen vervorming;
taaiheid   – de mogelijkheid van vervorming alvorens breuk optreedt.

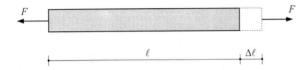

Figuur 1.1   Een op trek belaste prismatische staaf

Figuur 1.2   De vorm van een proefstaaf

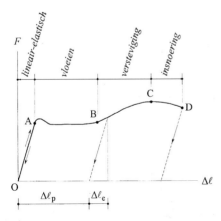

Figuur 1.3   Een kracht-verlenging-diagram (F-$\Delta\ell$-diagram)

Een belangrijke en veel toegepaste proef om de *sterkte, stijfheid en taaiheid* van een materiaal te vinden is de *trekproef*. Bij de trekproef wordt een proefstaaf in een zogenaamde *trekbank* geplaatst en langzaam uitgerekt tot de staaf breekt. Bij de aangebrachte verlenging $\Delta\ell$ registreert men de daartoe benodigde kracht F^1. Beide waarden worden in een diagram tegen elkaar uitgezet.

In figuur 1.1 is een prismatische staaf getekend, dit is een staaf met overal dezelfde dwarsdoorsnede. Om te voorkomen dat de staaf nabij de uiteinden breekt heeft een proefstaaf meestal de in figuur 1.2 getekende vorm. In dat geval is $\Delta\ell$ de verlenging van de afstand ℓ tussen twee meetpunten op het prismatische middengedeelte van de staaf.

Voor een proefstaaf van warmgewalst staal leidt de trekproef tot een *kracht-verlenging-diagram* of F-$\Delta\ell$-diagram zoals schematisch (niet op schaal) is weergegeven in figuur 1.3.

In dit F-$\Delta\ell$-diagram kunnen vier gebieden worden onderscheiden.

- ***Het lineair-elastische gebied*** – traject OA
  Over dit gedeelte is het diagram praktisch recht. Tot punt A blijkt er een evenredigheid (*lineair* verband) tussen de kracht F en verlenging $\Delta\ell$. Bij opheffen van de belasting in A zal hetzelfde traject in omgekeerde richting worden doorlopen tot punt O weer is bereikt. Met andere woorden, na het wegnemen van de belasting veert de staaf terug naar zijn oorspronkelijke lengte. Een dergelijk gedrag noemt men *elastisch*.

---

[1] Brengt men een verlenging aan en meet men de daartoe benodigde kracht, dan noemt men de proef *vervormingsgestuurd*. Laat men daarentegen de belasting geleidelijk toenemen en meet men de optredende lengteverandering, dan heet de proef *belastinggestuurd*. Een vervormingsgestuurde proef geeft in het algemeen andere uitkomsten dan een belastinggestuurde proef.

- *Het vloeigebied of plastische gebied* – traject AB
Deel AB van het diagram vertoont gewoonlijk enkele 'hobbels' maar verloopt verder nagenoeg horizontaal. Dit betekent dat de verlenging van de staaf toeneemt bij gelijkblijvende belasting. Dit verschijnsel noemt men het *vloeien* van het materiaal.

- *Het verstevigingsgebied* – traject BC
Als de vervorming erg groot wordt kan na het vloeien de kracht weer gaan toenemen.

- *Het insnoeringsgebied* – traject CD
Voorbij C neemt de belasting af bij toenemende verlenging. De staaf vertoont plaatselijk een *insnoering* (figuur 1.4) die toeneemt totdat bij D breuk optreedt.
Door het breken van de staaf valt de belasting weg en veert de proefstaaf een stukje elastisch terug.

Wanneer ergens tussen A (de *evenredigheidsgrens*) en D (het *breekpunt*) de belasting wordt weggenomen veert de proefstaaf een stukje elastisch terug. De retourkromme is nagenoeg een rechte lijn evenwijdig aan OA. In figuur 1.3 is dit met een stippellijn aangegeven.
Na het wegnemen van de belasting vertoont de staaf een *blijvende* of *plastische* verlenging $\Delta\ell_p$; de *elastische* verlenging was $\Delta\ell_e$.

Het F-$\Delta\ell$-diagram is niet alleen afhankelijk van het materiaal, maar ook van de afmetingen van de proefstaaf, te weten de lengte ℓ van het beschouwde prismatische staafdeel en de oppervlakte A van de dwarsdoorsnede. In figuur 1.5 zijn de diagrammen getekend voor drie staven van hetzelfde materiaal maar met verschillende afmetingen.

Als de (prismatische) staaf tweemaal zo lang wordt gekozen vindt men bij dezelfde kracht F een verlenging die tweemaal zo groot is. Dat kan men inzien door zich het gedrag van twee achter elkaar bevestigde staven voor te stellen, zoals getekend in figuur 1.6. De totale verlenging zal de

Figuur 1.4 Insnoering van de proefstaaf

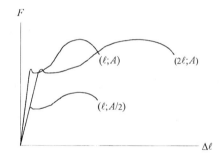

Figuur 1.5 F-$\Delta\ell$-diagrammen bij verschillende staafafmetingen

Figuur 1.6 Voor een tweemaal zo lange staaf is bij dezelfde kracht de verlenging tweemaal zo groot.

som van de verlengingen van elk der staven zijn. De verlenging $\Delta\ell$ is dus evenredig met de staaflengte ℓ.

Om de invloed van de staaflengte te elimineren zet men langs de horizontale as niet $\Delta\ell$, maar $\varepsilon = \Delta\ell/\ell$ uit. De (dimensieloze) vervormingsgrootheid:

$$\varepsilon = \frac{\Delta\ell}{\ell} = \frac{\text{verlenging}}{\text{oorspronkelijke lengte}}$$

noemt men de *specifieke lengteverandering* of *rek* van de staaf. De specifieke lengteverandering die een verkorting inhoudt heet *stuik*.

Als de staafdoorsnede A tweemaal zo groot wordt is voor eenzelfde verlenging $\Delta\ell$ een tweemaal zo grote kracht nodig. Daartoe kan men zich het gedrag van de twee evenwijdige staven in figuur 1.7 indenken. Bij een verlenging $\Delta\ell$ zit in elke staaf een normaalkracht F en is de totale belasting op het systeem van twee staven $2F$. De benodigde kracht F is dus evenredig met de oppervlakte A van de dwarsdoorsnede van de staaf.

Om de invloed van de dwarsdoorsnede te elimineren zet men langs de verticale as nu niet F, maar $\sigma = F/A$ uit. De grootheid:

$$\sigma = \frac{F}{A}$$

is de *normaalspanning* in de doorsnede.

In het algemeen zal de normaalspanning over de doorsnede variëren en moet men $\sigma = F/A$ opvatten als de '*gemiddelde normaalspanning*' in de doorsnede.
Is de doorsnede *homogeen* (dat wil zeggen bestaat de staafdoorsnede overal uit hetzelfde materiaal) en ligt de beschouwde doorsnede voldoende ver van de staafeinden, waar de belasting aangrijpt (dit zijn 'storingsgebieden'), dan blijkt de normaalspanning ten gevolge van de trekkracht constant over de doorsnede, zie figuur 1.8.

Figuur 1.7 Bij een tweemaal zo grote doorsnede is de voor eenzelfde verlenging benodigde kracht tweemaal zo groot.

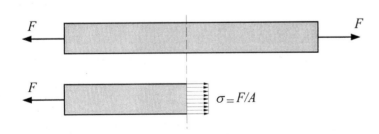

Figuur 1.8 De normaalspanning $\sigma = F/A$ in een doorsnede is constant in een homogene doorsnede.

Door het kracht-verlenging-diagram (F-$\Delta\ell$-diagram) om te werken tot een *spanning-rek-diagram* (σ-ε-diagram) elimineert men de invloed van de staafafmetingen op de uitkomst van de trekproef. Proefstaven van verschillende afmetingen leiden tot vrijwel dezelfde σ-ε-diagrammen[1].

De experimenteel gevonden waarden zijn uiteraard aan spreiding onderhevig. Daarnaast zijn zij afhankelijk van uitvoeringsomstandigheden, zoals bijvoorbeeld de snelheid van belasten. Verder speelt bij alle materialen de temperatuurgevoeligheid een rol en worden de resultaten bij bijvoorbeeld hout en beton beïnvloed door vochtigheid.

1.2 Spanning-rek-diagrammen

In figuur 1.9 is een σ-ε-diagram met een duidelijk vloeigebied getekend. De specifieke grootheden waarmee de vorm van het diagram min of meer is vastgelegd zijn:

f_y – de vloeigrens[2];
f_t – de treksterkte[3];

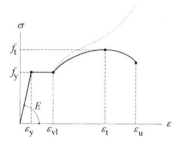

Figuur 1.9 Een σ-ε-diagram met een duidelijk vloeigebied

---

[1] Vanwege het plaatselijke karakter van de insnoering kan de breukrek per proefstaaf verschillen.

[2] Sterktewaarden in het σ-ε-diagram duidt men in de voorschriften aan met de kernletter f in plaats van σ.

[3] Voor het berekenen van de spanning σ wordt de kracht F gedeeld door de oppervlakte A van de oorspronkelijke doorsnede. Omdat de doorsnede kleiner wordt, aanvankelijk door dwarscontractie maar daarna nog veel sterker door insnoering, zijn de werkelijke spanningen groter. In figuur 1.9 is dat met een stippellijn aangegeven. Voor de bouwpraktijk zijn deze werkelijke spanningen niet echt belangrijk.

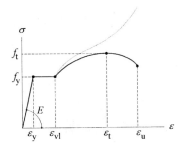

Figuur 1.9 Een σ-ε-diagram met een duidelijk vloeigebied

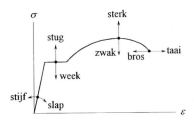

Figuur 1.10 Materiaaleigenschappen

ε_y – vloeirek: dit is de rek waarbij het vloeitraject begint;
ε_{vl} – de rek aan het einde van het vloeitraject;
ε_t – de rek behorende bij de treksterkte f_t;
ε_u – de breukrek: dit is de rek waarbij breuk optreedt.

In het elastische gebied is er een lineair verband tussen de spanning σ en rek ε:

$$\sigma = E\varepsilon$$

De evenredigheidsfactor E is een *materiaalconstante* en noemt men de *elasticiteitsmodulus*. De elasticiteitsmodulus karakteriseert de weerstand (*stijfheid*) van het materiaal tegen *vervorming door lengteverandering*. In het σ-ε-diagram vindt men de elasticiteitsmodulus terug als de helling $E = \sigma/\varepsilon$ van de lineair-elastische tak.

Omdat de rek ε dimensieloos is heeft de elasticiteitsmodulus E de dimensie van een spanning (kracht/oppervlakte).

In figuur 1.10 zijn in het σ-ε-diagram de begrippen stijfheid, sterkte, enzovoort aangegeven.
- een *stijf* materiaal heeft een grotere elasticiteitsmodulus E dan een *slap* materiaal;
- een *stug* materiaal heeft een hogere vloeigrens f_y dan een *week* materiaal;
- een *sterk* materiaal heeft een hogere treksterkte f_t dan een *zwak* materiaal;
- een *taai* materiaal heeft een grotere breukrek ε_u dan een *bros* materiaal.

Tot de taaie materialen kunnen de meeste metalen worden gerekend, zoals staal, aluminium, enzovoort. De treksterkte f_t is in het algemeen aanzienlijk groter dan de spanning waarbij breuk optreedt. Bij metalen is het σ-ε-diagram voor druk meestal gelijk aan dat voor trek en is de druksterkte[1] f'_c even groot als de treksterkte f_t.

Materialen waarbij na geringe rek reeds breuk optreedt worden bros genoemd. Voorbeelden hiervan zijn beton, steen, gietijzer en glas. Bij steenachtige materialen zijn de σ-ε-diagrammen voor trek en druk gewoonlijk verschillend en is de druksterkte f'_c meestal groter dan de treksterkte f_t, zie figuur 1.11.

Ter illustratie volgen hieronder voor een aantal materialen voorbeelden van σ-ε-diagrammen.

Staal. In figuur 1.12 is het σ-ε-diagram voor staal Fe 360 gegeven. Het diagram is niet op schaal getekend. Voor respectievelijk de treksterkte en vloeigrens houdt men aan:

$$f_t = 360 \text{ N/mm}^2 \quad \text{en} \quad f_y = 235 \text{ N/mm}^2$$

De elasticiteitsmodulus is:

$$E = 210 \text{ GPa}$$

De rek waarbij vloeien optreedt is eenvoudig te berekenen:

$$\varepsilon_y = \frac{\sigma_y}{E} = \frac{235 \text{ N/mm}^2}{210 \times 10^3 \text{ N/mm}^2} = 0{,}00112$$

Wordt de vloeirek – een dimensieloze grootheid – in procenten uitgedrukt, dan is:

$$\varepsilon_y = 0{,}112\%$$

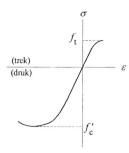

Figuur 1.11   Het σ-ε-diagram voor een bros materiaal

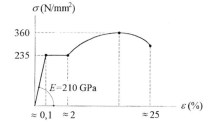

Figuur 1.12   Het σ-ε-diagram voor de staalsoort Fe 360

---

[1] In de mechanica is het gebruikelijk normaalspanningen positief te noemen wanneer het trekspanningen zijn. Wanneer men overwegend met drukspanningen heeft te maken, ontstaat soms de behoefte drukspanningen positief te noemen. Voor de tekenwisseling wordt dan het accentteken gebruikt. Zie ook TOEGEPASTE MECHANICA deel 1, paragraaf 6.5.

Figuur 1.13   σ-ε-diagrammen voor verschillende staalsoorten

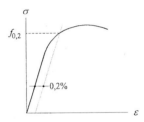

Figuur 1.14   De 0,2%-rekgrens $f_{0,2}$

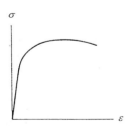

Figuur 1.15   Voorbeeld van een σ-ε-diagram voor aluminium

Het verstevigingsgebied begint bij een rek ε_{vl} die ongeveer 20 maal zo groot is:

$$\varepsilon_{vl} \approx 2\%$$

en de breukrek ε_u is weer 10 tot 15 maal groter:

$$\varepsilon_u \approx 25\%$$

De constructiestaalsoort Fe 360 is een taai materiaal met een uitgesproken vloeigrens en een betrekkelijk lage treksterkte. Door het toevoegen van kleine hoeveelheden legeringelementen tijdens de staalbereiding of door koud deformeren kunnen staalsoorten met aanzienlijk hogere treksterkten worden gekregen. In figuur 1.13 zijn (min of meer op schaal) σ-ε-diagrammen voor verschillende staalsoorten getekend. Het volgende blijkt:
- Alle staalsoorten hebben dezelfde elasticiteitsmodulus E.
- Hoe hoger de treksterkte f_t, des te kleiner de breukrek ε_u; met andere woorden: bij toenemende sterkte neemt de taaiheid af.
- Bij staalsoorten met een hoge treksterkte (Fe 600 en hoger) is er een geleidelijke overgang van het lineair-elastische gebied naar het verstevigingsgebied en ontbreekt het vloeitraject.

Voor staalsoorten waarbij het vloeitraject ontbreekt stelt men de vloeigrens f_y gelijk aan de 0,2%-*rekgrens* $f_{0,2}$, dit is de spanning waarbij, na het wegnemen van de belasting, nog een blijvende rek van 0,2 % resteert, zie figuur 1.14:

$$f_y = f_{0,2}$$

Aluminium. Aluminium is een taai materiaal, dat wil zeggen dat het grote vervormingen kan ondergaan alvorens breuk optreedt, maar er is geen duidelijke vloeigrens aan te geven, zie figuur 1.15. Evenals bij de hoogwaardige staalsoorten werkt men hier met de 0,2%-rekgrens.

De elasticiteitsmodulus is:

$E = 70$ GPa

Aluminium heeft een ongeveer driemaal zo kleine elasticiteitsmodulus als staal en gedraagt zich dus driemaal zo slap. Dit betekent dat de vervormingen van een in aluminium uitgevoerde constructie in het elastische gebied driemaal zo groot zijn als die van dezelfde constructie uitgevoerd in staal.
Evenals bij staal zijn de eigenschappen van aluminium sterk afhankelijk van legeringselementen, bereidingswijzen en nabehandelingen.

Rubber. Tot zeer grote rekken (10 à 20%) bestaat er een lineair verband tussen spanning en rek. Daarna is het gedrag afhankelijk van de rubbersoort, zie figuur 1.16. In het niet-lineaire gebied kan rubber zich nog lang elastisch gedragen. Bij belasten en ontlasten wordt dan dezelfde weg in het σ-ε-diagram gevolgd.
Sommige zachte rubbersoorten kunnen enorm uitrekken. De breukrek kan wel 800% bedragen. Vlak voor breuk is er vaak een duidelijke toename van de stijfheid. Dit gedrag is eenvoudig te controleren met behulp van een elastiekje.

Glas. Glas gedraagt zich lineair elastisch tot breuk. Een plastisch gebied met versteviging ontbreekt, zie figuur 1.17. Glas is een ideaal bros materiaal. De elasticiteitsmodulus en treksterkte zijn afhankelijk van de soort glas.
Hoe dunner het glas, hoe sterker het is. De treksterkte van glasvezels kan meer dan 100 maal zo groot zijn als die van plaatglas.

Beton. Beton is een steenachtig materiaal met een geringe treksterkte en een grote druksterkte, zie figuur 1.18. Voor sterkteberekeningen gebruikt men vergaand geschematiseerde σ-ε-diagrammen.
Voor het berekenen van de vervormingen veronderstelt men een lineair-elastisch materiaalgedrag, maar gebruikt daarbij een elasticiteitsmodulus waarin allerlei tijdsafhankelijke effecten zijn verdisconteerd.
Beton gedraagt zich zes- tot achtmaal zo slap als staal.

Figuur 1.16 σ-ε-diagrammen voor twee soorten rubber

Figuur 1.17 σ-ε-diagram voor glas

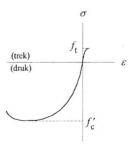

Figuur 1.18 Voorbeeld van een σ-ε-diagram voor beton

Hout. Hout is een *anisotroop* materiaal: door zijn vezelstructuur zijn de materiaaleigenschappen niet in alle richtingen gelijk[1]. Het σ-ε-diagram voor hout is dan ook minder duidelijk. Behalve van de vezelrichting is het afhankelijk van vele factoren, waaronder de vochtigheid en belastingsnelheid. Bovendien is het gedrag voor trek en druk verschillend. Op trek gedraagt hout zich bros en breekt het plotseling. Op druk belast blijkt het een vrij taai materiaal; de vezels gaan plooien, maar blijven weerstand bieden.

1.3 Wet van Hooke

Voor materialen met een voldoende lang vloeitraject (taaie materialen zoals bijvoorbeeld staal Fe 360) vereenvoudigt men het σ-ε-diagram vaak tot dat in figuur 1.19 voor een *elastisch-plastisch materiaal*.

In de bouwpraktijk is men met name geïnteresseerd in de situatie waarbij in een constructie of onderdeel daarvan een zogenaamde *grenstoestand*[2] wordt bereikt. Men onderscheidt daarbij *uiterste grenstoestanden* en *bruikbaarheidsgrenstoestanden*:
- *uiterste grenstoestanden* zijn toestanden waarbij de constructie of een deel daarvan bezwijkt. Dit kan door verlies van evenwicht (bijvoorbeeld ten gevolge van kantelen, glijden, opdrijven, instabiliteit) of door verlies van draagkracht doordat de constructie in één of meer doorsneden niet sterk genoeg is om de optredende krachten over te kunnen brengen.

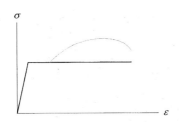

Figuur 1.19 σ-ε-diagram voor een elastisch-plastisch materiaal

---

[1] Bij een *isotroop* materiaal zijn de materiaaleigenschappen in alle richtingen gelijk. Bij een *anisotroop* materiaal zijn de materiaaleigenschappen richtingsafhankelijk.

[2] Zie ook TOEGEPASTE MECHANICA deel 1, paragraaf 6.2.4.

- *bruikbaarheidsgrenstoestanden* zijn toestanden waarin de constructie of een deel daarvan niet meer doelmatig functioneert, bijvoorbeeld als gevolg van te grote vervormingen, trillingen, scheurvorming, enzovoort, meestal nog lang voordat bezwijken optreedt.

In de *uiterste grenstoestand*, waarbij de constructie bezwijkt doordat één of meer doorsneden niet sterk genoeg zijn om de optredende krachten over te kunnen brengen, zal het materiaal in de betreffende doorsneden tot het uiterste worden belast, bij taaie materialen tot ver in het plastische gebied. De bijbehorende bezwijkbelasting berekent men met de zogenaamde *plasticiteitsleer*. Omdat de lineair-elastische tak hierbij een ondergeschikte rol speelt vereenvoudigt men het σ-ε-diagram vaak nog verder tot dat van een *star-plastisch materiaal*, zie figuur 1.20.

Bij de controle van een *bruikbaarheidsgrenstoestand* zijn de vervormingen in het algemeen nog zo klein zijn dat men zich op de lineair-elastische tak van het σ-ε-diagram bevindt, voldoende ver van de vloeigrens. Berekeningen met betrekking tot de bruikbaarheidsgrenstoestanden worden daarom uitgevoerd volgens de lineaire elasticiteitstheorie, gebaseerd op de evenredigheid tussen spanning σ en vervorming ε:

$$\sigma = E\varepsilon$$

De evenredigheid tussen spanning en vervorming werd gevonden door Robert Hooke (1635-1703) en wordt de *wet van Hooke* genoemd. Hooke formuleerde de wet als 'ut tensio sic vis' (zo trek, zo kracht), en publiceerde deze in 1678 in de vorm van een anagram: 'ceiiinosssttuv'.

$\sigma = E\varepsilon$ is de wet van Hooke in zijn eenvoudigste vorm[1].

Figuur 1.20 σ-ε-diagram voor een star-plastisch materiaal

---

[1] In hoofdstuk 6, waar de schuifspanningen ten gevolge van wringing worden behandeld, komt de wet van Hooke in een geheel andere gedaante naar voren. Een behandeling van de wet van Hooke in zijn algemene vorm geschiedt in TOEGEPASTE MECHANICA deel 3.

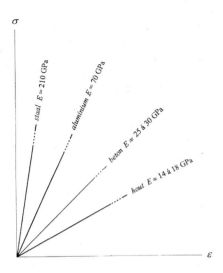

Figuur 1.21 Lineair-elastische takken voor verschillende materialen

Wees er op bedacht dat de aanduiding 'wet' van Hooke enigszins misleidend kan zijn. Het karakter van deze wet is heel anders dan die van algemeen geldende wetten zoals de wet van Newton. De wet van Hooke is niet meer dan een goede weergave van bepaalde experimenteel gevonden resultaten.

De benadering is erg goed in het elastische traject bij metalen.

Voor houten staven met niet te grote krachten is de benadering redelijk goed; tijdsafhankelijke invloeden corrigeert men door middel van een kruipfactor.

Voor beton is de benadering een stuk minder: bij belasting op druk is het verband tussen spanning en vervorming slechts met aanzienlijke benadering lineair. Een complicatie zijn de tijdsafhankelijke invloeden (krimp en kruip). Maar ook bij beton gaat men voor de controle van de bruikbaarheidsgrenstoestanden uit van een lineair-elastisch materiaalgedrag. De tijdsafhankelijke effecten worden daarbij in de elasticiteitsmodulus verdisconteerd.

In figuur 1.21 is voor verschillende materialen in hetzelfde σ-ε-diagram het eerste deel van de lineair-elastische tak getekend. De helling van de tak staat voor de elasticiteitsmodulus $E = \sigma/\varepsilon$, de materiaalgrootheid die de *stijfheid* van het materiaal tegen vervorming door lengteverandering karakteriseert. De figuur geeft een beeld van de stijfheidsverschillen tussen de verschillende materialen in het elastische gebied.

Hierna wordt ervan uitgegaan dat de spanningen en vervormingen binnen het lineair-elastische gebied blijven en de wet van Hooke volgen.

De op extensie belaste staaf

De staaf is een lichaam waarvan de twee doorsnedeafmetingen aanmerkelijk kleiner zijn dan die van de derde afmeting, de lengte. De staaf is één van de meest toegepaste constructie-elementen. Wil men iets begrijpen van het gedrag van staafconstructies, dan is wel een eerste vereiste dat men inzicht heeft in het gedrag van de enkele staaf.

In dit hoofdstuk wordt het geval van de op extensie belaste staaf uitgewerkt. Men spreekt van *extensie* als de (rechte) staaf na vervormen recht blijft en niet verbuigt (kromt)[1].

In paragraaf 2.1 wordt ingegaan op de aannamen die ten grondslag liggen aan het *vezelmodel*, een fysisch model aan de hand waarvan men zich het staafgedrag beter kan voorstellen. Verder wordt aangenomen dat de staafdoorsnede *homogeen* is en dat het materiaal zich *lineair elastisch* gedraagt.

Bij de beschrijving van het staafgedrag kunnen altijd drie typen basisbetrekkingen worden onderscheiden, te weten de *kinematische betrekkingen*, de *constitutieve betrekkingen* en de *statische* of *evenwichtsbetrekkingen*. Zij worden in paragraaf 2.2 afgeleid voor het geval van extensie.

---

[1] In hoofdstuk 4 wordt het geval van *extensie met buiging* uitgewerkt.

Vervolgens wordt in paragraaf 2.3 ingegaan op het verloop van de rekken en normaalspanningen in de doorsnede ten gevolge van extensie.

Het aangrijpingspunt van de resultante N van alle normaalspanningen in de doorsnede, veroorzaakt door extensie, noemt men het normaalkrachtencentrum NC. In paragraaf 2.4 wordt ingegaan op de plaats van het normaalkrachtencentrum. Deze speelt een belangrijke rol in het geval van buiging met extensie[1].

Een wiskundige beschrijving van het extensieprobleem wordt gegeven in paragraaf 2.5. Hier worden de drie basisbetrekkingen uit paragraaf 2.2 samengesteld tot de *differentiaalvergelijking voor extensie*.

Het hoofdstuk wordt afgesloten met een aantal uitgewerkte rekenvoorbeelden. Dat betreft het berekenen van lengteveranderingen en verplaatsingen in paragraaf 2.6 en het werken met de differentiaalvergelijking in paragraaf 2.7.

2.1   Het vezelmodel voor de staaf

Om zich het gedrag van een staaf beter voor te kunnen stellen, wordt voor de staaf een *fysisch model* gekozen. Een voorwaarde is dat het model in zijn resultaten een voldoende nauwkeurig beeld van de werkelijkheid geeft. Het is uiteindelijk altijd het experiment dat de juistheid van het gekozen model en de daarmee gepaard gaande aannamen zal moeten bevestigen.

Een model dat goed blijkt te voldoen is het zogenaamde *vezelmodel*, zie figuur 2.1.

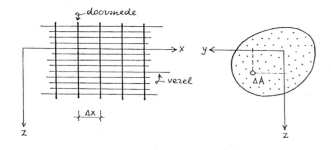

Figuur 2.1   Het vezelmodel voor de staaf. Het gedrag van het model wordt beschreven in een x-y-z-assenstelsel met de x-as evenwijdig aan de vezels en het y-z-vlak loodrecht op de vezels en evenwijdig aan de doorsneden.

---

[1]   Zie hoofdstuk 4.

Hieraan liggen de volgende aannamen ten grondslag:
- Geïnspireerd door de structuur van hout wordt de staaf opgebouwd gedacht uit een zeer groot aantal evenwijdige *vezels* in lengterichting. Uiteindelijk wordt het limietgeval beschouwd waarin het aantal vezels zo groot is dat de oppervlakte ΔA van een enkele vezel tot nul nadert.
- De vezels worden bijeengehouden door een zeer groot aantal oneindig stijve vlakken loodrecht op de vezelrichting. Deze starre vlakken worden *doorsneden* genoemd. Uiteindelijk wordt het limietgeval beschouwd waarin het aantal doorsneden zo groot is dat de afstand Δx tussen twee opeenvolgende doorsneden tot nul nadert.
- De vlakke doorsneden blijven ook na vervorming van de staaf *loodrecht op de vezels* staan. Deze aanname staat bekend als de *hypothese van Bernoulli*[1].

Ter beschrijving van het modelgedrag werkt men in een x-y-z-assenstelsel met de x-as evenwijdig aan de vezels en het y-z-vlak evenwijdig aan de doorsneden, loodrecht op de vezelrichting.
De plaats van een doorsnede ligt vast met de x-coördinaat; de plaats van een vezel ligt vast met de y- en z-coördinaat.

Later zal blijken dat het staafgedrag zich het eenvoudigst laat beschrijven als de x-as langs een bepaalde voorkeursvezel wordt gekozen. Zolang de plaats van deze voorkeursvezel, die de *staafas* wordt genoemd, nog niet bekend is wordt de x-as langs een willekeurige vezel gelegd die ook buiten de doorsnede mag liggen.

---

[1] Naar de Zwitser Jacob Bernoulli (1654-1705), uit een familie met vermaarde wis- en natuurkundigen.

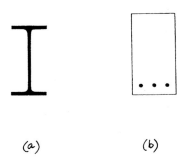

Figuur 2.2 De stalen balk (a) heeft een homogene doorsnede en de balk van gewapend beton (b) heeft een inhomogene doorsnede.

Met betrekking tot het *materiaalgedrag* worden de volgende aannamen gedaan:
- Alle vezels zijn van hetzelfde materiaal en hebben dus dezelfde materiaaleigenschappen. Men zegt in dat geval dat de staafdoorsnede *homogeen* is.
- Het materiaal gedraagt zich *lineair-elastisch* en volgt de wet van Hooke, wat voor de vezels een lineair verband inhoudt tussen spanningen σ en rekken ε:

$$\sigma = E\varepsilon$$

In een homogene doorsnede hebben alle vezels dezelfde elasticiteitsmodulus E.

Als niet alle vezels dezelfde elasticiteitsmodulus hebben omdat zij uit verschillende materialen bestaan, dan noemt men de doorsnede *inhomogeen*[1]. Zo heeft een balk van gewapend beton een inhomogene doorsnede: de 'betonvezels' hebben immers een andere elasticiteitsmodulus dan de 'staalvezels'. Zie figuur 2.2.

2.2 De drie basisbetrekkingen

Bij het onderzoek naar het staafgedrag kan men een drietal typen basisbetrekkingen onderscheiden:
- statische betrekkingen of evenwichtsbetrekkingen;
- constitutieve betrekkingen;
- kinematische betrekkingen.

---

[1] Inhomogene doorsneden worden behandeld in TOEGEPASTE MECHANICA deel 3.

Statische betrekkingen of evenwichtsbetrekkingen. De statische betrekkingen leggen een verband tussen de belasting (door uitwendige krachten) en de snedekrachten. Zij volgen uit het evenwicht.

Constitutieve betrekkingen. De constitutieve betrekkingen leggen een verband tussen de snedekrachten en bijbehorende vervormingen. Zij volgen uit het (in dit geval lineair-elastische) materiaalgedrag.

Kinematische betrekkingen. De kinematische betrekkingen leggen een verband tussen de vervormingen en verplaatsingen. Zij volgen uit de blijvende samenhang in de staaf - er vallen niet zomaar gaten in de staaf. De kinematische betrekkingen zijn onafhankelijk van het materiaalgedrag.

De drie basisbetrekkingen maken het mogelijk een direct verband te leggen tussen de belasting (door uitwendige krachten) enerzijds en de bijbehorende verplaatsingen anderzijds. Voor de op extensie belaste staaf is dat schematisch weergegeven in figuur 2.3.

2.2.1 De kinematische betrekking

In deze paragraaf wordt gezocht naar het verband tussen vervorming en verplaatsing bij een op extensie belaste staaf.

Voor de proefstaaf in een trekproef werd in paragraaf 1.1 de rek ε als vervormingsgrootheid geïntroduceerd, gedefinieerd als:

$$\varepsilon = \frac{\Delta \ell}{\ell} = \frac{\text{verlenging}}{\text{oorspronkelijke lengte}}$$

Deze definitie wordt hierna ook gehanteerd voor de rekken in de afzonderlijke vezels.

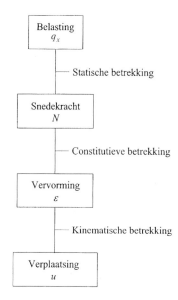

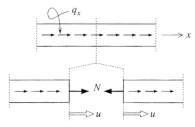

Figuur 2.3 Schematische weergave van het verband tussen belasting en verplaatsing in het geval van extensie. Om dit verband te kunnen leggen moet men over de volgende drie typen basisbetrekkingen beschikken: de kinematische betrekkingen, de constitutieve betrekkingen en de statische (of evenwichts-) betrekkingen. De vervormingsgrootheid ε staat voor de *rek* van de staaf.

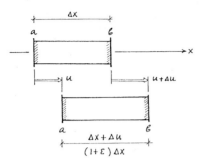

Figuur 2.4 Een staafelementje met lengte Δx, vóór en ná de vervorming door extensie

In figuur 2.4 is van een op extensie belaste staaf een klein stukje met lengte Δx getekend, begrensd door de doorsneden a en b.

Als de staaf door extensie wordt uitgerekt of samengedrukt zullen de doorsneden ten opzichte van elkaar verplaatsen[1]. Stel doorsnede a verplaatst in de x-richting over een afstand u en doorsnede b verplaatst over een afstand $u + \Delta u$.

Alle (evenwijdige) vezels tussen de doorsneden a en b hebben dezelfde lengte 'ℓ'. Deze is gelijk aan de afstand Δx van beide doorsneden. De verlenging '$\Delta \ell$' van de vezels is gelijk aan het verplaatsingsverschil Δu van de doorsneden b en a.
In het geval van extensie ondergaan alle vezels blijkbaar dezelfde rek ε:

$$\varepsilon = \frac{`\Delta \ell\text{'}}{`\ell\text{'}} = \frac{\text{verlenging}}{\text{oorspronkelijke lengte}} = \frac{\Delta u}{\Delta x}$$

In het limietgeval dat Δx naar nul gaat noemt men $\Delta u / \Delta x$ de afgeleide van u naar x:

$$\lim_{\Delta x \to 0} \frac{\Delta u}{\Delta x} = \frac{du}{dx}$$

Voor de rek van de vezels geldt dus:

$$\varepsilon = \frac{du}{dx}$$

---

[1] In herinnering wordt gebracht dat in het geval van extensie de staaf niet verbuigt of kromt.

Hiermee is de *kinematische betrekking* voor extensie gevonden. Deze legt een verband tussen de vervorming ε (de rek van de staafvezels) en de verplaatsing u (de verplaatsing van de doorsnede in x-richting).

De lengteverandering '$\Delta\ell$' van een staafelementje is gelijk aan het verplaatsingsverschil van twee doorsneden:

$$'\Delta\ell' = \Delta u = \varepsilon \Delta x$$

De lengteverandering van een staaf vindt men door alle bijdragen $\varepsilon \Delta x$ van de afzonderlijke elementjes over de gehele staaflengte bij elkaar op te tellen:

$$\Delta\ell = \int_\ell \varepsilon \, dx$$

Deze betrekking ligt ten grondslag aan de formules voor het berekenen van de lengteverandering van staven. Hiervan zijn voorbeelden opgenomen in paragraaf 2.6.

2.2.2 De constitutieve betrekking

In deze paragraaf wordt voor de op extensie belaste staaf gezocht naar de relatie tussen vervorming en snedekracht. Deze wordt beïnvloed door het materiaalgedrag.

In figuur 2.5 werkt een normaalkrachtje ΔN in een enkele vezel met doorsnede ΔA en normaalspanning σ:

$$\Delta N = \sigma \Delta A$$

In een lineair-elastisch materiaal volgen de vezels de wet van Hooke:

$$\sigma = E\varepsilon$$

zodat:

$$\Delta N = \sigma \Delta A = E\varepsilon \Delta A$$

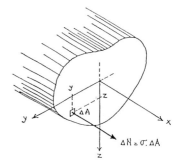

Figuur 2.5 Het normaalkrachtje ΔN in de vezel (y,z)

De totale normaalkracht N vindt men door de bijdragen van alle vezels bij elkaar op te tellen, ofwel door alle krachtjes ΔN over de doorsnede te integreren:

$$N = \int_A \sigma \, dA = \int_A E\varepsilon \, dA$$

In het geval van extensie ondergaan alle vezels dezelfde rek en kan men ε buiten het integraalteken brengen. Is de doorsnede verder homogeen, dan hebben alle vezels dezelfde elasticiteitsmodulus en kan men ook E buiten het integraalteken brengen. Dus:

$$N = E\varepsilon \int_A dA$$

of:

$$N = EA\varepsilon$$

Hiermee is de *constitutieve betrekking* voor extensie gevonden. Deze legt een verband tussen de normaalkracht N (een snedekracht) en de rek ε (een vervormingsgrootheid). De constitutieve betrekking is afhankelijk van het materiaalgedrag ('constitutie') omdat de elasticiteitsmodulus E er in voorkomt.

EA noemt men de *rekstijfheid* van de staafdoorsnede. De rekstijfheid is een maat voor de weerstand van de staaf tegen vervorming door lengteverandering en is afhankelijk van zowel de elasticiteitsmodulus E van het materiaal als de oppervlakte A van de dwarsdoorsnede.

2.2.3 De statische betrekking

Statische betrekkingen of evenwichtsbetrekkingen leggen een verband tussen belasting en snedekrachten. Zij volgen uit het evenwicht van een klein staafelementje en werden eerder afgeleid in deel 1, paragraaf 11.1. Daar bleek dat de gevallen van extensie (alleen normaalkrachten) en buiging (buigende momenten en dwarskrachten) gescheiden kunnen worden behandeld.

De afleiding van de statische betrekking voor extensie zal hier worden herhaald.

In figuur 2.6 is uit de staaf een klein gedeelte met lengte Δx vrijgemaakt. Op het staafelementje werken de verdeelde belastingen q_x en q_z. De belastingen grijpen aan in de staafas (omwille van de duidelijkheid is dat voor q_x niet zo getekend). Als de lengte Δx van het beschouwde staafelementje voldoende klein is, mag men de verdeelde belastingen q_x en q_z als gelijkmatig verdeeld beschouwen.

De (onbekende) snedekrachten op het rechter en linker snedevlak zijn getekend overeenkomstig hun positieve zin. De snedekrachten zijn een functie van x en zullen gewoonlijk verschillend zijn in beide snedevlakken. Stel de krachten op het linker snedevlak zijn N, V en M. Stel verder dat deze krachten over de afstand Δx toenemen met respectievelijk een bedrag ΔN, ΔV en ΔM. De krachten op het rechter snedevlak zijn dan $(N + \Delta N)$, $(V + \Delta V)$ en $(M + \Delta M)$.

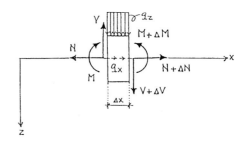

Figuur 2.6 De snedekrachten op een staafelementje met kleine lengte Δx ($\Delta x \to 0$)

Uit het krachtenevenwicht van het staafelementje in x-richting volgt:

$$\sum F_x = -N + (N + \Delta N) + q_x \Delta x = 0$$

of:

$$\Delta N + q_x \Delta x = 0$$

Na delen door Δx vindt men:

$$\frac{\Delta N}{\Delta x} + q_x = 0$$

De vergelijking voor het krachtenevenwicht van een elementair staafdeeltje met lengte Δx wordt in de limiet $\Delta x \to 0$:

$$\frac{dN}{dx} + q_x = 0$$

Dit is de *statische betrekking* voor extensie.

Opmerking: De afleiding geldt niet als op enig staafdeeltje met lengte Δx een geconcentreerde kracht F_x werkt. In dat geval treedt er een sprong op in het verloop van de normaalkracht N; de functie van N is dan niet meer continu en differentieerbaar.

2.3 Rekdiagram en normaalspanningsdiagram

In een op extensie belaste staaf ondergaan alle vezels, onafhankelijk van het materiaalgedrag, dezelfde rek, zie paragraaf 2.2.1.

Uit de constitutieve betrekking:

$$N = EA\varepsilon$$

volgt voor de constante rek over de doorsnede:

$$\varepsilon = \frac{N}{EA}$$

In figuur 2.7a is het constante rekverloop voor een rechthoekige doorsnede grafisch weergegeven in een *rekdiagram*. Hierbij is langs elke vezel (y,z) de waarde van de bijbehorende rek $\varepsilon(y,z)$ uitgezet. Het is gebruikelijk de positieve waarden in de positieve x-richting uit te zetten en de negatieve waarden in de negatieve x-richting.

Het rekdiagram is in beginsel een ruimtelijke figuur. Is de rek onafhankelijk van de y-coördinaat, zoals hier het geval is, dan kan men de figuur vereenvoudigen tot het vlakke diagram in figuur 2.7b.
Vaak laat men de assen weg en zet men het bij de rek behorende teken in het diagram. Zo kan men uit figuur 2.7c aflezen dat de rek constant is over de doorsnede, negatief is en 0,15 promille ($0{,}15 \times 10^{-3}$) bedraagt.

In een staaf met homogene doorsnede hebben alle vezels dezelfde elasticiteitsmodulus E. Wordt een dergelijke staaf op extensie belast, dan heerst

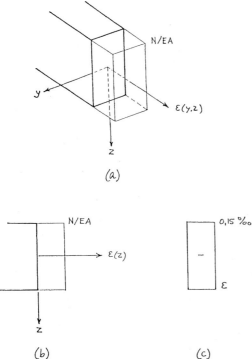

Figuur 2.7 Rekdiagram bij extensie: de rek is constant over de doorsnede. Ruimtelijke weergave in (a) en tweedimensionale weergave in (b) en (c)

in alle vezels niet alleen dezelfde rek, maar ook dezelfde *normaalspanning*:

$$\sigma = E\varepsilon = E\frac{N}{EA} = \frac{N}{A}$$

In figuur 2.8a is het constante normaalspanningsverloop grafisch weergegeven in een *normaalspanningsdiagram*. Hierbij is, op dezelfde manier als bij het rekdiagram, langs elke vezel (y,z) de waarde van de bijbehorende normaalspanning $\sigma(y,z)$ uitgezet.

Evenals het rekdiagram is ook het spanningsdiagram een ruimtelijke figuur. Zijn de spanningen onafhankelijk van de y-coördinaat dan kan men het vereenvoudigen tot het vlakke diagram in figuur 2.8b.
Ook hier laat men in het diagram meestal de assen weg en zet men het teken van de spanning in het diagram. Uit figuur 2.8c kan men aflezen dat de normaalspanning constant is over de doorsnede en dat het een drukspanning is met een grootte van 31,5 N/mm².

Opmerking: In een op extensie belaste staaf ondergaan alle vezels dezelfde rek ε, waarbij het er niet toe doet of de doorsnede homogeen of inhomogeen is.
Daarentegen heerst in alle vezels alleen dan dezelfde normaalspanning σ als de doorsnede homogeen is. In een inhomogene doorsnede is de normaalspanning niet meer constant.

2.4 Normaalkrachtencentrum en staafas

De resultante van alle normaalspanningen veroorzaakt door extensie is de normaalkracht N. In het geval van een homogene doorsnede geldt:

$$N = \int_A \sigma \, dA = \sigma A$$

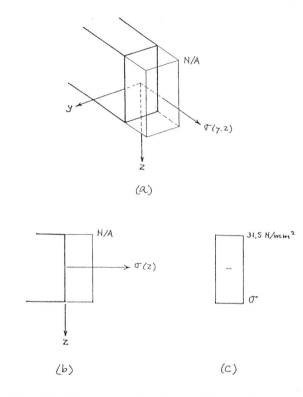

Figuur 2.8 Normaalspanningsdiagram bij extensie: in een homogene doorsnede is de normaalspanning constant. Ruimtelijke weergave in (a) en tweedimensionale weergave in (b) en (c)

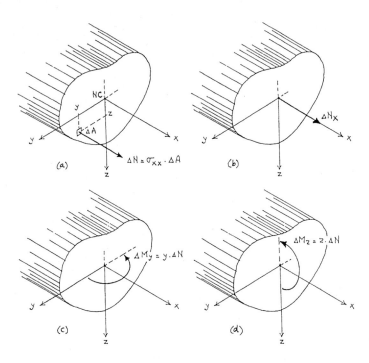

Figuur 2.9 Ten gevolge van het verschuiven van het normaalkrachtje ΔN in vezel (y,z) naar de x-as ontstaan er de buigende momenten ΔM_y en ΔM_z.

Het aangrijpingspunt van de normaalkracht N wordt gedefinieerd als het *normaalkrachtencentrum* van de doorsnede, aangegeven met het twee-letter-symbool NC.
De vezel door het normaalkrachtencentrum NC wordt gedefinieerd als de *staafas*.

Later zal blijken dat het gedrag van een staaf zich het eenvoudigst laat beschrijven in een assenstelsel met de x-as langs de staafas. Daarom is het van belang de plaats van het normaalkrachtencentrum NC te kennen. Deze plaats wordt hierna op twee manieren berekend:
a. in een x-y-z-assenstelsel met de x-as door het normaalkrachtencentrum van de doorsnede, dus langs de staafas;
b. in een $\bar{x}$-$\bar{y}$-$\bar{z}$-assenstelsel met de x-as langs een willekeurige vezel.

Uitwerking a. Stel de x-as gaat door het normaalkrachtencentrum NC van de doorsnede, de plaats waar de resultante van alle normaalspanningen door extensie aangrijpt.
De resultante van de normaalspanning σ in vezel (y,z) met oppervlakte ΔA is een krachtje ΔN:

$$\Delta N = \sigma \Delta A$$

Dit krachtje ter plaatse van vezel (y,z) is statisch equivalent met een even groot krachtje ΔN_x in het normaalkrachtencentrum NC[1] (de oor-

---

[1] In de notatie 'N_x' wordt met de index aangegeven dat de normaalkracht N langs de x-as werkt. Daar het gebruikelijk is de normaalkracht in de staafas aan te laten grijpen en daar ook de x-as te kiezen, laat men de index gewoonlijk weg. Omdat in deze paragraaf ook in een assenstelsel wordt gewerkt waarvan de x-as niet langs de staafas valt wordt de index hier tijdelijk in ere hersteld.

sprong van het y-z-assenstelsel), tezamen met twee momentjes ΔM_y en ΔM_z in respectievelijk het x-y-vlak en x-z-vlak, zie figuur 2.9:

$$\Delta M_y = y\,\Delta N = y\,\sigma\,\Delta A$$

$$\Delta M_z = z\,\Delta N = z\,\sigma\,\Delta A$$

Telt men de bijdragen van alle krachtjes ΔN over de gehele doorsnede bij elkaar op, dan leidt dit voor de normaalkracht tot:

$$N_x = \int_A \sigma\,\mathrm{d}A = \sigma\int_A \mathrm{d}A = \sigma A$$

en voor de momenten tot:

$$M_y = \int_A \sigma\,y\,\mathrm{d}A = \sigma\int_A y\,\mathrm{d}A \quad (\textit{buigend moment in het } x\text{-}y\text{-vlak})$$

$$M_z = \int_A \sigma\,z\,\mathrm{d}A = \sigma\int_A z\,\mathrm{d}A \quad (\textit{buigend moment in het } x\text{-}z\text{-vlak})$$

Omdat in een homogene doorsnede de normaalspanning σ ten gevolge van extensie constant is (onafhankelijk van de plaats van het oppervlakte-elementje $\mathrm{d}A$), kan σ buiten het integraalteken worden gebracht.

De snedekrachten N_x, M_y en M_z ten gevolge van de normaalspanningen in de doorsnede zijn getekend in figuur 2.10.

Als de resultante van alle normaalspanningen aangrijpt in het normaalkrachtencentrum NC, dan moeten M_y en M_z nul zijn. Blijkbaar volgt de plaats van het normaalkrachtencentrum (de staafas) in een homogene doorsnede uit de voorwaarde:

$$\int_A y\,\mathrm{d}A = 0 \quad \text{en} \quad \int_A z\,\mathrm{d}A = 0$$

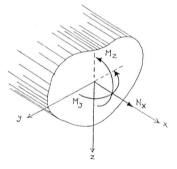

Figuur 2.10 De snedekrachten N_x, M_y en M_z ten gevolge van de normaalspanningen in de doorsnede

In een *homogene doorsnede* wordt de plaats van het *normaalkrachtencentrum* NC uitsluitend bepaald door de geometrie (vorm) van de doorsnede. In hoofdstuk 3 zal blijken dat het normaalkrachtencentrum dan samenvalt met het *zwaartepunt* van de doorsnede[1].

Uitwerking b. Men kan ook werken in een $\bar{x}$ - $\bar{y}$ - $\bar{z}$ - assenstelsel, waarvan de $\bar{x}$ - as langs een willekeurige vezel wordt gekozen die niet met de staafas hoeft samen te vallen.

Het krachtje $\Delta N = \sigma \Delta A$ in vezel $(\bar{y}, \bar{z})$ is statisch equivalent met een even groot krachtje $\Delta N_{\bar{x}}$ in de $\bar{x}$ - as, tezamen met twee momentjes $\Delta M_{\bar{y}}$ en $\Delta M_{\bar{z}}$ in respectievelijk het $\bar{x}$ - $\bar{y}$ - vlak en $\bar{x}$ - $\bar{z}$ - vlak , zie figuur 2.11:

$$\Delta M_{\bar{y}} = \bar{y} \, \Delta N = \bar{y} \, \sigma \Delta A$$

$$\Delta M_{\bar{z}} = \bar{z} \, \Delta N = \bar{z} \, \sigma \Delta A$$

Telt men de bijdragen van alle krachtjes ΔN over de gehele doorsnede bij elkaar op, dan leidt dit tot:

$$N_{\bar{x}} = \int_A \sigma \, \mathrm{d}A = \sigma \int_A \mathrm{d}A = \sigma A$$

$$M_{\bar{y}} = \int_A \sigma \, \bar{y} \, \mathrm{d}A = \sigma \int_A \bar{y} \, \mathrm{d}A \quad \text{(buigend moment in het } \bar{x}\text{ - }\bar{y}\text{ - vlak)} \quad (1a)$$

$$M_{\bar{z}} = \int_A \sigma \, \bar{z} \, \mathrm{d}A = \sigma \int_A \bar{z} \, \mathrm{d}A \quad \text{(buigend moment in het } \bar{x}\text{ - }\bar{z}\text{ - vlak)} \quad (1b)$$

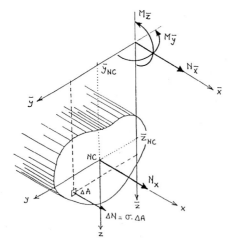

Figuur 2.11 De momenten M_y en M_z in het geval de normaalkracht N_x niet in de staafas aangrijpt

---

[1] In hoofdstuk 3 wordt nader ingegaan op de ligging van het zwaartepunt.

Als de resultante van alle normaalspanningen ten gevolge van extensie in het normaalkrachtencentrum NC aangrijpt, met coördinaten $(\bar{y}_{NC}, \bar{z}_{NC})$, dan geldt ook:

$$M_{\bar{y}} = N_x \cdot \bar{y}_{NC} = \sigma A \cdot \bar{y}_{NC} \tag{2a}$$

$$M_{\bar{z}} = N_x \cdot \bar{z}_{NC} = \sigma A \cdot \bar{z}_{NC} \tag{2a}$$

Uit de gelijkstelling van (1) en (2) volgt nu voor de plaats van het normaalkrachtencentrum NC:

$$\bar{y}_{NC} = \frac{\int_A \bar{y}\, dA}{A} \quad \text{en} \quad \bar{z}_{NC} = \frac{\int_A \bar{z}\, dA}{A}$$

In hoofdstuk 3 zal blijken dat dit ook de coördinaten van het zwaartepunt van de doorsnede zijn.

In een homogene doorsnede valt het *normaalkrachtencentrum* NC samen met het *zwaartepunt* van de doorsnede.

Opmerking: De *staafas* werd gedefinieerd als de vezel door het normaalkrachtencentrum NC.
Vaak hoort men zeggen dat de staafas in het zwaartepunt van de doorsnede ligt. Deze uitspraak is juist voor een homogene doorsnede, maar niet juist in het geval van een inhomogene doorsnede. Daarom verdient het de voorkeur de staafas te definiëren als de vezel door het normaalkrachtencentrum NC, waarbij het normaalkrachtencentrum het aangrijpingspunt is van de resultante van alle normaalspanningen ten gevolge van extensie.

2.5 Wiskundige beschrijving van het extensieprobleem

In paragraaf 2.5.1 worden de drie basisvergelijkingen uit paragraaf 2.2 in elkaar geschoven tot een enkele tweede orde differentiaalvergelijking in de verplaatsing u. De oplossing van deze differentiaalvergelijking voor extensie kan men vinden door herhaald integreren. De volledige oplossing bevat twee (onbepaalde) integratieconstanten. In paragraaf 2.5.2 wordt aangegeven hoe deze integratieconstanten volgen uit de overgangs- en randvoorwaarden.

Uitgewerkte rekenvoorbeelden met betrekking tot de differentiaalvergelijking volgen later, in paragraaf 2.7.

2.5.1 De differentiaalvergelijking voor extensie

De drie basisvergelijkingen[1] voor extensie zijn, zie paragraaf 2.2:

Kinematische betrekking: $\quad \varepsilon = u'$ \hfill (3)

Constitutieve betrekking: $\quad N = EA\varepsilon$ \hfill (4)

Statische betrekking: $\quad N' + q_x = 0$ \hfill (5)

Door de rek ε uit (3) in (4) te substitueren vindt men:

$N = EAu'$

---

[1] Ter bekorting van het schrijfwerk wordt de volgende notatie gebruikt:

$$(\ldots)' = \frac{d(\ldots)}{dx} \quad \text{en} \quad (\ldots)'' = \frac{d^2(\ldots)}{dx^2}$$

Substitutie van deze uitdrukking voor N in (5) leidt tot:

$$(EAu')' + q_x = 0$$

Is de rekstijfheid EA constant (onafhankelijk van x), dan noemt men de staaf *prismatisch* en vereenvoudigt de differentiaalvergelijking tot:

$$EAu'' + q_x = 0$$

of:

$$EAu'' = -q_x$$

Voor een prismatische staaf kan men het extensieprobleem beschrijven met een tweede orde differentiaalvergelijking[1] in de verplaatsing u.

2.5.2 Overgangs - en randvoorwaarden

Het oplossen van de differentiaalvergelijking voor extensie kan gebeuren door herhaald integreren. Na elke integratie verschijnt er een (onbepaalde) integratieconstante. Het totaal aantal integratieconstanten in de volledige oplossing is gelijk aan twee (de orde van de differentiaalvergelijking). De oplossing van de differentiaalvergelijking geldt slechts voor een gebied waarin de verplaatsing u en de normaalkracht $N = EAu'$ continu en differentieerbaar zijn en waarin de rekstijfheid EA constant is. Zo'n gebied noemt men een *veld*, zie figuur 2.12.

Elk veld heeft zijn eigen oplossing en zijn eigen twee integratieconstanten.

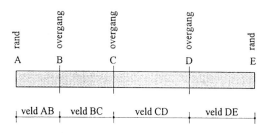

Figuur 2.12 Een staaf verdeeld in velden, met hun overgangen en randen

---

[1] De orde van de differentiaalvergelijking wordt bepaald door de hoogste afgeleide.

De integratieconstanten volgen uit de *overgangsvoorwaarden* op de overgangen van het beschouwde veld naar de aangrenzende velden.
Is er geen aangrenzend veld dan spreekt men van *randvoorwaarden*.

Overgangsvoorwaarden. Per overgang zijn er altijd twee overgangsvoorwaarden: de één heeft betrekking op de verplaatsing u, de ander heeft betrekking op de normaalkracht $N = EAu'$.

Overgangsvoorwaarde m.b.t. de verplaatsing u. In een veldovergang moet de verplaatsing u continu zijn – er vallen immers geen gaten in de staaf! Zo geldt op overgang B van veld AB naar veld BC[1], zie figuur 2.13a:

$$u_B^{AB} = u_B^{BC}$$

Overgangsvoorwaarde m.b.t. de normaalkracht $N = EAu'$. Grijpt in veldovergang B een geconcentreerde kracht $F_{x;B}$ aan, dan volgt de overgangsvoorwaarde uit het krachtenevenwicht in x-richting van het staafelementje op de overgang met lengte Δx waarbij $\Delta x \to 0$, zie figuur 2.13b:

$$-N_B^{AB} + N_B^{BC} + F_{x;B} = 0$$

of:

$$N_B^{AB} = N_B^{BC} + F_{x;B}$$

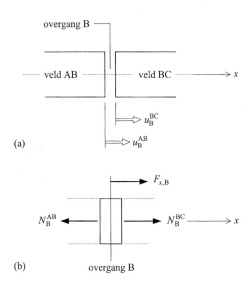

Figuur 2.13 De overgangsvoorwaarden met betrekking tot u en N
(a) in een veldovergang moet de verplaatsing u continu zijn: $u_B^{AB} = u_B^{BC}$
(b) uit het krachtenevenwicht van een staafelementje op de overgang volgt: $N_B^{AB} = N_B^{BC} + F_{x;B}$

---

[1] Overgangen en randen (plaatsen) worden met een onderindex aangegeven en velden (gebieden) met een bovenindex.

Een eventueel aanwezige verdeelde belasting q_x komt hierin niet voor, omdat de invloed van $q_x \Delta x$ verwaarloosbaar klein is ten opzichte van de andere termen in de evenwichtsvergelijking als $\Delta x \rightarrow 0$.

Met de normaalkracht N uitgedrukt in de verplaatsing u wordt de overgangsvoorwaarde in B:

$$(EAu')_B^{AB} = (EAu')_B^{BC} + F_{x;B}$$

Is veldovergang B onbelast ($F_{x;B} = 0$), dan is de normaalkracht N continu:

$$N_B^{AB} = N_B^{BC}$$

Dit is in overeenstemming met het beginsel van actie en reactie, zie figuur 2.14.

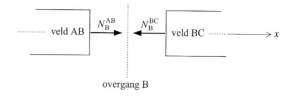

Figuur 2.14 Beginsel van actie en reactie: N is continu in een onbelaste veldovergang

Randvoorwaarden. Per rand is er altijd één randvoorwaarde: in een rand is óf de verplaatsing u, óf de normaalkracht $N = EAu'$ voorgeschreven.
Is u voorgeschreven, dan is N onbekend (wat zich voordoet bij een oplegging) en omgekeerd: is N voorgeschreven, dan is u onbekend (dit doet zich voor bij een vrij zwevend einde)[1].

Een voorgeschreven waarde van N volgt uit het evenwicht van een randelementje met lengte Δx waarbij $\Delta x \rightarrow 0$.

Uitgewerkte voorbeelden hiervan zijn opgenomen in paragraaf 2.7.

---

[1] Zie ook TOEGEPASTE MECHANICA deel 1, paragraaf 4.3.1.

2.6 Rekenvoorbeelden met betrekking tot lengteverandering en verplaatsing

In deze paragraaf worden alleen de kinematische en constitutieve vergelijking toegepast. In paragraaf 2.6.1 wordt een beknopt overzicht gegeven van enkele veel voorkomende formules voor het berekenen van de lengteverandering van staven door extensie. Daarna volgen in paragraaf 2.6.2 t/m 2.6.5 enkele uitgewerkte rekenvoorbeelden.

2.6.1 Overzicht van de formules

Voor de lengteverandering van een staaf geldt:

$$\Delta \ell = \int_\ell \varepsilon \, dx$$

Met $\varepsilon = \dfrac{N}{EA}$ (constitutieve betrekking) wordt dit:

$$\Delta \ell = \int_\ell \frac{N}{EA} \, dx$$

Deze schrijfwijze is bijzonder handig wanneer men het normaalkrachtenverloop in de staaf kent. Een drietal gevallen wordt nader beschouwd.

Een prismatische staaf. In het geval van een prismatische staaf is de rekstijfheid EA onafhankelijk van x en kan men deze buiten het integraalteken brengen:

$$\Delta \ell = \frac{1}{EA} \int_\ell N \, dx$$

De lengteverandering van de staaf is gelijk aan de oppervlakte onder de N-lijn, gedeeld door EA.

Een prismatische staaf met constante normaalkracht. Bij een prismatische staaf met constante normaalkracht kan men ook N voor het integraalteken brengen:

$$\Delta \ell = \frac{N}{EA} \int_\ell dx = \frac{N\ell}{EA}$$

Een niet-prismatische staaf met constante normaalkracht. In dit geval kan de normaalkracht N voor het integraalteken worden gebracht, maar de rekstijfheid EA moet er (als functie van x) onder blijven staan:

$$\Delta \ell = N \int_\ell \frac{1}{EA} dx$$

2.6.2 Lengteverandering van vakwerkstaven

Van het vakwerk in figuur 2.15 zijn de vakwerkstaven (zoals algemeen gebruikelijk) prismatisch. De staven 1, 3 en 4 hebben een rekstijfheid van 200 MN; diagonaalstaaf 2 heeft een afwijkende rekstijfheid van 250 MN.

Gevraagd : De lengteverandering van elk der staven.

Uitwerking: De normaalkracht in een vakwerkstaaf is constant. Voor een prismatische staaf met constante normaalkracht geldt:

$$\Delta \ell = \frac{N\ell}{EA}$$

Van elke staaf zijn de lengte ℓ en rekstijfheid EA bekend. Men hoeft dus alleen nog maar de staafkrachten te kennen om de verlengingen te kunnen berekenen.

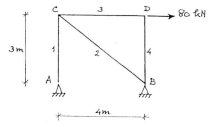

Figuur 2.15 Een vakwerk

Tabel 2.1

staafnr. i	N^i (kN)	ℓ^i (m)	$(EA)^i$ (kN)	$\Delta\ell^i = \left(\dfrac{N\ell}{EA}\right)^i$ (m)
1	+60	3	200×10^3	$+0{,}9 \times 10^{-3}$
2	−100	5	250×10^3	$-2{,}0 \times 10^{-3}$
3	+80	4	200×10^3	$+1{,}6 \times 10^{-3}$
4	0	3	200×10^3	0

De rekenresultaten zijn hiernaast in tabel 2.1 opgenomen[1].

Opmerking: Bij het uitvoeren van de berekening dient men op te letten met de eenheden. Men kan het beste vooraf aangeven in welke eenheden men wil werken, bijvoorbeeld in m en kN. In dat geval moet de rekstijfheid worden omgerekend van MN naar kN.
Voorts dient men goed op de tekens voor trek/verlenging en druk/verkorting te letten: een fout in het teken van de normaalkracht geeft een verlenging in plaats van een verkorting of omgekeerd.

Uit de berekening blijkt dat staaf 3 met 1,6 mm de grootste verlenging ondergaat. De grootste verkorting bedraagt 2 mm en betreft diagonaalstaaf 2.

Ten gevolge van de lengteverandering van de staven zullen de (vrije) knooppunten C en D verplaatsen. De berekening van deze knoopverplaatsingen is een onderwerp dat aan de orde komt in hoofdstuk 7.

2.6.3 Kolom uit een drie verdiepingen tellend gebouw

In figuur 2.16a is een kolom uit een drie verdiepingen tellend gebouw getekend. Afmetingen, belasting en rekstijfheden kunnen uit de figuur worden afgelezen. De verdiepingslagen zijn genummerd van (1) t/m (3).

Gevraagd:
a. Het rekverloop over de hoogte van de kolom (ε-lijn).
b. De lengteverandering van de totale kolom.
c. De verticale verplaatsing van respectievelijk B, C en D.

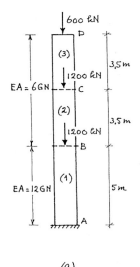

Figuur 2.16 (a) Kolom uit een drie verdiepingen tellend gebouw

[1] In herinnering wordt gebracht dat voor de staafaanduiding een bovenindex wordt gebruikt.

Uitwerking: Kolom ABCD is niet prismatisch, en evenmin is de normaalkracht constant, zie de *N*-lijn in figuur 2.16b. Maar per verdiepingslaag is de kolom wel prismatisch en is ook de normaalkracht constant. Men kan de kolom daarom opvatten als een stapeling van prismatische staven met constante normaalkracht.

Per verdiepingslaag *i* kan dus worden gewerkt met:

$$\Delta \ell^i = \frac{N^i \ell^i}{(EA)^i}$$

Voor het berekenen van de rekken, lengteveranderingen en verplaatsingen wordt hierna gewerkt in mm en N.

a. Het rekverloop over de hoogte van de kolom (*ε*-lijn)

1^e verdiepingslaag:

$$\varepsilon^{(1)} = \frac{N^{(1)}}{EA^{(1)}} = \frac{-3000 \times 10^3 \text{ N}}{12 \times 10^9 \text{ N}} = -0{,}25 \times 10^{-3} = -0{,}25\text{‰}$$

2^e verdiepingslaag:

$$\varepsilon^{(2)} = \frac{N^{(2)}}{EA^{(2)}} = \frac{-1800 \times 10^3 \text{ N}}{6 \times 10^9 \text{ N}} = -0{,}3 \times 10^{-3} = -0{,}3\text{‰}$$

3^e verdiepingslaag:

$$\varepsilon^{(3)} = \frac{N^{(3)}}{EA^{(3)}} = \frac{-600 \times 10^3 \text{ N}}{6 \times 10^9 \text{ N}} = -0{,}1 \times 10^{-3} = -0{,}1\text{‰}$$

In figuur 2.16c is in een *ε*-lijn het verloop van de rek $\varepsilon = N/EA$ over de hoogte van de kolom in beeld gebracht.

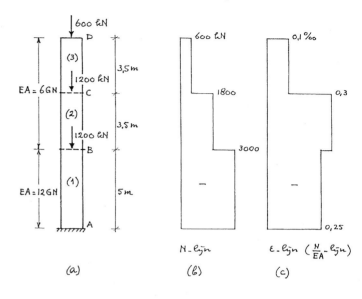

Figuur 2.16 (vervolg) (a) Kolom uit een drie verdiepingen tellend gebouw met (b) de *N*-lijn en (c) de *ε*-lijn

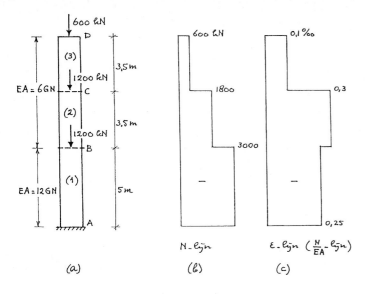

Figuur 2.16 (a) Kolom uit een drie verdiepingen tellend gebouw met (b) de N-lijn en (c) de ε-lijn

De rek is het grootst in veld BC, de tweede verdiepingslaag, al is de normaalkracht daar niet het grootst.

b. De lengteverandering van de totale kolom
Eerst worden de lengteveranderingen per verdiepingslaag (veld) berekend.

1^e verdiepingslaag:

$$\Delta \ell^{(1)} = \frac{N^{(1)} \ell^{(1)}}{EA^{(1)}} = \frac{(-3000 \times 10^3 \text{ N})(5 \times 10^3 \text{ mm})}{12 \times 10^9 \text{ N}} = -1{,}25 \text{ mm}$$

2^e verdiepingslaag:

$$\Delta \ell^{(2)} = \frac{N^{(2)} \ell^{(2)}}{EA^{(2)}} = \frac{(-1800 \times 10^3 \text{ N})(3{,}5 \times 10^3 \text{ mm})}{6 \times 10^9 \text{ N}} = -1{,}05 \text{ mm}$$

3^e verdiepingslaag:

$$\Delta \ell^{(3)} = \frac{N^{(3)} \ell^{(3)}}{EA^{(3)}} = \frac{(-600 \times 10^3 \text{ N})(3{,}5 \times 10^3 \text{ mm})}{6 \times 10^9 \text{ N}} = -0{,}35 \text{ mm}$$

Voor de lengteverandering van de totale kolom vindt men

$$\Delta \ell = \Delta \ell^{(1)} + \Delta \ell^{(2)} + \Delta \ell^{(3)} = -2{,}65 \text{ mm}$$

Dus een verkorting van 2,65 mm.

Merk op dat de lengteverandering gelijk is aan de oppervlakte onder het betreffende deel van ε-lijn (N/EA-lijn):

$$\Delta \ell = \int_\ell \varepsilon \, dx = \int_\ell \frac{N}{EA} \, dx$$

Men kan de lengteverandering van de kolom dus ook vinden door de *oppervlakte onder de ε-lijn (N/EA-lijn)* te berekenen, zie figuur 2.16c:

$$\Delta \ell = (-0{,}25 \times 10^{-3})(5 \times 10^3 \text{ mm}) + (-0{,}3 \times 10^{-3})(3{,}5 \times 10^3 \text{ mm}) +$$
$$+ (-0{,}1 \times 10^{-3})(3{,}5 \times 10^3 \text{ mm}) =$$
$$= -1{,}25 - 1{,}05 - 0{,}35 = -2{,}65 \text{ mm}$$

c. De verplaatsingen in B, C en D
Kolom AB verkort 1,25 mm waardoor B 1,25 mm zakt.
Kolom BC verkort 1,05 mm; C zakt 1,25 + 1,05 = 2,30 mm.
Kolom CD verkort 0,35 mm; D zakt 1,25 + 1,05 + 0,35 = 2,65 mm,
evenveel als de verkorting van de totale kolom.

2.6.4 Enkelzijdig ingeklemde prismatische kolom onder invloed van zijn eigen gewicht

In figuur 2.17a is een enkelzijdig ingeklemde prismatische kolom getekend, met lengte ℓ, doorsnede A en totaal eigen gewicht G. De elasticiteitsmodulus is E.

Gevraagd: Bereken ten gevolge van het eigen gewicht:
a. Het verloop van N en ε als functie van x.
b. Het verloop van de verticale verplaatsing u als functie van x.
c. De verticale verplaatsing aan de top van de kolom.

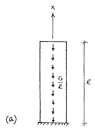

Figuur 2.17 (a) Een enkelzijdig ingeklemde prismatische kolom belast door zijn eigen gewicht

Uitwerking:
a. Het verloop van N en ε als functie van x.
Het eigen gewicht kan men opvatten als een gelijkmatig verdeelde belasting q_x langs de staafas:

$$q_x = -\frac{G}{\ell}$$

Let op: Omdat de verdeelde belasting tegen de x-richting in werkt is deze negatief.

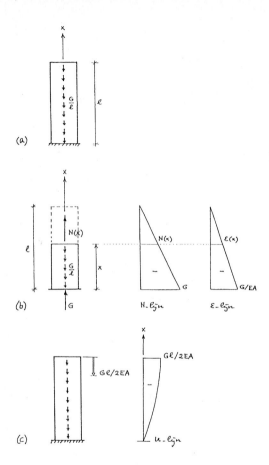

Uit het evenwicht van het in figuur 2.17b vrijgemaakte deel van de kolom volgt:

$$N(x) = \frac{G}{\ell}x - G = -G\left(1 - \frac{x}{\ell}\right)$$

zodat:

$$\varepsilon(x) = \frac{N(x)}{EA} = -\frac{G}{EA}\left(1 - \frac{x}{\ell}\right)$$

Normaalkracht N en rek ε verlopen lineair over de hoogte van de kolom. In figuur 2.17b zijn de N-lijn en ε-lijn getekend.

b. Het verloop van de verplaatsing u als functie van x.
De verplaatsing u (positief in de positieve x-richting) volgt uit:

$$\Delta u = u(x) - u(0) = \int_0^x \varepsilon \, dx$$

waaruit volgt:

$$u(x) = u(0) + \int_0^x \varepsilon \, dx$$

Ter plaatse van de oplegging in $x = 0$ is de verplaatsing nul: $u(0) = 0$.
Men vindt hiermee:

$$u(x) = \int_0^x \varepsilon \, dx = -\frac{G}{EA}\int_0^x \left(1 - \frac{x}{\ell}\right) dx = -\frac{G\ell}{EA}\left(\frac{x}{\ell} - \frac{1}{2}\frac{x^2}{\ell^2}\right)$$

De verplaatsing verloopt parabolisch (kwadratisch in x) en is overal negatief, dus is overal naar beneden gericht.
Het verplaatsingsverloop is getekend in figuur 2.17c.

Figuur 2.17 (a) Een enkelzijdig ingeklemde prismatische kolom belast door zijn eigen gewicht, (b) de bijbehorende N-lijn en ε-lijn en (c) het verloop van de verticale verplaatsingen

c. De verticale verplaatsing aan de top van de kolom.
De verplaatsing in de top $x = \ell$ bedraagt:

$$u(\ell) = -\frac{G\ell}{2EA}$$

Merk op dat voor de verplaatsing in de top geldt:

$$u(\ell) = \int_0^\ell \varepsilon\, dx$$

wat men kan interpreteren als de oppervlakte onder ε-lijn. De oppervlakte van de betreffende driehoek in figuur 2.17b laat zich snel berekenen:

$$u(\ell) = \tfrac{1}{2}\left(-\frac{G}{EA}\right)\cdot \ell = -\frac{G\ell}{2EA}$$

2.6.5 Niet-prismatische kolom met constante normaalkracht

De kolom in figuur 2.18a heeft een lengte ℓ en een vierkante doorsnede waarvan de zijde lineair verloopt van a in de uiteinden tot $2a$ in het midden. De elasticiteitsmodulus is E.

Gevraagd: De lengteverandering van de kolom ten gevolge van de drukkracht F.

Opmerking: Dit vraagstuk vergt enige wiskundige vaardigheden, zoals substitutie van variabelen.

Uitwerking: Voor de lengteverandering van de niet-prismatische kolom met constante normaalkracht geldt:

$$\Delta\ell = N\int_\ell \frac{1}{EA}\,dx = \frac{N}{E}\int_\ell \frac{1}{A}\,dx$$

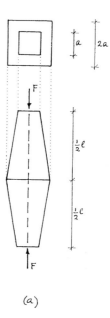

Figuur 2.18 (a) Een niet-prismatische kolom met constante normaalkracht

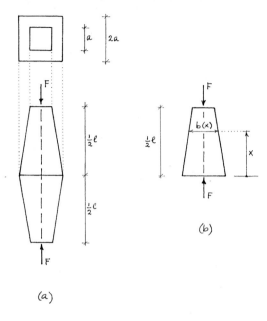

Figuur 2.18 (a) Een niet-prismatische kolom met constante normaalkracht. (b) Uit symmetrieoverwegingen wordt de halve kolom bekeken.

Omdat de oppervlakte van de doorsnede een functie van x is, $A = A(x)$, moet deze achter het integraalteken blijven.

Symmetrieoverwegingen maken het mogelijk een halve kolom te bekijken, zie figuur 2.18b. Als $\Delta \ell$ de lengteverandering van de totale kolom is, dan is $\frac{1}{2}\Delta\ell$ de lengteverandering van de halve kolom:

$$\frac{1}{2}\Delta\ell = \frac{N}{E}\int_0^{\frac{1}{2}\ell} \frac{1}{A(x)}dx$$

waaruit, met $N = -F$, volgt:

$$\Delta\ell = -\frac{2F}{E}\int_0^{\frac{1}{2}\ell} \frac{1}{A(x)}dx$$

Het gaat er nu om de oppervlakte van de doorsnede te vinden als functie van x. Voor de breedte $b(x)$ op hoogte x geldt:

$$b(x) = 2a\left(1 - \frac{x}{\ell}\right)$$

en voor de oppervlakte van de doorsnede aldaar:

$$A(x) = \{b(x)\}^2 = 4a^2\left(1 - \frac{x}{\ell}\right)^2$$

Uitwerking van de integraal leidt tot:

$$\int_0^{\frac{1}{2}\ell} \frac{1}{A(x)}dx = \int_0^{\frac{1}{2}\ell} \frac{1}{4a^2\left(1 - \frac{x}{\ell}\right)^2}dx = \frac{1}{4a^2}\int_0^{\frac{1}{2}\ell} \frac{1}{\left(1 - \frac{x}{\ell}\right)^2}\frac{d\left(1 - \frac{x}{\ell}\right)}{\left(-\frac{1}{\ell}\right)}$$

Kies als nieuwe variabele:

$$\tilde{x} = 1 - \frac{x}{\ell}$$

De integratiegrenzen $x = 0$ en $x = \frac{1}{2}\ell$ veranderen dan in respectievelijk $\tilde{x} = 1$ en $\tilde{x} = \frac{1}{2}$, zodat:

$$\int_0^{\frac{1}{2}\ell} \frac{1}{A(x)} dx = -\frac{\ell}{4a^2} \int_1^{\frac{1}{2}} \frac{1}{\tilde{x}^2} d\tilde{x} = -\frac{\ell}{4a^2} \left(-\frac{1}{\tilde{x}} \right) \Big|_1^{\frac{1}{2}} = \frac{\ell}{4a^2}$$

Voor de lengteverandering van de kolom vindt men nu:

$$\Delta \ell = -\frac{2F}{E} \int_0^{\frac{1}{2}\ell} \frac{1}{A(x)} dx = -\frac{2F}{E} \frac{\ell}{4a^2} = -\frac{F\ell}{2Ea^2}$$

Het minteken geeft aan dat de lengteverandering een verkorting is.

2.7 Rekenvoorbeelden met betrekking tot de differentiaalvergelijking

Werd in paragraaf 2.6 alleen maar gebruikgemaakt van de kinematische en constitutieve betrekking, nu wordt ook de statische betrekking (evenwichtsbetrekking) erbij betrokken. Na een overzicht in paragraaf 2.7.1 van de verschillende formules die ten grondslag liggen aan de differentiaalvergelijking voor extensie en nodig zijn om de rand- en overgangsvoorwaarden uit te kunnen werken, volgen twee voorbeelden. De voorbeelden hebben betrekking op een kolom die in het ene geval statisch bepaald is opgelegd (paragraaf 2.7.2) en in het andere geval statisch onbepaald (paragraaf 2.7.3).

2.7.1 Overzicht van de formules

Alvorens een tweetal voorbeelden uit te werken waarin het geval van extensie wordt opgelost met behulp van de differentiaalvergelijking volgt hieronder eerst een overzicht van de verschillende formules:

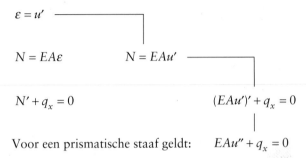

$$\varepsilon = u'$$

$$N = EA\varepsilon \qquad N = EAu'$$

$$N' + q_x = 0 \qquad (EAu')' + q_x = 0$$

Voor een prismatische staaf geldt: $\quad EAu'' + q_x = 0$

Voor een prismatische staaf vindt men, uitgaande van de tweede orde differentiaalvergelijking voor extensie, na éénmaal integreren het verloop van de normaalkracht N:

$$N = EAu' = -\int q_x \mathrm{d}x$$

en na nog een keer integreren het verloop van de verplaatsing u:

$$EAu = -\int (\int q_x \mathrm{d}x)\mathrm{d}x$$

Bij elke integratie verschijnt er één integratieconstante. Dit betekent dat de uitdrukking voor de normaalkracht N één onbekende integratieconstante bevat en die voor de verplaatsing u twee.

De onbekende integratieconstanten volgen uit de rand- en/of overgangsvoorwaarden. Deze voorwaarden hebben betrekking op de grootte van N en/of u op een rand en/of een veldovergang. Een rand levert altijd één voorwaarde; een veldovergang levert er altijd twee.

2.7.2 Enkelzijdig ingeklemde prismatische kolom onder invloed van zijn eigen gewicht

In figuur 2.19 is een enkelzijdig ingeklemde prismatische kolom getekend, met lengte ℓ, doorsnede A en een totaal eigen gewicht G. De elasticiteitsmodulus is E.
Dezelfde kolom werd eerder in paragraaf 2.6.4 behandeld, maar dan op een andere manier.

Gevraagd: Bereken met behulp van de differentiaalvergelijking voor extensie het verloop van de verplaatsing u en normaalkracht N ten gevolge van het eigen gewicht.

Uitwerking: Het eigen gewicht kan men opvatten als een gelijkmatig verdeelde belasting q_x langs de staafas:

$$q_x = -\frac{G}{\ell}$$

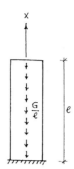

Figuur 2.19 Een enkelzijdig ingeklemde prismatische kolom onder invloed van zijn eigen gewicht

De differentiaalvergelijking voor extensie wordt nu (let op de tekens!):

$$EAu'' = -q_x = +\frac{G}{\ell}$$

Door (herhaald) integreren vindt men:

$$N = EAu' = \frac{G}{\ell}x + C_1$$

$$EAu = \frac{1}{2}\frac{G}{\ell}x^2 + C_1 x + C_2$$

De constanten C_1 en C_2 volgen uit de randvoorwaarden.
In een rand blijkt altijd óf de grootte van de normaalkracht N óf de verplaatsing u bekend te zijn.

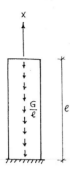

Figuur 2.19 Een enkelzijdig ingeklemde prismatische kolom onder invloed van zijn eigen gewicht

De kolom is onder ingeklemd en kan daar dus niet verplaatsen[1]. Dit leidt tot de eerste randvoorwaarde:

$$x = 0 \; ; \; u = 0$$

Verder is de kolom aan de top onbelast, daar is de normaalkracht dus nul[2]. Dit is de tweede randvoorwaarde:

$$x = \ell \; ; \; N = EAu' = 0$$

Uit de eerste randvoorwaarde volgt:

$$C_2 = 0$$

en uit de tweede:

$$C_1 = -G$$

Hiermee is het verplaatsingsverloop gevonden:

$$EAu = \tfrac{1}{2}\frac{G}{\ell}x^2 - Gx$$

of, omgewerkt:

$$u = \frac{G\ell}{EA}\left(\tfrac{1}{2}\frac{x^2}{\ell^2} - \frac{x}{\ell}\right)$$

---

[1] De normaalkracht N is hier (formeel) nog onbekend.

[2] De verplaatsing u is hier onbekend.

Voor het normaalkrachtenverloop vindt men:

$$N = EAu' = G\left(\frac{x}{\ell} - 1\right)$$

Merk op dat de normaalkracht N evenredig is met de helling van de u-lijn.

In figuur 2.20 zijn de u-lijn en N-lijn getekend. Dezelfde uitkomsten werden gevonden in paragraaf 2.6.4. Omdat de constructie statisch bepaald is, kon het normaalkrachtenverloop daar rechtstreeks uit het evenwicht worden afgeleid.

2.7.3 Tweezijdig ingeklemde prismatische kolom onder invloed van zijn eigen gewicht

In figuur 2.21 is een tweezijdig ingeklemde prismatische kolom getekend, met lengte ℓ, doorsnede A en een totaal eigen gewicht G. De elasticiteitsmodulus is E.

Gevraagd: Bereken met behulp van de differentiaalvergelijking voor extensie het verloop van de verplaatsing u en normaalkracht N ten gevolge van het eigen gewicht.

Uitwerking: Het verschil met het vorige voorbeeld is dat de kolom nu tweezijdig is ingeklemd, waardoor de krachtsverdeling *statisch onbepaald* is. Dit betekent dat men de oplegreacties en het verloop van de normaalkracht nu niet meer rechtstreeks uit het evenwicht kan vinden. Er zijn oneindig veel krachtsverdelingen die voldoen aan het evenwicht.

De juiste krachtsverdeling is de krachtsverdeling die behalve aan het evenwicht ook voldoet aan de voorwaarde dat de vervormde kolom precies tussen zijn inklemmingen blijft passen. Van alle krachtsverdelingen die voldoen aan het evenwicht zou men dus de vervormingen moeten berekenen (materiaalgedrag: constitutieve betrekking) en de bijbehorende

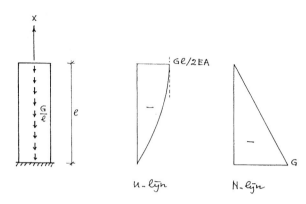

Figuur 2.20 De kolom met bijbehorende u-lijn en N-lijn

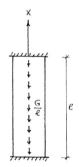

Figuur 2.21 Een tweezijdig ingeklemde prismatische kolom onder invloed van zijn eigen gewicht

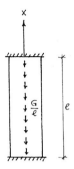

Figuur 2.21 Een tweezijdig ingeklemde prismatische kolom onder invloed van zijn eigen gewicht

verplaatsingen (kinematische betrekking) om na te kunnen gaan bij welke krachtsverdeling de vervormde kolom nog tussen zijn inklemmingen past (de zogenaamde vormveranderingsvoorwaarde).

Voor de berekening van een statisch onbepaalde constructie heeft men dus alle drie typen basisbetrekkingen nodig, te weten: de kinematische, constitutieve en statische betrekking.

Omdat de afleiding van de differentiaalvergelijking voor extensie op alle drie typen betrekkingen is gebaseerd kan men hiermee ook statisch onbepaalde krachtsverdelingen berekenen, zoals hierna blijkt.

Met:

$$q_x = -\frac{G}{\ell}$$

wordt de differentiaalvergelijking voor extensie:

$$EAu'' = -q_x = \frac{G}{\ell}$$

en vindt men na (herhaald) integreren:

$$N = EAu' = \frac{G}{\ell}x + C_1$$

$$EAu = \tfrac{1}{2}\frac{G}{\ell}x^2 + C_1 x + C_2$$

Tot zover is de uitwerking geheel gelijk aan die voor de statisch bepaalde kolom in paragraaf 2.7.2. Het verschil komt pas naar voren bij de randvoorwaarden.

Zowel onder ($x = 0$) als boven ($x = \ell$) wordt de kolom verhinderd te verplaatsen. Dit leidt tot de volgende twee randvoorwaarden:

$x = 0$; $u = 0$

$x = \ell$; $u = 0$

Uit de eerste randvoorwaarde volgt:

$C_2 = 0$

en uit de tweede randvoorwaarde:

$C_1 = -\tfrac{1}{2}G$

Hiermee is het verplaatsingsverloop gevonden:

$$EAu = \tfrac{1}{2}\frac{G}{\ell}x^2 - \tfrac{1}{2}Gx$$

of:

$$u = \frac{G\ell}{2EA}\left(\frac{x^2}{\ell^2} - \frac{x}{\ell}\right)$$

Voor de normaalkracht vindt men:

$$N = EAu' = G\left(\frac{x}{\ell} - \frac{1}{2}\right)$$

Het verloop van de verplaatsing u en normaalkracht N is in figuur 2.22 in beeld gebracht.

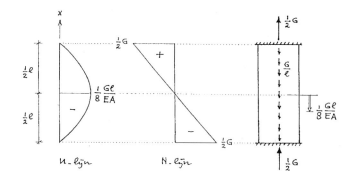

Figuur 2.22 De kolom met bijbehorende u-lijn en N-lijn en oplegreacties

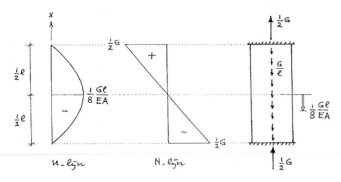

Figuur 2.22 De kolom met bijbehorende u-lijn en N-lijn en oplegreacties

De verplaatsing u verloopt parabolisch. De grootste waarde vindt men in het midden ($x = \frac{1}{2}\ell$):

$$u(x = \tfrac{1}{2}\ell) = -\tfrac{1}{8}\frac{G\ell}{EA}$$

De normaalkracht N verloopt lineair. Onderin ($x = 0$) heerst een drukkracht $\frac{1}{2}G$ en bovenin ($x = \ell$) een trekkracht $\frac{1}{2}G$. In het midden ($x = \frac{1}{2}\ell$) is de normaalkracht nul.
Merk op dat de normaalkracht evenredig is met de helling van de u-lijn.

De oplegreacties in figuur 2.22 volgen uit de N-lijn.

Controle: In paragraaf 2.6.1 werd opgemerkt dat de lengteverandering $\Delta\ell$ voor een prismatische staaf gelijk is aan de oppervlakte onder de N-lijn, gedeeld door EA.
Voor de kolom in dit voorbeeld is de totale oppervlakte onder de N-lijn nul. Dus is bij de gevonden krachtsverdeling de totale lengteverandering van de kolom nul en past de vervormde kolom inderdaad tussen zijn inklemmingen.

2.8 Vraagstukken

Gemengde opgaven over spanning, rek en lengteverandering door extensie (paragraaf 2.1 t/m 2.6).

2.1 Een kolom van een 'paddestoelvloer' draagt een vloer van 50 m². Gewicht van vloer en meubilair bedraagt 12,5 kN/m². De kolom heeft een rechthoekige doorsnede van 500×500 mm².

Gevraagd: De drukspanning in de kolom.

2.2 In het getekende vakwerk hebben alle diagonaalstaven een doorsnede met oppervlakte $A = 1400$ mm². Alle andere staven hebben een doorsnede met oppervlakte $A = 800$ mm². Het vakwerk wordt belast door twee krachten van 80 kN.

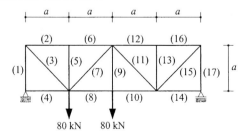

Gevraagd:
a. De spanning in de bovenrandstaven.
b. De spanning in de onderrandstaven.
c. De spanning in de verticalen.
d. De spanning in de diagonalen.

2.3 Een ankerstang van een beschoeiing heeft een diameter van 30 mm. De (rekenwaarde van de) sterkte bedraagt 100 N/mm².

Gevraagd: De toelaatbare trekkracht in de ankerstang.

2.4-1/2 In beide vakwerken hebben de doorsneden van de staven AC en BC dezelfde oppervlakte $A = 800$ mm². De trekspanningen in het vakwerk mogen niet groter worden dan 140 N/mm² en de drukspanningen niet groter dan 80 N/mm².

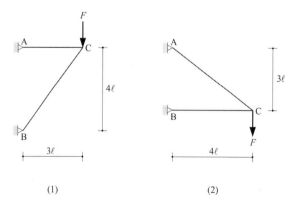

Gevraagd: De maximum verticale kracht F die in C op het vakwerk mag worden uitgeoefend. Welke staaf is maatgevend?

2.5 Een staaldraad met doorsnede $A = 150$ mm² wordt op trek belast door een kracht F. De elasticiteitsmodulus is $E = 210 \times 10^3$ N/mm². De vloeispanning is $f_y = 235$ N/mm².

Gevraagd:
a. De rek in promille als $F = 25{,}2$ kN.
b. De kracht F waarbij de vloeispanning wordt bereikt.

2.6 Aan een staaldraad met een doorsnede van 28 mm² en een lengte van 6 m wordt een gewicht met een massa van 245 kg gehangen. De elasticiteitsmodulus is $E = 210$ GPa. Het eigen gewicht van de draad wordt verwaarloosd.

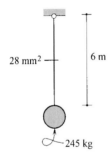

Gevraagd:
a. De spanning in de draad.
b. De verlenging van de draad.

2.7 Een prismatische staaf met lengte ℓ heeft een cirkelvormige doorsnede met diameter d. De staaf wordt onderworpen aan een trekkracht F. Daarbij wordt een rek ε gemeten. De elasticiteitsmodulus van het staafmateriaal is E.
Houd in de berekening aan:
$\ell = 0{,}85$ m, $d = 20$ mm, $\varepsilon = 0{,}47\,‰$ en $E = 210$ GPa

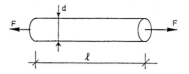

Gevraagd:
a. De normaalspanning in de doorsnede in N/mm².
b. De rekstijfheid van de staaf in MN.
c. De grootte van de trekkracht F in kN.
d. De verlenging van de staaf in mm.

2.8 Vier verschillende draden worden door vier verschillende krachten belast. Alle benodigde gegevens kunnen aan de figuur worden ontleend.

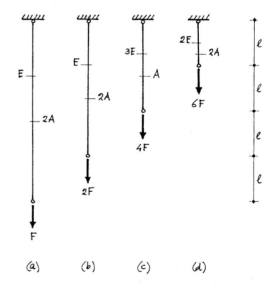

Gevraagd:
a. In welke draad heerst de grootste normaalspanning?
b. Welke draad heeft de grootste rek?
c. Welke draad ondervindt de grootste verlenging?

2.9 Aan een staaldraad met lengte ℓ en doorsnede A hangt een blok met een gewicht $G = 12$ kN. De elasticiteitsmodulus is $E = 210 \times 10^3$ MPa. Ten gevolge van het gewicht G mag de draad niet meer dan 2 mm verlengen en mag de spanning niet groter worden dan 240 N/mm².

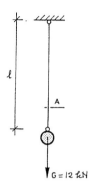

Gevraagd:
a. De minimaal benodigde doorsnede A als $\ell = 1{,}5$ m.
b. De minimaal benodigde doorsnede A als $\ell = 2{,}1$ m.

2.10 Door een gewicht van 3 kN aan een draad te hangen rekt deze 1,5 mm.

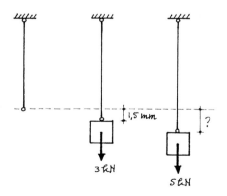

Gevraagd: Hoeveel mm rekt de draad wanneer men er een gewicht van 5 kN aan hangt?

2.11 Een watertoren bestaat uit een prismatische stalen kolom waarop een bolvormig waterreservoir rust. Het reservoir heeft een eigen gewicht van 200 kN en een inhoud van 100 m³. Als het reservoir volledig is gevuld verkort de stalen kolom 36 mm. Het eigen gewicht van de kolom wordt buiten beschouwing gelaten.

Gevraagd:
a. De verkorting van de stalen kolom als het reservoir voor 60% is gevuld.
b. De verkorting van de stalen kolom als het reservoir leeg is.

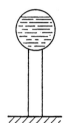

2.12 In de getekende constructie, belast door de kracht F, zijn de draden a en b van hetzelfde materiaal en hebben zij dezelfde doorsnede.

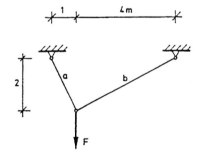

Gevraagd: De verhouding $\Delta\ell^{(a)}/\Delta\ell^{(b)}$ als $\Delta\ell^{(a)}$ en $\Delta\ell^{(b)}$ de verlengingen zijn van de draden a en b.

2.13 In het getekende vakwerk, belast door twee krachten van 70 kN, hebben alle staven dezelfde rekstijfheid van 280 MN.

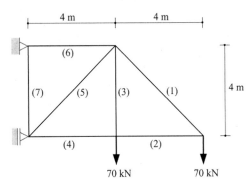

Gevraagd: De lengteverandering van de staven.

2.14 In het getekende vakwerk, belast door een kracht van 270 kN hebben alle staven dezelfde doorsnede $A = 1500$ mm². De elasticiteitsmodulus is $E = 70$ GPa.

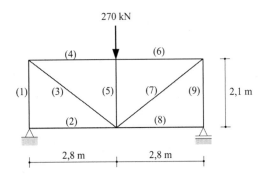

Gevraagd:
a. De spanning in de staven.
b. De rek in de staven, in promille.
c. De lengteverandering van de staven.

2.15 In het vakwerk uit opgave 2.14 hebben alle op trek belaste staven een doorsnede $A = 1500$ mm² en alle op druk belaste staven een doorsnede $A = 2000$ mm². De elasticiteitsmodulus is $E = 70$ GPa.

Gevraagd:
a. De spanning in de staven.
b. De rek in de staven, in ‰.
c. De lengteverandering van de staven.

2.16 Alle staven in het getekende vakwerk hebben dezelfde rekstijfheid $EA = 150$ MN. Het vakwerk wordt in C belast door een verticale kracht $F = 200$ kN.

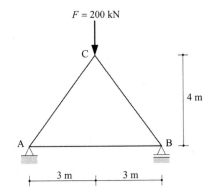

Gevraagd: De verplaatsing van de rol in B.

2.17 Alle staven in het getekende vakwerk hebben dezelfde rekstijfheid $EA = 150$ MN. Het vakwerk wordt in C belast door een verticale kracht F. Hierdoor verplaatst de rol in B over een afstand u.

Gevraagd:
a. Bereken F als $u = 4$ mm.
b. Bereken u als $F = 175$ kN.

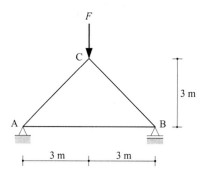

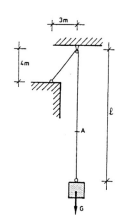

2.18 In het getekende vakwerk hebben alle staven dezelfde rekstijfheid $EA = 75$ MN. Het vakwerk wordt in D belast door een verticale kracht van 135 kN.

Gevraagd: Hoeveel mm zakt het blok door de uitrekking van de draad?

2.20 Twee aan elkaar gelijmde even grote vierkante blokken met verschillende gewichten G_1 en G_2 zijn opgehangen aan twee draden. De draden hebben verschillende lengten ℓ_1 en ℓ_2 en verschillende rekstijfheden EA_1 en EA_2.
Houd in de berekening aan:
$\ell_1 = 1{,}5$ m, $\ell_2 = 2{,}0$ m, $G_1 = 18$ kN en $G_2 = 6$ kN

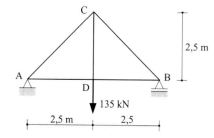

Gevraagd:
a. De lengteverandering van staaf CD.
b. De verplaatsing van de rol in B.

2.19 Een blok met gewicht $G = 48$ kN hangt aan een draad die wrijvingsloos over een katrol loopt. Zie de figuur voor de afmetingen. Voor de lengte ℓ geldt $\ell = 14$ m. De oppervlakte van de draaddoorsnede is $A = 38$ mm². De elasticiteitsmodulus is $E = 200$ GPa. Het eigen gewicht van de draad wordt verwaarloosd.

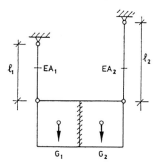

Gevraagd: De verhouding EA_1/EA_2 waarbij de blokken onder invloed van hun eigen gewicht alleen maar zakken en niet roteren.

2.21 Een overal even dikke driehoekige homogene plaat ABC is opgehangen aan twee even lange staaldraden BD en CE. De doorsnede A van de draden is verschillend en wel zodanig dat B en C evenveel zakken.

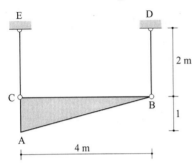

Gevraagd: De verhouding $A^{(CE)}/A^{(BD)}$.

2.22 Een overal even dikke driehoekige staalplaat ABC is opgehangen aan de twee staaldraden BD en CE.

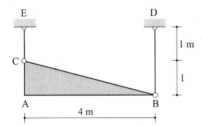

Gevraagd:
a. De verhouding $\Delta\ell^{(BD)}/\Delta\ell^{(CE)}$ als de doorsnede van de staaldraden zodanig is gekozen dat in beide draden dezelfde spanning optreedt.
b. De verhouding $\Delta\ell^{(BD)}/\Delta\ell^{(CE)}$ als beide staaldraden dezelfde doorsnede hebben.

2.23 De driehoekige plaat ABC van constante dikte wordt in de hoekpunten met verticale draden opgehangen aan het plafond. Alle draden hebben dezelfde lengte, doorsnede en elasticiteitsmodulus.

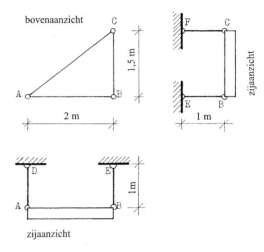

Gevraagd: Welke uitspraak is juist na ophanging?
a. A zal lager hangen dan B en C.
b. B zal lager hangen dan A en C.
c. C zal lager hangen dan A en B.
d. A, B en C zullen op gelijke hoogte hangen.

2.24 Een oneindig stijve balk met een eigen gewicht van 3 kN/m wordt opgehangen aan twee verticale staven, de een van koper de ander van staal. Voor het aanbrengen van de balk liggen de ondereinden van de staven op gelijke hoogte. Aan de balk wordt op de aangegeven plaats nog een last F gehangen.
Voor de koperen staaf geldt: $E_k = 120$ GPa en $A_k = 100$ mm^2.
Voor de stalen staaf geldt: $E_s = 210$ GPa en $A_s = 200$ mm^2.

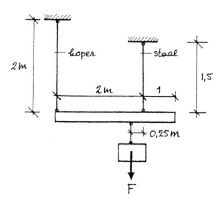

Gevraagd:
a. Bepaal de grootte van de last F opdat de balk horizontaal blijft hangen.
b. De zakking van de balk.
c. De spanning in de stalen staaf.
d. De spanning in de koperen staaf.

2.25 Staaf ABC bestaat uit de twee delen AB en BC met verschillende lengte en rekstijfheid, zie de figuur. De staaf wordt belast door een trekkracht $F = 30$ kN.
Houd in de berekening aan:
$\ell_1 = 0{,}6$ m, $\ell_2 = 1{,}2$ m, $EA_1 = 6$ MN en $EA_2 = 8$ MN.

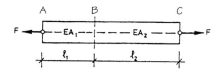

Gevraagd:
a. De rek van AB in ‰.
b. De verlenging van BC in mm.
c. De totale verlenging van staaf ABC in mm.

2.26 Staaf I met lengte $\ell = \ell_1 + \ell_2$ heeft over lengte ℓ_1 een rekstijfheid EA_1 en over lengte ℓ_2 een rekstijfheid EA_2. Een even lange staaf II, met overal dezelfde rekstijfheid EA, ondervindt ten gevolge van een trekkracht F dezelfde verlenging $\Delta \ell$ als de samengestelde staaf I.
Houd in de berekening aan:
$\ell_1 = 1{,}8$ m, $\ell_2 = 2{,}4$ m, $EA_1 = 30$ MN en $EA_2 = 40$ MN

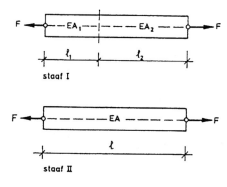

Gevraagd:
a. De rekstijfheid EA van staaf II in MN.
b. De verlenging van beide staven als $F = 70$ kN.

2.27-1 t/m 3 Een prismatische staaf AB met een doorsnede $A = 240$ mm^2 is ingeklemd in A en wordt belast door de drie krachten F_1, F_2 en F_3. De elasticiteitsmodulus is $E = 200$ GPa.
Er zijn drie verschillende belastinggevallen:
(1) $F_1 = 25$ kN, $F_2 = 15$ kN en $F_3 = 30$ kN.
(2) $F_1 = 25$ kN, $F_2 = 45$ kN en $F_3 = 25$ kN.
(3) $F_1 = 16$ kN, $F_2 = 60$ kN en $F_3 = 12$ kN.

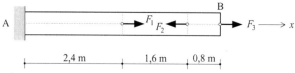

Gevraagd:
a. De N-lijn.
b. Het rekverloop over de lengte van de staaf (de ε-lijn).
c. De verplaatsing $u_{x;B}$.

2.28-1/2 Staaf ABCD heeft overal dezelfde doorsnede $A = 400$ mm² en bestaat uit drie materialen met verschillende elasticiteitsmodulus: $E^{(AB)} = 125$ GPa, $E^{(BC)} = 80$ GPa en $E^{(CD)} = 200$ GPa.
Er zijn twee belastinggevallen:
(1) $F_1 = 50$ kN, $F_2 = 10$ kN, $F_3 = 20$ kN en $F_4 = 60$ kN.
(2) $F_1 = 25$ kN, $F_2 = 45$ kN, $F_3 = 60$ kN en $F_4 = 40$ kN.

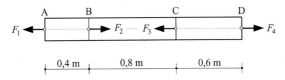

Gevraagd:
a. De N-lijn.
b. Het verloop van de rek langs de staaf (de ε-lijn).
c. De lengteverandering van de delen AB, BC en CD.
d. De lengteverandering van de totale staaf.

2.29 Een star blok met een gewicht G hangt aan drie verticale staven met gelijke doorsnede $A = 250$ mm² en gelijke lengte $\ell = 2$ m. De buitenste staven (1) en (3) zijn van koper en middenstaaf (2) is van staal. Ten gevolge van het gewicht G ondergaan alle staven een verlenging van 0,96 mm. De elasticiteitsmodulus van koper is $E_k = 125$ GPa en van staal $E_s = 200$ GPa.

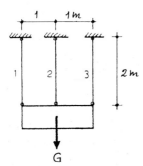

Gevraagd:
a. De rekken en spanningen in de staven.
b. De krachten in de staven.
c. Het gewicht G van het blok.

2.30 Twee in elkaar passende buizen (1) en (2) met een lengte van 600 mm worden via een starre afdekplaat belast door een drukkracht F. Hierdoor treedt een verkorting op van 0,4 mm.
Houd in de berekening aan:
$A^{(1)} = 3000$ mm², $A^{(2)} = 1500$ mm², $E^{(1)} = 100$ GPa en $E^{(2)} = 70$ GPa

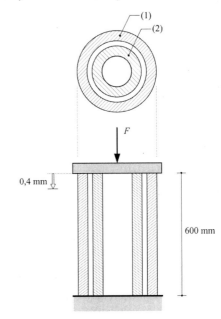

Gevraagd:
a. De normaalkracht in de buitenste buis (1).
b. De normaalkracht in de binnenste buis (2).
c. De grootte van de kracht F.
d. De verkorting als $F = 420$ kN.

2.31 Als opgave 2.30, maar nu is $E^{(1)} = 70$ GPa en $E^{(2)} = 100$ GPa.

2.32 De staven AD, BD en CD zijn in knooppunt D scharnierend met elkaar verbonden en hebben alle dezelfde rekstijfheid $EA = 125$ MN. Ten gevolge van de kracht F is de horizontale (component van de) verplaatsing van knooppunt D 1,6 mm.

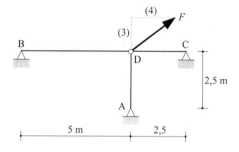

Gevraagd:
a. De krachten in de staven BD en CD.
b. De grootte van de kracht F, te berekenen uit het evenwicht van knooppunt D.
c. De verticale (component van de) verplaatsing van knooppunt D.

2.33 In de getekende constructie hebben de staven AC en BC dezelfde rekstijfheid $EA = 50$ MN. Onder invloed van de verticale kracht van 189,5 kN in C verkort AC met 3,96 mm.

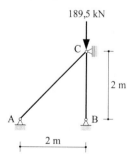

Gevraagd:
a. De kracht in staaf AC.
b. De kracht in staaf BC, te berekenen uit het krachtenevenwicht van knooppunt C.
c. De zakking van knooppunt C.
d. De oplegreacties in A, B en C.

2.34 Een volkomen stijve en gewichtsloze ligger ABC is scharnierend opgelegd in A en in B en C opgehangen aan twee verticale staven. In onbelaste toestand hangt de ligger horizontaal. Ten gevolge van een kracht F in C zakt C over een afstand van 20 mm.
Houd in de berekening voor de rekstijfheid van de staven aan:
$EA^{(1)} = 1500$ kN en $EA^{(2)} = 3000$ kN.

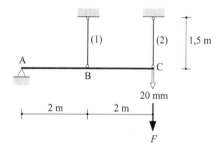

Gevraagd:
a. De rek in de staven.
b. De krachten in de staven.
c. De grootte van de kracht F.
d. De grootte en richting van de oplegreactie in A.

2.35 Een volkomen stijve en gewichtsloze ligger ABCD is scharnierend opgelegd in A en in B, C en D opgehangen aan de verticale staven (1) t/m (3). In onbelaste toestand hangt de ligger horizontaal. Ten gevolge van een kracht F in D zakt D over een afstand van 0,6 mm.
Houd in de berekening aan:
$A^{(1)} = A^{(2)} = A^{(3)} = 1000$ mm^2 en
$E^{(1)} = 200$ GPa, $E^{(2)} = 100$ GPa, $E^{(3)} = 300$ GPa.

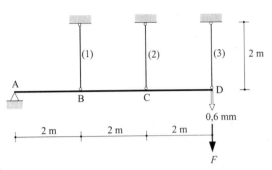

Gevraagd:
a. De rekken en spanningen in de staven.
b. De krachten in de staven.
c. De grootte van de kracht F.
d. De grootte en richting van de oplegreactie in A.

2.36 Een stalen staaf met schroefdraad aan beide einden is opgesloten in een stalen cilindrische bus met een lengte van 300 mm. Van de ringen op de buseinden wordt aangenomen dat zij onvervormbaar zijn en verwaarloosbare dikte hebben.
Eén van de moeren worden aangedraaid tot in de staaf een trekkracht van 56 kN heerst.
De staaf heeft een oppervlakte $A^{staaf} = 500$ mm²; de bus heeft een oppervlakte $A^{bus} = 1000$ mm². Voor de elasticiteitsmodulus geldt $E = 210$ GPa.

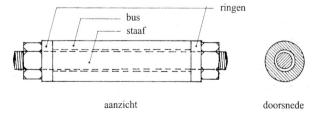

Gevraagd:
a. De verkorting van de bus.
b. De verlenging van de staaf.
c. De lengte waarover de moer moet worden aangedraaid om de trekkracht van 56 kN in de staaf te bereiken.

2.37 Een betonnen balk, 6 m lang, wordt centrisch voorgespannen met een kracht $F_p = 1100$ kN. Het voorspanelement wordt met behulp van een vijzel aangespannen tot de vereiste voorspankracht is bereikt, waarna het voorspanelement wordt verankerd.
Voor de betonbalk geldt: $A_b = 63{,}2 \times 10^3$ mm² en $E_b = 30$ GPa.
Voor het voorspanelement geldt: $A_p = 900$ mm² en $E_p = 210$ GPa.

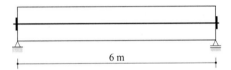

Gevraagd:
a. De verkorting van de betonbalk onder invloed van de voorspankracht.
b. De verlenging van het voorspanelement.
c. De 'slag' van de vijzel (dit is de lengte waarover de vijzel het voorspanelement moet uitrekken) om de voorspankracht van 1100 kN te bereiken.

2.38 Een star blok met een gewicht van 63 kN hangt aan drie verticale staven met gelijke doorsnede $A = 250$ mm² en gelijke lengte $\ell = 1{,}5$ m. De buitenste staven (1) en (3) zijn van staal en middenstaaf (2) is van koper.
De elasticiteitsmodulus van koper is $E_k = 125$ GPa en van staal $E_s = 200$ GPa.

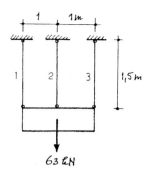

Gevraagd:
a. De zakking van het blok.
b. De krachten in de staven.
c. De spanningen in de staven.

2.39 Als opgave 2.38, maar nu zijn de buitenste staven (1) en (3) van koper en is middenstaaf (2) van staal.

2.40 Een volkomen stijve en gewichtsloze ligger ABC is scharnierend opgelegd in A en in B en C opgehangen aan twee verticale staven. In onbelaste toestand hangt de ligger horizontaal. De constructie wordt in C belast door de kracht $F = 30$ kN.
Houd in de berekening voor de rekstijfheid van de staven aan:
$EA^{(1)} = 3000$ kN en $EA^{(2)} = 1500$ kN.

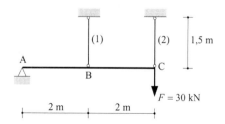

Gevraagd:
a. De zakking van C.

b. De rekken en krachten in de staven.
d. De grootte en richting van de oplegreactie in A.

2.41 Een staalkabel is spanningsloos op een trommel gewikkeld. Van de trommel wordt 633,5 m staalkabel afgewikkeld in een diepe mijnschacht.
De kabel draagt alleen zijn eigen gewicht. De soortelijke massa van de kabel bedraagt $7,85 \times 10^3$ kg/m³. Houd voor de elasticiteitsmodulus aan: $E = 90 \times 10^3$ N/mm².

Gevraagd:
a. De verlenging van de vrij hangende kabel.
b. De lengte waarbij in de kabel een maximum spanning van 130 N/mm² wordt bereikt.

2.42 Aan een 150 m lange staaldraad met een diameter van 6 mm hangt een last van 1500 N. Het volumegewicht van staal is $\gamma = 78,5$ kN/m³ en de elasticiteitsmodulus $E = 210$ GPa.

Gevraagd:
a. De verlenging van de staaldraad ten gevolge van de last.
b. De verlenging van de staaldraad ten gevolge van het eigen gewicht.
c De totale verlenging van de staaldraad.
d. De maximum normaalspanning in de staaldraad.

2.43 Een heipaal in de grond wordt belast door een kracht F_1. De paal draagt deze belasting voor een deel F_2 op stuit en voor de rest op wrijving. De wrijvingskrachten worden geschematiseerd tot een gelijkmatig verdeelde lijnbelasting q. De paal heeft een lengte ℓ en een vierkante doorsnede $a \times a$, zie de figuur. De elasticiteitsmodulus wordt gesteld op 25 GPa.
Houd in de berekening aan:
$\ell = 24$ m, $a = 300$ mm, $F_1 = 2{,}55$ MN en $F_2 = 1{,}35$ MN

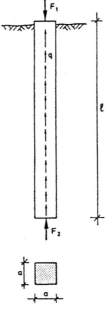

Gevraagd:
a. De gelijkmatig verdeelde belasting q ten gevolge van wrijving.
b. De verkorting van de paal.

2.44 Een 12 mm dikke staalplaat heeft de getekende vorm en wordt in beide zijvlakken belast door gelijkmatig verdeelde trekspanningen. De spanning op het linker zijvlak bedraagt 100 N/mm². De elasticiteitsmodulus is $E = 210$ GPa.

Gevraagd:
a. De trekspanning op het rechter zijvlak.
b. De normaalkracht in de tot lijnelement geschematiseerde plaat.

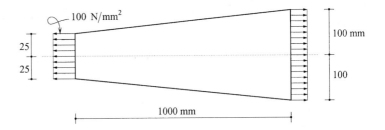

c. Geef een globale schatting tussen welke waarden de lengteverandering van de plaat zal liggen, zonder uitvoerige berekeningen.
d. Bereken de lengteverandering van de tot lijnelement geschematiseerde plaat nauwkeurig.

2.45 Een betonnen kolom in de vorm van een afgeknotte kegel wordt belast door een drukkracht F, zie de figuur. De elasticiteitsmodulus bedraagt 25 GPa.
Houd in de berekening aan:
$F = 4$ MN, $\ell = 2{,}8$ m, $r_1 = 150$ mm en $r_2 = 250$ mm

Gevraagd: De verkorting van de kolom.

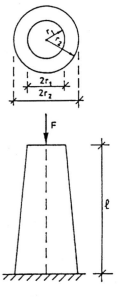

2.46 Aan een 150 m lange staaldraad met een diameter van 6 mm hangt een last van 1500 N. Van staal is het volumegewicht $\gamma = 78{,}5$ kN/m³ en de elasticiteitsmodulus $E = 210$ GPa.

Gevraagd:
a. De verticale verplaatsing u als functie van de afstand x (in mm) tot het ophangpunt.
b. De verplaatsing in het vrije einde.

De differentiaalvergelijking voor extensie (paragraaf 2.5 en 2.7)

2.47-1/2 De eenzijdig in A ingeklemde prismatische kolom AB wordt op twee verschillende manieren op extensie belast. De kolom is 6 m hoog en heeft een rekstijfheid $EA = 9$ MN.

Gevraagd:
a. Schrijf de verdeelde belasting als functie van x.
b. Bepaal met behulp van de differentiaalvergelijking voor extensie de normaalkracht N en verplaatsing u als functie van x.
c. Een schets van de N-lijn en u-lijn.
d. De oplegreacties; teken ze zoals ze in werkelijkheid op de staaf werken.
e. De verplaatsing van staafeinde B.

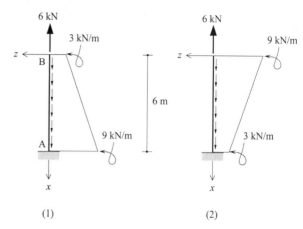

2.48-1/2 De in beide einden scharnierend opgelegde prismatische staaf AB wordt op twee verschillende manieren belast. De staaf is 6 m lang en heeft een rekstijfheid $EA = 9$ MN.

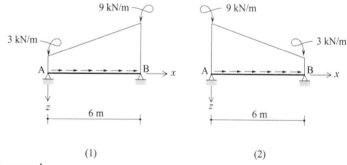

Gevraagd:
a. Schrijf de verdeelde belasting als functie van x.
b. Bepaal met behulp van de differentiaalvergelijking voor extensie de normaalkracht N en verplaatsing u als functie van x.
c. Een schets van de N-lijn en u-lijn.
d. De oplegreacties; teken ze zoals ze in werkelijkheid op de staaf werken.

2.49-1 t/m 4 Een vrij opgelegde prismatische staaf met lengte ℓ en rekstijfheid EA wordt op extensie belast door de volgende vier verschillende verdeelde belastingen $q(x)$ met topwaarde $\hat{q}$:

(1) $q(x) = \hat{q} \cdot \left(1 - 2\dfrac{x}{\ell}\right)$ (2) $q(x) = \hat{q}\cos\dfrac{\pi x}{\ell}$

(3) $q(x) = \hat{q} \cdot \left(\dfrac{x}{\ell} - \dfrac{x^2}{\ell^2}\right)$ (4) $q(x) = \hat{q}\sin\dfrac{\pi x}{\ell}$

Houd in de numerieke uitwerking aan: $\ell = 5$ m, $\hat{q} = 2{,}4$ kN/m en $EA = 2$ MN.

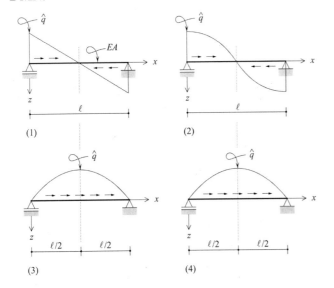

Gevraagd:
a. Bepaal met behulp van de differentiaalvergelijking voor extensie de normaalkracht N en verplaatsing u als functie van x.
b. Een schets van de N-lijn en u-lijn.
c. De oplegreacties; teken ze zoals ze in werkelijkheid op de staaf werken.
d. De verplaatsing van het op de rol opgelegde staafeinde.

2.50-1 t/m 4 Een in beide einden scharnierend opgelegde prismatische staaf met lengte ℓ en rekstijfheid EA wordt op extensie belast door de volgende vier verschillende verdeelde belastingen $q(x)$ met topwaarde $\hat{q}$:

(1) $q(x) = \hat{q} \cdot \left(1 - 2\dfrac{x}{\ell}\right)$ (2) $q(x) = \hat{q}\cos\dfrac{\pi x}{\ell}$

(3) $q(x) = \hat{q} \cdot \left(\dfrac{x}{\ell} - \dfrac{x^2}{\ell^2}\right)$ (4) $q(x) = \hat{q}\sin\dfrac{\pi x}{\ell}$

Houd in de numerieke uitwerking aan: $\ell = 5$ m, $\hat{q} = 2{,}4$ kN/m en $EA = 2$ MN.

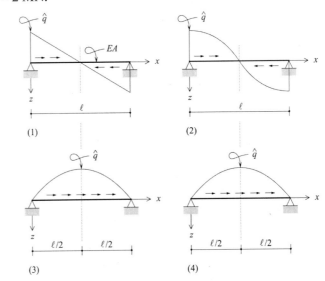

Gevraagd:
a. Bepaal met behulp van de differentiaalvergelijking voor extensie de normaalkracht N en verplaatsing u als functie van x.
b. Een schets van de N-lijn en u-lijn.
c. De oplegreacties; teken ze zoals ze in werkelijkheid op de staaf werken.

Doorsnedegrootheden

3

Bij de berekening van de spanningen ten gevolge van extensie speelt de *oppervlakte A* van de doorsnede een belangrijke rol:

$$\sigma = \frac{N}{A}$$

Ook bij het berekenen van de vervorming door extensie treft men de oppervlakte A aan, en wel in de *rekstijfheid EA* van de staaf (de weerstand tegen vervorming door lengteverandering).

Bij het berekenen van de spanningen en vervormingen ten gevolge van buiging en wringing ontmoet men weer andere doorsnedegrootheden.

Hieronder volgt een overzicht van de verschillende geometrische doorsnedegrootheden die een rol spelen bij extensie, buiging en wringing, zie figuur 3.1:

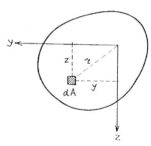

Figuur 3.1   Een oppervlakte-elementje met zijn coördinaten

$$A = \int_A dA \qquad S_y = \int_A y\,dA \qquad I_{yy} = \int_A y^2\,dA$$

$$S_z = \int_A z\,dA \qquad I_{yz} = I_{zy} = \int_A yz\,dA$$

$$I_{zz} = \int_A z^2\,dA$$

$$I_p = \int_A r^2\,dA$$

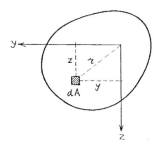

Figuur 3.1 Een oppervlakte-elementje met zijn coördinaten

Om te voorkomen dat bij de behandeling van het buigingsprobleem de aandacht teveel door de nieuwe doorsnedegrootheden wordt afgeleid is hier een apart hoofdstuk voor ingeruimd. Aan de orde komen hun definities en eigenschappen en de manieren waarop ze kunnen worden berekend.

De grootheden S_y en S_z zijn *oppervlaktemomenten van de eerste orde* of *lineaire oppervlaktemomenten*. Ze worden ook wel *statische momenten* genoemd en spelen een rol bij het vastleggen van de plaats van het zwaartepunt in de doorsnede. Hun behandeling geschiedt in paragraaf 3.1.

De grootheden I_{yy}, $I_{yz} = I_{zy}$ en I_{zz} zijn *oppervlaktemomenten van de tweede orde* of *kwadratische oppervlaktemomenten*. I_{yy} en I_{zz} worden ook wel de *traagheidsmomenten* en $I_{yz} = I_{zy}$ het *traagheidsproduct* van de doorsnede genoemd. Deze grootheden spelen een rol bij het berekenen van de spanningen en vervormingen ten gevolge van buiging[1].

Een ander kwadratische oppervlaktemoment is het *polair traagheidsmoment* I_p, zie figuur 3.1:

$$I_p = \int_A r^2 \mathrm{d}A$$

Bij cirkelvormige doorsneden komt men het polair traagheidsmoment tegen in de formules voor het bepalen van de schuifspanningen en vervormingen ten gevolge van wringing[2].

De traagheidsmomenten worden behandeld in paragraaf 3.2.

---

[1] Zie hoofdstuk 4: De op buiging en extensie belaste staaf.

[2] Zie hoofdstuk 6: De op wringing belaste staaf.

Bij dunwandige doorsneden mag men het materiaal geconcentreerd denken in de hartlijnen, zodat de doorsnede verandert in een *lijnfiguur*. Dit vereenvoudigt vaak de berekening van de doorsnedegrootheden. Hierover gaat paragraaf 3.3.

Alle paragrafen worden afgesloten met een aantal uitgewerkte rekenvoorbeelden.

3.1 Lineaire oppervlaktemomenten; zwaartepunt en normaalkrachtencentrum

In paragraaf 3.1.1 worden de lineaire oppervlaktemomenten of statische momenten S_y en S_z gedefinieerd en wordt hun betekenis toegelicht.
Met de verschuivingsregel in paragraaf 3.1.2 kan men nagaan hoe de statische momenten veranderen ten gevolge van een verschuiving van het assenstelsel.
De ligging van het zwaartepunt van de doorsnede wordt behandeld in paragraaf 3.1.3. De verschuivingsregel speelt hierbij een belangrijke rol.
Ten slotte volgt in paragraaf 3.1.4 een aantal uitgewerkte rekenvoorbeelden.

3.1.1 Statische momenten

In een y-z-assenstelsel zijn de *lineaire oppervlaktemomenten* of *statische momenten* S_y en S_z van een oppervlakte A gedefinieerd als:

$$S_y = \int_A y\,\mathrm{d}A$$

$$S_z = \int_A z\,\mathrm{d}A$$

S_y vindt men door een oppervlakte-elementje dA met zijn y-coördinaat te vermenigvuldigen (zie figuur 3.2) en alle bijdragen over de doorsnede bij elkaar op te tellen. Merk op dat men de index y weer ziet terugkeren

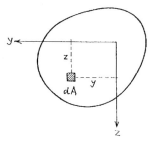

Figuur 3.2 Statische momenten: $S_y = \int_A y\,\mathrm{d}A$ en $S_z = \int_A z\,\mathrm{d}A$

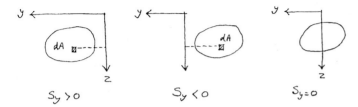

Figuur 3.3 Het statisch moment $S_y = \int_A y\,dA$ is een maat voor de ligging van het materiaal ten opzichte van de z-as.

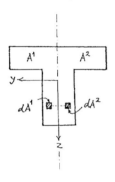

Figuur 3.4 Als de z-as een symmetrieas is, geldt $S_y = 0$.

onder het integraalteken. Dit maakt de definitie eenvoudig te memoriseren.

Omdat oppervlakte-elementjes met een positieve y-coördinaat een positieve bijdrage tot S_y leveren en oppervlakte-elementjes met een negatieve y-coördinaat een negatieve bijdrage, kan men S_y interpreteren als een maat voor de ligging van het materiaal ten opzichte van de z-as, zie figuur 3.3.

Evenzo is S_z een maat voor de ligging van het materiaal ten opzichte van de y-as.

Opmerking:

Let op: $S_y = \int_A y\,dA$ is het statisch moment <u>in het x-y-vlak</u>[1],

en $S_z = \int_A z\,dA$ is het statisch moment <u>in het x-z-vlak</u>[2].

In op technische toepassingen gerichte literatuur gebruikt men nog vaak een afwijkende notatie. Daarbij zijn S_y en S_z verwisseld. Men dient dus goed op te letten hoe S_y en S_z zijn gedefinieerd. De hier gebruikte notatie heeft als voordeel dat S_y en S_z kunnen worden beschouwd als de y- en z-component van een vector. Op deze grootheden kan men de regels van de vectoralgebra toepassen. Dat is bijvoorbeeld gemakkelijk als men de transformatie van de statische momenten bij een rotatie van het assenstelsel wil nagaan.

Men kan eenvoudig aantonen dat het statisch moment loodrecht op het vlak van spiegelsymmetrie nul is. Zo is in figuur 3.4 de z-as een symme-

---

[1] Of het statisch moment <u>om de z-as</u>.

[2] Of het statisch moment <u>om de y-as</u>.

trieas. Voor elk oppervlakte-elementje[1] $dA^{(1)}$ bestaat er een even groot en spiegelsymmetrisch gelegen oppervlakte-elementje $dA^{(2)}$. Omdat hun y-coördinaten van teken verschillen is hun gezamenlijke bijdrage in $S_y = \int_A y dA$ nul. De totale bijdrage van alle oppervlakte-elementjes $dA^{(1)}$ (links van de symmetrieas) valt dus weg tegen de totale bijdrage van alle oppervlakte-elementjes $dA^{(2)}$ (rechts van de symmetrieas), zodat:

$$S_y = \int_A y dA = \int_{A^{(1)}} y dA^{(1)} + \int_{A^{(2)}} y dA^{(2)} = 0$$

Blijkens het voorgaande kan men van een uit twee delen samengestelde doorsnede het statisch moment berekenen door de statische momenten van de afzonderlijke delen bij elkaar op te tellen, zie figuur 3.5:

$$S_y = \int_A y dA = \int_{A^{(1)}} y dA^{(1)} + \int_{A^{(2)}} y dA^{(2)} = S_y^{(1)} + S_y^{(2)}$$

Evenzo geldt:

$$S_z = S_z^{(1)} + S_z^{(2)}$$

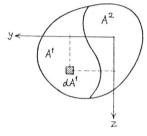

Figuur 3.5 Doorsnede samengesteld uit meerdere delen

Bij meer ingewikkelde doorsnedevormen kan men hiervan handig gebruikmaken door de doorsnede te splitsen in een aantal eenvoudig te berekenen delen, zoals rechthoeken, driehoeken, cirkels, en dergelijke, en hun bijdragen te sommeren.

3.1.2 Verschuivingsregel

Bij de statische momenten zijn ook de zogenaamde *verschuivingsformules* van belang. Ten opzichte van een verschoven $\bar{y}$-$\bar{z}$-assenstelsel,

---

[1] In herinnering wordt gebracht dat plaatsindices die betrekking hebben op een *gebied* als *bovenindex* worden toegepast. Plaatsindices die betrekking hebben op een *punt* worden als *onderindex* toegepast.

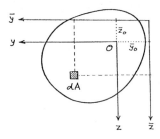

Figuur 3.6 Onderling verschoven assenstelsels

waarin $\bar{y}_0$ en $\bar{z}_0$ de coördinaten zijn van de oorsprong O van het oorspronkelijke *y-z*-assenstelsel (zie figuur 3.6), geldt:

$$\bar{y} = y + \bar{y}_0$$

$$\bar{z} = z + \bar{z}_0$$

Voor het statisch moment in het verschoven $\bar{y}$ - $\bar{z}$ - assenstelsel vindt men nu:

$$S_{\bar{y}} = \int_A \bar{y} \, dA = \int_A y \, dA + \bar{y}_0 \int_A dA$$

$$S_{\bar{z}} = \int_A \bar{z} \, dA = \int_A z \, dA + \bar{z}_0 \int_A dA$$

of:

$$S_{\bar{y}} = S_y + \bar{y}_0 A$$

$$S_{\bar{z}} = S_z + \bar{z}_0 A$$

Deze *verschuivingsformules* spelen een belangrijke rol bij het bepalen van het zwaartepunt van een doorsnede.

3.1.3 Zwaartepunt en normaalkrachtencentrum

Het *zwaartepunt* C is gedefinieerd als een zodanig punt dat, wanneer hierin de oorsprong van het assenstelsel wordt gekozen, dit leidt tot de waarde nul voor de statische momenten:

$$S_y = \int_A y \, dA$$

$$S_z = \int_A z \, dA$$

Het *normaalkrachtencentrum* NC is gedefinieerd als het punt in de doorsnede waar de resultante van alle normaalspanningen ten gevolge van extensie aangrijpt.

In paragraaf 2.4 werd voor een *homogene doorsnede* aangetoond dat in een assenstelsel door het normaalkrachtencentrum NC de statische momenten ook nul zijn. In een homogene doorsnede valt het normaalkrachtencentrum NC blijkbaar samen met het zwaartepunt C[1].

De naam 'zwaartepunt' is ontleend aan de statica van lichamen in het zwaartekrachtsveld. Een vlakke plaat, in de vorm van de doorsnede, met een gelijkmatig verdeelde massa, kan in evenwicht worden gehouden door een enkele kracht in het zwaartepunt, zie figuur 3.7. Kiest men het zwaartepunt, zoals hierboven gedefinieerd, als oorsprong van het assenstelsel, dan vereist het momentenevenwicht om de z-as dat:

$$\int_A \rho g y \, dA = \rho g \int_A y \, dA = 0$$

waarin ρ de massa per oppervlakte is.
Omdat de massa ρ en de zwaarteveldsterkte g voor alle oppervlakte-elementjes dA gelijk zijn kunnen ze buiten het integraalteken worden gebracht. Het momentenevenwicht om de z-as leidt dus tot de voorwaarde dat het statisch moment S_y nul moet zijn.
Evenzo leidt het momentenevenwicht om de y-as tot de voorwaarde dat het statisch moment S_z nul moet zijn.

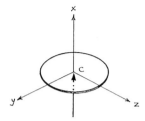

Figuur 3.7 Een vlakke plaat, met een gelijkmatig verdeelde massa, kan in het zwaartekrachtsveld in evenwicht worden gehouden door een enkele kracht in het zwaartepunt C.

---

[1] Omdat in een *homogene doorsnede* het zwaartepunt C en normaalkrachtencentrum NC samenvallen worden beide begrippen vaak door elkaar gebruikt, ook al zijn ze duidelijk verschillend gedefinieerd. Maar let op: bij *inhomogene doorsneden* vallen zwaartepunt en normaalkrachtencentrum niet meer met elkaar samen en mogen beide begrippen niet langer door elkaar worden gebruikt!

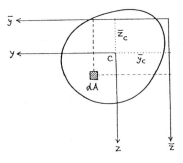

Figuur 3.8 Onderling verschoven assenstelsels. $\bar{y}_C$ en $\bar{z}_C$ zijn de coördinaten van het zwaartepunt C in het verschoven $\bar{y}$-$\bar{z}$-assenstelsel.

In het in figuur 3.8 getekende verschoven $\bar{y}$-$\bar{z}$-assenstelsel, waarin $\bar{y}_C$ en $\bar{z}_C$ de coördinaten van het zwaartepunt C zijn, geldt:

$$\bar{y} = y + \bar{y}_C$$

$$\bar{z} = z + \bar{z}_C$$

Gebruikmakend van de verschuivingsregel in paragraaf 3.1.2 vindt men:

$$S_{\bar{y}} = S_y + \bar{y}_C A$$

$$S_{\bar{z}} = S_z + \bar{z}_C A$$

Omdat het y-z-assenstelsel door het zwaartepunt C gaat, geldt per definitie:

$$S_y = 0$$

$$S_z = 0$$

zodat:

$$S_{\bar{y}} = \bar{y}_C A$$

$$S_{\bar{z}} = \bar{z}_C A$$

De statische momenten $S_{\bar{y}}$ en $S_{\bar{z}}$ van een doorsnede zijn gelijk aan het product van de oppervlakte A en respectievelijk de $\bar{y}$- en $\bar{z}$-coördinaat van zwaartepunt C.

Conclusie: Voor het berekenen van de statische momenten mag men de oppervlakte A 'geconcentreerd' denken in zijn zwaartepunt.

Omgekeerd: zijn $S_{\bar{y}}$ en $S_{\bar{z}}$ bekend, dan vindt men voor de coördinaten van het zwaartepunt C[1]:

$$\bar{y}_C = \frac{S_{\bar{y}}}{A}$$

$$\bar{z}_C = \frac{S_{\bar{z}}}{A}$$

Spiegelsymmetrische doorsnedevormen. Heeft de doorsnede een as van spiegelsymmetrie dan ligt het zwaartepunt C op de symmetrieas.
In figuur 3.9a is $S_y = 0$ en ligt het zwaartepunt op de z-as. In figuur 3.9b is $S_z = 0$ en ligt het zwaartepunt op de y-as.
In figuur 3.9c zijn er twee symmetrieassen en ligt het zwaartepunt op het snijpunt van beide assen.

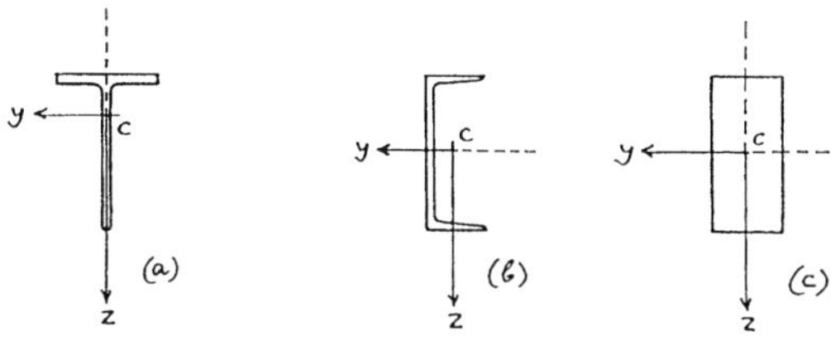

Puntsymmetrische doorsnedevormen. Een vlakke figuur die bij spiegeling in een punt C op zichzelf wordt afgebeeld heet *puntsymmetrisch* ten opzichte van C. C wordt het centrum van puntspiegeling genoemd. Vlakke puntsymmetrische figuren worden ook wel *keersymmetrisch* of *anti-(sym)metrisch* genoemd.

Bij puntsymmetrische doorsnedevormen valt het zwaartepunt samen met het centrum van spiegeling.
Voorbeelden zijn gegeven in figuur 3.10. Voor elk oppervlakte-elementje d$A^{(1)}$ bestaat er een even groot en symmetrisch gelegen oppervlakte-elementje d$A^{(2)}$. In een assenstelsel met de oorsprong in C, het centrum van spiegeling, hebben hun y- en z-coördinaten een tegengesteld teken en is hun gezamenlijke bijdrage in respectievelijk $\int_A y \, dA$ en $\int_A z \, dA$ nul.

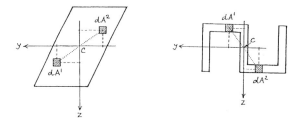

Figuur 3.9 In spiegelsymmetrische doorsneden ligt het zwaartepunt C op de symmetrieas.

Figuur 3.10 In puntsymmetrische doorsneden valt het zwaartepunt C samen met het centrum van puntspiegeling.

---

[1] Zie ook de afleiding in paragraaf 2.4.

Gesommeerd over de hele doorsnede geldt dus:

$$S_y = 0 \text{ en } S_z = 0$$

waarmee is aangetoond dat het zwaartepunt C samenvalt met het centrum van spiegeling.

Rotatiesymmetrische doorsnedevormen. Vlakke figuren die bij rotatie over een hoek α om een punt C op zichzelf worden afgebeeld heten rotatiesymmetrisch om C. C wordt het centrum van rotatie genoemd en α de rotatiehoek. Bij vlakke figuren is puntsymmetrie een bijzonder geval van rotatiesymmetrie (de rotatiehoek α is dan 180°).

Bij rotatiesymmetrische doorsnedevormen valt het zwaartepunt samen met het centrum van rotatie.
Voorbeelden zijn gegeven in figuur 3.11.
Van de doorsnede in figuur 3.11a is de rotatiehoek $\alpha = 72°$. Deze regelmatige vijfhoek heeft meerdere symmetrieassen, waarvan er twee zijn getekend. Het zwaartepunt ligt op het snijpunt van de symmetrieassen, dus in het centrum van rotatie.
Het 'kokerprofiel met flappen' in figuur 3.11b heeft geen symmetrieassen. De rotatiehoek is $\alpha = 120°$. De doorsnedevorm kan men ontstaan denken door bijvoorbeeld deel PQ tweemaal over 120° om C te roteren, zie figuur 3.12. Bij elk oppervlakte-elementje $dA^{(1)}$ op PQ behoren twee even grote rotatiesymmetrisch gelegen oppervlakteelementjes $dA^{(2)}$ en $dA^{(3)}$. Men kan eenvoudig aantonen dat het gezamenlijke zwaartepunt van $dA^{(1)}$, $dA^{(2)}$ en $dA^{(3)}$ in het centrum C ligt.
Door deze procedure te herhalen voor alle andere oppervlakte-elementjes vindt men uiteindelijk dat ook het zwaartepunt van de totale doorsnede in het centrum ligt.

Ter illustratie van de afgeleide formules wordt hierna in een zestal voorbeelden de oppervlakte van een doorsnede berekend en (al dan niet volledig) de plaats van het zwaartepunt.

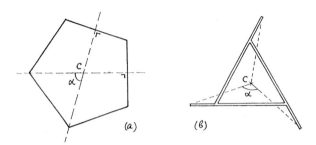

Figuur 3.11 In rotatiesymmetrische doorsneden valt het zwaartepunt C samen met het centrum van rotatie.

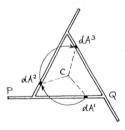

Figuur 3.12 Het gezamenlijk zwaartepunt van de even grote oppervlakte-elementjes $dA^{(1)}$, $dA^{(2)}$ en $dA^{(3)}$ ligt in C, het centrum van rotatie.

3.1.4 Rekenvoorbeelden

Voorbeeld 1 • Gegeven de driehoekige doorsnede in figuur 3.13a.

Gevraagd:
a. De oppervlakte A.
b. De z-coördinaat van het zwaartepunt C^1.

Uitwerking:
a. De breedte $b(z)$ van de gearceerde strook in figuur 3.13b is:

$$b(z) = \frac{z}{h} b$$

Bij een hoogte $\mathrm{d}z$ is de oppervlakte $\mathrm{d}A$ van de strook:

$$\mathrm{d}A = b(z)\mathrm{d}z = \frac{b}{h} z \mathrm{d}z$$

De oppervlakte A van de driehoek vindt men door de oppervlakjes $\mathrm{d}A$ van alle stroken over de hoogte h bij elkaar op te tellen. Men bereikt dit door integreren:

$$A = \int_0^h b(z)\mathrm{d}z = \frac{b}{h}\int_0^h z\,\mathrm{d}z = \frac{b}{h} \cdot \tfrac{1}{2} z^2 \Big|_0^h = \tfrac{1}{2} bh$$

---

[1] In het algemeen zal het y-z-assenstelsel worden gebruikt als het assenstelsel door het zwaartepunt (normaalkrachtencentrum) van de (homogene) doorsnede. Assenstelsels die niet door het zwaartepunt gaan worden meestal voorzien van een overstreping, accent, of dergelijke. Alleen wanneer er geen verwarring mogelijk is – zoals in dit voorbeeld – kan hiervan worden afgeweken.

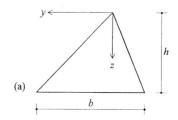

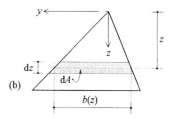

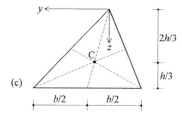

Figuur 3.13 Het zwaartepunt van een driehoek

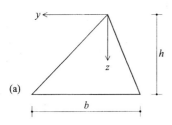

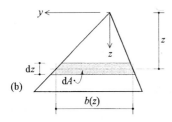

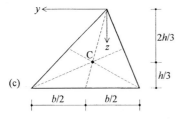

Figuur 3.13   Het zwaartepunt van een driehoek

b. Voor de z-coördinaat van het zwaartepunt C geldt:

$$z_C = \frac{S_z}{A}$$

Omdat alle oppervlakte-elementjes op de gearceerde strook dezelfde z-coördinaat hebben kan men S_z snel berekenen:

$$S_z = \int_A z\,dA = \int_0^h z \cdot \frac{b}{h} z \cdot dz = \frac{b}{h}\int_0^h z^2\,dz = \frac{b}{h} \cdot \frac{1}{3}z^3 \Big|_0^h = \frac{1}{3}bh^2$$

dus:

$$z_C = \frac{\frac{1}{3}bh^2}{\frac{1}{2}bh} = \frac{2}{3}h$$

Dit is in overeenstemming met het (bekend veronderstelde) feit dat de zwaartelijnen in een driehoek elkaar in één punt snijden en elkaar verdelen in de verhouding 1:2, zie figuur 3.13c.

Voorbeeld 2 • Gegeven de doorsnede in figuur 3.14a, begrensd door de lijnen $y = 0$ en $z = 0$ en de parabool $z = h\left(1 - \frac{y^2}{b^2}\right)$.

Gevraagd:
a. De oppervlakte A van de doorsnede.
b. De y-coördinaat van het zwaartepunt C.

Uitwerking:
a. De oppervlakte van de gearceerde strook in figuur 3.14b bedraagt:

$$dA = z\,dy = h\left(1 - \frac{y^2}{b^2}\right)dy$$

De totale oppervlakte A van de doorsnede vindt men door integreren:

$$A = \int_0^b z\,dy = h\int_0^b \left(1 - \frac{y^2}{b^2}\right)dy = h\left(y - \frac{1}{3}\frac{y^3}{b^2}\right)\Big|_0^b = \tfrac{2}{3}bh$$

De door de parabool ingesloten oppervlakte is gelijk aan $\tfrac{2}{3}$ maal de oppervlakte van de in figuur 3.14b getekende rechthoek.

b. De bijdrage van de gearceerde strook tot het statisch moment S_y is:

$$y\,dA = yz\,dy = hy\left(1 - \frac{y^2}{b^2}\right)dy$$

Door de bijdragen van alle stroken te sommeren, of wel door integratie, vindt men:

$$S_y = \int_A y\,dA = h\int_0^b y\left(1 - \frac{y^2}{b^2}\right)dy = h\left(\tfrac{1}{2}y^2 - \tfrac{1}{4}\frac{y^4}{b^2}\right)\Big|_0^b = \tfrac{1}{4}b^2 h$$

Voor de y-coördinaat van het zwaartepunt leidt dit tot (zie figuur 3.14c):

$$y_C = \frac{S_y}{A} = \frac{\tfrac{1}{4}b^2 h}{\tfrac{2}{3}bh} = \tfrac{3}{8}b$$

Voorbeeld 3 • Gegeven de doorsnede in figuur 3.15a in de vorm van een dunwandige halve ring. De straal van de ring (betrokken op de hartlijn) is R, de wanddikte is t.
Het dunwandig zijn van de doorsnede houdt in dat de wanddikte t zeer veel kleiner is dan de straal R ($t \ll R$).

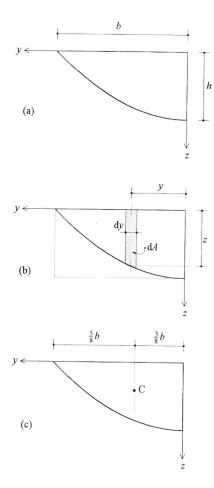

Figuur 3.14 Het zwaartepunt van een door een parabool begrensd deel van het eerste kwadrant

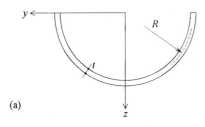

(a)

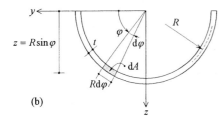

(b)

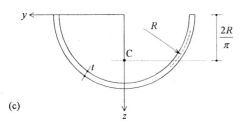

(c)

Figuur 3.15   Het zwaartepunt van een dunwandige halve ring

Gevraagd:
a. De oppervlakte A van de doorsnede.
b. De plaats van het zwaartepunt C.

Uitwerking:
a. Het gearceerde oppervlakte-elementje in figuur 3.15b met lengte $R\mathrm{d}\varphi$ en dikte t heeft een oppervlakte:

$$\mathrm{d}A = t \cdot R\mathrm{d}\varphi$$

Door integreren vindt men:

$$A = \int_0^\pi tR\mathrm{d}\varphi = tR\varphi \Big|_0^\pi = \pi R t$$

Merk op dat de oppervlakte van de dunwandige halve ring gelijk is aan het product van de ontwikkelde lengte πR en de wanddikte t.

b. Het zwaartepunt van de doorsnede ligt op de z-as omdat dit een symmetrieas is, dus:

$$y_\mathrm{C} = 0$$

Alleen de z-coördinaat moet nog worden berekend:

$$z_\mathrm{C} = \frac{S_z}{A}$$

Van het gearceerde oppervlakte-elementje in figuur 3.15b is de bijdrage tot S_z:

$$z\mathrm{d}A = R\sin\varphi \cdot tR\mathrm{d}\varphi = R^2 t \sin\varphi \, \mathrm{d}\varphi$$

Door integreren vindt men:

$$S_z = \int_A z\,dA = R^2 t \int_0^\pi \sin\varphi\,d\varphi = -R^2 t \cos\varphi \Big|_0^\pi = 2R^2 t$$

zodat (zie figuur 3.15c):

$$z_C = \frac{S_z}{A} = \frac{2R^2 t}{\pi R t} = \frac{2R}{\pi} \approx 0{,}64R$$

Voorbeeld 4 • Gegeven de in figuur 3.16a getekende halve cirkelvormige doorsnede met straal R.

Gevraagd:
De coördinaten y_C en z_C van het zwaartepunt C van de doorsnede.

Uitwerking:
Het zwaartepunt ligt op de symmetrieas, zodat:

$$y_C = 0$$

Voor het berekenen van z_C wordt de doorsnede opgevat als een vlakke plaat in het zwaartekrachtsveld, met een gelijkmatig verdeeld eigen gewicht. Het zwaartepunt is de plaats waar de resultante van het gelijkmatig verdeelde eigen gewicht aangrijpt.

De halve cirkel kan men samengesteld denken uit een groot aantal zeer kleine driehoekjes. In figuur 3.16b is één zo'n driehoekje gearceerd. Van ieder driehoekje ligt het zwaartepunt op 'éénderde van zijn hoogte'. Van alle driehoekjes liggen de zwaartepunten op een halve ring met straal r:

$$r = \tfrac{2}{3}R$$

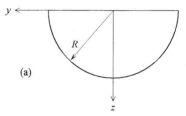

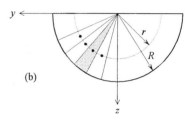

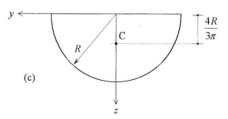

Figuur 3.16 Het zwaartepunt van een halve cirkelvormige doorsnede

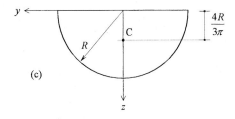

Figuur 3.16c Het zwaartepunt van een halve cirkelvormige doorsnede

Dit betekent dat men het totale eigen gewicht van de halve cirkelvormige plaat (gelijkmatig) geconcentreerd kan denken in een halve ring. Gebruikmakend van de resultaten uit het vorige voorbeeld (het zwaartepunt van een dunwandige halve ring), vindt men voor de plaats van het zwaartepunt, zie figuur 3.16c:

$$z_C = \frac{2r}{\pi} = \frac{4R}{3\pi} \approx 0{,}42R$$

Voorbeeld 5 • Gegeven de L-vormige doorsnede in figuur 3.17.

Gevraagd:
a. De oppervlakte.
b. De ligging van het zwaartepunt.

Intermezzo: Zoals men een oppervlakte kan berekenen door de oppervlakten van de afzonderlijke delen bij elkaar op te tellen, zo kan men ook de statische momenten berekenen door die van de afzonderlijke delen bij elkaar op te tellen, zie paragraaf 3.1.1.
Bij meer ingewikkelde doorsnedevormen kan men handig van deze eigenschap gebruikmaken door de doorsnede te splitsen in een aantal (n) eenvoudig te berekenen delen. Er geldt dan ($i = 1, 2, \ldots, n$):

$$A = \sum A^i$$

$$S_y = \sum S_y^i$$

$$S_z = \sum S_z^i$$

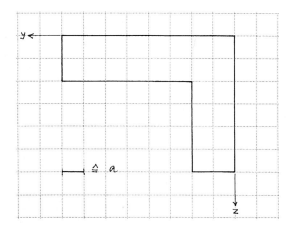

Figuur 3.17 Een L-vormige doorsnede

Het Σ-teken betekent dat gesommeerd moet worden over alle n samenstellende delen.

Verder mag men voor de berekening van een statisch moment de oppervlakte 'geconcentreerd' denken in zijn zwaartepunt, zie paragraaf 3.1.3. Het statisch moment S_y^i van deel i is dus gelijk aan het product van zijn oppervlakte (A^i) en de y-coördinaat van zijn zwaartepunt (y_C^i):

$$S_y^i = y_C^i A^i$$

en evenzo:

$$S_z^i = z_C^i A^i$$

De volgende formules staan nu ter beschikking voor het berekenen van de oppervlakte A en statische momenten S_y en S_z van een uit n delen samengestelde doorsnede:

$$A = \sum A^i$$

$$S_y = \sum S_y^i = \sum y_C^i A^i$$

$$S_z = \sum S_z^i = \sum z_C^i A^i$$

Uitwerking: Terugkerend naar het voorbeeld, kan men de L-vormige doorsnede opdelen in de twee rechthoeken (1) en (2), waarvan men direct de oppervlakte (A^i) en de plaats van het zwaartepunt ($y_C^i; z_C^i$) kent, zie figuur 3.18. Gebruikmakend van bovenstaande formules is de berekening van de oppervlakte en de statische momenten hiernaast in tabelvorm uitgevoerd (tabel 3.1).

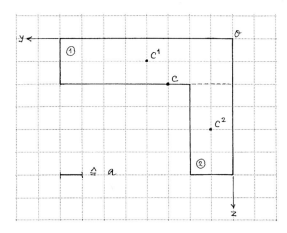

Figuur 3.18 De L-vormige doorsnede opgevat als de som van twee rechthoeken

Tabel 3.1

deel i	A^i	y_C^i	z_C^i	$S_y^i = y_C^i A^i$	$S_z^i = z_C^i A^i$
1	$16a^2$	$4a$	a	$64a^3$	$16a^3$
2	$8a^2$	a	$4a$	$8a^3$	$32a^3$
$\sum$	$A = 24a^2$		$\sum$	$S_y = 72a^3$	$S_z = 48a^3$

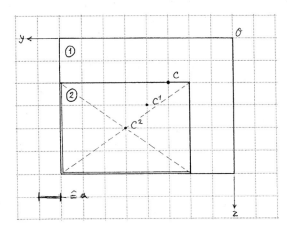

Figuur 3.19 De L-vormige doorsnede opgevat als het verschil van twee rechthoeken

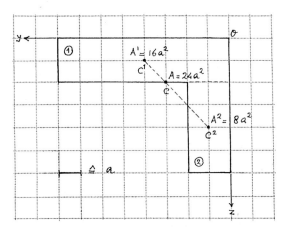

Figuur 3.20 De L-vormige doorsnede opgevat als een vlakke plaat, met gelijkmatig verdeelde massa, in het zwaartekrachtsveld

Men kan de doorsnede ook opvatten als het verschil van twee rechthoeken, zie figuur 3.19. De oppervlakte van rechthoek (2) moet nu negatief worden ingevoerd. In tabel 3.2 ziet men dat dit tot dezelfde waarden van A, S_y en S_z leidt.

Tabel 3.2

deel i	A^i	y_C^i	z_C^i	$S_y^i = y_C^i A^i$	$S_z^i = z_C^i A^i$
1	$48a^2$	$4a$	$3a$	$192a^3$	$144a^3$
2	$-24a^2$	$5a$	$4a$	$-120a^3$	$-96a^3$
Σ	$A = 24a^2$		Σ	$S_y = 72a^3$	$S_z = 48a^3$

Voor de plaats van het zwaartepunt C wordt gevonden:

$$y_C = \frac{S_y}{A} = \frac{72a^3}{24a^2} = 3a$$

$$z_C = \frac{S_z}{A} = \frac{48a^3}{24a^2} = 2a$$

Variantuitwerking: Men kan het zwaartepunt van de uit twee rechthoeken samengestelde doorsnede ook vinden door de doorsnede op te vatten als een vlakke plaat met een gelijkmatig verdeeld eigen gewicht in het zwaartekrachtsveld.
Stel dat het eigen gewicht van een stuk plaat gelijk is aan zijn oppervlakte, zie figuur 3.20. Het eigen gewicht van rechthoek (1) is gelijk aan de oppervlakte $A^{(1)}$ en grijpt aan in het zwaartepunt $C^{(1)}$:

$$A^{(1)} = 16a^2$$

Het eigen gewicht van rechthoek (2) is gelijk aan de oppervlakte $A^{(2)}$ en grijpt aan in het zwaartepunt $C^{(2)}$:

$$A^{(2)} = 8a^2$$

Het totale eigen gewicht is:

$$A = A^{(1)} + A^{(2)} = 24a^2$$

Het aangrijpingspunt van A is het gezochte zwaartepunt C. Dit ligt op het lijnstuk $C^{(1)}C^{(2)}$. De plaats van C wordt bepaald door de verhouding:

$$\frac{CC^{(1)}}{CC^{(2)}} = \frac{A^{(2)}}{A^{(1)}} = \frac{8a^2}{16a^2} = \frac{1}{2}$$

Gebruikmakend van het ruitjesraster kan men de plaats van het zwaartepunt direct in de figuur aangeven.

Voorbeeld 6 • Gegeven de doorsnede in figuur 3.21a, waarbij in de grote cirkel (1) met straal $2R$ een kleine cirkel (2) met straal R is uitgespaard.

Gevraagd: De coördinaten y_C en z_C van het zwaartepunt C.

Uitwerking: Het zwaartepunt ligt op de y-as, omdat dit een symmetrieas is, dus:

$$z_C = 0$$

De y-coördinaat volgt uit:

$$y_C = \frac{S_y}{A}$$

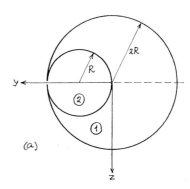

(a)

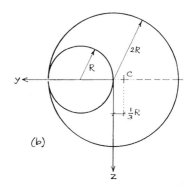

(b)

Figuur 3.21 Het zwaartepunt van een cirkelvormige doorsnede met een cirkelvormig gat

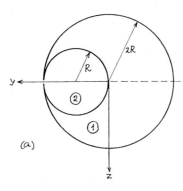

De berekening van A en S_y is uitgevoerd in onderstaande tabel:

Tabel 3.3

cirkel i	A^i	y_C^i	$S_y^i = y_C^i A^i$
1	$4\pi R^2$	0	0
2	$-\pi R^2$	R	$-\pi R^3$
Σ	$A = 3\pi R^2$	Σ	$S_y = -\pi R^3$

Voor de y-coördinaat van het zwaartepunt C vindt men, zie figuur 3.21b:

$$y_C = \frac{S_y}{A} = \frac{-\pi R^3}{3\pi R^2} = -\frac{1}{3}R$$

3.2 Kwadratische oppervlaktemomenten

In paragraaf 3.2.1 worden de *kwadratische oppervlaktemomenten* of *traagheidsmomenten* I_{yy}, I_{yz}, I_{zy} en I_{zz} gedefinieerd en wordt hun betekenis toegelicht.
Met de *verschuivingsregel van Steiner* in paragraaf 3.2.2 kan men nagaan hoe de traagheidsmomenten veranderen als het assenstelsel verschuift.
Het *polair traagheidsmoment* I_p, ook een kwadratisch oppervlaktemoment, wordt behandeld in paragraaf 3.2.3.
In paragraaf 3.2.4 volgen ten slotte enkele uitgewerkte rekenvoorbeelden.

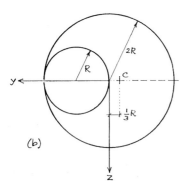

Figuur 3.21 Het zwaartepunt van een cirkelvormige doorsnede met een cirkelvormig gat

3.2.1 Traagheidsmomenten

In een y-z-assenstelsel zijn voor een oppervlakte A de *kwadratische oppervlaktemomenten* I_{yy}, I_{yz}, I_{zy} en I_{zz} als volgt gedefinieerd, zie figuur 3.22:

$$I_{yy} = \int_A y^2 \mathrm{d}A$$

$$I_{yz} = I_{zy} = \int_A yz\, \mathrm{d}A$$

$$I_{zz} = \int_A z^2 \mathrm{d}A$$

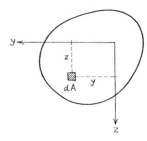

Figuur 3.22 Een oppervlakte-elementje met zijn coördinaten

I_{yy} en I_{zz} worden meestal de *traagheidsmomenten* van de doorsnede genoemd en $I_{yz} = I_{zy}$ het *traagheidsproduct*. Zij spelen een rol bij het berekenen van de spanningen en vervormingen ten gevolge van buiging. Het traagheidsproduct wordt hierna vaak (generaliserend) ook een traagheidsmoment genoemd.

Merk op dat men de dubbele index in I_{yy}, $I_{yz} = I_{zy}$ en I_{zz} weer ziet terugkeren onder het integraalteken. Dit maakt de definitie eenvoudig te memoriseren.

I_{yy} vindt men door een oppervlakte-elementje $\mathrm{d}A$ te vermenigvuldigen met het kwadraat van zijn y-coördinaat en alle bijdragen over de doorsnede bij elkaar op te tellen. I_{yy} is dus altijd positief.
I_{yy} kan men opvatten als een maat voor de hoeveelheid oppervlakte met een in absolute zin grote y-coördinaat.

Evenzo is I_{zz} altijd positief en op te vatten als een maat voor de hoeveelheid oppervlakte met een grote z-coördinaat.

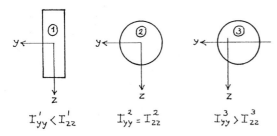

Figuur 3.23 De traagheidsmomenten I_{yy} en I_{zz} zijn een maat voor de hoeveelheid materiaal met een grote y-coördinaat, respectievelijk z-coördinaat.

In figuur 3.23 zijn drie doorsneden getekend, alle met dezelfde oppervlakte A. Het materiaal in doorsnede (1) is veel meer uitgestrekt in de z-richting dan in de y-richting (heeft in absolute zin veel grotere z- dan y-coördinaten), waaruit men kan concluderen:

$$I_{yy}^{(1)} < I_{zz}^{(1)}$$

Voor de cirkelvormige doorsnede (2) geldt op symmetriegronden:

$$I_{yy}^{(2)} = I_{zz}^{(2)}$$

De cirkelvormige doorsnede (3) is ten opzichte van doorsnede (2) in de negatieve y-richting verschoven. Hierdoor verandert I_{zz} niet, dus:

$$I_{zz}^{(3)} = I_{zz}^{(2)}$$

Maar I_{yy} verandert wel. Op grond van het feit dat doorsnede (3) meer materiaal heeft met een grote (zij het negatieve) y-coördinaat dan met een grote z-coördinaat, geldt nu:

$$I_{yy}^{(3)} > I_{zz}^{(3)}$$

De *traagheidsproducten* I_{yz} en I_{zy} zijn per definitie aan elkaar gelijk. Men vindt ze door alle oppervlakte-elementjes met hun y- en z-coördinaat te vermenigvuldigen en alle bijdragen over de doorsnede bij elkaar op te tellen.
Het traagheidsproduct is een maat voor de verdeling van het materiaal over de kwadranten.

In figuur 3.24 is dezelfde ellipsvormige doorsnede in drie verschillende standen geplaatst. Doorsnede (1) bevat in de positieve kwadranten meer materiaal (met bovendien grotere y- en z-coördinaten) dan in de negatieve kwadranten, zodat:

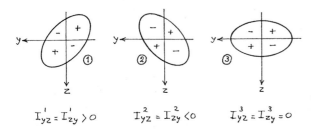

Figuur 3.24 Het traagheidsproduct $I_{yz} = I_{zy}$ is een maat voor de verdeling van het materiaal over de kwadranten.

$$I_{yz}^{(1)} = I_{zy}^{(1)} > 0$$

In doorsnede (2) domineert het materiaal in de negatieve kwadranten:

$$I_{yz}^{(2)} = I_{zy}^{(2)} < 0$$

Op grond van symmetrieoverwegingen geldt voor doorsnede (3):

$$I_{yz}^{(3)} = I_{zy}^{(3)} = 0$$

Heeft de doorsnede een as van spiegelsymmetrie en valt één van de coördinaatassen samen met de symmetrieas, dan kan men aantonen dat het traagheidsproduct nul is.

In figuur 3.25 is de z-as een symmetrieas. Voor elk oppervlakte-elementje $dA^{(1)}$ bestaat er een even groot en spiegelsymmetrisch gelegen oppervlakte-elementje $dA^{(2)}$. Beide oppervlakte-elementjes hebben dezelfde z-coördinaat, maar hun y-coördinaten verschillen van teken. Dit heeft tot gevolg dat hun gezamenlijke bijdrage in $\int_A yz\,dA$ nul is.
Voor alle oppervlakte-elementjes $dA^{(1)}$ (links van de symmetrieas) valt de bijdrage in $\int_A yz\,dA$ dus weg tegen die van alle oppervlakte-elementjes $dA^{(2)}$ (rechts van de symmetrieas), zodat voor de totale doorsnede geldt:

$$I_{yz} = \int_A yz\,dA = \int_{A^{(1)}} yz\,dA^{(1)} = \int_{A^{(2)}} yz\,dA^{(2)} = 0$$

Blijkens het voorgaande kan men de traagheidsmomenten van een uit twee delen samengestelde doorsnede berekenen door de traagheidsmomenten van de afzonderlijke delen bij elkaar op te tellen, zie figuur 3.26:

$$I_{yz} = I_{yz}^{(1)} + I_{yz}^{(2)}$$

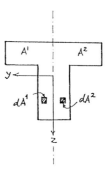

Figuur 3.25 In een spiegelsymmetrische doorsnede is $I_{yz} = I_{zy} = 0$.

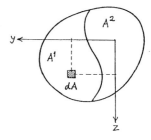

Figuur 3.26 Doorsnede samengesteld uit twee delen

Evenzo geldt:

$$I_{yy} = I_{yy}^{(1)} + I_{yy}^{(2)}$$

$$I_{zz} = I_{zz}^{(1)} + I_{zz}^{(2)}$$

Bij ingewikkelde doorsnedevormen kan men handig van deze eigenschap gebruikmaken door de doorsnede te splitsen in een aantal eenvoudig te berekenen delen (zoals rechthoeken, driehoeken, cirkels en dergelijke) en hun bijdragen te sommeren.

Opmerking:

Let op: $I_{yy} = \int_A y^2 \, dA$ is het traagheidsmoment <u>in het x-y-vlak</u>[1],

en: $I_{zz} = \int_A z^2 \, dA$ is het traagheidsmoment <u>in het x-z-vlak</u>[2].

In veel op technische toepassingen gerichte literatuur gebruikt men vaak nog de notaties I_z en I_y in plaats van I_{yy} en I_{zz}, en geeft men het traagheidsproduct aan met $C_{yz} = C_{zy}$. Men dient dus goed op te letten hoe de traagheidsmomenten zijn gedefinieerd.

Het voordeel van de hier gebruikte notatie is dat deze overeenkomt met de notatie voor de componenten van een tensor van de orde twee. Voor de grootheden I_{yy}, $I_{yz} = I_{zy}$ en I_{zz}, die zich als componenten van een tweede orde tensor gedragen, kan men nu gebruikmaken van bekende

---

[1] Of traagheidsmoment <u>om de z-as</u>.

[2] Of traagheidsmoment <u>om de y-as</u>.

regels uit de tensorrekening. Dat is gemakkelijk als men wil nagaan hoe deze grootheden transformeren bij een rotatie van het assenstelsel[1].

Tot besluit van deze paragraaf volgen nog de definities van enkele veel gebruikte begrippen.

Eigen traagheidsmomenten. De traagheidsmomenten in een assenstelsel door het zwaartepunt C van een doorsnede noemt men de *eigen traagheidsmomenten*.

Hoofdassen, hoofdrichtingen en hoofdwaarden. Wanneer in een bepaald y-z-assenstelsel door het zwaartepunt C het traagheidsproduct $I_{yz} = I_{zy}$ nul is, dan noemt men deze coördinaatassen de *hoofdassen* van de doorsnede en hun richtingen de *hoofdrichtingen*. De traagheidsmomenten I_{yy} en I_{zz} in het hoofdassenstelsel heten dan de *hoofdwaarden*.
Is één van de coördinaatassen een symmetrieas, dan geldt $I_{yz} = I_{zy} = 0$, en zijn beide coördinaatassen hoofdassen, zie figuur 3.27.

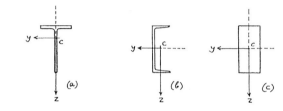

Figuur 3.27 Hoofdassen

Traagheidsstraal. Stel dat men voor het berekenen van de traagheidsmomenten I_{yy} en I_{zz} de oppervlakte A van de doorsnede geconcentreerd mag denken in een punt

$$(y, z) = (i_y, i_z)$$

Dan moet gelden:

$$I_{yy} = i_y^2 A$$

$$I_{zz} = i_z^2 A$$

---

[1] De genoemde voordelen komen met name aan het licht bij enkele onderwerpen die worden behandeld in TOEGEPASTE MECHANICA - deel 3.

waaruit volgt:

$$i_y = \sqrt{\frac{I_{yy}}{A}}$$

$$i_z = \sqrt{\frac{I_{zz}}{A}}$$

De grootheden i_y en i_z noemt men de *traagheidsstralen* van de doorsnede. Ze hebben de dimensie van een lengte.

De traagheidsstraal wordt gebruikt in formules voor de stabiliteitscontrole van op druk belaste staven. Verder kan de traagheidsstraal een rol spelen bij betonnen liggers die, om trekspanningen te vermijden, moeten worden voorgespannen.

Opmerking: Hoewel de notatie van de traagheidsstralen i_y en i_z suggereert dat het de componenten van een vector zijn, is dat niet het geval. Bij rotatie van het assenstelsel transformeren ze niet als de componenten van een vector

3.2.2 Verschuivingsregel van Steiner

Evenals bij de statische momenten zijn ook bij de traagheidsmomenten de verschuivingsformules van belang.

Ten opzichte van een verschoven $\bar{y}$ - $\bar{z}$ - assenstelsel, waarin $\bar{y}_0$ en $\bar{z}_0$ de coördinaten zijn van de oorsprong O van het oorspronkelijke y - z - assenstelsel (zie figuur 3.28), geldt:

$$\bar{y} = y + \bar{y}_0$$

$$\bar{z} = z + \bar{z}_0$$

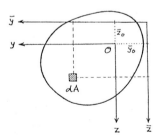

Figuur 3.28   Onderling verschoven assenstelsels

Voor de traagheidsmomenten in het verschoven $\bar{y}$ - $\bar{z}$ -assenstelsel vindt men:

$$I_{\bar{y}\bar{y}} = \int_A \bar{y}^2 dA = \int_A y^2 dA + 2\bar{y}_0 \int_A y dA + \bar{y}_0^2 \int_A dA$$

$$I_{\bar{y}\bar{z}} = I_{\bar{z}\bar{y}} = \int_A \bar{y}\bar{z} dA = \int_A yz dA + \bar{y}_0 \int_A z dA + \bar{z}_0 \int_A y dA + \bar{y}_0 \bar{z}_0 \int_A dA$$

$$I_{\bar{z}\bar{z}} = \int_A \bar{z}^2 dA = \int_A z^2 dA + 2\bar{z}_0 \int_A z dA + \bar{z}_0^2 \int_A dA$$

of:

$$I_{\bar{y}\bar{y}} = I_{yy} + 2\bar{y}_0 S_y + \bar{y}_0^2 A$$

$$I_{\bar{y}\bar{z}} = I_{\bar{z}\bar{y}} = I_{yz} + \bar{y}_0 S_z + \bar{z}_0 S_y + \bar{y}_0 \bar{z}_0 A$$

$$I_{\bar{z}\bar{z}} = I_{zz} + 2\bar{z}_0 S_z + \bar{z}_0^2 A$$

Wanneer men het oorspronkelijke y - z -assenstelsel door het zwaartepunt C kiest (zie figuur 3.29), dan zijn per definitie de statische momenten S_y en S_z nul en treedt een sterke vereenvoudiging van voorgaande formules op:

$$I_{\bar{y}\bar{y}} = I_{yy} + \bar{y}_C^2 A$$

$$I_{\bar{y}\bar{z}} = I_{\bar{z}\bar{y}} = I_{yz} + \bar{y}_C \bar{z}_C A$$

$$I_{\bar{z}\bar{z}} = I_{zz} + \bar{z}_C^2 A$$

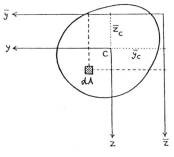

Figuur 3.29 Onderling verschoven assenstelsels. $\bar{y}_C$ en $\bar{z}_C$ zijn de coördinaten van het zwaartepunt C in het verschoven $\bar{y}$ - $\bar{z}$ -assenstelsel.

In deze vorm staan ze bekend als de *verschuivingsregel van Steiner*[1].

Omdat I_{yy}, I_{yz}, I_{zy} en I_{zz} de *eigen traagheidsmomenten* zijn (dat wil zeggen de traagheidsmomenten in een assenstelsel door het zwaartepunt C), verdient het aanbeveling omwille van de duidelijkheid de verschuivingsregel van Steiner op onderstaande wijze te schrijven:

$$I_{\overline{y}\overline{y}} = I_{yy(\text{eigen})} + \overline{y}_C^2 A$$

$$I_{\overline{y}\overline{z}} = I_{\overline{z}\overline{y}} = I_{yz(\text{eigen})} + \overline{y}_C \overline{z}_C A$$

$$I_{\overline{z}\overline{z}} = I_{zz(\text{eigen})} + \overline{z}_C^2 A$$

Uit de verschuivingsregel van Steiner komt naar voren dat $I_{\overline{y}\overline{y}}$ en $I_{\overline{z}\overline{z}}$ minimaal zijn als $\overline{y}_C = 0$ en $\overline{z}_C = 0$, dus als het $\overline{y}$-$\overline{z}$-assenstelsel door het zwaartepunt C gaat.
De eigen traagheidsmomenten $I_{yy(\text{eigen})}$ en $I_{zz(\text{eigen})}$ zijn dus de kleinste traagheidsmomenten.

3.2.3 Polair traagheidsmoment

Voor een oppervlakte A is het polair traagheidsmoment I_p gedefinieerd als, zie figuur 3.30:

$$I_p = \int_A r^2 \mathrm{d}A$$

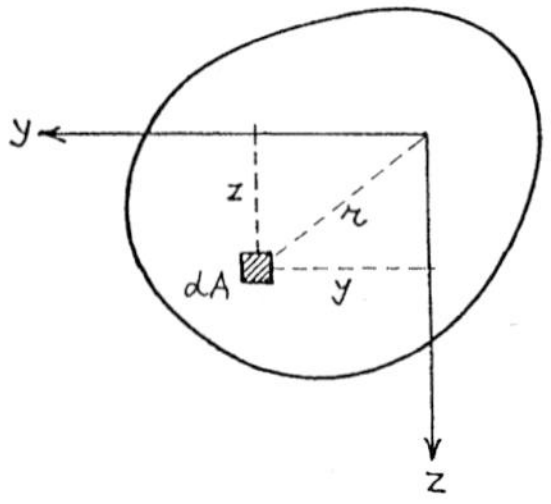

Figuur 3.30 Oppervlakte-elementje met zijn coördinaten

---

[1] Jacob Steiner (1796-1863), Zwitsers wiskundige, één der grootste meetkundigen van de 19e eeuw. Heeft veel bijgedragen aan de ontwikkeling van de projectieve meetkunde.

Het polair traagheidsmoment speelt een rol bij de versnelde rotatie van een lichaam om een as. Dezelfde grootheid komt men ook tegen bij cirkelvormige doorsneden, namelijk in de formules voor het bepalen van de schuifspanningen en de vervorming ten gevolge van wringing.

Daar:

$$r^2 = y^2 + z^2$$

geldt ook:

$$\int_A r^2 dA = \int_A y^2 dA + \int_A z^2 dA$$

of:

$$I_p = I_{yy} + I_{zz}$$

Het polair traagheidsmoment I_p is gelijk aan de som van de 'gewone' traagheidsmomenten I_{yy} en I_{zz}.

Merk op dat $I_p = I_{yy} + I_{zz}$ niet verandert als het y-z-assenstelsel roteert. $I_p = I_{yy} + I_{zz}$ is, wat men noemt, *invariant*.

Gewoonlijk is I_p voor een willekeurige doorsnedevorm minder eenvoudig te bepalen dan I_{yy} en I_{zz}. Men berekent I_p dan als de som van I_{yy} en I_{zz}. Een uitzondering hierop zijn cirkelvormige doorsneden waarvoor I_p wel eenvoudig is te berekenen en waarbij men I_p vaak weer gebruikt om I_{yy} en I_{zz} te vinden.

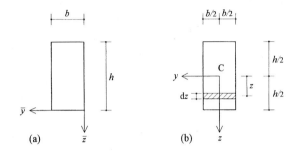

Figuur 3.31 Een rechthoekige doorsnede

3.2.4 Rekenvoorbeelden

Voorbeeld 1 • Gegeven de rechthoekige doorsnede in figuur 3.31a.

Gevraagd:
a. De eigen traagheidsmomenten.
b. De traagheidsmomenten in het $\bar{y}$ - $\bar{z}$ - assenstelsel.

Uitwerking:
a. De eigen traagheidsmomenten zijn de traagheidsmomenten in het y - z -assenstelsel door het zwaartepunt C, zie figuur 3.31b. Op grond van symmetrie geldt:

$$I_{yz} = I_{zy} = 0$$

De y- en z-as zijn dus de *hoofdassen* van de doorsnede.

Voor het berekenen van I_{zz} wordt de gearceerde strook in figuur 3.31b beschouwd, met oppervlakte:

$$dA = b\,dz$$

Alle oppervlakte-elementjes op deze strook hebben dezelfde z-coördinaat. Voor de bijdrage van deze strook tot I_{zz} geldt:

$$dI_{zz} = I_{zz}^{\text{strook}} = z^2 dA = bz^2 dz$$

Het traagheidsmoment I_{zz} vindt men door de bijdragen van alle strookjes over de hoogte h bij elkaar op te tellen, wat kan worden bereikt door integreren:

$$I_{zz} = \sum I_{zz}^{\text{strook}} = \int_A z^2 dA = b \int_{-\frac{1}{2}h}^{+\frac{1}{2}h} z^2 dz = \tfrac{1}{3}bz^3 \Big|_{-\frac{1}{2}h}^{+\frac{1}{2}h} = \tfrac{1}{12}bh^3$$

Omdat rechthoekige doorsneden in de praktijk veel worden toegepast is:

$$I_{zz} = \tfrac{1}{12}bh^3$$

een veel gebruikte formule[1].

Dat het eigen traagheidsmoment I_{zz} een maat is voor de uitgestrektheid van de doorsnede in z-richting kan men zien aan de formule voor I_{zz}, waarin de hoogte h tot de derde macht voorkomt, en de breedte b slechts tot de eerste macht.

Voor de berekening van I_{yy} kan men gebruikmaken van de voor I_{zz} afgeleide formule:

$$I_{yy} = \tfrac{1}{12}b^3 h$$

Samengevat zijn de eigen traagheidsmomenten voor een rechthoekige doorsnede:

$$I_{zz} = \tfrac{1}{12}bh^3$$

$$I_{yy} = \tfrac{1}{12}b^3 h$$

$$I_{yz} = I_{zy} = 0$$

---

[1] Veel balken liggen in het horizontale x-y-vlak, dragen een verticale belasting en verbuigen in het verticale x-z-vlak. Omdat I_{zz} hierbij een rol speelt, is I_{zz} hier eerder berekend dan I_{yy}.

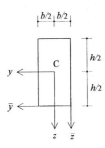

Figuur 3.32 Voor het berekenen van de traagheidsmomenten in het overstreepte assenstelsel gebruikt men in de verschuivingsregel van Steiner: $\overline{y}_C = b/2$ en $\overline{z}_C = -h/2$.

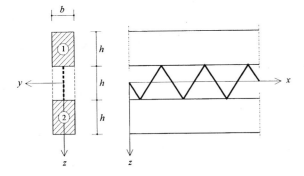

Figuur 3.33 Een uit twee rechthoekige balken samengestelde doorsnede

b. De traagheidsmomenten in het $\overline{y}$ - $\overline{z}$ -assenstelsel vindt men met behulp van de verschuivingsregel van Steiner, zie figuur 3.32:

$$I_{\overline{zz}} = I_{zz(\text{eigen})} + \overline{z}_C^2 A = \tfrac{1}{12}bh^3 + (-\tfrac{1}{2}h)^2 bh = \tfrac{1}{3}bh^3$$

$$I_{\overline{yy}} = I_{yy(\text{eigen})} + \overline{y}_C^2 A = \tfrac{1}{12}b^3h + (\tfrac{1}{2}b)^2 bh = \tfrac{1}{3}b^3h$$

$$I_{\overline{yz}} = I_{\overline{zy}} = I_{yz(\text{eigen})} + \overline{y}_C \overline{z}_C A = 0 + (\tfrac{1}{2}b)(-\tfrac{1}{2}h)bh = -\tfrac{1}{4}b^2h^2$$

De negatieve waarde van $I_{\overline{yz}}$ is in overeenstemming met de ligging van de doorsnede in een negatief $\overline{y}$ - $\overline{z}$ - kwadrant.

Voorbeeld 2 • Gegeven de uit twee balken samengestelde doorsnede in figuur 3.33.

Gevraagd: De eigen traagheidsmomenten van de samengestelde doorsnede.

Uitwerking: Voor de twee gelijke balken (1) en (2) geldt[1]:

$$A = bh$$

$$I_{zz(\text{eigen})} = \tfrac{1}{12}bh^3$$

$$I_{yy(\text{eigen})} = \tfrac{1}{12}b^3h$$

---

[1] $I_{zz(\text{eigen})}$ is gelijk aan I_{zz} in een y-z-assenstelsel door het zwaartepunt. Formeel zou men de y-z-assenstelsels in de zwaartepunten van de balken (1) en (2) moeten voorzien van een overstreping, o.i.d. Omdat deze assenstelsels niet zijn getekend en verder de extra aanduiding '(eigen)' wordt gebruikt, zijn misverstanden uitgesloten en is de overstreping weggelaten.

Met behulp van de verschuivingsregel van Steiner vindt men:

$$I_{zz} = I^{(1)}_{zz(\text{eigen})} + A^{(1)}(-h)^2 + I^{(2)}_{zz(\text{eigen})} + A^{(2)}(+h)^2$$

$$I_{yy} = I^{(1)}_{yy(\text{eigen})} + I^{(2)}_{yy(\text{eigen})}$$

waaruit volgt:

$$I_{zz} = 2I_{zz(\text{eigen})} + 2Ah^2 = 2 \cdot \tfrac{1}{12}bh^3 + 2 \cdot bh \cdot h^2 = \tfrac{13}{6}bh^3$$

$$I_{yy} = 2I_{yy(\text{eigen})} = 2 \cdot \tfrac{1}{12}b^3h = \tfrac{1}{6}b^3h$$

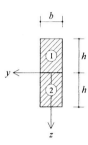

Merk op hoe groot in I_{zz} de bijdrage ten gevolge van de verschuivingsregel is! Voor de samengestelde doorsnede in figuur 3.34 geldt:

Figuur 3.34 Twee rechthoekige balken direct op elkaar

$$I_{zz} = \tfrac{1}{12}b(2h)^3 = \tfrac{4}{6}bh^3$$

Door het materiaal in figuur 3.34 over een afstand h uit elkaar te brengen wordt I_{zz} meer dan driemaal zo groot.

Opmerking: Uit symmetrieoverwegingen geldt voor de samengestelde doorsnede:

$$I_{yz} = I_{zy} = 0$$

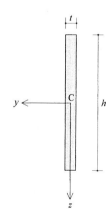

Voorbeeld 3 • Gegeven de dunwandige strip[1] in figuur 3.35. Dunwandig betekent dat de wanddikte t veel kleiner is dan de hoogte h:

$t \ll h$

Figuur 3.35 Een dunwandige strip: $t \ll h$

---

[1] Meer dunwandige doorsneden worden behandeld in paragraaf 3.3.

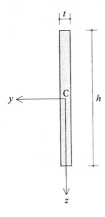

Figuur 3.35 Een dunwandige strip: $t \ll h$

Gevraagd: De eigen traagheidsmomenten.

Uitwerking: Toepassing van de formules voor een rechthoekige doorsnede leidt tot:

$$I_{zz} = \tfrac{1}{12}th^3$$

$$I_{yy} = \tfrac{1}{12}t^3h$$

$$I_{yz} = I_{zy} = 0$$

Tussen I_{yy} en I_{zz} bestaat de volgende betrekking:

$$I_{yy} = \frac{t^2}{h^2}I_{zz}$$

Bij een dunwandige strip, met $t \ll h$, wordt I_{yy} verwaarloosbaar klein ten opzichte van I_{zz}. Praktisch betekent dat:

$$I_{yy} \approx 0$$

Samengevat geldt voor de dunwandige strip in figuur 3.35:

$$I_{zz} = \tfrac{1}{12}th^3$$

$$I_{yy} \approx 0$$

$$I_{yz} = I_{zy} = 0$$

Voorbeeld 4 • Gegeven de parallellogramvormige doorsnede in figuur 3.36.

Gevraagd: De eigen traagheidsmomenten.

Uitwerking: Beschouw de gearceerde strook in figuur 3.37, en vat deze op als een dunwandige strip. Het zwaartepunt C' van de strook ligt op de lijn $y = z \cotg\alpha$.[1]
De oppervlakte van de strook is:

$$A^{\text{strook}} = dA = b\,dz$$

De eigen traagheidsmomenten kunnen worden berekend met de formules voor een dunwandige strip, afgeleid in voorbeeld 3:

$$I^{\text{strook}}_{zz(\text{eigen})} = 0$$

$$I^{\text{strook}}_{yy(\text{eigen})} = \frac{1}{12}b^3 dz$$

$$I^{\text{strook}}_{yz(\text{eigen})} = 0$$

De bijdrage van de gearceerde strook tot de gevraagde eigen traagheidsmomenten van de doorsnede vindt men door op de strook de regel van Steiner toe te passen:

$$dI_{zz} = I^{\text{strook}}_{zz} = I^{\text{strook}}_{zz(\text{eigen})} + z^2 \cdot A^{\text{strook}}$$

$$dI_{yy} = I^{\text{strook}}_{yy} = I^{\text{strook}}_{yy(\text{eigen})} + (z\cotg\alpha)^2 \cdot A^{\text{strook}}$$

$$dI_{yz} = I^{\text{strook}}_{yz} = I^{\text{strook}}_{yz(\text{eigen})} + (z\cotg\alpha)z \cdot A^{\text{strook}}$$

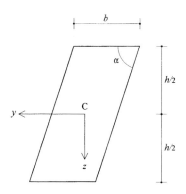

Figuur 3.36 Een parallellogramvormige doorsnede

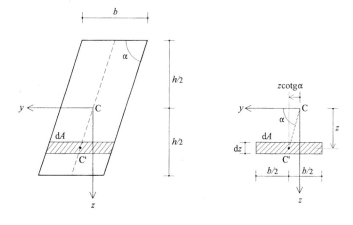

Figuur 3.37 De parallellogramvormige doorsnede opgevat als een stapeling van dunwandige strippen

---

[1] Er geldt: $\cotg\alpha = 1/\tan\alpha$.

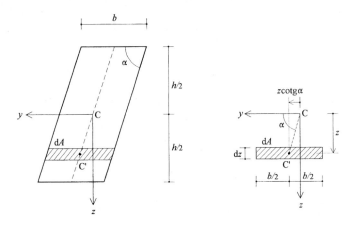

Figuur 3.37 De parallellogramvormige doorsnede opgevat als een stapeling van dunwandige strippen

Dit leidt tot:

$$dI_{zz} = b \cdot z^2 dz$$

$$dI_{yy} = \tfrac{1}{12} b^3 \cdot dz + b \cot^2\alpha \cdot z^2 dz$$

$$dI_{yz} = b \cot\alpha \cdot z^2 dz$$

De traagheidsmomenten vindt men door de bijdragen van alle stroken bij elkaar op te tellen, ofwel door te integreren over de hoogte h:

$$I_{zz} = b \int_{-\tfrac{1}{2}h}^{+\tfrac{1}{2}h} z^2 dz$$

$$I_{yy} = \tfrac{1}{12} b^3 \int_{-\tfrac{1}{2}h}^{+\tfrac{1}{2}h} dz + b \cot^2\alpha \int_{-\tfrac{1}{2}h}^{+\tfrac{1}{2}h} z^2 dz$$

$$I_{yz} = b \cot\alpha \int_{-\tfrac{1}{2}h}^{+\tfrac{1}{2}h} z^2 dz$$

Uitwerking geeft:

$$I_{zz} = \tfrac{1}{12} bh^3$$

$$I_{yy} = \tfrac{1}{12} b^3 h + \tfrac{1}{12} bh^3 \cot^2\alpha$$

$$I_{yz} = I_{zy} = \tfrac{1}{12} bh^3 \cot\alpha$$

Controle: Voor $\alpha = 90°$ geldt $\cotg \alpha = 0$ en gaan bovenstaande formules over in die voor de rechthoekige doorsnede (zie voorbeeld 1):

$$I_{zz} = \tfrac{1}{12} bh^3$$

$$I_{yy} = \tfrac{1}{12} b^3 h$$

$$I_{yz} = I_{zy} = 0$$

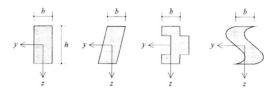

Opmerking: I_{zz} is onafhankelijk van de hoek α en gelijk aan het traagheidsmoment voor de rechthoekige doorsnede. Sterker nog: voor alle in figuur 3.38 getekende doorsnedevormen, met een over de hoogte h constante breedte b, geldt dezelfde I_{zz}:

Figuur 3.38 Alle doorsneden hebben dezelfde verdeling van het materiaal over de hoogte en daarom ook dezelfde I_{zz}.

$$I_{zz} = \tfrac{1}{12} bh^3$$

Al deze doorsnedevormen hebben in de verticale z-richting dezelfde verdeling van het materiaal; zij bestaan immers uit een stapeling van dezelfde strookjes. Dat de strookjes in y-richting ten opzichte van elkaar zijn verschoven is niet van invloed op de grootte van I_{zz} (maar uiteraard wel op de grootte van I_{yy} en I_{yz}).

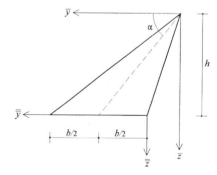

Voorbeeld 5 • Gegeven de driehoekige doorsnede in figuur 3.39. De vorm van de driehoek is vastgelegd door de hoogte h, de basis b en de richting α van de zwaartelijn uit de top.

Gevraagd:
a. De traagheidsmomenten in het $\bar{y}$ - $\bar{z}$ -assenstelsel door de top.
b. De eigen traagheidsmomenten.
c. het traagheidsmoment $I_{\bar{\bar{z}}\bar{\bar{z}}}$ in een $\bar{\bar{y}}$ - $\bar{\bar{z}}$ -assenstelsel met de $\bar{\bar{y}}$ -as langs de basis.

Figuur 3.39 Een driehoekige doorsnede

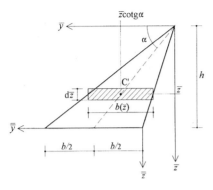

Figuur 3.40 De driehoekige doorsnede opgevat als een stapeling van dunwandige strippen

Uitwerking:
a. Dezelfde procedure wordt gevolgd als in voorbeeld 4.
Beschouw de gearceerde strook in figuur 3.40 en vat deze op als een dunwandige strip. Het zwaartepunt C' van de strip ligt op de zwaartelijn $\bar{y} = \bar{z}\cotg\alpha$. Het verschil met voorbeeld 4 is dat de breedte van de strook nu niet meer constant is, maar afhangt van $\bar{z}$:

$$b(\bar{z}) = \frac{\bar{z}}{h}b$$

De oppervlakte van de gearceerde strook is:

$$A^{\text{strook}} = b(\bar{z})d\bar{z} = \frac{b}{h}\bar{z}d\bar{z}$$

Voor de eigen traagheidsmomenten van de als een dunwandige strip opgevatte strook geldt:

$$I^{\text{strook}}_{zz(\text{eigen})} = 0$$

$$I^{\text{strook}}_{yy(\text{eigen})} = \frac{1}{12}\{b(\bar{z})\}^3 d\bar{z} = \frac{1}{12}\frac{b^3}{h^3}\bar{z}^3 d\bar{z}$$

$$I^{\text{strook}}_{yz(\text{eigen})} = 0$$

De bijdrage van de gearceerde strook tot de gevraagde traagheidsmomenten in het $\bar{y}$-$\bar{z}$-assenstelsel door de top van de driehoek vindt men door op de strook de regel van Steiner toe te passen:

$$dI_{\bar{z}\bar{z}} = I^{\text{strook}}_{\bar{z}\bar{z}} = I^{\text{strook}}_{zz(\text{eigen})} + \bar{z}^2 A^{\text{strook}}$$

$$dI_{\bar{y}\bar{y}} = I^{\text{strook}}_{\bar{y}\bar{y}} = I^{\text{strook}}_{yy(\text{eigen})} + (\bar{z}\cotg\alpha)^2 A^{\text{strook}}$$

$$dI_{\bar{y}\bar{z}} = I^{\text{strook}}_{\bar{y}\bar{z}} = I^{\text{strook}}_{yz(\text{eigen})} + (\bar{z}\cotg\alpha)\bar{z} A^{\text{strook}}$$

Uitwerking leidt tot:

$$dI_{\bar{z}\bar{z}} = \frac{b}{h} z^3 d\bar{z}$$

$$dI_{\bar{y}\bar{y}} = \left\{\frac{1}{12}\frac{b^3}{h^3} + \frac{b}{h}(\cot g\alpha)^2\right\} \bar{z}^3 d\bar{z}$$

$$dI_{\bar{y}\bar{z}} = \frac{b}{h}(\cot g\alpha)\bar{z}^3 d\bar{z}$$

Door integratie over de hoogte h vindt men:

$$I_{\bar{z}\bar{z}} = \frac{b}{h}\int_0^h \bar{z}^3 d\bar{z} = \tfrac{1}{4}bh^3$$

$$I_{\bar{y}\bar{y}} = \left\{\frac{1}{12}\frac{b^3}{h^3} + \frac{b}{h}(\cot g\alpha)^2\right\}\int_0^h \bar{z}^3 d\bar{z} = \tfrac{1}{48}b^3 h + \tfrac{1}{4}bh^3(\cot g\alpha)^2$$

$$I_{\bar{y}\bar{z}} = \frac{b}{h}\cot g\alpha \int_0^h \bar{z}^3 d\bar{z} = \tfrac{1}{4}bh^3 \cot g\alpha$$

Controle:
Voor $\alpha = 90°$ ontstaat een gelijkbenige driehoek waarin de $\bar{z}$-as een symmetrieas is, zie figuur 3.41, en waarvoor dus geldt $I_{\bar{y}\bar{z}} = 0$. Dit is in overeenstemming met de hier voor $I_{\bar{y}\bar{z}}$ gevonden uitdrukking, omdat $\cot g\alpha = 0$ voor $\alpha = 90°$.

Merk verder op dat $I_{\bar{z}\bar{z}}$ onafhankelijk is van de hoek α. Alle driehoeken in figuur 3.42, met dezelfde basis en hoogte, hebben hetzelfde traagheidsmoment $I_{\bar{z}\bar{z}}$.

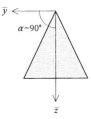

Figuur 3.41   Een symmetrische doorsnede: $I_{\bar{y}\bar{z}} = I_{\bar{z}\bar{y}} = 0$

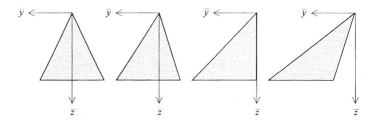

Figuur 3.42   Alle driehoeken met dezelfde basis en hoogte hebben dezelfde verdeling van het materiaal over de hoogte en daarom ook dezelfde $I_{\bar{z}\bar{z}}$.

b. De eigen traagheidsmomenten kan men nu vinden met behulp van de regel van Steiner:

$$I_{\bar{z}\bar{z}} = I_{zz(\text{eigen})} + \bar{z}_C^2 A$$

$$I_{\bar{y}\bar{y}} = I_{yy(\text{eigen})} + \bar{y}_C^2 A$$

$$I_{\bar{y}\bar{z}} = I_{yz(\text{eigen})} + \bar{y}_C \bar{z}_C A$$

$I_{\bar{z}\bar{z}}$, $I_{\bar{y}\bar{y}}$ en $I_{\bar{y}\bar{z}}$ zijn hierin bekend. Verder geldt, zie figuur 3.43:

$$\bar{z}_C = \tfrac{2}{3}h$$

$$\bar{y}_C = \bar{z}_C \cot g\alpha = \tfrac{2}{3}h \cot g\alpha$$

$$A = \tfrac{1}{2}bh$$

Men vindt nu:

$$I_{zz(\text{eigen})} = I_{\bar{z}\bar{z}} - \bar{z}_C^2 A = \tfrac{1}{4}bh^3 - (\tfrac{2}{3}h)^2(\tfrac{1}{2}bh)$$

$$I_{yy(\text{eigen})} = I_{\bar{y}\bar{y}} - \bar{y}_C^2 A = \tfrac{1}{48}b^3h + \tfrac{1}{4}bh^3(\cot g\alpha)^2 - (\tfrac{2}{3}h \cot g\alpha)^2(\tfrac{1}{2}bh)$$

$$I_{yz(\text{eigen})} = I_{\bar{y}\bar{z}} - \bar{y}_C \bar{z}_C A = \tfrac{1}{4}bh^3 \cot g\alpha - (\tfrac{2}{3}h \cot g\alpha)(\tfrac{2}{3}h)(\tfrac{1}{2}bh)$$

Uitwerking geeft:

$$I_{zz(\text{eigen})} = \tfrac{1}{36}bh^3$$

$$I_{yy(\text{eigen})} = \tfrac{1}{48}b^3h + \tfrac{1}{36}bh^3(\cot g\alpha)^2$$

$$I_{yz(\text{eigen})} = \tfrac{1}{36}bh^3 \cot g\alpha$$

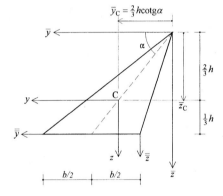

Figuur 3.43   De driehoek met zijn zwaartepunt C

c. $I_{\overline{zz}}$ kan men eveneens met de regel van Steiner vinden, zie figuur 3.43:

$$I_{\overline{zz}} = I_{zz(\text{eigen})} + \overline{z}_C^2 A = \tfrac{1}{36}bh^3 + (-\tfrac{1}{3}h)^2(\tfrac{1}{2}bh) = \tfrac{1}{12}bh^3$$

De traagheidsmomenten I_{zz} (al dan niet met overstreping) zijn onafhankelijk van de hoek α die de zwaartelijn met de y-as maakt. Hieronder zijn de verschillende waarden nog eens op een rijtje gezet, zie figuur 3.43:

$$I_{\overline{zz}(\text{top})} = \tfrac{1}{4}bh^3$$

$$I_{zz(\text{eigen})} = \tfrac{1}{36}bh^3$$

$$I_{\overline{zz}(\text{basis})} = \tfrac{1}{12}bh^3$$

Voorbeeld 6 • Gegeven de doorsnede in figuur 3.44a. De afmetingen staan in de figuur aangegeven.

Gevraagd:
a. De eigen traagheidsmomenten.
b. Het polair traagheidsmoment.

Uitwerking (lengte-eenheden in mm):
a. Op grond van de symmetrie geldt:

$$I_{yz} = I_{zy} = 0$$

Voor het berekenen van I_{zz} en I_{yy} wordt de doorsnede opgesplitst in een rechthoek en een aantal driehoeken waarop de hiervoor afgeleide formules kunnen worden toegepast.

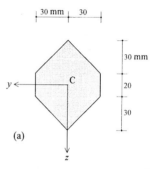

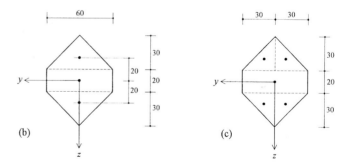

Figuur 3.44 Een doorsnedevorm die men opgebouwd kan denken uit een rechthoek en een aantal driehoeken

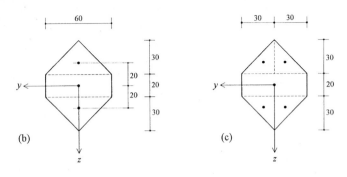

Figuur 3.44 (b en c) Een doorsnedevorm die men opgebouwd kan denken uit een rechthoek en een aantal driehoeken

Berekening van I_{zz}, zie figuur 3.44b:

$$I_{zz} = I_{zz(\text{eigen})}^{\text{rechthoek}} + 2 \times \left(I_{zz(\text{eigen})}^{\text{driehoek}} + I_{zz(\text{steiner})}^{\text{driehoek}}\right) =$$
$$= \tfrac{1}{12} \times 60 \times 20^3 + 2 \times \left(\tfrac{1}{36} \times 60 \times 30^3 + 20^2 \times \tfrac{1}{2} \times 60 \times 30\right) =$$
$$= 850 \times 10^3 \text{ mm}^4$$

Berekening van I_{yy}, zie figuur 3.44c:

$$I_{yy} = I_{yy(\text{eigen})}^{\text{rechthoek}} + 4 \times I_{yy(\text{basis})}^{\text{driehoek}} =$$
$$= \tfrac{1}{12} \times 20 \times 60^3 + 4 \times \tfrac{1}{12} \times 30 \times 30^3 =$$
$$= 630 \times 10^3 \text{ mm}^4$$

b. Voor het polaire traagheidsmoment geldt (zie paragraaf 3.2.3):

$$I_p = I_{yy} + I_{zz} = 63 \times 10^4 + 85 \times 10^4 = 1{,}48 \times 10^6 \text{ mm}^4$$

Voorbeeld 7 • In figuur 3.45 is de geschematiseerde doorsnede van een betonnen brugligger gegeven. De afmetingen kunnen uit de figuur worden afgelezen.

Gevraagd: De eigen traagheidsmomenten.

Uitwerking: Allereerst moet het zwaartepunt C van de doorsnede worden berekend. Omdat het zwaartepunt op de symmetrieas ligt geldt:

$$\bar{y}_C = 0{,}5 \text{ m}$$

De $\bar{z}$-coördinaat van het zwaartepunt volgt uit:

$$\bar{z}_C = \frac{S_{\bar{z}}}{A}$$

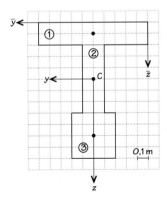

Figuur 3.45 Een betonnen brugligger geschematiseerd als een samenstel van drie rechthoeken

Voor de berekening van A en $S_{\bar{z}}$ is doorsnede opgedeeld in drie rechthoeken. De berekening is hiernaast in tabelvorm uitgevoerd:

Men vindt nu:

$$\bar{z}_C = \frac{S_{\bar{z}}}{A} = \frac{0{,}24 \text{ m}^3}{0{,}48 \text{ m}^2} = 0{,}5 \text{ m}$$

Het zwaartepunt van de doorsnede blijkt samen te vallen met het zwaartepunt van het lijf, rechthoek (2).

Het eigen traagheidsmoment I_{zz} vindt men door de bijdragen van de drie rechthoeken te berekenen en bij elkaar op te tellen. Voor de bijdrage van rechthoek i geldt:

$$I^i_{zz} = I^i_{zz(\text{eigen})} + I^i_{zz(\text{steiner})}$$

Het eigen traagheidsmoment $I^i_{zz(\text{eigen})}$ berekent men met de voor een rechthoek afgeleide formule '$\frac{1}{12}bh^3$'.

De bijdrage $I^i_{zz(\text{steiner})}$ ten gevolge van de verschuivingsregel van Steiner vindt men met de formule:

$$I^i_{zz(\text{steiner})} = (z^i_C)^2 A^i$$

De berekening van I_{zz} is hiernaast in tabelvorm uitgevoerd.

Merk op hoe groot voor de flenzen (1) en (3) de bijdrage ten gevolge van de verschuivingsregel van Steiner is ten opzichte van de eigen traagheidsmomenten!

Tabel 3.4

deel i	A^i (m^2)	$\bar{z}^i_C$ (m)	$S^i_{\bar{z}} = \bar{z}^i_C A^i$ (m^3)
1	0,20	+0,10	+0,02
2	0,12	+0,50	+0,06
3	0,16	+1,00	+0,16
Σ	$A = 0{,}48$ m^2	Σ	$S_{\bar{z}} = +0{,}24$ m^3

Tabel 3.5

deel i	A^i (m^2)	z^i_C (m)	$I^i_{zz(\text{eigen})}$ (m^4)	$I^i_{zz(\text{steiner})}$ (m^4)	I^i_{zz} (m^4)
1	0,20	−0,40	$6{,}67 \times 10^{-4}$	320×10^{-4}	$326{,}67 \times 10^{-4}$
2	0,12	0	36×10^{-4}	0	36×10^{-4}
3	0,16	+0,50	$21{,}33 \times 10^{-4}$	400×10^{-4}	$421{,}33 \times 10^{-4}$
				Σ	$I_{zz} = 784 \times 10^{-4}$ m^4

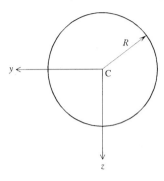

Figuur 3.46 Een cirkelvormige doorsnede

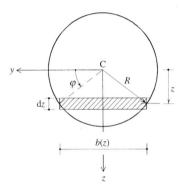

Figuur 3.47 De cirkelvormige doorsnede opgevat als een stapeling van dunwandige strippen

Voorbeeld 8 • Gegeven in figuur 3.46 de cirkelvormige doorsnede met straal R.

Gevraagd:
a. Het eigen traagheidsmoment I_{zz}.
b. Het polair traagheidsmoment I_p.

Uitwerking:
a. Voor de berekening van I_{zz} wordt de doorsnede weer opgevat als een stapeling van dunne stroken met dikte dz, breedte $b(z)$ en oppervlakte $dA = b(z)dz$, zie figuur 3.47. Voor de doorsnede geldt:

$$I_{zz} = \int_A z^2 dA = \int_{-R}^{+R} z^2 b(z) dz$$

Substitueer hierin:

$$b(z) = 2R\cos\varphi$$

$$z = R\sin\varphi$$

$$dz = \frac{d(R\sin\varphi)}{d\varphi} d\varphi = R\cos\varphi \, d\varphi$$

en pas de integratiegrenzen aan:

$$I_{zz} = \int_{-R}^{+R} z^2 b(z) dz = \int_{-\frac{\pi}{2}}^{+\frac{\pi}{2}} (R\sin\varphi)^2 (2R\cos\varphi) R\cos\varphi \, d\varphi =$$

$$= 2R^4 \int_{-\frac{\pi}{2}}^{+\frac{\pi}{2}} \sin^2\varphi \cos^2\varphi \, d\varphi$$

Met behulp van de goniometrische betrekkingen voor de overgang naar de dubbele hoek kan men aantonen[1]:

$$\sin^2\varphi \cos^2\varphi = \tfrac{1}{4}\sin^2 2\varphi = \tfrac{1}{8}(1-\cos 4\varphi)$$

Men vindt nu:

$$I_{zz} = \tfrac{1}{4}R^4 \int_{-\frac{\pi}{2}}^{+\frac{\pi}{2}} (1-\cos 4\varphi)\,d\varphi = \tfrac{1}{4}R^4(\varphi - \tfrac{1}{4}\sin 4\varphi)\Big|_{-\frac{\pi}{2}}^{+\frac{\pi}{2}} = \tfrac{1}{4}\pi R^4$$

b. Voor het polair traagheidsmoment I_p geldt:

$$I_p = \int_A r^2 dA = \int_A (y^2 + z^2)dA = I_{yy} + I_{zz}$$

waarin $I_{yy} = I_{zz}$, zodat:

$$I_p = 2I_{zz} = 2 \cdot \tfrac{1}{4}\pi R^4 = \tfrac{1}{2}\pi R^4$$

Variantuitwerking: Hierbij zullen de vragen a en b in omgekeerde volgorde worden behandeld: eerst wordt het polair traagheidsmoment I_p berekend en daarna pas de eigen traagheidsmomenten I_{yy} en I_{zz}.

---

[1] De formules zijn: $\sin 2\alpha = 2\sin\alpha\cos\alpha$
$\cos 2\alpha = \cos^2\alpha - \sin^2\alpha = 1 - 2\sin^2\alpha$

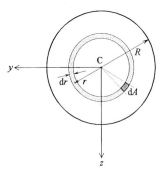

Figuur 3.48 De cirkelvormige doorsnede als samenstel van een groot aantal in elkaar passende dunwandige ringen

b. Stel de doorsnede is opgebouwd uit een groot aantal in elkaar passende dunwandige ringen. In figuur 3.48 is één zo'n ring getekend met straal r en dikte dr. De bijdrage van de ring tot het polair traagheidsmoment van de doorsnede is:

$$dI_p = I_p^{ring} = \int_{A^{ring}} r^2 dA$$

Alle oppervlakte-elementjes dA op de ring hebben dezelfde afstand r tot C, zodat:

$$dI_p = I_p^{ring} = \int_{A^{ring}} r^2 dA = r^2 A^{ring}$$

De oppervlakte van de dunwandige ring is gelijk aan het product van omtrek ($2\pi r$) en dikte (dr):

$$A^{ring} = 2\pi r dr$$

en dus geldt voor de bijdrage van de dunwandige ring:

$$dI_p = I_p^{ring} = 2\pi r^3 dr$$

Door integratie kan men de bijdragen van alle ringen bij elkaar optellen, en vindt men:

$$I_p = \int_0^R 2\pi r^3 dr = \tfrac{1}{2}\pi R^4$$

a. Omdat het polair traagheidsmoment I_p voor een cirkelvormige doorsnede zoveel eenvoudiger is te berekenen dan de eigen traagheidsmomenten I_{yy} en I_{zz}, ligt het voor de hand I_{yy} en I_{zz} via I_p te berekenen.

Op grond van symmetrie geldt:

$I_{yy} = I_{zz}$

Verder is:

$I_p = I_{yy} + I_{zz} = \frac{1}{2}\pi R^4$

waaruit volgt:

$I_{yy} = I_{zz} = \frac{1}{2}I_p = \frac{1}{4}\pi R^4$

Voorbeeld 9 • In figuur 3.49 is een dikwandige ring getekend. De binnenstraal is R_i, de buitenstraal is R_u.

Gevraagd:
a. De eigen traagheidsmomenten.
b. Het polair traagheidsmoment.

Uitwerking: De dikwandige ring kan men opvatten als het verschil van twee cirkelvormige doorsneden, resp. met straal R_u en straal R_i. Gebruikmakend van de in het vorige voorbeeld afgeleide formules vindt men:

$I_p = \frac{1}{2}\pi(R_u^4 - R_i^4)$

en dus

$I_{yy} = I_{zz} = \frac{1}{2}I_p = \frac{1}{4}\pi(R_u^4 - R_i^4)$

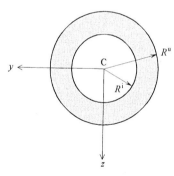

Figuur 3.49 Een dikwandige ring

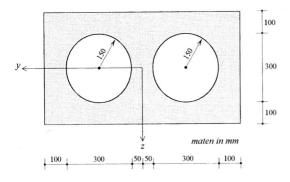

Figuur 3.50 Een rechthoekige doorsnede met twee cirkelvormige uitsparingen

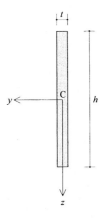

Figuur 3.51 Een dunwandige strip: $t \ll h$

Voorbeeld 10 • Gegeven de rechthoekige doorsnede in figuur 3.50, met twee uitgespaarde cirkelvormige gaten.

Gevraagd: De oppervlakte A en de eigen traagheidsmomenten I_{zz} en I_{yy}.

Uitwerking: (lengte-eenheden in mm)

$$A = 900 \times 500 - 2\pi \times 150^2 = 450 \times 10^3 - 141{,}4 \times 10^3 =$$
$$= 308{,}6 \times 10^3 \text{ mm}^2$$

$$I_{zz} = \tfrac{1}{12} \times 900 \times 500^3 - 2 \times \tfrac{1}{4}\pi \times 150^4 = 9{,}375 \times 10^9 - 0{,}795 \times 10^9 =$$
$$= 8{,}58 \times 10^9 \text{ mm}^4$$

$$I_{yy} = \tfrac{1}{12} \times 900^3 \times 500 - 2 \times (\tfrac{1}{4}\pi \times 150^4 + 200^2 \times \pi \times 150^2) =$$
$$= 30{,}38 \times 10^9 - 6{,}45 \times 10^9 =$$
$$= 23{,}93 \times 10^9 \text{ mm}^4$$

Opmerking: Het materiaal rond de y-as ($z = 0$) levert een naar verhouding kleine bijdrage tot I_{zz}. Door op deze plaats in de doorsnede materiaal weg te nemen kan men een materiaal- en gewichtsbesparing bereiken zonder dat I_{zz} sterk vermindert[1]. Zo geven de aangebrachte gaten een materiaalbesparing van ruim 30% terwijl I_{zz} slechts met 8% afneemt.

Omdat het weggenomen materiaal wel excentrisch ligt ten opzichte van de z-as neemt I_{yy} beduidend meer af, namelijk met ruim 21%.

---

[1] Een materiaalbesparing vermindert de materiaalkosten. Een gewichtsbesparing leidt tot lagere funderingskosten. Daar tegenover staan weer de extra kosten om de uitsparingen aan te brengen.

3.3 Dunwandige doorsneden

De in figuur 3.51 getekende strip noemt men dunwandig als de dikte t veel kleiner is dan de hoogte h:

$t \ll h$

Dunwandige doorsneden zijn opgebouwd uit dunwandige strippen (zie paragraaf 3.2, voorbeeld 3). De strippen mogen gekromd en gesloten zijn. In figuur 3.52 zijn voorbeelden van dunwandige doorsneden gegeven.

Bij dunwandige doorsneden mag men het materiaal geconcentreerd denken in de hartlijnen van de strippen, zodat de doorsnede verandert in een *lijnfiguur*. Dit vereenvoudigt de berekening van de doorsnedegrootheden. Eén en ander wordt in paragraaf 3.3.1 geïllustreerd aan de hand van een symmetrisch I-profiel, waarna in paragraaf 3.3.2 enkele rekenvoorbeelden volgen.

3.3.1 Symmetrisch I-profiel

In figuur 3.53 is een symmetrisch I-profiel getekend met hoogte h, breedte b, flensdikte t_f en lijfdikte t_w. Ten behoeve van een numerieke uitwerking worden de waarden aangehouden die behoren bij het staalprofiel HE 200A:

$h = 190$ mm $\qquad t_f = 10$ mm

$b = 200$ mm $\qquad t_w = 6{,}5$ mm

Bij deze waarden geldt:

$h' = h - t_f = 180$ mm

$h'' = h - 2t_f = 170$ mm

Figuur 3.52 Open en gesloten dunwandige doorsneden

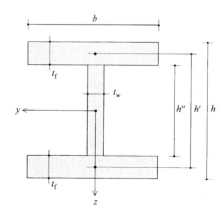

Figuur 3.53 Een symmetrisch I-profiel

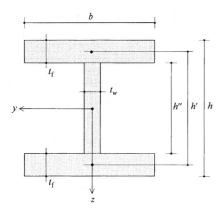

Figuur 3.53 Een symmetrisch I-profiel

Voor de oppervlakte A van de doorsnede vindt men:

$$A = 2A^{\text{flens}} + A^{\text{lijf}} = 2bt_f + h''t_w \tag{1a}$$

Voor het traagheidsmoment I_{yy} geldt:

$$I_{yy} = 2 \times I_{yy(\text{eigen})}^{\text{flens}} + I_{yy(\text{eigen})}^{\text{lijf}}$$

waarin:

$$I_{yy(\text{eigen})}^{\text{flens}} = \tfrac{1}{12} t_f b^3 = \tfrac{1}{12} \times 10 \times 200^3 = 6{,}67 \times 10^6 \text{ mm}^4$$

$$I_{yy(\text{eigen})}^{\text{lijf}} = \tfrac{1}{12} h'' t_w^3 = \tfrac{1}{12} \times 170 \times 6{,}5^3 = 3{,}89 \times 10^3 \text{ mm}^4$$

De bijdrage van het lijf tot I_{yy} is een orde 1000 kleiner dan de bijdrage van de flenzen en kan derhalve worden verwaarloosd:

$$I_{yy} = 2 \times I_{yy(\text{eigen})}^{\text{flens}} = \tfrac{1}{6} t_f b^3 \tag{2a}$$

$$I_{yy} = 2 \times 6{,}67 \times 10^6 = 13{,}34 \times 10^6 \text{ mm}^4$$

Voor het traagheidsmoment I_{zz} geldt:

$$I_{zz} = 2 \times \left(I_{zz(\text{eigen})}^{\text{flens}} + I_{zz(\text{steiner})}^{\text{flens}} \right) + I_{zz(\text{eigen})}^{\text{lijf}}$$

waarin:

$$I_{zz(\text{eigen})}^{\text{flens}} = \tfrac{1}{12} b t_f^3 = \tfrac{1}{12} \times 200 \times 10^3 = 16{,}67 \times 10^3 \text{ mm}^4$$

$$I_{zz(\text{steiner})}^{\text{flens}} = b t_f (\tfrac{1}{2} h')^2 = 200 \times 10 \times (\tfrac{1}{2} \times 180)^2 = 16{,}20 \times 10^6 \text{ mm}^4$$

$$I_{zz(\text{eigen})}^{\text{lijf}} = \tfrac{1}{12} t_w (h'')^3 = \tfrac{1}{12} \times 6{,}5 \times 170^3 = 2{,}66 \times 10^6 \text{ mm}^4$$

In I_{zz} is de bijdrage van het eigen traagheidsmoment van de flenzen een orde 1000 kleiner dan de bijdrage ten gevolge van de verschuivingsregel van Steiner en dus te verwaarlozen:

$$I_{zz} = 2 \times I^{\text{flens}}_{zz(\text{steiner})} + I^{\text{lijf}}_{zz(\text{eigen})} = \tfrac{1}{2}b(h')^2 t_f + \tfrac{1}{12}(h'')^3 t_w \tag{3a}$$

$$I_{zz} = 32{,}40 \times 10^6 + 2{,}66 \times 10^6 = 35{,}06 \times 10^6 \text{ mm}^4$$

De flenzen blijken tezamen ruim twaalf maal zoveel tot I_{zz} bij te dragen als het lijf.

Bij de aan een HE 200A ontleende afmetingen geldt $t_f \ll b$ en $t_w \ll h$ en mag men de doorsnede bij benadering als dunwandig opvatten. Denkt men het materiaal geconcentreerd in de hartlijnen, dan verandert de doorsnede in een lijnfiguur, zie figuur 3.54.

De oppervlakte A van de doorsnede vindt men (per strip) als het product van wanddikte en (ontwikkelde) lengte:

$$A = 2bt_f + h't_w \tag{1b}$$

De schematisering van de doorsnede tot een lijnfiguur heeft tot gevolg dat:

$$I^{\text{lijf}}_{yy(\text{eigen})} = 0$$

$$I^{\text{flens}}_{zz(\text{eigen})} = 0$$

Voor de traagheidsmomenten van de tot lijnfiguur geschematiseerde doorsnede vindt men nu:

$$I_{yy} = 2 \times I^{\text{flens}}_{yy(\text{eigen})} = \tfrac{1}{6}t_f b^3 \tag{2b}$$

$$I_{zz} = 2 \times I^{\text{flens}}_{zz(\text{steiner})} + I^{\text{lijf}}_{zz(\text{eigen})} = \tfrac{1}{2}b(h')^2 t_f + \tfrac{1}{12}(h')^3 t_w \tag{3b}$$

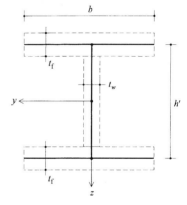

Figuur 3.54 Een dunwandig I-profiel geschematiseerd tot een lijnfiguur

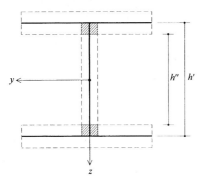

Figuur 3.55 In de 'dunwandige formules' voor A en I_{zz} is de bijdrage van de gearceerde gebieden dubbel in rekening gebracht.

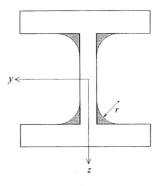

Figuur 3.56 Een walsprofiel heeft afgeronde hoeken.

Omdat bij het bepalen van A en I_{zz} de gearceerde gebieden in figuur 3.55 dubbel in rekening worden gebracht[1] geven de dunwandige formules (1b) en (3b) iets hogere uitkomsten dan de dikwandige formules (1a) en (3a). De afwijking bedraagt ongeveer 1,5%, zoals uit onderstaande tabel blijkt.

Tabel 3.6

HE 200A	A (mm^2)	I_{vv} (mm^4)	I_{zz} (mm^4)
dikwandig	5105	$13{,}34 \times 10^6$	$35{,}06 \times 10^6$
dunwandig	5170	$13{,}34 \times 10^6$	$35{,}56 \times 10^6$
tabellenboek	5383	$13{,}36 \times 10^6$	$36{,}92 \times 10^6$

In de tabel zijn ook de werkelijke waarden voor een HE 200A opgenomen, ontleend aan een staaltabellenboek. A en I_{zz} blijken in werkelijkheid ongeveer 4% groter te zijn dan berekend. De oorzaak moet worden gezocht in de hoeken tussen lijf en flenzen, die bij een walsprofiel zijn afgerond. Deze donker getinte gebieden in figuur 3.56 bleven in de berekening buiten beschouwing.

---

[1] In de dunwandige formules (1b) en (3b) wordt h' gebruikt, tegenover h'' in de dikwandige formules (1a) en (3a).

3.3.2 Rekenvoorbeelden

Voorbeeld 1 • Gegeven het dunwandige Z-profiel in figuur 3.57a met overal dezelfde wanddikte t.

Gevraagd: De eigen traagheidsmomenten in een y-z-assenstelsel.

Uitwerking: De doorsnede is puntsymmetrisch; het zwaartepunt C ligt op halve hoogte in het lijf. In figuur 3.57b is de dunwandige doorsnede als een lijnfiguur voorgesteld, met daarin aangegeven de zwaartepunten van lijf en flenzen.

Voor de dunwandige doorsnede geldt:

$$I_{yy(\text{eigen})}^{\text{lijf}} = 0$$

$$I_{zz(\text{eigen})}^{\text{flens}} = 0$$

Verder geldt:

$$I_{yz(\text{eigen})}^{\text{flens}} = I_{yz(\text{eigen})}^{\text{lijf}} = 0$$

Voor de eigen traagheidmomenten vindt men:

$$I_{yy} = 2 \times \left(I_{yy(\text{eigen})}^{\text{flens}} + I_{yy(\text{steiner})}^{\text{flens}} \right) = 2 \cdot \left(\tfrac{1}{12} t a^3 + at \cdot (\tfrac{1}{2}a)^2 \right) = \tfrac{2}{3} a^3 t$$

$$I_{zz} = 2 \times I_{zz(\text{steiner})}^{\text{flens}} + I_{zz(\text{eigen})}^{\text{lijf}} = 2 \cdot at \cdot a^2 + \tfrac{1}{12} t(2a)^3 = \tfrac{8}{3} a^3 t$$

$$I_{yz} = I_{zy} = I_{yz(\text{steiner})}^{\text{bovenflens}} + I_{yz(\text{steiner})}^{\text{onderflens}} = at(+\tfrac{1}{2}a)(-a) + at(-\tfrac{1}{2}a)(+a) = -a^3 t$$

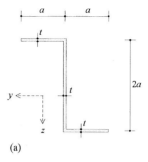

(a)

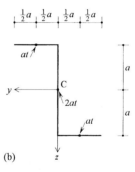

(b)

Figuur 3.57 Een dunwandig Z-profiel

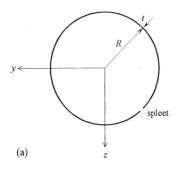

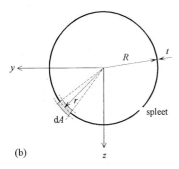

Figuur 3.58   Een open dunwandige ring

Controle: Dat $I_{yz} = I_{zy}$ negatief is, is in overeenstemming met het feit dat het materiaal van de doorsnede zich in de negatieve kwadranten bevindt. Aan de doorsnede kan men ook zien dat I_{zz} groter is dan I_{yy}: het materiaal is in de z-richting immers meer uitgestrekt (een maat voor I_{zz}) dan in de y-richting (een maat voor I_{yy}).

Voorbeeld 2 • Gegeven de open dunwandige ringvormige doorsnede in figuur 3.58a, met straal R en wanddikte t.

Gevraagd:
a. De oppervlakte.
b. Het polair traagheidsmoment.
c. De eigen traagheidsmomenten.

Uitwerking: In de spleet zijn de uiteinden van de ring niet met elkaar verbonden, maar zij liggen wel tegen elkaar aan. Voor het berekenen van de doorsnedegrootheden maakt het niet uit of de ring open (met spleet) of gesloten (zonder spleet) is.

a. De oppervlakte is gelijk aan het product van wanddikte en ontwikkelde lengte:

$$A = t \cdot 2\pi R = 2\pi R t$$

b. Het polair traagheidsmoment is gedefinieerd als:

$$I_p = \int_A r^2 \, dA$$

Op de ring hebben alle oppervlakteelementjes dA dezelfde afstand $r = R$ tot de oorsprong van het assenstelsel, zie figuur 3.58b:

$$I_p = \int_A r^2 \, dA = R^2 \int_A dA = R^2 A = 2\pi R^3 t$$

c. Voor de (eigen) traagheidsmomenten van de symmetrische ring geldt:

$$I_{yy} = I_{zz}$$

Met:

$$I_p = \int_A r^2 dA = \int_A y^2 dA + \int_A z^2 dA = I_{yy} + I_{zz}$$

vindt men:

$$I_{yy} = I_{zz} = \tfrac{1}{2} I_p = \pi R^3 t$$

Op grond van symmetrie (het materiaal is gelijk verdeeld over de positieve en negatieve kwadranten) geldt verder voor het (eigen) traagheidsproduct:

$$I_{yz} = I_{zy} = 0$$

Variantuitwerking: Men kan de ringvormige doorsnede ook opvatten als het verschil van twee cirkelvormige doorsneden met straal R_u en R_i, zie figuur 3.59. Hierbij is:

$$R_u = R + \tfrac{1}{2} t$$

$$R_i = R - \tfrac{1}{2} t$$

a. Voor de oppervlakte A vindt men:

$$A = A_u - A_i = \pi R_u^2 - \pi R_i^2 =$$
$$= \pi (R + \tfrac{1}{2} t)^2 - \pi (R - \tfrac{1}{2} t)^2 =$$
$$= 2\pi R t$$

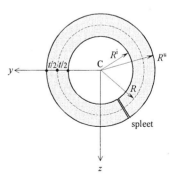

Figuur 3.59 Een dikwandige open ring

b. Voor het polair traagheidsmoment kan men gebruikmaken van de formule voor een dikwandige ring (zie paragraaf 3.2.4, voorbeeld 9):

$$I_p = \tfrac{1}{2}\pi(R_u^4 - R_i^4) = \tfrac{1}{2}\pi\left\{(R+\tfrac{1}{2}t)^4 - (R-\tfrac{1}{2}t)^4\right\} =$$
$$= \tfrac{1}{2}\pi\left\{(R+\tfrac{1}{2}t)^2 + (R-\tfrac{1}{2}t)^2\right\}\left\{(R+\tfrac{1}{2}t)^2 - (R-\tfrac{1}{2}t)^2\right\} =$$
$$= \tfrac{1}{2}\pi(2R^2 + \tfrac{1}{2}t^2)(2Rt)$$

Deze uitdrukking geldt voor een dikwandige ring. Bij een dunwandige ring is $t \ll R$ en mag $\tfrac{1}{2}t^2$ worden verwaarloosd ten opzichte van $2R^2$. Men vindt in dat geval:

$$I_p = 2\pi R^3 t$$

Voorbeeld 3 • Gegeven de dunwandige driehoekige doorsnede in figuur 3.60a, met overal dezelfde wanddikte t.

Gevraagd:
a. De oppervlakte van de doorsnede.
b. De plaats van het zwaartepunt.
c. De eigen traagheidsmomenten.

Uitwerking:
a. In figuur 3.60b zijn de zijden van de driehoekige doorsnede genummerd. Verder is in het midden van elke zijde de plaats van het zwaartepunt aangegeven. In de tabel hiernaast zijn de oppervlakte A en de statische momenten $S_{\bar{y}}$ en $S_{\bar{z}}$ berekend.

b. De coördinaten van het zwaartepunt C zijn:

$$\bar{y}_C = \frac{S_{\bar{y}}}{A} = \frac{48a^2 t}{24at} = 2a$$

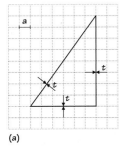 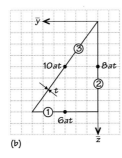

(a) (b)

Figuur 3.60 Een dunwandige driehoekige kokerdoorsnede

Tabel 3.7

deel i	A^i	$\bar{y}_C^i$	$\bar{z}_C^i$	$S_{\bar{y}}^i = \bar{y}_C^i A^i$	$S_{\bar{z}}^i = \bar{z}_C^i A^i$
1	$6at$	$3a$	$8a$	$18a^2 t$	$48a^2 t$
2	$8at$	0	$4a$	0	$32a^2 t$
3	$10at$	$3a$	$4a$	$30a^2 t$	$40a^2 t$
Σ	$A = 24at$			Σ $S_{\bar{y}} = 48a^2 t$	$S_{\bar{z}} = 120a^2 t$

$$\overline{z}_C = \frac{S_{\overline{z}}}{A} = \frac{120a^2 t}{24at} = 5a$$

De plaats van het zwaartepunt is aangegeven in figuur 3.60c.

Opmerking: Let op: het zwaartepunt van de dunwandige driehoek ligt niet op éénderde van de hoogte!

c. De eigen traagheidsmomenten worden berekend door de bijdragen van de afzonderlijke zijden te berekenen en deze bij elkaar op te tellen.

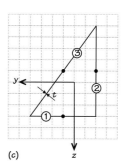

(c)

Figuur 3.60 (vervolg) Een dunwandige driehoekige kokerdoorsnede

Berekening I_{yy}:

$$I_{yy}^{(1)} = I_{yy(\text{eigen})}^{(1)} + I_{yy(\text{steiner})}^{(1)} = \tfrac{1}{12} \cdot t \cdot (6a)^3 + 6at \cdot a^2 = 24a^3 t$$

$$I_{yy}^{(2)} = I_{yy(\text{eigen})}^{(2)} + I_{yy(\text{steiner})}^{(2)} = 0 + 8at \cdot (-2a)^2 = 32a^3 t$$

$$I_{yy}^{(3)} = I_{yy(\text{eigen})}^{(3)} + I_{yy(\text{steiner})}^{(3)} = \tfrac{1}{12} \cdot \tfrac{5}{3} t \cdot (6a)^3 + 10at \cdot a^2 = 40a^3 t$$

en dus:

$$I_{yy} = \sum_{i=1}^{3} I_{yy}^{(i)} = 24a^3 t + 32a^3 t + 40a^3 t = 96a^3 t$$

Voor de berekening van $I_{yy(\text{eigen})}^{(3)}$ voor de schuine strip is gebruikgemaakt van de formule:

$$I_{yy} = \text{'}\tfrac{1}{12} bh^3\text{'}$$

waarin b de breedte van de strip in z-richting is ($b = \tfrac{5}{3} t$) en h de hoogte van de strip in y-richting ($h = 6a$), zie figuur 3.61. Zie verder ook paragraaf 3.2.4, voorbeeld 4.

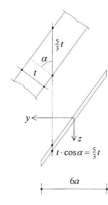

Figuur 3.61 $I_{yy(\text{eigen})} = \text{'}\tfrac{1}{12} bh^3\text{'} = \tfrac{1}{12} \cdot \tfrac{5}{3} t \cdot (6a)^3$

Berekening I_{zz}:

$$I^{(1)}_{zz} = I^{(1)}_{zz(\text{eigen})} + I^{(1)}_{zz(\text{steiner})} = 0 + 6at \cdot (3a)^2 = 54a^3t$$

$$I^{(2)}_{zz} = I^{(2)}_{zz(\text{eigen})} + I^{(2)}_{zz(\text{steiner})} = \tfrac{1}{12} \cdot t \cdot (8a)^3 + 8at \cdot (-a)^2 = \tfrac{152}{3} a^3t$$

$$I^{(3)}_{zz} = I^{(3)}_{zz(\text{eigen})} + I^{(3)}_{zz(\text{steiner})} = \tfrac{1}{12} \cdot \tfrac{5}{4} t \cdot (8a)^3 + 10at \cdot (-a)^2 = \tfrac{190}{3} a^3t$$

en dus:

$$I_{zz} = \sum_{i=1}^{3} I^{(i)}_{zz} = 54a^3t + \tfrac{152}{3} a^3t + \tfrac{190}{3} a^3t = 168a^3t$$

Voor de berekening van $I^{(3)}_{zz(\text{eigen})}$ voor de schuine strip is opnieuw gebruikgemaakt van de formule:

$$I_{zz} = \text{`}\tfrac{1}{12} bh^3\text{'}$$

maar b is nu de breedte van de strip in y-richting ($b = \tfrac{5}{4}t$) en h de hoogte van de strip in z-richting ($h = 8a$), zie figuur 3.62.

Berekening I_{yz}:

$$I^{(1)}_{yz} = I^{(1)}_{yz(\text{eigen})} + I^{(1)}_{yz(\text{steiner})} = 0 + 6at \cdot (+a)(+3a) = 18a^3t$$

$$I^{(2)}_{yz} = I^{(2)}_{yz(\text{eigen})} + I^{(2)}_{yz(\text{steiner})} = 0 + 8at \cdot (-2a)(-a) = 16a^3t$$

$$I^{(3)}_{yz} = I^{(3)}_{yz(\text{eigen})} + I^{(3)}_{yz(\text{steiner})}$$

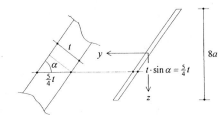

Figuur 3.62 $I_{zz(\text{eigen})} = \text{`}\tfrac{1}{12} bh^3\text{'} = \tfrac{1}{12} \cdot \tfrac{5}{4} t \cdot (8a)^3$

De berekening van $I^{(3)}_{yz(\text{eigen})}$ voor de schuine strip geschiedt aan de hand van figuur 3.63:

$$I^{(3)}_{yz(\text{eigen})} = \int_{A^{(3)}} yz\,dA$$

waarin:

$$y = \tfrac{3}{4}z \quad \text{en} \quad dA = \tfrac{5}{4}t\,dz$$

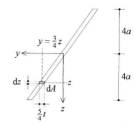

Figuur 3.63 $I_{yz} = \int_A yz\,dA$

Dit leidt tot:

$$I^{(3)}_{yz(\text{eigen})} = \int_{-4a}^{+4a} \tfrac{3}{4}z \cdot z \cdot \tfrac{5}{4}t\,dz = \tfrac{5}{16}z^3 t \Big|_{-4a}^{+4a} = 40a^3 t$$

en:

$$I^{(3)}_{yz} = I^{(3)}_{yz(\text{eigen})} + I^{(3)}_{yz(\text{steiner})} = 40a^3 t + 10at \cdot (+a)(-a) = 30a^3 t$$

Voor het traagheidsproduct van de doorsnede vindt men nu:

$$I_{yz} = \sum_{i=1}^{3} I_{yz}^{(i)} = 18a^3 t + 16a^3 t + 30a^3 t = 64a^3 t$$

Opmerking: Men had $I^{(3)}_{yz(\text{eigen})}$ ook kunnen berekenen met behulp van de in paragraaf 3.2.4, voorbeeld 4, afgeleide formule voor een parallellogramvormige doorsnede:

$$I^{(3)}_{yz(\text{eigen})} = `\tfrac{1}{12}bh^3\cot g\alpha` = \tfrac{1}{12} \cdot \tfrac{5}{4}t \cdot (8a)^3 \cdot \tfrac{3}{4} = 40a^3 t$$

3.4 Vraagstukken

Zwaartepunt en normaalkrachtencentrum (paragraaf 3.1)

3.1 Geef voor de statische momenten S_y en S_z behalve de wiskundige definitie ook de fysische betekenis.

3.2-1 t/m 3 In de figuur zijn drie doorsneden getekend in de vorm van (1) een rechthoek, (2) een driehoek en (3) een cirkel. De afstand tussen twee opeenvolgende rasterlijnen bedraagt 10 mm.

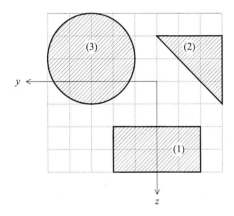

Gevraagd in het aangegeven y-z-assenstelsel:
a. Het statisch moment S_y.
b. Het statisch moment S_z.

3.3 De getekende homogene T-vormige plaat van constante dikte gaat onder invloed van zijn eigen gewicht hangen in de getekende stand.

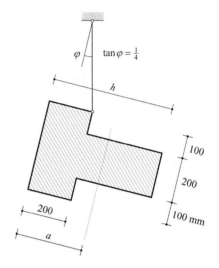

Gevraagd:
a. De afstand a van de 'bovenkant' van de flens tot het zwaartepunt C.
b. De 'hoogte' h van de plaat.

3.4 *Gevraagd:*
a. Hoe is het zwaartepunt C van een oppervlakte gedefinieerd?
b. Hoe is het normaalkrachtencentrum NC van een doorsnede gedefinieerd?
c. Wanneer vallen het zwaartepunt en normaalkrachtencentrum in een doorsnede wel/niet samen?

3.5-1 t/m 4 Gegeven de doorsnedeafmetingen van vier homogene T-balken.

3.6 Gegeven een dunwandig I-profiel met ongelijke flenzen. Houd in de berekening aan:
$t_1 = t_2 = 25$ mm, $t_3 = 20$ mm, $b_1 = 400$ mm en $b_2 = 200$ mm

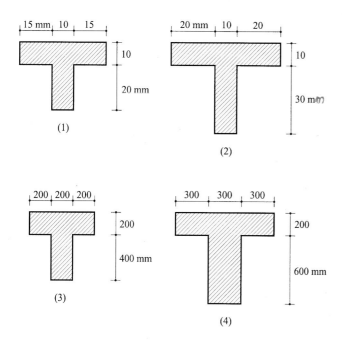

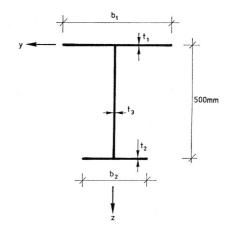

Gevraagd: De z-coördinaat van het zwaartepunt.

Gevraagd: De plaats van het normaalkrachtencentrum NC.

3.7-1 t/m 4 Gegeven vier verschillende oppervlakten.

Gevraagd in het aangegeven assenstelsel:
a. De oppervlakte A.
b. Het statisch moment S_y.
c. De y-coördinaat van het zwaartepunt.
d. Het statisch moment S_z.
e. De z-coördinaat van het zwaartepunt.

3.8-1 t/m 4 Gegeven vier verschillende oppervlakten.

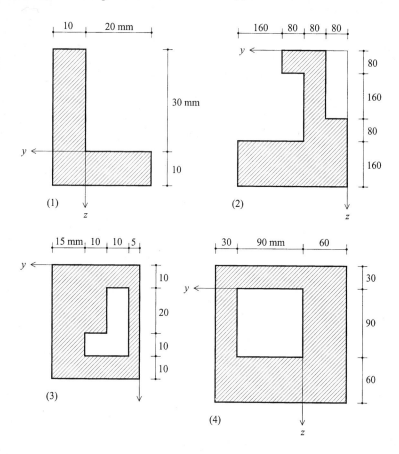
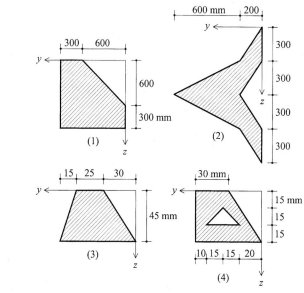

Gevraagd:
a. De y-coördinaat van het zwaartepunt.
b. De z-coördinaat van het zwaartepunt.

3.9 De getekende dunwandige doorsnede in de vorm van een cirkelboog heeft een straal $R = 200$ mm en wanddikte $t = 2.5$ mm. De openingshoek is 2α, met $\alpha = 73°$.

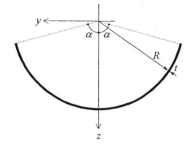

Gevraagd: De z-coördinaat van het zwaartepunt van de doorsnede.

3.10-1/2 Gegeven twee dunwandige doorsneden in de vorm van een cirkelboog met straal R en wanddikte t.

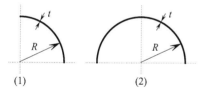

Gevraagd:
a. De oppervlakte A.
b. De plaats van het zwaartepunt.

3.11-1/2 Gegeven twee cirkelsectoren met straal R.

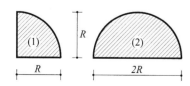

Gevraagd:
a. De oppervlakte A.
b. De plaats van het zwaartepunt.

3.12-1/2 Gegeven twee paraboolsegmenten.

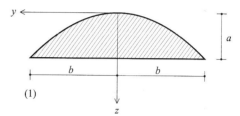

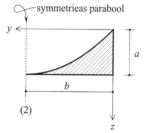

Gevraagd:
a. De oppervlakte A.
b. De y-coördinaat van het zwaartepunt.
c. De z-coördinaat van het zwaartepunt.

Kwadratische oppervlaktemomenten (paragraaf 3.2 en 3.3)

3.13 Geef voor de volgende doorsnedegrootheden behalve de wiskundige definitie ook de fysische betekenis:
a. De traagheidsmomenten I_{yy} en I_{zz}.
b. De traagheidsproducten I_{yz} en I_{zy}.

3.14 Gegeven een symmetrische doorsnede met de y-as langs de symmetrieas, zie bijvoorbeeld de getekende doorsnede.

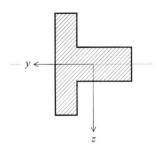

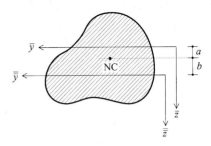

Gevraagd:
a. Het traagheidsmoment $I_{\overline{\overline{zz}}}$ in het dubbel overstreepte assenstelsel met de $\overline{\overline{y}}$-as op een afstand $b = 50$ mm onder het normaalkrachtencentrum.
b. Het eigen traagheidsmoment I_{zz}.

Gevraagd: Toon aan dat $I_{yz} = I_{zy} = 0$.

3.15 Wat verstaat men onder de *eigen traagheidsmomenten* van de doorsnede?

3.16 Met drie baddingen worden vier verschillende profielen samengesteld.

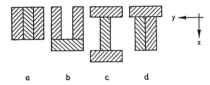

3.18 Twee dezelfde profielen, met hoogte h, oppervlakte A en een eigen traagheidsmoment I_{zz}, worden samengevoegd tot een kokerbalk. Houd in de berekening aan:
$h = 100$ mm, $A = 2400$ mm^2 en $I_{zz} = 4 \times 10^6$ mm^4.

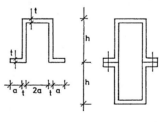

Gevraagd: Het eigen traagheidsmoment I_{zz} van de samengestelde doorsnede.

Gevraagd:
a. Welk profiel heeft het grootste eigen traagheidsmoment I_{zz}?
b. Welke twee profielen hebben hetzelfde eigen traagheidsmoment I_{zz}?
c. Welk profiel heeft het kleinste eigen traagheidsmoment I_{yy}?

3.17 Van een willekeurige doorsnede met oppervlakte $A = 12 \times 10^3$ mm^2 is NC het normaalkrachtencentrum. In het enkel overstreepte assenstelsel, met de $\overline{y}$-as op een afstand $a = 25$ mm boven normaalkrachtencentrum, geldt $I_{\overline{zz}} = 47{,}5 \times 10^6$ mm^4.

3.19 De getekende samengestelde doorsnede met materiaalvrije assen is opgebouwd uit vier rechthoekige doorsneden.
Houd in de berekening aan: $a = 120$ mm en $b = 60$ mm.

Gevraagd:
a. Het traagheidsmoment I_{zz} van de samengestelde doorsnede.
b. Het eigen traagheidsmoment I_{zz} van de samengestelde doorsnede als alle samenstellende delen direct tegen elkaar aanliggen.
c. Met welk percentage neemt I_{zz} toe als de direct tegen elkaar liggende delen uit vraag b uit elkaar worden geschoven naar de getekende situatie behorend bij vraag a.

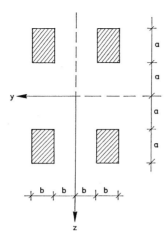

3.20 Als opgave 3.19, maar vervang nu in de vraagstelling I_{zz} door I_{yy}.

3.21-1 t/m 3 Gegeven drie verschillende doorsnedevormen.

Gevraagd:
a. Het eigen traagheidsmoment I_{yy}.
b. Het eigen traagheidsproduct I_{yz}.

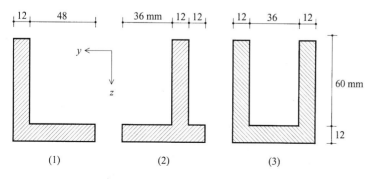

3.22-1 t/m 4 Gegeven de doorsnede van vier verschillende T-balken.

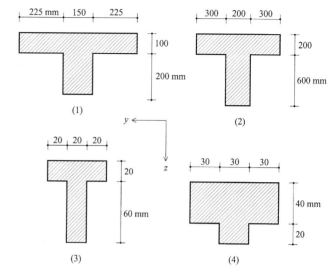

Gevraagd: Het eigen traagheidsmoment I_{zz}.

3.23-1/2 Gegeven twee liggerdoorsneden:

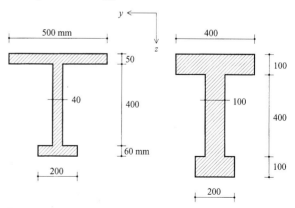

Gevraagd: Het eigen traagheidsmoment I_{zz}.

3.24-1 t/m 4 Gegeven vier verschillende doorsnedevormen.

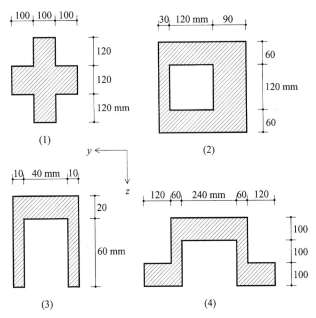

Gevraagd: Het eigen traagheidsmoment I_{zz}.

3.25 Wanneer noemt men de traagheidsmomenten I_{yy} en I_{zz} de *hoofdwaarden* en de y- en z-richtingen de *hoofdrichtingen* van de doorsnede?

3.26-1 t/m 6 Gegeven zes verschillende doorsnedevormen.

Gevraagd:
a. Het eigen traagheidsmoment I_{yy}. Is dit een hoofdwaarde?
b. Het eigen traagheidsmoment I_{zz}. Is dit een hoofdwaarde?
c. Het eigen traagheidsproduct $I_{yz} = I_{zy}$.

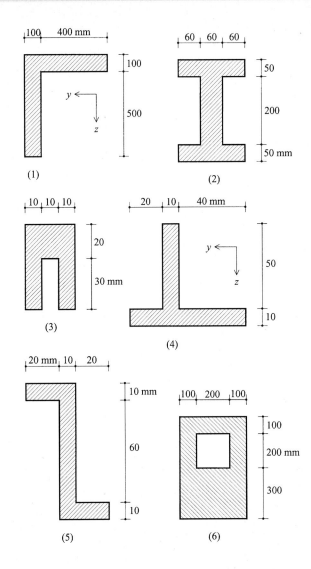

3.27-1/2 Gegeven twee verschillende profielen.

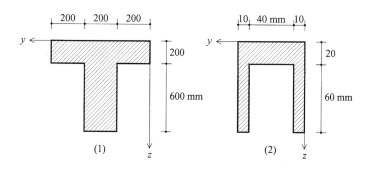

Gevraagd, in het aangegeven y-z-assenstelsel:
a. Het traagheidsmoment I_{yy}.
b. Het traagheidsmoment I_{zz}.
c. Het traagheidsproduct I_{yz}.

3.28-1 t/m 3 Gegeven drie uit staalprofielen samengestelde doorsneden. Maak voor het berekenen van de gevraagde doorsnedegrootheden gebruik van een staaltabellenboek.

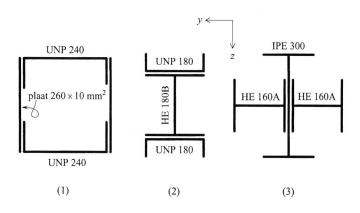

Gevraagd voor de samengestelde doorsnede:
a. De oppervlakte A.
b. Het eigen traagheidsmoment I_{yy}.
c. Het eigen traagheidsmoment I_{zz}.

3.29 In de figuur zijn de afmetingen van een zogenaamde hoed-verstijver gegeven. De verstijvers worden toegepast in de getekende dunwandige kokerdoorsnede met rechthoekige doorsnede en overal een wanddikte van 2 mm. De plaats van de verstijvers is in de figuur aangegeven.

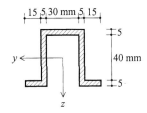

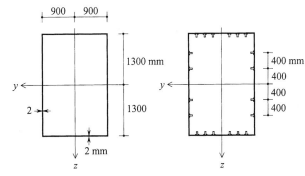

Gevraagd:
a. Het zwaartepunt van de verstijvers.
b. De eigen traagheidsmomenten I_{yy} en I_{zz} van de verstijvers.
c. Het eigen traagheidsmoment I_{zz} van de kokerdoorsnede zonder verstijvers.

d. Het eigen traagheidsmoment I_{zz} van de kokerdoorsnede met verstijvers. Hoe groot is de procentuele bijdrage van de verstijvers aan dit traagheidsmoment?

3.30-1/2 Gegeven twee dunwandige open doorsneden.

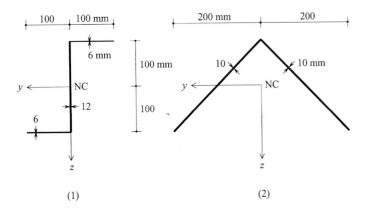

Gevraagd:
a. Het eigen traagheidsmoment I_{yy}.
b. Het eigen traagheidsmoment I_{zz}.
c. Het eigen traagheidproduct $I_{yz} = I_{zy}$.

3.31-1 t/m 3 Gegeven drie dunwandige kokerdoorsneden met overal dezelfde wanddikte van 0,30 m.

Gevraagd:
a. De ligging van het zwaartepunt van de doorsnede.
b. Het eigen traagheidsmoment I_{zz}.
c. Het eigen traagheidsmoment I_{yy}.

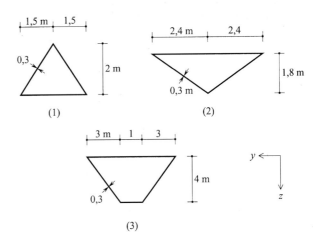

3.32 Gegeven een doorsnede in de vorm van een rechthoekige driehoek met breedte b en hoogte h.

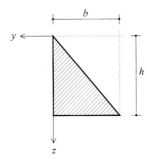

Gevraagd:
a. Bepaal door integratie de traagheidsgrootheden I_{yy} en I_{zz} en $I_{yz} = I_{zy}$ in het aangegeven y-z-assenstelsel.
b. Bepaal met behulp van de verschuivingsregel van Steiner de eigen traagheidsmomenten I_{yy}, I_{zz} en $I_{yz} = I_{zy}$.

3.33-1 t/m 4 De getekende homogene doorsneden kan men opgebouwd denken uit een aantal rechthoeken en/of driehoeken, waarvan de formules voor de eigen traagheidsmomenten bekend worden verondersteld.

Gevraagd:
a. De plaats van het normaalkrachtencentrum NC.
b. Het eigen traagheidsmoment I_{zz}.
c. Het eigen traagheidsmoment I_{yy}.
d. Het eigen traagheidsproduct $I_{yz} = I_{zy}$.

3.34 Gegeven een dunwandige kokerdoorsnede met een straal $R = 400$ mm en een wanddikte $t = 7$ mm.

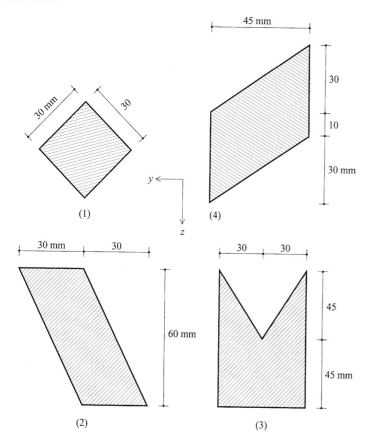

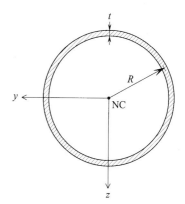

Gevraagd:
a. Toon door integratie aan dat voor het eigen traagheidsmoment I_{zz} geldt $I_{zz} = \pi R^3 t$.
b. Bereken de waarde van I_{zz} bij de gegeven doorsnedeafmetingen.

3.35 Gegeven de getekende dunwandige golfplaat opgebouwd uit halve cirkels met straal R en wanddikte t.

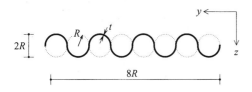

Gevraagd: Het eigen traagheidsmoment I_{zz}.

3.36 Gegeven een cirkelvormige doorsnede met een straal $R = 75$ mm.

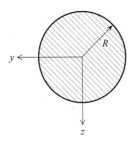

Gevraagd:
a. Toon door integratie aan dat voor het eigen traagheidsmoment I_{zz} geldt $I_{zz} = \frac{1}{4}\pi R^4$.
b. Toon door integratie aan dat voor het polair traagheidsmoment ten opzichte van het zwaartepunt geldt $I_p = \frac{1}{2}\pi R^4$.
c. Bereken I_{zz} en I_p bij de gegeven doorsnedeafmetingen.

3.37-1/2 Gegeven twee symmetrische doorsneden met een uitsparing.

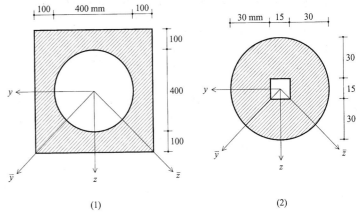

(1)   (2)

Gevraagd:
a. Het traagheidsmoment I_{zz}.
b. Het polair traagheidsmoment I_p.
c. Het traagheidsmoment $I_{\bar{y}\bar{y}}$.

3.38 Gegeven een dunwandige doorsnede in de vorm van een cirkelboog, met straal R, wanddikte t en openingshoek 2α.

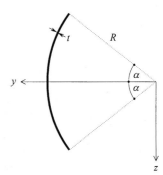

Gevraagd:
a. De oppervlakte A.
b. De statische momenten S_y en S_z in het aangegeven y-z-assenstelsel.
c. De coördinaten van het zwaartepunt van de doorsnede. Controleer de gevonden waarden voor $\alpha = \pi/2$ en $\alpha = \pi$.
d. De traagheidsmomenten I_{yy}, I_{zz} en $I_{yz} = I_{zy}$ in het aangegeven y-z-assenstelsel.
e. Bereken met behulp van de verschuivingsregel van Steiner uit de antwoorden op de vragen c en d de eigen traagheidsmomenten I_{yy}, I_{zz} en $I_{yz} = I_{zy}$. Controleer de gevonden waarden voor $\alpha = \pi/2$ en $\alpha = \pi$.

3.39 Gegeven een cirkelsector met straal R en openingshoek 2α.

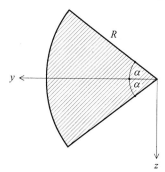

Gevraagd:
a. De oppervlakte A.
b. De statische momenten S_y en S_z in het aangegeven y-z-assenstelsel.
c. De coördinaten van het zwaartepunt. Controleer de gevonden waarden voor $\alpha = \pi/2$ en $\alpha = \pi$.
d. De traagheidsmomenten I_{yy}, I_{zz} en $I_{yz} = I_{zy}$ in het aangegeven y-z-assenstelsel.
e. Bereken met behulp van de verschuivingsregel van Steiner uit de antwoorden op de vragen c en d de eigen traagheidsmomenten I_{yy}, I_{zz} en $I_{yz} = I_{zy}$. Controleer de gevonden waarden voor $\alpha = \pi/2$ en $\alpha = \pi$.

3.40 Gegeven een dunwandige kokerdoorsnede met straal R en wanddikte t.

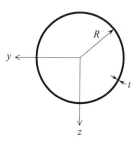

Gevraagd:
a. Toon aan dat $I_p = 2\pi R^3 t$.
b. Waarom geldt $I_{yy} = \tfrac{1}{2} I_p$?

3.41 Het getekende rotatiesymmetrische profiel heeft een eigen traagheidsmoment $I_{yy} = 40 \times 10^6$ mm^4.

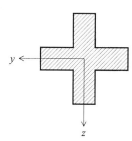

Gevraagd: Het polair traagheidsmoment I_p ten opzichte van het zwaartepunt van de doorsnede.

3.42 Gegeven een kokerdoorsnede.

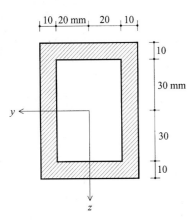

Gevraagd: Het polair traagheidsmoment I_p ten opzichte van het zwaartepunt van de doorsnede.

3.43 Als men in een doorsnede het y-z-assenstelsel over een hoek α verdraait naar de overstreepte stand, dan zullen de bijbehorende traagheidsmomenten I_{yy} en I_{zz} veranderen in $I_{\bar{y}\bar{y}}$ en $I_{\bar{z}\bar{z}}$.

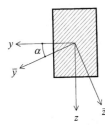

Gevraagd: Toon (zonder uitvoerige berekeningen) aan dat
$I_{yy} + I_{zz} = I_{\bar{y}\bar{y}} + I_{\bar{z}\bar{z}}$.

De op buiging en extensie belaste staaf

Het gedrag van de op buiging en extensie belaste staaf wordt geanalyseerd aan de hand van het *vezelmodel*. In paragraaf 4.1 worden de verschillende aannamen op een rijtje gezet.

Een van de aannamen is dat vlakke doorsneden vlak blijven. In paragraaf 4.2 wordt aangetoond dat als gevolg hiervan in de doorsnede een *lineair rekverloop* optreedt.

Bij de beschrijving van het staafgedrag kunnen drie typen basisbetrekkingen worden onderscheiden, te weten de *kinematische betrekkingen*, de *constitutieve betrekkingen* en de *statische* of *evenwichtsbetrekkingen*. Zij komen aan de orde in paragraaf 4.3.

In paragraaf 4.4 wordt de *spanningsformule* voor buiging met normaalkracht afgeleid. De toepassing hiervan wordt in paragraaf 4.5 geïllustreerd aan de hand van een aantal uitgewerkte rekenvoorbeelden.

In het geval van buiging zonder normaalkracht werkt men voor het berekenen van de extreme buigspanningen vaak met het *weerstandsmoment*. Dit begrip wordt uitgewerkt in paragraaf 4.6.
In paragraaf 4.7 zijn een aantal rekenvoorbeelden met betrekking tot buiging zonder normaalkracht opgenomen waarin bij de uitwerking gebruik wordt gemaakt van het weerstandsmoment.

De afgeleide spanningsformules hebben tot nu toe betrekking op een situatie dat de belasting in één van de hoofdrichtingen werkt. Is dat niet het geval, dan kan men deze ontbinden in componenten volgens de hoofdrichtingen. Door de bijdragen door extensie en buiging in beide hoofdrichtingen te superponeren vindt men in paragraaf 4.8 de *algemene spanningsformule betrokken op de hoofdrichtingen*.

In paragraaf 4.9 wordt nagegaan binnen welk gebied het krachtpunt[1] moet liggen opdat alle spanningen binnen de doorsnede hetzelfde teken hebben. Dit gebied noemt men de *kern van de doorsnede*.
Kernen spelen een rol bij balken van voorgespannen beton en ook wel bij funderingen op staal. Voorbeelden hiervan worden gegeven in paragraaf 4.10.

De wiskundige beschrijving van het probleem van buiging met extensie is opgenomen in paragraaf 4.11. Hier worden de drie basisbetrekkingen uit paragraaf 4.3 samengesteld tot twee differentiaalvergelijkingen: één voor extensie en één voor buiging.

In paragraaf 4.12 wordt nagegaan hoe temperatuurinvloeden de constitutieve betrekkingen beïnvloeden.

Ten slotte worden in paragraaf 4.13 enkele kanttekeningen geplaatst bij het vezelmodel en wordt een overzicht gegeven van de verschillende formules in dit hoofdstuk.

4.1   Het vezelmodel voor de staaf

Om inzicht te krijgen in het gedrag van een staaf werkt men met een *fysisch model* aan de hand waarvan de staafeigenschappen zich niet al

---

[1]   Het krachtpunt is het aangrijpingspunt van de resultante van alle normaalspanningen in de doorsnede, zie ook TOEGEPASTE MECHANICA - deel 1, paragraaf 10.1.1 en 14.2.

te moeilijk laten beschrijven. In paragraaf 2.1 werd voor de op extensie belaste staaf het *vezelmodel* geïntroduceerd, zie figuur 4.1.

Dit model, geïnspireerd door de vezelstructuur van een houten balk, blijkt ook goed te voldoen in het geval van buiging met extensie. De aannamen die aan het *vezelmodel* ten grondslag liggen zijn:
- De staaf denkt men opgebouwd uit een zeer groot aantal evenwijdige *vezels* in de lengterichting.
- De vezels worden bijeengehouden door een zeer groot aantal oneindig stijve vlakken loodrecht op de vezelrichting. Deze starre vlakken worden de *doorsneden* genoemd.
- De vlakke doorsneden blijven vlak en staan zowel vóór als ná de vervorming van de staaf loodrecht op de vezels. Deze aanname staat bekend als de *hypothese van Bernoulli*[1].

Met betrekking tot het *materiaalgedrag* worden de volgende aannamen gedaan:
- De doorsnede is *homogeen*: alle vezels zijn van hetzelfde materiaal en hebben dus dezelfde materiaaleigenschappen.
- Het materiaal gedraagt zich *lineair-elastisch* en volgt de wet van Hooke. Dit houdt een lineair verband in tussen de spanningen σ en rekken ε:

$$\sigma = E\varepsilon$$

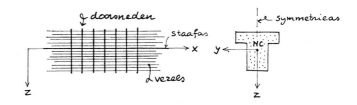

Figuur 4.1 Het vezelmodel voor een op extensie en buiging belaste staaf. De staaf denkt men opgebouwd uit een zeer groot aantal evenwijdige *vezels* in lengterichting, die bijeen worden gehouden door een zeer groot aantal oneindig stijve vlakken loodrecht op de vezelrichting. Deze starre vlakken worden de *doorsneden* genoemd.

---

[1] Naar de Zwitser Jacob Bernoulli (1654-1705), zie ook paragraaf 2.1. Bernoulli kwam echter niet tot een goede spanningsverdeling in de doorsnede. Dat lukte als eerste de Franse natuurkundige Antoine Parent (1666-1716). Door onduidelijke presentatie bleef zijn werk onopgemerkt. Onafhankelijk van Parent kwam de Franse natuurkundige Charles Augustin de Coulomb (1736-1806) in 1773 met een artikel waarin hij het correcte normaalspanningsverloop bij buiging gaf. Coulomb ging ook in op de schuifspanningen door dwarskracht.

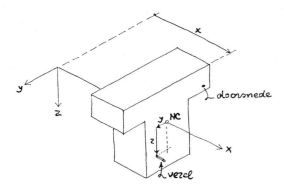

Figuur 4.2 De plaats van een doorsnede ligt vast met de x-coördinaat, die van een vezel met de y- en z-coördinaat.

De beschrijving van het staafgedrag geschiedt weer in een x-y-z-assenstelsel met de x-as in de vezelrichting en het y-z-vlak loodrecht daarop, dus evenwijdig aan de doorneden. De plaats van een doorsnede ligt vast met de x-coördinaat, die van een vezel met de y- en z-coördinaat, zie figuur 4.2.

De x-as kan men in principe langs elke willekeurige vezel kiezen. Het is echter gebruikelijk de x-as samen te laten vallen met de *staafas*. Bij deze keuze valt de oorsprong van het y-z-assenstelsel in de doorsnede samen met het normaalkrachtencentrum NC. Dit heeft grote voordelen, zoals duidelijk zal worden in paragraaf 4.3.2.

Over de oriëntatie van het y-z-assenstelsel binnen de doorsnede valt op dit ogenblik weinig te zeggen.
- Aangenomen wordt dat de belasting en oplegreacties in het x-z-vlak werken en dat deze uitsluitend verplaatsingen en rotaties in het x-z-vlak veroorzaken.

Een dergelijke situatie mag men verwachten als het x-z-vlak een vlak van spiegelsymmetrie is[1], zoals bij de doorsneden in figuur 4.1 en 4.2.

De laatste aanname betekent dat het probleem van de op extensie en buiging belaste staaf is herleid tot een tweedimensionaal probleem. Hiervan wordt afgeweken in paragraaf 4.8.

4.2 Rekdiagram en neutrale lijn

Als de staaf vervormt, gebeurt dat door lengteverandering van de vezels. Daarbij blijven (de oneindig stijve) vlakke doorsneden vlak en staan zij

---

[1] In paragraaf 4.3.2 zal blijken dat, meer algemeen, de y- en z-as moeten samenvallen met de hoofdrichtingen van de doorsnede.

zowel vóór als ná de vervorming van de staaf loodrecht op de vezels (*hypothese van Bernoulli*).

Omdat de doorsneden oneindig stijf zijn en er (zoals in paragraaf 4.1 werd aangenomen) uitsluitend verplaatsingen en rotaties in het x-z-vlak optreden, zullen alle vezels met dezelfde z-coördinaat op gelijke wijze vervormen. Zo'n vezellaag is getekend in figuur 4.3a en wordt hierna aangeduid met de z-coördinaat in onvervormde toestand.

Beschouw nu de vezels tussen de twee doorsneden in figuur 4.3b, op onderlinge afstand Δx ($\Delta x \to 0$). Na vervorming van de staaf zijn deze doorsneden over een (kleine) hoek $\Delta \varphi$ ten opzichte van elkaar geroteerd. De vervormde toestand is getekend in figuur 4.3c. Voor de lengteverandering $\Delta u(z)$ van de vezels in vezellaag z geldt:

$$\Delta u(z) = (R + z)\Delta \varphi - \Delta x$$

waarin R de kromtestraal van de staafas is. De lengteverandering $\Delta u(z)$ van de vezels is dus lineair in z.

Voor de rek van de vezels in vezellaag z geldt:

$$\varepsilon(z) = \lim_{\Delta x \to 0} \frac{\Delta u(z)}{\Delta x} = \frac{\mathrm{d}u(z)}{\mathrm{d}x}$$

Omdat alle vezels tussen de twee opeenvolgende doorsneden dezelfde lengte Δx hebben is ook de rek $\varepsilon(z)$ lineair in z. Voor dit *lineaire rekverloop* schrijft men:

$$\varepsilon(z) = \varepsilon + \kappa_z z \tag{1}$$

Hierin zijn ε en κ_z *vervormingsgrootheden*. Op deze grootheden wordt teruggekomen in paragraaf 4.3.1.

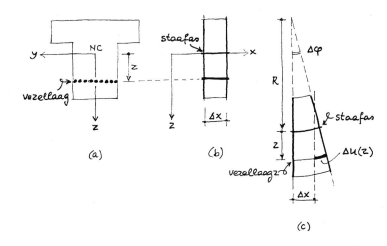

Figuur 4.3 (a) Doorsnede met een vezellaag waarin alle vezels dezelfde z-coördinaat hebben. Als de staaf vervormt gebeurt dat door lengteverandering van de vezels. Daarbij blijven (de oneindig stijve) vlakke doorsneden vlak en staan zij zowel vóór als ná de vervorming van de staaf loodrecht op de vezels (*hypothese van Bernoulli*). (b) Staafelementje met kleine lengte Δx ($\Delta x \to 0$) uit de onvervormde staaf en (c) hetzelfde elementje na de vervorming door buiging met extensie.

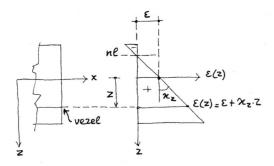

Figuur 4.4 Rekdiagram en neutrale lijn (nl). Dat het rekverloop lineair is volgt direct uit de aanname dat vlakke doorsneden vlak blijven en is onafhankelijk van het materiaalgedrag. Het lineaire rekverloop geldt niet alleen in het geval van elastische vervormingen, maar ook als de vervormingen plastisch zijn.

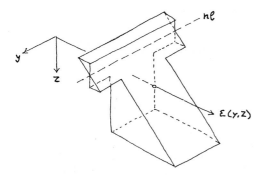

Figuur 4.5 Ruimtelijke voorstelling van het rekdiagram. De neutrale lijn (nl) is een rechte lijn die in de doorsnede de scheiding aangeeft tussen het gebied met uitsluitend positieve rekken (de vezels verlengen) en het gebied met uitsluitend negatieve rekken (de vezels verkorten).

In figuur 4.4 is in een rekdiagram het rekverloop over de hoogte van de doorsnede in beeld gebracht. Uit het rekdiagram blijkt dat ε de rek is in de vezellaag $z = 0$ (de staafas) en dat κ_z de *helling van het rekdiagram* is:

$$\kappa_z = \frac{d\varepsilon(z)}{dz}$$

In paragraaf 4.3.1 wordt aangetoond dat κ_z tevens de *kromming* van de staafas in het x-z-vlak is.

Het rekdiagram tekent men gewoonlijk tweedimensionaal. De vezellaag waarin de rek nul is noemt men de *neutrale lijn*, in figuur 4.4 verkort aangeduid met *nl*.

De neutrale lijn is een rechte lijn die in de doorsnede de scheiding aangeeft tussen het gebied met uitsluitend positieve rekken (de vezels verlengen) en het gebied met uitsluitend negatieve rekken (de vezels verkorten). Ter verduidelijking van het begrip neutrale 'lijn' is in figuur 4.5 een ruimtelijke voorstelling van het rekdiagram gegeven.

Opmerking: Dat het rekverloop lineair is volgt direct uit de aanname dat vlakke doorsneden vlak blijven en is onafhankelijk van het materiaalgedrag. Het lineaire rekverloop geldt niet alleen in het geval van elastische vervormingen, maar ook als de vervormingen plastisch zijn.

4.3 De drie basisbetrekkingen

Zoals in paragraaf 2.2 reeds werd opgemerkt ontmoet men bij het analyseren van het staafgedrag drie typen basisbetrekkingen:

- *kinematische betrekkingen*

De kinematische betrekkingen leggen een verband tussen de vervormingen en verplaatsingen. Zij volgen uit de blijvende samenhang in de staaf – er vallen niet zomaar gaten in de staaf. De kinematische betrekkingen zijn onafhankelijk van het materiaalgedrag.

- *constitutieve betrekkingen*
  De constitutieve betrekkingen leggen een verband tussen de snedekrachten en bijbehorende vervormingen. Zij volgen uit het (in dit geval lineair-elastische) materiaalgedrag.
- *statische betrekkingen* of *evenwichtsbetrekkingen*
  De statische betrekkingen leggen een verband tussen de belasting (door uitwendige krachten) en de snedekrachten. Zij volgen uit het evenwicht.

De drie basisbetrekkingen, die hierna worden afgeleid voor het geval van buiging met extensie, maken het mogelijk een direct verband te leggen tussen de belasting (door uitwendige krachten) enerzijds en de bijbehorende verplaatsingen anderzijds. Voor een staaf met belasting en vervorming in het x-z-vlak is dit schematisch weergegeven in figuur 4.6.

Het genoemde verband tussen de belastingen enerzijds en verplaatsingen anderzijds wordt nader uitgewerkt in paragraaf 4.11.

4.3.1 Kinematische betrekkingen

Als eerste worden de kinematische betrekkingen afgeleid. Zij leggen een verband tussen vervormings- en verplaatsingsgrootheden.

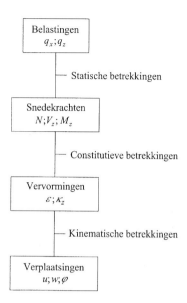

Figuur 4.6 Schematische weergave van het verband tussen belasting en verplaatsing in het geval van buiging met extensie. Om dit verband te kunnen leggen moet men over de volgende drie typen basisbetrekkingen beschikken: de kinematische betrekkingen, de constitutieve betrekkingen en de statische (of evenwichts-) betrekkingen.

In figuur 4.7 is (sterk overdreven) de verplaatsing van een doorsnede getekend ten gevolge van de vervorming van de staaf. In paragraaf 4.1 werd aangenomen dat er alleen verplaatsingen en rotaties in het x-z-vlak optreden. In dat geval ligt de stand van de doorsnede vast met drie verplaatsingsgrootheden, te weten: de twee componenten van een translatie en één rotatie:

u - de verplaatsing van de doorsnede in x-richting;
w - de verplaatsing van de doorsnede in z-richting;
φ - de rotatie van de doorsnede om de y-as[1].

---

[1] φ is de verkorte notatie voor φ_y, de rotatie om de y-as. Omdat er maar één rotatie is wordt de index y hier voor het gemak weggelaten.

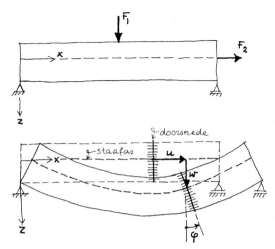

Figuur 4.7 De verplaatsing en rotatie van een doorsnede in een op buiging en extensie belaste staaf als deze vervormt in het x-z-vlak.

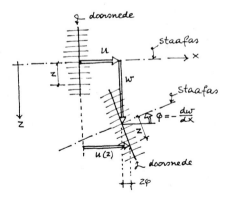

Figuur 4.8 De doorsnede uit figuur 4.7 vergroot getekend, tezamen met de vezels die door de doorsnede bijeen worden gehouden. $u(z)$ is de verplaatsing in x-richting van een punt in vezellaag z.

In figuur 4.8 is de situatie voor de doorsnede uit figuur 4.7 vergroot getekend, tezamen met de vezels die door de doorsnede bijeen worden gehouden.

Op grond van de hypothese van Bernoulli staan de vlakke doorsneden ook na vervorming van de staaf loodrecht op de vezels. Dit betekent dat

$$\varphi = -\frac{dw}{dx} \tag{2}$$

De rotatie van de doorsnede is gelijk aan de helling van de staafas. Het minteken is een gevolg van het feit dat de positieve richting van φ (φ_y) in het assenstelsel tegengesteld is aan de positieve richting van dw/dx.

Door deze relatie tussen φ en w resteren er voor de doorsnede nog maar twee onafhankelijke verplaatsingsgrootheden: u en w.

Beschouw in figuur 4.8 de vezellaag z. Als de rotatie $\varphi = -dw/dx$ klein is ($\varphi \ll 1$ en dus $\sin\varphi \approx \varphi$) geldt in deze vezellaag voor de verplaatsing in x-richting:

$$u(z) = u + z\sin\varphi \approx u + z\varphi = u - z\frac{dw}{dx}$$

Voor de rek in die vezellaag wordt dan gevonden:

$$\varepsilon(z) = \frac{du(z)}{dx} = \frac{du}{dx} + z\frac{d\varphi}{dx} = \frac{du}{dx} - z\frac{d^2w}{dx^2}$$

Eerder werd in paragraaf 4.2 voor het rekverloop geschreven, zie formule (1):

$$\varepsilon(z) = \varepsilon + \kappa_z z$$

Vergelijking van beide uitdrukkingen voor $\varepsilon(z)$ leidt tot de gezochte *kinematische betrekkingen*, die een verband leggen tussen de vervormings- en verplaatsingsgrootheden:

$$\varepsilon = \frac{du}{dx} \qquad (3)$$

$$\kappa_z = \frac{d\varphi}{dx} = -\frac{d^2 w}{dx^2} \qquad (4)$$

De vervormingsgrootheid ε is de rek in de vezellaag $z = 0$ (de staafas). De vervormingsgrootheid κ_z is gelijk aan de helling van het rekdiagram. Zie figuur 4.9.

κ_z is tevens de *kromming van de staaf* in het x-z-vlak.
Om dat aan te tonen wordt in figuur 4.10a opnieuw een staafelementje beschouwd tussen twee doorsneden op afstand Δx ($\Delta x \to 0$). Na vervorming maken de doorsneden een hoek $\Delta \varphi$ met elkaar en is ε de rek in de staafas. In een vezel op afstand z van de staafas is de rek $\varepsilon(z)$. Van deze vezel is de booglengte in vervormde toestand:

$$\Delta s = \Delta x + \Delta u = \{1 + \varepsilon(z)\}\Delta x$$

In de wiskunde is de kromming gedefinieerd als de verandering per booglengte van de richting van de raaklijn aan een kromme:

$$\kappa = \lim_{\Delta s \to 0} \frac{\Delta \varphi}{\Delta s} = \frac{d\varphi}{ds}$$

Voor de kromming in het x-z-vlak van de beschouwde z-vezel vindt men:

$$\kappa_z = \lim_{\Delta s \to 0} \frac{\Delta \varphi}{\Delta s} = \frac{1}{1 + \varepsilon(z)} \cdot \lim_{\Delta x \to 0} \frac{\Delta \varphi}{\Delta x} = \frac{1}{1 + \varepsilon(z)} \frac{d\varphi}{dx}$$

Als gevolg van optredende rekverschillen is de kromming blijkbaar niet voor alle vezels gelijk.

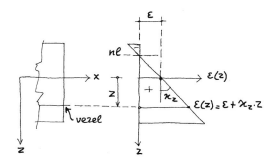

Figuur 4.9 Rekdiagram en neutrale lijn (nl). De vervormingsgrootheid ε is de rek in de vezellaag $z = 0$ (de staafas). De vervormingsgrootheid κ_z is gelijk aan de helling van het rekdiagram. κ_z is tevens de kromming van de staaf in het x-z-vlak.

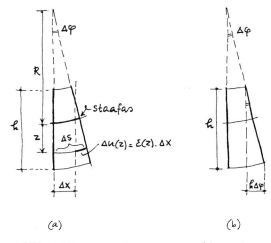

Figuur 4.10 (a) De vervorming van een staafelementje tussen twee doorsneden op onderlinge afstand Δx ($\Delta x \to 0$). Na vervorming maken de doorsneden een hoek $\Delta \varphi$ met elkaar en is $\varepsilon(z)$ de rek in een vezel op afstand z van de staafas. (b) In vervormde toestand is het lengteverschil tussen de uiterste vezels $h\Delta\varphi$.

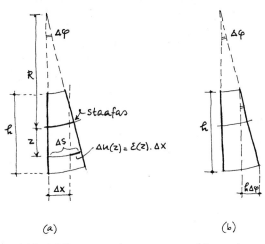

Figuur 4.10 (a) De vervorming van een staafelementje tussen twee doorsneden op onderlinge afstand Δx ($\Delta x \to 0$). Na vervorming maken de doorsneden een hoek $\Delta \varphi$ met elkaar en is $\varepsilon(z)$ de rek in een vezel op afstand z van de staafas. (b) In vervormde toestand is het lengteverschil tussen de uiterste vezels $h\Delta\varphi$.

Voor constructiematerialen zoals beton, staal, hout, en dergelijke, die in het algemeen slechts kleine rekken verdragen, geldt: $\varepsilon(z) \ll 1$. In dat geval is de invloed van de rek op de kromming te verwaarlozen:

$$\kappa_z = \lim_{\Delta s \to 0} \frac{\Delta \varphi}{\Delta s} \approx \lim_{\Delta x \to 0} \frac{\Delta \varphi}{\Delta x} = \frac{\mathrm{d}\varphi}{\mathrm{d}x}$$

κ_z staat dus niet alleen voor de helling van het rekdiagram maar ook voor de kromming van de staaf(as) in het x-z-vlak.

De reciproke van de absolute waarde van de kromming κ_z is de kromtestraal R:

$$R = \frac{1}{|\kappa_z|}$$

Opmerking: De aanname $\varepsilon(z) \ll 1$ impliceert dat het rekverschil tussen de uiterste vezels ook klein moet zijn, zie figuur 4.10b:

$$\frac{h\Delta\varphi}{\Delta x} \approx \frac{h}{R} \ll 1$$

Dit betekent dat de staafhoogte h veel kleiner moet zijn dan de kromtestraal R van de vervormde staaf. De afleiding geldt dus alleen als de staaf niet te sterk kromt.

4.3.2 Constitutieve betrekkingen

De constitutieve betrekkingen leggen een verband tussen de snedekrachten (de spanningsresultanten in de doorsnede) en de vervormingsgrootheden. Om de constitutieve betrekkingen op te kunnen stellen moet men het materiaalgedrag kennen.

Aangenomen wordt dat het materiaal zich *lineair-elastisch* gedraagt en de *wet van Hooke* volgt. Volgens de wet van Hooke (in zijn eenvoudigste vorm) zijn de normaalspanningen σ in de vezels evenredig met de rekken ε van de vezels:

$$\sigma = E\varepsilon$$

De elasticiteitsmodulus E is een materiaalconstante.
Verder wordt aangenomen dat de doorsnede *homogeen* is. Dit betekent dat alle vezels dezelfde elasticiteitsmodulus E hebben.

In een lineair-elastische staaf met homogene doorsnede volgt uit het lineaire rekverloop:

$$\varepsilon(z) = \varepsilon + \kappa_z z$$

een lineair spanningsverloop:

$$\sigma(z) = E\varepsilon(z) = E(\varepsilon + \kappa_z z) \tag{5}$$

Uit het verloop van de normaalspanningen kan men nu de snedekrachten (spanningsresultanten) berekenen. Bij elkaar zijn dat er drie, te weten: de normaalkracht N, het buigend moment M_y in het x-y-vlak en het buigend moment M_z in het x-z-vlak.

In een vezel met oppervlakte ΔA en spanning $\sigma(z)$ heerst een krachtje ΔN, zie figuur 4.11a:

$$\Delta N = \sigma(z)\Delta A$$

Verplaatst men dit krachtje naar het normaalkrachtencentrum NC van de doorsnede, dan ontstaan de volgende buigende momenten, zie figuur 4.11b:

$$\Delta M_y = y\Delta N = y\sigma(z)\Delta A$$

$$\Delta M_z = z\Delta N = z\sigma(z)\Delta A$$

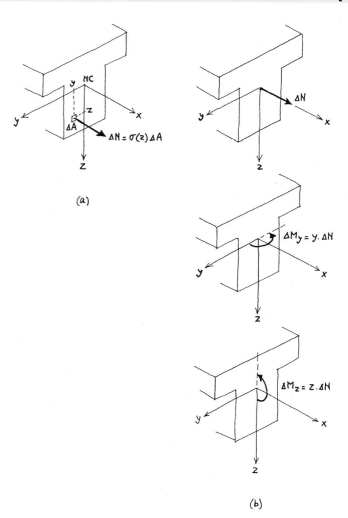

Figuur 4.11   (a) In een vezel (y,z) met oppervlakte ΔA en spanning $\sigma(z)$ heerst een krachtje ΔN. (b) De verplaatsing van dit krachtje ΔN naar het normaalkrachtencentrum NC leidt tot de buigende momenten ΔM_y en ΔM_z.

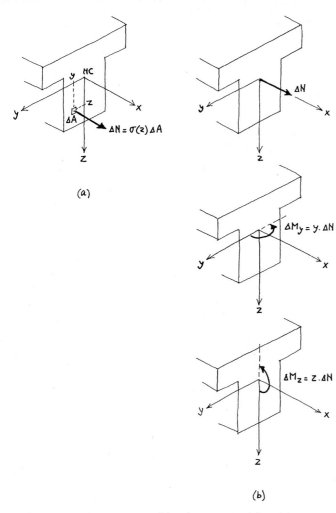

Figuur 4.11 (a) In een vezel (y,z) met oppervlakte ΔA en spanning $\sigma(z)$ heerst een krachtje ΔN. (b) De verplaatsing van dit krachtje ΔN naar het normaalkrachtencentrum NC leidt tot de buigende momenten ΔM_y en ΔM_z.

De snedekrachten vindt men door de bijdragen van alle vezels te sommeren (te bereiken door integratie over de oppervlakte van de doorsnede):

$$N = \int_A \sigma(z)\mathrm{d}A$$

$$M_y = \int_A y\sigma(z)\mathrm{d}A$$

$$M_z = \int_A z\sigma(z)\mathrm{d}A$$

Substitueer hierin uitdrukking (5) voor $\sigma(z)$ en men vindt:

$$N = E\varepsilon \int_A \mathrm{d}A + E\kappa_z \int_A z\,\mathrm{d}A$$

$$M_y = E\varepsilon \int_A y\,\mathrm{d}A + E\kappa_z \int_A yz\,\mathrm{d}A$$

$$M_z = E\varepsilon \int_A z\,\mathrm{d}A + E\kappa_z \int_A z^2\,\mathrm{d}A$$

Met de kennis van hoofdstuk 3 kan men in de oppervlakte-integralen de volgende doorsnedegrootheden herkennen:

$$\int_A \mathrm{d}A = A \qquad \int_A y\,\mathrm{d}A = S_y \qquad \int_A yz\,\mathrm{d}A = I_{yz}$$

$$\int_A z\,\mathrm{d}A = S_z \qquad \int_A z^2\,\mathrm{d}A = I_{zz}$$

Voor de snedekrachten kan men dus schrijven:

$$N = EA\varepsilon + ES_z\kappa_z$$

$$M_y = ES_y\varepsilon + EI_{yz}\kappa_z$$

$$M_z = ES_z\varepsilon + EI_{zz}\kappa_z$$

Deze uitdrukkingen leggen een verband tussen de snedekrachten N; M_y; M_z en vervormingsgrootheden ε;κ_z en zijn dus de gezochte *constitutieve betrekkingen* in het geval van buiging met extensie als er alleen vervorming in het x-z-vlak optreedt.

Op grond van twee aannamen uit paragraaf 4.1, die verband houden met de keuze van het assenstelsel, is het mogelijk de constitutieve betrekkingen sterk te vereenvoudigen.

- *De eerste aanname betreft de plaats van de x-as.*
Door de x-as samen te laten vallen met de staafas valt de oorsprong van het y-z-assenstelsel samen met het normaalkrachtencentrum NC van de doorsnede. In een assenstelsel door het normaalkrachtencentrum zijn de statische momenten S_y en S_z echter nul en vereenvoudigen de constitutieve betrekkingen tot:

  $N = EA\varepsilon$

  $M_y = EI_{yz}\kappa_z$

  $M_z = EI_{zz}\kappa_z$

- *De tweede aanname betreft de oriëntatie van y- en z-as.*
Er werd aangenomen dat de belasting en oplegreacties in het x-z-vlak werken. In dat geval zijn er uitsluitend snedekrachten in het x-z-vlak en moet M_y (een snedekracht in het x-y-vlak) nul zijn, wat alleen kan als het traagheidsproduct I_{yz} nul is. Dit betekent dat de y- en z-as moeten samenvallen met de *hoofdrichtingen* van de doorsnede. Alleen dan zullen staafbelasting en oplegreacties in het x-z-vlak uitsluitend verplaatsingen en rotaties in het x-z-vlak veroorzaken[1].

---

[1] In paragraaf 4.1 werd aanvankelijk gesteld dat het x-z-vlak, het vlak waarin de belasting en oplegreacties werken, een symmetrievlak moet zijn. Nu blijkt dat de afleiding ook geldt voor een niet-symmetrische doorsnede, mits de y- en z-as samenvallen met de hoofdrichtingen.

Al met al blijft er nu over:

$$N = EA\varepsilon \quad \text{(extensie)} \tag{6}$$

$$M_z = EI_{zz}\kappa_z \quad \text{(buiging)} \tag{7}$$

Dit zijn de *constitutieve betrekkingen* voor de op buiging en extensie belaste staaf in hun eenvoudigste vorm. De eenvoudige vorm is een gevolg van de keuze van het assenstelsel.

Door het assenstelsel in het *normaalkrachtencentrum* van de doorsnede te kiezen kan men de gevallen van extensie en buiging gescheiden behandelen:
- Een normaalkracht N geeft uitsluitend *extensie* (rek ε) en geen kromming.
- Een buigend moment M_z geeft uitsluitend *buiging* in het x-z-vlak (kromming κ_z) en geen extensie (d.w.z. geen rek in de staafas).

EA noemt men de *rekstijfheid* (weerstand van de staaf tegen lengteverandering). EI_{zz} noemt men de *buigstijfheid* (weerstand van de staaf tegen verbuiging in het x-z-vlak).

4.3.3 Statische betrekkingen

Statische betrekkingen of evenwichtsbetrekkingen leggen een verband tussen belasting en snedekrachten. Zij volgen uit het evenwicht van een klein staafelementje en werden al eerder afgeleid[1].

De afleiding zal hier verkort worden herhaald.

In figuur 4.12 is uit de staaf een klein gedeelte met lengte Δx vrijgemaakt. Op het staafelementje werken de verdeelde belastingen q_x en q_z.

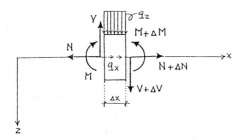

Figuur 4.12 De snedekrachten op een staafelementje met kleine lengte Δx ($\Delta x \to 0$).

---

[1] Zie TOEGEPASTE MECHANICA – deel 1, paragraaf 11.1.

De (onbekende) snedekrachten op het rechter en linker snedevlak zijn getekend overeenkomstig hun positieve zin. Stel de krachten op het linker snedevlak zijn N, V en M.[1] Stel verder dat deze krachten over de afstand Δx toenemen met respectievelijk ΔN, ΔV en ΔM. De krachten op het rechter snedevlak zijn dan $(N + \Delta N)$, $(V + \Delta V)$ en $(M + \Delta M)$.

Uit het krachtenevenwicht van het staafelementje in respectievelijk de x- en z-richting volgt:

$$\Delta N + q_x \Delta x = 0$$

$$\Delta V + q_z \Delta x = 0$$

en uit het momentenevenwicht om de rechter snede[2]:

$$\Delta M - V \Delta x = 0$$

Deelt men deze drie evenwichtsvergelijkingen door Δx, dan vindt men in de limiet $\Delta x \to 0$:

$$\frac{dN}{dx} + q_x = 0 \quad \text{(extensie)} \tag{8}$$

$$\frac{dV}{dx} + q_z = 0 \quad \text{(buiging)} \tag{9}$$

$$\frac{dM}{dx} - V = 0 \quad \text{(buiging)} \tag{10}$$

---

[1] Bij de dwarskracht V en het buigend moment M, beide werkend in het x-z-vlak, is in deze paragraaf de z-index weggelaten. Misverstanden worden uitgesloten geacht.

[2] Voor details, zie TOEGEPASTE MECHANICA – deel 1, paragraaf 11.1.

Dit zijn de *statische betrekkingen* voor de op buiging en extensie belaste staaf.

De gevallen van extensie (alleen normaalkrachten) en buiging (buigende momenten en dwarskrachten) kunnen blijkbaar gescheiden worden behandeld.

In het geval van buiging kunnen de betrekkingen (9) en (10) worden samengevoegd tot:

$$\frac{d^2M}{dx^2} + q_z = 0 \quad \text{(buiging)} \tag{11}$$

Opmerking: De afleiding geldt niet als op enig staafdeeltje met lengte Δx geconcentreerde krachten en/of koppels werken. In dat geval zijn de functies van N, V en/of M niet meer continu en continu differentieerbaar.

De statische betrekkingen komen weer aan de orde in paragraaf 4.11 waar zij samen met de constitutieve en kinematische betrekkingen zullen worden toegepast om voor de op buiging en extensie belaste staaf een direct verband af te leiden tussen enerzijds de belastingen en anderzijds de verplaatsingen.

4.4 Spanningsformule en spanningsdiagram

Voor het spanningsverloop in een homogene doorsnede geldt volgens (5):

$$\sigma(z) = E\varepsilon(z) = E(\varepsilon + \kappa_z z)$$

Met behulp van de constitutieve betrekkingen (6) en (7) kan men de rek ε en kromming κ_z direct uitdrukken in respectievelijk de normaalkracht N en het buigend moment M_z:

$$\varepsilon = \frac{N}{EA} \quad \text{en} \quad \kappa_z = \frac{M_z}{EI_{zz}}$$

Substitutie van deze uitdrukkingen voor ε en κ_z in die voor $\sigma(z)$ leidt tot de volgende spanningsformule:

$$\sigma(z) = E\left(\frac{N}{EA} + \frac{M_z z}{EI_{zz}}\right) = \frac{N}{A} + \frac{M_z z}{I_{zz}} \qquad (12)$$

Dit is een zeer belangrijke formule omdat men hiermee het verloop van de *normaalspanningen* in de doorsnede rechtstreeks uit de grootte van de normaalkracht en het buigend moment kan berekenen.

De afgeleide spanningsformule geldt alleen als de doorsnede homogeen is, de y- en z-as samenvallen met de hoofdrichtingen van de doorsnede en de belasting in het x-z-vlak werkt. Merk verder op dat het spanningsverloop in de homogene doorsnede onafhankelijk is van de grootte van de elasticiteitsmodulus E.

In figuur 4.13a is in een *spanningsdiagram* het verloop van de normaalspanningen als functie van z getekend. Figuur 4.13b laat zien hoe de uit het spanningsdiagram af te lezen spanningen op een (positieve) doorsnede werken, terwijl figuur 4.13c de bijbehorende snedekrachten (spanningsresultanten) toont.

Bij het interpreteren van het spanningsdiagram dient men te bedenken dat de spanning in een vezellaag over de breedte van de staaf constant is. Om dit aspect te benadrukken is in figuur 4.14 het spanningsdiagram ook nog eens ruimtelijk getekend.

In een homogene doorsnede hebben spanning- en rekdiagram dezelfde vorm (spanning- en rekdiagram zijn affien), vergelijk de figuren 4.5 en 4.14.

In de *neutrale lijn* (nl), de vezellaag waarin de rek nul is, is ook de spanning nul. De neutrale lijn is dus tevens de (rechte) scheidingslijn tussen het gebied met uitsluitend trekspanningen en het gebied met uitsluitend drukspanningen, zie figuur 4.14.

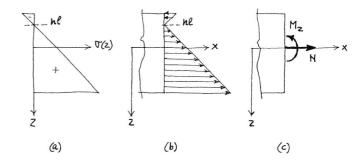

Figuur 4.13 (a) Normaalspanningsdiagram met neutrale lijn (nl); (b) de normaalspanningen zoals ze volgens het spanningsdiagram op de doorsnede werken; (c) de bijbehorende snedekrachten (spanningsresultanten).

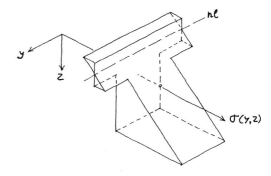

Figuur 4.14 Ruimtelijke voorstelling van het spanningsdiagram. De neutrale lijn (nl) is een rechte lijn die in de doorsnede de scheiding aangeeft tussen het gebied met uitsluitend trekspanningen en het gebied met uitsluitend drukspanningen.

De plaats van de neutrale lijn (z_{nl}) kan men met spanningsformule (12) berekenen uit de voorwaarde dat de spanning daar nul is:

$$\sigma(z_{nl}) = \frac{N}{A} + \frac{M_z z_{nl}}{I_{zz}} = 0 \quad \rightarrow \quad z_{nl} = -\frac{N}{M_z}\frac{I_{zz}}{A} \tag{13}$$

Opgemerkt zij dat de neutrale lijn ook buiten de doorsnede kan liggen.

In de spanningsformule worden de spanningen ten gevolge van N (extensie) en M_z (buiging) apart berekend en bij elkaar opgeteld. De afzonderlijke bijdragen van N en M_z zijn ook in het spanningsdiagram te herkennen. In figuur 4.15 zijn ze apart getekend.
De normaalkracht geeft een constante normaalspanning in de doorsnede:

$$\sigma^{(N)} = \frac{N}{A} \quad \text{(extensie)} \tag{14}$$

In het totale spanningsdiagram is dat de spanning ter hoogte van de staafas.

Het buigend moment geeft een lineair spanningsverloop over de hoogte van de doorsnede:

$$\sigma^{(M)} = \frac{M_z z}{I_{zz}} \quad \text{(buiging)} \tag{15}$$

In het geval van buiging gaat de neutrale lijn door het normaalkrachtencentrum NC (valt langs de y-as). De grootste buigspanningen[1] treden op in de buitenste vezels en zijn tegengesteld van teken.

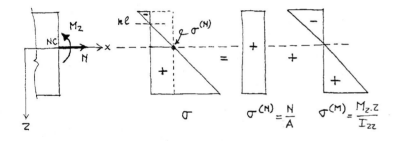

Figuur 4.15 Het spanningsdiagram σ opgesplitst in de bijdragen $\sigma^{(N)}$ en $\sigma^{(M)}$ ten gevolge van respectievelijk de normaalkracht N (extensie) en het buigend moment M_z (buiging). De normaalkracht N geeft een constante normaalspanning in de doorsnede. Het buigend moment geeft een lineair spanningsverloop over de hoogte van de doorsnede waarbij de neutrale lijn door het normaalkrachtencentrum NC gaat.

---

[1] Het woord 'buig'-spanning' wordt vaak gebruikt voor de normaalspanning ten gevolge van uitsluitend een buigend moment. Maar let op: het woord 'normaal'-spanning mag men niet opvatten als de normaalspanning ten gevolge van uitsluitend een normaalkracht!

Opmerking: Bij extensie worden alle vezels even zwaar belast en wordt het materiaal in de doorsnede efficiënt benut. Bij buiging krijgen de buitenste vezels het meeste te dragen terwijl de vezels in de omgeving van de staafas vrijwel niet meedoen. Het materiaal in de doorsnede wordt bij buiging veel minder efficiënt benut.

4.5 Rekenvoorbeelden met betrekking tot de spanningsformule voor buiging met normaalkracht

Deze paragraaf bevat vijf voorbeelden. In de eerste vier (paragraaf 4.5.1 t/m 4.5.4) wordt het spanningsverloop berekend. In het laatste voorbeeld (paragraaf 4.5.5) worden uit een gegeven spanningsverloop de snedekrachten berekend.

4.5.1 Een kolom belast door een excentrische drukkracht

De prismatische kolom met driehoekige doorsnede in figuur 4.16 wordt belast door een excentrische drukkracht van 600 kN. De doorsnedeafmetingen van de kolom en de excentriciteit van de drukkracht zijn in de figuur aangegeven. Het eigen gewicht van de kolom wordt buiten beschouwing gelaten.

Gevraagd:
a. In welke vezels zijn de spanningen extreem?
b. Teken voor een doorsnede het normaalspanningsdiagram. Teken ook de afzonderlijke spanningsdiagrammen ten gevolge van respectievelijk de (centrische) normaalkracht en het buigend moment.
c. Bereken de plaats van de neutrale lijn en teken deze in het spanningsdiagram.

Uitwerking:
a. In figuur 4.16 zijn voor de tot een lijnelement geschematiseerde kolom ook de N- en M-lijn getekend. In alle doorsneden heerst dezelfde normaalkracht en hetzelfde buigend moment.

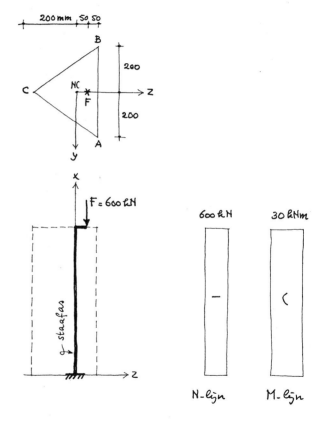

Figuur 4.16 Een door een excentrische drukkracht belaste kolom met driehoekige doorsnede en bijbehorende normaalkrachten- en momentenlijn.

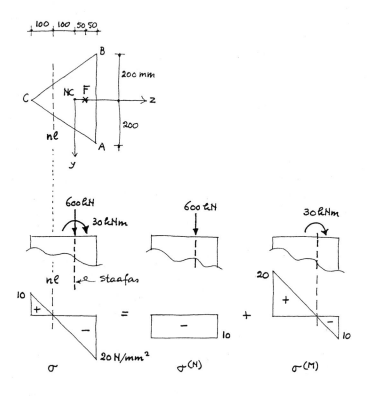

Figuur 4.17 Het normaalspanningsdiagram σ, tezamen met de afzonderlijke bijdragen $\sigma^{(N)}$ en $\sigma^{(M)}$ ten gevolge van respectievelijk de (centrische) drukkracht van 600 kN en het buigend moment van 30 kNm.

Bij het in de figuur aangegeven assenstelsel geldt:

$$N = -600 \text{ kN} = -600 \times 10^3 \text{ N}$$

$$M_z = (-600 \text{ kN})(+50 \text{ mm}) = -30 \times 10^6 \text{ Nmm}$$

Om het normaalspanningsverloop te kunnen berekenen, moet men de oppervlakte A van de doorsnede kennen en het (eigen) traagheidsmoment I_{zz}, behorend bij buiging in het x-z-vlak:

$$A = \tfrac{1}{2}(400 \text{ mm})(300 \text{ mm}) = 60 \times 10^3 \text{ mm}^2$$

$$I_{zz} = \tfrac{1}{36}bh^3 = \tfrac{1}{36}(400 \text{ mm})(300 \text{ mm})^3 = 300 \times 10^6 \text{ mm}^4$$

De eenheden N en/of mm, waarin alle grootheden zullen worden uitgedrukt, worden hierna niet meer in de tussenberekeningen vermeld.

Voor het normaalspanningsverloop geldt volgens (12):

$$\sigma(z) = \frac{N}{A} + \frac{M_z z}{I_{zz}} = \frac{-600 \times 10^3}{60 \times 10^3} + \frac{-30 \times 10^6 \times z}{300 \times 10^6} = \left(-10 - \frac{z}{10}\right) \text{ N/mm}^2$$

De extreme spanningen treden op in de uiterste vezels (vezellagen) AB en C:

AB: $\quad z = +100$ mm $\rightarrow \sigma = -20$ N/mm^2

C: $\quad z = -200$ mm $\rightarrow \sigma = +10$ N/mm^2

b. De normaalspanning verloopt lineair tussen AB en C. In figuur 4.17 is het normaalspanningsdiagram getekend, tezamen met de afzonderlijke bijdragen $\sigma^{(N)}$ en $\sigma^{(M)}$ ten gevolge van respectievelijk de (centrische) drukkracht van 600 kN en het buigend moment van 30 kNm.

Opmerking: Het direct toepassen van spanningsformule (12) vereist wel dat men goed op de tekens voor N en M moet letten. Om te controleren of er geen vergissingen zijn begaan is het aan te bevelen de bijdragen $\sigma^{(N)}$ ten gevolge van extensie en $\sigma^{(M)}$ ten gevolge van buiging ook apart te bekijken en na te gaan of hun teken wel past bij de richtingen van N en M.

In figuur 4.17 is $\sigma^{(N)}$ inderdaad een drukspanning en ook het teken van de buigspanningen $\sigma^{(M)}$ stemt overeen met de richting van het buigend moment M.

c. De plaats z_{nl} van de neutrale lijn vindt men uit de voorwaarde dat de spanning in die vezellaag nul is. Met behulp van de normaalspanningsformule vindt men:

$$\sigma(z_{nl}) = -10 - \frac{z_{nl}}{10} = 0 \;\to\; z_{nl} = -100 \text{ mm}$$

De neutrale lijn (nl) ligt dus 100 mm links van het normaalkrachtencentrum NC en is eveneens in figuur 4.17 aangegeven.

4.5.2 Een plafondhaak belast door een excentrische trekkracht

De gietijzeren plafondhaak in figuur 4.18 wordt belast door een verticale kracht van 5 kN, waarvan de werklijn in de figuur is aangegeven. Ook de afmetingen van doorsnede AB, een symmetrisch T-profiel, kunnen uit de figuur worden afgelezen. Het profiel wordt niet als dunwandig opgevat.

Gevraagd:
a. Bereken en teken voor doorsnede AB het normaalspanningsverloop ten gevolge van de kracht van 5 kN. Hoe groot zijn de extreme spanningen?
b. Bereken de plaats van de neutrale lijn en teken deze in het spanningsdiagram.

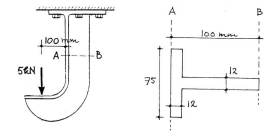

Figuur 4.18 Een plafondhaak heeft als doorsnede een symmetrisch T-profiel.

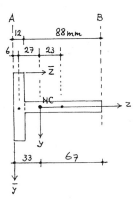

Figuur 4.19 De plaats van het normaalkrachtencentrum NC in de doorsnede.

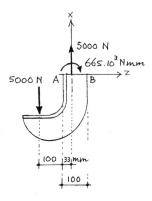

Figuur 4.20 De normaalkracht en het buigend moment in snede AB volgen direct uit het evenwicht van het vrijgemaakte deel onder de snede.

Uitwerking (eenheden N en mm):

a. In doorsnede AB heerst een trekkracht van 5000 N. Daarnaast werkt er een buigend moment waarvan men de grootte pas kan berekenen als men de plaats van het normaalkrachtencentrum in de doorsnede kent.
   Eerst worden berekend:
   - de oppervlakte A van de doorsnede,
   - de plaats van het normaalkrachtencentrum NC, en
   - het (eigen) traagheidsmoment I_{zz}.

De oppervlakte A van de doorsnede bedraagt:

$$A = (75 + 88) \times 12 = 1956 \text{ mm}^2$$

Voor de plaats van het normaalkrachtencentrum NC vindt men:

$$\bar{z}_{NC} = \frac{S_{\bar{z}}^{\text{flens}} + S_{\bar{z}}^{\text{lijf}}}{A} = \frac{75 \times 12 \times 6 + 88 \times 12 \times (12 + 44)}{1956} = 33 \text{ mm}$$

Voor het traagheidsmoment I_{zz} van het T-profiel geldt:

$$I_{zz} = I_{zz(\text{eigen})}^{\text{flens}} + I_{zz(\text{steiner})}^{\text{flens}} + I_{zz(\text{eigen})}^{\text{lijf}} + I_{zz(\text{steiner})}^{\text{lijf}}$$

Dit levert:

$$I_{zz} = \tfrac{1}{12} \times 75 \times 12^3 + 75 \times 12 \times 27^2 + \tfrac{1}{12} \times 12 \times 88^3 + 88 \times 12 \times 23^2 =$$
$$= 1{,}907 \times 10^6 \text{ mm}^4$$

Naast de normaalkracht $N = +5000$ N werkt er in doorsnede AB een buigend moment $M_z = -(5000 \text{ N})(133 \text{ mm}) = -665 \times 10^3$ Nmm, zoals men in figuur 4.20 kan afleiden uit het evenwicht van het deel onder snede AB.

Het berekenen van het normaalspanningsverloop is nu een kwestie van invullen in de spanningsformule(s) geworden.

De bijdrage door extensie is volgens (14):

$$\sigma^{(N)} = \frac{N}{A} = \frac{+5 \times 10^3}{1956} = +2{,}56 \text{ N/mm}^2$$

De bijdrage door buiging is volgens (15):

$$\sigma^{(M)} = \frac{M_z z}{I_{zz}} = \frac{-665 \times 10^3 \times z}{1{,}907 \times 10^6} = \left(-0{,}35 \times z\right) \text{ N/mm}^2$$

De bijbehorende spanningsdiagrammen zijn getekend in figuur 4.21.

Controle: Het teken van de spanningen $\sigma^{(N)}$ en $\sigma^{(M)}$ stemt inderdaad overeen met de richtingen van N en M.

De spanningsdiagrammen $\sigma^{(N)}$ en $\sigma^{(M)}$ op elkaar gesuperponeerd leiden uiteraard tot hetzelfde resultaat als de directe toepassing van spanningsformule (12):

$$\sigma(z) = \frac{N}{A} + \frac{M_z z}{I_{zz}} = \left(+2{,}56 - 0{,}35 \times z\right) \text{ N/mm}^2$$

De spanningen zijn extreem in de uiterste vezellagen A en B:

A: $z = -33$ mm $\rightarrow$ $\sigma = +14{,}1$ N/mm^2

B: $z = +67$ mm $\rightarrow$ $\sigma = -20{,}9$ N/mm^2

In figuur 4.21 is het ook het resulterende normaalspanningsdiagram getekend.

Merk op dat de extreme buigspanningen $\sigma^{(M)}$, ten gevolge van het excentrisch aangrijpen van de normaalkracht, aanmerkelijk groter zijn dan de spanning $\sigma^{(N)}$ ten gevolge van alleen de normaalkracht.

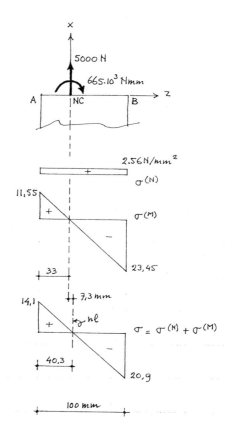

Figuur 4.21   Het normaalspanningsdiagram σ kan men vinden door superpositie van de bijdragen $\sigma^{(N)}$ en $\sigma^{(M)}$ ten gevolge van respectievelijk de normaalkracht en het buigend moment.

b. De plaats van de neutrale lijn kan men direct afleiden uit het spanningsdiagram in figuur 4.21. De afstand van de neutrale lijn tot linker rand A bedraagt:

$$\frac{14,1}{14,1+20,9} \times 100 = 40,3 \text{ mm}$$

Men kan uiteraard ook gebruikmaken van de afgeleide uitdrukking voor het spanningsverloop:

$$\sigma(z_{nl}) = +2,56 - 0,35 \times z_{nl} = 0 \rightarrow z_{nl} = \frac{2,56}{0,35} = 7,3 \text{ mm}$$

De neutrale lijn ligt dus 7,3 mm rechts van het normaalkrachtencentrum NC. Dit stemt overeen met wat eerder werd gevonden.

4.5.3 Een hijskraan

De kleine hijskraan in figuur 4.22 staat op een kademuur en draagt een last van 188 kN. De hijskabel wordt over twee wrijvingsloze katrollen C en D naar de lier in E gevoerd. De kabel loopt over het laatste traject DE verticaal. Ter plaatse van AB heeft de kraan een rechthoekige kokerdoorsnede met buitenafmetingen van $750 \times 375 \text{ mm}^2$ en een wanddikte van 25 mm.

Gevraagd:
a. Bereken en teken voor doorsnede AB het normaalspanningsverloop en schrijf de waarden er bij.
b. Bereken de plaats van de neutrale lijn en teken deze in het spanningsdiagram.

Uitwerking (eenheden N en mm): Uit het evenwicht van de kraan boven snede AB (zie figuur 4.23) vindt men voor de normaalkracht en het buigend moment in doorsnede AB:

$$N = -2 \times 188 \text{ kN} = -376 \times 10^3 \text{ N}$$

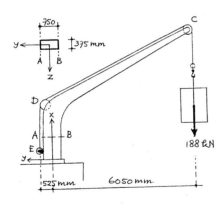

Figuur 4.22 De kolom van hijskraan heeft in AB een rechthoekige kokerdoorsnede.

$$M = +188 \times 10^3 \times 6050 - 188 \times 10^3 \times 525 = 1{,}039 \times 10^9 \text{ Nmm}$$
(eigenlijk $M_y = -1{,}039 \times 10^9$ Nmm)

Om de normaalspanningen te kunnen berekenen moet men de oppervlakte A van de doorsnede kennen en, omdat het buigend moment in het x-y-vlak werkt, het traagheidsmoment I_{yy}. Deze grootheden zijn hierna voor de kokerdoorsnede berekend uit het verschil van twee rechthoekige doorsneden:

$$A = 375 \times 750 - (375-50)(750-50) = 53{,}75 \times 10^3 \text{ mm}^2$$

$$I_{yy} = \tfrac{1}{12} \times 375 \times 750^3 - \tfrac{1}{12} \times (375-50)(750-50)^3 = 3{,}894 \times 10^9 \text{ mm}^4$$

De spanning ten gevolge van de normaalkracht is:

$$\sigma^{(N)} = \frac{N}{A} = \frac{-376 \times 10^3}{53{,}75 \times 10^3} = -7 \text{ N/mm}^2$$

De maximum buigspanningen zijn:

$$\sigma_{\max}^{(M)} = \pm \frac{M \cdot \tfrac{1}{2}b}{I_{yy}} = \pm \frac{1{,}039 \times 10^9 \times 750/2}{3{,}894 \times 10^9} = \pm 100 \text{ N/mm}^2$$

met trek in uiterste vezellaag A en druk in uiterste vezellaag B.

De resulterende normaalspanningen in A en B zijn:

A: $\sigma = -7 + 100 = +93$ N/mm^2

B: $\sigma = -7 - 100 = -107$ N/mm^2

Tussen A en B verloopt de spanning lineair. In figuur 4.24 is het normaalspanningsdiagram getekend.

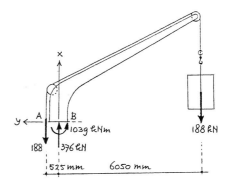

Figuur 4.23 De snedekrachten in doorsnede AB volgen direct uit het evenwicht van het vrijgemaakte deel boven de snede.

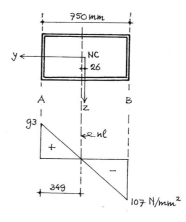

Figuur 4.24 Het normaalspanningsdiagram met de neutrale lijn (nl).

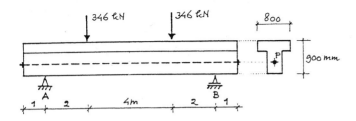

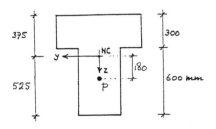

Figuur 4.25 Een T-balk met zijn doorsnede. De T-balk is voorgespannen met een rechte voorspanstaaf in P, 180 mm onder de staafas.

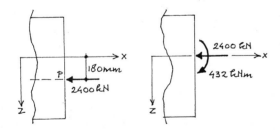

Figuur 4.26 De voorspanstaaf oefent op beide balkeinden een excentrische drukkracht van 2400 kN uit. Door deze excentrische drukkrachten naar de staafas te verplaatsen ontstaan op de balkeinden momenten van 432 kNm.

b. Uit het spanningsdiagram kan men direct afleiden dat de neutrale lijn op een afstand van

$$B: \quad \sigma = -7 - 100 = -103 \text{ N/mm}^2$$

van A ligt, dit is 26 mm 'boven' het normaalkrachtencentrum NC.

4.5.4 Een voorgespannen balk

De prismatische T-balk in figuur 4.25 is vrij opgelegd in A en B, en wordt belast door twee krachten van 346 kN. De T-balk is voorgespannen met een rechte voorspanstaaf in P, 180 mm onder de staafas. De voorspankracht F_p bedraagt 2400 kN. Afmetingen en plaats van het normaalkrachtencentrum NC zijn in de figuur aangegeven.
Voor de balkdoorsnede is gegeven:

$$A = 480 \times 10^3 \text{ mm}^2; \quad I_{yy} = 160 \times 10^3 \text{ mm}^4; \quad I_{zz} = 32{,}4 \times 10^9 \text{ mm}^4$$

Gevraagd: Bij materialen die niet goed tegen trek bestand zijn (zoals beton) kan men voorspanning toepassen om eventuele trekspanningen te 'onderdrukken'. Ga na of dat hier is gelukt. Daartoe wordt het volgende gevraagd:
a. Schematiseer de voorgespannen balk tot een lijnelement en teken alle krachten die er op werken. Teken de normaalkrachten- en momentenlijn, met de vervormingstekens.
b. Controleer de normaalspanningen in de maatgevende doorsneden. Waar ligt in die doorsneden de neutrale lijn?

Uitwerking:
a. De voorspanstaaf oefent op beide balkeinden een excentrische drukkracht van 2400 kN uit. Door deze excentrische drukkrachten naar de staafas te verplaatsen, ontstaan op de balkeinden momenten van:

$$(180 \text{ mm})(2400 \text{ kN}) = 432 \text{ kNm}$$

Zie figuur 4.26 en let op de juiste richtingen!

In figuur 4.27 zijn alle krachten getekend die op de tot lijnelement geschematiseerde balk werken, tezamen met de normaalkrachten- en momentenlijn.

b. Omdat de normaalkracht constant is komen voor een spanningscontrole in aanmerking de doorsneden waarin het buigend moment extreem is. In figuur 4.27 zijn daarvoor aangegeven de doorsneden C en D, waarin het buigend moment respectievelijk 432 kNm en 260 kNm bedraagt.

- Spanningscontrole doorsnede C, zie figuur 4.28:

$N = -2400$ kN

$M_z = -432$ kNm   (druk onder en trek boven)

Ten gevolge van de normaalkracht is de normaalspanning:

$$\sigma^{(N)} = \frac{N}{A} = \frac{-2400 \text{ kN}}{480 \times 10^3 \text{ mm}^2} = -5{,}0 \text{ N/mm}^2$$

De extreme buigspanningen treden op in de onderste (o) en bovenste (b) vezellaag met respectievelijk $z_o = +525$ mm en $z_b = -375$ mm:

$$\sigma_o^{(M)} = \frac{M_z z_o}{I_{zz}} = \frac{(-432 \text{ kNm})(+525 \text{ mm})}{32{,}4 \times 10^9 \text{ mm}^4} = -7{,}0 \text{ N/mm}^2$$

$$\sigma_b^{(M)} = \frac{M_z z_b}{I_{zz}} = \frac{(-432 \text{ kNm})(-375 \text{ mm})}{32{,}4 \times 10^9 \text{ mm}^4} = +5{,}0 \text{ N/mm}^2$$

Tekencontrole: In overeenstemming met de richting van het buigend moment heerst er in de onderste vezels druk en in de bovenste vezels trek.

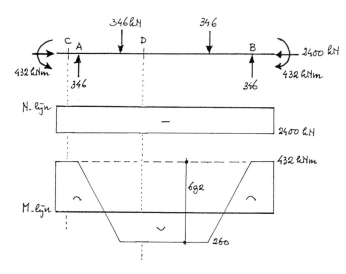

Figuur 4.27 De tot lijnelement geschematiseerde T-balk met alle krachten die er op werken en de bijbehorende normaalkrachten- en momentenlijn.

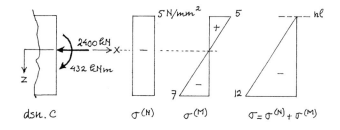

Figuur 4.28 De snedekrachten in C en het bijbehorende normaalspanningsdiagram σ verkregen door superpositie van de bijdragen $\sigma^{(N)}$ door extensie en $\sigma^{(M)}$ door buiging. De neutrale lijn (nl) valt samen met de bovenste vezellaag.

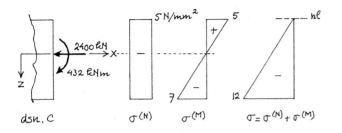

Figuur 4.28 De snedekrachten in C en het bijbehorende normaalspanningsdiagram σ verkregen door superpositie van de bijdragen $\sigma^{(N)}$ door extensie en $\sigma^{(M)}$ door buiging. De neutrale lijn (nl) valt samen met de bovenste vezellaag.

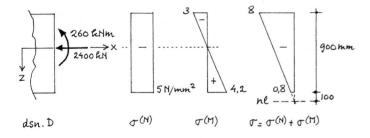

Figuur 4.29 De snedekrachten in D en het bijbehorende normaalspanningsdiagram σ verkregen door superpositie van de bijdragen $\sigma^{(N)}$ door extensie en $\sigma^{(M)}$ door buiging. De neutrale lijn (nl) ligt hier buiten de doorsnede.

De resulterende normaalspanningen in de uiterste vezels zijn:

$$\sigma_o = (-5{,}0 - 7{,}0) \text{ N/mm}^2 = -12{,}0 \text{ N/mm}^2$$

$$\sigma_b = (-5{,}0 + 5{,}0) \text{ N/mm}^2 = 0$$

Het spanningsdiagram is getekend in figuur 4.28. In de hele doorsnede heerst druk. De neutrale lijn valt samen met de bovenste vezellaag.

- Spanningscontrole in doorsnede D, zie figuur 4.29:

$$N = -2400 \text{ kN}$$

$$M_z = +260 \text{ kNm} \quad \text{(trek onder en druk boven)}$$

De normaalspanning $\sigma^{(N)}$ ten gevolge van extensie is hetzelfde als in doorsnede C:

$$\sigma^{(N)} = \frac{N}{A} = \frac{-2400 \text{ kN}}{480 \times 10^3 \text{ mm}^2} = -5{,}0 \text{ N/mm}^2$$

De extreme buigspanningen treden weer op in de onderste (o) en bovenste (b) vezellaag:

$$\sigma_o^{(M)} = \frac{M_z z_o}{I_{zz}} = \frac{(+260 \text{ kNm})(+525 \text{ mm})}{32{,}4 \times 10^9 \text{ mm}^4} = +4{,}2 \text{ N/mm}^2$$

$$\sigma_b^{(M)} = \frac{M_z z_b}{I_{zz}} = \frac{(+260 \text{ kNm})(-375 \text{ mm})}{32{,}4 \times 10^9 \text{ mm}^4} = -3{,}0 \text{ N/mm}^2$$

Tekencontrole: Ook hier is het teken van de spanning in de uiterste vezels in overeenstemming met de richting van het buigend moment.

De resulterende spanningen in de uiterste vezels zijn:

$\sigma_o = (-5{,}0 + 4{,}2) \text{ N/mm}^2 = -0{,}8 \text{ N/mm}^2$

$\sigma_b = (-5{,}0 - 3{,}0) \text{ N/mm}^2 = -8{,}0 \text{ N/mm}^2$

Het spanningsdiagram is getekend in figuur 4.29. Ook nu heerst er in de hele doorsnede druk. De neutrale lijn ligt hier buiten de doorsnede.

Uit het spanningsdiagram kan men afleiden dat de neutrale lijn

$$\frac{0{,}8 \text{ N/mm}^2}{(8{,}0 - 0{,}8) \text{ N/mm}^2}(900 \text{ mm}) = 100 \text{ mm}$$

onder de onderrand ligt.

Opmerking: Bij het berekenen van de buigspanningen $\sigma^{(M)}$ moet men goed opletten met de 'plussen' en 'minnen' in de formule. Controleer daarom altijd of het teken van de buigspanningen overeenstemt met de richting van het buigend moment.

4.5.5 Interpretatie van een normaalspanningsdiagram

In figuur 4.30 is het normaalspanningsverloop getekend voor een rechthoekige doorsnede uit een houten boogspant.

Gevraagd:
a. Bepaal uit het gegeven spanningsdiagram de grootte en ligging van de resultante R_t van alle trekspanningen. Doe hetzelfde voor de resultante R_d van alle drukspanningen.
b. Bepaal uit de grootte en ligging van R_t en R_d de grootte van de normaalkracht en het buigend moment in de doorsnede.
c. Waar in de doorsnede bevindt zich het krachtpunt?

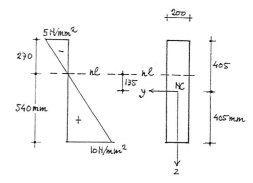

Figuur 4.30 Het normaalspanningsdiagram voor een rechthoekige doorsnede uit een houten boogspant.

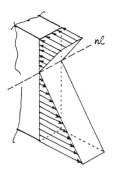

Figuur 4.31 Ruimtelijke weergave van hoe de spanningen uit het diagram in figuur 4.30 op de doorsnede werken.

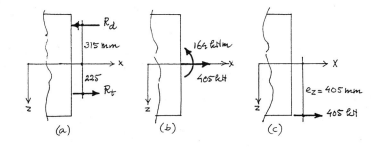

Figuur 4.32 (a) De resultanten R_t en R_d van respectievelijk de trek- en drukspanningen, (b) de snedekrachten N en M_z en (c) het krachtpunt in de doorsnede.

Uitwerking:

a. In figuur 4.31 is het spanningsdiagram ruimtelijk getekend. De resultante van alle trek- en drukspanningen is gelijk aan de inhoud van het spanningsdiagram ter plaatse van resp. het trek- en drukgebied:

$$R_t = \tfrac{1}{2} \times (10 \text{ N/mm}^2)(540 \text{ mm})(200 \text{ mm}) = 540 \text{ kN}$$

$$R_d = \tfrac{1}{2} \times (5 \text{ N/mm}^2)(270 \text{ mm})(200 \text{ mm}) = 135 \text{ kN}$$

De aangrijpingspunten van R_t en R_d zijn aangegeven in figuur 4.32a.

b. De normaalkracht N is per definitie als trekkracht positief en vindt men uit het verschil van R_t en R_d:

$$N = R_t - R_d = (540 \text{ kN}) - (135 \text{ kN}) = 405 \text{ kN}$$

Het buigend moment is gelijk aan de momentensom van alle 'spanningskrachtjes' $\sigma \Delta A$ ten opzichte van het normaalkrachtencentrum NC (zie paragraaf 4.3.2). Men kan dit ook berekenen als de som van de momenten van de spanningsresultanten R_t en R_d ten opzichte van NC. In het aangegeven assenstelsel is:

$$M_z = +R_t \times (225 \text{ mm}) + R_d \times (315 \text{ mm}) =$$
$$= +(540 \text{ kN})(225 \text{ mm}) + (135 \text{ kN})(315 \text{ mm}) = +164 \text{ kNm}$$

In figuur 4.32b zijn de snedekrachten N en M_z getekend.

c. De combinatie van (centrische) normaalkracht N en buigend moment M_z is statisch equivalent met één enkele excentrische aangrijpende kracht, in dit geval een trekkracht van 405 kN, zie figuur 4.32c. Het aangrijpingspunt van deze excentrische (trek)kracht noemt men het krachtpunt. Voor de excentriciteit e_z van het krachtpunt geldt[1]:

$$e_z = \frac{M_z}{N} = \frac{+164 \text{ kNm}}{+405 \text{ kN}} = +0{,}405 \text{ m} = +405 \text{ mm}$$

Het krachtpunt ligt dus op de onderrand van de doorsnede.

4.6 Weerstandsmoment

In het geval van buiging zonder normaalkracht gaat de neutrale lijn door het normaalkrachtencentrum NC en treden de grootste normaalspanningen op in de uiterste vezels; zie paragraaf 4.4, formule (15).
Stel e_o en e_b zijn de afstanden tot resp. de onderste vezellaag (o) en de bovenste vezellaag (b). De extreme spanningen in de uiterste vezels zijn dan, zie figuur 4.33:

$$\sigma_o = +\frac{M_z e_o}{I_{zz}} \quad \text{en} \quad \sigma_b = -\frac{M_z e_b}{I_{zz}}$$

De waarden I_{zz}/e_o en I_{zz}/e_b noemt men de *weerstandsmomenten* van de doorsnede en geeft men aan met respectievelijk $W_{z;o}$ en $W_{z;b}$:

$$W_{z;o} = \frac{I_{zz}}{e_o} \quad \text{en} \quad W_{z;b} = \frac{I_{zz}}{e_b} \qquad (16)$$

Voor de extreme buigspanningen kan men dus schrijven:

$$\sigma_o = +\frac{M_z}{W_{z;o}} \quad \text{en} \quad \sigma_b = -\frac{M_z}{W_{z;b}} \qquad (17)$$

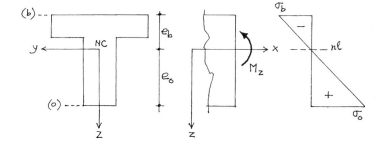

Figuur 4.33 Spanningsdiagram bij buiging zonder normaalkracht; in de uiterste vezellagen (o) en (b) zijn de buigspanningen extreem en tegengesteld van teken; de neutrale lijn gaat door het normaalkrachtencentrum NC.

---

[1] Het krachtpunt is het punt in de doorsnede waar de resultante van alle normaalspanningen aangrijpt. Zie TOEGEPASTE MECHANICA – deel 1, paragraaf 14.2.

Vaak laat men in deze formules de tekens achterwege en moet men ze zelf uit de richting van het buigend moment afleiden.

In profielenboekjes treft men voor standaardprofielen naast doorsnede-afmetingen en traagheidsmomenten ook weerstandsmomenten aan. Met behulp van de weerstandsmomenten kan men snel de *maximum buigspanningen* berekenen.

Voor doorsneden die de y-as als symmetrieas hebben, zoals de doorsneden in figuur 4.34, geldt $e_o = e_b = h/2$ en zijn $W_{z;o}$ en $W_{z;b}$ even groot:

$$W_{z;o} = W_{z;b} = W_z = \frac{I_{zz}}{\frac{1}{2}h} \qquad (18)$$

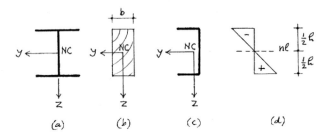

Figuur 4.34 (a) t/m (c) Drie doorsneden met de y-as als symmetrieas; (d) bij buiging in het x-z-vlak zijn de extreme buigtrekspanning en buigdrukspanning in grootte aan elkaar gelijk.

De maximum *buigtrekspanning* en *buigdrukspanning* zijn nu in grootte aan elkaar gelijk en men schrijft:

$$\sigma_{max} = \pm \frac{M_z}{W_z} \qquad (19)$$

Ook in deze formule worden de tekens gewoonlijk weggelaten.

Opmerking: Een veel gebruikt weerstandsmoment is dat voor de rechthoekige doorsnede, zie figuur 4.34b:

$$\sigma_{max} = \pm \frac{M_z}{W_z} \qquad (20)$$

De toepassing van deze formules wordt in de volgende paragraaf geïllustreerd aan de hand van een aantal uitgewerkte rekenvoorbeelden.

4.7 Rekenvoorbeelden met betrekking tot de spannings-formule voor buiging zonder normaalkracht

In deze paragraaf zijn vier voorbeelden opgenomen van buiging zonder normaalkracht, waarbij voor het berekenen van de buigspanningen gebruik wordt gemaakt van het begrip weerstandsmoment.
In het eerste voorbeeld, in paragraaf 4.7.1, wordt ingegaan op de gunstigste doorsnedevorm bij buiging.
Daarna volgen twee voorbeelden waarin een op buiging belaste ligger met symmetrische doorsnede op sterkte moet worden gedimensioneerd: in paragraaf 4.7.2 betreft dat een houten hoofdligger en in paragraaf 4.7.3 een stalen vloerbalk. In deze twee voorbeelden wordt gewerkt met belastingfactoren.
Ten slotte worden in paragraaf 4.7.4 de maximum buigspanningen berekend in een T-balk met overstek.

4.7.1 De gunstigste doorsnedevorm bij buiging

Vier prismatische balken worden in het midden van de overspanning $\ell = 1$ m belast door een puntlast F. De balken zijn vervaardigd uit ongewapend beton en hebben ieder een andere doorsnede. In figuur 4.35 zijn, samen met het mechanicaschema, de doorsnedeafmetingen van de vier balken (a) t/m (d) gegeven. De oppervlakte van de doorsnede en dus het materiaalverbruik is voor alle vier balken (vrijwel) gelijk.

Er is verder gegeven dat beton scheurt bij een buigtrekspanning van 3 MPa[1] en dat beton bezwijkt door verbrijzeling bij een buigdrukspanning van 40 MPa.

Gevraagd: Bereken voor elke balk de draagkracht. Het eigen gewicht van de balk mag hierbij buiten beschouwing worden gelaten.

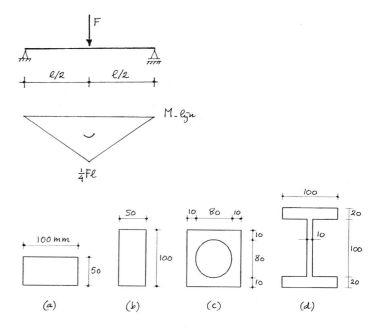

Figuur 4.35 Een vrij opgelegde prismatische ligger, met een puntlast in het midden van de overspanning. Voor de ligger worden vier doorsnedevormen onderzocht die alle (vrijwel) dezelfde oppervlakte en dus hetzelfde materiaalverbruik hebben.

---

[1] In herinnering wordt gebracht dat: 3 MPa = 3×10^6 N/m² = 3 N/mm²

Uitwerking: Het grootste buigend moment treedt op in het midden van de balk en bedraagt:

$$M_{max} = \tfrac{1}{4} F\ell$$

De maximum buigspanning treedt op in de uiterste vezels $z = \pm h/2$ en is volgens (18):

$$z = \pm h/2$$

waarin:

$$W = \frac{I}{\tfrac{1}{2}h}$$

Omdat misverstanden zijn uitgesloten is de index z in M_z, W_z en I_{zz} hier weggelaten.

De grootste trekspanning is maatgevend en treedt in dit geval op aan de onderzijde van de ligger. Deze spanning mag de *grenswaarde* voor de trekspanning[1] $\overline{\sigma} = 3$ N/mm² niet overschrijden.

Het maximum moment $\overline{M}$ dat de doorsnede kan overbrengen volgt uit (19):

$$\overline{M} = \overline{\sigma} W$$

Voor de maximaal toelaatbare kracht $\overline{F}$, de draagkracht, vindt men nu:

$$\overline{F} = \frac{4\overline{M}}{\ell} = \frac{4\overline{\sigma} W}{\ell}$$

---

[1] Vroeger ook wel de *maximum toelaatbare trekspanning* genoemd.

De draagkracht van de vier balken is hiernaast in tabelvorm berekend.

Uit deze tabel blijkt dat men door aanpassing van de doorsnedevorm het draagvermogen bij hetzelfde materiaalverbruik (oppervlakte A van de doorsnede) behoorlijk kan doen toenemen.

Bij buiging zonder normaalkracht worden de uiterste vezels maximaal belast. De vezels nabij de neutrale lijn worden niet optimaal op sterkte benut. Het blijkt constructief gunstig hier materiaal weg te nemen en dit naar buiten te brengen, ver van de neutrale lijn. Bij dezelfde maximale spanning kan dan een groter buigend moment worden opgenomen vanwege de grote arm.

Bij stalen balken treft men dan ook zelden massieve rechthoekige doorsneden aan, maar in hoofdzaak profielen met zoveel mogelijk materiaal aan de buitenzijde, in de uiterste vezels. Zie het IPE- en HE-profiel in figuur 4.36. IPE-profielen hebben smalle flenzen; HE-profielen hebben brede flenzen en noemt men daarom ook wel *breedflensbalken*.

Als door het aanpassen van de doorsnedevorm een groter draagvermogen is te bereiken, dan kan men met een lichter profiel volstaan. Dat is zeer belangrijk voor constructies waarbij het eigen gewicht een niet te verwaarlozen deel van de belasting uitmaakt, denk bijvoorbeeld aan bruggliggers met een grote overspanning. Behalve een *materiaalbesparing* is er ook een *gewichtsbesparing* waardoor de buigende momenten ten gevolge van het eigen gewicht kleiner zijn.

Terugkerend naar het voorbeeld van de ongewapende betonnen balkjes mag men constateren dat de spanningen in de drukzone nog ver beneden de toelaatbare waarde blijven. Voor de ongewapende doorsnede is nog geen optimaal gebruikgemaakt van het beschikbare materiaal.

Tabel 4.1

type	A (mm^2)	I (mm^4)	$\frac{1}{2}h$ (mm)	W (mm^3)	$\overline{M}$ (Nmm)	$\overline{F}$ (N)
a	5000	$1{,}042 \times 10^6$	25	$41{,}68 \times 10^3$	$125{,}0 \times 10^3$	500
b	5000	$4{,}167 \times 10^6$	50	$83{,}34 \times 10^3$	$250{,}0 \times 10^3$	1000
c	4973	$6{,}323 \times 10^6$	50	$126{,}5 \times 10^3$	$379{,}4 \times 10^3$	1518
d	5000	$15{,}367 \times 10^6$	70	$219{,}5 \times 10^3$	$658{,}6 \times 10^3$	2634

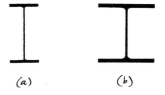

Figuur 4.36 Stalen balken: (a) Een IPE-profiel en (b) een breedflensbalk of HE-profiel

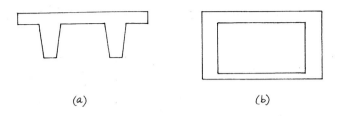

Figuur 4.37 Betonnen balken met aangepaste doorsnedevorm: (a) een prefab dubbel-T-balk en (b) een kokerdoorsnede

Bij beton kan men het draagvermogen verder vergroten door de balk in de trekzone van een *wapening* te voorzien (zgn. *gewapend beton* - het wapeningsstaal neemt dan de trek op) of door het aanbrengen van een *voorspanning* waarmee de optredende trekspanningen worden 'onderdrukt' (zgn. *voorgespannen beton*; zie ook het voorbeeld in paragraaf 4.5.4).

Ook bij betonnen balken ziet men dat de vorm van de doorsnede zoveel mogelijk wordt aangepast aan de krachtsoverdracht (T-balken, kokerdoorsneden; zie figuur 4.37).

4.7.2 Dimensionering (op sterkte) van een gelamineerde houten hoofdligger

In figuur 4.38 is het mechanicaschema getekend voor een houten hoofdligger met een overspanning van 20 m. De veranderlijke belasting op de ligger bestaat uit een aantal puntlasten, in de figuur aangegeven. Het eigen gewicht van de ligger wordt geschat op 1 kN/m. In de figuur zijn ook de momentenlijnen ten gevolge van de belasting en het geschatte eigen gewicht getekend.
De hoofdligger wordt uitgevoerd als een gelamineerde balk[1] met rechthoekige doorsnede, opgebouwd uit planken van 196 mm breed en 34 mm dik, zie figuur 4.39.

De ligger wordt voldoende sterk geacht als de buigspanning ten gevolge van de rekenwaarde van de belasting nergens de rekenwaarde f voor de buigsterkte overschrijdt, waarbij de rekenwaarde van de belasting gelijk

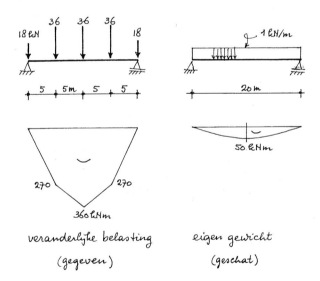

Figuur 4.38 Mechanicaschema en momentenlijn voor respectievelijk de veranderlijke belasting en het eigengewicht van een houten hoofdligger

---

[1] Een gelamineerde balk is een balk samengesteld uit op elkaar gelijmde planken. De doorsnede kan als massief beschouwd worden.

is aan γ_g maal het eigen gewicht en γ_q maal de veranderlijke belasting. Hierbij zijn γ_g en γ_q zogenaamde belastingfactoren[1].

Gevraagd:
a. Bepaal het aantal planken in de doorsnede opdat de ligger juist voldoet aan de sterkte-eis, waarbij moet worden aangehouden:

$$\gamma_g = 1{,}2 \,,\, \gamma_q = 1{,}5 \text{ en } f = 20 \text{ N/mm}^2.$$

b. Bereken de maximum buigspanning in de gebruikstoestand ($\gamma_g = \gamma_q = 1$).

Uitwerking:
a. Ten gevolge van de rekenwaarde van de belasting is het maximum buigend moment in het midden van de overspanning:

$$M_{max} = 1{,}5 \times (360 \text{ kNm}) + 1{,}2 \times (50 \text{ kNm}) = 600 \text{ kNm}$$

De bij dit moment optredende (extreme) buigspanningen σ moeten beneden de rekenwaarde $f = 20$ N/mm² van de buigsterkte blijven:

$$\sigma = \frac{M_{max}}{W} \leq f$$

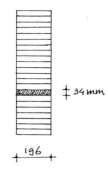

Figuur 4.39 De houten hoofdligger wordt uitgevoerd als een gelamineerde balk, opgebouwd uit planken van 196 mm breed en 34 mm dik.

---

[1] In de voorschriften wordt aangegeven welke belastingcombinaties moeten worden beschouwd en welke belastingfactoren γ daarbij gelden. In dit voorbeeld wordt hierop niet ingegaan. Evenmin wordt ingegaan op de wijze waarop men voor hout de rekenwaarde voor de buigsterkte f berekent. Zie ook TOEGEPASTE MECHANICA – deel 1, paragraaf 6.2.5.

waaruit volgt:

$$W_{\text{benodigd}} = \frac{M_{\max}}{f} = \frac{600 \text{ kNm}}{20 \text{ N/mm}^2} = 30 \times 10^6 \text{ mm}^3$$

De gelamineerde balk bestaat uit een stapeling van 196 mm brede planken.
Hiervoor moet gelden[1]:

$$W_{\text{benodigd}} = \tfrac{1}{6}bh^2 = \tfrac{1}{6} \times (196 \text{ mm}) \times h^2 = 30 \times 10^6 \text{ mm}^3$$

waaruit volgt:

$$h_{\text{minimaal}} = \sqrt{\frac{6 \times W_{\text{benodigd}}}{b}} = \sqrt{\frac{6 \times (30 \times 10^6 \text{ mm}^3)}{196 \text{ mm}}} = 958{,}3 \text{ mm}$$

Het benodigde aantal planken is, bij een dikte van 34 mm per plank:

$$\frac{958{,}3 \text{ mm}}{34 \text{ mm}} = 28{,}2 \approx 29$$

Bij 29 planken van 34 mm dik wordt de balkhoogte $29 \times (34 \text{ mm}) = 986$ mm. De uiteindelijke doorsnede is getekend in figuur 4.40a. Het weerstandsmoment W van deze doorsnede is:

$$W = \tfrac{1}{6}bh^2 = \tfrac{1}{6}(196 \text{ mm})(986 \text{ mm})^2 = 31{,}76 \times 10^6 \text{ mm}^3$$

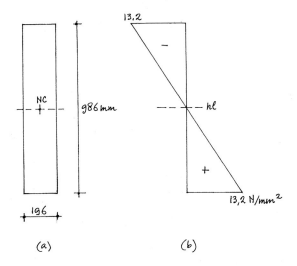

Figuur 4.40 (a) De definitieve doorsnedeafmetingen van de hoofdligger en (b) het spanningsdiagram ten gevolge van het maximum buigend moment in de gebruikstoestand.

---

[1] In herinnering wordt gebracht dat voor een rechthoekige doorsnede geldt: $W = \tfrac{1}{6}bh^2$, zie formule (20).

Controle op het geschatte eigen gewicht: Bij een volumegewicht van 6 kN/m³ bedraagt het eigen gewicht van de balk:

$$(196 \text{ mm})(986 \text{ mm})(6 \text{ kN/m}^3) = 1{,}16 \text{ kN/m}$$

Dit is iets meer dan de 1 kN/m die werd aangenomen. Het maximum buigend moment ten gevolge van het eigen gewicht is dus niet 50 kNm, maar $1{,}16 \times 50 = 58$ kNm. Daarom nog een controle bij het aangepaste eigen gewicht.
Ten gevolge van de rekenwaarde van de belasting is het maximum buigend moment:

$$M_{max} = 1{,}5 \times (360 \text{ kNm}) + 1{,}2 \times (58 \text{ kNm}) = 609{,}6 \text{ kNm}$$

De hierbij optredende maximale buigspanning is:

$$\sigma = \frac{M_{max}}{W} = \frac{609{,}6 \text{ kNm}}{31{,}76 \times 10^6 \text{ mm}^3} = 19{,}2 \text{ N/mm}^2 \leq f = 20 \text{ N/mm}^2$$

De gekozen doorsnede voldoet dus inderdaad aan de sterkte-eis.

b. De laatste vraag betreft de maximum buigspanning in de gebruikstoestand.
Het maximum buigend moment in de gebruikstoestand is:

$$M_{max} = (360 \text{ kNm}) + (58 \text{ kNm}) = 418 \text{ kNm}$$

en de maximum buigspanning:

$$\sigma = \frac{M_{max}}{W} = \frac{418 \text{ kNm}}{31{,}76 \times 10^6 \text{ mm}^3} = 13{,}2 \text{ N/mm}^2$$

In figuur 4.40b is het normaalspanningsverloop in de gebruikstoestand getekend.

4.7.3 Dimensionering (op sterkte) van een stalen vloerbalk

In figuur 4.41 draagt een stalen balk met een overspanning van 8 m een houten vloer. De totale vloerbelasting, inclusief het eigen gewicht, bedraagt 3,7 kN/m².

De stalen balk wordt geacht voldoende sterk te zijn als bij een rekenwaarde van de belasting, gelijk aan de gebruiksbelasting vermenigvuldigd met een belastingfactor γ, nergens de vloeispanning f_y wordt overschreden[1].

Gevraagd:
a. Dimensioneer de stalen balk op sterkte, uitgaande van een belastingfactor $\gamma = 1{,}5$ en een vloeispanning $f_y = 235$ N/mm².
b. Bereken de maximum buigspanning in de gebruikstoestand.

Uitwerking:
a. Als de stalen balk de helft van de vloerbelasting aan weerszijden draagt, wat een redelijke aanname is, dan is de belasting op de balk (4 m)(3,7 kN/m²) = 14,8 kN/m. Schat men het eigen gewicht van de stalen balk op 1 kN/m, dan vindt men voor de totale belasting op de balk:

$$q = 15{,}8 \text{ kN/m}$$

Met $\gamma = 1{,}5$ wordt de rekenwaarde van de belasting:

$$\gamma q = 1{,}5 \times 15{,}8 \text{ kN/m} = 23{,}7 \text{ kN/m}$$

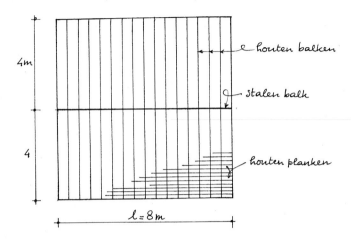
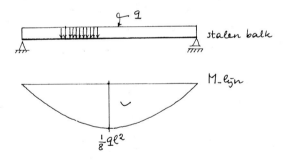

Figuur 4.41 Een stalen vloerbalk met mechanica-schema en momentenlijn.

---

[1] In afwijking van de voorschriften wordt in dit voorbeeld voor alle belastingen dezelfde belastingfactor aangehouden.

Het maximum buigend moment in de balk ten gevolge van de rekenbelasting is:

$$M_{max} = \tfrac{1}{8}\gamma q \ell^2 = \tfrac{1}{8}(23{,}7 \text{ kN/m})(8 \text{ m})^2 = 189{,}6 \text{ kNm}$$

De balk voldoet aan de sterkte-eis als

$$\sigma = \frac{M_{max}}{W} \leq f_y$$

waaruit volgt

$$W_{benodigd} = \frac{M_{max}}{f_y} = \frac{189{,}6 \text{ kNm}}{235 \text{ N/mm}^2} = 806{,}8 \times 10^3 \text{ mm}^3$$

In de tabel hiernaast zijn een aantal standaardprofielen opgenomen die voldoen aan de sterkte-eis.
Gekozen wordt voor IPE 360. Het IPE-profiel heeft het kleinste materiaalverbruik, maar ook de grootste hoogte (360 mm). Wil men slanker construeren, dan kost dat meer materiaal, en dus meer geld.

Tabel 4.2

profiel	W (mm^3)	gewicht (N/m)
IPE 360	904×10^3	571
HE 200 M	967×10^3	1020
HE 240 B	938×10^3	832
HE 260 A	836×10^3	682

b. In de gebruikstoestand is de belasting op de balk 14,8 kN/m plus 571 N/m eigen gewicht. Samen is dat afgerond:

$$q = 15{,}4 \text{ kN/m}$$

Het maximum buigend moment in de gebruikstoestand is dan:

$$M_{max} = \tfrac{1}{8}q\ell^2 = \tfrac{1}{8}(15{,}4 \text{ kN/m})(8 \text{ m})^2 = 123{,}2 \text{ kNm}$$

en de maximum buigspanning:

$$\sigma = \frac{M_{max}}{W} = \frac{123{,}2 \text{ kNm}}{904 \times 10^3 \text{ mm}^3} = 136 \text{ N/mm}^2$$

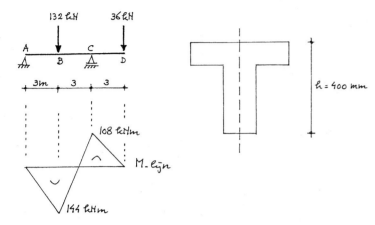

Figuur 4.42 Mechanica-schema voor een T-balk met overstek en de bijbehorende momentenlijn.

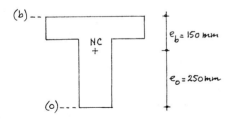

Figuur 4.43 De afstanden e_o en e_b van het normaalkrachtencentrum NC tot respectievelijk de onderste vezellaag (o) en bovenste vezellaag (b).

Opmerking: Het gekozen profiel voldoet aan de *sterkte-eis*. Behalve de sterkte-eis is er ook een *stijfheidseis*. De balk mag namelijk niet teveel doorbuigen. Dit kan betekenen dat soms een zwaarder profiel moet worden toegepast dan op grond van sterkte nodig is. Het berekenen van de doorbuiging en het controleren van de stijfheid wordt in een later stadium behandeld.

4.7.4 De maximum buigspanningen in een T-balk met overstek

Voor de ligger met overstek in figuur 4.42 is een 400 mm hoge T-balk toegepast. Er is buiging in het verticale symmetrievlak van de T-balk. In de figuur is ook de momentenlijn bij de aangegeven belasting opgenomen.
De weerstandsmomenten van de doorsnede zijn:

$$W_o = 27 \times 10^6 \text{ mm}^3 \text{ en } W_b = 45 \times 10^6 \text{ mm}^3$$

Gevraagd:
a. Bereken de plaats van het normaalkrachtencentrum NC.
b. Teken het normaalspanningsdiagram voor de doorsneden waarin het buigend moment extreem is.
c. Bereken de grootste buigtrek- en buigdrukspanning, en geef aan waar deze spanningen optreden.

Uitwerking:
a. De weerstandsmomenten werden volgens (16) gedefinieerd als:

$$W_o = \frac{I}{e_o} \text{ en } W_b = \frac{I}{e_b}$$

waarin e_o de afstand is van het normaalkrachtencentrum NC tot de onderste vezellaag (o) en e_b de afstand tot de bovenste vezellaag (b), zie figuur 4.43.

Voor de verhouding e_o/e_b vindt men:

$$\frac{e_o}{e_b} = \frac{W_b}{W_o} = \frac{45 \times 10^6 \text{ mm}^3}{27 \times 10^6 \text{ mm}^3} = \frac{5}{3}$$

Met:

$$e_o + e_b = h = 400 \text{ mm}$$

leidt dit tot:

$$e_o = \frac{5}{5+3} \times 400 \text{ mm} = 250 \text{ mm}$$

$$e_b = \frac{3}{5+3} \times 400 \text{ mm} = 150 \text{ mm}$$

waarmee de plaats van het normaalkrachtencentrum NC is gevonden.

b. Uit de M-lijn in figuur 4.42 blijkt dat het buigend moment extreem is in B en C. Omdat de afstanden e_o en e_b tot de uiterste vezels verschillend zijn moet men beide plaatsen betrekken in het onderzoek naar de maximum buigtrek- en buigdrukspanning.

Doorsnede B: $M = 144$ kNm (trek onder en druk boven):

$$\sigma_o = +\frac{M}{W_o} = +\frac{144 \text{ kNm}}{27 \times 10^6 \text{ mm}^3} = +5,3 \text{ N/mm}^2$$

$$\sigma_b = -\frac{M}{W_b} = -\frac{144 \text{ kNm}}{45 \times 10^6 \text{ mm}^3} = -3,2 \text{ N/mm}^2$$

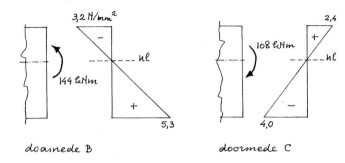

Figuur 4.44 Het normaalspanningsdiagram voor de doorsneden B en C.

Doorsnede C: $M = 108$ kNm (trek boven en druk onder):

$$\sigma_o = -\frac{M}{W_o} = -\frac{108 \text{ kNm}}{27 \times 10^6 \text{ mm}^3} = -4{,}0 \text{ N/mm}^2$$

$$\sigma_b = +\frac{M}{W_b} = +\frac{108 \text{ kNm}}{45 \times 10^6 \text{ mm}^3} = +2{,}4 \text{ N/mm}^2$$

De spanningsdiagrammen zijn getekend in figuur 4.44.

c. De maximum *buigtrekspanning* bedraagt 5,3 N/mm² en treedt op in doorsnede B, in de onderste vezels. De grootste *buigdrukspanning* bedraagt 4,0 N/mm² en treedt op ter plaatse van oplegging C, eveneens in de onderste vezels.

4.8 Algemene spanningsformule betrokken op de hoofdrichtingen

De spanningsformule:

$$\sigma(z) = \frac{N}{A} + \frac{M_z z}{I_{zz}}$$

ten gevolge van een belasting in het x-z-vlak geldt alleen als de y- en z-as samenvallen met de hoofdrichtingen van de doorsnede.

Als de belasting niet in een hoofdrichting werkt, zoals bij de gording in het schuine dakvlak in figuur 4.45, kan men de belasting in de hoofdrichtingen ontbinden. Naast de buigende momenten M_z in het x-z-vlak zijn er dan ook buigende momenten M_y in het x-y-vlak.

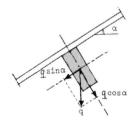

Figuur 4.45 Een gording in een schuin dakvlak. De belasting op de gording kan men ontbinden in de hoofdrichtingen van de doorsnede.

De spanningsformule (betrokken op de hoofdrichtingen) vindt men door superpositie van drie bijdragen:

- Extensie: $\sigma = \dfrac{N}{A}$

- Buiging in het x-y-vlak: $\sigma(y) = \dfrac{M_y y}{I_{yy}}$

- Buiging in het x-z-vlak: $\sigma(z) = \dfrac{M_z z}{I_{zz}}$

Dit resulteert in de volgende *algemene spanningsformule*:

$$\sigma(y,z) = \frac{N}{A} + \frac{M_y y}{I_{yy}} + \frac{M_z z}{I_{zz}} \qquad (21)$$

Let hierbij op de eenvoudig te onthouden vorm van de formule!

Als $N = 0$ gaat de neutrale lijn altijd door het normaalkrachtencentrum NC.

Als $N \neq 0$ vindt men de neutrale lijn uit de voorwaarde $\sigma(y,z) = 0$:

$$-\frac{M_y}{N}\frac{A}{I_{yy}}y - \frac{M_z}{N}\frac{A}{I_{zz}}z = 1$$

Deze vergelijking in y en z is die van een rechte lijn.

In het hierna volgende voorbeeld wordt met behulp van de op de hoofdrichtingen betrokken algemene spanningsformule het spanningsverloop berekend in een doorsnede van een stalen dakgording.

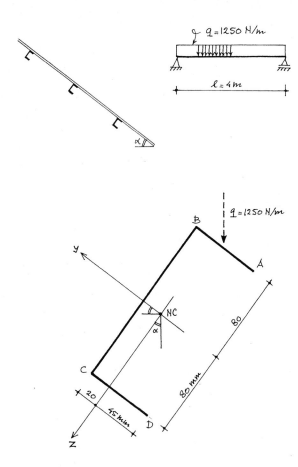

Figuur 4.46 Mechanicaschema en doorsnedeafmetingen van een stalen dakgording met een U-profiel. De gording mag als dunwandig worden opgevat.

Voorbeeld • Bij het kapspant in figuur 4.46 zijn stalen gordingen met een U-profiel toegepast. De gordingen zijn vrij opgelegd en hebben een overspanning $\ell = 4$ m. Zij worden belast door een gelijkmatig verdeelde verticale belasting $q = 1250$ N/m, waarbij is inbegrepen het eigen gewicht van de gording.
De afmetingen van het U-profiel en de ligging van het normaalkrachtencentrum NC kan men uit de figuur aflezen. Verder is gegeven:

$$I_{yy} = 0{,}85 \times 10^6 \text{ mm}^4 \quad \text{en} \quad I_{zz} = 9{,}25 \times 10^6 \text{ mm}^4$$

Het U-profiel mag in de berekening als dunwandig worden opgevat. Voor de dakhelling α geldt $\tan \alpha = 3/4$.

Gevraagd:
a. Bereken in de doorsnede halverwege de overspanning de normaalspanning in de vier hoekpunten A t/m D.
b. Teken voor deze doorsnede het normaalspanningsdiagram. Teken ook de ligging van de neutrale lijn. Hoe groot is de hoek die de neutrale lijn maakt met de y-as?

Uitwerking:
a. De belastingen q_y en q_z in de hoofdrichtingen y en z zijn:

$$q_y = -q\sin\alpha = -(1250 \text{ N/m}) \times \tfrac{3}{5} = -750 \text{ N/m}$$

$$q_z = +q\cos\alpha = +(1250 \text{ N/m}) \times \tfrac{4}{5} = +1000 \text{ N/m}$$

Let op: Omdat de belasting in het x-y-vlak tegen de positieve y-richting inwerkt is q_y negatief, zie figuur 4.47.

In het midden van de overspanning zijn de buigende momenten:

$$M_y = \tfrac{1}{8} q_y \ell^2 = \tfrac{1}{8}(-750 \text{ N/m})(4 \text{ m})^2 = -1500 \text{ Nm}$$

$$M_z = \tfrac{1}{8} q_z \ell^2 = \tfrac{1}{8}(+1000 \text{ N/m})(4 \text{ m})^2 = +2000 \text{ Nm}$$

Ingevuld in de spanningsformule (er is geen normaalkracht):

$$\sigma(y,z) = \frac{M_y y}{I_{yy}} + \frac{M_z z}{I_{zz}}$$

vindt men:

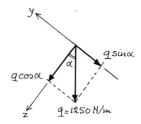

Figuur 4.47 De belasting op de gording ontbonden in de hoofdrichtingen van de doorsnede.

$$\sigma(y,z) = \frac{-1500 \text{ Nm}}{0{,}85 \times 10^6 \text{ mm}^4} \times y + \frac{+2000 \text{ Nm}}{9{,}25 \times 10^6 \text{ mm}^4} \times z =$$
$$= -(1{,}765 \text{ N/mm}^3) \times y + (0{,}216 \text{ N/mm}^3) \times z$$

In tabel 4.3 zijn de spanningen in de hoekpunten A t/m D berekend.

Tabel 4.3

hoek-punt	y-coörd. (mm)	z-coörd. (mm)	σ t.g.v. M_y (N/mm²)	σ t.g.v. M_z (N/mm²)	resulterende normaal-spanning $\sigma(y,z)$ (N/mm²)
A	−45	−80	+79,4	−17,3	+62,1
B	+20	−80	−35,3	−17,3	−52,6
C	+20	+80	−35,3	+17,3	−18,0
D	−45	+80	+79,4	+17,3	+96,7

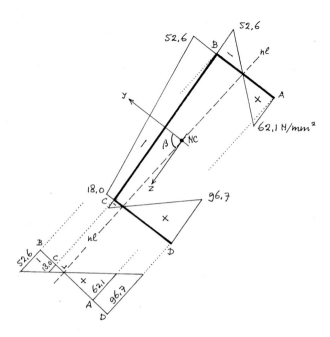

Figuur 4.48 Het normaalspanningsdiagram. De spanningen zijn loodrecht op de hartlijnen van het U-profiel uitgezet. Omdat er alleen buiging en geen normaalkracht is moet de neutrale lijn (nl) door het normaalkrachtencentrum NC gaan. De normaalspanning in de doorsnede is evenredig met de afstand tot de neutrale lijn, zodat men het spanningsverloop in de doorsnede ook in beeld kan brengen door het spanningsverloop te tekenen in een richting loodrecht op de neutrale lijn.

In de vierde en vijfde kolom zijn de spanningen ten gevolge van afzonderlijk M_y en M_z berekend. De resulterende spanning vindt men door de bijdragen ten gevolge van M_y en M_z bij elkaar op te tellen. Deze spanning is in de laatste kolom opgenomen.

b. De spanningen in de doorsnede verlopen lineair. Is de wanddikte klein, zoals per definitie het geval is bij een dunwandige doorsnede, dan mag men aannemen dat de spanning over de wanddikte (bij benadering) constant is.
Het spanningsverloop langs de wand, bijvoorbeeld van flens AB, kan men in beeld brengen door de spanningen in A en B loodrecht op AB uit te zetten en hiertussen een rechte lijn te trekken. Op deze manier zijn in figuur 4.48 voor het hele dunwandige profiel de spanningen langs flenzen en lijf uitgezet.

De grootste buigtrekspanning treedt op in D en bedraagt 96,7 N/mm². De grootste buigdrukspanning is 52,6 N/mm² en treedt op in hoekpunt B.

In figuur 4.48 ziet men in de flenzen twee plaatsen waar de spanning nul is. Deze punten liggen op de neutrale lijn. Omdat de neutrale lijn een rechte lijn is kan men deze nu direct in de spanningsfiguur tekenen. Als de spanningsfiguur goed op schaal is getekend, moet de neutrale lijn door het normaalkrachtencentrum NC gaan (er is immers geen normaalkracht). Dit is een controle.

De vergelijking van de neutrale lijn luidt:

$$\sigma(y_{nl}, z_{nl}) = -(1{,}765 \text{ N/mm}^3) \times y_{nl} + (0{,}216 \text{ N/mm}^3) \times z_{nl} = 0$$

Hieruit volgt voor de hoek β tussen de y-as en de neutrale lijn:

$$\tan\beta = \frac{z_{nl}}{y_{nl}} = \frac{1{,}765 \text{ N/mm}^3}{0{,}216 \text{ N/mm}^3} = 8{,}17 \rightarrow \beta = 83°$$

Men kan aantonen dat de normaalspanning in de doorsnede evenredig is met de afstand tot de neutrale lijn. Dit betekent dat in alle punten op een lijn evenwijdig aan de neutrale lijn dezelfde normaalspanning heerst. Het spanningsverloop in de doorsnede kan men daarom ook in beeld brengen door het spanningsverloop te tekenen in een richting loodrecht op de neutrale lijn. Het spanningsdiagram is in deze vorm eveneens in figuur 4.48 opgenomen.

In figuur 4.49 is het spanningsdiagram ook nog eens ruimtelijk weergegeven.

4.9 Kern van de doorsnede

Sommige materialen, in het bijzonder steenachtige materialen zoals metselwerk en ongewapend beton, zijn goed in staat drukspanningen over te brengen maar bieden weinig of geen weerstand tegen trekspanningen. Om scheurvorming te voorkomen neemt men voor deze materialen veiligheidshalve aan dat ze in het geheel geen trekspanningen kunnen overbrengen. In dat geval moet in de gehele doorsnede druk heersen, en moet de neutrale lijn buiten de doorsnede liggen. In het uiterste geval mag de neutrale lijn nog juist aan de omtrek van de doorsnede raken.

In deze paragraaf wordt nagegaan binnen welk gebied het krachtpunt moet liggen opdat alle spanningen binnen de doorsnede hetzelfde teken hebben. Dat gebied noemt men de *kern van de doorsnede*. Kernen zijn van belang bij het ontwerpen van doorsnedevormen in materialen die beter tegen druk dan trek bestand zijn. Zij spelen een rol bij balken van voorgespannen beton en ook wel bij funderingen op staal.

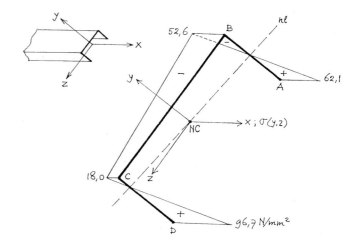

Figuur 4.49 Ruimtelijke voorstelling van het normaalspanningsverloop in de gording.

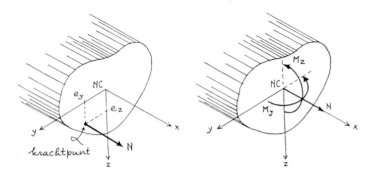

Figuur 4.50 Als in een doorsnede de resultante van alle normaalspanningen een kracht N is, noemt men het aangrijpingspunt van deze kracht het krachtpunt. Verplaatst men de excentrische normaalkracht N vanuit het krachtpunt naar het normaalkrachtencentrum NC, dan ontstaan er de buigende momenten M_y en M_z.

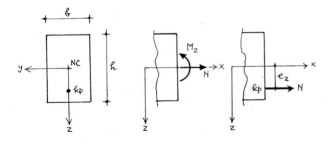

Figuur 4.51 Als in de doorsnede een normaalkracht N en buigend moment M_z werken, en het buigend moment M_y is nul, dan ligt het krachtpunt (kp) in het x-z-vlak.

Als in een doorsnede de resultante van alle normaalspanningen een kracht is, noemt men het aangrijpingspunt van deze kracht het *krachtpunt*[1]. Verplaatst men de excentrische normaalkracht N in figuur 4.50 vanuit het krachtpunt met coördinaten $(e_y; e_z)$ naar het normaalkrachtencentrum NC, dan ontstaan er de buigende momenten M_y en M_z:

$$M_y = Ne_y \quad \text{en} \quad M_z = Ne_z$$

Zijn omgekeerd N, M_y en M_z bekend, dan geldt voor de coördinaten $(e_y; e_z)$ van het krachtpunt:

$$e_y = \frac{M_y}{N} \quad \text{en} \quad e_z = \frac{M_z}{N}$$

De kern van de doorsnede is de verzameling van krachtpunten waarbij alle spanningen binnen de doorsnede hetzelfde teken hebben en de neutrale lijn dus buiten of op de rand van de doorsnede valt. Bij het bepalen van de kern is het niet relevant of de normaalkracht een trek- of drukkracht is. Daarom wordt hierna aangenomen dat de normaalkracht gewoon een trekkracht is, ook al vinden kernen overwegend toepassing bij op druk belaste doorsneden.

De beschouwing blijft in eerste instantie beperkt tot doorsneden waarvan de beide hoofdassen tevens symmetrieassen zijn, zodat $W_{z;o} = W_{z;b} = W_z$. Als voorbeeld wordt een rechthoekige doorsnede gekozen.

Stel in de doorsnede werken een normaalkracht N en buigend moment M_z terwijl het buigend moment M_y nul is. In dat geval is $e_y = M_y/N = 0$ en ligt het krachtpunt (kp) in het x-z-vlak, zie figuur 4.51.

---

[1] Zie ook TOEGEPASTE MECHANICA - deel 1, paragraaf 14.2. Het begrip *krachtpunt* heeft alleen betekenis als $N \neq 0$.

Gezocht wordt naar de plaats van het krachtpunt waarbij de neutrale lijn in een uiterste vezellaag valt. In dat geval heerst in de gehele doorsnede óf trek óf druk.

Voor de spanningen in de uiterste vezellagen geldt:

$$\sigma_o = \frac{N}{A} + \frac{M_z}{W_z} = \frac{N}{A} + \frac{Ne_z}{W_z}$$

$$\sigma_b = \frac{N}{A} - \frac{M_z}{W_z} = \frac{N}{A} - \frac{Ne_z}{W_z}$$

Ligt de neutrale lijn in de onderste vezellaag, dan vindt men de plaats e_z van het krachtpunt uit $\sigma_o = 0$:

$$e_z = -\frac{W_z}{A}$$

Dit is punt A in figuur 4.52.

Bij een neutrale lijn in de bovenste vezellaag volgt de plaats van het krachtpunt uit $\sigma_b = 0$:

$$e_z = +\frac{W_z}{A}$$

Dit is in punt B figuur 4.52.

Het quotiënt W_z/A noemt men de *kernstraal k*. Voor een rechthoekige doorsnede is:

$$k = \frac{W_z}{A} = \frac{\frac{1}{6}bh^2}{bh} = \frac{1}{6}h \qquad (22)$$

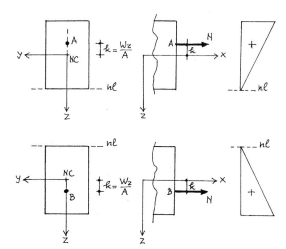

Figuur 4.52 A en B zijn de krachtpunten waarbij de neutrale lijn precies in een uiterste vezellaag ligt. A noemt men het bovenkernpunt en B het onderkernpunt. De afstand k wordt kernstraal genoemd.

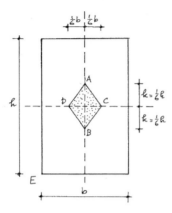

Figuur 4.53 Ruit ABCD noemt men de kern van de doorsnede. Ligt het krachtpunt binnen de kern dan ligt de neutrale lijn geheel buiten de doorsnede en hebben alle normaalspanningen in de doorsnede hetzelfde teken.

Bevindt het krachtpunt zich in A dan is de spanning in de onderrand nul. Met het krachtpunt in B is de spanning in de bovenrand nul. Voor de rechthoekige doorsnede in figuur 4.53 kan men evenzo redeneren dat met het krachtpunt in C de spanning in de linker rand nul is, en met het krachtpunt in D de spanning in de rechter rand nul is.

Ligt het krachtpunt op AC dan kan men de excentrisch aangrijpende normaalkracht ontbinden in een kracht in A en een kracht in C. De kracht in A geeft een spanning nul in de onderrand en de kracht in C geeft een spanning nul in de linker rand. Samen leidt dit tot een spanning nul in hoekpunt E. Als het krachtpunt op AC ligt is de normaalspanning dus nul in hoekpunt E.

Conclusie: Als het krachtpunt ergens op de omtrek van ruit ABCD staat raakt de neutrale lijn aan de omtrek van de doorsnede. Ruit ABCD noemt men de *kern van de doorsnede*.

Ligt het krachtpunt binnen de kern dan ligt de neutrale lijn geheel buiten de doorsnede en hebben alle normaalspanningen in de doorsnede hetzelfde teken, namelijk gelijk aan dat van de normaalkracht N.
Ligt het krachtpunt buiten de kern, dan snijdt de neutrale lijn de doorsnede en heersen er in de doorsnede zowel trek- als drukspanningen.

Een ander voorbeeld is de doorsnede van een T-balk in figuur 4.54, met maar één symmetrieas en de belasting in het symmetrievlak. Omdat de afstanden e_o en e_b tot de uiterste vezellagen niet aan elkaar gelijk zijn moet men een onderscheid maken tussen de weerstandsmomenten W_o en W_b.

Voor de spanning in de onderste vezellaag (o) geldt:

$$\sigma_o = \frac{N}{A} + \frac{M_z e_o}{I_{zz}}$$

Met $M_z = Ne_z$ en $I_{zz}/e_o = W_{z;o}$ kan men hiervoor schrijven:

$$\sigma_o = \frac{N}{A} + \frac{Ne_z}{W_{z;o}}$$

De neutrale lijn valt in de onderste vezellaag als deze spanning nul is:

$$\sigma_o = \frac{N}{A} + \frac{Ne_z}{W_{z;o}} = 0$$

waaruit men vindt:

$$e_z = -\frac{W_{z;o}}{A}$$

Dit punt, punt A in figuur 4.54, wordt het *bovenkernpunt* genoemd. $W_{z;o}/A$ noemt men de *bovenkernstraal* k_b:

$$k_b = \frac{W_{z;o}}{A}$$

Op dezelfde manier vindt men het *onderkernpunt* bij een neutrale lijn in de bovenste vezellaag:

$$e_z = +\frac{W_{z;b}}{A}$$

Dit is punt B in figuur 4.54. $W_{z;b}/A$ noemt men de *onderkernstraal* k_o:

$$k_o = \frac{W_{z;b}}{A}$$

Zolang in figuur 4.54 het krachtpunt ten gevolge van een belasting in het symmetrievlak tussen A en B blijft, valt de neutrale lijn buiten de doorsnede en hebben de spanningen in de doorsnede overal hetzelfde teken.

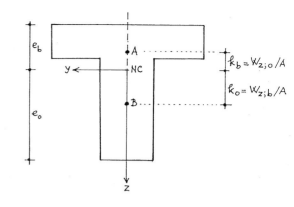

Figuur 4.54 Bij de T-balk zijn de bovenkernstraal k_b en onderkernstraal k_o verschillend in grootte.

4.10 Toepassingen kern van de doorsnede

In de praktijk wordt het begrip kern van een doorsnede onder meer toegepast om te kunnen bepalen hoe een betonnen ligger moet worden voorgespannen om trekspanningen te vermijden. Hierover handelt het voorbeeld in paragraaf 4.10.1.
Het voorbeeld in paragraaf 4.10.2 betreft de berekening van de gronddruk onder een stijve funderingsplaat onder de aanname dat deze druk evenredig is met de indrukking van de grond.

4.10.1 Liggers met centrische en excentrische voorspanning

Het dak in figuur 4.55 bestaat uit betonplaten opgelegd op balken van voorgespannen beton. De dakplaten zijn 0,10 m dik, 2 m lang en 1 m breed. De balken hebben een rechthoekige doorsnede, breed 0,10 m en hoog 0,24 m, en een lengte van 3 m. De platen en balken worden beschouwd als vrij opgelegd.

De belasting op het dak bestaat uit een gelijkmatige verdeelde (oppervlakte-)belasting groot 1 kN/m². Het volumegewicht van de dakplaten is 24 kN/m³ en dat van de balken 25 kN/m³.

De drukspanning in het beton van de balken mag de grenswaarde van 10N/mm² niet overschrijden. Het beton is niet bestand tegen trekspanningen.

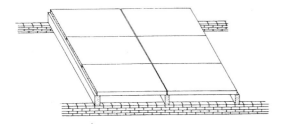

Figuur 4.55 Een dak bestaande uit betonplaten opgelegd op balken van voorgespannen beton.

Gevraagd: Als de balken worden voorgespannen door middel van een rechte voorspankabel evenwijdig aan de balkas, bereken dan de voorspankracht die nodig is om de optredende trekspanningen ten gevolge van het eigen gewicht en de nuttige belasting te onderdrukken:
a. In het geval van centrische voorspanning;
b. In het geval van excentrische voorspanning.
Ga na of de daarbij optredende drukspanningen beneden de grenswaarde blijven.

Uitwerking: Als eerste worden de oppervlakte A en het weerstandsmoment W berekend. Voor de rechthoekige balkdoorsnede in figuur 4.56 geldt:

$$A = (0{,}10 \text{ m})(0{,}24 \text{ m}) = 24 \times 10^{-3} \text{ m}^2$$

$$W = \tfrac{1}{6}(0{,}10 \text{ m})(0{,}24 \text{ m})^2 = 960 \times 10^{-6} \text{ m}^3$$

Vervolgens wordt van een enkele balk de belasting q ten gevolge van het eigen gewicht en de nuttige belasting berekend.
De totale belasting per m² plaat is:

$$(1 \text{ kN/m}^2) + (0{,}10 \text{ m})(24 \text{ kN/m}^3) = 3{,}4 \text{ kN/m}^2$$

Dit leidt tot een lijnbelasting op de balken groot:

$$(2 \text{ m})(3{,}4 \text{ kN/m}^2) = 6{,}8 \text{ kN/m}$$

Hierbij komt nog het eigen gewicht van de balken:

$$(0{,}10 \text{ m})(0{,}24 \text{ m})(25 \text{ kN/m}^3) = 0{,}6 \text{ kN/m}$$

De totale belasting op een balk is dus een gelijkmatig verdeelde belasting:

$$q = (6{,}8 \text{ kN/m}) + (0{,}6 \text{ kN/m}) = 7{,}4 \text{ kN/m}$$

Het mechanicaschema en de momentenlijn van een balk zijn getekend in figuur 4.57. Het maximum buigend moment treedt op in het midden van de overspanning en bedraagt[1]:

$$M_{\max}^{(q)} = \tfrac{1}{8} q \ell^2 = \tfrac{1}{8}(7{,}4 \text{ kN/m})(3 \text{ m})^2 = 8{,}325 \text{ kNm}$$

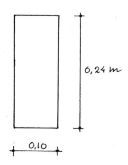

Figuur 4.56 De balken hebben een rechthoekige doorsnede.

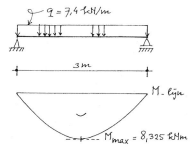

Figuur 4.57 Het mechanicaschema en de momentenlijn van een balk.

---

[1] Om de invloeden van de belasting q (door eigen gewicht en nuttige belasting) en voorspanning F_p van elkaar te kunnen onderscheiden worden zij soms als index toegepast.

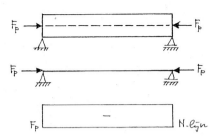

Figuur 4.58 Het belastinggeval van centrische voorspanning, samen met het mechanicaschema en de normaalkrachtenlijn. Bij centrische voorspanning valt de kabel langs de staafas en worden de balkeinden belast door een centrische drukkracht. Centrische voorspanning geeft geen buigende momenten.

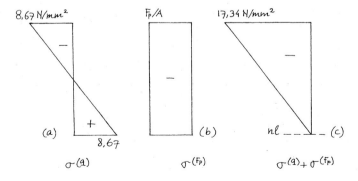

Figuur 4.59 Spanningsdiagrammen ten gevolge van de belasting q en centrische voorspanning F_p.

Het bijbehorende spanningsverloop $\sigma^{(q)}$ in de doorsnede is getekend in figuur 4.59a, met onderin trek en bovenin druk.
De maximum trek- en drukspanning in de uiterste vezels zijn aan elkaar gelijk. Hun grootte volgt uit de formule:

$$\sigma = \frac{M}{W} = \frac{8{,}325 \text{ kNm}}{960 \times 10^{-6} \text{ m}^3} = 8{,}67 \text{ N/mm}^2$$

Omdat het beton geen trekspanningen kan opnemen is deze spanningsverdeling zonder meer onaanvaardbaar.

Men kan de trekspanningen in de doorsnede onderdrukken door het aanbrengen van voorspanning. Als de balk wordt voorgespannen oefent de trekkracht F_p in de voorspankabel, de voorspankracht, via de verankeringen een even grote drukkracht F_p op de balkeinden uit.

a. *Centrische voorspanning*
Bij centrische voorspanning valt de kabel langs de staafas en worden de balkeinden belast door een centrische drukkracht. In figuur 4.58 is het belastinggeval van centrische voorspanning getekend, samen met het mechanicaschema en de normaalkrachtenlijn. Centrische voorspanning geeft geen buigende momenten.

Ten gevolge van de centrische voorspanning is de spanning in de doorsnede constant en bedraagt:

$$\sigma = -\frac{F_p}{A}$$

Het spanningsdiagram $\sigma^{(F_p)}$ is getekend in figuur 4.59b.

Als nergens in een doorsnede trekspanningen mogen optreden volgt uit de spanningsdiagrammen in figuur 4.59a en b, betrokken op de maatgevende doorsnede in het midden van de overspanning, dat de spanning in de onderste vezel nul is als:

$$\sigma_o = \sigma_o^{(q)} + \sigma_o^{(F_p)} = (+8{,}67 \text{ N/mm}^2) - \frac{F_p}{A} = 0$$

waaruit voor de benodigde voorspankracht F_p volgt:

$$F_p = (8{,}67 \text{ N/mm}^2) \times A = (8{,}67 \text{ N/mm}^2)(24 \times 10^{-3} \text{ m}^2) = 208 \text{ kN}$$

Uit het resulterende spanningsdiagram in figuur 4.59c blijkt dat bij deze voorspankracht in de bovenste vezels een drukspanning van 17,34 N/mm² optreedt, aanzienlijk groter dan de grenswaarde van 10 N/mm².

Conclusie: Met centrische voorspanning blijkt het hier onmogelijk te voldoen aan de eis dat er geen trekspanningen in de doorsnede optreden terwijl tegelijkertijd de drukspanningen beneden de gegeven grenswaarde blijven.

b. *Excentrische voorspanning*
Een beter resultaat bereikt men met excentrische voorspanning, door de voorspankabel evenwijdig aan de staafas naar het trekgebied te verschuiven. In figuur 4.60 zijn het mechanicaschema en de N- en M-lijn getekend voor een balk waarin de voorspanning F_p een excentriciteit e_p heeft.

In figuur 4.61 zijn voor de middendoorsnede de spanningsdiagrammen ten gevolge van $M_{max}^{(q)}$ en F_p getekend. Voor de spanning in de onderste vezels van de balk vindt men:

$$\sigma_o = +\frac{M_{max}^{(q)}}{W} - \frac{F_p}{A} - \frac{F_p e_p}{W}$$

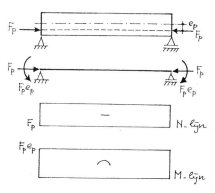

Figuur 4.60 Het belastinggeval van excentrische voorspanning, samen met het mechanicaschema en de normaalkrachten- en momentenlijn. De (rechte) voorspankabel ligt nu onder de staafas. De excentrisch aangrijpende drukkrachten veroorzaken een buigend moment in de balk.

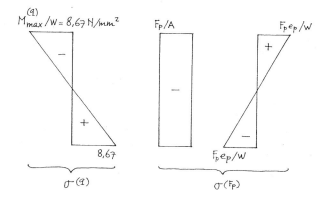

Figuur 4.61 Spanningsdiagrammen ten gevolge van de belasting q en excentrische voorspanning F_p.

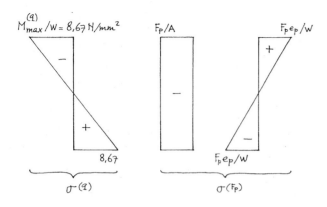

Figuur 4.61 Spanningsdiagrammen ten gevolge van de belasting q en excentrische voorspanning F_p.

Met als kernstraal $k = W/A$ kan men hiervoor ook schrijven:

$$\sigma_o = +\frac{M^{(q)}_{max}}{W} - \frac{F_p}{W}\left(k + e_p\right)$$

Als er (in de onderste vezels) geen trekspanningen zijn toegestaan moet gelden $\sigma_o \leq 0$, waaruit volgt:

$$F_p \geq \frac{M^{(q)}_{max}}{k + e_p}$$

De minimaal benodigde voorspankracht F_p is kleiner naarmate de excentriciteit e_p groter wordt gekozen.

Behalve bij het maximum moment moet men ook bij een minimum moment, bijvoorbeeld voor het geval de nuttige belasting afwezig is, controleren of er inderdaad geen trekspanningen optreden. Maatgevend zijn in dit geval de uiteinden van de balk. Hier is het moment ten gevolge van de belasting nul en wordt de spanningsverdeling in de doorsnede volledig bepaald door de excentrische drukkracht F_p. Als er geen trekspanningen mogen optreden moet de excentrische drukkracht binnen de kern aangrijpen. De grootste excentriciteit bereikt men dus door de voorspankabel in het onderkernpunt te leggen. In dat geval is $e_p = k$ en vindt men voor de minimaal benodigde voorspankracht:

$$F_p = \frac{M^{(q)}_{max}}{2k}$$

Voor een doorsnede met verschillende onderkernstraal k_o en bovenkernstraal k_b zou men hebben gevonden:

$$F_p = \frac{M^{(q)}_{max}}{k_o + k_b}$$

De minimaal benodigde voorspankracht F_p blijkt gelijk te zijn aan het op te nemen moment gedeeld door de hoogte van de kern.

Voor de balk met rechthoekige doorsnede uit het voorbeeld geldt:

$$k = \tfrac{1}{6}h = 0{,}04 \text{ m}$$

en is de minimaal benodigde voorspankracht F_p:

$$F_p = \frac{M^{(q)}_{\max}}{2k} = \frac{8{,}325 \text{ kNm}}{2 \times (0{,}04 \text{ m})} = 104 \text{ kN}$$

Voor het geval de voorspankabel in het onderkernpunt ligt en de grootte van de voorspankracht 110 kN bedraagt (iets groter dan de benodigde waarde van 104 kN) zijn in de figuren 4.62 en 4.63 de spanningsdiagrammen getekend voor respectievelijk de doorsnede in het midden van de overspanning en de einddoorsneden. Een controle van de juistheid van de in de figuren bijgeschreven waarden wordt aan de lezer overgelaten.

Conclusie: Er zijn geen trekspanningen en de drukspanning blijft nu inderdaad beneden de grenswaarde van 10 N/mm².

4.10.2 Gronddruk onder een op staal gefundeerd gebouw

Om bij een op staal gefundeerde constructie op een snelle manier tot redelijk betrouwbare waarden van de gronddruk onder de funderingsplaat te komen neemt men vaak aan dat de gronddruk evenredig is met de indrukking van de grond. Onder een oneindig stijve funderingsplaat verloopt de indrukking van de grond lineair, en dus ook de gronddruk. In dat geval kan men gebruikmaken van de bekende spanningsformules voor de op buiging en extensie belaste doorsnede.

Omdat grond geen trekspanningen kan overbrengen is het bij grond gebruikelijk drukspanningen positief te rekenen. Een gebruik dat in deze paragraaf wordt overgenomen.

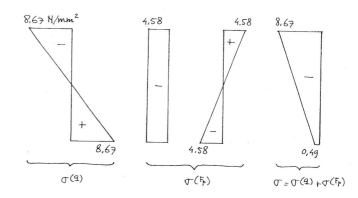

Figuur 4.62 Spanningsdiagrammen voor de doorsnede in het midden van de overspanning in het geval de voorspankabel in het onderkernpunt ligt en de grootte van de voorspankracht 110 kN bedraagt.

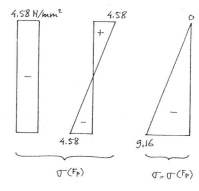

Figuur 4.63 Spanningsdiagrammen voor de einddoorsneden in het geval de voorspankabel in het onderkernpunt ligt en de grootte van de voorspankracht 110 kN bedraagt.

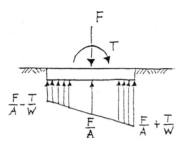

Figuur 4.64 Neemt men aan dat de gronddruk evenredig is met de indrukking van de grond, dan zal de gronddruk onder een oneindig stijve funderingsplaat lineair verlopen en kan men gebruikmaken van de bekende spanningsformules voor de op buiging en extensie belaste doorsnede.

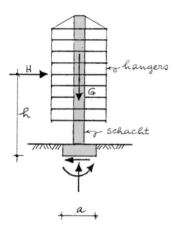

Figuur 4.65 Van een hanggebouw is de schacht gefundeerd op een dikke betonnen funderingsplaat. Gebouw, schacht en funderingsplaat zijn vierkant in plattegrond.

Voor de (symmetrische) funderingsplaat in figuur 4.64, belast door een kracht F in het normaalkrachtencentrum (of zwaartepunt) van de plaat en een koppel T, geldt in analogie met de op extensie en buiging belaste doorsnede voor de extreme gronddrukken $\sigma_{g;extr}$ in de randen (let op: *drukspanningen zijn hier positief*):

$$\sigma_{g;extr} = \frac{F}{A} \pm \frac{T}{W} \tag{23}$$

Hierin is A de oppervlakte van de funderingsplaat en W het weerstandsmoment. Deze formule wordt in het voorbeeld hierna gebruikt om de gronddruk onder de stijve funderingsplaat te berekenen.

Voorbeeld • Figuur 4.65 toont het schema van een hanggebouw, bestaande uit een betonnen schacht (kern) met aan de top een uitkraging waaraan hangers zijn opgehangen, die tezamen met de schacht de vloeren dragen.
De schacht is gefundeerd op een dikke betonnen funderingsplaat. Gebouw, schacht en funderingsplaat zijn vierkant in plattegrond.
De zijde van de vierkante funderingsplaat heeft een lengte $a = 10{,}5$ m.
Het totale gebouwgewicht G bedraagt 22 MN.
De resulterende windbelasting H bedraagt 1 MN en grijpt aan op een afstand $h = 25$ m boven de onderkant van de funderingsplaat. Aangenomen wordt dat de windbelasting volledig wordt opgenomen door de wrijving onder de funderingsplaat en dat de door de zijkanten van de funderingsplaat geleverde weerstand mag worden verwaarloosd.

Gevraagd:
a. Het verloop van de gronddruk onder de funderingsplaat bij de aangegeven belasting.
b. De grootte van de horizontale kracht H waarbij in één van de randen van de funderingsplaat de gronddruk juist nul wordt.
c. Het verloop van de gronddruk in het geval $H = 2$ MN.

Uitwerking: Voor de vierkante funderingsplaat geldt:

oppervlakte: $A = a^2 = (10{,}5 \text{ m})^2 = 110{,}25 \text{ m}^2$

weerstandsmoment: $W = \frac{1}{6} \cdot a \cdot a^2 = \frac{1}{6} \times (10{,}5 \text{ m})^3 = 192{,}94 \text{ m}^3$

kernstraal: $k = \frac{1}{6} a = \frac{1}{6} \times (10{,}5 \text{ m}) = 1{,}75 \text{ m}$

De funderingsplaat wordt belast door een verticale kracht G en een koppel Hh, zie figuur 4.66.

a. Voor de extreme spanningen in A en B vindt men met (23):

$$\sigma_{g;A} = +\frac{G}{A} - \frac{Hh}{W} = +\frac{22 \text{ MN}}{110{,}25 \text{ m}^2} - \frac{(1 \text{ MN})(25 \text{ m})}{192{,}94 \text{ m}^3} =$$
$$= (+0{,}20 - 0{,}13) \text{ N/mm}^2 = +0{,}07 \text{ N/mm}^2 \ (druk!)$$

$$\sigma_{g;B} = +\frac{G}{A} + \frac{Hh}{W} = +\frac{22 \text{ MN}}{110{,}25 \text{ m}^2} + \frac{(1 \text{ MN})(25 \text{ m})}{192{,}94 \text{ m}^3} =$$
$$= (+0{,}20 + 0{,}13) \text{ N/mm}^2 = +0{,}33 \text{ N/mm}^2 \ (druk!)$$

In figuur 4.66 is het verloop van de gronddruk onder de funderingsplaat getekend.

Voor het de plaats van het krachtpunt geldt, zie figuur 4.67:

$$e = \frac{Hh}{G} = \frac{(1 \text{ MN})(25 \text{ m})}{22 \text{ MN}} = 1{,}14 \text{ m}$$

De excentriciteit van het krachtpunt is kleiner dan de kernstraal $k = 1{,}75$ m; alle spanningen onder de funderingsplaat hebben dan ook hetzelfde teken.

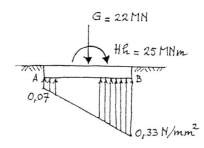

Figuur 4.66 Het verloop van de gronddruk ten gevolge van het eigen gewicht G en een moment Hh veroorzaakt door de windbelasting.

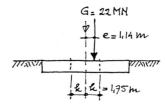

Figuur 4.67 Het krachtpunt heeft een excentriciteit $e = Hh/G$ en ligt binnen de kern van de vierkante funderingsplaat. k is de kernstraal.

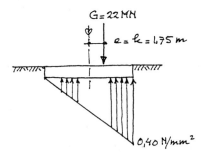

Figuur 4.68 Er treden nog juist geen trekspanningen onder de funderingsplaat op als de excentriciteit *e* van de kracht gelijk is aan de kernstraal *k*.

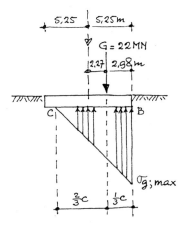

Figuur 4.69 Als het krachtpunt buiten de kern van de funderingsplaat valt zouden er trekspanningen moeten optreden. Omdat dat in grond niet kan verandert het spanningsdiagram in die zin dat het werkzame gebied van de grond onder de funderingsplaat kleiner wordt.

b. Er treden nog juist geen trekspanningen op als $e = k = 1{,}75$ m. De grootte van de horizontale kracht H volgt in dat geval uit $e = k = Hh/G$:

$$H = \frac{Gk}{h} = \frac{(22 \text{ MN})(1{,}75 \text{ m})}{25 \text{ m}} = 1{,}54 \text{ MN}$$

Het bijbehorende diagram voor de gronddruk is getekend in figuur 4.68.

c. Wordt H groter dan 1,54 MN, dan valt het krachtpunt buiten de kern van de funderingsplaat en zouden er trekspanningen moeten optreden. Omdat dat in grond niet kan, verandert het spanningsdiagram in die zin dat het werkzame gebied van de grond onder de funderingsplaat kleiner wordt.

In het geval $H = 2$ MN bedraagt de excentriciteit van het krachtpunt:

$$e = \frac{Hh}{G} = \frac{(2 \text{ MN})(25 \text{ m})}{22 \text{ MN}} = 2{,}27 \text{ m}$$

Het aangrijpingspunt van de excentrische drukkracht G ligt nu 2,98 m uit rand B, zoals aangegeven in figuur 4.69. Stel de gronddruk verloopt in dat geval lineair van nul in C tot $\sigma_{g;max}$ in rand B. De afstand CB wordt aangeduid met c. Omdat het werkzame deel van de funderingsplaat rechthoekig is ligt de resultante van de driehoekig verlopende gronddruk op een afstand $\tfrac{1}{3}c$ uit rand B. Uit het momentenevenwicht van de funderingsplaat volgt dat de werklijn van de resulterende gronddruk moet samenvallen met de werklijn van de excentrisch aangrijpende drukkracht G, dus:

$$\tfrac{1}{3}c = 2{,}98 \text{ m} \quad \rightarrow \quad c = 8{,}94 \text{ m}$$

Uit het krachtenevenwicht van de funderingsplaat:

$$\tfrac{1}{2} ac\sigma_{g;max} = G$$

vindt men de maximum gronddruk in rand B, zie figuur 4.69:

$$\sigma_{g;max} = \frac{2G}{ac} = \frac{2 \times (22 \text{ MN})}{(10,5 \text{ m})(8,94 \text{ m})} = 0,47 \text{ N/mm}^2$$

Hiermee is voor $G = 22$ MN en $H = 2$ MN het verloop van de gronddruk onder de funderingsplaat berekend.

4.11 Wiskundige beschrijving van het probleem van buiging met extensie

Na paragraaf 4.3 werd uitvoerig stilgestaan bij de verschillende spanningsformules en de onderwerpen die daarmee samenhangen. In deze paragraaf worden de *differentiaalvergelijkingen* voor de op buiging en extensie belaste staaf afgeleid.

Aan de hand van de differentiaalvergelijkingen kan men algemeen geldende eigenschappen in het staafgedrag traceren. Men kan er het verloop van de verplaatsingen en snedekrachten mee berekenen, ook als de staaf statisch onbepaald is opgelegd. Daarnaast spelen de differentiaalvergelijkingen een essentiële rol in het onderzoek naar het gedrag van gecombineerde systemen, zoals een spoorstaaf in een ballastbed, een hangbrug of bijvoorbeeld een hoog gebouw in de vorm van een raamwerk gekoppeld aan een stijve kern, meer geavanceerde onderwerpen uit de mechanica die buiten het kader van dit boek vallen.

De differentiaalvergelijkingen worden afgeleid uit de drie typen betrekkingen die in paragraaf 4.3 werden behandeld. In het geval van buiging met extensie in het x-z-vlak zijn dat[1]:

- de *kinematische betrekkingen* die een verband leggen tussen de vervormingen en verplaatsingen (zie paragraaf 4.3.1):

$$\varepsilon = \frac{du}{dx} \quad \text{(extensie)}$$

$$\left.\begin{array}{l} \varphi = -\dfrac{dw}{dx} \\ \kappa = \dfrac{d\varphi}{dx} \end{array}\right\} \rightarrow \kappa = -\frac{d^2w}{dx^2} \quad \text{(buiging)}$$

- de *constitutieve betrekkingen* die een verband leggen tussen de snedekrachten en bijbehorende vervormingen (zie paragraaf 4.3.2):

$$N = EA\varepsilon \quad \text{(extensie)}$$

$$M = EI\kappa \quad \text{(buiging)}$$

- de *statische betrekkingen* of *evenwichtsbetrekkingen* die een verband leggen tussen de belasting (door uitwendige krachten) en de snedekrachten (zie paragraaf 4.3.3):

$$\frac{dN}{dx} + q_x = 0 \quad \text{(extensie)}$$

$$\left.\begin{array}{l} \dfrac{dV}{dx} + q_z = 0 \\ \dfrac{dM}{dx} - V = 0 \end{array}\right\} \rightarrow \frac{d^2M}{dx^2} + q_z = 0 \quad \text{(buiging)}$$

---

[1] Behalve bij de belastingen q zijn hierna alle indices weggelaten. Dat zijn: de index y bij φ, de index z bij κ, V en M en de index zz bij I.

Een overzicht van alle vergelijkingen is opgenomen in tabel 4.4.

De kinematische betrekkingen voor extensie en buiging zijn onafhankelijk van elkaar als gevolg van de aanname dat de rotaties φ van de doorsneden klein zijn. Omdat de doorsneden loodrecht op de staafas blijven staan kan de rotatie φ uit de twee kinematische vergelijkingen voor buiging worden geëlimineerd en blijft er één vergelijking in w over.

Ook de constitutieve betrekkingen voor extensie en buiging zijn onafhankelijk van elkaar, dit als gevolg van de keuze van het assenstelsel, met de x-as door het normaalkrachtencentrum van de doorsnede en de y- en z-as samenvallend met de hoofdrichtingen.

Ten slotte kunnen ook de statische betrekkingen voor extensie en buiging gescheiden worden behandeld. Dit vloeit voort uit het feit dat in de afleiding het evenwicht werd betrokken op de onvervormde geometrie van de staaf. Door in het geval van buiging de dwarskracht V te elimineren resteert er één vergelijking in M.

Substitutie van de kinematische betrekkingen in de constitutieve betrekkingen en deze weer in de statische betrekkingen leidt voor een prismatische op extensie en buiging belaste staaf tot de volgende twee differentiaalvergelijkingen:

extensie: $\quad EA\dfrac{d^2u}{dx^2} + q_x = 0$

buiging: $\quad -EI\dfrac{d^4w}{dx^4} + q_z = 0$

In het geval van extensie resulteert er een 2e orde differentiaalvergelijking in de verplaatsing u.
In het geval van buiging vindt men een 4e orde differentiaalvergelijking in de verplaatsing w.

Tabel 4.4 De differentiaalbetrekkingen voor extensie en buiging van een prismatische staaf

	kinematische betrekkingen	constitutieve betrekkingen	statische betrekkingen	differentiaalvergelijkingen
extensie	$\varepsilon = \dfrac{du}{dx}$	$N = EA\varepsilon$	$\dfrac{dN}{dx} + q_x = 0$	$EA\dfrac{d^2u}{dx^2} + q_x = 0$
buiging	$\varphi = -\dfrac{dw}{dx}$ $\kappa = \dfrac{d\varphi}{dx}$ $\kappa = -\dfrac{d^2w}{dx^2}$	$M = EI\kappa$	$\dfrac{dV}{dx} + q_z = 0$ $\dfrac{dM}{dx} - V = 0$ $\dfrac{d^2M}{dx^2} + q_z = 0$	$-EI\dfrac{d^4w}{dx^4} + q_z = 0$

Het oplossen van de differentiaalvergelijkingen kan gebeuren door herhaald integreren. Na elke integratie verschijnt er een integratieconstante. Het totaal aantal integratieconstanten in de volledige oplossing is gelijk aan de orde van de differentiaalvergelijking: dus twee voor extensie en vier voor buiging.

De integratieconstanten volgen uit de *rand-* en *overgangsvoorwaarden*. Dit zijn de voorwaarden waaraan op een rand of veldovergang de in de verplaatsingen u en w uit te drukken grootheden (en/of relaties tussen deze grootheden) moeten voldoen.

De rand- en overgangsvoorwaarden kunnen betrekking hebben op de volgende grootheden:

u

$$N = EA\varepsilon = EA\frac{du}{dx}$$

w

$$\varphi = -\frac{dw}{dx}$$

$$M = EI\kappa = -EI\frac{d^2w}{dx^2}$$

$$V = \frac{dM}{dx} = -EI\frac{d^3w}{dx^3}$$

Als de rand- en overgangsvoorwaarden voor extensie uitsluitend betrekking hebben op de grootheden u en N en die voor buiging uitsluitend betrekking hebben op w, φ, M en V, dan zijn de gevallen van extensie en buiging onafhankelijk van elkaar en kunnen ze volkomen gescheiden worden behandeld.

Voor het afzonderlijke geval van extensie werd de differentiaalvergelijking reeds in paragraaf 2.5 afgeleid en werden toepassingen gegeven in paragraaf 2.7.
Toepassingen van de differentiaalvergelijking voor het afzonderlijke geval van buiging worden uitgesteld tot hoofdstuk 8, waar ook nog andere methoden worden behandeld om de verplaatsingen ten gevolge van buiging te berekenen.

Opmerking: In het voorgaande werd aangenomen dat de staaf *prismatisch* is. De rekstijfheid EA en buigstijfheid EI zijn dan constant, d.w.z. onafhankelijk van x. In het geval van een niet-prismatische staaf zijn EA en EI functies van x en worden de differentiaalvergelijkingen voor respectievelijk extensie en buiging:

$$\text{extensie: } \frac{\text{d}}{\text{d}x}\left(EA\frac{\text{d}u}{\text{d}x}\right) + q_x = 0$$

$$\text{buiging: } \frac{\text{d}^2}{\text{d}x^2}\left(-EI\frac{\text{d}^2w}{\text{d}x^2}\right) + q_z = 0$$

Het wordt aan de lezer overgelaten de juistheid hiervan te controleren.

4.12 Temperatuurinvloeden

In deze paragraaf wordt 'het gereedschap' ontwikkeld om de invloed van een temperatuurverandering in een staaf op de vervormingen en het krachtenspel na te kunnen gaan. Bij de uitwerking wordt gewerkt in een x-y-z-assenstelsel met de x-as langs de staafas (door het normaalkrachtencentrum van de doorsnede) en de y- en z-as samenvallend met de hoofdrichtingen van de doorsneden.

Verder wordt aangenomen:
- dat de temperatuurverandering constant is in y-richting en lineair verloopt in z-richting;
- dat de doorsnede homogeen is;
- dat de staaf vervormt in het x-z-vlak.

Er wordt teruggekeerd naar het bekende vezelmodel. Eerst wordt één enkele vezel bekeken.
Onder invloed van de spanning σ in de vezel is de rek:

$$\varepsilon^{(\sigma)} = \frac{\sigma}{E}$$

Ten gevolge van een temperatuurtoename ΔT is de bijkomende rek:

$$\varepsilon^{(T)} = \alpha \Delta T$$

Hierin is α de *lineaire (thermische) uitzettingscoëfficiënt* van het materiaal. Voor het gemak wordt het Δ-teken hierna weggelaten en schrijft men:

$$\varepsilon^{(T)} = \alpha T$$

waarin T nu voor de *temperatuurtoename* in de vezel staat.

De totale rek is:

$$\varepsilon = \varepsilon^{(\sigma)} + \varepsilon^{(T)} = \frac{\sigma}{E} + \alpha T$$

Voor de spanning σ volgt hieruit:

$$\sigma = E(\varepsilon - \alpha T)$$

De elasticiteitsmodulus E en lineaire uitzettingscoëfficiënt α zijn materiaalconstanten en in een homogene doorsnede voor alle vezels gelijk. De spanning σ, rek ε en temperatuurtoename T kunnen daarentegen per vezel verschillen en zijn dan ook functies van de plaats (y,z) van de vezel. Voor een willekeurige vezel (y,z) geldt in het algemene geval:

$$\sigma(y,z) = E \cdot \left[\varepsilon(y,z) - \alpha T(y,z)\right] \tag{a}$$

Als de staaf in het x-z-vlak vervormt en vlakke doorsneden blijven nog steeds vlak, dan is het rekverloop onafhankelijk van de y-coördinaat en geldt dus:

$$\varepsilon(y,z) = \varepsilon(z) = \varepsilon + \kappa_z z \tag{b}$$

ε is de rek in de staafas en κ_z de kromming van de staaf(as) in het x-z-vlak (κ_z is tevens de helling van het rekdiagram), zie figuur 4.70.

Verder wordt aangenomen dat de temperatuurtoename lineair verloopt over de hoogte van de doorsnede (de z-richting) en constant is in breedterichting (de y-richting). In dat geval is ook de temperatuurtoename onafhankelijk van de y-coördinaat en kan men schrijven:

$$T(y,z) = T(z) = T + z\frac{dT(z)}{dz} \tag{c}$$

T is de temperatuurtoename in de staafas en $dT(z)/dz$ de *temperatuurgradiënt*. In het geval van een lineair verloop is deze onafhankelijk van z, zie figuur 4.71.

De spanning in vezellaag z vindt men door substitutie van (b) en (c) in (a):

$$\sigma(z) = E\left\{(\varepsilon + \kappa_z z) - \alpha\left(T + z\frac{dT(z)}{dz}\right)\right\}$$

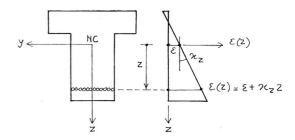

Figuur 4.70 Het rekdiagram als de staaf in het x-z-vlak vervormt. ε is de rek in de staafas en κ_z de kromming van de staaf in het x-z-vlak; κ_z is tevens de helling van het rekdiagram.

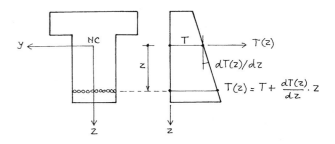

Figuur 4.71 Er wordt aangenomen dat de temperatuurtoename lineair verloopt over de hoogte van de doorsnede (de z-richting) en constant is in breedterichting (de y-richting). T is de temperatuurtoename in de staafas en $dT(z)/dz$ de temperatuurgradiënt.

of in herschreven vorm:

$$\sigma(z) = E(\varepsilon - \alpha T) + Ez\left(\kappa_z - \alpha \frac{dT(z)}{dz}\right) \qquad (d)$$

Voor de snedekrachten (spanningsresultanten) N, M_y en M_z geldt:

$$N = \int_A \sigma(z) dA \qquad (e)$$

$$M_y = \int_A y\sigma(z) dA \qquad (f)$$

$$M_z = \int_A z\sigma(z) dA \qquad (g)$$

Na substitutie van (d) in (e) t/m (g) kan men de integralen uitwerken. Hierbij dient men te bedenken dat in (d) de termen tussen haken onafhankelijk van z zijn. Men vindt:

$$N = EA(\varepsilon - \alpha T) + ES_z\left(\kappa_z - \alpha \frac{dT(z)}{dz}\right)$$

$$M_y = ES_y(\varepsilon - \alpha T) + EI_{yz}\left(\kappa_z - \alpha \frac{dT(z)}{dz}\right)$$

$$M_z = ES_z(\varepsilon - \alpha T) + EI_{zz}\left(\kappa_z - \alpha \frac{dT(z)}{dz}\right)$$

Kiest men, zoals gebruikelijk, de oorsprong van het y-z-assenstelsel in het normaalkrachtencentrum van de doorsnede dan zijn de statische momenten S_y en S_z nul en vereenvoudigen bovenstaande uitdrukkingen tot:

$$N = EA(\varepsilon - \alpha T)$$

$$M_y = EI_{yz}\left(\kappa_z - \alpha \frac{dT(z)}{dz}\right)$$

$$M_z = EI_{zz}\left(\kappa_z - \alpha \frac{dT(z)}{dz}\right)$$

Vallen de *y*- en *z*-richting samen met de hoofdrichtingen van de doorsnede dan is ook het traagheidsproduct I_{yz} nul en bijgevolg het buigend moment M_y in het *x-y*-vlak, en houdt men over:

$$N = EA(\varepsilon - \alpha T) \tag{h}$$

$$M_z = EI\left(\kappa_z - \alpha \frac{dT(z)}{dz}\right) \tag{k}$$

Kan de staaf vrij vervormen en is er geen belasting, dan zullen er geen normaalkrachten en buigende momenten zijn. Uit het nul zijn van N en M_z volgen de vervormingsgrootheden $\varepsilon^{(T)}$ en $\kappa^{(T)}$ behorend bij een *vrije vervorming* ten gevolge van de temperatuurverandering:

$$\varepsilon = \varepsilon^{(T)} = \alpha T \tag{m}$$

$$\kappa_z = \kappa_z^{(T)} = \alpha \frac{dT(z)}{dz} \tag{n}$$

Voor de constitutieve betrekkingen (h) en (k) kan men dus ook schrijven:

$$N = EA\left(\varepsilon - \varepsilon^{(T)}\right) \tag{o}$$

$$M_z = EI\left(\kappa_z - \kappa_z^{(T)}\right) \tag{p}$$

Opmerking: De invloed van een temperatuurverandering komt tot uiting in de constitutieve betrekkingen. Dit is niet vreemd als men bedenkt dat ook de thermische uitzettingscoëfficiënt een materiaaleigenschap is. De kinematische en statische betrekkingen blijven verder ongewijzigd.

Als $\varepsilon^{(T)}$ en $\kappa_z^{(T)}$ constant zijn over de staaflengte en geen functies van x zijn, blijven ook de differentiaalvergelijkingen voor buiging en extensie ongewijzigd. Bij het uitwerken van de rand- en overgangsvoorwaarden moet men evenwel bedacht zijn op de door temperatuurinvloeden veranderde constitutieve betrekkingen. Een voorbeeld hiervan wordt later gegeven.

4.13 Kanttekeningen bij het vezelmodel en samenvatting formules

Na enkele kanttekeningen bij het gehanteerde vezelmodel volgt een overzicht van de verschillende formules die in dit hoofdstuk werden afgeleid.

4.13.1 Enkele kanttekeningen bij het vezelmodel

In het vezelmodel zijn alleen de normaalspanningen σ ten gevolge van normaalkracht en buigend moment verantwoordelijk voor de vervormingen. Experimenten en ook nauwkeuriger berekeningen met behulp van de elasticiteitstheorie tonen aan dat het vezelmodel een correcte beschrijving van de werkelijkheid geeft in het geval van extensie en zuivere buiging zonder dwarskracht.

In geval van buiging met dwarskracht, dus bij een verlopend buigend moment, zijn er behalve normaalspanningen (loodrecht op het vlak van de doorsnede) ook schuifspanningen (in het vlak van de doorsnede). De grootte van de schuifspanningen kan men vinden uit het evenwicht[1]. Het

---

[1] Zie hoofdstuk 5.

vezelmodel blijkt het staafgedrag nu minder nauwkeurig te beschrijven: er treden verschillen op die moeten worden toegeschreven aan de vervorming door schuifspanningen. De verschillen blijken echter gering als de staven voldoende lang zijn. In dat geval zijn de buigspanningen zeer veel groter dan de schuifspanningen en is de vervorming door *afschuiving* verwaarloosbaar klein.

Is de *afschuifvervorming* niet te verwaarlozen dan blijven vlakke doorsneden niet meer vlak (de doorsneden gaan *welven*) en is er ook geen sprake meer van een lineair buigspanningsverloop. Vaak kan men het vezelmodel (met vlakke doorsneden blijven vlak) toch nog gebruiken. De afschuifvervorming onder invloed van de dwarskracht komt dan in het model tot uiting als een kanteling van de vlakke doorsneden (d) ten opzichte van de staafas (s), zoals getekend in figuur 4.72. De rotatie φ van de doorsnede is nu in grootte niet meer gelijk aan de helling dw/dx van de staafas!

In het voorgaande werd uitgegaan van prismatische staven, staven met overal dezelfde doorsnede (doorsnedegrootheden). Bij benadering is het vezelmodel ook toe te passen op staven met geleidelijk verlopende doorsnede. Verloopt de doorsnede niet geleidelijk, maar sprongsgewijs, dan moet men voor wat betreft de spanningen rekenen op een storingsgebied. De lengte van het storingsgebied is in orde van grootte gelijk aan de som van de doorsnedeafmetingen aan weerszijden van de overgang, zie figuur 4.73, dit volgens het zogenaamde *beginsel van de Saint Venant*[1]. Overigens zijn er ook storingsgebieden op de plaatsen waar geconcentreerde belastingen en oplegreacties aangrijpen. In het vezelmodel, met zijn starre doorsneden, wordt aan deze details voorbijgegaan.

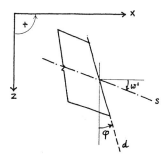

Figuur 4.72 Als in het model de afschuifvervorming onder invloed van dwarskrachten wordt meegenomen komt dat tot uiting in een kanteling van de vlakke doorsneden (d) ten opzichte van de staafas (s). De rotatie φ van de doorsnede is nu in grootte niet meer gelijk aan de helling dw/dx van de staafas.

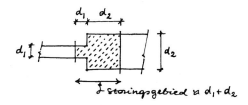

Figuur 4.73 Verloopt een balkdoorsnede niet geleidelijk, maar sprongsgewijs, dan moet men voor wat betreft de spanningen rekenen op een storingsgebied. De lengte van het storingsgebied is volgens het *beginsel van de Saint Venant* in orde van grootte gelijk aan de som van de doorsnedeafmetingen aan weerszijden van de overgang.

---

[1] Genoemd naar Barré de Saint Venant (1797-1886), Frans civiel ingenieur. Heeft veel bijgedragen aan de ontwikkeling van de elasticiteitstheorie.

4.13.2 Samenvatting formules

Waarschuwing vooraf: Alle formules zijn afgeleid in een bepaalde context en hebben hun beperkende voorwaarden die in deze samenvatting niet worden genoemd.

- Kinematische betrekkingen (paragraaf 4.3.1):

$$\varepsilon = \frac{du}{dx} \quad \text{(extensie)}$$

$$\left.\begin{array}{r} \varphi = -\dfrac{dw}{dx} \\ \kappa = \dfrac{d\varphi}{dx} \end{array}\right\} \to \kappa = -\frac{d^2w}{dx^2} \quad \text{(buiging)}$$

- Constitutieve betrekkingen (paragraaf 4.3.2):

$$N = EA\varepsilon \quad \text{(extensie)}$$

$$M = EI\kappa \quad \text{(buiging)}$$

- Statische (of evenwichts-) betrekkingen (paragraaf 4.3.3):

$$\frac{dN}{dx} + q_x = 0 \quad \text{(extensie)}$$

$$\left.\begin{array}{r} \dfrac{dV}{dx} + q_z = 0 \\ \dfrac{dM}{dx} - V = 0 \end{array}\right\} \to \frac{d^2M}{dx^2} + q_z = 0 \quad \text{(buiging)}$$

- De differentiaalvergelijkingen voor buiging en extensie (paragraaf 4.11):

    extensie: $EA\dfrac{d^2u}{dx^2} + q_x = 0$

    buiging: $-EI\dfrac{d^4w}{dx^4} + q_z = 0$

- Rekformule in het geval van buiging en extensie (paragraaf 4.2):

    $\varepsilon(z) = \varepsilon + \kappa_z z$

- Spanningsformule in het geval van buiging en extensie (paragraaf 4.4):

    $\sigma(z) = \dfrac{N}{A} + \dfrac{M_z z}{I_{zz}}$

- De bijdragen door extensie en buiging zijn:

    $\sigma^{(N)} = \dfrac{N}{A}$ (extensie) en $\sigma^{(M)} = \dfrac{M_z z}{I_{zz}}$ (buiging)

    De normaalspanning is bij extensie constant over de doorsnede. De normaalspanning verloopt bij buiging lineair over de hoogte van de doorsnede en is nul in het normaalkrachtencentrum.

- Weerstandsmomenten (paragraaf 4.6):

    $W_{z;o} = \dfrac{I_{zz}}{e_o}$ en $W_{z;b} = \dfrac{I_{zz}}{e_b}$

    e_o en e_b zijn de afstanden van het normaalkrachtencentrum tot de uiterste vezels onder (o) en boven (b).

Tabel 4.4 De differentiaalbetrekkingen voor extensie en buiging van een prismatische staaf

	kinematische betrekkingen	constitutieve betrekkingen	statische betrekkingen	differentiaal-vergelijkingen
extensie	$\varepsilon = \dfrac{du}{dx}$	$N = EA\varepsilon$	$\dfrac{dN}{dx} + q_x = 0$	$EA\dfrac{d^2u}{dx^2} + q_x = 0$
buiging	$\varphi = -\dfrac{dw}{dx}$, $\kappa = \dfrac{d\varphi}{dx}$, $\kappa = -\dfrac{d^2w}{dx^2}$	$M = EI\kappa$	$\dfrac{dV}{dx} + q_z = 0$, $\dfrac{dM}{dx} - V = 0$, $\dfrac{d^2M}{dx^2} + q_z = 0$	$-EI\dfrac{d^4w}{dx^4} + q_z = 0$

De extreme buigspanningen in de uiterste vezels (o) en (b) zijn:

$$\sigma_o = +\frac{M_z}{W_{z;o}} \quad \text{en} \quad \sigma_b = -\frac{M_z}{W_{z;b}}$$

Is de y-as een symmetrieas, dan is $W_{z;o} = W_{z;b} = W_z$ en zijn de extreme buigspanningen in grootte aan elkaar gelijk.

Voor een rechthoekige doorsnede geldt:

$$W_z = \tfrac{1}{6}bh^2 \quad \text{of kortweg} \quad W = \tfrac{1}{6}bh^2$$

In een symmetrische doorsnede zijn de extreme spanningen ten gevolge van buiging en extensie:

$$\sigma_{max} = \frac{N}{A} \pm \frac{M_z}{W_z} \quad \text{of kortweg} \quad \sigma_{max} = \frac{N}{A} \pm \frac{M}{W}$$

- Algemene spanningsformule betrokken op de hoofdrichtingen (paragraaf 4.8):

$$\sigma(y,z) = \frac{N}{A} + \frac{M_y y}{I_{yy}} + \frac{M_z z}{I_{zz}}$$

- Kern van de doorsnede (paragraaf 4.9):

$$k_o = \frac{W_{z;b}}{A} \quad \text{(onderkernstraal)} \quad \text{en} \quad k_b = \frac{W_{z;o}}{A} \quad \text{(bovenkernstraal)}$$

Is de y-as een symmetrieas, dan is $W_{z;o} = W_{z;b} = W_z$ en zijn de onder- en bovenkernstraal aan elkaar gelijk:

$$k = \frac{W_z}{A}$$

Voor een rechthoekige doorsnede geldt:

$$k = \tfrac{1}{6}h$$

- Temperatuurinvloeden (paragraaf 4.12):

    Vrije vervorming ten gevolge van een temperatuurverandering:

    $$\varepsilon = \varepsilon^{(T)} = \alpha T \quad \text{en} \quad \kappa_z = \kappa_z^{(T)} = \alpha \frac{dT(z)}{dz}$$

    De constitutieve betrekkingen met daarin de invloed van een temperatuurverandering verwerkt:

    $$N = EA\left(\varepsilon - \varepsilon^{(T)}\right) \quad \text{en} \quad M_z = EI\left(\kappa_z - \kappa_z^{(T)}\right)$$

    of:

    $$N = EA(\varepsilon - \alpha T) \quad \text{en} \quad M_z = EI\left(\kappa_z - \alpha \frac{dT(z)}{dz}\right)$$

4.14 Vraagstukken

Algemene opmerking vooraf: Het eigen gewicht van de constructie blijft buiten beschouwing tenzij in de opgave duidelijk anders is vermeld.

Rekdiagram, spanningsdiagram en spanningsformule (paragraaf 4.1 t/m 4.5)

4.1 De getekende vrij opgelegde balk met rechthoekige doorsnede wordt belast in het x-z-vlak. Voor vier belastinggevallen (I t/m IV) worden in een doorsnede rekmetingen in de vezels a, b, en c uitgevoerd. De resultaten staan als volgt genoteerd:

meting	vezel a	vezel b	vezel c
I	$-0{,}1‰$	$+0{,}1‰$	$+0{,}3‰$
II	$-0{,}2‰$	0	$+0{,}2‰$
III	$-0{,}3‰$	$+0{,}2‰$	$+0{,}3‰$
IV	$+0{,}3‰$	$+0{,}1‰$	$-0{,}1‰$

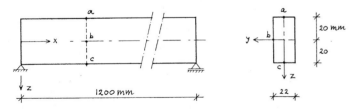

Gevraagd:
a. Beoordeel aan de hand van een schets van het rekdiagram de betrouwbaarheid van deze meetresultaten. Wat is hieruit te concluderen?
b. Bepaal uit meting I de waarde van de rek ε en kromming κ.
c. Bepaal uit meting IV de waarde van de rek ε en kromming κ.
d. Welke dimensie hebben ε en κ?

4.2
a. Tussen welke grootheden leggen de kinematische betrekkingen een verband in de theorie voor de op extensie en buiging belaste staaf?
b. Welke aannamen liggen aan de kinematische betrekkingen ten grondslag?

4.3
a. Hoe worden de betrekkingen $N = EA\varepsilon$ en $M = EI\kappa$ genoemd en onder welke omstandigheden gelden deze betrekkingen?
b. Hoe zijn de grootheden N en M gedefinieerd?
c. Leid de betrekkingen $N = EA\varepsilon$ en $M = EI\kappa$ af en laat daarbij duidelijk de betekenis van het normaalkrachtencentrum uitkomen.

4.4 Een balk met rechthoekige doorsnede $b \times h$ en elasticiteitsmodulus E wordt onderworpen aan een vierpuntsbuigproef. Daarbij neemt de balk tussen de opleggingen de vorm van een cirkel aan met straal R. Houd in de berekening aan: $a = 0{,}5$ m, $b = 20$ mm, $h = 30$ mm, $E = 210$ GPa en $F = 0{,}6$ kN.

Gevraagd:
a. De straal R in mm.
b. De maximum buigspanning in de balk.

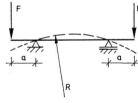

4.5 De spanningsformule:

$$\sigma(z) = \frac{N}{A} + \frac{M_z z}{I_{zz}}$$

mag alleen dan worden toegepast als het assenstelsel waarin wordt gewerkt aan bepaalde voorwaarden voldoet.
Gevraagd: Welke voorwaarden zijn dat?

4.6 In de getekende driehoekige doorsnede werkt een normaalkracht $N = -441$ kN en een buigend moment $M_z = +88{,}2$ kNm.

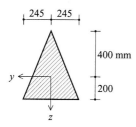

Gevraagd: Het normaalspanningsdiagram voor de doorsnede. Geef hierin duidelijk de afzonderlijke bijdragen van N en M_z aan.

4.7-1/2 Dezelfde eenzijdig ingeklemde ligger met rechthoekige doorsnede wordt op twee verschillende manieren (in de staafas) belast door een kracht van 5 kN.

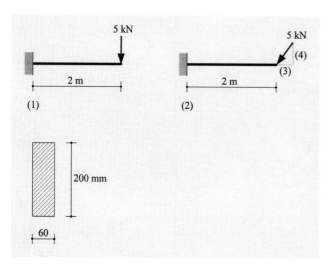

Gevraagd:
a. De in absolute zin grootste normaalspanning in de ligger.
b. De plaats waar deze spanning optreedt.

4.8 In de getekende doorsnede werkt een normaalkracht $N = -2250$ kN en een buigend moment $M_z = 436{,}5$ kNm.

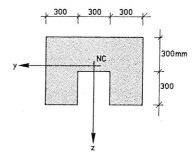

Gevraagd:
a. De normaalspanning in het punt ($y = -200$ mm, $z = +180$ mm).
b. De normaalspanning in het punt ($y = +200$ mm, $z = -120$ mm).
c. Teken het normaalspanningsdiagram en geef daarin duidelijk aan welke bijdragen worden geleverd door N en M_z.
d. De z-coördinaat van de neutrale lijn.

4.9
a. Hoe wordt het normaalkrachtencentrum in een homogene doorsnede gedefinieerd?
b. Welke betekenis moet aan het normaalkrachtencentrum worden toegekend?
c. Wat verstaat men in vraag a onder het begrip 'homogeen'?

4.10 In de getekende doorsnede werkt in het verticale symmetrievlak alleen een buigend moment.

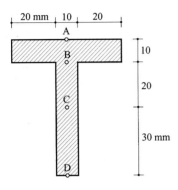

Gevraagd: Welke tekencombinatie(s) kan (kunnen) juist zijn voor de normaalspanning in de punten A t/m D?

	A	B	C	D
a.	−	0	+	+
b.	−	−	+	+
c.	−	−	0	+
d.	−	+	+	+
e.	+	+	−	−

4.11 Gegeven een vrij opgelegde T-balk. Bij de aangegeven belasting zijn σ_A, σ_B en σ_C de normaalspanningen in respectievelijk de vezels A, B en C ter plaatse van doorsnede I-I.

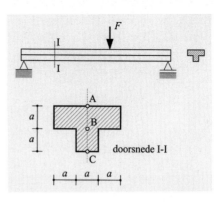

Gevraagd: Welke normaalspanningscombinaties kunnen goed zijn?

	σ_A in N/mm²	σ_B in N/mm²	σ_C in N/mm²
a.	−30	+10	−50
b.	−30	−10	+50
c.	−30	0	+30
d.	+30	−10	−50
e.	−50	+10	+30
f.	−30	+10	+50

4.12 Gegeven een dunwandig I-profiel met hoogte $h = 300$ mm. De oppervlakte van de bovenflens is $A_1 = 3600$ mm² en van de onderflens $A_2 = 2400$ mm². De oppervlakte van het lijf is zo klein dat deze mag worden verwaarloosd. In de bovenflens heerst een drukkracht $R_d = 180$ kN en in de onderflens een trekkracht $R_t = 90$ kN.

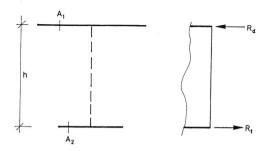

Gevraagd:
a. De normaalkracht in de doorsnede.
b. Het buigend moment in de doorsnede.

4.13 Een T-balk wordt op de aangegeven wijze belast.

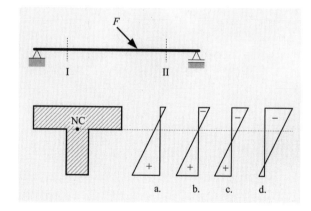

Gevraagd:
a. Welk normaalspanningsdiagram zou kunnen passen bij doorsnede I?
b. Welk normaalspanningsdiagram zou kunnen passen bij doorsnede II?

4.14 In de getekende doorsnede werkt uitsluitend een buigend moment. De doorsnedeafmetingen zijn gegeven in mm en de spanningen in N/mm².

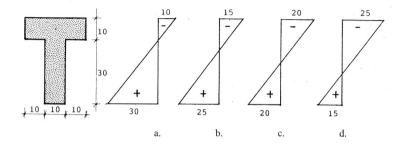

Gevraagd: Welk spanningsdiagram is juist?

4.15-1/2 Gegeven twee doorsneden met bijbehorend normaalspanningsdiagram. De doorsnedeafmetingen zijn gegeven in mm en de spanningen in N/mm².

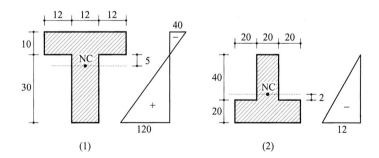

Gevraagd: De normaalkracht N in de doorsnede.

4.16-1/2 *Gegeven:* Twee doorsneden met bijbehorend spannings-diagram.

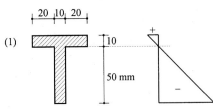

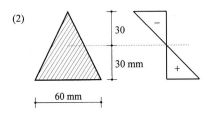

Gevraagd: Welke combinatie van (vervormings)tekens geldt voor de normaalkracht en het buigend moment in de doorsnede.

	N	M
a.	0	∪
b.	0	∩
c.	+	∪

	N	M
d.	+	∩
e.	−	∪
f.	−	∩

4.17-1 t/m 4 Gegeven twee verschillende rechthoekige doorsneden met voor elke doorsnede twee normaalspanningsdiagrammen. De doorsnedeafmetingen zijn gegeven in mm, de spanningen in N/mm². *Gevraagd:*
a. De normaalkracht N in de doorsnede, met het goede teken.
b. Het buigend moment M_z in de doorsnede, met het goede teken.

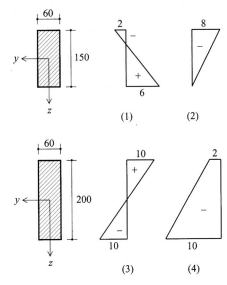

4.18 Het getekende spanningsdiagram geldt voor alle negen dunwandige doorsneden (de wanddikte t is veel kleiner dan de lengtemaat a).

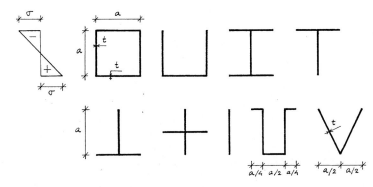

Gevraagd:
a. In welke doorsneden heerst er buiging zonder normaalkracht?
b. In welke doorsneden is de normaalkracht ongelijk nul?

4.19-1 t/m 9 Zie de figuur bij opgave 4.18. Het getekende spanningsdiagram geldt voor alle negen dunwandige doorsneden (de wanddikte t is veel kleiner dan de lengtemaat a).

Gevraagd:
a. De normaalkracht N, uitgedrukt in a, t en σ, met het goede teken.
b. Het buigend moment M, uitgedrukt in a, t en σ, met het juiste vervormingsteken ($\cup$ of $\cap$).

4.20 Van een dunwandig driehoekig kokerprofiel met overal dezelfde wanddikte is het rekdiagram gegeven. De doorsnedeafmetingen zijn gegeven in mm.

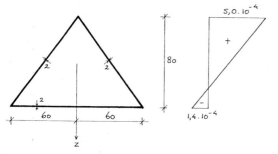

Gevraagd:
a. De plaats van het normaalkrachtencentrum.
b. Bepaal uit het gegeven rekdiagram de vervormingsgrootheden ε en κ_z.
c. Als $E = 210 \times 10^3$ N/mm^2, schets dan het spanningsdiagram.
d. Bepaal uit het spanningsdiagram de resultante R_t van alle trekspanningen.
e. Bepaal uit het spanningsdiagram de resultante R_d van alle drukspanningen.
f. Bepaal uit de grootte en ligging van R_t en R_d de grootte van de normaalkracht N en het buigend moment M_z in de doorsnede, met de juiste tekens.
g. Waar in de doorsnede ligt het krachtpunt?
h. Leidt uit het antwoord op de vragen b en f de grootte af van de rekstijfheid en buigstijfheid.

4.21 De getekende eenzijdig ingeklemde balk heeft een rechthoekige doorsnede. Het eigen gewicht van de balk bedraagt 40 kN.

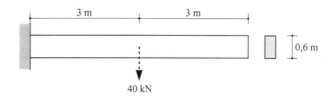

Gevraagd: De resultante van alle trekspanningen in de inklemmingsdoorsnede. Vergelijk de grootte hiervan met het eigen gewicht van de balk.

4.22 De getekende eenzijdig ingeklemde balk op zijn plat, met een doorsnede van 600×100 mm^2 en een eigen gewicht van 360 N/m, wordt in het vrije einde belast door een verticale kracht van 840 kN.

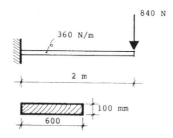

Gevraagd: De maximum buigspanning in de inklemmingsdoorsnede.

4.23 De getekende vrij opgelegde ligger, met een eigen traagheidsmoment $I_{zz} = 800 \times 10^{-6}$ m^4, draagt een gelijkmatig verdeelde volbelasting q.
Houd in de berekening verder aan: $e_b = 200$ mm en $e_0 = 400$ mm.

Gevraagd: De belasting q waarbij de maximum buigspanning in de balk 6 N/mm^2 bedraagt.

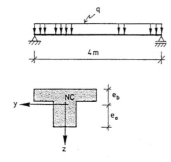

4.24 Een vrij opgelegde ligger wordt in de uiteinden A en B belast door de koppels T_A en T_B en draagt verder de puntlast F. Voor de ligger is een stalen I-profiel toegepast, 220 mm hoog, met $I_{zz} = 27,5 \times 10^6$ mm^4.
Houd verder in de berekening aan: $T_A = 4$ kNm, $T_B = 6$ kNm en $F = 12$ kN.

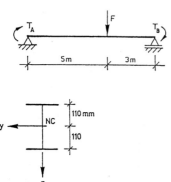

Gevraagd: De maximum buigspanning in de ligger.

4.25 De getekende vrij opgelegde dunwandige T-balk met overstek heeft een eigen traagheidsmoment $I_{zz} = 150 \times 10^6$ mm^4. De belasting en de plaats van het normaalkrachtencentrum NC kunnen uit de figuur worden afgelezen.

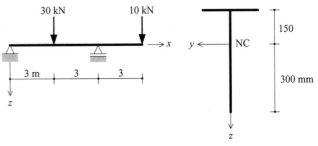

Gevraagd:
a. De maximum buigtrekspanning in de T-balk en de doorsnede waarin deze optreedt. Teken voor deze doorsnede het spanningsdiagram.
b. De maximum buigdrukspanning in de T-balk en de doorsnede waarin deze optreedt. Teken voor deze doorsnede het spanningsdiagram.

4.26-1/2 De getekende vrij opgelegde balk met overstek heeft een rechthoekige doorsnede en wordt tussen de opleggingen belast door een gelijkmatig verdeelde belasting q en in het vrije einde door een kracht F.

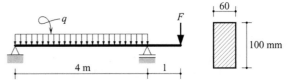

Gevraagd: De maximum buigspanning in de balk als:
1. $F = 1$ kN en $q = 0,6$ kN/m
2. $F = 1$ kN en $q = 0,9$ kN/m

4.27 In de getekende doorsnede van een T-balk werken een buigend moment M en een normaalkracht N. De in absolute zin grootste normaalspanning in de doorsnede is een drukspanning van 8 N/mm². Voor de doorsnede geldt $A = 60 \times 10^3$ mm² en $I_{zz} = 400 \times 10^6$ mm⁴. Verder is in de figuur de plaats van het normaalkrachtencentrum NC en de ligging van de neutrale lijn nl gegeven.

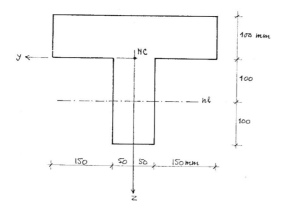

Gevraagd:
a. Teken voor de doorsnede het normaalspanningsdiagram.
b. Bereken de normaalkracht N, met het juiste teken.
c. Bereken het buigend moment M, met het juiste vervormingsteken.
d. Waar in de doorsnede ligt het krachtpunt?

4.28-1/2 Voor de massieve driehoekige en cirkelvormige doorsnede geldt: $E = 210 \times 10^3$ N/mm², $\varepsilon = 0{,}25‰$ en $\kappa_z = -83{,}3 \times 10^{-3}$ m⁻¹.
Gevraagd:
a. Teken het rek- en spanningsdiagram.
b. De kromtestraal van de staaf ter plaatse van de beschouwde doorsnede.
c. De rek- en buigstijfheid van de doorsnede.
d. De normaalkracht en het buigend moment, met de goede (vervormings)tekens.

e. Waar in de doorsnede ligt het krachtpunt?

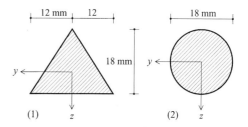

4.29 Gegeven een rechthoekige doorsnede waarin de neutrale lijn nl zich op een afstand a onder de bovenrand bevindt.

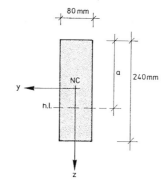

Gevraagd:
De coördinaat e_z van het krachtpunt als:
a. $a = 0$
b. $a = 60$ mm
c. $a = 240$ mm
d. $a = 320$ mm

4.30-1/2 Gegeven twee consoles met rechthoekige doorsnede en een gelijkmatig verdeelde volbelasting q. De breedte van beide consoles is constant. De maximum buigspanning in doorsnede B is 12 N/mm².

Voor het berekenen van de normaalspanningen in een doorsnede mag gebruik worden gemaakt van de voor een prismatische staaf afgeleide spanningsformule.

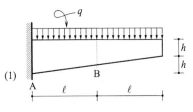

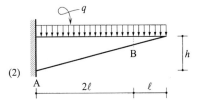

Gevraagd: De maximum buigspanning in inklemmingsdoorsnede A.

4.31 In de getekende dunwandige buis met straal $R = 350$ mm en wanddikte $t = 13$ mm is de maximum buigspanning 120 N/mm².

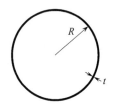

Gevraagd: Het buigend moment in de buis.

4.32 Het getekende profiel wordt in het verticale vlak belast door een buigend moment M.

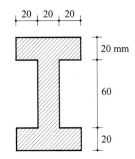

Gevraagd: De grootte van het buigend moment M als de maximum buigspanning in de doorsnede 125 N/mm² bedraagt.

4.33 In de getekende doorsnede werkt een centrische drukkracht van 1800 kN.

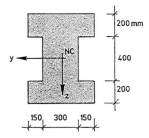

Gevraagd:
a. Het maximum buigend moment dat de doorsnede in het x-z-vlak kan opnemen bij de gegeven drukkracht als de trekspanning nergens groter mag worden dan 2,5 N/mm².
b. Teken het bijbehorende spanningsdiagram en bereken de z-coördinaat van de neutrale lijn.

4.34 Gegeven een ingeklemde kolom, met rechthoekige doorsnede, belast door twee krachten en verder vier spanningsdiagrammen voor de inklemmingsdoorsnede. Voor de oppervlakte van de kolomdoorsnede geldt $A = 10 \times 10^3$ mm²; het weerstandsmoment is $W = 300 \times 10^3$ mm³.

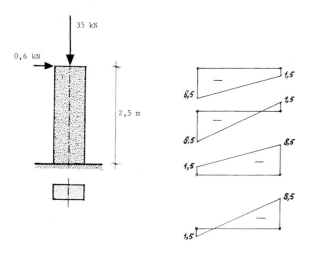

Gevraagd: Welke spanningsverdeling is juist voor de inklemmingsdoorsnede?

4.35 Een kolom met rechthoekige doorsnede wordt belast door een excentrische drukkracht $F = 720$ kN. Het eigen gewicht van de kolom blijft buiten beschouwing.

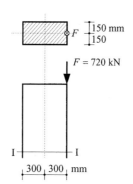

Gevraagd: Het normaalspanningsdiagram voor doorsnede I-I.

4.36 In de getekende kolom heerst ten gevolge van de excentrisch aangrijpende drukkracht F in doorsnede I-I de getekende spanningsverdeling. De kolomdoorsnede is vierkant met zijden van 400 mm.

Gevraagd:
a. De grootte van de kracht F.
b. De excentriciteit van de kracht F.

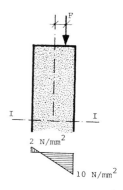

4.37 De getekende toren heeft een vierkante doorsnede met zijden van 10 m en weegt 3 kN/m³. Op de toren werkt verder een horizontale windbelasting van 1 kN/m².
De toren is op staal gefundeerd. De funderingsplaat is vierkant met afmetingen van 10×10 m². Er wordt aangenomen dat de gronddruk onder de funderingsplaat lineair verloopt en dat deze kan worden berekend met de bekende spanningsformule.

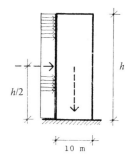

Gevraagd: De hoogte h opdat onder de funderingsplaat geen trekspanningen optreden.

4.38 De getekende schoorsteen, die als een dunwandige buis met straal $R = 0,5$ m kan worden opgevat, is 10 m hoog en heeft een eigen gewicht van 60 kN. F_w is de resultante van de horizontale windbelasting. Er mogen geen trekspanningen optreden in de doorsnede aan de voet.

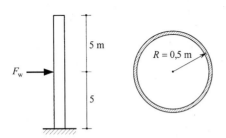

Gevraagd:
De maximum waarde van F_w.

4.39 In de figuur zijn de hartmaten gegeven van een tot lijnelement geschematiseerde klembeugel ABCD. De klembeugel heeft een T-vormige doorsnede. De doorsnedeafmetingen zijn in de figuur aangegeven. De wanddikte is overal 12 mm. De doorsnede mag als dunwandig worden opgevat.
De beugel wordt in A en D belast door twee drukkrachten van 5,76 kN.

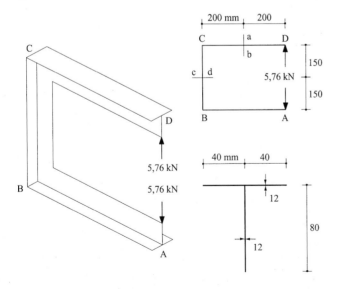

Gevraagd:
a. Bereken de benodigde doorsnedegrootheden.
b. Bereken en teken het normaalspanningsverloop in doorsnede a-b.
c. Bereken en teken het normaalspanningsverloop in doorsnede c-d.

4.40 Balk ADB heeft een rechthoekige doorsnede en is in A aan de onderzijde opgelegd op een scharnier en in D op een (schuin geplaatste) pendelstaaf DG. De afmetingen kunnen uit de figuur worden afgelezen. Op ADB werkt een gelijkmatig verdeelde belasting van 90 kN/m.

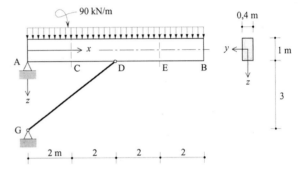

Gevraagd:
a. Schematiseer balk ADB tot een lijnelement en teken alle krachten die er op werken.
b. Teken voor ADB de momenten-, dwarskrachten- en normaalkrachtenlijn.
c. Bereken en teken het normaalspanningsdiagram voor de doorsneden C en E.

4.41 De getekende balk heeft een rechthoekige doorsnede en is in A aan de onderzijde opgelegd op een scharnier en in B aan de bovenzijde opgehangen aan een schuin geplaatste pendelstaaf. In het vrij zwevende einde werkt een verticale kracht $F = 250$ kN.

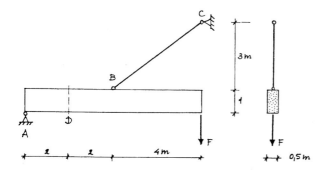

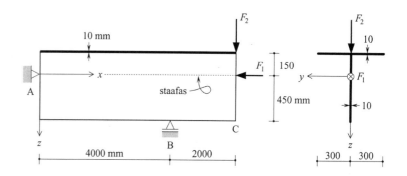

Gevraagd:
a. Schematiseer de vrijgemaakte balk tot een lijnelement en teken alle krachten die er op werken.
b. Teken de M-, V- en N-lijn.
c. Teken het normaalspanningsdiagram voor doorsnede D.
d. Teken het normaalspanningsdiagram voor de doorsnede direct links van B.
e. Teken het normaalspanningsdiagram voor de doorsnede direct rechts van B.
f. Welk van de diagrammen (c, d of e) komt het beste overeen met de werkelijkheid? Motiveer uw antwoord.

4.42 De getekende dunwandige T-balk met overal dezelfde wanddikte van 10 mm wordt op de aangegeven wijze belast door de krachten $F_1 = 240$ kN en $F_2 = 30$ kN.
Van het profiel is verder gegeven: $A = 12 \times 10^3$ mm^2 en $I_{zz} = 450 \times 10^6$ mm^4.

Gevraagd:
a. Schematiseer de balk tot lijnelement en teken de M- en N-lijn.
b. Bereken en teken het normaalspanningsdiagram voor de doorsnede ter plaatse van oplegging B.
c. Bereken en teken het normaalspanningsdiagram voor de doorsnede midden tussen A en B.

4.43 Een dunwandige stalen kolom met hoogte h en overal dezelfde wanddikte t is aan de voet ingeklemd en wordt in het vrije einde belast door de krachten F_1 en F_2, zie de figuur.
Houd in de berekening aan:
$F_1 = 315$ kN, $F_2 = 63$ kN, $h = 3$ m en $t = 10$ mm.
Verder is voor de doorsnede gegeven:
$A = 15 \times 10^3$ mm^2 en $I_{zz} = 840 \times 10^6$ mm^4
De plaats van het normaalkrachtencentrum is aangegeven in de figuur.

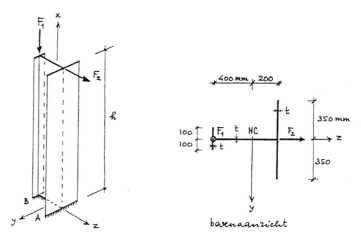

Gevraagd:
a. Schematiseer de kolom tot een lijnelement en teken alle krachten die er op werken, daarbij inbegrepen de oplegreacties.
b. Teken de *N*- en *M*-lijn, met de vervormingstekens.
c. Bereken en teken voor de inklemmingsdoorsnede het normaalspanningsdiagram. Op welke afstand van NC ligt in deze doorsnede de neutrale lijn?
d. Bereken en teken voor de doorsnede op halve hoogte het normaalspanningsdiagram. Op welke afstand van NC ligt in deze doorsnede de neutrale lijn?

4.44 De getekende betonnen kolom met een hoogte van 4 m is aan de voet ingeklemd en wordt in het vrije einde belast door een excentrische drukkracht van 480 kN tezamen met een horizontale kracht van 96 kN. De kolom heeft een trapeziumvormige doorsnede. De afmetingen kunnen aan de figuur worden ontleend.
De elasticiteitsmodulus van beton wordt gesteld op 30 GPa.

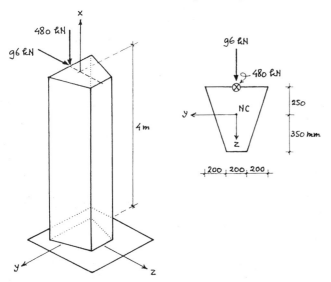

Gevraagd:
a. Toon de juistheid aan van de plaats van het normaalkrachtencentrum NC.
b. Toon aan dat $I_{zz} = 6,6 \times 10^9$ mm^4.
c. Schematiseer de kolom tot een lijnelement en teken de *M*- en *N*-lijn met de vervormingstekens.
d. Het normaalspanningsdiagram voor de inklemmingsdoorsnede.
e. Het normaalspanningsdiagram voor de doorsnede 0,5 m onder het vrije einde.
f. Het normaalspanningsdiagram voor de doorsnede op halve hoogte.

4.45 In een betonbalk met rechthoekige doorsnede is in een uitsparing een rechte voorspanstaaf aangebracht. In de voorspanstaaf wordt met behulp van een op de balk afgestempelde vijzel een trekspanning σ_p opgewekt, waarna de vijzel wordt vervangen door een verankering. Ten gevolge van de voorspanning treedt in alle doorsneden het getekende spanningsdiagram op. De spanning is gegeven in N/mm^2. De balkafmetingen zijn gegeven in mm.
Verder is gegeven:
Doorsnede voorspanstaaf: $A_p = 200$ mm^2
Elasticiteitsmodulus voorspanstaal: $E_p = 200 \times 10^2$ N/mm^2
Elasticiteitsmodulus beton: $E_b = 35 \times 10^3$ N/mm^2
Voor het berekenen van de balk mag worden uitgegaan van de (onverzwakte) homogene betondoorsnede.

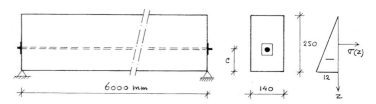

Gevraagd:
a. De grootte van de voorspankracht F_p en de hoogteligging *c*.
b. De verlenging van de voorspanstaaf door het voorspannen.

c. De verkorting van de betonvezels ter hoogte van de voorspanstaaf als gevolg van het voorspannen.
d. De 'slag' (verlenging) die de vijzel moet maken.
e. De maximum gelijkmatig verdeelde volbelasting q (het eigen gewicht inbegrepen) die de balk kan dragen zonder dat in de vezels trekspanningen optreden en zonder dat de drukspanningen een grenswaarde van 12 N/mm² overschrijden.
f. De lengteverandering die de betonvezels ter hoogte van de voorspanstaaf ondergaan onder invloed van deze belasting q.
g. Toon aan dat de grootte van de voorspankracht maar weinig groter wordt onder invloed van de onder e berekende belasting q.

4.46 Gegeven een vrij opgelegde centrisch voorgespannen T-balk met overstekken. De voorspankracht bedraagt 1200 kN. Afmetingen en belasting zijn in de figuur aangegeven.
Houd in voor de balkdoorsnede aan:
$A = 240 \times 10^{-3}$ m², $I_{yy} = 4{,}5 \times 10^{-3}$ m⁴ en $I_{zz} = 7{,}4 \times 10^{-3}$ m⁴.

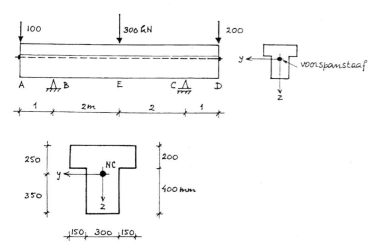

Gevraagd:
a. Teken de M-, N- en V-lijn ten gevolge van belasting en voorspanning samen.
b. In welke doorsnede is de drukspanning maximaal? Teken voor die doorsnede het normaalspanningsverloop.
c. In welke doorsnede is de trekspanning maximaal?. Teken ook voor die doorsnede het normaalspanningsverloop.
d. Teken het normaalspanningsverloop in de doorsnede ter plaatse van oplegging B.

4.47 Gegeven een excentrisch voorgespannen T-balk. De rechte voorspanstaaf ligt 90 mm onder de balkas. De voorspankracht bedraagt 1200 kN. Afmetingen en belasting kunnen uit de figuur worden afgelezen.
Voor de balkdoorsnede geldt:
$A = 240 \times 10^{-3}$ m²; $I_{yy} = 4{,}5 \times 10^{-3}$ m⁴; $I_{zz} = 7{,}4 \times 10^{-3}$ m⁴.

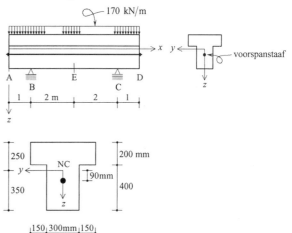

Gevraagd:
a. Teken de M- en N-lijn.
b. In welke doorsnede is de drukspanning maximaal? Teken voor die doorsnede het normaalspanningsverloop.

c. In welke doorsnede is de trekspanning maximaal? Teken ook voor die doorsnede het normaalspanningsverloop.
d. Waar ligt in de doorsnede E de neutrale lijn? Bereken de afstand van de neutrale lijn tot de onderkant van de doorsnede.

4.48 Gegeven het normaalspanningsdiagram in doorsnede C van de in A en B vrij opgelegde voorgespannen T-balk met overstekken, belast door de twee even grote krachten F.
De voorspanstaaf is recht en bevindt zich op een afstand $d = 345$ mm van de onderkant van de balk. De benodigde afmetingen en de plaats van het normaalkrachtencentrum NC in de doorsnede kunnen uit de figuur worden afgelezen.
Voor de balkdoorsnede geldt:
$A = 480 \times 10^3$ mm^2, $I_{yy} = 160 \times 10^3$ mm^4 en $I_{zz} = 32{,}4 \times 10^9$ mm^4.

Gevraagd:
a. De normaalkracht en het buigend moment in middendoorsnede C.
b. De voorspankracht F_p.
c. De krachten F.
d. De M-lijn voor de balk, met de vervormingstekens.
e. Het normaalspanningsdiagram voor de doorsnede ter plaatse van oplegging B.

4.49 De getekende uitkragende voorgespannen ligger heeft een rechthoekige doorsnede. De voorspankabel is recht en ligt in ($y = 0$; $z = -60$ mm). De voorspankracht F_p bedraagt 432 kN. De ligger draagt over zijn volle lengte een gelijkmatig verdeelde belasting $q = 10$ kN/m.

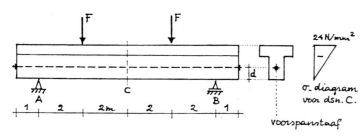
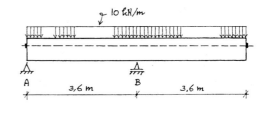
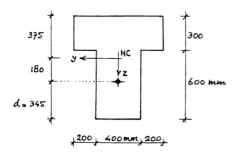
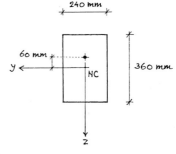

Gevraagd:
a. De N- en M-lijn ten gevolge van alleen de voorspanning.
b. De M-lijn ten gevolge van de verdeelde belasting.

c. Het normaalspanningsdiagram direct naast steunpunt A.
d. Het normaalspanningsdiagram ter plaatse van steunpunt B.
e. Het normaalspanningsdiagram in de doorsnede midden tussen A en B.

4.50 Gegeven een vrij opgelegde voorgespannen balk met rechthoekige doorsnede met een gelijkmatig verdeelde volbelasting q. De voorspankabel is recht en ligt in $(y = 0, z = e_p)$. De voorspankracht is F_p.
Houd in de berekening aan:
$\ell = 8$ m, $b = 0,5$ m, $h = 0,9$ m, $q = 100$ kN/m en $e_p = 250$ mm.

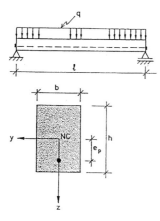

Gevraagd:
a. De kleinste voorspankracht F_p waarbij in het midden van de balk nergens trek optreedt.
b. Het normaalspanningsdiagram voor de middendoorsnede. Geef duidelijk de afzonderlijke bijdragen aan ten gevolge van de verdeelde belasting q en de voorspankracht F_p.

4.51 In de getekende rechthoekige doorsnede met de afmetingen $b = 200$ m en $h = 360$ mm werken een normaalkracht N en buigend moment $M_z = M$.

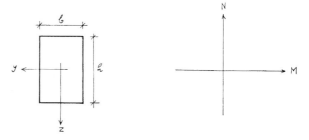

Gevraagd:
a. Zet in het M-N-diagram alle combinaties van M en N uit waarbij de maximum normaalspanning (trek en/of druk) in de doorsnede een grenswaarde van 15 N/mm² heeft bereikt.
b. Arceer in het diagram het gebied met combinaties van M en N waarbij de trek- en drukspanningen in de doorsnede nergens de grenswaarde van 15 N/mm² overschrijden.
c. Zet in hetzelfde diagram alle combinaties van M en N uit waarbij de (buig-)drukspanning de grenswaarde van 15 N/mm² heeft bereikt en/of de (buig-)trekspanning nul is.
d. Als in het krachtpunt $(y, z) = (0, -20$ mm$)$ een kracht F_x aangrijpt, ga dan na welk traject in het M-N-diagram wordt doorlopen als F_x in grootte varieert. Bepaal uit de diagrammen in a en c de waarde(n) van F_x waarbij de grenswaarde voor de normaalspanningen wordt bereikt. Controleer deze waarde(n) door het bijbehorende spanningsdiagram te tekenen.

Weerstandsmoment en buiging zonder normaalkracht (paragraaf 4.6 en 4.7)

4.52 Gegeven twee doorsneden.

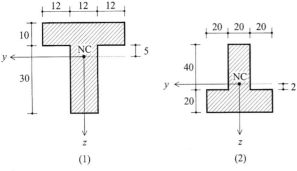

Gevraagd:
a. Het weerstandsmoment $W_{z;o}$.
b. Het weerstandsmoment $W_{z;b}$.
c. De maximum buigspanning ten gevolge van $M_z = 408$ Nm.
d. Het spanningsdiagram ten gevolge van $M_z = 408$ Nm.

4.53-1 t/m 5 Voor de vijf getekende stalen liggers wordt een IPE-profiel toegepast. Als sterkte-eis geldt dat de maximum buigspanning bij de aangegeven belasting niet groter mag worden dan 160 N/mm².

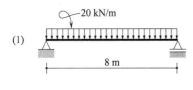

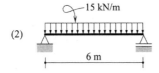

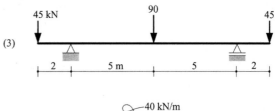

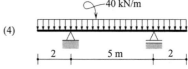

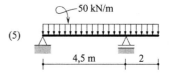

Gevraagd:
a. Het lichtste profiel uit de tabel dat voldoet aan de genoemde sterkte-eis.
b. De maximum buigspanning bij toepassing van het gekozen profiel.

	profiel	W in mm³
a.	IPE 270	429×10^3
b.	IPE 300	557×10^3
c.	IPE 330	713×10^3
d.	IPE 360	904×10^3
e.	IPE 400	1160×10^3
f.	IPE 450	1500×10^3
g.	IPE 500	1980×10^3

4.54 Gegeven een houten balklaag met daarover een houten vloer. De balken moeten een vloerbelasting van 4 kN/m² dragen.
Houd verder in de berekening aan:
$\ell = 6$ m, $a = 0,6$ m, $b = 150$ mm en $h = 300$ mm.

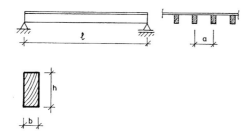

Gevraagd: De maximum buigspanning in een balk ten gevolge van de gegeven vloerbelasting.

4.55 Een vrij opgelegde houten balk, 2 m lang, wordt in het midden van de overspanning belast door een puntlast van 10,5 kN. De rechthoekige doorsnede van de balk is 0,2 m breed en 0,1 m hoog.

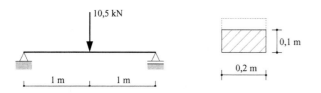

Gevraagd:
a. De grootste buigspanning in de balk.
b. Om te zorgen dat bij de aangegeven belasting de grootste buigspanning beneden een grenswaarde van 7 MPa blijft wordt er op de balk een 0,2 m brede strook gelijmd. Hoe dik moet die strook minstens zijn?

4.56 In de getekende balk mag bij de aangegeven belasting de buigspanning niet groter worden dan 10 N/mm².

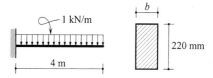

Gevraagd:
a. Kies uit de tabel de minimaal benodigde breedte b.
b. De maximum buigspanning bij de gekozen breedte.

	b in mm		b in mm
a.	90	c.	130
b.	110	d.	150

4.57-1/2 De twee getekende houten balken worden uitsluitend op sterkte berekend. De eis daarbij is dat de maximum buigspanning in de gebruikstoestand bij de aangegeven belasting niet groter wordt dan 10 N/mm².

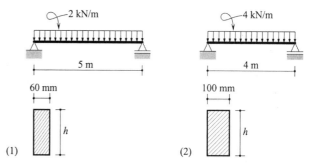

Gevraagd:
a. De kleinste balkhoogte h uit onderstaande tabel die voldoet aan de genoemde sterkteeis.
b. De maximum buigspanning bij toepassing van de gekozen balkhoogte.

	h in mm		h in mm
a.	210	c.	240
b.	230	d.	260

4.58 De getekende balk heeft een rechthoekige doorsnede en mag niet hoger worden dan 500 mm. Bij de aangegeven belasting moet de buigspanning beneden de waarde van 10 N/mm² blijven.

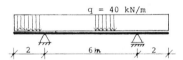

Gevraagd: De minimaal benodigde breedte van de balk.

4.59 Gegeven een vrij opgelegde houten balk met rechthoekige doorsnede en een gelijkmatig verdeelde volbelasting q. De buigspanning in de balk mag niet groter worden dan 10 N/mm².

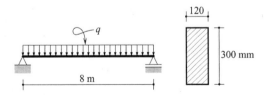

Gevraagd: De maximum toelaatbare belasting q op de balk.

4.60 De getekende houten balk is vervaardigd door het op elkaar lijmen van houten delen, breed 150 mm en dik 30 mm. Bij de gegeven belasting mag de maximum buigspanning niet groter zijn dan 10 N/mm².

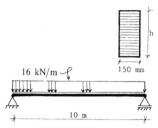

Gevraagd:
a. De minimum balkhoogte.
b. De maximum buigspanning bij de gekozen balkhoogte.

Algemene spanningsformule betrokken op de hoofdrichtingen (paragraaf 4.8)

4.61 Een vrij opgelegde 4 m lange gording wordt in het midden van de overspanning belast door een verticale kracht van 1 kN.

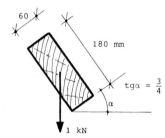

Gevraagd:
a. De doorsnede waarin de buigspanning maximaal is.
b. De grootte van deze maximum buigspanning.
c. Bereken voor deze doorsnede de normaalspanning in de vier hoekpunten.
d. Teken ook het normaalspanningsdiagram.
e. Schets in de doorsnede de neutrale lijn.

4.62 Een vrij opgelegde 6 m lange balk met een rechthoekige doorsnede van 100×200 mm² wordt belast door een verticale gelijkmatig verdeelde volbelasting $q_1 = 1600$ N/m en een horizontale gelijkmatig verdeelde volbelasting $q_2 = 400$ N/m.

Gevraagd:
a. De doorsnede waarin de buigspanning maximaal is.
b. De grootte van deze buigspanning.
c. Bereken voor deze doorsnede de normaalspanning in de vier hoekpunten.
d. Teken ook het normaalspanningsdiagram.
e. Schets in de doorsnede de neutrale lijn.

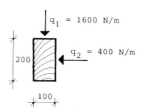

4.63 In de getekende rechthoekige doorsnede is de resultante van alle normaalspanningen een drukkracht van 27 kN die aangrijpt in de linker bovenhoek.

Gevraagd:
a. De normaalkracht N en de buigende momenten M_y en M_z.
b. De normaalspanning in elk van de hoekpunten.
c. Het normaalspanningsdiagram.
d. Schets in de doorsnede de neutrale lijn.

4.64 Een gelijkzijdig hoekstaal is ingeklemd in A (met één been verticaal) en vrij zwevend in B. In B werkt een verticale kracht van 500 kN. De hoofdtraagheidsmomenten van het hoekstaal zijn $I_{\overline{yy}} = 90 \times 10^3$ mm⁴ en $I_{\overline{zz}} = 360 \times 10^3$ mm⁴. Het hoekstaal mag als dunwandig worden opgevat.
Gevraagd: De normaalspanning in de hoekpunten P, Q en R van inklemmingsdoorsnede A.

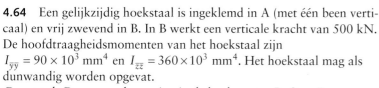

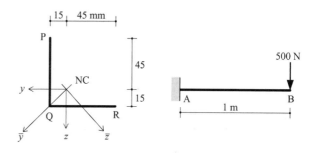

Kern van de doorsnede (paragraaf 4.9 en 4.10)

4.65 Wat verstaat men onder de *kern van de doorsnede*?

4.66-1 t/m 3 Gegeven drie verschillende doorsneden.

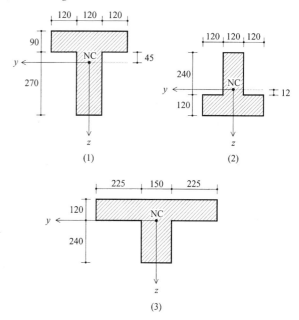

Gevraagd:
a. De plaats van het bovenkernpunt.
b. De plaats van het onderkernpunt.

4.67 Een kolom heeft een massieve cirkelvormige doorsnede met een diameter van 400 mm.
Gevraagd: De kernstraal van de doorsnede.

4.68 In de doorsnede van een dunwandige buis met een oppervlakte $A = 2500$ mm² is de resultante van alle normaalspanningen een trekkracht van 200 kN waarvan het aangrijpingspunt ligt op de rand van de kern van de doorsnede.
Gevraagd:
a. De grootste normaalspanning in de doorsnede.
b. Teken het normaalspanningsverloop in de doorsnede.

4.69 Voor de getekende doorsnede van een stalen I-profiel geldt $A = 15 \times 10^3$ mm². Het eigen traagheidsmoment is $I_{zz} = 24{,}75 \times 10^6$ mm⁴.

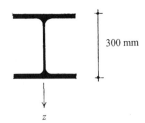

Gevraagd:
a. Teken het normaalspanningsdiagram als de resultante van alle normaalspanningen een trekkracht van 495 kN is die aangrijpt in het onderkernpunt van de doorsnede.
b. Bereken de plaats van het onderkernpunt.

4.70 Gegeven de doorsnede van een T-balk.

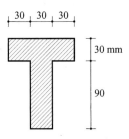

Gevraagd:
a. Teken het normaalspanningsdiagram als in het bovenkernpunt een trekkracht van 27 kN werkt.
b. Teken het normaalspanningsdiagram als in het onderkernpunt een drukkracht van 336 kN werkt.
c. Bereken de plaats van het bovenkernpunt.
d. Bereken de plaats van het onderkernpunt.

4.71 Gegeven een vierkante kokerdoorsnede.

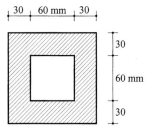

Gevraagd: Teken in deze doorsnede de kern.

4.72 Een blok met vierkante doorsnede van 600×600 mm² heeft een massa van 3600 kg en wordt in het midden van een zijde belast door een drukkracht van 36 kN. De normaalspanning onder het blok verloopt lineair.

Gevraagd:
a. De maximum drukspanning als er onder het blok ook trekspanningen kunnen werken. Teken het spanningsverloop onder het blok.
b. De maximum drukspanning als er onder het blok geen trekspanningen kunnen werken. Teken het spanningsverloop onder het blok.

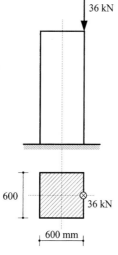

Gemengde opgaven

4.73 Gegeven een klein elementje met lengte dx uit een op buiging belaste staaf. Ten gevolge van een buigend M verdraaien de einddoorsneden van dit elementje over een hoek dφ ten opzichte van elkaar. Houd in de berekening aan: $M = 24$ kNm, d$x = 150$ mm en d$\varphi = 3 \times 10^{-3}$ rad.

Gevraagd:
De buigstijfheid EI van de staaf.

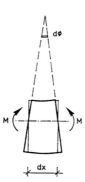

4.74 De getekende doorsnede wordt op buiging belast. De doorsnedeafmetingen zijn gegeven in mm.

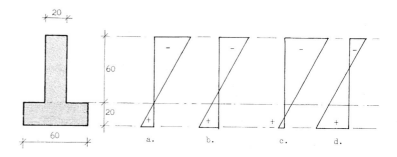

Gevraagd: Welk spanningsdiagram kan het juiste zijn?

4.75-1 t/m 4 Gegeven vier verschillende rechthoekige doorsneden met een bijbehorend normaalspanningsdiagram. De doorsnedeafmetingen zijn gegeven in mm, de spanningen in N/mm².

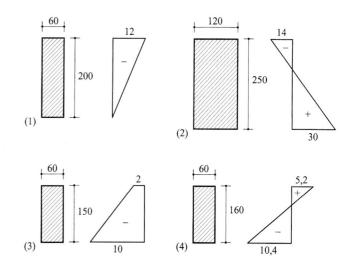

Gevraagd:
a. De normaalkracht in de doorsnede, met het goede teken.
b. Het buigend moment in de doorsnede, met het goede vervormingsteken (∪ of ∩).

4.76-1/2 Gegeven de doorsnede van twee T-balken met bijbehorend normaalspanningsdiagram. De doorsnedeafmetingen zijn gegeven in mm en de spanningen in N/mm².

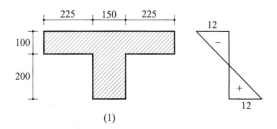

(1)

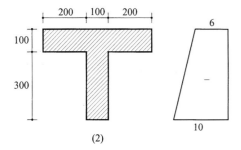

(2)

Gevraagd: De normaalkracht N in de doorsnede. Is dit een trek- of drukkracht?

4.77 Voor de getekende ligger is een dunwandig kokerprofiel toegepast met rechthoekige doorsnede en overal dezelfde wanddikte.

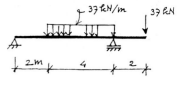

Gevraagd:
a. In welke doorsnede treedt bij de aangegeven belasting de grootste normaalspanning op?
b. Teken voor die doorsnede het normaalspanningsdiagram.

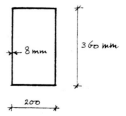

4.78 Op de getekende balk werkt een gelijkmatig verdeelde belasting $q = 26{,}1$ kN/m. Voor de balk wordt een I-profiel toegepast met een hoogte $h = 300$ mm en een eigen traagheidsmoment $I_{zz} = 270 \times 10^6$ mm⁴.

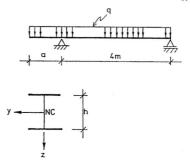

Gevraagd:
a. De maximum buigspanning in de balk als $a = 1$ m en de doorsnede waarin deze optreedt.
b. De maximum buigspanning in de balk als $a = 2$ m en de doorsnede waarin deze optreedt.

4.79 Gegeven een kolom met rechthoekige doorsnede, belast door een excentrisch aangrijpende drukkracht.

Gevraagd:
a. Hoe groot mag de excentriciteit e maximaal zijn opdat in geen van de doorsneden trek optreedt.
b. Bereken bij die waarde van e de maximum drukspanning als $F = 150$ kN.

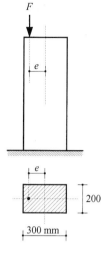

4.80 In de getekende doorsnede van een houten balk werken in het verticale vlak een buigend moment M en normaalkracht N. In de doorsnede treden nog net geen trekspanningen op.

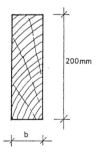

Gevraagd:
a. De normaalkracht N als $M = 3$ kNm.
b. De maximum normaalspanning in de doorsnede als $b = 75$ mm.

4.81 Voor het getekende blok met rechthoekige doorsnede is het normaalspanningsverloop aan de onderkant gegeven ten gevolge van het eigen gewicht $G = 48$ kN en de excentrisch aangrijpende drukkracht kracht F.

Gevraagd:
De grootte van de kracht F.

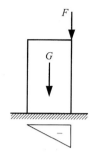

4.82 Balk ACDB heeft een rechthoekige doorsnede en is aan de onderzijde opgelegd op een scharnier in A en een schuin geplaatste pendelstaaf in D. In het vrij zwevende einde B werkt een verticale kracht van 300 kN.

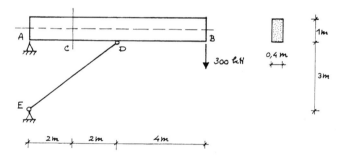

Gevraagd:
a. Schematiseer de vrijgemaakte balk tot een lijnelement en teken alle krachten die er op werken.
b. Teken de M-, V- en N-lijn.
c. Teken het normaalspanningsdiagram voor doorsnede C.
d. Teken het normaalspanningsdiagram voor de doorsnede direct links van D.
e. Teken het normaalspanningsdiagram voor de doorsnede direct rechts van D.
f. Welk van de diagrammen (c, d of e) zal het meeste met de werkelijkheid overeenstemmen? Motiveer uw antwoord.

4.83 De getekende uitkragende T-ligger, met een lengte van 3 m, heeft een dunwandige doorsnede. De ligger wordt in het vrije einde belast door een trekkracht van 36 kN, die aangrijpt in het midden van de flens en een verticale kracht $F_z = 4{,}5$ kN.

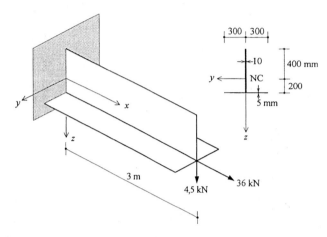

Houd in de berekening aan:
$F_1 = 315$ kN, $F_2 = 63$ kN, $h = 3$ m en $t = 10$ mm.
Verder is voor de doorsnede gegeven:
$A = 15 \times 10^3$ mm^2 en $I_{zz} = 840 \times 10^6$ mm^4.
De plaats van het normaalkrachtencentrum is aangegeven in de figuur.

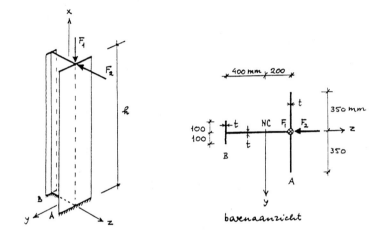

Gevraagd:
a. Toon de juistheid aan van de plaats van het normaalkrachtencentrum NC.
b. Toon aan dat $I_{yy} = 90 \times 10^6$ mm^4 en $I_{zz} = 360 \times 10^6$ mm^4.
c. Schematiseer de ligger tot een lijnelement, teken alle krachten die er op werken en teken de M- en N-lijn.
d. Teken het normaalspanningsdiagram voor de inklemmingsdoorsnede in $x = 0$ m.
e. Teken het normaalspanningsdiagram voor de doorsnede in $x = 2$ m.

4.84 Een dunwandige stalen kolom met hoogte h en overal dezelfde wanddikte t is aan de voet ingeklemd en wordt in het vrije einde belast door de krachten F_1 en F_2, zie de figuur.

Gevraagd:
a. Schematiseer de kolom tot een lijnelement en teken alle krachten die er op werken, daarbij inbegrepen de oplegreacties.
b. Teken de N- en M-lijn, met de vervormingstekens.
c. Bereken en teken voor de inklemmingsdoorsnede het normaalspanningsdiagram. Op welke afstand van NC ligt in deze doorsnede de neutrale lijn?
d. Bereken en teken voor de doorsnede op halve hoogte het normaalspanningsdiagram. Op welke afstand van NC ligt in deze doorsnede de neutrale lijn?

4.85 De getekende balk met rechthoekige doorsnede is voorgespannen door middel van een rechte voorspanstaaf in P, met een excentriciteit $e = 100$ mm. De voorspankracht F_p is nog onbekend. Alle andere gegevens kunnen uit de figuur worden afgelezen.

4.86 De getekende vrij opgelegde voorgespannen ligger heeft een rechthoekige doorsnede en draagt over de volle lengte een gelijkmatig verdeelde belasting. De voorspankabel is recht en ligt in ($y = 0$; $z = 100$ mm). De voorspankracht F_p is vooralsnog onbekend.

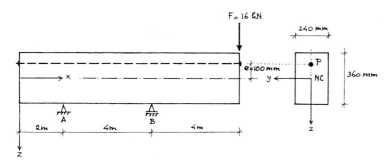

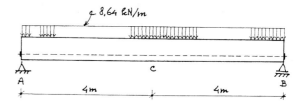

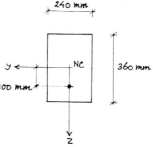

Gevraagd:
a. De M-lijn ten gevolge van alleen de kracht $F = 16$ kN, met de vervormingstekens.
b. De N- en M-lijn ten gevolge van de nog onbekende voorspankracht F_p (de waarden uit te drukken in F_p en e), met de vervormingstekens.
c. De minimaal benodigde voorspankracht F_p opdat nergens trek optreedt in doorsnede ter plaatse van oplegging B.
d. De N- en M-lijn ten gevolge van F en de onder c berekende waarde van F_p.
e. Het normaalspanningsdiagram voor de doorsnede ter plaatse van oplegging B.
f. Het normaalspanningsdiagram voor de doorsnede ter plaatse van oplegging A.

Gevraagd:
a. Bereken de minimaal benodigde voorspankracht F_p opdat er in middendoorsnede C geen trek optreedt.
b. Teken het normaalspanningsdiagram voor doorsnede C.
c. Teken ook het normaalspanningsdiagram voor doorsnede A.
d. Zijn beide diagrammen (in A en C) even realistisch? Geef uw commentaar.

4.87 De getekende T-balk is voorgespannen met een rechte voorspanstaaf in P. De voorspankracht bedraagt 240 kN. Alle andere gegevens kunnen aan de figuur worden ontleend.

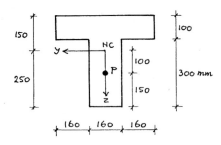

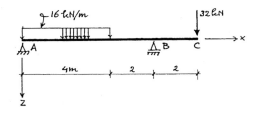

Gevraagd:
a. De M- en N-lijn ten gevolge van belasting en voorspanning samen.
b. In welke doorsnede treedt de grootste trekspanning op? Teken voor die doorsnede het normaalspanningsdiagram.
c. In welke doorsnede treedt de grootste drukspanning op? Teken voor die doorsnede het normaalspanningsdiagram.

4.88 De in A ingeklemde balk AB met rechthoekige doorsnede wordt in het vrije einde B belast door een (horizontale) drukkracht F in het x-z-vlak. Het aangrijpingspunt van F is niet bekend. Ten gevolge van de drukkracht F werkt er in doorsnede C aan de bovenzijde van de balk een drukspanning van 12 N/mm^2 en zijn de 'vezels' aan de onderzijde spanningsloos.

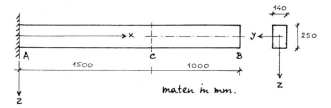

Gevraagd:
a. Teken het normaalspanningsdiagram voor doorsnede C.
b. Bereken in doorsnede C de normaalkracht N en het buigend moment M.
c. Hoe groot is de drukkracht F en in welk punt van doorsnede B grijpt deze kracht aan?
d. Teken de M- en N-lijn ten gevolge van F.
Als over de gehele lengte van de balk verder nog een gelijkmatig verdeelde belasting q_z werkt, wordt verder gevraagd:
e. De maximum waarde van q_z waarbij nergens in de balk trekspanningen optreden.
f. De M- en N-lijn ten gevolge van de berekende waarden van F en q_z.
g. Het normaalspanningsverloop in doorsnede A.
h. Het normaalspanningsverloop in doorsnede C.

4.89 Een vrij opgelegde 3,6 m lange gording draagt een verticale gelijkmatig verdeelde volbelasting van 1 kN/m.

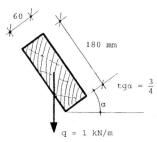

Gevraagd:
a. De doorsnede waarin de buigspanning maximaal is.
b. De grootte van deze maximum buigspanning.
c. Bereken voor deze doorsnede de normaalspanning in de vier hoekpunten.
d. Teken ook het normaalspanningsdiagram.
e. Schets in de doorsnede de neutrale lijn.

4.90 In de getekende dunwandige doorsnede werken buigende momenten $M_y = -80\sigma a^2 t$ en $M_z = +52\sigma a^2 t$.

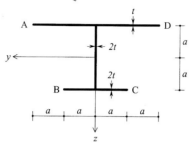

Gevraagd:
a. De normaalspanning in de hoekpunten A t/m D, uitgedrukt in σ.
b. Het normaalspanningsverloop over de doorsnede.
c. Schets in de doorsnede de neutrale lijn.

4.91-1/2 Twee kolommen worden belast door een excentrisch aangrijpende drukkracht van 20 kN. Kolom (1) heeft een rechthoekige doorsnede en kolom (2) een dunwandige doorsnede in de vorm van een U-profiel.

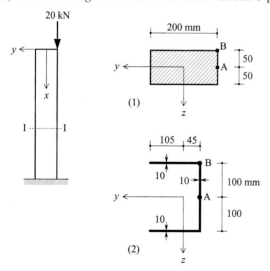

Gevraagd:
a. De normaalspanning in de vierhoekpunten van doorsnede I-I als de drukkracht in A aangrijpt. Waar in de doorsnede ligt de neutrale lijn?
b. De normaalspanning in de vierhoekpunten van doorsnede I-I als de drukkracht in B aangrijpt. Waar in de doorsnede ligt de neutrale lijn?

4.92-1/2 Gegeven twee symmetrische kokerdoorsneden.

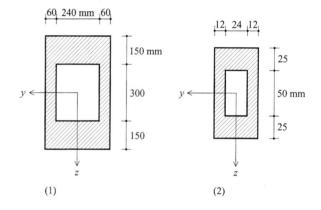

Gevraagd:
a. Het weerstandsmoment W_y.
b. De maximum buigspanning ten gevolge van een buigend moment M_y. Houd in de berekening aan:
   - $M_y = 712{,}8$ kNm voor doorsnede (1)
   - $M_y = 3{,}6$ kNm voor doorsnede (2)
c. Het weerstandsmoment W_z.
d. De maximum buigspanning ten gevolge van een buigend moment M_z. Houd in de berekening aan:
   - $M_z = 648$ kNm voor doorsnede (1)
   - $M_z = 1{,}8$ kNm voor doorsnede (2)

4.93 Gegeven een balkdoorsnede met bijbehorend normaalspanningsverloop. De doorsnedeafmetingen zijn gegeven in mm en de spanningen in N/mm².

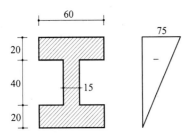

Gevraagd:
a. Het weerstandsmoment van de doorsnede.
b. De normaalkracht N in de doorsnede, met het goede teken.
c. Het buigend moment M in de doorsnede, met het goede vervormingsteken ($\cup$ of $\cap$).

4.94 Voor de getekende doorsnede geldt $A = 20 \times 10^3$ mm². Het eigen traagheidsmoment is $I_{zz} = 240 \times 10^6$ mm⁴.

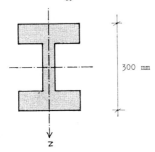

Gevraagd:
a. Het normaalspanningsdiagram als de resultante van alle spanningen een trekkracht van 60 kN is die aangrijpt in het bovenkernpunt.
b. De afstand van het bovenkernpunt tot het normaalkrachtencentrum van de doorsnede.

4.95 In de getekende doorsnede is de plaats van het normaalkrachtencentrum NC en bovenkernpunt A aangegeven.

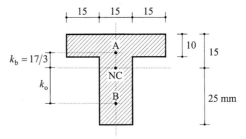

Gevraagd:
De plaats van onderkernpunt B.

4.96 Gegeven een dunwandige stalen buis met straal R en wanddikte t.

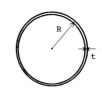

Gevraagd:
De kernstraal van de doorsnede, uit te drukken in R en t.

4.97 Gegeven een doorsnede in de vorm van een gelijkzijdige driehoek met basis b en hoogte h.

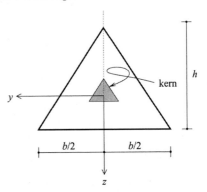

Gevraagd:
a. Het weerstandsmoment $W_{z;o}$.
b. Het weerstandsmoment $W_{z;b}$.
c. De plaats van het bovenkernpunt.
d. De plaats van de onderrand van de kern.

4.98-1/2 Gegeven twee homogene doorsneden met hetzelfde normaalspanningsdiagram. In de figuur zijn de doorsnedeafmetingen gegeven in mm en de spanningen in N/mm².

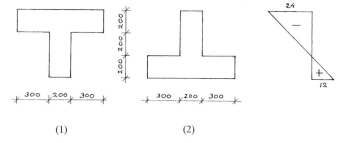

(1)   (2)

Gevraagd:
a. De plaats van het normaalkrachtencentrum.
b. Bepaal uit het gegeven spanningsdiagram de grootte en het aangrijpingspunt van de resultante R_t van alle trekspanningen.
c. Bepaal uit het gegeven spanningsdiagram de grootte en het aangrijpingspunt van de resultante R_d van alle drukspanningen.
d. Bepaal uit de grootte en ligging van de spanningsresultanten R_t en R_d de normaalkracht N en het buigend moment M in de doorsnede, met de juiste (vervormings)tekens.
e. Waar in de doorsnede ligt het krachtpunt?
f. Als $E = 30 \times 10^3$ N/mm², schets dan het vervormingsdiagram en bepaal de vervormingsgrootheden ε en κ.
g. Bepaal uit de antwoorden op de vragen d en f de grootte van de rekstijfheid en buigstijfheid van de doorsnede.

4.99 Een vrij opgelegde houten balk is samengesteld uit n op elkaar gelijmde 22 mm dikke delen. De balk heeft een overspanning $\ell = 3$ m en draagt een gelijkmatig verdeelde volbelasting $q = 24$ kN/m.

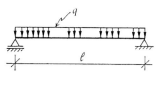

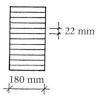

Gevraagd:
Het minimaal benodigde aantal delen n opdat de buigspanning nergens groter wordt dan 10 N/mm².

4.100 Gegeven een vrij opgelegde houten balk met rechthoekige doorsnede en een gelijkmatig verdeelde volbelasting q.

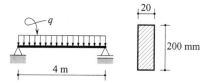

Gevraagd:
De gelijkmatig verdeelde belasting q waarbij de maximum buigspanning 6 N/mm² bedraagt.

4.101 Gegeven een uitkragende houten balk met rechthoekige doorsnede belast door een kracht F in het vrije einde.

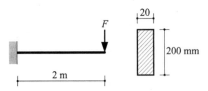

Gevraagd:
De kracht F waarbij de maximum buigspanning in de balk 10 N/mm² is.

4.102 De getekende balk heeft een rechthoekige doorsnede met een hoogte h die driemaal zo groot is als de breedte b. Bij de aangegeven belasting mag de buigspanning niet groter worden dan 10 N/mm².

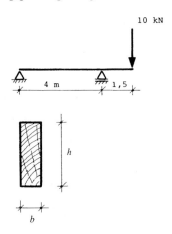

Gevraagd:
De minimaal benodigde hoogte h van de balk.

4.103 Een T-balk, met $a = 2$ m, wordt op de aangegeven wijze belast door de krachten $F_1 = 195$ kN en $F_2 = 45$ kN. Het eigen traagheidsmoment van de T-balk is $I_{zz} = 1,8 \times 10^9$ mm⁴.

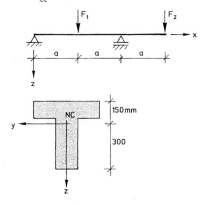

Gevraagd:
a. De maximum buigtrekspanning in de balk.
b. De maximum buigdrukspanning in de balk.

4.104 Gegeven een in de fundering ingeklemde en 10 m hoge marmeren kolom. De kolom heeft een cirkelvormige doorsnede met een diameter $d = 1$ m. Het eigen gewicht van marmer bedraagt 27,5 kN/m³. In marmer mogen geen trekspanningen opreden. Op de kolom werkt een gelijkmatig verdeelde windbelasting q.

Gevraagd:
a. De maximum windbelasting q (in kN/m).
b. Het normaalspanningsverloop in de inklemmingsdoorsnede ten gevolge van windbelasting en eigen gewicht.
c. Het normaalspanningsverloop in de doorsnede op halve hoogte ten gevolge van windbelasting en eigen gewicht.

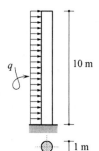

4.105 De getekende kolom wordt belast door een drukkracht van 240 kN in het zwaartepunt van de bovendoorsnede. Voor het berekenen van de normaalspanningen in een doorsnede mag gebruik worden gemaakt van de voor een prismatische staaf afgeleide spanningsformule. Het eigen gewicht van de kolom blijft buiten beschouwing.

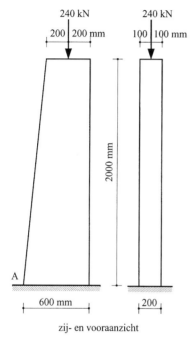

zij- en vooraanzicht

Gevraagd:
De normaalspanning in A.

4.106 Een blok met een grondvlak van $0,5 \times 0,5$ m² en een hoogte van 1 m staat los op de vloer. Het eigen gewicht van het blok bedraagt 5 kN. Er wordt tegen het blok geduwd met een kracht van 625 N. Het blok kan niet schuiven. Er is verder gegeven dat de normaalspanningen tussen blok en vloer lineair verlopen.

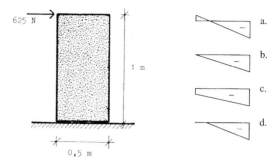

Gevraagd:
Welk diagram voor de spanning tussen blok en vloer kan het juiste zijn?

4.107 De grond onder de vierkante funderingsplaat van 3×3 m² kan geen trekspanningen overdragen. Bij de aangegeven belasting treedt het getekende spanningsverloop op.

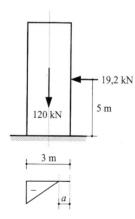

Gevraagd:
a. De afstand *a* waarover geen gronddruk werkt.
b. De maximum gronddruk onder de funderingsplaat.

4.108 Een torenachtige constructie is stijf verbonden met een vierkante funderingsplaat van 6×6 m². De funderingsplaat mag als oneindig stijf worden opgevat. Verder mag de grond worden opgevat als een verende laag, bestaande uit een zeer groot aantal gelijkwaardige lineair-elastische veren.
Het totale gewicht van constructie met funderingsplaat is G. De resultante van de windbelasting is W en grijpt 14,14 m boven de onderkant van de funderingsplaat aan. Ten gevolge van G en W is de gronddruk op de funderingsplaat 14,65 kN/m² langs AB en 85,35 kN/m² langs CD.

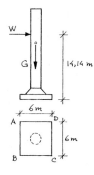

Gevraagd:
a. Bereken G en W uit de gegeven gronddruk.
b. Bepaal de gronddruk onder de funderingsplaat ten gevolge van de onder a berekende waarden van G en W als de windbelasting W in richting AC werkt.
c. Welke van de onder a en b bedoelde windrichtingen is het ongunstigst met betrekking tot de sterkte van de fundering?

4.109 In stilstaand water drijft een massief houten vlot met een vierkante oppervlakte van 3×3 m² en een dikte van 0,14 m. Er mag worden aangenomen dat het vlot niet vervormt. In één van de hoeken staat een man (met blote voeten) doodstil op zijn tenen.

Massadichtheid water: 1000 kg/m³
Massadichtheid hout: 500 kg/m³

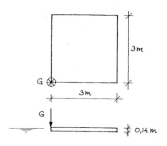

Gevraagd:
Hoeveel mag het gewicht G van deze man bedragen opdat hij nog net zijn tenen droog houdt?

4.110 Gegeven het getekende dunwandige T-profiel ($t \ll a$).

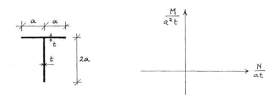

Gevraagd:
a. Zet in een diagram alle combinaties van M en N uit waarbij de maximum trekspanning en/of drukspanning een grenswaarde $\bar{\sigma}$ heeft bereikt.
b. Arceer in het diagram het gebied met combinaties van M en N waarbij noch de trekspanning noch de drukspanning de grenswaarde $\bar{\sigma}$ overschrijdt.

5 Schuifkrachten en -spanningen ten gevolge van dwarskracht

In het vorige hoofdstuk werd (onder meer) het normaalspanningsverloop in de doorsnede van een op extensie en buiging belaste ligger behandeld. De normaalspanningen in een doorsnede zijn direct gerelateerd aan de normaalkracht en het buigend moment.

Als het buigend moment in een ligger niet constant is moet de ligger ook dwarskrachten overbrengen. Dit leidt niet alleen tot *schuifspanningen in het vlak van de doorsnede* maar ook tot *schuifkrachten en -spanningen in de lengterichting* van de ligger.

In paragraaf 5.1 wordt ingegaan op de schuifkrachten en -spanningen in lengterichting en worden de bijbehorende formules afgeleid. Enkele uitgewerkte voorbeelden volgen in paragraaf 5.2.

In paragraaf 5.3 worden de formules afgeleid voor de schuifspanningen in het vlak van de doorsnede. De toepassing van deze formules wordt geïllustreerd aan de hand van een aantal voorbeelden in paragraaf 5.4. Bij elk van de voorbeelden valt iets bijzonders op te merken.

In paragraaf 5.5 komt het begrip *dwarskrachtencentrum* aan de orde. Het dwarskrachtencentrum is dat punt in de doorsnede waar de werklijn van de dwarskracht door moet gaan opdat er geen wringing is.

Het hoofdstuk wordt afgesloten met paragraaf 5.6, waar een overzicht wordt gegeven van de diverse formules en regels.

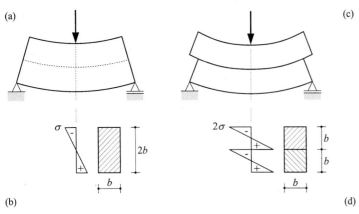

Figuur 5.1 (a) Een ligger samengesteld uit twee balken die door middel van een lijmverbinding stijf met elkaar verbonden. (b) Het bijbehorende buigspanningsdiagram voor de middendoorsnede. (c) Als beide balken los op elkaar liggen kunnen ze ten opzichte van elkaar verschuiven. (d) Het bijbehorende buigspanningsdiagram voor de middendoorsnede

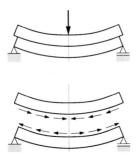

Figuur 5.2 Werken beide balken volledig samen, dan zijn er schuifkrachten (interactiekrachten) in langsrichting nodig om het lengteverschil tussen de op elkaar aansluitende vezels van beide balken teniet te doen.

Bij de afleiding en toepassing van de verschillende formules wordt hierna consequent met tekens gewerkt om de richtingen van de verschillende grootheden aan te geven. In de praktijk laat men de tekens vaak achterwege en werkt men met absolute waarden. De richtingen worden dan (voor zover nodig) achteraf vastgesteld op grond van inzicht, ervaring en gezond verstand.

5.1 Schuifkrachten en -spanningen in langsrichting

Dat er in een op buiging belaste ligger *schuifkrachten in langsrichting* kunnen optreden wordt geïllustreerd aan de hand van de vrij opgelegde ligger in figuur 5.1. De ligger is samengesteld uit twee vierkante balken en wordt belast door een puntlast in het midden van de overspanning.

In figuur 5.1a zijn beide balken stijf met elkaar verbonden, bijvoorbeeld door middel van een lijmverbinding, en werken ze volledig samen. Figuur 5.1b toont het normaalspanningsdiagram voor de middendoorsnede.

In figuur 5.1c liggen beide balken los op elkaar en kunnen ze ten opzichte van elkaar verschuiven. De onderste vezels van de bovenste balk verlengen terwijl de bovenste vezels van de onderste balk verkorten. Figuur 5.1d laat het normaalspanningsdiagram zien in het midden van de overspanning. Als elke balk de helft van de totale belasting draagt zijn de maximum buigspanningen twee keer zo groot als in spanningsdiagram 5.1b. De berekening wordt aan de lezer overgelaten.

Als beide balken volledig samenwerken, dan zullen er in de lijmverbinding schuifkrachten (interactiekrachten) in langsrichting moeten werken om het lengteverschil tussen de aansluitende vezels in de verbinding teniet te doen, zie figuur 5.2.

In deze paragraaf worden de formules voor de schuifkracht in langsrichting afgeleid.

5.1.1 Verandering van de normaalspanning in een vezel

Als voorbereiding op het berekenen van de grootte en het verloop van de schuifkrachten in langsrichting wordt eerst nagegaan hoe de normaalspanning in een vezel verandert tussen twee opeenvolgende doorsneden a en b op een afstand Δx ($\Delta x \to 0$), zie figuur 5.3.

De normaalspanning $\sigma(z)$ in een z-vezel volgt uit de spanningsformule:

$$\sigma(z) = \frac{N}{A} + \frac{M_z z}{I_{zz}} \tag{1}$$

waarbij wordt opgemerkt dat deze formule alleen geldt als:
- de x-as door het normaalkrachtencentrum NC gaat en
- de z-richting een hoofdrichting is.

De normaalspanning in doorsnede a zal in het algemeen verschillen van die in doorsnede b. Stel $\sigma(z)$ is de normaalspanning in een z-vezel in doorsnede a en $\sigma(z) + \Delta\sigma(z)$ is de normaalspanning in een z-vezel in doorsnede b.

Voor de verandering per lengte van de normaalspanning in de beschouwde vezel geldt in het limietgeval $\Delta x \to 0$:

$$\lim_{\Delta x \to 0} \frac{\Delta \sigma(z)}{\Delta x} = \frac{d\sigma(z)}{dx} = \frac{d}{dx}\left(\frac{N}{A} + \frac{M_z z}{I_{zz}}\right) \tag{2}$$

De uitwerking hierna is gebaseerd op de volgende twee aannamen:
- de ligger is prismatisch en
- de normaalkracht is constant.

Als de ligger prismatisch is zijn de doorsnedegrootheden A en I_{zz} constant, dat wil zeggen onafhankelijk van de x-coördinaat. In dat geval kan men voor (2) schrijven:

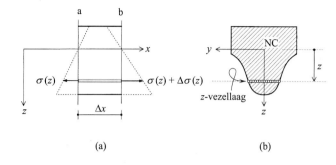

Figuur 5.3 (a) Een tussen de doorsneden a en b gelegen liggerelementje met kleine lengte Δx. De normaalspanning in een vezel is niet constant maar verandert over de lengte Δx. (b) De doorsnede van het liggerelementje; alle vezels in de z-vezellaag hebben dezelfde normaalspanning.

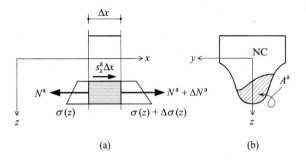

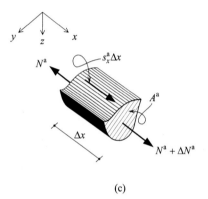

Figuur 5.4 (a) Uit het liggerelementje met kleine lengte Δx is het onderste deel vrijgemaakt. Dit wordt het afschuivende deel genoemd. (b) De doorsnede van het afschuivende deel heeft een oppervlakte A^a. (c) Ruimtelijke voorstelling van het afschuivende deel, met alle krachten die er op werken. Omdat de resultante van alle normaalspanningen op het voor- en achtervlak van het afschuivende deel niet even groot zijn moet er in de langssnede een schuifkracht werken.

$$\frac{d\sigma(z)}{dx} = \frac{1}{A}\frac{dN}{dx} + \frac{z}{I_{zz}}\frac{dM_z}{dx}$$

Is ook N constant, dus onafhankelijk van x, dan is $dN/dx = 0$. Met $dM_z/dx = V_z$ vindt men dan voor de verandering per lengte van de normaalspanning in een z-vezel:

$$\frac{d\sigma(z)}{dx} = \frac{z}{I_{zz}}\frac{dM_z}{dx} = \frac{V_z z}{I_{zz}} \qquad (3)$$

De verandering van de normaalspanning in een z-vezel hangt direct samen met de verandering van het buigend moment, dus met de dwarskracht.

Opmerking: Omdat de afleiding is gebaseerd op spanningsformule (1) geldt ook formule (3) alleen maar als:
- de x-as door het normaalkrachtencentrum NC gaat en
- de z-richting een hoofdrichting is.

Na deze voorbereiding kan de schuifkracht in langsrichting worden berekend.

5.1.2 Schuifkracht in langsrichting (traditionele formule)

In figuur 5.4a is uit een ligger het onderste deel vrijgemaakt van een mootje met lengte Δx ($\Delta x \to 0$). Dit deel wordt het *afschuivende deel* genoemd. Grootheden die betrekking hebben op het afschuivende deel worden hierna aangegeven met een bovenindex 'a'. Zo is A^a de oppervlakte van het afschuivende deel van de doorsnede, zie figuur 5.4b. In figuur 5.4c is het afschuivende deel ruimtelijk getekend.

Stel de resultante van alle normaalspanningen op de achterkant van het afschuivende deel is N^a en die op de voorkant is $N^a + \Delta N^a$, zie figuur 5.4a en c.

Hierin is:

$$N^a = \int_{A^a} \sigma(z) dA \tag{4}$$

Omdat de resultanten van de normaalspanningen op de voor- en achterkant van het afschuivende deel niet even groot zijn moet er in de langssnede een schuifkracht werken.

Stel s_x^a is in de langssnede de schuifkracht per lengte in x-richting. De totale schuifkracht op het afschuivende deel, met lengte Δx, is dan gelijk aan $s_x^a \Delta x$. *Hierbij wordt aangenomen dat de schuifkracht positief is als deze op het afschuivende deel in de positieve x-richting werkt.*

Het afschuivende deel moet voldoen aan het krachtenevenwicht in x-richting:

$$\sum F_x = -N^a + (N^a + \Delta N^a) + s_x^a \Delta x = 0$$

In het limietgeval $\Delta x \to 0$ volgt hieruit:

$$s_x^a = -\lim_{\Delta x \to 0} \frac{\Delta N^a}{\Delta x} = -\frac{dN^a}{dx} \tag{5}$$

dN^a/dx vindt men door (4) te differentiëren:

$$\frac{dN^a}{dx} = \frac{d}{dx} \int_{A^a} \sigma(z) dA = \int_{A^a} \frac{d\sigma(z)}{dx} dA$$

Het differentiëren in lengterichting en het integreren over de oppervlakte van het afschuivende deel van de doorsnede zijn twee van elkaar onafhankelijke rekenbewerkingen en mogen bij de uitvoering in volgorde worden verwisseld.

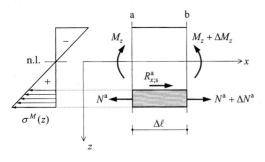

Figuur 5.5 De schuifkracht in langsrichting vindt men uit het krachtenevenwicht van het afschuivende deel in x-richting. De resulterende schuifkracht $R^a_{x;s}$ blijkt evenredig met de verandering van het buigend moment tussen begin- en einddoorsnede van het beschouwde liggerdeel.

Met behulp van (3) vindt men vervolgens:

$$\frac{dN^a}{dx} = \int_{A^a} \frac{d\sigma(z)}{dx} dA = \int_{A^a} \frac{V_z z}{I_{zz}} dA = \frac{V_z}{I_{zz}} \int_{A^a} z \, dA = \frac{V_z S^a_z}{I_{zz}} \quad (6)$$

In (6) zijn in de voorlaatste stap V_z en I_{zz} buiten het integraalteken geplaatst omdat ze voor de gehele doorsnede gelden. De overblijvende integraal:

$$\int_{A^a} z \, dA$$

is gelijk aan *het statisch moment van afschuivende deel van de doorsnede* en wordt aangegeven met S^a_z.

Substitutie van (6) in (5) leidt tot de volgende formule voor s^a_x, de schuifkracht per lengte in langsrichting:

$$s^a_x = -\frac{dN^a}{dx} = -\frac{V_z S^a_z}{I_{zz}} \quad (7)$$

De schuifkracht s^a_x hangt direct samen met de grootte van de dwarskracht V_z.
Het minteken is een gevolg van de aanname dat de schuifkracht positief is als deze op het afschuivende deel in de positieve x-richting werkt.

Uit de afleiding blijkt dat s^a_x, de schuifkracht per lengte in langsrichting, onafhankelijk is van een eventueel aanwezige (constante) normaalkracht in de balk.

Variantafleiding. De nu volgende variantafleiding is gebaseerd op een balk zonder normaalkracht. In dat geval is de normaalkracht N^a de resultante van alle normaalspanningen $\sigma^M(z)$ op het afschuivende deel ten gevolge van buiging.

Voor de normaalkracht N^a op het afschuivende deel geldt in doorsnede a, zie figuur 5.5:

$$N^a = \int_{A^a} \sigma^M(z) dA$$

Substitueer hierin het normaalspanningsverloop ten gevolge van buiging:

$$\sigma^M(z) = \frac{M_z z}{I_{zz}}$$

en men vindt:

$$N^a = \int_{A^a} \frac{M_z z}{I_{zz}} dA = \frac{M_z}{I_{zz}} \int_{A^a} z \, dA = \frac{M_z S_z^a}{I_{zz}}$$

Hierin is:

$$S_z^a = \int_{A^a} z \, dA$$

weer het statisch moment van het afschuivende deel van de doorsnede.

Als in doorsnede b de normaalkracht N^a op het afschuivende deel is veranderd met een bedrag ΔN^a, zie figuur 5.5, dan is dat een gevolg van de verandering van het buigend moment M_z met een bedrag ΔM_z, ofwel:

$$\Delta N^a = \frac{\Delta M_z S_z^a}{I_{zz}} \tag{8}$$

In figuur 5.6 is het afschuivende deel van de balk over een lengte $\Delta \ell$ ruimtelijk getekend. s_x^a is de schuifkracht per lengte in de langssnede, positief als deze op het afschuivende deel in de positieve x-richting werkt, zie figuur 5.6a. $R_{x;s}^a$ is de resulterende schuifkracht in de langssnede,

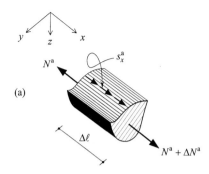

(a)

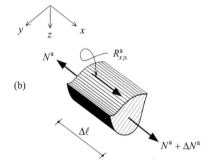

(b)

Figuur 5.6 Ruimtelijke weergave van het afschuivende deel met de krachten die er op werken: (a) s_x^a is de schuifkracht per lengte in de langssnede; (b) $R_{x;s}^a$ is de resulterende schuifkracht in langsrichting.

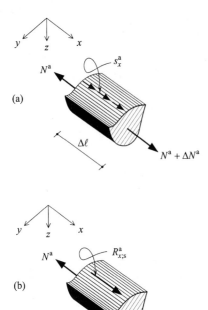

Figuur 5.6 Ruimtelijke weergave van het afschuivende deel met de krachten die er op werken: (a) s_x^a is de schuifkracht per lengte in de langssnede; (b) $R_{x;s}^a$ is de resulterende schuifkracht in langsrichting.

eveneens positief als deze op het afschuivende deel in de positieve x-richting werkt, zie figuur 5.6b.

De resulterende schuifkracht $R_{x;s}^a$ volgt direct uit het krachtenevenwicht in x-richting, zie de figuren 5.5 en 5.6b:

$$\sum F_x = -N^a + R_{x;s}^a + (N^a + \Delta N^a) = 0 \;\rightarrow\; R_{x;s}^a = -\Delta N^a$$

Substitueer hierin uitdrukking (8) voor ΔN^a en men vindt:

$$R_{x;s}^a = -\frac{\Delta M_z S_z^a}{I_{zz}} \tag{9}$$

Conclusie: De resulterende schuifkracht is evenredig met de verandering van het buigend moment tussen de begin- en einddoorsnede van het beschouwde liggerdeel.

Opmerking: Ook formule (9) geldt alleen maar als de x-as door het normaalkrachtencentrum NC gaat en de z-richting een hoofdrichting is.

Als $\Delta \ell$ groot is geldt:

$$R_{x;s}^a = \int_{\Delta \ell} s_x^a \, dx \tag{10}$$

Als $\Delta \ell = \Delta x$ klein is geldt:

$$R_{x;s}^a = s_x^a \Delta x = -\frac{\Delta M_z S_z^a}{I_{zz}}$$

of:

$$s_x^a = -\frac{\Delta M_z}{\Delta x} \frac{S_z^a}{I_{zz}}$$

In het limietgeval $\Delta x \to 0$ vindt men hieruit opnieuw uitdrukking (7):

$$s_x^a = -\lim_{\Delta x \to 0} \frac{\Delta M_z}{\Delta x} \frac{S_z^a}{I_{zz}} = -\frac{dM_z}{dx} \frac{S_z^a}{I_{zz}} = -\frac{V_z S_z^a}{I_{zz}} \qquad (7)$$

5.1.3 Schuifkracht in langsrichting (alternatieve formule)

In paragraaf 5.1.2 werd afgeleid:

$$s_x^a = -\frac{dN^a}{dx} \qquad (5)$$

Om de beschouwing eenvoudig te houden wordt opnieuw aangenomen dat er geen normaalkracht is en is N^a de resultante van alle normaalspanningen $\sigma^M(z)$ op het afschuivende deel ten gevolge van alleen buiging, zie figuur 5.7:

$$N^a = \int_{A^a} \sigma^M(z) dA$$

Deze normaalkracht N^a op het afschuivende deel is evenredig met de grootte van het buigend moment M_z in de betreffende doorsnede. Men kan daarom schrijven:

$$N^a = k \cdot M_z \qquad (11)$$

Hierin is k een evenredigheidsfactor waarvan de grootte geheel wordt bepaald door de vorm van het afschuivende deel van de doorsnede.

Omdat de verhouding $k = N^a/M_z$ constant is, kan men deze verhouding voor elke *willekeurige waarde* van $M_z = M_z^*$ uit (11) berekenen.

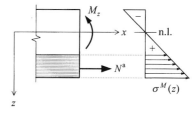

Figuur 5.7 Als N^a de resultante is van alle buigspanningen $\sigma^M(z)$ op het afschuivende deel, dan is deze kracht evenredig met het buigend moment M_z en kan men schrijven $N^a = k \cdot M_z$. Hierin is k een evenredigheidsfactor waarvan de grootte geheel wordt bepaald door de vorm van het afschuivende deel van de doorsnede.

Er geldt dus:

$$k = \frac{N^a \text{ (tgv } M_z^*)}{M_z^*}$$

Door (11) naar x te differentiëren vindt men nu:

$$\frac{dN^a}{dx} = k \cdot \frac{dM_z}{dx} = k \cdot V_z = \left[\frac{N^a \text{ (tgv } M_z^*)}{M_z^*}\right] \cdot V_z$$

Dit gesubstitueerd in (5) leidt voor s_x^a, de schuifkracht per lengte in langsrichting, tot de volgende uitdrukking:

$$s_x^a = -V_z \cdot \left[\frac{N^a \text{ (tgv } M_z^*)}{M_z^*}\right] \tag{12}$$

Opmerking: Bij de afleiding van deze alternatieve formule voor de schuifspanningen per lengte in langsrichting is nergens gebruikgemaakt van aan hoofdrichtingen gebonden eigenschappen. Uitdrukking (12) geldt daarom ook als de y-z-richtingen niet met de hoofdrichtingen van de doorsnede samenvallen. Er is hier echter wel de beperking dat M_z^*, het *resulterend buigend moment* in de doorsnede, in hetzelfde vlak moet werken als de *resulterende dwarskracht* V_z, omdat anders de uitgevoerde differentiatie van (11) niet meer geldt[1].

Uit formule (12) kan men direct afleiden dat de schuifkracht s_x^a maximaal is als N^a, de resultante van alle normaalspanningen op het afschuivende deel ten gevolge van een buigend moment M_z^*, maximaal is. Dit is

---

[1] Men kan op een andere manier echter aantonen dat de formule toch onder alle omstandigheden is te gebruiken als men, zonder rekening te houden met het werkelijke moment in de doorsnede, voor M_z^* een willekeurig moment neemt dat werkt in het vlak van de resulterende dwarskracht V_z.

uiteraard in de snede die samenvalt met de neutrale lijn (door het normaalkrachtencentrum NC) ten gevolge van dit buigend moment, zie figuur 5.8.

5.1.4 Schuifspanningen in langsrichting

In figuur 5.9 is het afschuivende deel getekend tussen twee doorsneden op een onderlinge afstand gelijk aan de eenheid van lengte.

Als de schuifkracht s_x^a (kracht per lengte) gelijkmatig wordt uitgesmeerd over de ontwikkelde breedte b^a van de langssnede, dan vindt men de *gemiddelde schuifspanning* τ_{gem}^a (kracht per oppervlakte) op het afschuivende deel:

$$\tau_{gem}^a = \frac{s_x^a}{b^a} \tag{13}$$

De werkelijke schuifspanning hoeft niet gelijkmatig verdeeld te zijn over de breedte b^a. In paragraaf 5.3 komt dit opnieuw aan de orde.

Men kan afspreken dat de schuifspanning τ_{gem}^a op het afschuivende deel positief is als deze, net als de schuifkracht, in de positieve x-richting werkt. Meestal werkt men echter met de absolute waarden en worden tekens achterwege gelaten. Hierna wordt de letter τ gebruikt voor de absolute waarde van een schuifspanning.

5.2 Voorbeelden met betrekking tot schuifkrachten en -spanningen in langsrichting

De in de vorige paragraaf afgeleide formules voor de schuifkrachten en -spanningen in langsrichting worden in deze paragraaf benut om, bij balken waarvan de doorsnede uit meerdere delen is samengesteld, de krachten in het verbindingsmiddel te berekenen. Aan de orde komen een gelijmde houten balk, een gelast stalen I-profiel, een houten balk met deuvels en een houten kokerdoorsnede met draadnagels.

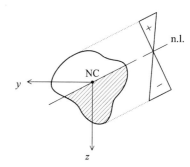

Figuur 5.8 De schuifkracht per lengte is altijd maximaal in de (vlakke) snede door het normaalkrachtencentrum NC die samenvalt met de neutrale lijn bij buiging zonder normaalkracht.

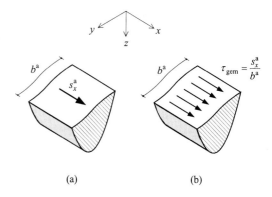

Figuur 5.9 Als de schuifkracht s_x^a (kracht per lengte) gelijkmatig wordt uitgesmeerd over de ontwikkelde breedte b^a van de langssnede, dan vindt men de gemiddelde schuifspanning τ_{gem}^a (kracht per oppervlakte) op het afschuivende deel:
$\tau_{gem}^a = s_x^a / b^a$.

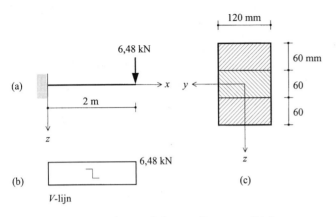

Figuur 5.10 (a) Uitkragende houten ligger met (b) dwarskrachtenlijn. De ligger is opgebouwd uit drie op elkaar gelijmde balken, zoals aangegeven in (c) de doorsnede.

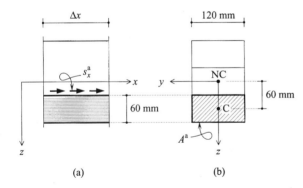

Figuur 5.11 (a) Zijaanzicht van een stukje ligger met kleine lengte Δx. Voor het afschuivende deel van de doorsnede is de onderste balk gekozen. In de lijmnaad werkt op de onderste balk per lengte een schuifkracht s_x^a. (b) Doorsnede van de ligger met daarin aangegeven het afschuivende deel A^a

5.2.1 Gelijmde houten balk

De uitkragende houten ligger in figuur 5.10a wordt in het vrij zwevende einde belast door een kracht van 6,48 kN. Bij deze belasting is de dwarskracht in de ligger constant, zie de dwarskrachtenlijn in figuur 5.10b. De ligger is opgebouwd uit drie op elkaar gelijmde balken, zoals is aangegeven in figuur 5.10c.

Gevraagd:
a. De schuifkracht (kracht per lengte) in de lijmnaden.
b. De (gemiddelde) schuifspanning in de lijmverbindingen.

Uitwerking:
a. De schuifkracht per lengte wordt hierna berekend voor de onderste lijmnaad. In figuur 5.11a is van een stukje ligger met lengte Δx het zijaanzicht getekend, met in de lijmnaad de schuifkracht s_x^a op het afschuivende deel. In herinnering wordt gebracht dat s_x^a positief is als deze op het afschuivende deel in positieve x-richting werkt. Voor het afschuivende deel van de doorsnede is de onderste balk gekozen, zie figuur 5.11b.
Er geldt:

$$s_x^a = -\frac{V_z S_z^a}{I_{zz}}$$

Omdat de dwarskracht overal hetzelfde is (zie figuur 5.10b), geldt dat ook voor de schuifkracht per lengte. In het gegeven assenstelsel is:

$$V_z = +6480 \text{ N}$$

Let op: het vervormingsteken moet hier worden vertaald naar het juiste plus/min-teken in het aangegeven assenstelsel.
Verder is:

$$I_{zz} = \tfrac{1}{12}bh^3 = \tfrac{1}{12}(120 \text{ mm})(180 \text{ mm})^3 = 58{,}32 \times 10^6 \text{ mm}^4$$

Het statisch moment S_z^a van het afschuivende deel is gelijk aan het product van de oppervlakte A^a van het afschuivende deel van de doorsnede en z_C^a, de z-coördinaat van het zwaartepunt van het afschuivende deel, zie figuur 5.11b:

$$S_z^a = A^a z_C^a = (120 \text{ mm})(60 \text{ mm})(+60 \text{ mm}) = +432 \times 10^3 \text{ mm}^3$$

Voor de schuifkracht per lengte vindt men nu:

$$s_x^a = -\frac{V_z S_z^a}{I_{zz}} = -\frac{(+6480 \text{ N})(+432 \times 10^3 \text{ mm}^3)}{58{,}32 \times 10^6 \text{ mm}^4} = -48 \text{ N/mm}$$

Het minteken duidt er op dat de schuifkracht op het afschuivende deel in de negatieve x-richting werkt.

In figuur 5.12a is over de gehele lengte van de ligger het afschuivende deel getekend (dit is de onderste balk), met daarop de constante *schuifkracht per lengte* van 48 N/mm.

b. Als men de schuifkracht per lengte van 48 N/mm gelijkmatig uitsmeert over de 120 mm brede snede, dan vindt men de *(gemiddelde) schuifspanning* τ_{gem} in de lijmnaad:

$$\tau_{gem} = \frac{48 \text{ N/mm}}{120 \text{ mm}} = 0{,}4 \text{ N/mm}^2$$

In figuur 5.12b zijn de (gemiddelde) schuifspanningen getekend zoals ze in de lijmnaad op de onderste balk werken.

Opmerking: Vat men het bovenste deel van de ligger (de bovenste twee balken) op als het afschuivende deel, dan heeft dit als enige consequentie dat het statisch moment S_z^a van teken verandert. Omdat het statisch moment van de gehele doorsnede nul is, is het statisch moment van het bovenste deel van de doorsnede even groot als dat

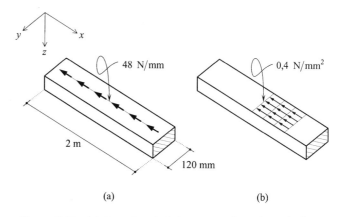

(a)   (b)

Figuur 5.12 (a) Over de gehele lengte van de onderste balk werkt een constante schuifkracht per lengte van 48 N/mm. (b) Als men de schuifkracht per lengte gelijkmatig uitsmeert over de 120 mm brede snede vindt men de (gemiddelde) schuifspanning τ_{gem} in de lijmnaad: $\tau_{gem} = 0{,}4$ N/mm².

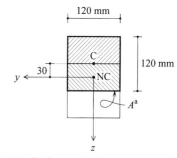

Figuur 5.13 Omdat het statisch moment van de gehele doorsnede nul is, is het statisch moment van het bovenste deel van de doorsnede even groot als dat van het onderste deel, echter met tegengesteld teken. Dit betekent dat de schuifkrachten op het bovenste deel even groot zijn als die op het onderste deel, maar tegengesteld gericht, dit geheel in overeenstemming met het begrip 'interactie'.

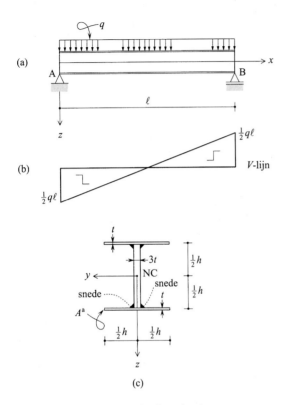

Figuur 5.14 (a) Een vrij opgelegde stalen ligger met een gelijkmatig verdeelde volbelasting en (b) de bijbehorende dwarskrachtenlijn. (c) De doorsnede van de ligger is een I-profiel. De verbinding tussen flens en lijven is uitgevoerd als een dubbele hoeklas. Voor het berekenen van de schuifkrachten in de lasverbinding wordt de onderflens als het afschuivende deel van de doorsnede gekozen.

van het onderste deel, echter met tegengesteld teken. Men kan dit door berekening verifiëren, zie figuur 5.13:

$$S_z^a = A^a z_C^a = (120 \text{ mm})(120 \text{ mm})(-30 \text{ mm}) = -432 \times 10^3 \text{ mm}^3$$

Voor de schuifkracht per lengte vindt men dus dezelfde grootte, maar het teken is tegengesteld. Dit betekent dat de schuifkracht op het bovenste deel tegengesteld gericht is aan de schuifkracht op het onderste deel, geheel in overeenstemming met het begrip *interactie*.

Het wordt aan de lezer overgelaten aan te tonen dat de schuifkrachten en -spanningen in de bovenste lijmnaad even groot zijn als die in de onderste lijmnaad.

5.2.2 Geconstrueerd stalen I-profiel

De vrij opgelegde stalen ligger in figuur 5.14a heeft een overspanning ℓ en draagt een gelijkmatig verdeelde belasting q. In figuur 5.14b is de bijbehorende dwarskrachtenlijn getekend. Voor de doorsnede van de ligger is een I-profiel gekozen met de in figuur 5.14c gegeven doorsnedeafmetingen. De doorsnede is dunwandig. De flenzen hebben een wanddikte t. Het lijf is driemaal zo dik als de flenzen. Verder is gegeven dat de profielhoogte h gelijk is aan 1/12 van de overspanning ℓ, ofwel $\ell = 12h$.

Dit profiel is geen gestandaardiseerd *walsprofiel* maar een zogenaamd *geconstrueerd profiel*. Hierbij zijn flenzen en lijf uit plaatmateriaal verkregen en door middel van lassen met elkaar verbonden.

Er bestaan verschillende soorten lassen. Hier is de verbinding tussen flens en lijf uitgevoerd als een *dubbele hoeklas*. In figuur 5.15a is de verbinding tussen lijf en onderflens uitvergroot. Bij een dubbele hoeklas is er altijd een (kleine) spleet tussen lijf en flens. Lijf en flens kunnen dus uitsluitend via de lassen krachten op elkaar uitoefenen.

Ten behoeve van de berekening wordt aangenomen dat de hoeklas de vorm heeft van een gelijkbenige driehoek. Verder wordt in de berekening de (in figuur 5.15 overdreven groot getekende) dikte van de spleet verwaarloosd.

Gevraagd:
a. De maximum schuifkracht per lengte die een enkele hoeklas moet overbrengen.
b. Welke snede over de last is het 'gevaarlijkst', met andere woorden: hoe moet men de snede over de hoeklas kiezen opdat de (gemiddelde) schuifspanning in de las zo groot mogelijk is en hoe groot is deze schuifspanning?

Uitwerking:
a. Uit de formule voor de schuifkracht per lengte in langsrichting:

$$s_x^a = -\frac{V_z S_z^a}{I_{zz}}$$

blijkt dat deze extreem is waar de dwarskracht V_z extreem is, dus ter plaatse van de opleggingen in A en B.
Hierna wordt gekeken naar de schuifkracht in B.
In B is:

$$V_z = -\tfrac{1}{2} q \ell$$

Voor het traagheidsmoment I_{zz} geldt:

$$I_{zz} = \tfrac{1}{12} \cdot 3t \cdot h^3 + 2 \cdot ht \cdot (\tfrac{1}{2}h)^2 = \tfrac{3}{4} h^3 t$$

Brengt men ter plaatse van de onderflens een snede over beide hoeklassen aan, en beschouwt men de onderflens als het afschuivende deel van de doorsnede (zie figuur 5.14c), dan is:

$$S_z^a = ht \cdot (+\tfrac{1}{2}h) = +\tfrac{1}{2} h^2 t$$

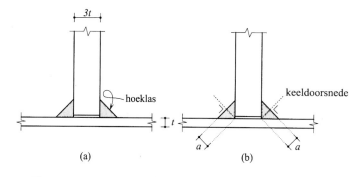

Figuur 5.15 (a) Bij een dubbele hoeklas is er altijd een (kleine) spleet tussen lijf en flens. Lijf en flens kunnen dus uitsluitend via de lassen krachten op elkaar uitoefenen.
(b) De keeldoorsnede is de snede waarin de gemiddelde schuifspanning in langsrichting het grootst is.

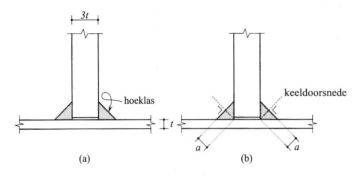

Figuur 5.15 (a) Bij een dubbele hoeklas is er altijd een (kleine) spleet tussen lijf en flens. Lijf en flens kunnen dus uitsluitend via de lassen krachten op elkaar uitoefenen. (b) De keeldoorsnede is de snede waarin de gemiddelde schuifspanning in langsrichting het grootst is.

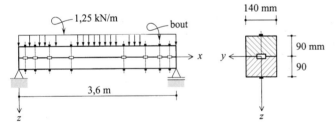

Figuur 5.16 Een houten ligger opgebouwd uit twee balken die door middel van deuvels met elkaar zijn verbonden. Deuvels zijn hardhouten blokjes (timmermansdeuvels) of stalen ringen (ringdeuvels) die nauwkeurig passen in ruimten die in de balken zijn uitgespaard en zo verhinderen dat de balken over elkaar schuiven. De balken worden door bouten op elkaar geklemd, zodat de deuvels niet kunnen wegspringen.

De uitdrukkingen voor V_z, I_{zz} en S_z^a gesubstitueerd in de formule voor de schuifkracht per lengte geeft:

$$s_x^a = -\frac{(-\tfrac{1}{2}q\ell)(+\tfrac{1}{2}h^2 t)}{\tfrac{3}{4}h^3 t} = +\frac{q\ell}{3h}$$

Met $\ell = 12h$ wordt dit:

$$s_x^a = +4q$$

Ter plaatse van de opleggingen moet de dubbele hoeklas een schuifkracht in langsrichting overbrengen die viermaal zo groot is als de verdeelde belasting q op de ligger!

De schuifkracht wordt overgebracht door twee (gelijke) hoeklassen. Per hoeklas is dat een schuifkracht (per lengte) van $2q$.

b. De grootste (gemiddelde) schuifspanning in langsrichting vindt men als de (ontwikkelde) lengte b^a van de snede over de dubbele hoeklas zo klein mogelijk is. Dit is in de zogenaamde *keeldoorsnede* over de lassen, zie figuur 5.15b. Hier is $b^a = 2a$.
    Ter plaatse van de opleggingen, waar de schuifkrachten het grootst zijn, is de (gemiddelde) schuifspanning in langsrichting in de keeldoorsnede maximaal:

$$\tau_{\text{gem}} = \frac{s_x^a}{b^a} = \frac{4q}{2a} = 2\frac{q}{a}$$

5.2.3 Houten ligger met deuvels

De vrij opgelegde houten ligger in figuur 5.16 heeft een overspanning van 3,6 m en draagt een gelijkmatig verdeelde volbelasting van 1,25 kN/m. De doorsnede is opgebouwd uit twee balken van 90×140 mm² die door middel van *deuvels* met elkaar zijn verbonden. De maximum schuifkracht[1] die een deuvel kan overbrengen is $\overline{F}_{\text{deuvel}} = 5$ kN.

Deuvels zijn hardhouten blokjes (*timmermansdeuvels*) of stalen ringen (*ringdeuvels*) die nauwkeurig passen in ruimten die in de balken zijn uitgespaard en zo verhinderen dat de balken over elkaar schuiven. De balken worden door bouten op elkaar geklemd, zodat de deuvels niet kunnen wegspringen.

Gevraagd:
a. Het aantal deuvels dat nodig is bij de gegeven belasting[2].
b. Het 'werkzame gebied' per deuvel als alle deuvels even zwaar worden belast.

Uitwerking:
a. In figuur 5.17 zijn de oplegreacties en de *V*- en *M*-lijn getekend.

Voor de schuifkracht per lengte tussen beide balken geldt:

$$s_x^a = -\frac{V_z S_z^a}{I_{zz}}$$

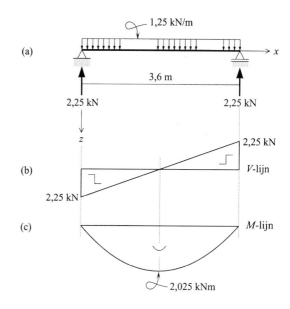

Figuur 5.17 (a) De tot lijnelement geschematiseerde ligger met (b) dwarskrachtenlijn en (c) momentenlijn

---

[1] Deze *grenswaarde* van de door de deuvel over te brengen schuifkracht, vroeger ook wel de *toelaatbare waarde* genoemd, wordt hier met een overstreping aangegeven.

[2] Omdat de balken slechts plaatselijk met elkaar zijn verbonden en er verder altijd enige speling in de verbindingen zit zullen beide balken niet voor 100% samenwerken. In de praktijk brengt men dat in rekening door een reductie van het traagheidsmoment van de doorsnede. Hierna wordt geen rekening gehouden met deze reductie.

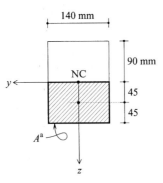

Figuur 5.18 De onderste balk wordt als het afschuivende deel gekozen.

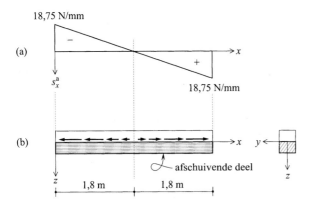

Figuur 5.19 (a) Schuifkrachtendiagram waarin het verloop van de schuifkrachten s_x^a op de onderste balk is weergegeven. De schuifkracht per lengte is evenredig met de dwarskracht, zie figuur 5.17b. (b) Waar de dwarskracht van teken wisselt, verandert ook de schuifkracht van teken en dus van richting. De schuifkrachten per lengte zijn bij de opleggingen het grootst en nemen naar het midden toe af.

Hierin is:

$$I_{zz} = \tfrac{1}{12}(140 \text{ mm})(180 \text{ mm})^3 = 68{,}04 \times 10^6 \text{ mm}^4$$

Wordt de onderste balk als het afschuivende deel beschouwd, zie figuur 5.18, dan is:

$$S_z^a = (140 \text{ mm})(90 \text{ mm})(+45 \text{ mm}) = +567 \times 10^3 \text{ mm}^3$$

Men vindt nu:

$$s_x^a = -\frac{V_z S_z^a}{I_{zz}} = -V_z \frac{567 \times 10^3 \text{ mm}^3}{68{,}04 \times 10^6 \text{ mm}^4} = -\frac{V_z}{120 \text{ mm}}$$

In figuur 5.19a is in een schuifkrachtendiagram het verloop van de schuifkracht s_x^a op de onderste balk getekend. De maximum waarde treedt op ter plaatse van de opleggingen, waar de dwarskracht het grootst is:

$$\left|s_{x;\max}^a\right| = \frac{\left|V_{z;\max}\right|}{120 \text{ mm}} = \frac{2{,}25 \times 10^3 \text{ N}}{120 \text{ mm}} = 18{,}75 \text{ N/mm}$$

De schuifkracht heeft hetzelfde verloop als de dwarskracht in figuur 5.17b. Om het teken (de richting) van de schuifkracht vast te kunnen stellen moet men de vervormingstekens in de V-lijn vertalen naar de juiste plus- en mintekens in het in figuur 5.17 aangegeven assenstelsel. De dwarskracht is positief voor de linkerhelft van de ligger, en negatief voor de rechterhelft. Bijgevolg is de schuifkracht op de linkerhelft negatief (werkt in de negatieve x-richting) en op de rechter helft positief (werkt in de positieve x-richting), zie figuur 5.19b.

Omdat het voor de deuvels niet uitmaakt in welke richting de schuifkracht werkt, laat men in de uitwerking de tekens vaak buiten beschouwing en werkt men met de absolute waarden. Ook voor de rest van dit probleem wordt alleen nog met absolute waarden gewerkt.

In figuur 5.20 is het verloop van de schuifkrachten op de onderste balk ruimtelijk getekend. De resulterende schuifkracht R_s^a over de halve balklengte is gelijk aan de oppervlakte van het driehoekige schuifkrachtendiagram:

$$R_s^a = \tfrac{1}{2} \times (18{,}75 \text{ N/mm}) \times (1{,}8 \times 10^3 \text{ mm}) = 16{,}875 \text{ kN}$$

Men kan hiervoor ook formule (9) uit paragraaf 5.1.2 gebruiken:

$$R_{x;s}^a = -\frac{\Delta M_z S_z^a}{I_{zz}}$$

waarin ΔM de toename van het buigend moment over de halve balklengte is. Uit de M-lijn in figuur 5.17c volgt:

$$|\Delta M| = 2{,}025 \text{ kNm}$$

Voor de (absolute waarde van de) resulterende schuifkracht over de halve balklengte vindt men nu:

$$R_s^a = \left| -\frac{\Delta M_z S_z^a}{I_{zz}} \right| = \frac{(2{,}025 \text{ kNm})(567 \times 10^3 \text{ mm}^3)}{68{,}04 \times 10^6 \text{ mm}^4} = 16{,}875 \text{ kN}$$

Deze waarde stemt overeen met wat eerder werd gevonden.

Er is gegeven dat per deuvel een schuifkracht $\overline{F}_{\text{deuvel}} = 5$ kN kan worden geleverd.
Het benodigde aantal deuvels n voor een halve ligger is:

$$n \geq \frac{R_s^a}{\overline{F}_{\text{deuvel}}} = \frac{16{,}875 \text{ kN}}{5 \text{ kN}} \approx 3{,}4 \;\rightarrow\; n = 4$$

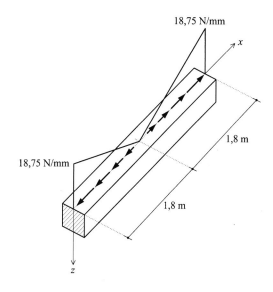

Figuur 5.20 Ruimtelijke weergave van het verloop van de schuifkrachten op de onderste balk

Voor elke helft van de ligger zijn 4 deuvels nodig en voor de gehele ligger in totaal dus $n_{tot} = 8$ deuvels.

Let op: Men dient per gebied waar de dwarskracht eenzelfde teken heeft, altijd een geheel aantal deuvels toe te passen.
Men zou immers ook kunnen zeggen dat de totale schuifkracht in de *gehele ligger* gelijk is aan $2R_s^a$ en dat het totaal aantal benodigde deuvels dus volgt uit:

$$n_{tot} \geq \frac{2R_s^a}{F_{deuvel}} = \frac{2 \times (16{,}875 \text{ kN})}{5 \text{ kN}} \approx 6{,}8 \rightarrow n_{tot} = 7$$

Nu blijkt men met 7 in plaats van 8 deuvels te kunnen volstaan. Het resultaat is echter onjuist. Bij een symmetrische plaatsing van 7 deuvels komt één deuvel in het midden te liggen. Omdat de schuifkracht in het midden van de overspanning nul is ligt deze deuvel daar doelloos; slechts 6 deuvels zijn echt werkzaam en niet de vereiste 7.

b. De schuifkrachten per lengte zijn bij de opleggingen het grootst en nemen naar het midden toe af. Bij de opleggingen staan de deuvels dan ook dichter bij elkaar dan in het midden van de ligger, zoals reeds werd aangegeven in figuur 5.16.

In een deuvel vindt de schuifkrachtinteractie op geconcentreerde wijze plaats. De kracht op een deuvel is gelijk aan de resultante van de schuifkrachten in het *'werkzame gebied'* van de deuvel en kan worden berekend uit de oppervlakte van het schuifkrachtendiagram in dat gebied.

In figuur 5.21 is voor de linkerhelft van de ligger het schuifkrachtendiagram getekend.
Als de vier deuvels per halve liggerlengte zo worden aangebracht dat ze alle vier even zwaar worden belast, dan vindt men het werkzame gebied per deuvel door het schuifkrachtendiagram op te delen in vier gebieden met gelijk oppervlakte.

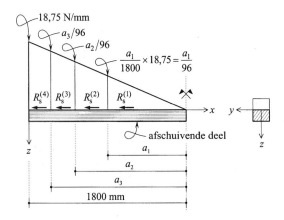

Figuur 5.21 Het schuifkrachtendiagram voor de linkerhelft van de ligger. In een deuvel vindt de schuifkrachtinteractie op geconcentreerde wijze plaats. Als men kan volstaan met vier deuvels per halve liggerlengte en men wil ze zo aanbrengen dat ze alle vier even zwaar worden belast, dan vindt men het werkzame gebied per deuvel door het schuifkrachtendiagram op te delen in vier gebieden met gelijk oppervlakte.

In dat geval geldt:

$$R_s^{(1)} = R_s^{(2)} = R_s^{(3)} = R_s^{(4)} = F_{deuvel}$$

F_{deuvel} (nu zonder overstreping) is de *optredende* schuifkracht per deuvel en is gelijk aan de resulterende schuifkracht gedeeld door het benodigde aantal deuvels:

$$F_{deuvel} = \frac{R_s^a}{n} = \frac{16{,}875 \times 10^3 \text{ N}}{4} = 4219 \text{ N}$$

De lengten a_1 t/m a_3 in figuur 5.21 vindt men nu als volgt uit het schuifkrachtendiagram:

$$\tfrac{1}{2} \times a_1 \times \frac{a_1}{1800 \text{ mm}} \times (18{,}75 \text{ N/mm}) = R_s^{(1)} = F_{deuvel} = 4219 \text{ N}$$

Evenzo:

$$\tfrac{1}{2} \times a_2 \times \frac{a_2}{1800 \text{ mm}} \times (18{,}75 \text{ N/mm}) = R_s^{(1)} + R_s^{(2)} = 2F_{deuvel} = 8438 \text{ N}$$

en:

$$\tfrac{1}{2} \times a_3 \times \frac{a_3}{1800 \text{ mm}} \times (18{,}75 \text{ N/mm}) = R_s^{(1)} + R_s^{(2)} + R_s^{(3)}$$
$$= 3F_{deuvel} = 12657 \text{ N}$$

Uitwerking leidt tot:

$a_1 = 900$ mm

$a_2 = 1273$ mm

$a_3 = 1559$ mm

De 'werkzame gebieden' van de vier deuvels zijn voor de linker helft van de ligger aangegeven in het schuifkrachtendiagram in figuur 5.22a.

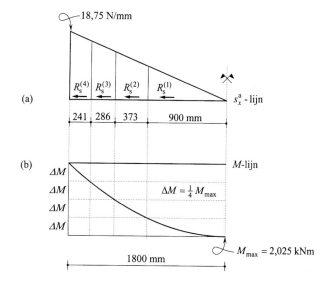

Figuur 5.22 (a) De werkzame gebieden van de vier deuvels voor de linker helft van de ligger. (b) Omdat de resulterende schuifkracht over een bepaalde lengte evenredig is met ΔM, de verandering van het buigend moment over die lengte, kan men de werkzame gebieden van de vier deuvels ook berekenen via de snijpunten van de M-lijn met een aantal evenwijdige lijnen op onderling gelijke afstanden $\Delta M = \tfrac{1}{4} M_{max}$.

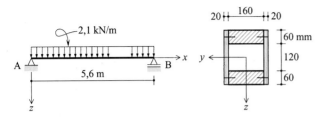

Figuur 5.23 Een vrij opgelegde ligger uitgevoerd als houten kokerligger. De flenzen worden gevormd door baddingen en de lijven door platen van multiplex. Voor de verbinding zijn draadnagels gebruikt.

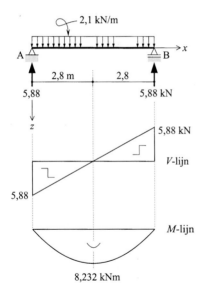

Figuur 5.24 De tot lijnelement geschematiseerde ligger met dwarskrachtenlijn en momentenlijn

In figuur 5.22b is voor de linker helft van de ligger ook de momentenlijn getekend. Volgens formule (9) in paragraaf 5.1.2 is de resultante van de schuifkrachten over een bepaalde lengte evenredig met ΔM, de verandering van het buigend moment over die lengte.

Als alle deuvels even zwaar worden belast moet de verandering ΔM over alle 'werkzame gebieden' van de deuvels even groot zijn. Bij vier deuvels per halve liggerlengte geldt dan: $\Delta M = \frac{1}{4} M_{max}$.

De 'werkzame gebieden' van de deuvels zou men dus ook kunnen berekenen via de snijpunten van de M-lijn met een aantal evenwijdige lijnen op onderling gelijke afstanden ΔM, zie figuur 5.22b. Deze aanpak is bewerkelijker dan die via het schuifkrachtendiagram en blijft hier verder achterwege.

5.2.4 Houten kokerdoorsnede met draadnagels

De vrij opgelegde houten balk in figuur 5.23, met een overspanning van 5,6 m en een gelijkmatig verdeelde volbelasting van 2,1 kN/m, heeft een kokervormige doorsnede: de flenzen worden gevormd door twee baddingen en de lijven door platen van multiplex. De verbinding is uitgevoerd met draadnagels. Per draadnagel kan een schuifkracht $\overline{F}_{nagel} = 300$ N worden overgedragen.

Gevraagd:
a. Het vereiste aantal draadnagels in de hele balk.
b. Hoe zou men deze draadnagels over de lengte van de balk kunnen verdelen?

Uitwerking:
a. In figuur 5.24 zijn de oplegreacties en de V- en M-lijn getekend. De berekening wordt aan de lezer overgelaten.

Voor de kokerdoorsnede, opgevat als het verschil van twee rechthoeken, geldt:

$$I_{zz} = \tfrac{1}{12}(200 \text{ mm})(240 \text{ mm})^3 - \tfrac{1}{12}(160 \text{ mm})(120 \text{ mm})^3$$
$$= 207{,}36 \times 10^6 \text{ mm}^4$$

Wanneer de onderste badding als het afschuivende deel wordt beschouwd (zie figuur 5.25) dan geldt voor het statisch moment van het afschuivende deel:

$$S_z^a = A^a z_C^a = (160 \text{ mm})(60 \text{ mm})(+90 \text{ mm}) = 864 \times 10^3 \text{ mm}^3$$

Voor de totale schuifkracht per lengte in *dubbelsnede* a-b geldt volgens formule (7) uit paragraaf 5.1.2:

$$s_x^a = -\frac{V_z S_z^a}{I_{zz}} \qquad (7)$$

De schuifkracht is maximaal ter plaatse van de opleggingen, omdat de dwarskracht hier (in absolute zin) het grootst is: $V_z = 5{,}88$ kN:

$$\left| s_{x;\text{max}}^a \right| = \frac{(5{,}88 \times 10^3 \text{ N})(864 \times 10^3 \text{ mm}^3)}{207{,}36 \times 10^6 \text{ mm}^4} = 24{,}5 \text{ N/mm}$$

De schuifkracht per lengte heeft hetzelfde verloop als de dwarskracht en is getekend in figuur 5.26a. In A is de dwarskracht positief en is s_x^a dus negatief. Ga dit na! In B is het omgekeerde het geval.

Opmerking: Voor het berekenen van het benodigde aantal draadnagels zijn de tekens hier van minder belang dan de vorm van het schuifkrachtendiagram.

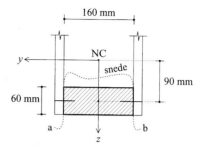

Figuur 5.25 Voor het berekenen van het benodigde aantal draadnagels wordt een symmetrische dubbelsnede over de onderste badding aangebracht. De onderste badding wordt dus beschouwd als het afschuivende deel.

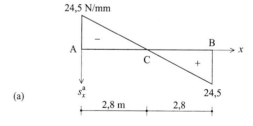

Figuur 5.26 (a) Het verloop van de totale schuifkracht per lengte in dubbelsnede a-b. Uit overwegingen van spiegelsymmetrie mag men verwachten dat in elk van de sneden a en b de helft van deze schuifkracht werkt.

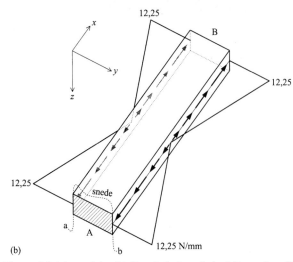

Figuur 5.26 (vervolg) (b) De afschuivende badding ruimtelijk getekend, met in de sneden a en b de schuifkrachten (krachten per lengte) zoals zij in werkelijkheid werken.

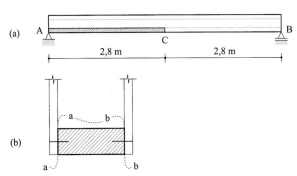

Figuur 5.27 (a) De resulterende schuifkracht over de halve liggerlengte AC in dubbelsnede a-b is gelijk aan de oppervlakte van het halve schuifkrachtendiagram in figuur 5.26a.
(b) Omdat voor snede a evenveel nagels nodig zijn als voor snede b moet het totaal aantal nagels in het in (a) gearceerde gebied AC even zijn.

Het schuifkrachtenverloop in figuur 5.26a geldt voor de dubbelsnede a-b, zie figuur 5.25 en 5.26b. Uit overwegingen van spiegelsymmetrie mag men verwachten dat in elk van de sneden a en b de helft van de berekende schuifkracht werkt. In figuur 5.26b is de afschuivende badding ruimtelijk getekend, met in de sneden a en b het verloop van de schuifkrachten zoals zij in werkelijkheid werken. In A is de schuifkracht s_x^a negatief en werkt deze op de afschuivende badding in de negatieve x-richting. In B werkt de schuifkracht in de positieve x-richting.

De resulterende schuifkracht over de halve liggerlengte AC in de gezamenlijke sneden a en b is gelijk aan de oppervlakte van het halve schuifkrachtendiagram in figuur 5.26a:

$$R_s^a = \tfrac{1}{2}(2{,}8 \times 10^3 \text{ mm})(24{,}5 \text{ N/mm}) = 34300 \text{ N}$$

R_s^a kan men ook vinden met formule (9) uit paragraaf 5.1.2:

$$R_s^a = \left|\frac{\Delta M \cdot S_z^a}{I_{zz}}\right| = \frac{M_{max} \cdot S_z^a}{I_{zz}} = \frac{(8{,}232 \times 10^6 \text{ Nmm})(864 \times 10^3 \text{ mm}^3)}{207{,}36 \times 10^6 \text{ mm}^4}$$
$$= 34300 \text{ N}$$

Met $\overline{F}_{nagel} = 300$ N vindt men voor het benodigde aantal nagels n in het in figuur 5.27a gearceerde gebied van de balk:

$$n \geq \frac{R_s^a}{\overline{F}_{nagel}} = \frac{34300 \text{ N}}{300 \text{ N}} = 114{,}3$$

Omdat voor snede a evenveel nagels nodig zijn als voor snede b, zie figuur 5.27b, moet n even zijn, waaruit volgt:

$$n = 116$$

Dus 58 draadnagels per snede. Voor de gehele balk komt het totaal aantal draadnagels n_{tot} hiermee op:

$$n_{tot} = 4n = 4 \times 116 = 464$$

b. Stel alle draadnagels worden even zwaar belast. De schuifkracht per nagel is dan:

$$F_{nagel} = \frac{R_s^a}{n} = \frac{34300 \text{ N}}{116} = 295,7 \text{ N}$$

Om de verdeling van de draadnagels over de lengte van de balk vast te kunnen stellen wordt in het schuifkrachtendiagram voor AC in figuur 5.28a eerst de lengte a_1 gezocht waarbij de oppervlakte van het gearceerde driehoekige deel precies gelijk is aan de schuifkracht die door twee draadnagels (één in snede a en één in snede b) wordt opgenomen:

$$\tfrac{1}{2} \times a_1 \times \frac{a_1}{2800 \text{ mm}} \times (24,5 \text{ N/mm}) = 2F_{nagel} = 2 \times (295,7 \text{ N})$$

Dit leidt tot:

$$a_1 = 368 \text{ mm}$$

In figuur 5.28b is het schuifkrachtendiagram voor AC verdeeld in 7 velden van 368 mm en een eindveld van 224 mm. In de velden i ($i = 1...7$) kan men uit de oppervlakten, opgedeeld in rechthoeken en driehoeken, nu direct het aantal draadnagels n^i aflezen. Een driehoek staat voor twee draadnagels. De rechthoeken hebben een twee keer zo grote oppervlakte als de driehoeken en staan voor vier draadnagels. De velden 1 t/m 7 tellen samen 98 draadnagels, zie tabel 5.1. Voor het eindveld zijn dus $n - 98 = 116 - 98 = 18$ draadnagels nodig.

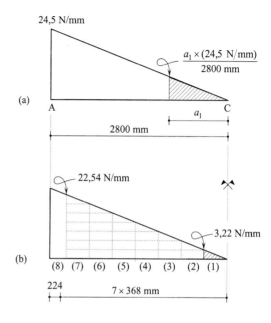

Figuur 5.28 (a) Het schuifkrachtenverloop in dubbelsnede a-b voor de linkerhelft van de ligger. Om de verdeling van de draadnagels over de lengte van de balk vast te kunnen stellen wordt de lengte a_1 gezocht waarbij de oppervlakte van het gearceerde driehoekige deel precies gelijk is aan de schuifkracht die door twee draadnagels (één in snede a en één in snede b) wordt opgenomen. (b) Met $a_1 = 368$ mm kan men het schuifkrachtendiagram voor AC verdelen in 7 velden van 368 mm en een eindveld van 224 mm. In de velden 1 t/m 7 kan men uit de oppervlakten, opgedeeld in rechthoeken en driehoeken, direct het aantal draadnagels aflezen. Een driehoek staat voor twee draadnagels en een rechthoek voor vier draadnagels. De velden 1 t/m 7 tellen samen 98 draadnagels. De resterende draadnagels worden in het eindveld toegepast.

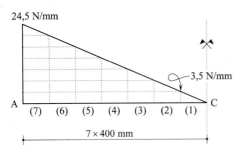

Figuur 5.29 Het schuifkrachtenverloop in dubbelsnede a-b voor de linkerhelft van de ligger. Om het benodigde aantal draadnagels en de verdeling ervan over de lengte van de balk in één keer te kunnen vinden kan men lengte AC ook direct in een aantal velden van gelijke lengte verdelen en per veld het (even) aantal benodigde draadnagels berekenen.

Controle van het aantal draadnagels in het eindveld:

$$n^{(8)} = \frac{R_s^{(8)}}{F_{nagel}} = \frac{\frac{1}{2}(24{,}5 + 22{,}54)(\text{N/mm})(224\text{ mm})}{295{,}7\text{ N}} = 17{,}8 \approx 18$$

Variant-uitwerking: Verdeel de lengte van de ligger in een aantal velden van gelijke lengte, bijvoorbeeld 7 velden van 400 mm, zie figuur 5.29. Bereken per veld i de resulterende schuifkracht R_s^i. Voor veld (1) is dit de oppervlakte van een driehoekig schuifspanningsdiagram:

$$R_s^{(1)} = \tfrac{1}{2} \times (400\text{ mm}) \times (\tfrac{1}{7} \times 24{,}5\text{ N/mm}) = 700\text{ N}$$

Met behulp van de verdeling in driehoeken en rechthoeken zijn de resulterende schuifkrachten per veld nu snel te berekenen, zie tabel 5.2. Het per veld i benodigde aantal draadnagels n^i volgt uit:

$$n^i \geq \frac{R_s^i}{F_{nagel}}$$

De resultaten van de berekening zijn opgenomen in de twee laatste kolommen van tabel 5.2. Omdat de schuifkracht betrekking heeft op de gezamenlijke sneden a en b, en beide sneden even veel draadnagels verlangen, moet n^i even zijn.

Uit tabel 5.2 blijkt dat bij deze aanpak in het gearceerde deel van de kokerligger 122 in plaats van 116 draadnagels nodig zijn. Het totaal aantal draadnagels komt daarmee op 488, dus 5% meer dan het berekende minimum van 464.

Tabel 5.1

veld i	n^i
1	2
2	6
3	10
4	14
5	18
6	22
7	26
$\Sigma =$	98

Tabel 5.2

veld i	R_s^i (N)	R_s^i / F_{nagel}	n^i
1	700	2,3	4
2	2100	7,0	8
3	3500	11,7	12
4	4900	16,3	18
5	6300	21,0	22
6	7700	25,7	26
7	9100	30,3	32
$\Sigma =$	34300	114,3	122

5.3 Schuifspanningen in het vlak van de doorsnede

In deze paragraaf worden de formules afgeleid voor de schuifspanningen in het vlak van de doorsnede.
Allereerst wordt uit het momentenevenwicht van een klein rechthoekig volume-elementje afgeleid dat de schuifspanningen in twee onderling loodrechte vlakjes aan elkaar gelijk zijn.
Hiervan gebruikmakend worden de schuifspanningen in het vlak van de doorsnede berekend uit de schuifspanningen in langsrichting. Dit gebeurt onder de aanname dat de schuifspanningen loodrecht op de beschouwde snede constant zijn over de breedte van die snede.

Voor doorsneden (of delen ervan) waarin de breedte van het afschuivende deel niet verloopt wordt ten slotte een verband aangetoond tussen de vorm van het schuifspanningsdiagram en dat van het buigspanningsdiagram. Dit leidt tot een stel regels waarmee betrekkelijk snel een schets van het schuifspanningsverloop is te maken.

5.3.1 Schuifspanningen in twee onderling loodrechte vlakjes

In figuur 5.30a is een klein rechthoekig blokje getekend met afmetingen $\Delta x; \Delta y; \Delta z$. De spanningen zijn alleen getekend voor de vlakjes die in zicht zijn, zonder ze verder te benoemen. De afmetingen van het blokje zijn zo klein dat alle spanningen op de vlakjes gelijkmatig verdeeld zijn en hun resultanten dus in het midden van de vlakjes aangrijpen. De pijltjes in figuur 5.30a kan men dus ook interpreteren als spanningsresultanten.

Hierna wordt van het blokje het momentenevenwicht evenwijdig aan het x-z-vlak bekeken. In de vergelijking $\sum T_y | A = 0$ – de vergelijking voor het momentenevenwicht om de as a-a door A, evenwijdig aan de y-as – komen alleen de in figuur 5.30b getekende schuifspanningsresultanten voor. Alle andere spanningsresultanten leveren een bijdrage nul omdat zij óf door de as a-a gaan óf daaraan evenwijdig zijn.

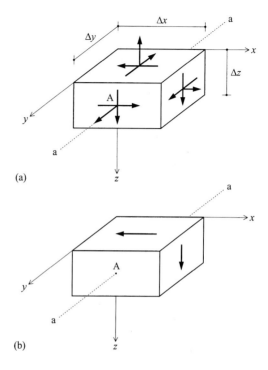

Figuur 5.30 (a) De spanningen op een rechthoekig blokje met afmetingen $\Delta x; \Delta y; \Delta z$. De spanningen zijn alleen getekend voor de vlakjes die in zicht zijn, zonder ze verder te benoemen. De afmetingen van het blokje zijn zo klein dat alle spanningen op de vlakjes gelijkmatig zijn verdeeld en hun resultanten dus in het midden van de vlakjes aangrijpen. De getekende pijltjes kan men dus ook interpreteren als de spanningsresultanten.
(b) In de vergelijking voor het momentenevenwicht om de as a-a door A, evenwijdig aan de y-as, komen alleen de getekende schuifspanningsresultanten voor. Alle andere spanningsresultanten leveren een bijdrage nul omdat zij óf door de as a-a gaan óf daaraan evenwijdig zijn.

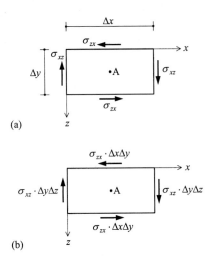

Figuur 5.31 (a) Zijaanzicht van het blokje, met de schuifspanningen die een rol spelen in de vergelijkingen voor het momentenevenwicht om A. Voor de schuifspanningen is de kern-index-notatie gebruikt. In het limietgeval dat de afmetingen van het blokje tot nul naderen zijn de spanningen op de tegenover elkaar gelegen vlakjes aan elkaar gelijk.
(b) De schuifspanningsresultanten op het blokje. Uit het momentenevenwicht volgt $\sigma_{zx} = \sigma_{xz}$: de schuifspanningen in de twee onderling loodrechte vlakjes zijn aan elkaar gelijk.

In figuur 5.31a is het zijaanzicht van het blokje getekend met de schuifspanningen die een rol spelen in de vergelijkingen voor het momentenevenwicht om A. Voor de schuifspanningen is de kern-index-notatie gebruikt[1]. In het limietgeval dat de afmetingen van het blokje tot nul naderen zijn de spanningen op de tegenover elkaar gelegen vlakjes aan elkaar gelijk.

In figuur 5.31b zijn de resultanten van de schuifspanningen getekend. De resultanten $\sigma_{zx} \cdot \Delta x \Delta y$ op boven- en ondervlak vormen te zamen een linksom werkend koppel $(\sigma_{zx} \cdot \Delta x \Delta y) \cdot \Delta z$. De resultanten $\sigma_{xz} \cdot \Delta y \Delta z$ op de zijvlakken vormen een rechtsom werkend koppel $(\sigma_{xz} \cdot \Delta y \Delta z) \cdot \Delta x$.

Uit het momentenevenwicht:

$$\sum T_y \big| A = +(\sigma_{zx} \cdot \Delta x \Delta y) \cdot \Delta z - (\sigma_{xz} \cdot \Delta y \Delta z) \cdot \Delta x = 0$$

volgt, na uitwerking:

$$\sigma_{zx} = \sigma_{xz}$$

De schuifspanningen in de twee onderling loodrechte x- en z-vlakjes blijken dus aan elkaar gelijk.

Uit het momentenevenwicht $\sum T_z = 0$ vindt men op dezelfde manier:

$$\sigma_{xy} = \sigma_{yx}$$

en uit $\sum T_x = 0$ vindt men:

$$\sigma_{yz} = \sigma_{zy}$$

---

[1] Zie TOEGEPASTE MECHANICA - deel 1, paragraaf 10.1.2.

Conclusie: *Uit het momentenevenwicht van een klein rechthoekig elementje volgt dat de schuifspanningen in twee onderling loodrechte richtingen aan elkaar gelijk zijn.* In formulevorm:

$$\sigma_{ij} = \sigma_{ji} \quad \text{met} \quad i,j = x,y,z \quad \text{en} \quad i \neq j$$

In figuur 5.32 is een en ander nog eens in beeld gebracht in het geval er geen assenstelsel is. De schuifspanning is nu met τ aangeduid. De schuifspanningen in twee onderling loodrechte vlakjes zijn even groot en hun richtingen zijn zodanig dat van de pijlen óf hun punten naar elkaar zijn toegericht óf hun staarten.
Omdat de situatie in figuur 5.32c hieraan niet voldoet is deze niet correct: er is geen momentenevenwicht!

5.3.2 Schuifspanningsformules

Figuur 5.33a toont een (rechthoekige) doorsnede die een dwarskracht V_z moet overbrengen. Om de figuur duidelijk te houden is de dwarskracht buiten de doorsnede getekend[1].
Het afschuivende deel van de doorsnede is in figuur 5.33a gearceerd. Snede PQ is vlak, heeft een breedte b^a en staat loodrecht op de randen van de doorsnede.

Om de schuifspanningen hierna te kunnen benoemen wordt loodrecht op snede PQ de m-as opgericht, zodanig dat de pijlpunt voor de positieve richting uit het (gearceerde) materiaal van het afschuivende deel van de doorsnede steekt.

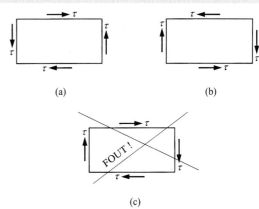

Figuur 5.32 (a/b) De schuifspanningen in twee onderling loodrechte vlakjes zijn even groot en hun richtingen zijn zodanig dat van de pijlen óf hun punten naar elkaar zijn toegericht óf hun staarten. De schuifspanningen zijn vanwege het ontbreken van een assenstelsel nu met τ aangeduid. (c) Bij deze richting van de schuifspanningen is er geen momentenevenwicht.

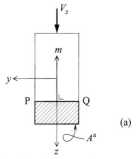

Figuur 5.33 (a) Een rechthoekige doorsnede met een dwarskracht V_z die, omwille van de duidelijkheid van de figuur, buiten de doorsnede is getekend. Het afschuivende deel van de doorsnede is gearceerd. Snede PQ is vlak, heeft een breedte b^a en staat loodrecht op de randen van de doorsnede. Om de schuifspanningen te kunnen benoemen is loodrecht op snede PQ de m-as opgericht, zodanig dat de pijlpunt voor de positieve richting uit het (gearceerde) materiaal van het afschuivende deel van de doorsnede steekt.

---

[1] V_z is dus geen 'drukkracht'.

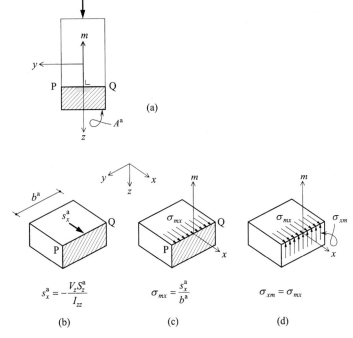

In figuur 5.33b is het afschuivende deel vrijgemaakt en is s_x^a getekend, de schuifkracht per lengte in langsrichting. Deze kan men berekenen met (de traditionele) formule (7) uit paragraaf 5.1.2:

$$s_x^a = -\frac{V_z S_z^a}{I_{zz}} \tag{7}$$

waarin z een hoofdrichting van de doorsnede moet zijn.

Men kan s_x^a ook berekenen met (de alternatieve) formule (12) uit paragraaf 5.1.3:

$$s_x^a = -V_z \cdot \left[\frac{N^a \text{ (tgv } M_z^*)}{M_z^*} \right] \tag{12}$$

Hier hoeft z geen hoofdrichting te zijn.

De schuifkracht s_x^a (kracht per lengte) gelijkmatig uitgesmeerd over de breedte b^a leidt tot de schuifspanning σ_{mx} (kracht per oppervlakte)[1], zie figuur 5.33c:

$$\sigma_{mx} = \frac{s_x^a}{b^a}$$

In PQ staan het vlak van de langssnede en het vlak van de doorsnede loodrecht op elkaar en, omdat de schuifspanningen in twee onderling loodrechte vlakjes aan elkaar gelijk zijn, kent men dus ook de schuifspanning in het vlak van de doorsnede, zie figuur 5.33d:

$$\sigma_{xm} = \sigma_{mx} = \frac{s_x^a}{b^a}$$

Figuur 5.33 (a) Een rechthoekige doorsnede met een dwarskracht V_z die, omwille van de duidelijkheid van de figuur, buiten de doorsnede is getekend. Het afschuivende deel van de doorsnede is gearceerd. Snede PQ is vlak, heeft een breedte b^a en staat loodrecht op de randen van de doorsnede. Om de schuifspanningen te kunnen benoemen is loodrecht op snede PQ de m-as opgericht, zodanig dat de pijlpunt voor de positieve richting uit het (gearceerde) materiaal van het afschuivende deel van de doorsnede steekt. (b) Het afschuivende deel met de schuifkracht s_x^a (kracht per lengte) in langsrichting. (c) De schuifkracht s_x^a (kracht per lengte) gelijkmatig uitgesmeerd over de breedte b^a leidt tot de schuifspanning σ_{mx} (kracht per oppervlakte). (d) In PQ staan het vlak van de langssnede en het vlak van de doorsnede loodrecht op elkaar en, omdat de schuifspanningen in twee onderling loodrechte vlakjes aan elkaar gelijk zijn, geldt $\sigma_{xm} = \sigma_{mx}$.

---

[1] Zie ook formule (13) in paragraaf 5.1.4, waar nog geen x-m-assenstelsel beschikbaar was.

Met (7) leidt dit tot de traditionele schuifspanningsformule:

$$\sigma_{xm} = -\frac{V_z S_z^a}{b^a I_{zz}} \qquad (14)$$

die alleen geldt als z een hoofdrichting is.

Met (12) vindt men een alternatieve schuifspanningsformule, onafhankelijk van de hoofdrichtingen:

$$\sigma_{xm} = -\frac{V_z}{b^a} \left[\frac{N^a \text{ (tgv } M_z^*\text{)}}{M_z^*} \right] \qquad (15)$$

In figuur 5.34 is ribbe PQ uitvergroot en zijn in P en Q de twee kleine randelementjes getekend. Omdat de *buitenkant van de balk* onbelast is werken hier geen schuifspanningen. Dit betekent dat *in de balk* de schuifspanningen in P en Q evenwijdig aan PQ ook nul zijn. Er zijn hier dus alleen de schuifspanningen $\sigma_{xm} = \sigma_{mx}$ loodrecht op PQ.

Als de snede PQ vlak en de breedte b^a niet te groot is mag men aannemen dat:
- de schuifspanningen over de gehele breedte b^a loodrecht op PQ staan (en nergens een component evenwijdig aan PQ hebben).
- de schuifspanningen over de gehele breedte b^a constant zijn.

Dat de schuifspanningsformules (14) en (15) leiden tot schuifspanningen die loodrecht op de beschouwde snede PQ staan en constant zijn over de breedte b^a van deze snede is dus louter het gevolg van bovenstaande aannamen. In veel gevallen blijken deze aannamen een goede benadering van de werkelijkheid te geven.

De afgeleide spanningsformules (14) en (15) gelden voor elk profiel (of delen ervan) waarvan de randen van de doorsnede evenwijdig aan elkaar

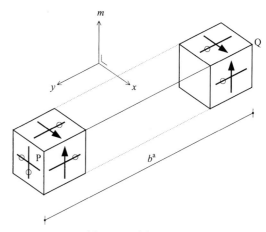

Figuur 5.34 De twee kleine randelementjes in P en Q op ribbe PQ. Omdat de buitenkant van de balk onbelast is, werken hier geen schuifspanningen. Dit betekent dat in de balk de schuifspanningen in P en Q evenwijdig aan PQ ook nul zijn. Er zijn hier dus alleen de schuifspanningen $\sigma_{xm} = \sigma_{mx}$ loodrecht op PQ.

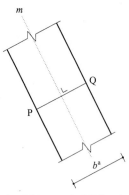

Figuur 5.35 Als de vlakke snede PQ loodrecht op de hartlijn m wordt gekozen en de breedte b^a niet te groot is mag men aannemen dat de schuifspanningen:
- over de gehele breedte b^a loodrecht op PQ staan (en nergens een component evenwijdig aan PQ hebben).
- over de gehele breedte b^a constant zijn.

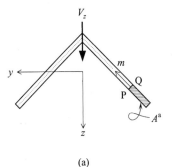

(a)

Figuur 5.36 (a) Een gelijkzijdig hoekprofiel moet in het symmetrievlak de dwarskracht V_z overbrengen. Het afschuivende deel is met een arcering aangegeven. Snede PQ staat loodrecht op de hartlijn. Langs de hartlijn is de m-as gekozen, zodanig dat de pijl voor de positieve richting uit het gearceerde materiaal steekt.

lopen, zoals in figuur 5.35, waar slechts een deel van een doorsnede is getekend.
Voorwaarde is wel dat snede PQ loodrecht op de hartlijn m wordt gekozen. Alleen in dat geval zijn de kleine randelementjes in P en Q rechthoekig en kan men, op dezelfde manier als hiervoor, aannemelijk maken dat de schuifspanningen in de doorsnede loodrecht op PQ werken en dus evenwijdig aan de hartlijn lopen.

Als voorbeeld dient het gelijkzijdig hoekprofiel in figuur 5.36a, met een dwarskracht V_z. Het afschuivende deel is met een arcering aangegeven. Snede PQ staat loodrecht op de hartlijn. Langs de hartlijn is de m-as gekozen, zodanig dat de pijl voor de positieve richting uit het gearceerde materiaal steekt.

In figuur 5.36b is het afschuivende deel ruimtelijk getekend, met de schuifkracht s_x^a (kracht per lengte).
In figuur 5.36c zijn de schuifspanningen getekend:

$$\sigma_{xm} = \sigma_{mx} = \frac{s_x^a}{b^a}$$

Merk op dat, hoewel de dwarskracht V_z verticaal werkt, de schuifspanningen in de doorsnede niet verticaal werken, maar evenwijdig lopen aan de hartlijn(en) van het profiel.

Controlemogelijkheid: De resulterende kracht ten gevolge van de schuifspanningen in de doorsnede is per definitie gelijk aan de dwarskracht[1].

---

[1] In figuur 5.36 zijn alle grootheden in hun positieve richting getekend. Als men de schuifspanning ten gevolge van de dwarskracht V_z daadwerkelijk berekent zal men voor σ_{xm} een negatieve waarde vinden. De werkelijke schuifspanning in de doorsnede is dus tegengesteld aan die in figuur 5.36c en werkt naar beneden – dit geheel in overeenstemming met de richting van de dwarskracht. Zie ook de uitgewerkte rekenvoorbeelden in paragraaf 5.4.

5.3.3 Regels met betrekking tot het schuifspanningsverloop in de doorsnede

Dat op de buitenkant van de balk geen schuifspanningen werken en dat de schuifspanningen in twee onderling loodrechte vlakjes altijd aan elkaar gelijk zijn leidt tot de eerste van een stel algemeen geldende regels:

Regel 1:
Alle schuifspanningen loodrecht op de randen van een doorsnede zijn nul.
Zie bijvoorbeeld de T-balk in figuur 5.37.

Uit de in paragraaf 5.3.2 afgeleide alternatieve schuifspanningsformule (15) kan men voor doorsneden (of die delen ervan) waarin b^a constant is nog drie andere regels afleiden. In figuur 5.38 is van een doorsnede zo'n deel getekend waarin b^a constant, dat wil zeggen onafhankelijk van m is.

In licht gewijzigde notatie luidt schuifspanningsformule (15):

$$\tau = \frac{V_z}{b^a}\left[\frac{N^a \ (\text{tgv } M_z^*)}{M_z^*}\right] \quad (15)$$

Hierin is τ de schuifspanning ten gevolge van de dwarskracht V_z, waarbij niet wordt gelet op het teken.
In herinnering wordt gebracht dat de asterisk er op duidt dat de grootte van M_z hier niet van belang is.

Door uitdrukking (15) voor τ naar m te differentiëren vindt men (b^a is onafhankelijk van m):

$$\frac{d\tau}{dm} = \frac{V_z}{b^a}\frac{1}{M_z^*}\left[\frac{dN^a}{dm}(\text{tgv } M_z^*)\right] \quad (16)$$

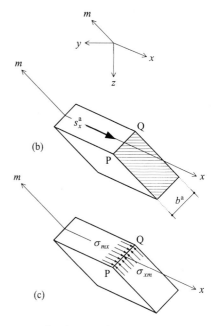

Figuur 5.36 (vervolg) (b) Het afschuivende deel ruimtelijk weergegeven, samen met de schuifkracht s_x^a (kracht per lengte). (c) De schuifspanningen $\sigma_{xm} = \sigma_{mx} = s_x^a/b^a$ werken loodrecht op PQ. Hoewel de dwarskracht V_z verticaal werkt, werken de schuifspanningen in de doorsnede niet verticaal, maar lopen zij evenwijdig aan de hartlijn van het profiel.

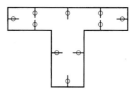

Figuur 5.37 De schuifspanningen loodrecht op de randen van de doorsnede zijn nul.

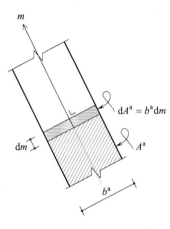

Figuur 5.38 Deel van een doorsnede waarin de breedte b^a van het afschuivende deel constant (dat wil zeggen: onafhankelijk van m) is

Als σ de normaalspanning in hartlijn m is ten gevolge van een buigend moment M_z^*, opnieuw zonder op het teken te letten, dan geldt (zie figuur 5.38):

$$dN^a = \sigma \cdot dA^a = \sigma \cdot b^a dm$$

waaruit volgt:

$$\frac{dN^a}{dm} = b^a \sigma$$

Dit gesubstitueerd in (16) leidt tot:

$$\frac{d\tau}{dm} = \frac{V_z}{M_z^*} \sigma \qquad (17)$$

Voor een doorsnede (of delen ervan) waarin de breedte b^a constant is kunnen uit differentiaalbetrekking (17) nu de drie regels 2 t/m 4 worden afgeleid.

Regel 2:
Als de buigspanning σ constant is, moet de schuifspanning τ lineair (in m) verlopen.

Regel 3:
Als de buigspanning σ lineair verloopt, dan moet de schuifspanning τ parabolisch (kwadratisch in m) verlopen.

Regel 4:
De schuifspanning τ heeft een extreme waarde in de snede door het normaalkrachtencentrum NC. Hier is immers $\sigma = 0$ en dus $d\tau/dm = 0$.

De regels 1 t/m 4 maken het in veel gevallen mogelijk vooraf, zonder uitvoerige berekeningen, al iets over de globale vorm van het schuifspanningsdiagram te zeggen. Voor een goede schets kan men dan meestal volstaan met een berekening van de schuifspanningen in een beperkt aantal sneden.

Dikwijls laat men bij het berekenen van de schuifspanningen de tekens buiten beschouwing en werkt men met absolute waarden. In dat geval ligt het voor de hand de schuifspanning aan te duiden met de letter τ [1]. Indien nodig kunnen de richtingen van de schuifspanningen achteraf worden afgeleid uit de richting van de dwarskracht. De dwarskracht is immers de resultante van alle schuifspanningen in de doorsnede.

Het gebruik van de schuifspanningsformules, al dan niet in combinatie met de hier afgeleide regels, wordt in paragraaf 5.4 toegelicht aan de hand van een aantal uitgewerkte voorbeelden.

5.4 Voorbeelden met betrekking tot het schuifspanningsverloop in de doorsnede

De in de vorige paragraaf afgeleide schuifspanningsformules worden hierna toegepast op een aantal eenvoudige doorsnedevormen. Naast een balk met rechthoekige doorsnede en een T-balk komen aan de orde dunwandige open doorsneden en dunwandige kokerdoorsneden. In al deze gevallen is de doorsnede symmetrisch en werkt de dwarskracht in het symmetrievlak.

---

[1] Als men zich bij de kern-index-notatie $\sigma_{xm} = \sigma_{mx}$ niet consequent aan de tekenafspraken houdt kan dat al snel aanleiding geven tot vergissingen. In zo'n geval is het beter een normaalspanning met de letter σ aan te duiden en een schuifspanning met de letter τ.

Vervolgens wordt het schuifspanningsverloop berekend in een driehoekige doorsnede en een massieve cirkelvormige doorsnede, doorsneden waarin de breedte van het afschuivende deel verloopt. In dergelijke situaties dient men de schuifspanningsformules met overleg te hanteren.

Als de dwarskracht niet in een symmetrievlak werkt blijkt de werklijn van de resultante van alle schuifspanningen in de doorsnede (dit is de dwarskracht) meestal niet door het normaalkrachtencentrum te gaan. Dit leidt tot een nieuw punt in de doorsnede: het *dwarskrachtencentrum* DC. Het dwarskrachtencentrum is dat punt in de doorsnede waar de werklijn van de dwarskracht door moet gaan opdat er geen wringing is. De paragraaf wordt afgesloten met een aantal voorbeelden waarin de plaats van het dwarskrachtencentrum wordt berekend.

5.4.1 Een balk met rechthoekige doorsnede en een T-balk

Voorbeeld 1: Balk met rechthoekige doorsnede • Een balk met de rechthoekige doorsnede in figuur 5.39a moet de getekende dwarskracht V overbrengen.

Gevraagd:
a. Het schuifspanningsverloop in de doorsnede.
b. Bereken de resultante van alle schuifspanningen in de doorsnede.

Uitwerking:
a. Het afschuivende deel dat in figuur 5.39a met een arcering is aangegeven is apart getekend in figuur 5.39b. Voor de schuifspanning σ_{xm} op een afstand z onder het normaalkrachtencentrum NC geldt formule (14) uit paragraaf 5.3.2:

$$\sigma_{xm} = -\frac{V_z S_z^a}{b^a I_{zz}} \tag{14}$$

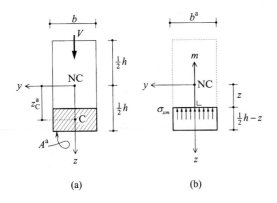

Figuur 5.39 (a) Een balk met rechthoekige doorsnede moet de getekende dwarskracht V overbrengen. Het afschuivende deel van de doorsnede is met een arcering aangegeven.
(b) Het afschuivende deel van de doorsnede met de schuifspanning σ_{xm}

Hierin is:

$$V_z = V; \quad b^a = b \quad \text{en} \quad I_{zz} = \tfrac{1}{12}bh^3$$

Verder is:

$$S_z^a = A^a \cdot z_C^a$$

waarin:

$$A^a = b \cdot (\tfrac{1}{2}h - z)$$

en:

$$z_C^a = z + \tfrac{1}{2} \cdot (\tfrac{1}{2}h - z) = \tfrac{1}{2} \cdot (\tfrac{1}{2}h + z)$$

zodat:

$$S_z^a = A^a \cdot z_C^a = b(\tfrac{1}{2}h - z) \cdot \tfrac{1}{2}(\tfrac{1}{2}h + z) = \tfrac{1}{2}b(\tfrac{1}{4}h^2 - z^2)$$

Dit alles gesubstitueerd in schuifspanningsformule (14) leidt tot:

$$\sigma_{xm} = -\frac{V \cdot \tfrac{1}{2}b(\tfrac{1}{4}h^2 - z^2)}{b \cdot \tfrac{1}{12}bh^3} = -\frac{3}{2}\frac{V}{bh}(1 - 4\frac{z^2}{h^2})$$

De schuifspanning σ_{xm} is kwadratisch in z, of anders gezegd: de schuifspanningen verlopen parabolisch over de hoogte van de doorsnede.

In figuur 5.40a is het schuifspanningsverloop weergegeven in een *schuifspanningsdiagram*. Interessante waarden zijn die in de randen $z = \pm\tfrac{1}{2}h$ en in het midden $z = 0$:

$$z = \pm\tfrac{1}{2}h \rightarrow \sigma_{xm} = 0 \quad \text{(zie ook paragraaf 5.3.3, regel 1)}$$

$$z = 0 \quad \rightarrow \sigma_{xm} = -\frac{3}{2}\frac{V}{bh} \quad \text{(top van de parabool; zie paragraaf 5.3.3, regel 4)}$$

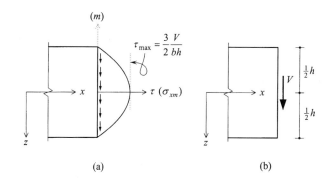

Figuur 5.40 (a) Het verloop van de schuifspanningen over de hoogte van de doorsnede kan worden weergegeven in een schuifspanningsdiagram. Hier is de visuele notatie gevolgd: pijltjes geven de richting aan waarin de schuifspanningen in werkelijkheid werken. In zo'n geval laat men de m-richting meestal weg en noemt men de schuifspanningen τ.
(b) De richting van de schuifspanningen is in overeenstemming met de richting van de dwarskracht.

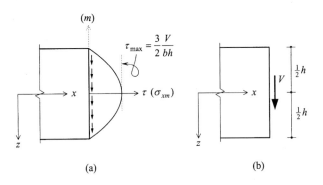

Figuur 5.40 (a) Het verloop van de schuifspanningen over de hoogte van de doorsnede kan worden weergegeven in een schuifspanningsdiagram. Hier is de visuele notatie gevolgd: pijltjes geven de richting aan waarin de schuifspanningen in werkelijkheid werken. In zo'n geval laat men de m-richting meestal weg en noemt men de schuifspanningen τ.
(b) De richting van de schuifspanningen is in overeenstemming met de richting van de dwarskracht.

De schuifspanning σ_{xm} is over de gehele hoogte van de balk ($-\tfrac{1}{2}h < z < +\tfrac{1}{2}h$) negatief. Dit betekent dat de schuifspanningen overal in de negatieve m-richting werken, wat in overeenstemming is met de richting van de dwarskracht in figuur 5.40b.

In het schuifspanningsdiagram in figuur 5.40a is niet gewerkt met plus- en mintekens, maar is een *visuele notatie* gevolgd waarbij met pijltjes de richting is aangegeven waarin de schuifspanningen op de doorsnede werken. In zo'n geval laat men de m-richting in de tekening meestal weg en noemt men de schuifspanning τ.

De gemiddelde schuifspanning τ_{gem} vindt men door de dwarskracht V gelijkmatig over de oppervlakte A van de doorsnede uit te smeren:

$$\tau_{gem} = \frac{V}{A} = \frac{V}{bh}$$

De verticale schuifspanningen kunnen echter niet gelijkmatig verdeeld zijn omdat zij bij de boven- en onderrand van de doorsnede nul moeten zijn (paragraaf 5.3.3, regel 1). Hierdoor zijn de schuifspanningen nabij het midden van de doorsnede groter dan de gemiddelde schuifspanning.

De maximum schuifspanning τ_{max} treedt op in het midden van de doorsnede, in de snede door het normaalkrachtencentrum NC (paragraaf 5.3.3, regel 4):

$$\tau_{max} = \frac{3}{2}\frac{V}{bh}$$

De maximum schuifspanning blijkt 50% groter dan de gemiddelde schuifspanning.

Variant-uitwerking deelvraag a

a. Als men het schuifspanningsverloop niet als functie van *m* hoeft te kennen, is met behulp van de regels in paragraaf 5.3.3 een snelle variant-uitwerking mogelijk.

In figuur 5.41a is een stukje van de balk getekend met de dwarskracht $V_z = V$ en een (willekeurig) buigend moment M_z^*. Het normaalspanningsverloop ten gevolge van M_z^* is lineair en is getekend in figuur 5.41b. De schuifspanningen ten gevolge van $V_z = V$ verlopen dus parabolisch (regel 3), zie figuur 5.41c. De schuifspanningen werken verticaal en hebben de richting van de dwarskracht in figuur 5.41a. Verder zijn de schuifspanningen nul in de boven- en onderrand van de doorsnede (regel 1). Het maximum (de top van de parabool) bevindt zich op de hoogte van het normaalkrachtencentrum (regel 4).

De maximum schuifspanning kan men berekenen aan de hand van figuur 5.42:

$$\tau_{max} = \left| \frac{V_z S_z^a}{b^a I_{zz}} \right| = \frac{V \cdot \frac{1}{2}bh \cdot \frac{1}{4}h}{b \cdot \frac{1}{12}bh^3} = \frac{3}{2}\frac{V}{bh}$$

Men kan τ_{max} ook met behulp van schuifspanningsformule (15) berekenen uit het normaalspanningsdiagram in figuur 5.41b:

$$\tau = \frac{V_z}{b^a}\left[\frac{N^a \ (\text{tgv } M_z^*)}{M_z^*}\right] \qquad (15)$$

Als het om de maximum schuifspanning gaat, ter hoogte van het normaalkrachtencentrum NC, dan is N^a (tgv M_z^*) de resultante van alle normaalspanningen aan één kant van de neutrale lijn (nl), zie figuur 5.41b:

$$N^a \ (\text{tgv } M_z^*) = \tfrac{1}{2} \cdot \sigma_{max} \cdot \tfrac{1}{2} h \cdot b = \tfrac{1}{4} bh \sigma_{max}$$

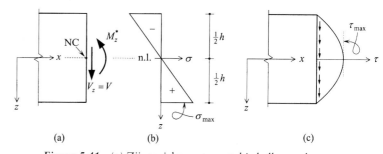

(a) (b) (c)

Figuur 5.41 (a) Zijaanzicht van een stukje balk met de dwarskracht $V_z = V$ en een (willekeurig) buigend moment M_z^*. (b) Het buigspanningsverloop ten gevolge van M_z^*. (c) Omdat de buigspanning lineair verloopt over de hoogte van de doorsnede verloopt de schuifspanning parabolisch (regel 3). De schuifspanning is maximaal ter hoogte van het normaalkrachtencentrum NC (regel 4). Hier ligt de top van de parabool. De richting van de schuifspanningen volgt uit de richting van de dwarskracht. De schuifspanningen zijn verder nul in de boven- en onderrand (regel 1). Met deze regels is snel een schets van het schuifspanningsdiagram te maken en hoeft men alleen nog maar τ_{max} te berekenen.

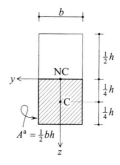

Figuur 5.42 De maximum schuifspanning treedt op in de snede door het normaalkrachtencentrum NC.

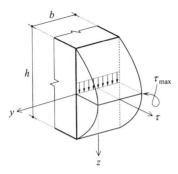

Figuur 5.43 De resultante van alle schuifspanningen in de doorsnede (dit is de dwarskracht) is gelijk aan de inhoud van het ruimtelijk getekende schuifspanningsdiagram.

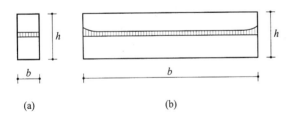

(a)   (b)

Figuur 5.44 De schuifspanningsformules zijn gebaseerd op de aanname dat de schuifspanningen gelijkmatig verdeeld zijn over de breedte $b^a = b$. Dit blijkt een goede aanname voor smalle doorsneden met $b \ll h$. Bij bredere doorsneden is de schuifspanning langs de randen groter dan in het midden: (a) met $b/h = 0{,}5$ bedraagt de afwijking slechts 4% en (b) met $b/h = 4$ is deze 100%.

Met:

$$\sigma_{max} = \frac{M_z^*}{W} = \frac{M_z^*}{\frac{1}{6}bh^2}$$

vindt men:

$$N^a \text{ (tgv } M_z^*\text{)} = \frac{1}{4}bh \cdot \frac{M_z^*}{\frac{1}{6}bh^2} = \frac{3M_z^*}{2h}$$

Toepassing van formule (15) leidt nu tot:

$$\tau_{max} = \frac{V}{b} \cdot \frac{\frac{3M_z^*}{2h}}{M_z^*} = \frac{3}{2}\frac{V}{bh}$$

b. De resultante R van alle schuifspanningen in de doorsnede is gelijk aan de inhoud van het ruimtelijk getekende spanningsdiagram in figuur 5.43. Omdat de oppervlakte onder de parabool gelijk is aan tweederde van de oppervlakte van de omschreven rechthoek vindt men direct:

$$R = \tfrac{2}{3} \cdot h\tau_{max} \cdot b = \tfrac{2}{3} \cdot h \cdot \frac{3}{2}\frac{V}{bh} \cdot b = V$$

De resultante van alle schuifspanningen is dus inderdaad gelijk aan de dwarskracht.

Opmerking: Bij de afleiding van de schuifspanningsformules in paragraaf 5.3.2 werd *aangenomen* dat de schuifspanningen gelijkmatig verdeeld zijn over de breedte $b^a = b$, zie figuur 5.44a. Dit blijkt correct voor smalle doorsneden met $b \ll h$. Bij bredere doorsneden is de schuifspanning langs de randen groter dan in het midden, zie figuur 5.44b, en zijn de maximum schuifspanningen groter dan volgens de hier uitgevoerde berekening. Om een indruk te geven: met

$b/h = 0,5$ bedraagt de afwijking slechts 4%, met $b/h = 1$ wordt dit 13% en met $b/h = 4$ is de afwijking 100%.

Voorbeeld 2: Een T-balk • De vrij opgelegde betonnen T-balk in figuur 5.45 heeft een overspanning van 4 m en draagt een gelijkmatig verdeelde volbelasting van 21 kN/m. De doorsnede-afmetingen kunnen uit figuur 5.45b worden afgelezen.
De verticale schuifspanningen in de balk mogen een grenswaarde $\bar{\tau} = 0,5$ kN/m niet overschrijden.

Gevraagd:
a. Teken het verloop van de verticale schuifspanningen ten gevolge van de dwarskracht direct links van oplegging B.
b. Over welke lengte a zijn de schuifspanningen te groot en zijn voorzieningen nodig in de vorm van extra beugels of opgebogen wapening.

Uitwerking:
a. Als eerste worden voor de doorsnede de plaats van het normaalkrachtencentrum NC en de grootte van het (eigen) traagheidsmoment I_{zz} berekend. Daartoe wordt de doorsnede opgesplitst in een rib met oppervlakte A_1 en een flens met oppervlakte A_2, zie figuur 5.46:

$$A_1 = (200 \text{ mm})(300 \text{ mm}) = 60 \times 10^3 \text{ mm}^2$$

$$A_2 = (500 \text{ mm})(120 \text{ mm}) = 60 \times 10^3 \text{ mm}^2$$

Omdat de oppervlakten A_1 en A_2 even groot zijn ligt het normaalkrachtencentrum NC precies midden tussen de zwaartepunten van rib en flens.

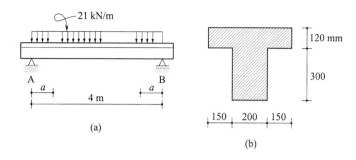

Figuur 5.45 (a) Een vrij opgelegde betonnen T-balk met een gelijkmatig verdeelde belasting. (b) De doorsnedeafmetingen van de T-balk

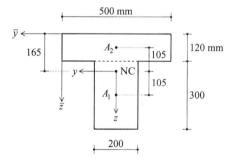

Figuur 5.46 De plaats van het normaalkrachtencentrum NC in de doorsnede

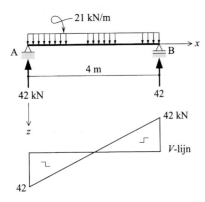

Figuur 5.47 De tot lijnelement geschematiseerde T-balk met dwarskrachtenlijn

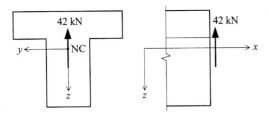

Figuur 5.48 De dwarskracht direct links van oplegging B

Men kan dit ook formeel berekenen in het in figuur 5.46 aangegeven $\bar{x}$-$\bar{z}$-assenstelsel:

$$\bar{z}_{NC} = \frac{S_{\bar{z}}}{A} = \frac{(270 \text{ mm}) \times A_1 + (60 \text{ mm}) \times A_2}{A_1 + A_2} = 165 \text{ mm}$$

Voor het (eigen) traagheidsmoment I_{zz} vindt men nu:

$$I_{zz} = \tfrac{1}{12}(200 \text{ mm})(300 \text{ mm})^3 + (200 \text{ mm})(300 \text{ mm})(105 \text{ mm})^2$$
$$+ \tfrac{1}{12}(500 \text{ mm})(120 \text{ mm})^3 + (500 \text{ mm})(120 \text{ mm})(105 \text{ mm})^2$$
$$= 1845 \times 10^6 \text{ mm}^4$$

Na dit voorbereidend werk kan worden overgegaan tot de berekening van het schuifspanningsverloop in de doorsnede.

In figuur 5.47 is voor de tot lijnelement geschematiseerde balk de dwarskrachtenlijn getekend. Figuur 5.48a toont de doorsnede ter plaatse van oplegging B met daarin een dwarskracht van 42 kN. In figuur 5.48b is het zijaanzicht van een stukje balk direct links van oplegging B getekend, samen met de dwarskracht van 42 kN.

Figuur 5.49a laat dit stukje balk opnieuw zien, maar nu is daarbij nog een buigend moment M_z^* getekend. Let op: Dit buigend moment zit er in werkelijkheid niet en is alleen maar ingevoerd ten behoeve van de regels 2 t/m 4 in paragraaf 5.3.3. Deze regels maken het mogelijk met betrekkelijk weinig rekenwerk al snel tot een goede schets van het schuifspanningsverloop te kunnen komen. Omdat de regels 2 t/m 4 alleen gelden als de breedte b^a constant is moeten bij de T-balk rib en flens apart worden behandeld.

Toepassing regel 1: De verticale schuifspanningen zijn nul in de boven- en onderrand van de T-balk.

Toepassing regel 3: In figuur 5.49b is het normaalspanningsverloop getekend ten gevolge van (een willekeurig) buigend moment M_z^*. De normaalspanningen verlopen lineair over de hoogte van de balk, dus lineair over rib en lineair over flens. Dit betekent dat de schuifspanning ten gevolge van een dwarskracht V_z parabolisch verloopt. Door het verschil in breedte b^a is het parabolisch verloop voor rib en flens niet hetzelfde.

Toepassing regel 4: De schuifspanning is extreem ter hoogte van het normaalkrachtencentrum NC; hier ligt de top van het parabolisch schuifspanningsverloop.

Met deze gegevens kan men de vorm van het schuifspanningsdiagram reeds goed schetsen, zie figuur 5.49c. De richting van de schuifspanningen volgt uit de richting van de dwarskracht in figuur 5.49a. Als gevolg van de sprongsgewijze verandering van de breedte b^a op de overgang van flens naar rib (zie figuur 5.50) 'springt' het schuifspanningsverloop van de ene parabool over op de andere.

Rest nog in figuur 5.49c de waarden τ_{max}, τ_1 en τ_2 te berekenen. Hiervoor wordt schuifspanningsformule (14) gebruikt, waarin met absolute waarden wordt gewerkt:

$$\tau = \left| \frac{V_z S_z^a}{b^a I_{zz}} \right|$$

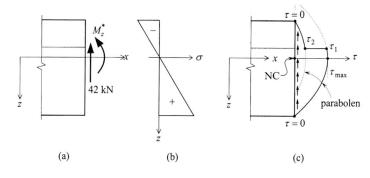

(a) (b) (c)

Figuur 5.49 (a) De dwarskracht direct links van oplegging B, samen met een (willekeurig) buigend moment M_z^*. (b) Het buigspanningsverloop ten gevolge van M_z^*. (c) Een schets van het schuifspanningsverloop. De verticale schuifspanningen zijn nul in de boven- en onderrand van de T-balk. Omdat de buigspanning lineair verloopt over de hoogte zullen de schuifspanningen parabolisch verlopen. Door het verschil in breedte b^a is het parabolisch verloop voor rib en flens niet hetzelfde. De parabolen hebben hun top ter hoogte van het normaalkrachtencentrum NC.

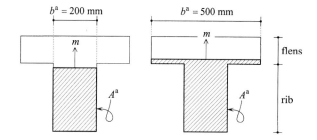

Figuur 5.50 Als gevolg van de sprongsgewijze verandering van de breedte b^a op de overgang van flens naar rib 'springt' het schuifspanningsverloop van de ene parabool over op de andere.

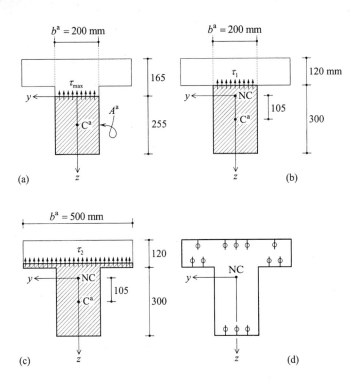

Figuur 5.51 (a) Berekening van τ_{max}, de maximum schuifspanning ter hoogte van het normaalkrachtencentrum NC: $b^a = 200$ mm. (b) Berekening van τ_1, de schuifspanning aan de bovenkant van de rib: $b^a = 200$ mm. (c) Berekening van τ_2, de schuifspanning aan de onderkant van de flens: $b^a = 500$ mm. (d) In werkelijkheid zijn de schuifspanningen aan de onderkant van de flens over een groot gedeelte van de breedte b^a nul.

Berekening van τ_{max}, de maximum schuifspanning ter hoogte van het normaalkrachtencentrum NC, zie figuur 5.51a:

$$\tau_{max} = \frac{(42 \times 10^3 \text{ N})(200 \text{ mm})(255 \text{ mm})(255/2 \text{ mm})}{(200 \text{ mm})(1845 \times 10^6 \text{ mm}^4)} = 0{,}74 \text{ N/mm}^2$$

Berekening van τ_1, de schuifspanning aan de bovenkant van de rib, zie figuur 5.51b:

$$\tau_1 = \frac{(42 \times 10^3 \text{ N})(200 \text{ mm})(300 \text{ mm})(105 \text{ mm})}{(200 \text{ mm})(1845 \times 10^6 \text{ mm}^4)} = 0{,}72 \text{ N/mm}^2$$

Berekening van τ_2, de schuifspanning aan de onderkant van de flens, zie figuur 5.51c:

$$\tau_2 = \frac{(42 \times 10^3 \text{ N})(200 \text{ mm})(300 \text{ mm})(105 \text{ mm})}{(500 \text{ mm})(1845 \times 10^6 \text{ mm}^4)} = 0{,}29 \text{ N/mm}^2$$

Figuur 5.52 toont het schuifspanningsdiagram met de berekende waarden.

Bij de berekening van τ_1 en τ_2, op de overgang van rib naar flens, gebruikt men in de schuifspanningsformule dezelfde waarden van V_z, S_z^a en I_{zz}. Alleen de waarden voor b^a zijn verschillend: τ_1 wordt betrokken op de breedte van de rib en τ_2 op de breedte van de flens, zie de figuren 5.51b en c.

De schuifspanningsformule is gebaseerd op de *aanname* dat de schuifspanning constant is over de breedte b^a. In figuur 5.51c is de gelijkmatige verdeling van de schuifspanningen τ_2 over de breedte van de flens niet realistisch omdat, buiten de rib, op de onderkant van de flens geen verticale schuifspanningen kunnen werken (regel 1), zie figuur 5.51d.

Het is niet goed bekend hoe de verticale schuifspanningen zich over de breedte van de flens verdelen. De schuifspanningsformule laat het hier afweten en geeft niet meer dan de gemiddelde schuifspanning. Is men geïnteresseerd in de werkelijke waarden dan heeft dit gedeelte van het berekende schuifspanningsdiagram weinig praktische betekenis. Daarom is het in figuur 5.52 met een stippellijn weergegeven.

Opmerking: De formules (7) en (12) voor de schuifkracht per lengte in een snede blijven wel geldig.

b. De maximum verticale schuifspanning τ_{max} in de doorsnede treedt op ter hoogte van het normaalkrachtencentrum NC en is evenredig met de grootte van de dwarskracht V. Onder deelvraag a werd berekend dat ten gevolge van een dwarskracht $V = 42$ kN de maximale verticale schuifspanning gelijk is aan $\tau_{max} = 0{,}74$ N/mm^2. Hieruit kan men afleiden:

$$\tau_{max} = \frac{V}{42\ \text{kN}} \times (0{,}74\ \text{N/mm}^2)$$

In figuur 5.53a is voor de T-balk de V-lijn getekend. Zet met τ_{max} uit als functie van de plaats x van de doorsnede dan ontstaat een diagram met dezelfde vorm als de V-lijn, zie figuur 5.53b.

In de gearceerde gebieden in figuur 5.53 geldt voor de afstand tot de nullijn:

$$\tau_{max} > \bar{\tau} = 0{,}5\ \text{N/mm}^2$$

Hier zijn de schuifspanningen te groot en moeten de nodige voorzieningen worden getroffen.
De afstand a volgt uit de gelijkvormigheid van de gearceerde driehoek en driehoek PQR:

$$\frac{a}{2\ \text{m}} = \frac{(0{,}74 - 0{,}5)\ \text{N/mm}^2}{0{,}74\ \text{N/mm}^2} \rightarrow a = 0{,}65\ \text{m}$$

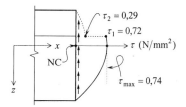

Figuur 5.52 Het schuifspanningsdiagram. De schuifspanning τ_2 aan de onderkant van de flens is gebaseerd op de aanname dat de schuifspanning constant is over de breedte van de flens. Dat is niet realistisch omdat ze in werkelijkheid over een groot gedeelte van de breedte nul zijn. De schuifspanningsformule laat het hier afweten en geeft niet meer dan de gemiddelde waarde. Is men geïnteresseerd in de werkelijke waarden dan heeft het schuifspanningsdiagram voor de flens weinig praktische betekenis. Daarom is dit gedeelte met een stippellijn weergegeven.

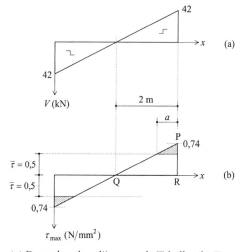

Figuur 5.53 (a) Dwarskrachtenlijn voor de T-balk. (b) Zet men de maximum schuifspanning τ_{max} uit als functie van de plaats x van de doorsnede, dan ontstaat een diagram met dezelfde vorm als de dwarskrachtenlijn. In de gearceerde gebieden is de schuifspanning te groot en zijn voorzieningen nodig in de vorm van extra beugels of opgebogen wapening.

Opmerking: Als op een balk een geconcentreerde kracht aangrijpt, zoals in dit voorbeeld ter plaatse van de opleggingen, dan treedt er een verstoring van het berekende spanningsbeeld op. De verstoring strekt zich uit over een lengte die in orde van grootte gelijk is aan de balkhoogte en is een gevolg van het feit dat de kracht in de constructie 'ingeleid' moet worden.
Net als in dit voorbeeld, wordt in de elementaire balktheorie hieraan voorbijgegaan.

Opmerking: Met computerprogramma's gebaseerd op de zogenaamde eindige-elementen-methode is het mogelijk meer te weten te komen over het spanningsverloop in zo'n storingsgebied of, terugkerend naar deelvraag a, de werkelijke spanningsverdeling in de flens van de T-balk.

5.4.2 Dunwandige open doorsneden

In deze paragraaf wordt voor een aantal open dunwandige doorsneden het schuifspanningsverloop ten gevolge van de dwarskracht berekend. In alle gevallen is de doorsnede symmetrisch en werkt de dwarskracht in het symmetrievlak.

Voorbeeld 1: Een I-profiel • Een dunwandig I-profiel, met de in figuur 5.54 aangegeven doorsnedeafmetingen, moet de getekende dwarskracht $V_z = V$ overbrengen. Om de figuur duidelijk te houden is de dwarskracht buiten de doorsnede getekend[1].

Gevraagd:
a. Bereken en teken het schuifspanningsverloop in het lijf.
b. Bereken en teken het schuifspanningsverloop in de flenzen.
c. Bereken de resultante van alle schuifspanningen in de doorsnede.

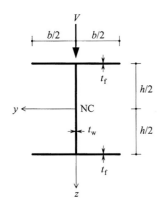

Figuur 5.54 Een dunwandig I-profiel moet in het verticale symmetrievlak de dwarskracht $V_z = V$ overbrengen.

---

[1] De kracht V is dus geen 'drukkracht'.

Houd in de uitwerking aan[1]: $b = h$ en $t_f = t_w = t$.

Uitwerking:
a. In figuur 5.55 is een snede over het lijf aangebracht, loodrecht op de hartlijn. De plaats van de snede is bepaald door de hulpcoördinaat m_1. Het afschuivende deel van de doorsnede is gearceerd weergegeven.

De schuifspanning wordt berekend met formule (15):

$$\sigma_{xm} = -\frac{V_z S_z^a}{b^a I_{zz}} \qquad (15)$$

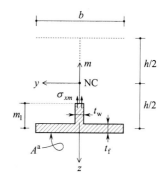

Figuur 5.55 Voor het berekenen van de schuifspanningen in het lijf wordt in het lijf een snede loodrecht op de hartlijn m aangebracht. De plaats van de snede wordt vastgelegd met de hulpcoördinaat m_1. Het afschuivende deel van de doorsnede is met een arcering aangegeven.

waarin:

$$I_{zz} = \tfrac{1}{12} t_w h^3 + 2 \cdot t_f b \cdot (\tfrac{1}{2} h)^2 = \tfrac{7}{12} t h^3$$

en:

$$b^a = t_w = t$$

Verder is:

$$S_z^a = t_f b \cdot \tfrac{1}{2} h + t_w m_1 \cdot (\tfrac{1}{2} h - \tfrac{1}{2} m_1) = \tfrac{1}{2} t h^2 + \tfrac{1}{2} t h m_1 - \tfrac{1}{2} t m_1^2$$

Dit alles gesubstitueerd in (15) leidt tot:

$$\sigma_{xm} = -\frac{V \cdot (\tfrac{1}{2} t h^2 + \tfrac{1}{2} t h m_1 - \tfrac{1}{2} t m_1^2)}{t \cdot \tfrac{7}{12} t h^3} = -\frac{6}{7} \frac{V}{t h} \left(1 + \frac{m_1}{h} - \frac{m_1^2}{h^2}\right)$$

---

[1] De index f bij de wanddikte t heeft betrekking op de flens (Engels: flange); de index w heeft betrekking op het lijf (Engels: web).

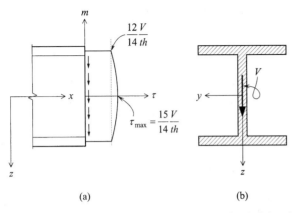

De schuifspanningen in het lijf zijn kwadratisch in m_1 (verlopen parabolisch).

De plaats van het maximum (de top van de parabool) volgt uit:

$$\frac{d\sigma_{xm}}{dm_1} = -\frac{6}{7}\frac{V}{th}\left(0 + \frac{1}{h} - \frac{2m_1}{h^2}\right) = 0 \rightarrow m_1 = \tfrac{1}{2}h$$

Dit is, zoals te verwachten volgens regel 4, ter hoogte van het normaalkrachtencentrum NC.

Enkele interessante waarden om een goede schets van het schuifspanningsverloop te kunnen maken vindt men in:

$m_1 = 0 \rightarrow \sigma_{xm} = -\dfrac{6}{7}\dfrac{V}{th}$

$m_1 = \tfrac{1}{2}h \rightarrow \sigma_{xm} = -\dfrac{15}{14}\dfrac{V}{th}$ (topwaarde parabool)

$m_1 = h \rightarrow \sigma_{xm} = -\dfrac{6}{7}\dfrac{V}{th}$

Figuur 5.56 (a) Het schuifspanningsdiagram voor het lijf (berekend voor de hartlijnen van het profiel): de schuifspanningen verlopen parabolisch en hebben hun topwaarde ter hoogte van het normaalkrachtencentrum NC. (b) De richting van de schuifspanningen in het lijf is in overeenstemming met de richting van de dwarskracht.

Figuur 5.56a toont het schuifspanningsdiagram voor het lijf. Hierbij is de *visuele notatie* gehanteerd waarbij met behulp van pijltjes de richtingen van de schuifspanningen zijn aangeven zoals ze in werkelijkheid op de getekende doorsnede werken.

Over de gehele hoogte van de balk ($0 < m_1 < h$) zijn de berekende schuifspanningen negatief en werken ze tegengesteld aan de m-richting. Dit is in overeenstemming met de richting van de dwarskracht V, die is getekend in figuur 5.56b.

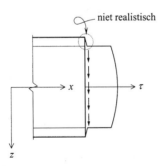

Figuur 5.57 Het diagram voor de verticale schuifspanningen in het I-profiel zoals men dat vaak in de literatuur ziet. De sprong in het schuifspanningsverloop wordt veroorzaakt door het verschil in breedte van lijf en flens. Als het om de werkelijke grootte van de schuifspanningen gaat zijn de waarden in de flens niet realistisch kunnen zij beter worden weggelaten.

Opmerking: In de literatuur ziet men voor een I-profiel soms ook wel het in figuur 5.57 getekende diagram voor de verticale schuifspanningen het profiel. De sprong in het schuifspanningsverloop wordt veroorzaakt door het verschil in breedte van lijf en flens.

Met de kennis opgedaan in de vorige paragraaf bij de T-balk moet worden vastgesteld dat, als het om de werkelijke grootte van de schuifspanningen gaat, de waarden in de flens *niet realistisch* zijn en daarom beter kunnen worden weggelaten!

b. In paragraaf 5.3.2 werd in algemene bewoordingen aannemelijk gemaakt dat in (die delen van) een doorsnede met constante breedte b^a, gemeten loodrecht op de hartlijn, het volgende geldt:
- de schuifspanningen lopen evenwijdig aan de hartlijn;
- de schuifspanningen zijn gelijkmatig verdeeld over de breedte b^a.

Voorwaarde is wel dat de breedte b^a relatief klein is ten opzichte van de lengte van de hartlijn van (het beschouwde deel van) de doorsnede. Bij een *dunwandige doorsnede* wordt hier per definitie altijd aan voldaan.

Bij een dunwandig I-profiel betekent dit dat de schuifspanningen in de flenzen horizontaal lopen, ongeacht het feit dat de dwarskracht in de verticale richting werkt. De achtergrond wordt nog eens beknopt toegelicht aan de hand van figuur 5.58.

In figuur 5.58a is in P een snede aangebracht loodrecht op de (hartlijn van de) bovenflens. Het deel rechts van de snede wordt opgevat als het afschuivende deel. Figuur 5.58b toont één en ander nog eens ruimtelijk voor een klein liggerelementje met lengte Δx.

Als er een dwarskracht is zijn de buigende momenten op vóór- en achtervlak van het liggerelementje verschillend in grootte. Dit volgt uit:

$$\frac{dM}{dx} = V \quad \text{of} \quad \Delta M = \int V dx$$

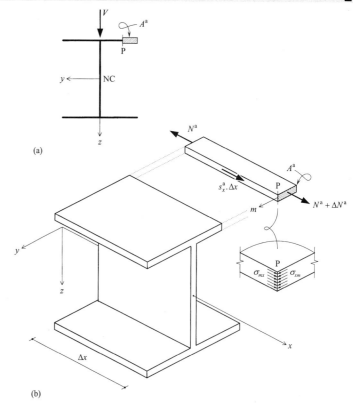

Figuur 5.58 (a) Voor het berekenen van de schuifspanningen in een flens wordt in P een snede loodrecht hartlijn aangebracht. Het deel rechts van de snede wordt opgevat als het afschuivende deel. (b) Voor een liggerelementje met kleine lengte Δx is het afschuivende deel van de flens vrijgemaakt van de rest van de ligger. De schuifkracht s_x^a (kracht per lengte) volgt uit het krachtenevenwicht van het afschuivende deel in x-richting. De schuifkracht s_x^a leidt in P tot de schuifspanningen σ_{mx} in langsrichting. Omdat de schuifspanningen en in twee onderling loodrechte vlakjes aan elkaar gelijk zijn werkt in de flens een horizontale schuifspanning $\sigma_{xm} = \sigma_{mx}$. In de doorsnede lopen de schuifspanningen in de flenzen horizontaal, ook al werkt de dwarskracht in verticale richting.

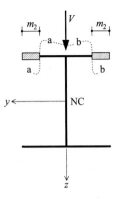

Figuur 5.59 Voor het berekenen van het schuifspanningsverloop in een flens kan worden gewerkt met een symmetrische dubbelsnede over beide flenshelften. De plaats van de dubbelsnede is bepaald door de afstand m_2 tot de flensranden.

Bijgevolg zijn ook de buigspanningen[1] op vóór- en achtervlak verschillend.

Als de resultante van alle normaalspanningen op het achtervlak van het afschuivende deel N^a is, en die op het voorvlak $N^a + \Delta N^a$, dan kan het afschuivende deel alleen in evenwicht zijn als in de langssnede een schuifkracht werkt. Met s_x^a als schuifkracht per lengte is de resulterende schuifkracht in de langssnede met lengte Δx gelijk aan $s_x^a \Delta x$.

Bij een kleine wanddikte t mag men aannemen dat s_x^a, de schuifkracht per lengte, de resultante is van een gelijkmatig over de wanddikte verdeelde schuifspanning σ_{mx}:

$$\sigma_{mx} = \frac{s_x^a}{t}$$

Omdat de schuifspanningen in twee onderling loodrechte vlakjes aan elkaar gelijk zijn (dit volgt uit het momentenevenwicht van een klein volume-elementje) is in de flens de horizontale schuifspanning σ_{xm} in de dwarsdoorsnede even groot als de horizontale schuifspanning σ_{mx} in de langssnede.

Na deze toelichting wordt overgegaan tot de berekening van het schuifspanningsverloop in de bovenflens.

Om wat sneller te werken, is in figuur 5.59 een symmetrische *dubbelsnede* over beide flenshelften aangebracht. De plaats van de dubbelsnede is bepaald door de afstand m_2 tot de flensranden. Omdat doorsnede en belasting spiegelsymmetrisch zijn in de z-as zal de schuifkracht in de dubbelsnede zich gelijk verdelen over de enkelvoudige sneden a en b. En dus zullen ook de schuifspanningen in a en b even groot zijn.

---

[1] Buigspanningen zijn normaalspanningen ten gevolge van buiging.

In figuur 5.60 zijn de afschuivende delen vergroot getekend, met de m-richtingen en de schuifspanningen σ_{xm}. Verder wordt in herinnering gebracht dat in de uitwerking moet worden aangehouden $b = h$ en $t_f = t$.

Er geldt:

$$V_z = V$$

$$S_z^a = 2 \cdot m_2 t_f \cdot (-\tfrac{1}{2} h) = -t h m_2$$

$$b^a = 2 t_f = 2t \quad \text{(Let op: hier is sprake van een dubbelsnede!)}$$

$$I_{zz} = \tfrac{7}{12} t h^3$$

Substitueer deze waarden in schuifspanningsformule (15) en men vindt:

$$\sigma_{xm} = -\frac{V \cdot (-t h m_2)}{2t \cdot \tfrac{7}{12} h^3} = +\frac{6}{7} \frac{V}{th} \frac{m_2}{h}$$

In beide flenshelften is het schuifspanningsverloop lineair in m_2. Interessante waarden voor een goede schets vindt men op de randen ($m_2 = 0$) en ter plaatse van het lijf ($m_2 = \tfrac{1}{2} b$):

$$m_2 = 0 \quad \rightarrow \quad \sigma_{xm} = 0$$

$$m_2 = \tfrac{1}{2} b (= \tfrac{1}{2} h) \quad \rightarrow \quad \sigma_{xm} = +\frac{3}{7} \frac{V}{th}$$

De schuifspanningen in de bovenflens zijn overal positief en werken dus in de positieve m-richting(en).

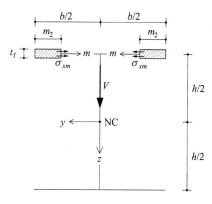

Figuur 5.60 De afschuivende delen vergroot getekend, met de m-richtingen en de schuifspanningen σ_{xm}

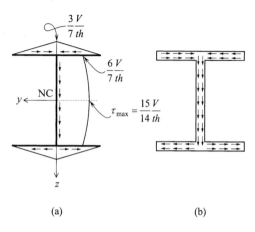

Figuur 5.61 (a) Het schuifspanningsdiagram, berekend voor en uitgezet op de hartlijnen van het I-profiel. Bij dunwandige doorsneden is dit een handige manier om het schuifspanningsverloop in zowel lijf als flenzen in één plaatje te kunnen presenteren. Gewoonlijk zet men de waarden zo uit dat de figuur zo overzichtelijk mogelijk blijft. (b) De schuifspanningen in de doorsnede zijn overal constant over de wanddikte. Het is alsof de schuifspanningen vanuit de randen van de bovenflens 'toestromen' naar het lijf en er hier aan de onderkant weer 'uitstromen'. Deze 'continuïteit in stroomrichting' is bij dunwandige doorsneden karakteristiek voor het schuifspanningsverloop ten gevolge van dwarskracht.

De berekening van het schuifspannigsverloop in de onderflens geschiedt op dezelfde manier en wordt aan de lezer overgelaten.

Bij dunwandige doorsneden is het een handige manier om de schuifspanningen uit te zetten langs de hartlijnen in het y-z-vlak van de doorsnede, zie figuur 5.61a. Op deze manier is het mogelijk het schuifspanningsverloop in zowel lijf als flenzen in één plaatje te presenteren. Met pijltjes worden weer de richtingen van de schuifspanningen aangegeven. Het maakt niet uit aan welke kant de waarden worden uitgezet. Gewoonlijk zet men ze zo uit dat de schuifspanningsfiguur zo overzichtelijk mogelijk blijft.

In figuur 5.61b is nog eens aangegeven hoe de schuifspanningen in het dunwandige I-profiel werken, zonder daarbij de waarden te vermelden. De schuifspanningen zijn *constant over de wanddikte*. Het is alsof de schuifspanningen vanuit de randen van de bovenflens 'toestromen' naar het lijf en er hier aan de onderkant weer 'uitstromen'. Deze *continuïteit in de stroomrichting* van de schuifspanningen is bij dunwandige doorsneden karakteristiek voor het schuifspanningsverloop ten gevolge van dwarskracht.

Het product van schuifspanning τ en wanddikte t noemt men de *schuifstroom s*, zie figuur 5.62:

$$s = \tau t$$

Bekijkt men de aansluiting tussen lijf en flens, hierna 'knooppunt' genoemd, wat nauwkeuriger, dan blijk de totale schuifstroom naar het knooppunt toe (de '*instroom*' s_{in}) gelijk te zijn aan de totale schuifstroom uit het knooppunt (de '*uitstroom*' s_{uit}), of

$$s_{in} = s_{uit}$$

Zo geldt in figuur 5.63 voor het knooppunt in de bovenflens:

instroom: $s_{in} = 2 \times \dfrac{3}{7} \dfrac{V}{th} \cdot t = \dfrac{6}{7} \dfrac{V}{h}$

uitstroom: $s_{uit} = \dfrac{6}{7} \dfrac{V}{th} \cdot t = \dfrac{6}{7} \dfrac{V}{h}$

De instroom is dus gelijk aan de uitstroom.

Dit is geen toevalligheid maar een algemeen geldende eigenschap die volgt uit het krachtenevenwicht van het knooppunt in langsrichting.

Om de geldigheid meer algemeen aan te tonen is in figuur 5.64a, voor een liggerelementje met kleine lengte Δx, het knooppunt tussen lijf en bovenflens vrijgemaakt.

Als $s_x^{(1)}$, $s_x^{(2)}$ en $s_x^{(3)}$ de schuifkrachten per lengte op de afschuivende delen (1) t/m (3) zijn, dan zijn de resulterende schuifkrachten $s_x^{(1)}\Delta x$, $s_x^{(2)}\Delta x$ en $s_x^{(3)}\Delta x$.
Even grote, tegengesteld gerichte krachten werken er op het knooppunt. Uit het krachtenevenwicht van het knooppunt in x-richting volgt:

$$s_x^{(1)}\Delta x + s_x^{(2)}\Delta x + s_x^{(3)}\Delta x = 0$$

of:

$$s_x^{(1)} + s_x^{(2)} + s_x^{(3)} = 0 \tag{18}$$

Hierbij is aangenomen dat de afmetingen van het knooppunt in dwarsrichting zo klein zijn dat de resultanten van de normaalspanningen op het vóór- en achtervlak van het knooppunt zijn te verwaarlozen.

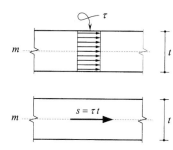

Figuur 5.62 Het product van schuifspanning τ en wanddikte t noemt men de schuifstroom s.

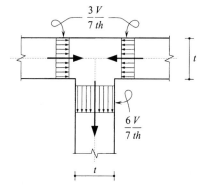

Figuur 5.63 Bij de aansluiting tussen lijf en flens is de totale schuifstroom naar het knooppunt toe (de 'instroom') gelijk aan de totale schuifstroom uit het knooppunt (de 'uitstroom').

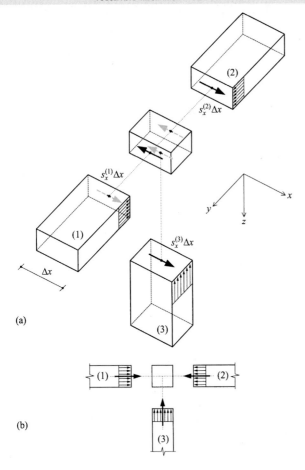

Uitdrukking (18) houdt in dat in een knooppunt de som van de schuifkrachten per lengte gelijk moet zijn aan nul. De schuifkracht per lengte is gelijk aan het product van de schuifspanning τ (in de langssnede) en de wanddikte t. Voor uitdrukking (18) kan men dus ook schrijven:

$$\sum \tau t = 0 \qquad (19)$$

Omdat de schuifspanningen in twee onderling loodrechte vlakjes aan elkaar gelijk zijn kan men in uitdrukking (19) voor τ ook de schuifspanning ín het vlak van de doorsnede lezen en is τt de schuifstroom s.

Uitdrukking (19) kan men nu als volgt verwoorden:
De totale schuifstroom naar een knooppunt moet nul zijn, zie figuur 5.64b. Of anders gezegd:
In een knooppunt moet de totale instroom gelijk zijn aan de totale uitstroom.

Aan de vier regels in paragraaf 5.3.3 met betrekking tot het schuifspanningsverloop in de doorsnede ten gevolge van een dwarskracht kunnen voor een dunwandige doorsnede nu de drie nieuwe regels 5 t/m 7 worden toegevoegd.

Regel 5:
Er is continuïteit in de '*stroomrichting*' van de schuifspanningen.

Regel 6:
De schuifstroom s is gelijk aan het produkt van schuifspanning τ en dikte t: $s = \tau t$.

Regel 7:
De schuifstroom moet in een knooppunt voldoen aan de eis dat de totale instroom gelijk is aan de totale uitstroom: $s_{\text{in}} = s_{\text{uit}}$.

Figuur 5.64 (a) Voor een liggerelementje met kleine lengte Δx is het knooppunt tussen lijf en bovenflens vrijgemaakt. Uit het krachtenevenwicht van het knooppunt in x-richting volgt dat in het knooppunt de som van de schuifkrachten per lengte gelijk moet zijn aan nul. (b) In het vlak van de doorsnede betekent dit dat de totale schuifstroom naar een knooppunt nul moet zijn: $\sum \tau t = 0$. Anders gezegd: in een knooppunt moet de totale 'instroom' gelijk zijn aan de totale 'uitstroom'.

Aan het einde van dit voorbeeld zal met behulp van de regels 1 t/m 7 een snelle variantuitwerking van de deelvragen a en b worden gepresenteerd. Maar eerst zal deelvraag c nog worden beantwoord en de resultante van alle schuifspanningen in de doorsnede worden berekend.

c. In figuur 5.65a is voor het dunwandige I-profiel het schuifspanningsdiagram getekend. Figuur 5.66 toont een ruimtelijke voorstelling van het schuifspanningsverloop in het lijf. De resultante van alle schuifspanningen in het lijf is een verticale kracht waarvan de grootte gelijk is aan de inhoud van de spanningsfiguur. En deze is weer gelijk aan de betreffende oppervlakte van het spanningsdiagram in figuur 5.65a, vermenigvuldigd met de lijfdikte $t_w = t$. Voor het lijf laat de oppervlakte van het spanningsdigram zich het eenvoudigst berekenen als men het diagram opsplitst in een rechthoek en een parabool. Voor de schuifspanningsresultante in het lijf vindt men op deze manier:

$$R^{\text{lijf}} = \left\{ \frac{6}{7} \frac{V}{th} \cdot h + \frac{2}{3} \cdot \left(\frac{15}{14} \frac{V}{th} - \frac{6}{7} \frac{V}{th} \right) \cdot h \right\} \times t = \frac{6}{7} V + \frac{2}{3} \cdot \frac{3}{14} V = V$$

De resultante van de schuifspanningen in een flenshelft is een horizontale kracht waarvan de grootte gelijk is aan de oppervlakte van het driehoekige schuifspanningsdiagram in figuur 5.65a, vermenigvuldigd met de lijfdikte $t_f = t$:

$$R^{\text{halve flens}} = \left\{ \frac{1}{2} \cdot \frac{3}{7} \frac{V}{th} \cdot \frac{h}{2} \right\} \times t = \frac{3}{28} V$$

In figuur 5.65b zijn in het I-profiel de schuifspanningsresultanten getekend. De krachten in de flenshelften vormen een evenwichtssysteem. De resultante van de verticale schuifspanningen in het lijf is, zoals te verwachten, gelijk aan de door de doorsnede over te brengen verticale dwarskracht V.

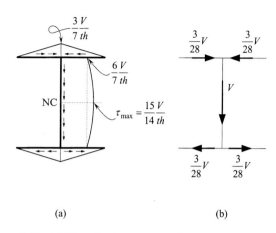

(a)   (b)

Figuur 5.65 (a) Het schuifspanningsverloop in de doorsnede met (b) de schuifspanningsresultanten. De resultante van de verticale schuifspanningen in het lijf is gelijk aan de door de doorsnede over te brengen verticale dwarskracht V. De schuifspanningsresultanten in de flenzen vormen tezamen een evenwichtssysteem.

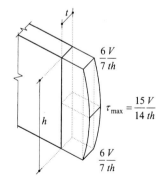

Figuur 5.66 Ruimtelijke voorstelling van het schuifspanningsverloop in het lijf. De resultante van alle schuifspanningen in het lijf, waarvan de grootte gelijk moet zijn aan de dwarskracht, vindt men uit de inhoud van de spanningsfiguur.

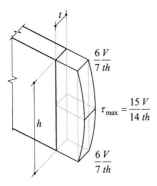

Figuur 5.66 Ruimtelijke voorstelling van het schuifspannings-verloop in het lijf. De resultante van alle schuifspanningen in het lijf, waarvan de grootte gelijk moet zijn aan de dwarskracht, vindt men uit de inhoud van de spanningsfiguur.

Opmerking met betrekking tot de grootte van de schuifspanningen in het lijf: De dwarskracht V wordt hier volledig gedragen door het lijf van het I-profiel. De gemiddelde schuifspanning in het lijf is:

$$\tau_{gem} = \frac{V}{A_{lijf}} \quad \text{met} \quad A_{lijf} = th$$

In het beschouwde I-profiel is de maximum schuifspanning:

$$\tau_{max} = \frac{15}{14}\frac{V}{th} = \frac{15}{14}\frac{V}{A_{lijf}} = 1{,}07\,\tau_{gem}$$

De maximum schuifspanning in het lijf van het I-profiel blijkt hier slechts 7% groter te zijn dan de gemiddelde schuifspanning in het lijf.

De afwijking hangt samen met de precieze doorsnedeafmetingen, maar varieert weinig bij de in de praktijk toegepaste dunwandige I-profielen. In de ontwerpfase ziet men voor een I-profiel daarom vaak een tweetal vuistregels gehanteerd:

$$\tau_{max} \approx \tau_{gem}$$

of, misschien wat realistischer:

$$\tau_{max} \approx 1{,}1 \times \tau_{gem}$$

Variant-uitwerking van de deelvragen a en b Met behulp van de regels 1 t/m 7 is het mogelijk met weinig rekenwerk al snel een goede schets van het schuifspanningsverloop te maken.

In figuur 5.67a is het zijaanzicht van een stukje ligger gegeven met de dwarskracht V in het x-z-vlak. Daaraan is toegevoegd een buigend moment M_z^* (in het vlak waarin de dwarskracht werkt). Opnieuw wordt in herinnering gebracht dat dit moment in werkelijkheid niet aanwezig

hoeft te zijn, maar dat het dient ten behoeve van de regels 2 t/m 4 uit paragraaf 5.3.3.
In figuur 5.67b is het buigspanningsdiagram ten gevolge van M_z^* getekend. Voorts is in figuur 5.67c de doorsnede getekend, met de dwarskracht V die deze moet overbrengen. Voor de schuifspanningen in het dunwandige I-profiel ten gevolge van deze dwarskracht geldt het volgende.

- De schuifspanningen zijn constant over de wanddikten. In het lijf lopen zij verticaal en in de flenzen horizontaal.
- Uit de richting van de dwarskracht volgt dat de schuifspanningen in het lijf naar beneden gericht zijn, zie figuur 5.67d.
- De schuifspanningen zijn nul in de randen van de flenzen (regel 1).
- Uit figuur 5.67b blijkt dat in de flenzen een constante buigspanning heerst en dus zal het schuifspanningsverloop hier lineair zijn, zie figuur 5.67d.
- Uit overwegingen van spiegelsymmetrie zijn de schuifspanningen in een linker en rechter flenshelft even groot maar tegengesteld gericht.
- Uit de continuïteit van de stroomrichting volgt dat de schuifspanningen in de bovenflens naar het lijf toe moeten 'stromen' en dat de schuifspanningen in de onderflens van het lijf af moeten 'stromen' (regel 5), zie figuur 5.67e.
- Uit figuur 5.67b is af te lezen dat de buigspanningen in het lijf lineair verlopen en dus moeten de schuifspanningen hier parabolisch verlopen (regel 3), zie figuur 5.67f.
- De top van de parabool (de plaats waar de schuifspanning in het lijf maximaal is) bevindt zich op de hoogte van het normaalkrachtencentrum NC (regel 4).
- Bij de aansluiting van het lijf op de flenzen geldt 'instroom = uitstroom' (regel 7), zie figuur 5.67f:

$$2 \times \tau_a \cdot t_f = \tau_b \cdot t_w$$

Met $t_f = t_w = t$ volgt hieruit:

$$\tau_b = 2\tau_a$$

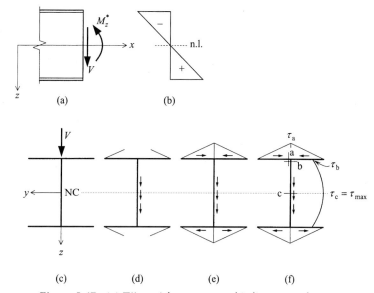

Figuur 5.67 (a) Zijaanzicht van een stukje ligger met de dwarskracht V in het x-z-vlak. Daaraan is toegevoegd een (willekeurig) buigend moment M_z^* dat in hetzelfde vlak werkt als de dwarskracht. (b) Het buigspanningsverloop ten gevolge van M_z^*: de buigspanning is constant in de flenzen en verloopt lineair in het lijf. Dit betekent dat de schuifspanning in de flenzen lineair verloopt en in het lijf parabolisch. (c) De schuifspanningen in het lijf hebben de richting van de dwarskracht. (d) De schuifspanningen in de flenzen verlopen lineair en zijn nul in de randen. (e) Uit de continuïteit van de stroomrichting volgt dat de schuifspanningen in de bovenflens naar het lijf toe moeten 'stromen' en die in de onderflens van het lijf af moeten 'stromen'. (f) De schuifspanningen in het lijf verlopen parabolisch. De top van de parabool bevindt zich op de hoogte van het normaalkrachtencentrum NC. Bij de aansluiting van het lijf op de flenzen geldt 'instroom = uitstroom'.

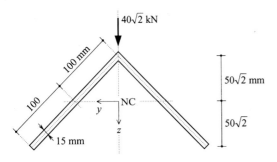

Figuur 5.68 Een dunwandig gelijkzijdig hoekprofiel moet in het symmetrievlak een dwarskracht van $40\sqrt{2}$ kN overbrengen.

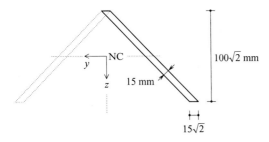

Figuur 5.69 Voor het berekenen van het traagheidsmoment I_{zz} worden de zijden van het dunwandige hoekprofiel opgevat als strippen. Voor een dunwandige strip maakt het weinig verschil of deze de vorm heeft van een rechthoek of van een parallellogram.

Voor een complete schets van het schuifspanningsdiagram hoeft men nu niet meer dan twee waarden te berekenen, te weten de schuifspanningen τ_a (of τ_b) en τ_c, zoals aangegeven in figuur 5.67f.

Voorbeeld 2: Een symmetrisch hoekprofiel • Een dunwandig gelijkzijdig hoekprofiel, met zijden van 200 mm en een wanddikte van 15 mm, moet in het symmetrievlak een dwarskracht van $40\sqrt{2}$ kN overbrengen, zie figuur 5.68.

Gevraagd:
a. Het schuifspanningsverloop in de doorsnede, met de maximum schuifspanning.
b. De resultante van alle schuifspanningen in de doorsnede.

Uitwerking (eenheden N en mm):
a. De plaats van het normaalkrachtencentrum NC is gegeven in figuur 5.68. Het wordt aan de lezer overgelaten de juistheid hiervan te controleren.

Voor het berekenen van het schuifspanningsverloop zal worden uitgegaan van de formule:

$$\sigma_{xm} = -\frac{V_z S_z^a}{b^a I_{zz}}$$

Voor de berekening van het traagheidsmoment I_{zz} wordt het hoekprofiel opgebouwd gedacht uit twee strippen, waarvan er één is getekend in figuur 5.69. Als de strip dunwandig is maakt het weinig verschil of deze als een rechthoek of als een parallellogram wordt voorgesteld. Een parallellogram heeft het voordeel dat men gebruik kan maken van de eigenschap dat het traagheidsmoment hiervan gelijk is aan dat van een rechthoek met dezelfde (horizontaal gemeten) breedte en hoogte, zie figuur 5.70. Op deze manier vindt men voor het gelijkzijdige hoekprofiel:

$$I_{zz} = 2 \times \tfrac{1}{12} bh^3 = 2 \times \tfrac{1}{12} \times 15\sqrt{2} \times (100\sqrt{2})^3 = 10 \times 10^6 \text{ mm}^4$$

In figuur 5.71 is het afschuivende deel van de doorsnede getekend. De plaats van de snede waar de schuifspanning σ_{xm} werkt is vastgelegd met de (langs de hartlijn gemeten) afstand m tot de onderkant van het profiel ($0 < m \leq 200$ mm).

Voor het statisch moment S_z^a van het afschuivende deel geldt:

$$S_z^a = 15 \times m \times (50\sqrt{2} - \tfrac{1}{4}m\sqrt{2}) = (750m - 3{,}75m^2) \times \sqrt{2} \text{ mm}^3$$

Verder is:

$$V_z = 40\sqrt{2} \times 10^3 \text{ N}$$

en:

$$b^a = 15 \text{ mm}$$

Dit alles gesubstitueerd in de schuifspanningsformule leidt voor de rechter helft van het profiel tot:

$$\sigma_{xm} = -\frac{V_z S_z^a}{b^a I_{zz}} = -\frac{40\sqrt{2} \times 10^3 \times (750m - 3{,}75m^2) \times \sqrt{2}}{15 \times 10 \times 10^6}$$

$$= (2m^2 - 400m) \times 10^{-3} \text{ N/mm}^2$$

De schuifspanningen zijn kwadratisch in m en verlopen dus parabolisch. De plaats van de grootste schuifspanning (de top van de parabool) vindt men uit:

$$\frac{d\sigma_{xm}}{dm} = (4m - 400) = 0 \;\rightarrow\; m = 100 \text{ mm}$$

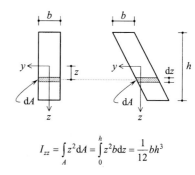

$$I_{zz} = \int_A z^2 dA = \int_0^h z^2 b\, dz = \frac{1}{12} bh^3$$

Figuur 5.70 Het traagheidsmoment I_{zz} van een parallellogram is gelijk aan dat van een rechthoek met dezelfde (horizontaal gemeten) breedte b en hoogte h.

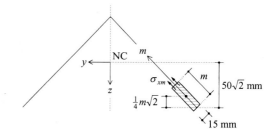

Figuur 5.71 Het afschuivende deel van de doorsnede. De plaats van de snede waar de schuifspanning σ_{xm} werkt, is vastgelegd met de langs de hartlijn gemeten afstand m tot de onderkant van het profiel.

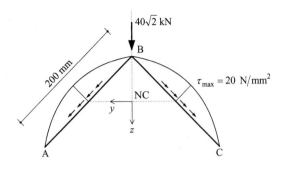

Figuur 5.72 Het schuifspanningsdiagram. De schuifspanningen verlopen parabolisch. De grootste schuifspanning treedt op ter hoogte van het normaalkrachtencentrum NC; hier ligt de top van de parabool.

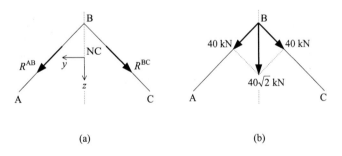

Figuur 5.73 (a) De schuifspanningsresultanten R^{AB} en R^{BC} voor respectievelijk AB en BC. (b) De resultante van R^{AB} en R^{BC} blijkt inderdaad gelijk te zijn aan de verticale dwarskracht van $40\sqrt{2}$ kN.

De schuifspanning blijkt extreem ter hoogte van het normaalkrachtencentrum NC.

Voor een goede schets van het schuifspanningsverloop in de rechterhelft van de doorsnede worden de waarden berekend in:

$m = 0 \quad \rightarrow \sigma_{xm} = 0$

$m = 100$ mm $\rightarrow \sigma_{xm} = -20$ N/mm² (de grootste schuifspanning)

$m = 200$ mm $\rightarrow \sigma_{xm} = 0$

Omdat de berekende schuifspanningen over gehele hoogte negatief zijn werken zij tegengesteld aan de in figuur 5.71 getekende positieve richting van σ_{xm}.

Uit de spiegelsymmetrie van doorsnede en belasting volgt dat de schuifspanningen in de linkerhelft van de doorsnede op dezelfde manier verlopen als die in de rechter helft. In figuur 5.72 is het volledige schuifspanningsdiagram getekend.

b. De resulterende kracht R^{AB} ten gevolge van de schuifspanningen in zijde AB van het hoekprofiel (zie figuur 5.72) is gelijk aan de oppervlakte van het parabolische schuifspanningsdiagram, vermenigvuldigd met de wanddikte van 15 mm:

$$R^{AB} = \frac{2}{3} \times (200 \text{ mm})(20 \text{ N/mm}^2) \times (15 \text{ mm}) = 40 \times 10^3 \text{ N} = 40 \text{ kN}$$

De schuifspanningsresultante in BC is even groot als die in AB, dus:

$$R^{AB} = R^{BC} = 40 \text{ kN}$$

De schuifspanningsresultanten voor AB en BC zijn getekend in figuur 5.73a. De resultante van alle schuifspanningen in de doorsnede blijkt inderdaad gelijk te zijn aan de verticale dwarskracht van $40\sqrt{2}$ kN, zie figuur 5.73b.

Variant-uitwerking: In figuur 5.74a is het zijaanzicht van een stukje balk getekend, met de dwarskracht $V_z = V$. Als extra is een willekeurig buigend moment M_z^* toegevoegd, dat in hetzelfde vlak werk als de dwarskracht.

Figuur 5.74b toont het buigspanningsdiagram ten gevolge van M_z^*. De buigspanningen verlopen lineair in beide wanden van het profiel en dus zullen de schuifspanningen hier parabolisch verlopen (regel 3), met een maximum ter hoogte van het normaalkrachtencentrum NC (regel 4). Verder zijn de schuifspanningen nul in de onderrand (regel 1). Hiermee kan de volledige vorm van het schuifspanningsdiagram worden geschetst, zie figuur 5.74c. De richting van de schuifspanning volgt uit de richting van de dwarskracht.
Op deze manier hoeft men uiteindelijk alleen maar τ_{max} te berekenen.

Voorbeeld 3: Een U-profiel • In een geïmproviseerde tijdelijke ondersteuning is voor een kolom een stalen U-profiel of kanaalprofiel toegepast. De doorsnede van het profiel wordt als dunwandig opgevat. Figuur 5.75a toont de doorsnedeafmetingen en figuur 5.75b het zijaanzicht van (een deel van) de kolom. De kolom moet in het x-y-vlak de getekende dwarskracht van 9,5 kN overbrengen.

Gevraagd:
a. De plaats van het normaalkrachtencentrum NC in figuur 5.75a op juistheid te controleren.
b. Het schuifspanningsverloop.
c. De maximum schuifspanning in de doorsnede en de plaats waar deze optreedt.

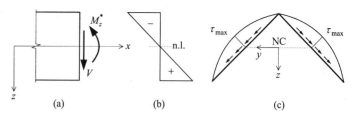

Figuur 5.74 (a) Het zijaanzicht van een stukje balk, met de dwarskracht V. Als extra is een (willekeurig) buigend moment M_z^* toegevoegd, dat in hetzelfde vlak werkt als de dwarskracht. (b) Het buigspanningsdiagram ten gevolge van M_z^*. De buigspanningen verlopen lineair in beide wanden van het profiel en dus zullen de schuifspanningen hier parabolisch verlopen. (c) Het schuifspanningsdiagram. De parabolisch verlopende schuifspanningen hebben hun maximum ter hoogte van het normaalkrachtencentrum NC. Verder zijn schuifspanningen nul in de onderrand. Hiermee kan de volledige vorm van het schuifspanningsdiagram worden geschetst. De richting van de schuifspanning volgt uit de richting van de dwarskracht.

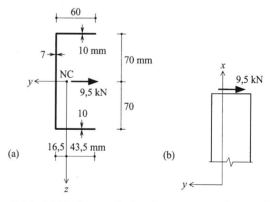

Figuur 5.75 (a) De doorsnedeafmetingen van een dunwandig stalen U-profiel, toegepast als kolom. (b) De kolom moet in het symmetrievlak de getekende dwarskracht van 47,5 kN overbrengen.

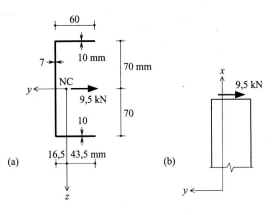

(a) (b)

Figuur 5.75 (a) De doorsnedeafmetingen van een dunwandig stalen U-profiel, toegepast als kolom. (b) De kolom moet in het symmetrievlak de getekende dwarskracht van 47,5 kN overbrengen.

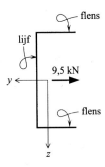

Figuur 5.76 Lijf en flenzen van het profiel

Uitwerking (eenheden N en mm):

a. In een y-z-assenstelsel door het normaalkrachtencentrum NC moet per definitie gelden:

$$S_y = \int_A y\,dA = 0 \quad \text{en} \quad S_z = \int_A z\,dA = 0$$

Omdat de y-as een symmetrieas is wordt voldaan aan $S_z = 0$. Rest nog aan te tonen dat geldt:

$$S_y = S_y^{\text{lijf}} + 2 \times S_y^{\text{flens}} = 0$$

In figuur 5.76 is aangegeven wat hier onder lijf en flens wordt verstaan[1].

$$S_y = 7 \times 140 \times (+16,5) + 2 \times \{10 \times 60 \times (-30 + 16,5)\} =$$
$$= 16170 - 16200 = -30 \text{ mm}^3$$

Merk op dat de flenzen een negatieve bijdrage tot S_y leveren.

S_y is niet precies nul. De plaats van het normaalkrachtencentrum NC ligt in werkelijkheid iets meer naar rechts en volgt uit:

$$y_{\text{NC}} = \frac{S_y}{A} = \frac{-30}{7 \times 140 + 2 \times 10 \times 60} = -0,014 \text{ mm}$$

De waarden 16,5 en 43,5 in figuur 5.75a zijn blijkbaar afrondingen van de nauwkeuriger waarden 16,514 en 13,486.

---

[1] Hier doet zich een situatie voor waarbij men kan twisten over de vraag wat nu eigenlijk lijf en wat flens is.

b. Omdat de dwarskracht in het x-y-vlak werkt luidt de schuifspanningsformule nu:

$$\sigma_{xm} = -\frac{V_y S_y^a}{b^a I_{yy}}$$

Voor het dunwandige U-profiel geldt:

$$I_{yy} = I_{yy(\text{steiner})}^{\text{lijf}} + 2 \times \left\{ I_{yy(\text{eigen})}^{\text{flens}} + I_{yy(\text{steiner})}^{\text{flens}} \right\} =$$
$$= 7 \times 140 \times (+16{,}5)^2 + 2 \times \left\{ \tfrac{1}{12} \times 10 \times 60^3 + 10 \times 60 \times (-30+16{,}5)^2 \right\} =$$
$$= 845{,}5 \times 10^3 \text{ mm}^4$$

Als eerste worden de schuifspanningen in de bovenflens berekend. In figuur 5.77a is het afschuivende deel getekend. De plaats waar σ_{xm} wordt berekend is vastgelegd met de afstand m_1 tot de rand van de flens.

Voor het statisch moment S_y^a van het afschuivende deel van de flens geldt:

$$S_y^a = 10 \times m_1 \times (-43{,}5 + \tfrac{1}{2} m_1) = 5 m_1^2 - 435 m_1 \quad (0 \leq m_1 \leq 60)$$

Met $V_y = -9{,}5 \times 10^3$ N en $b^a = 10$ mm vindt men nu:

$$\sigma_{xm} = -\frac{V_y S_y^a}{b^a I_{yy}} = -\frac{(-9{,}5 \times 10^3)(5 m_1^2 - 435 m_1)}{10 \times (845{,}5 \times 10^3)} =$$
$$= (m_1^2 - 87 m_1) \times 5{,}618 \times 10^{-3} \text{ N/mm}^2$$

Dit is een parabolisch schuifspanningsverloop. De schuifspanning is extreem in $m_1 = 43{,}5$ mm, dus weer ter hoogte van het normaalkrachtencentrum NC.

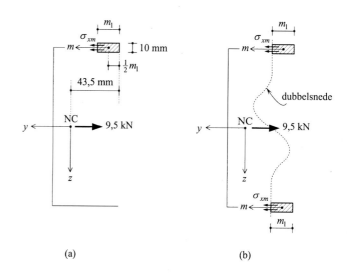

Figuur 5.77 (a) Het afschuivende deel voor het berekenen van de schuifspanningen in de bovenflens. (b) Omdat het schuifspanningsverloop symmetrisch is, kan men ook werken met een symmetrische dubbelsnede.

Enkele waarden zijn:

$m_1 = 0 \quad \rightarrow \sigma_{xm} = 0$

$m_1 = 43,5 \text{ mm} \quad \rightarrow \sigma_{xm} = -10,64 \text{ N/mm}^2$ (de topwaarde)

$m_1 = 60 \text{ mm} \quad \rightarrow \sigma_{xm} = -9,1 \text{ N/mm}^2$

σ_{xm} is overal negatief en werkt dus tegengesteld aan de in figuur 5.77a getekende richting, wat in overeenstemming is met de richting van de dwarskracht.

Op dezelfde manier kan men het schuifspanningsverloop in de onderflens berekenen. Men had het schuifspanningsverloop ook in beide flenzen tegelijk kunnen berekenen met de symmetrische dubbelsnede in figuur 5.77. Omdat de doorsnede spiegelsymmetrisch is en de dwarskracht in het symmetrievlak werkt is ook het schuifspanningsverloop symmetrisch.

In figuur 5.78a is het schuifspanningsverloop voor beide flenzen getekend.
Dat de schuifspanningen in de flenzen parabolisch verlopen had men kunnen voorspellen aan de hand van het buigspanningdiagram in figuur 5.79a ten gevolge van een willekeurige buigend moment M_y^* in het x-y-vlak, hetzelfde vlak als waarin de dwarskracht werkt, zie figuur 5.79c. De buigspanningen verlopen lineair in de flenzen en dus is het schuifspanningsverloop hier parabolisch (regel 3).

Uit figuur 5.79 blijkt verder dat de buigspanningen in het lijf constant zijn en dus zullen de schuifspanningen hier lineair verlopen (regel 2). De schuifspanning boven en onder in het lijf kan men in grootte en richting vinden met behulp van de eigenschap 'instroom = uitstroom' (regel 7), zie figuur 5.78a:

$$\tau_a \times 7 = \tau_b \times 10$$

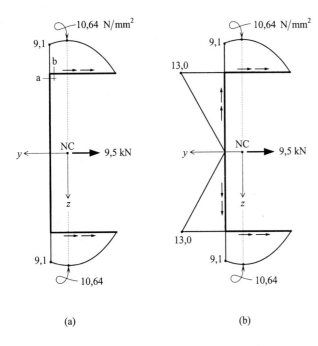

Figuur 5.78 (a) Het parabolische schuifspanningsverloop in beide flenzen. De maximum schuifspanning treedt weer op ter hoogte van het normaalkrachtencentrum NC. (b) Het volledige schuifspanningsdiagram

Hieruit volgt:

$$\tau_a = \tfrac{10}{7}\tau_b = \tfrac{10}{7} \times 9{,}5 = 13{,}0 \text{ N/mm}^2$$

Uit overwegingen van symmetrie volgt verder dat de schuifspanningen in het lijf nul zijn in de symmetrieas (de y-as).

In figuur 5.78b is het complete schuifspanningsdiagram getekend.

c. De maximum schuifspanning in de flenzen bedraagt 10,64 N/mm² en treedt op ter hoogte van het normaalkrachtencentrum NC. De grootste schuifspanning in de doorsnede zit echter niet in de flenzen, maar in het lijf, bij de aansluiting op de flenzen, en bedraagt 13,0 N/mm².

Opmerking bij het schuifspanningsverloop in het lijf: Als men het schuifspanningsverloop in het lijf op dezelfde manier wil berekenen als voor de flenzen, dan kan dat aan de hand van het afschuivende deel in figuur 5.80. De plaats waar de schuifspanning σ_{xm} wordt berekend is vastgelegd met de afstand m_2 tot (de hartlijn van) de bovenflens.

Voor het statisch moment S_y^a van het afschuivende deel geldt:

$$S_y^a = 10 \times 60 \times (-13{,}5) + 7 \times m_2 \times (+16{,}5) = 115{,}5 m_2 - 8100$$

Met $V_y = -9{,}5 \times 10^3$ N en $b^a = 7$ mm vindt men:

$$\sigma_{xm} = -\frac{V_y S_y^a}{b^a I_{yy}} = -\frac{(-9{,}5 \times 10^3)(115{,}5 \times m_2 - 8100)}{7 \times (845{,}5 \times 10^3)} =$$

$$= (115{,}5 \times m_2 - 8100) \times 1{,}605 \times 10^{-3} \text{ N/mm}^2$$

Dit is inderdaad een lineair verloop.

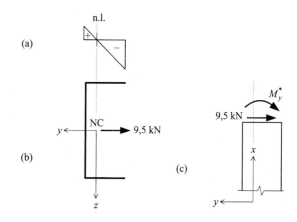

Figuur 5.79 (a) Het buigspanningsdiagram voor (b) het U-profiel ten gevolge van (c) een (willekeurige) buigend moment M_y^* in het x-y-vlak, hetzelfde vlak als waarin de dwarskracht werkt

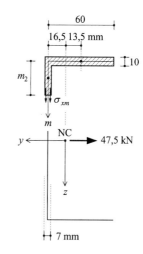

Figuur 5.80 Het afschuivende deel voor het berekenen van de schuifspanningen in het lijf

Enkele waarden zijn:

$$m_2 = 0 \quad \rightarrow \quad \sigma_{xm} = -13,0 \text{ N/mm}^2$$
$$m_2 = 70 \text{ mm} \quad \rightarrow \quad \sigma_{xm} = -0,02 \text{ N/mm}^2$$
$$m_2 = 140 \text{ mm} \quad \rightarrow \quad \sigma_{xm} = +12,95 \text{ N/mm}^2$$

Dat de schuifspanningen in het midden van het lijf niet precies nul zijn is een gevolg van het feit dat de afstand van het normaalkrachtencentrum NC tot het lijf in figuur 5.75a is afgerond van 16,514 mm naar 16,5 mm. Hieraan is ook het verschil te wijten tussen de schuifspanningswaarden boven in het lijf (13,0 N/mm²) en onder in het lijf (12,95 N/mm²).

5.4.3 Dunwandige kokerdoorsneden

In figuur 5.81a is de doorsnede van een kokerbrug getekend, met de dwarskracht V. Omdat de doorsnede symmetrisch is en de dwarskracht in het symmetrievlak werkt zal het schuifspanningsverloop in de doorsnede ook symmetrisch zijn.

In de symmetrische dubbelsnede, zoals aangegeven in figuur 5.81b, zijn de schuifspanningen gelijkmatig verdeeld over de totale dikte van beide wanden en kan men het schuifspanningsverloop berekenen met de formules (14) en (15):

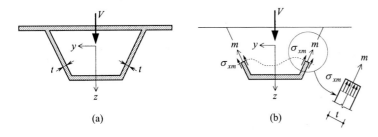

Figuur 5.81 (a) De doorsnede van een dunwandige kokerbrug. Omdat de doorsnede symmetrisch is en de dwarskracht in het symmetrievlak werkt, zal het schuifspanningsverloop ook symmetrisch zijn. (b) De schuifspanningen kan men berekenen door een symmetrische dubbelsnede (loodrecht op de hartlijnen) aan te brengen. In de schuifspanningsformule moet men voor de breedte b^a van het afschuivende deel de totale wanddikte over de dubbelsnede aanhouden: $b^a = 2 \times t$.

$$\sigma_{xm} = -\frac{V_z S_z^a}{b^a I_{zz}} \qquad (14)$$

$$\sigma_{xm} = -\frac{V_z}{b^a}\left[\frac{N^a \text{ (tgv } M_z^*)}{M_z^*}\right] \qquad (15)$$

Hierin moet men voor de breedte b^a van het afschuivende deel de totale wanddikte over de dubbelsnede aanhouden. In het geval van figuur 5.81b geldt dus:

$$b^a = 2 \times t$$

Meer algemeen kan men stellen dat de schuifspanningsformules (14) en (15) met succes kunnen worden toegepast op dunwandige symmetrische *eencellige* kokerdoorsneden met de dwarskracht in het symmetrievlak.

In veel andere gevallen, als men niet weet of de schuifspanningen wel gelijkmatig verdeeld zijn over de totale breedte van de meervoudige snede, mogen de schuifspanningsformules (14) en (15) niet worden gebruikt. In figuur 5.82 en 5.83 zijn hiervan twee voorbeelden gegeven.

Bij de kokerdoorsnede in figuur 5.82a werkt de dwarskracht V niet in een symmetrievlak. Met de dubbelsnede in figuur 5.82b kan men wel de totale schuifkracht per lengte (schuifstroom) berekenen, maar men weet niet hoe deze zich over beide sneden verdeelt. Anders gezegd: men weet niet welk aandeel elk van de lijven heeft in het overbrengen van de dwarskracht. De schuifspanningen hoeven in beide sneden dan ook niet even groot te zijn. De betekent dat de schuifspanningsformules (14) en (15) hier niet kunnen worden gebruikt.

Een ander voorbeeld is de symmetrische kokerdoorsnede in figuur 5.83a, met twee *cellen*. Het schuifspanningsverloop ten gevolge van de dwarskracht V in het symmetrievlak zal symmetrisch zijn. Voor het afschuivende deel in figuur 5.83b kan men wel de totale schuifkracht per lengte (schuifstroom) voor de drie lijven gezamenlijk berekenen, maar men weet niet hoe deze zich over elk van de lijven verdeelt. De schuifspanningen in de buitenste lijven kunnen verschillen van die in het middelste lijf. Dus ook hier kunnen de schuifspanningsformules niet worden gebruikt.

Hierna volgen twee voorbeelden waarin het schuifspanningsverloop wel kan worden berekend.

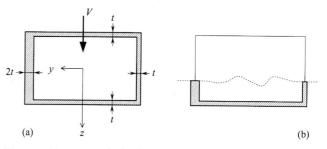

Figuur 5.82 (a) Een kokerdoorsnede waarbij de dwarskracht niet in een symmetrievlak werkt. (b) Voor deze dubbelsnede kan men wel de totale schuifkracht per lengte (schuifstroom) berekenen, maar men weet niet hoe deze zich over beide lijven verdeelt.

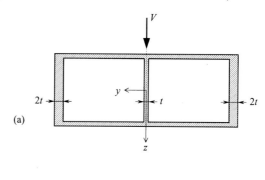

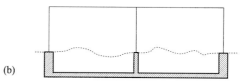

Figuur 5.83 (a) Een 'meercellige' symmetrische kokerdoorsnede met de dwarskracht in het symmetrievlak. Het schuifspanningsverloop zal symmetrisch zijn. (b) Voor het afschuivende deel kan men wel de totale schuifkracht per lengte (schuifstroom) berekenen, maar men weet niet hoe deze zich over de lijven verdeelt.

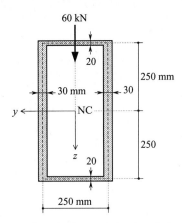

Figuur 5.84 Een dunwandige rechthoekige kokerdoorsnede moet de getekende dwarskracht van 60 kN overbrengen.

Voorbeeld 1: Een rechthoekige kokerdoorsnede • In een dunwandige kokerbalk, met de in figuur 5.84 gegeven doorsnedeafmetingen, werkt de getekende dwarskracht van 60 kN.

Gevraagd: Het schuifspanningsverloop in de doorsnede.

Uitwerking (eenheden N en mm): Het schuifspanningsverloop zal hierna worden berekend met formule (14):

$$\sigma_{xm} = -\frac{V_z S_z^a}{b^a I_{zz}} \quad (14)$$

Hierin is:

$$V_z = 60 \times 10^3 \text{ N}$$

en:

$$I_{zz} = 2 \times I_{zz(\text{eigen})}^{\text{lijf}} + 2 \times I_{zz(\text{steiner})}^{\text{flens}} =$$
$$= 2 \times \tfrac{1}{12} \times 30 \times 500^3 + 2 \times 20 \times 250 \times (\pm 250)^2 = 1250 \times 10^6 \text{ mm}^4$$

Als eerste wordt het schuifspanningsverloop in de bovenflens berekend. Voor het in figuur 5.85a getekende afschuivende deel geldt:

$$b^a = 2 \times 20 = 40 \text{ mm}$$

en:

$$S_z^a = 2 \times 20 \times m_1 \times (-250) = -10 m_1 \times 10^3 \text{ mm}^3$$

Hiermee vindt men voor de bovenflens:

$$\sigma_{xm} = -\frac{(+60 \times 10^3)(-10 m_1 \times 10^3)}{40 \times (1250 \times 10^6)} = +12 m_1 \times 10^{-3} \text{ N/mm}^2$$

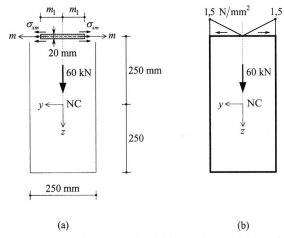

(a) (b)

Figuur 5.85 (a) Symmetrische dubbelsnede voor het berekenen van de schuifspanningen in de bovenflens. (b) Het schuifspanningsverloop in de bovenflens

Dit is een lineair verloop. Alle schuifspanningen werken in de positieve m-richting.

Enkele waarden zijn:

$m_1 = 0 \quad \rightarrow \quad \sigma_{xm} = 0$

$m_1 = 125 \text{ mm} \quad \rightarrow \quad \sigma_{xm} = +1{,}5 \text{ N/mm}^2$

Het schuifspanningsverloop is getekend in figuur 5.85b.

Het schuifspanningsverloop in de lijven wordt berekend aan de hand van het afschuivende deel in figuur 5.86a. Hiervoor geldt:

$b^a = 2 \times 30 = 60 \text{ mm}$

en:

$S_z^a = 20 \times 250 \times (-250) + 2 \times 30 \times m_2 \times (-250 + \tfrac{1}{2} m_2) =$
$= (30 m_2^2 - 15 m_2 \times 10^3 - 1{,}25 \times 10^6) \text{ mm}^3$

Voor het schuifspanningsverloop in de lijven vindt men nu:

$\sigma_{xm} = -\dfrac{(+60 \times 10^3)(30 m_2^2 - 15 m_2 \times 10^3 - 1{,}25 \times 10^6)}{60 \times (1250 \times 10^6)} =$

$= (-24 m_2^2 \times 10^{-6} + 12 m_2 \times 10^{-3} + 1) \text{ N/mm}^2$

Dit is een parabolisch verloop. De plaats van de top volgt uit $d\sigma_{xm}/dm_2 = 0$ en ligt bij $m_2 = 250$ mm, dus weer ter hoogte van het normaalkrachtencentrum NC.

Enkele waarden zijn:

$m_2 = 0 \quad \rightarrow \quad \sigma_{xm} = +1 \text{ N/mm}^2$

$m_2 = 250 \text{ mm} \quad \rightarrow \quad \sigma_{xm} = +2{,}5 \text{ N/mm}^2 \text{ (de topwaarde)}$

$m_2 = 500 \text{ mm} \quad \rightarrow \quad \sigma_{xm} = +1 \text{ N/mm}^2$

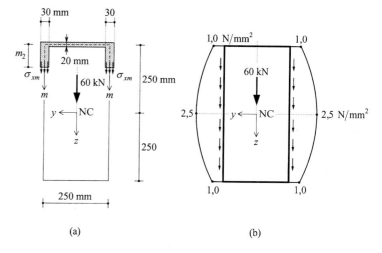

Figuur 5.86 (a) Symmetrische dubbelsnede voor het berekenen van de schuifspanningen in de lijven. (b) Het schuifspanningsverloop in de lijven

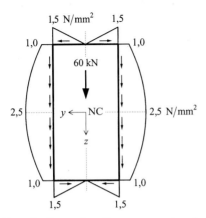

Figuur 5.87 Het schuifspanningsdiagram voor de gehele doorsnede

Het verloop van de schuifspanningen in de lijven is getekend in figuur 5.86b.
De schuifspanningen in het lijf werken in de positieve m-richting, dus naar beneden. Dit stemt overeen met de richting van de dwarskracht.

De berekening van de schuifspanningen in de onderflens wordt aan de lezer overgelaten.

In figuur 5.87 is het complete schuifspanningsdiagram getekend. Enkele controlemogelijkheden waarvan de uitwerking aan de lezer wordt overgelaten zijn:
- In de hoeken geldt 'instroom = uitstroom'.
- De resultante van alle schuifspanningen in de lijven is gelijk aan de dwarskracht.

Alternatieve uitwerking: Een alternatieve en snellere uitwerking is weer mogelijk door eerst het schuifspanningsverloop te voorspellen op grond van het buigspanningsdiagram, waarna men voor een goede schets van het schuifspanningsverloop kan volstaan met het berekenen van de waarden op een aantal cruciale plaatsen.

In figuur 5.88b is het buigspanningsdiagram getekend ten gevolge van een willekeurig buigend moment M_z^* in hetzelfde vlak als waarin de dwarskracht van 60 kN werkt.
De buigspanningen zijn constant in de flenzen; hier zullen de schuifspanningen lineair verlopen (regel 2). In de lijven verlopen de buigspanningen lineair; hier zal het schuifspanningsverloop parabolisch zijn (regel 3). De top van de parabool ligt ter hoogte van het normaalkrachtencentrum NC (regel 4).

Voor een goede schets van het schuifspanningsdiagram is het niet nodig de schuifspanningen als functie van hun plaats te berekenen, maar is het voldoende de waarden te berekenen in de vier in figuur 5.88c aangegeven symmetrische dubbelsneden a-a t/m d-d.

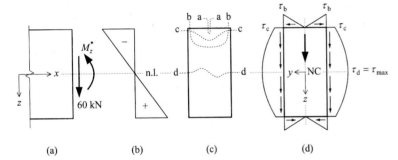

Figuur 5.88 (a) Zijaanzicht van de kokerbalk met de dwarskracht van 60 kN en daaraan toegevoegd een (willekeurig) buigend moment M_z^* in hetzelfde vlak als waarin de dwarskracht werkt. (b) De buigspanningen ten gevolge van M_z^*. Omdat de buigspanning constant is in de flenzen zullen de schuifspanningen hier lineair verlopen. In de lijven verloopt de buigspanning lineair en zullen de schuifspanningen parabolisch verlopen. (c) Voor een goede schets van het schuifspanningsdiagram kan men volstaan met het berekenen van de waarden in de vier symmetrische dubbelsneden a-a t/m d-d. (d) Schets van het schuifspanningsdiagram

Omdat bij dubbelsnede a-a de oppervlakte van het afschuivende deel nul is, is ook het statisch moment van het afschuivende deel[1] en dus de schuifspanning nul.
Verder kan men bij de schuifspanningen in de sneden b en c gebruikmaken van de eigenschap 'instroom = uitstroom'. Dit alles geeft bij elkaar een sterke reductie van de hoeveelheid rekenwerk.

Voorbeeld 2: Een dunwandige buis • Figuur 5.89 toont de doorsnede van een dunwandige buis met straal r en wanddikte t. De doorsnede moet een verticale dwarskracht $V_z = V$ overbrengen.

Gevraagd:
a. Het schuifspanningsverloop.
b. De maximum schuifspanning.
c. Aan te tonen dat de resultante van alle schuifspanningen in de doorsnede gelijk is aan de dwarkracht.

Uitwerking:
a. De schuifspanning wordt berekend met formule (14):

$$\sigma_{xm} = -\frac{V_z S_z^a}{b^a I_{zz}} \tag{14}$$

Hierin is (zie ook paragraaf 3.3.2, voorbeeld 2):

$$I_{zz} = I_{yy} = \tfrac{1}{2} I_p = \pi r^3 t$$

In figuur 5.90 is het afschuivende deel van de doorsnede getekend. De plaats van de symmetrische dubbelsnede is vastgelegd met de hoek φ.

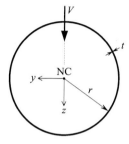

Figuur 5.89 De doorsnede van een dunwandige buis met daarin een dwarskracht $V_z = V$

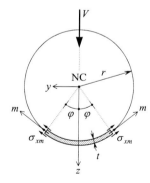

Figuur 5.90 Het afschuivende deel van de doorsnede. De plaats van de symmetrische dubbelsnede is vastgelegd met de hoek φ.

---

[1] Als men het afschuivende deel van de doorsnede aan de andere kant van snede a-a kiest dan is de oppervlakte hiervan gelijk aan die van de gehele doorsnede en is het statisch moment ook nul.

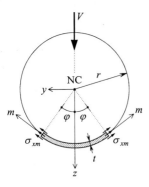

Figuur 5.90 Het afschuivende deel van de doorsnede. De plaats van de symmetrische dubbelsnede is vastgelegd met de hoek φ.

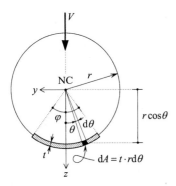

Figuur 5.91 Voor de berekening van het statisch moment S_z^a van het afschuivende deel wordt eerst de bijdrage bepaald van een klein oppervlakte-elementje met lengte $r\mathrm{d}\theta$ en wanddikte t.

Voor de breedte b^a van het afschuivende deel geldt:

$$b^a = 2t$$

Rest nog het statisch moment S_z^a van het afschuivende deel te berekenen. Hiertoe wordt eerst een klein elementje uit de buiswand bekeken, zie figuur 5.91. Bij een lengte $r\mathrm{d}\theta$ en een wanddikte t geldt voor de oppervlakte $\mathrm{d}A$ van dit elementje:

$$\mathrm{d}A = t \cdot r\mathrm{d}\theta$$

De z-coördinaat van het oppervlakte-elementje is:

$$z = r\cos\theta$$

De bijdrage van dit oppervlakte-elementje tot het statisch moment S_z^a is:

$$\mathrm{d}S_z^a = z \cdot \mathrm{d}A = r\cos\theta \cdot rt\mathrm{d}\theta = r^2 t \cos\theta \, \mathrm{d}\theta$$

Het statisch moment S_z^a van het afschuivende deel vindt men door alle bijdragen $\mathrm{d}S_z^a$ tussen $\theta = -\varphi$ en $\theta = +\varphi$ bij elkaar op te tellen, ofwel tussen deze waarden te integreren:

$$S_z^a = \int_{-\varphi}^{+\varphi} r^2 t \cos\theta \, \mathrm{d}\theta = r^2 t \sin\varphi \Big|_{-\varphi}^{+\varphi} = 2r^2 t \sin\varphi$$

Hiermee zijn alle grootheden berekend die in schuifspanningsformule (14) voorkomen. Voor het schuifspanningsverloop vindt men nu:

$$\sigma_{xm} = -\frac{V \cdot 2r^2 t \sin\varphi}{2t \cdot \pi r^3 t} = -\frac{V}{\pi rt}\sin\varphi$$

In figuur 5.92a is de grootte van de schuifspanning radiaal uitgezet als functie van φ. De richting is met pijltjes in de doorsnede aangegeven.

Een eenvoudiger voorstelling krijgt men door de grootte van de schuifspanning uit te zetten als functie van $y = \pm r \sin \varphi$. Het diagram bestaat dan uit twee rechte lijnen, zie figuur 5.92b.

Merk op dat de schuifspanningen weer nul zijn in de verticale symmetrieas.

b. De maximum schuifspanning τ_{max} treedt op in $\varphi = \pi/2$ (of $y = \pm r$):

$$\tau_{max} = \frac{V}{\pi r t}$$

Met $A = 2\pi r t$ kan men hiervoor ook schrijven:

$$\tau_{max} = 2\frac{V}{A}$$

De gemiddelde (verticale) schuifspanning in de doorsnede is:

$$\tau_{gem} = \frac{V}{A}$$

Bij een dunwandige buis blijkt de maximum schuifspanning dus twee maal zo groot te zijn als de gemiddelde schuifspanning:

$$\tau_{max} = 2 \times \tau_{gem}$$

c. Om de resultante van alle schuifspanningen in de doorsnede te berekenen worden eerst de twee kleine, symmetrisch gelegen opper-

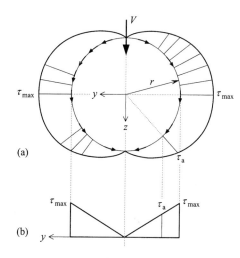

Figuur 5.92 (a) De schuifspanningen ten gevolge van de verticale dwarskracht V radiaal uitgezet als functie van φ. De richting is met pijltjes aangegeven. (b) Een eenvoudiger voorstelling krijgt men door de schuifspanning uit te zetten als functie van $y = \pm r \sin \varphi$. Het diagram bestaat dan uit twee rechte lijnen.

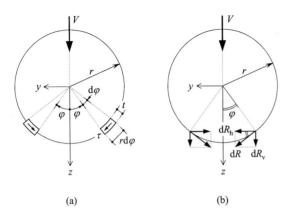

Figuur 5.93 (a) Om de resultante van alle schuifspanningen in de doorsnede te berekenen wordt eerst de bijdrage onderzocht van de schuifspanningen in twee kleine, symmetrisch gelegen oppervlakte-elementjes dA, met lengte $rd\varphi$ en wanddikte t. (b) De horizontale componenten dR_h in de twee symmetrisch gelegen oppervlakte-elementjes vormen samen een evenwichtssysteem en hebben een resultante nul. Blijven over de verticale componenten dR_v. Door deze over beide helften van de doorsnede te sommeren (integreren) vindt men dat de resultante van alle schuifspanningen in de doorsnede inderdaad gelijk is aan de dwarskracht V.

vlakte-elementjes dA in figuur 5.93a bekeken. Bij een lengte $rd\varphi$ en wanddikte t is de oppervlakte van elk elementje:

$$dA = t \cdot rd\varphi$$

Op beide elementjes werkt dezelfde schuifspanning τ:

$$\tau = |\sigma_{xm}| = \frac{V}{\pi rt}\sin\varphi$$

De resultante van de schuifspanningen op één enkel oppervlakte-elementje is dR, zie figuur 5.93b:

$$dR = \tau \cdot dA = \frac{V}{\pi rt}\sin\varphi \cdot rtd\varphi = \frac{V}{\pi}\sin\varphi \cdot d\varphi$$

De horizontale componenten dR_h in de twee symmetrisch gelegen oppervlakte-elementjes vormen samen een evenwichtssysteem en hebben een resultante nul. Blijven over de verticale componenten dR_v:

$$dR_v = dR \cdot \sin\varphi = \frac{V}{\pi}\sin^2\varphi \cdot d\varphi$$

Door de bijdragen dR_v voor alle oppervlakte-elementjes over beide helften van de doorsnede te sommeren vindt men de verticale resultante R_v:

$$R_v = 2\int_0^\pi dR_v = 2\int_0^\pi \frac{V}{\pi}\sin^2\varphi \cdot d\varphi = \frac{2V}{\pi}\int_0^\pi \sin^2\varphi \cdot d\varphi$$

Met:

$$\int_0^\pi \sin^2\varphi \cdot d\varphi = \frac{\pi}{2}$$

leidt dit tot:

$$R_v = V$$

De resultante van alle schuifspanningen in de doorsnede is dus inderdaad gelijk aan de dwarskracht V.

Opmerking: De integraal:

$$\int_0^\pi \sin^2\varphi \cdot d\varphi$$

is snel te bepalen als men bedenkt dat de door de goniometrische functies $\sin^2\varphi$ en $\cos^2\varphi$ tussen $\varphi = 0$ en $\varphi = \pi$ ingesloten oppervlakten even groot zijn, dus:

$$\int_0^\pi \sin^2\varphi \cdot d\varphi = \int_0^\pi \cos^2\varphi \cdot d\varphi \qquad (1)$$

en dat verder geldt:

$$\int_0^\pi \sin^2\varphi \cdot d\varphi + \int_0^\pi \cos^2\varphi \cdot d\varphi = \int_0^\pi (\sin^2\varphi + \cos^2\varphi) \cdot d\varphi = \int_0^\pi d\varphi = \pi \qquad (2)$$

Uit (1) en (2) vindt men direct:

$$\int_0^\pi \sin^2\varphi \cdot d\varphi = \int_0^\pi \cos^2\varphi \cdot d\varphi = \frac{\pi}{2}$$

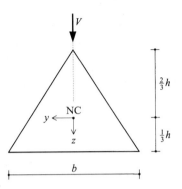

Figuur 5.94 Een driehoekige doorsnede, belast door de dwarskracht V in het verticale symmetrievlak

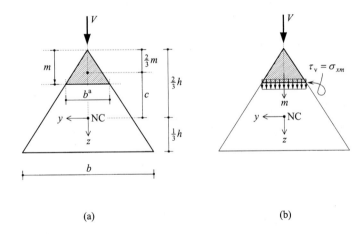

Figuur 5.95 (a) De gearceerde driehoek wordt gekozen als het afschuivende deel. De breedte b^a van het afschuivende deel is afhankelijk van de plaats m van de snede. (b) Het afschuivende deel met de schuifspanning σ_{xm}

5.4.4 Doorsneden waarin de breedte van het afschuivende deel verloopt

Tot nu toe werden de schuifspanningen alleen maar berekend voor doorsneden waarin de breedte b^a van het afschuivende deel constant was. In deze paragraaf volgen twee voorbeelden waarin de breedte van de snede verloopt, te weten een driehoekige doorsnede en een massieve cirkelvormige doorsnede. Ook hier neemt men aan dat de schuifspanningen loodrecht op de snede constant zijn en dat deze mogen worden berekend met de bekende schuifspanningsformules. De werkelijke schuifspanningen hebben echter ook een component evenwijdig aan de snede.
In een derde voorbeeld wordt aan de hand van een vierkante doorsnede duidelijk gemaakt dat de bij de eerste twee voorbeelden gevolgde aanpak niet klakkeloos kan worden toegepast.

Voorbeeld 1: Driehoekige doorsnede • De driehoekige doorsnede in figuur 5.94 wordt belast door de getekende dwarskracht V in het verticale symmetrievlak.

Gevraagd:
a. Het verloop van de verticale schuifspanningen.
b. Het verloop van de schuifspanningen langs de schuine randen.

Uitwerking:
a. De gearceerde driehoek in figuur 5.95a wordt gekozen als het afschuivende deel. In figuur 5.95b is dit deel nog eens afzonderlijk getekend met de schuifspanningen σ_{xm}.

De schuifspanningen worden berekend met formule (14):

$$\sigma_{xm} = -\frac{V_z S_z^a}{b^a I_{zz}} \qquad (14)$$

Hierin is:

$$V_z = +V$$

$$b^a = b\frac{m}{h}$$

$$I_{zz} = \tfrac{1}{36}bh^3 \quad \text{(zie paragraaf 3.2.4, voorbeeld 5)}$$

Het statisch moment S_z^a is gelijk aan:

$$S_z^a = A^a \cdot z_C^a$$

waarin A^a de oppervlakte van het afschuivende deel is:

$$A^a = \tfrac{1}{2} \cdot b^a \cdot m = \tfrac{1}{2} b \frac{m^2}{h}$$

en z_C^a de z-coördinaat van het zwaartepunt van deze gearceerde driehoek, zie figuur 5.95a:

$$z_C^a = -c = -\tfrac{2}{3}(h - m) \quad \text{(let op de mintekens!)}$$

Dit leidt tot:

$$S_z^a = A^a \cdot z_C^a = \tfrac{1}{2}b\frac{m^2}{h} \cdot \left\{-\tfrac{2}{3}(h-m)\right\} = -\tfrac{1}{3}bh^2\left(\frac{m^2}{h^2} - \frac{m^3}{h^3}\right)$$

Hiermee zijn alle benodigde grootheden berekend en vindt men met schuifspanningsformule (14):

$$\sigma_{xm} = -\frac{(+V)\left\{-\tfrac{1}{3}bh^2\left(\frac{m^2}{h^2} - \frac{m^3}{h^3}\right)\right\}}{b\frac{m}{h} \cdot \tfrac{1}{36}bh^3} = 12\frac{V}{bh}\left(\frac{m}{h} - \frac{m^2}{h^2}\right)$$

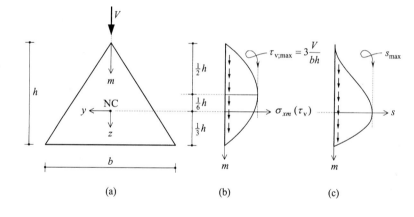

Figuur 5.96 (a) Het normaalkrachtencentrum NC ligt op ééénderde van de hoogte. (b) De maximum (verticale) schuifspanning (de top van de parabool) bevindt zich niet ter hoogte van het normaalkrachtencentrum, maar op halve hoogte. (c) De (verticale) schuifstroom $s = \tau_v t = |\sigma_{xm}|b^a$ is daarentegen wel maximaal in de snede door het normaalkrachtencentrum.

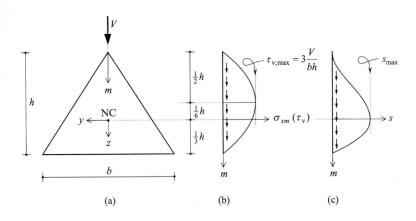

Figuur 5.96 (a) Het normaalkrachtencentrum NC ligt op éénderde van de hoogte. (b) De maximum (verticale) schuifspanning (de top van de parabool) bevindt zich niet ter hoogte van het normaalkrachtencentrum, maar op halve hoogte. (c) De (verticale) schuifstroom $s = \tau_v t = |\sigma_{xm}| b^a$ is daarentegen wel maximaal in de snede door het normaalkrachtencentrum.

In figuur 5.96b is het schuifspanningsverloop getekend.

De verticale schuifspanningen σ_{xm} zijn kwadratisch in m en hebben dus een parabolisch verloop. De plaats van de top van de parabool vindt men uit:

$$\frac{d\sigma_{xm}}{dm} = 12\frac{V}{bh}\left(\frac{1}{h} - \frac{2m}{h^2}\right) = 0 \rightarrow m = \tfrac{1}{2}h$$

De maximum schuifspanning (de top van de parabool) bevindt zich niet ter hoogte van het normaalkrachtencentrum, maar op halve hoogte!
De schuifspanningen zijn over de gehele hoogte positief en werken, zoals te verwachten, in de richting van de dwarskracht V.

De maximum verticale schuifspanning $\tau_{v;max}$ is:

$$\tau_{v;max} = 3\frac{V}{bh} = 1{,}5\frac{V}{A}$$

Hierin is $A = \tfrac{1}{2}bh$ de oppervlakte van de doorsnede.

De gemiddelde verticale schuifspanning is:

$$\tau_{v;gem} = \frac{V}{A}$$

De maximum verticale schuifspanning blijkt, net als bij een rechthoekige doorsnede, 50% groter te zijn dan de gemiddelde schuifspanning:

$$\tau_{v;max} = \tfrac{3}{2}\tau_{v;gem}$$

Opmerking: De verticale schuifspanning is maximaal op halve hoogte en dus niet in het normaalkrachtencentrum NC. De schuifstroom $s = \tau t = |\sigma_{xm}| b^a$ is daarentegen wel maximaal in de snede door het normaalkrachtencentrum. Zie figuur 5.96c, waar het verloop van de schuifstroom s over de hoogte van de doorsnede is uitgezet. Het wordt aan de lezer overgelaten de vorm van dit schuifstroomdiagram te controleren.

Voor elke willekeurige doorsnedevorm is de schuifstroom maximaal in een snede door het normaalkrachtencentrum. Toon dat aan[1].

b. De schuifspanningen σ_{xm} zijn berekend onder de aanname dat ze gelijkmatig verdeeld zijn over de breedte b^a en verticaal werken. Zie figuur 5.97a, waarin het afschuivende deel vergroot is getekend en waarin $\tau_v = \sigma_{xm}$.

Aan de randen kunnen de schuifspanningen niet verticaal zijn; zij moeten daar evenwijdig aan de rand lopen (regel 1). Blijkbaar is τ_v hier de verticale component van de langs de rand gerichte schuifspanning τ_{rand}, zie figuur 5.97b:

$$\tau_{rand} = \frac{\tau_v}{\cos \alpha}$$

De horizontale component van de schuifspanning op de rand is:

$$\tau_{h;rand} = \tau_v \tan \alpha$$

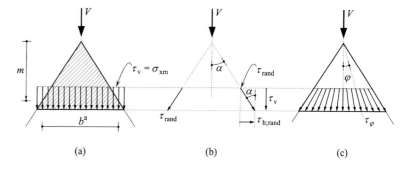

Figuur 5.97 (a) De schuifspanningen $\tau_v = \sigma_{xm}$ zijn berekend onder de aanname dat ze gelijkmatig verdeeld zijn over de breedte b^a en verticaal werken. (b) Aan de randen kunnen de schuifspanningen niet verticaal zijn; zij moeten daar evenwijdig aan de rand lopen. Men neemt aan dat τ_v hier de verticale component is van de langs de rand gerichte schuifspanning τ_{rand}. (c) Verder neemt men aan dat de schuifspanning tussen de randen op de aangegeven wijze geleidelijk van richting verandert.

---

[1] Maak daarbij gebruik van paragraaf 5.1.3 en figuur 5.8.

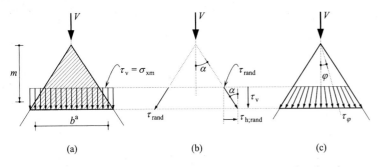

Men neemt aan dat de schuifspanning tussen de randen geleidelijk van richting verandert op de in figuur 5.97c aangegeven wijze. Voor de schuifspanning τ_φ onder een hoek φ geldt:

$$\tau_\varphi = \frac{\tau_v}{\cos\varphi}$$

met als horizontale component $\tau_{h;\varphi}$:

$$\tau_{h;\varphi} = \tau_v \tan\varphi$$

In figuur 5.98 is in één diagram het verloop over de hoogte uitgezet van de schuifspanningen $\tau_{\text{hartlijn}} = \tau_{\varphi=0}$ in de symmetrieas en $\tau_{\text{rand}} = \tau_{\varphi=\alpha}$ langs de randen. In tabel 5.1 is voor een drietal waarden van b/h het verschil tussen τ_{rand} en τ_{hartlijn} gepresenteerd in de verhouding:

$$\frac{\tau_{\text{rand}}}{\tau_{\text{hartlijn}}} = \frac{\tau_{\varphi=\alpha}}{\tau_{\varphi=0}} = \frac{1}{\cos\alpha} = \sqrt{\tfrac{1}{4}(b/h)^2 + 1}$$

Figuur 5.97 (a) De schuifspanningen $\tau_v = \sigma_{xm}$ zijn berekend onder de aanname dat ze gelijkmatig verdeeld zijn over de breedte b^a en verticaal werken. (b) Aan de randen kunnen de schuifspanningen niet verticaal zijn; zij moeten daar evenwijdig aan de rand lopen. Men neemt aan dat τ_v hier de verticale component is van de langs de rand gerichte schuifspanning τ_{rand}. (c) Verder neemt men aan dat de schuifspanning tussen de randen op de aangegeven wijze geleidelijk van richting verandert.

Tabel 5.3

b/h	$\tau_{\text{rand}}/\tau_{\text{hartlijn}}$
0,5	1,03
1,0	1,12
2,0	1,41

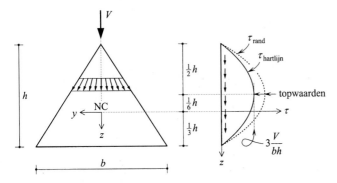

Figuur 5.98 Het verloop over de hoogte van de schuifspanningen τ_{hartlijn} in de symmetrieas (getrokken lijn) en τ_{rand} langs de randen (gestippelde lijn), uitgezet in één diagram

Als de breedte b tweemaal zo groot is als de hoogte h zijn de schuifspanningen aan de rand 41% groter dan die in de symmetrieas. Het berekende schuifspanningsverloop is echter een benadering. Als de breedte b relatief groot is ten opzichte van de hoogte h mag men gaan twijfelen aan de juistheid van de gevonden waarden. Zijn de verticale schuifspanningscomponenten echt nog wel gelijkmatig verdeeld over de breedte?

Nauwkeuriger berekeningen met behulp van de elasticiteitstheorie al dan niet via een computergeoriënteerde aanpak gebaseerd op de elementenmethode kunnen hierover uitsluitsel geven. Deze aanpak valt buiten het kader van het boek.

Voorbeeld 2: Massieve cirkelvormige doorsnede • De massieve cirkelvormige doorsnede in figuur 5.99, met straal r, brengt de getekende verticale dwarskracht V over.

Gevraagd:
a. Het schuifspanningsverloop.
b. De maximum schuifspanning.

Uitwerking:
a. In figuur 5.100a is het afschuivende deel gearceerd. De plaats van de snede is vastgelegd met de hoek φ. In figuur 5.100b is het afschuivende deel nog eens apart getekend met de schuifspanningen σ_{xm}.

Deze spanningen worden berekend met schuifspanningsformule (14):

$$\sigma_{xm} = -\frac{V_z S_z^a}{b^a I_{zz}} \quad (14)$$

Hierin is:

$$V_z = +V$$

$$b^a = 2r \sin\varphi$$

$$I_{zz} = \tfrac{1}{4}\pi r^4 \quad \text{(zie paragraaf 3.2.4, voorbeeld 8)}$$

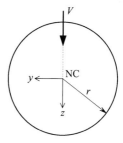

Figuur 5.99 De massieve cirkelvormige doorsnede, met straal r, brengt een verticale dwarskracht V over.

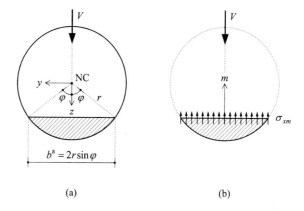

Figuur 5.100 (a) Het afschuivende deel. De plaats van de snede is vastgelegd met de hoek φ. (b) Het afschuivende deel met de schuifspanningen σ_{xm}.

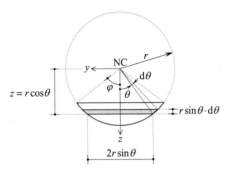

Figuur 5.101   De berekening van het statisch moment S_z^a van het afschuivende deel geschiedt door het sommeren (integreren) van de bijdragen van de dunne stroken tussen de sneden vastgelegd met de hoeken θ en $\theta + d\theta$.

Het lastigste deel in de berekening is het statisch moment S_z^a van het afschuivende deel. Daartoe is in figuur 5.101 een zeer dunne strook tussen twee sneden vastgelegd met de hoeken θ en $\theta + d\theta$ getekend, waarbij $d\theta$ zeer klein is en nadert tot nul.

De breedte van deze zeer dunne strook is $2r \sin \theta$ en de dikte[1] is $r \sin \theta \cdot d\theta$.

De oppervlakte van het strookje is:

$$dA = 2r \sin \theta \cdot r \sin \theta \cdot d\theta = 2r^2 \sin^2 \theta \cdot d\theta$$

en heeft een z-coördinaat

$$z = r \cos \theta$$

De bijdrage van dit strookje tot S_z^a is:

$$dS_z^a = z \cdot dA = r \cos \theta \cdot 2r^2 \sin^2 \theta \cdot d\theta = 2r^3 \sin^2 \theta \cos \theta \cdot d\theta$$

Door de bijdragen van alle strookjes tussen $\theta = 0$ en $\theta = \varphi$ te sommeren of te 'integreren' vindt men:

$$S_z^a = \int_0^\varphi 2r^3 \sin^2 \theta \cos \theta \cdot d\theta = 2r^3 \int_0^\varphi \sin^2 \theta \cdot d(\sin \theta) = 2r^3 (\tfrac{1}{3} \sin^3 \theta)\Big|_0^\varphi =$$
$$= \tfrac{2}{3} r^3 \sin^3 \varphi$$

---

[1] In TOEGEPASTE MECHANICA - deel 1, paragraaf 15.3.2, werd voor kleine rotaties afgeleid: verticale verplaatsing is rotatie maal horizontale afstand tot het draaipunt. Op dezelfde manier kan men hier voor kleine waarden van $d\theta$ zeggen: verticale afstand is hoekje $d\theta$ maal horizontale afstand $r \sin \theta$ tot het middelpunt.

Met de schuifspanningsformule vindt men nu:

$$\sigma_{xm} = -\frac{V \cdot \frac{2}{3}r^3 \sin^3 \varphi}{2r\sin\varphi \cdot \frac{1}{4}\pi r^4} = -\frac{4}{3}\frac{V}{\pi r^2}\sin^2\varphi$$

Omdat:

$$\sin^2\varphi = 1 - \cos^2\varphi = 1 - \frac{z^2}{r^2}$$

kan men σ_{xm} ook als functie van z schrijven:

$$\sigma_{xm} = -\frac{4}{3}\frac{V}{\pi r^2}\left(1 - \frac{z^2}{r^2}\right)$$

De verticale schuifspanningen σ_{xm} zijn kwadratisch in z en verlopen dus parabolisch over de hoogte. De top van de parabool ligt bij $z = 0$, dus nu wel ter hoogte van het normaalkrachtencentrum NC. σ_{xm} is over de gehele hoogte negatief. Dit betekent dat de verticale schuifspanningen tegen de in figuur 5.100 aangenomen m-richting in werken, dus naar beneden, in overeenstemming met de richting van de dwarskracht.

In figuur 5.102 is in een schuifspanningsdiagram het verloop over de hoogte getekend van de verticale schuifspanningen $\tau_v = |\sigma_{xm}|$.

De maximum verticale schuifspanning $\tau_{v;max}$ treedt op in $z = 0$ en bedraagt:

$$\tau_{v;max} = \frac{4}{3}\frac{V}{\pi r^2} = \frac{4}{3}\frac{V}{A}$$

Hierin is $A = \pi r^2$ de oppervlakte van de doorsnede.

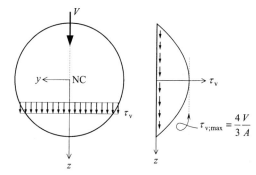

Figuur 5.102 Het verloop over de hoogte van de gelijkmatig over de breedte verdeelde verticale schuifspanningen τ_v

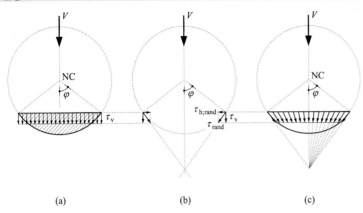

(a) (b) (c)

Figuur 5.103 (a) De met de schuifspanningsformule berekende verticale schuifspanningen zijn gelijkmatig verdeeld over de breedte. (b) Behalve op halve hoogte kunnen de schuifspanningen in de randen van de doorsnede niet verticaal lopen, maar moeten zij evenwijdig aan de rand gericht zijn. In de rand is τ_v de verticale component van de langs de rand gerichte schuifspanning τ. (c) Tussen de randen neemt men aan dat de schuifspanning van richting verandert op aangegeven wijze: alle schuifspanningen in een snede gaan door het snijpunt van de raaklijnen in de eindpunten van die snede.

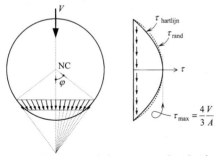

Figuur 5.104 Het verloop over de hoogte van de schuifspanningen $\tau_{hartlijn}$ in de symmetrieas (getrokken lijn) en τ_{rand} langs de randen (gestippelde lijn). De maximum schuifspanning is de verticale schuifspanning op halve hoogte, werkend over de volle breedte van de doorsnede.

De gemiddelde verticale schuifspanning is:

$$\tau_{v;gem} = \frac{V}{A}$$

De maximum verticale schuifspanning is dus 33% groter dan de gemiddelde verticale schuifspanning:

$$\tau_{max} = \frac{4}{3}\tau_{v;gem}$$

b. De met de schuifspanningsformule berekende verticale schuifspanningen zijn gelijkmatig verdeeld over de breedte b^a. Zie figuur 5.103a, waarin $\tau_v = |\sigma_{xm}|$. Behalve op halve hoogte kunnen de schuifspanningen in de randen van de doorsnede niet verticaal lopen, maar moeten zij evenwijdig aan de rand gericht zijn. In de rand is τ_v de verticale component van de langs de rand gerichte schuifspanning τ, zie figuur 5.103b. Voor de schuifspanning τ_{rand} in de randen geldt:

$$\tau_{rand} = \frac{\tau_v}{\sin\varphi}$$

De horizontale component van de schuifspanning in de randen is:

$$\tau_{h;rand} = \frac{\tau_v}{\tan\varphi}$$

Tussen de randen neemt men aan dat de schuifspanning van richting verandert op de in figuur 5.103c aangegeven wijze: alle schuifspanningen in de snede gaan door het snijpunt van de raaklijnen in de eindpunten van de snede. De grootste schuifspanning in een snede treedt dus op in de randen.

In figuur 5.104 is in hetzelfde schuifspanningsdiagram het verloop over de hoogte uitgezet van de schuifspanningen $\tau_{hartlijn}$ in de symmetrieas en τ_{rand} langs de randen. De maximum schuifspanning is nog steeds de verticale schuifspanning op halve hoogte, werkend over de volle breedte van de doorsnede.

Opmerking: De gepresenteerde schuifspanningsverdeling is een benadering. Met behulp van de elasticiteitstheorie kan men aantonen dat de verticale component van de schuifspanningen niet gelijkmatig verdeeld is, maar in het midden iets groter en aan de randen iets kleiner is. De maximum schuifspanning treedt op in het midden van de doorsnede en is 4% groter dan de hier berekende waarde.

Een derde voorbeeld moet duidelijk maken dat de bij de voorbeelden 1 en 2 gevolgde strategie niet altijd met succes kan worden toegepast.

Voorbeeld 3: Vierkante doorsnede • De vierkante doorsnede in figuur 5.105 moet in diagonale richting de getekende dwarskracht V overbrengen.

Gevraagd: Hoe kan men het schuifspanningsverloop in de doorsnede berekenen?

Uitwerking: De aanpak uit de vorige voorbeelden veronderstelt dat de verticale component van de schuifspanningen constant is over de breedte b^a van de snede. In figuur 5.106a zijn onder deze aanname de verticale schuifspanningscomponenten τ_v getekend voor snede AC.

De schuifspanningen in deze figuur kunnen echter niet goed zijn. Omdat in de hoeken A en B de schuifspanning in twee richtingen een componenten nul heeft (namelijk die in de richtingen loodrecht op de rand, zie figuur 5.106b) moet de schuifspanning hier nul zijn en dus moet ook τ_v in A en B nul zijn. Er doet zich dus een situatie voor waarin de verticale component van de schuifspanning niet constant is over de breedte van de snede. De schuifspanningsformule zal op deze manier tot onjuiste uitkomsten leiden.

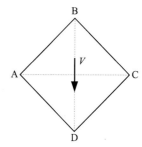

Figuur 5.105 Vierkante doorsnede die in diagonale richting de getekende dwarskracht V moet overbrengen

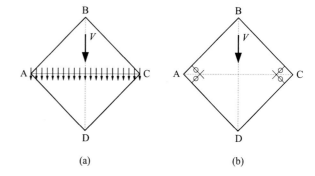

Figuur 5.106 (a) De verticale component van de schuifspanningen kan niet, zoals hier getekend, constant zijn over de breedte van snede AC. (b) Omdat in de hoeken A en B de schuifspanning in de twee richtingen loodrecht op de rand een componenten nul heeft, moet de schuifspanning hier nul zijn.

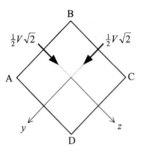

Figuur 5.107 Men kan de dwarskracht ontbinden in de hoofdrichtingen, in dit geval de y- en z-richting evenwijdig aan de zijden van de doorsnede, en vervolgens, gebruikmakend van de schuifspanningsformule voor een rechthoekige doorsnede, de schuifspanningen τ_{xy} en τ_{xz} berekenen als functie van respectievelijk y en z.

Wat men wel kan doen is de dwarskracht ontbinden in een y- en z-richting evenwijdig aan de zijden van de doorsnede, zie figuur 5.107. Gebruikmakend van de schuifspanningsformule voor een rechthoekige doorsnede kan men de schuifspanningen τ_{xy} en τ_{xz} berekenen als functie van respectievelijk y en z. Deze schuifspanningen hebben een parabolisch verloop.

De totale schuifspanning vindt men als:

$$\tau = \sqrt{\tau_{xy}^2 + \tau_{xz}^2}$$

De berekening wordt hier niet uitgevoerd, alleen het resultaat wordt vermeld:
- De schuifspanning is nul in de hoeken A, B, C en D.
- De schuifspanningen in snede AC zijn verticaal gericht en verlopen parabolisch, zie figuur 5.108a.
- Ook langs diagonaal BD zijn de schuifspanningen verticaal gericht en verlopen zij parabolisch, zie figuur 1.08b.
- De schuifspanningen buiten de diagonalen AC en BD hebben een horizontale component.
- De maximum schuifspanning treedt op in het midden van de doorsnede en is:

$$\tau_{max} = \frac{3}{2}\frac{V}{A}$$

waarin A de oppervlakte van de doorsnede is.

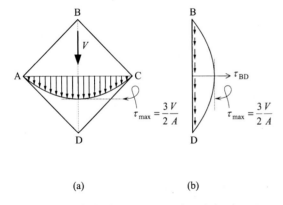

(a) (b)

Figuur 5.108 De schuifspanning is nul in de hoeken A, B, C en D. In de diagonalen AC en BD zijn de schuifspanningen verticaal gericht en verlopen zij parabolisch.

Conclusie: Bij doorsnedevormen met uit- en/of inspringende hoeken kunnen de schuifspanningsformules tot onjuiste resultaten leiden omdat de component van de schuifspanningen loodrecht op een snede niet meer constant is over de breedte van die snede. Dit geldt ook als de hoeken zijn afgerond met een kleine straal.

5.5 Dwarskrachtencentrum

Tot nu toe werden uitsluitend symmetrische doorsneden bekeken met de dwarskracht - als de resultante van alle schuifspanningen in de doorsnede - in het symmetrievlak. In de volgende voorbeelden zijn de doorsneden dunwandig en symmetrisch, maar de dwarskracht werkt nu in een (hoofd-)richting die niet met de symmetrieas samenvalt. Zie de voorbeelden in figuur 5.109.

Berekent men in zo'n geval het schuifspanningsverloop ten gevolge van de dwarskracht en bepaalt men daarna de resultante van alle schuifspanningen in de doorsnede, dan is deze resultante in grootte en richting gelijk aan de dwarskracht, maar zijn werklijn gaat niet door het normaalkrachtencentrum NC, zoals men mogelijk zou verwachten. Dit leidt tot een nieuw punt in de doorsnede: het zogenaamde dwarskrachtencentrum DC.

Het dwarskrachtencentrum DC is dat punt in de doorsnede waar de werklijn van de dwarskracht door moet gaan opdat er geen wringing optreedt.

In de volgende voorbeelden wordt ingegaan op de berekening van de plaats van het dwarskrachtencentrum.

Voorbeeld 1: Een U-profiel • Het U-profiel in figuur 5.110 moet een dwarskracht $V_z = 9{,}35$ kN overbrengen. Het profiel werd eerder gebruikt in paragraaf 5.4.2, voorbeeld 3.

Gevraagd:
a. Het schuifspanningsverloop.
b. De resultante van alle schuifspanningen in een flens.
c. De resultante van alle schuifspanningen in het lijf.
d. De grootte, richting en werklijn van de resultante van alle schuifspanningen in de doorsnede.
e. De plaats van het dwarskrachtencentrum DC.

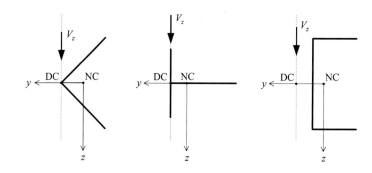

Figuur 5.109 Open dunwandige en symmetrische doorsneden, met de dwarskracht in de hoofdrichting die niet met de symmetrieas samenvalt. De werklijn van de resultante van alle schuifspanningen door dwarskracht blijkt niet door het normaalkrachtencentrum NC te gaan. Dit leidt tot een nieuw punt in de doorsnede: het zogenaamde dwarskrachtencentrum DC.

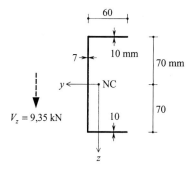

Figuur 5.110 U-profiel met de dwarskracht $V_z = 9{,}35$ kN. De plaats van de werklijn is vooralsnog onbekend.

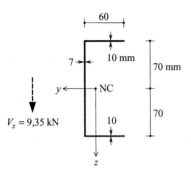

Figuur 5.110 U-profiel met de dwarskracht $V_z = 9{,}35$ kN. De plaats van de werklijn is vooralsnog onbekend.

Uitwerking (eenheden in N en mm):

a. De schuifspanningen worden berekend met de formule:

$$\sigma_{xm} = -\frac{V_z S_z^a}{b^a I_{zz}} \quad (14)$$

Hierin is:

$$I_{zz} = I_{zz(\text{eigen})}^{\text{lijf}} + 2 \times I_{zz(\text{steiner})}^{\text{flens}}$$
$$= \tfrac{1}{12} \times 7 \times 140^3 + 2 \times (60 \times 10) \times 70^2 = 7{,}48 \times 10^6 \text{ mm}^4$$

Het schuifspanningsverloop zal op de snelle manier worden berekend. Daartoe is in figuur 5.111a het zijaanzicht van de balk getekend met de dwarskracht V_z en een buigend moment M_z^*. Figuur 5.111b toont het buigspanningsdiagram ten gevolge van M_z^* en figuur 5.11c een schets van het schuifspanningsdiagram ten gevolge van V_z.

In de flenzen is de buigspanning constant en het schuifspanningsverloop dus lineair. In de (vrije) flensranden is de schuifspanning nul. Bij de aansluiting van de flenzen op het lijf geldt '*instroom = uitstroom*'. De schuifspanningen boven en onder in het lijf zijn dus niet nul. In het lijf verloopt de buigspanning lineair en de schuifspanning dus parabolisch. De topwaarde ligt ter hoogte van het normaalkrachtencentrum NC. De richting van de schuifspanning in het lijf is gelijk aan die van de dwarskracht. Uit deze richting volgt ook de richting van de schuifspanningen in de flenzen.

Voor het complete schuifspanningsdiagram hoeft men slechts de schuifspanningen τ_1 t/m τ_3 te berekenen ter plaatse van de sneden 1 t/m 3, zie figuur 5.111c.

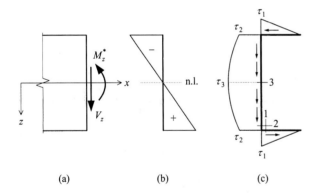

Figuur 5.111 (a) Zijaanzicht van de balk met in de doorsnede de dwarskracht V_z en een buigend moment M_z^*. (b) Het buigspanningsdiagram ten gevolge van M_z^*. (c) Een schets van het schuifspanningsdiagram ten gevolge van V_z

Berekening τ_1:
Voor de onderflens geldt:

$$S_z^a = 60 \times 10 \times (+70) = +42 \times 10^3 \text{ mm}^3$$

Hiermee vindt men:

$$\tau_1 = \left| -\frac{V_z S_z^a}{b^a I_{zz}} \right| = \frac{(9{,}35 \times 10^3)(42 \times 10^3)}{10 \times (7{,}48 \times 10^6)} = 5{,}25 \text{ N/mm}^2$$

Berekening τ_2:
Er geldt '*instroom = uitstroom*':

$$\tau_1 \cdot t_f = \tau_2 \cdot t_w$$

waarin $t_f = 10$ mm de flensdikte en $t_w = 7$ mm de lijfdikte is.

$$\tau_2 = \frac{t_f}{t_w}\tau_1 = \frac{10}{7} \times 5{,}25 = 7{,}5 \text{ N/mm}^2$$

Berekening $\tau_3 = \tau_{max}$:
Voor de onderste helft van de doorsnede geldt:

$$S_z^a = 60 \times 10 \times (+70) + 7 \times 70 \times (+35) = 59{,}15 \times 10^3 \text{ mm}^3$$

zodat:

$$\tau_3 = \tau_{max} = \left| -\frac{V_z S_z^a}{b^a I_{zz}} \right| = \frac{(9{,}35 \times 10^3)(59{,}15 \times 10^3)}{7 \times (7{,}48 \times 10^6)} = 10{,}56 \text{ N/mm}^2$$

In figuur 5.112 is het volledige schuifspanningsdiagram getekend.

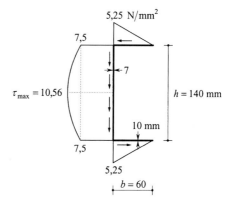

Figuur 5.112 Het volledige schuifspanningsdiagram

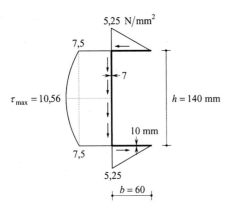

Figuur 5.112   Het volledige schuifspanningsdiagram

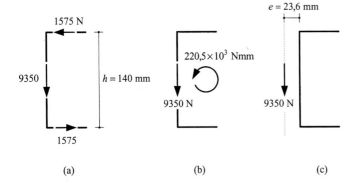

Figuur 5.113   (a) De schuifspanningsresultanten in lijf en flenzen. (b) De schuifkrachten in de flenzen vormen samen een koppel. (c) Door de kracht in het lijf samen te stellen met het koppel uit de flenzen verschuift de kracht over een afstand e. De resultante van alle schuifspanningen heeft zijn werklijn dus op een afstand e uit (de hartlijn van) het lijf.

b. De resultante van alle schuifspanningen in een flens is:

$$R^{\text{flens}} = \tfrac{1}{2} b \tau_1 \cdot t_f = \tfrac{1}{2} \times 60 \times 5{,}25 \times 10 = 1575 \text{ N}$$

c. De resultante van alle schuifspanningen in het lijf berekent men het snelst door het schuifspanningsdiagram op te splitsen in een rechthoek en een parabool, zie figuur 5.112:

$$\begin{aligned} R^{\text{lijf}} &= \left\{ h\tau_2 + \tfrac{2}{3} h(\tau_{\max} - \tau_2) \right\} \cdot t_w \\ &= \left\{ 140 \times 7{,}5 + \tfrac{2}{3} \times 140 \times (10{,}56 - 7{,}5) \right\} \times 7 \approx 9350 \text{ N} \end{aligned}$$

d. In figuur 5.113a zijn de schuifspanningsresultanten in lijf en flenzen getekend. De schuifkracht in het lijf is in richting en grootte gelijk aan de dwarskracht. De schuifkrachten in de flenzen vormen te zamen een koppel, zie figuur 5.113b, met moment:

$$R^{\text{flens}} \times h = 1575 \times 140 = 220{,}5 \times 10^3 \text{ Nmm}$$

Door de kracht van 9350 N in het lijf samen te stellen met het koppel van $220{,}5 \times 10^3$ Nmm uit de flenzen verschuift de kracht over een afstand e, zie figuur 5.113c[1]:

$$e = \frac{220{,}5 \times 10^3 \text{ Nmm}}{9350 \text{ N}} = 23{,}6 \text{ mm}$$

De resultante van alle schuifspanningen ten gevolge van een dwarskracht V_z is een kracht die in richting en grootte gelijk is aan de dwarskracht maar waarvan de werklijn buiten de doorsnede ligt, op een afstand e uit (de hartlijn van) het lijf.

---

[1] Zie TOEGEPASTE MECHANICA - deel 1 paragraaf 3.1 en ook paragraaf 3.5, opgave 3.2-2.

Variantuitwerking deelvraag d: De werklijn van de dwarskracht kan men ook vinden uit de voorwaarde dat het moment van de dwarskracht om een willekeurig punt gelijk is aan de momentensom om datzelfde punt van alle schuifspanningsresultanten in de doorsnede. Kiest men dat punt op de werklijn van de dwarskracht dan moet de momentensom van alle schuifspanningsresultanten dus nul zijn. Dit levert de vergelijking voor de werklijn van de dwarskracht, zoals hierna zal blijken.

Stel punt A met de coördinaten $(y;z)$ is een punt op de werklijn van de dwarskracht, zie figuur 5.114. De plaats van het normaalkrachtencentrum NC is hier gegeven[1]. Er moet gelden:

$$\sum T_x \big| A = +1575 \times (70-z) + 1575 \times (70+z) - 9350 \times (y-16,5)$$
$$= 374,8 \times 10^3 - 9350 \times y = 0$$

waaruit volgt:

$y = +40,1$ mm en z is onbepaald.

De werklijn van de dwarskracht loopt dus verticaal op een afstand e (uit de hartlijn van) het lijf:

$$e = y - 16,5 = 40,1 - 16,5 = 23,6 \text{ mm}$$

e. Als de verticale dwarskracht niet de in figuur 5.113c aangegeven werklijn heeft zal er wringing optreden. Men kan dat zelf constateren door bijvoorbeeld een U-vormige gordijnrail op zijn kant houdt. Onder invloed van het eigen gewicht, dat binnen de doorsnede aangrijpt, zal de rail *verwringen* of *torderen*. Hierdoor ontstaan extra

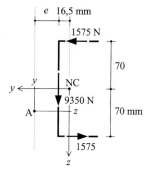

Figuur 5.114 Als er geen wringend moment is, moet de momentensom van alle schuifspanningsresultanten nul zijn ten opzichte van elk willekeurig punt $A(y,z)$ op de werklijn van de dwarskracht.

---

[1] Deze werd eerder berekend in paragraaf 5.4.2, voorbeeld 3.

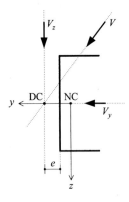

Figuur 5.115 Het dwarskrachtencentrum DC is dat punt in de doorsnede waar de werklijn van een dwarskracht V door moet gaan opdat er geen wringing optreedt.

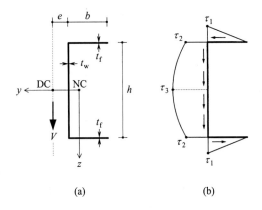

Figuur 5.116 (a) Het dunwandige U-profiel met dwarskracht V_z door het dwarskrachtencentrum DC. (b) Een schets van het bijbehorend schuifspanningsdiagram

schuifspanningen in de doorsnede. Schuifspanningen door wringing worden behandeld in hoofdstuk 6.

Als men geen wringing wil, en dus geen schuifspanningen door wringing, dan moet de dwarskracht V_z de in figuur 5.115 aangegeven werklijn hebben. Voor een dwarskracht V_y moet de werklijn samenvallen met de symmetrie-as. Het snijpunt van beide werklijnen noemt men het dwarskrachtencentrum DC.

Het dwarskrachtencentrum DC is dat punt in de doorsnede waar de werklijn van een dwarskracht door moet gaan opdat er geen wringing optreedt.

Let op de analogie die bestaat met de definitie van het normaalkrachtencentrum NC:
Het normaalkrachtencentrum NC is dat punt in de doorsnede waar de normaalkracht moet aangrijpen opdat er geen buiging optreedt.

Als de doorsnede een symmetrie-as heeft zal het dwarskrachtencentrum DC op de symmetrie-as liggen.
Heeft de doorsnede geen symmetrieas, bepaal dan eerst het schuifspanningsverloop en de werklijn voor de dwarskracht V_y in de ene hoofdrichting en herhaal dat voor de dwarskracht V_z in de andere hoofdrichting. Het snijpunt van de werklijnen van V_y en V_z is dan het dwarskrachtencentrum DC, zie figuur 5.115.

Formules voor het dunwandige U-profiel. Bij het dunwandige U-profiel in figuur 5.116a is A_w de oppervlakte van het lijf:

$$A_w = h t_w$$

en A_f de oppervlakte van een flens:

$$A_f = b t_f$$

Voor het traagheidsmoment I_{zz} kan men afleiden:

$$I_{zz} = \tfrac{1}{2} A_f b^2 (1+\alpha)$$

waarin:

$$\alpha = \frac{1}{6} \frac{A_w}{A_f}$$

Voor de schuifspanningsverdeling in figuur 5.116b ten gevolge van de dwarskracht $V_z = V$ geldt:

$$\tau_1 = \frac{V}{A_w} \frac{t_w}{t_f} \frac{1}{1+\alpha}$$

$$\tau_2 = \frac{V}{A_w} \frac{1}{1+\alpha}$$

$$\tau_3 = \tau_{max} = \frac{V}{A_w} \frac{1+1,5\alpha}{1+\alpha}$$

In deze uitdrukkingen is V/A_w de gemiddelde verticale schuifspanning in het lijf.

Voor de afstand e van het dwarskrachtencentrum DC tot het lijf kan men nu afleiden:

$$e = \frac{b}{2(1+\alpha)}$$

Hieruit blijkt dat de plaats van het dwarskrachtencentrum geheel wordt bepaald door de vorm van de doorsnede en onafhankelijk is van de grootte en richting van de dwarskracht.

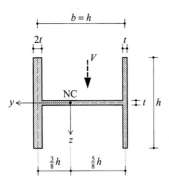

Figuur 5.117 Een dunwandig I-profiel op zijn kant wordt belast door de dwarskracht $V_z = V$. De werklijn van V is nog onbekend. De wanddikte van het profiel is niet voor alle delen gelijk.

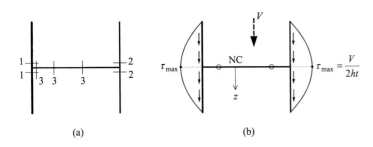

Figuur 5.118 (a) De sneden waarin de schuifspanning wordt berekend. (b) Het schuifspanningsverloop

De lezer wordt gevraagd:
- bovenstaande uitdrukkingen ook zelf af te leiden en
- na te gaan dat zij, toegepast op het behandelde voorbeeld, inderdaad tot dezelfde waarden leiden.

Voorbeeld 2: I-profiel op zijn kant • In figuur 5.117 wordt een I-profiel op zijn kant belast door een dwarskracht $V_z = V$. De plaats van het normaalkrachtencentrum NC kan uit de figuur worden afgelezen. Let op: de wanddikte is niet voor alle delen gelijk.

Gevraagd:
a. Het schuifspanningsverloop.
b. De plaats van het dwarskrachtencentrum.

Uitwerking:
a. De schuifspanningen worden berekent met de formule:

$$\sigma_{xm} = -\frac{V_z S_z^a}{b^a I_{zz}} \tag{14}$$

Hierin is:

$$I_{zz} = \tfrac{1}{12}(2t+t)b^3 = \tfrac{1}{4}tb^3$$

Ten gevolge van een willekeurig buigend moment M_z^* in het vlak van de dwarskracht V_z zal het buigspanningsverloop in de verticale flenzen lineair zijn en dus moet het schuifspanningsverloop hier parabolisch zijn.

Berekening τ_1 in de sneden 1, zie figuur 5.118a:

$$\left|S_z^a\right| = \tfrac{1}{2}h \cdot 2t \cdot \tfrac{1}{4}h = \tfrac{1}{4}th^2$$

en dus:

$$\tau_1 = \frac{V \cdot \tfrac{1}{4}th^2}{2t \cdot \tfrac{1}{4}th^3} = \frac{1}{2}\frac{V}{th}$$

Berekening τ_2 in de sneden 2, zie figuur 5.118a:

$$\left|S_z^a\right| = \tfrac{1}{2}h \cdot t \cdot \tfrac{1}{4}h = \tfrac{1}{8}th^2$$

en dus:

$$\tau_2 = \frac{V \cdot \tfrac{1}{8}th^2}{t \cdot \tfrac{1}{4}th^3} = \frac{1}{2}\frac{V}{th}$$

De schuifspanningen zijn gelijk in beide verticale flenzen. In figuur 5.118b is het schuifspanningsverloop getekend.

Berekening τ_3 in de sneden 3, zie figuur 5.118a:

$$\left|S_z^a\right| = 0 \text{ en dus } \tau_3 = 0$$

De schuifspanning in het horizontale lijf is nul, zie figuur 5.118b. Dit is ter plaatse van de aansluiting met de horizontale flenzen in overeenstemming met de eis 'instroom = uitstroom'.

b. In figuur 5.119 zijn de resulterende schuifkrachten R_1 en R_2 in de verticale flenzen getekend:

$$R_1 = \tfrac{2}{3} \cdot h \cdot \frac{1}{2}\frac{V}{th} \cdot 2t = \tfrac{2}{3}V$$

$$R_2 = \tfrac{2}{3} \cdot h \cdot \frac{1}{2}\frac{V}{th} \cdot t = \tfrac{1}{3}V$$

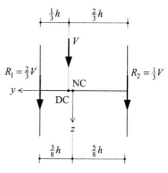

Figuur 5.119 Het dwarskrachtencentrum DC ligt op het snijpunt van de symmetrieas met de werklijn van de dwarskracht. Het dwarskrachtencentrum DC en normaalkrachtencentrum NC zijn duidelijk twee verschillende punten in de doorsnede.

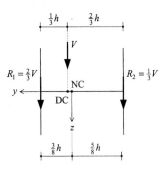

Figuur 5.119 Het dwarskrachtencentrum DC ligt op het snijpunt van de symmetrieas met de werklijn van de dwarskracht. Het dwarskrachtencentrum DC en normaalkrachtencentrum NC zijn duidelijk twee verschillende punten in de doorsnede.

Figuur 5.120 Dunwandige T- en L-profielen

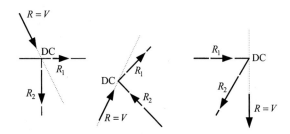

Figuur 5.121 Bij dunwandige T- en L-profielen ligt het dwarskrachtencentrum DC op het snijpunt van 'flens' en 'lijf'.

De resultante van R_1 en R_2 is de dwarskracht:

$$R = R_1 + R_2 = \tfrac{2}{3}V + \tfrac{1}{3}V = V$$

Het dwarskrachtencentrum DC ligt op de werklijn van de schuifspanningsresultante $R = V$ en op de symmetrie-as en valt dus samen met het snijpunt van beide lijnen, zie figuur 5.119.

Het dwarskrachtencentrum DC en normaalkrachtencentrum NC zijn duidelijk twee verschillende punten in de doorsnede.

Voorbeeld 3: Dunwandige T- en L-profielen • Gegeven de dunwandige profielen in figuur 5.120.

Gevraagd: De plaats van het dwarskrachtencentrum DC.

Uitwerking: Het dwarskrachtencentrum DC laat zich bij deze profielen zonder rekenwerk vinden.
De dwarskracht V is de resultante van de schuifspanningsresultanten R_1 en R_2 in figuur 5.121. De werklijn van de dwarskracht V gaat altijd door het snijpunt van de werklijnen van R_1 en R_2, ongeacht de grootte en richting van de dwarskracht. Dit punt is dus het dwarskrachtencentrum DC.

Conclusie: Bij dunwandige T- en L-profielen ligt het dwarskrachtencentrum DC op het snijpunt van 'flens' en 'lijf'.

5.6 Bijzondere gevallen van afschuiving

Tot nu toe werd gekeken naar de situatie van afschuiving in combinatie met buiging. Zo werden de formules voor de schuifkrachten en -spanningen afgeleid uit de verandering van de buigspanning tussen twee opeenvolgende doorsneden. Dit betekent dat de afgeleide formules alleen maar gelden als het materiaal zich lineair elastisch gedraagt en als verder wordt voldaan aan alle andere aannamen die ten grondslag liggen aan de buigspanningformules.

In deze paragraaf worden enkele voorbeelden aangehaald waarin de tot nu toe behandelde theorie niet meer opgaat en de werkelijkheid aanzienlijk gecompliceerder is.

Zo toont figuur 5.122 het belastingschema van een stalen plaat die met een schaargereedschap wordt geknipt. De afstand a tussen de door de messneden uitgeoefende krachten F is aanzienlijk kleiner dan de plaatdikte t. In dit gebied geldt de elementaire balktheorie niet meer en kunnen de schuifspanningformules niet meer worden gebruikt. Worden de krachten F zo ver opgevoerd dat de plaat daadwerkelijk wordt doorgeknipt, dan zal het duidelijk zijn dat het plaatmateriaal bovendien niet meer binnen het lineair-elastische gebied blijft.

Een ander voorbeeld is de pons- of stansbewerking, waarbij een snijdend stempel van hardstaal met grote kracht door het plaatmateriaal wordt gedrukt. De plaat ligt op een starre ondergrond waarin zich een uitsparing bevindt die slechts weinig kleiner is dan het stempel. Een schematische weergave van de ponsopstelling is gegeven in figuur 5.123.

Voor de berekening van dergelijke gecompliceerde situaties werkt men in de praktijk meestal met een gemiddelde schuifspanning τ_{gem} (waarvoor men vaak gewoon τ schrijft) en men vergelijkt deze met een grenswaarde $\bar{\tau}$, die men de *schuifsterkte* zou kunnen noemen. Deze schuifsterkte is meestal experimenteel bepaald en afgestemd op de betreffende praktijksituatie. Vaak moet men de schuifspanningen in zo'n situatie niet als echte spanningen zien, maar eerder als rekengrootheden. Hierna volgt een rekenvoorbeeld.

Voorbeeld 1: Ponsen van een plaat • In een aluminium plaat met een dikte $t = 7{,}5$ mm wil men ronde gaten ponsen. De maximum stempelkracht die de pers kan leveren bedraagt 40 kN. Voor de schuifsterkte van aluminium wordt aangehouden $\bar{\tau} = 60$ MPa.

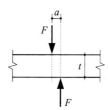

Figuur 5.122 Het belastingschema van een stalen plaat die met een schaargereedschap wordt geknipt. De afstand a tussen de door de messneden uitgeoefende krachten F is aanzienlijk kleiner dan de plaatdikte t. In dit gebied hebben de afgeleide schuifspanningformules geen geldigheid meer.

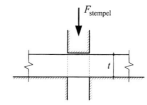

Figuur 5.123 Schematische weergave van een ponsopstelling waarbij een snijdend stempel van hardstaal met grote kracht door het plaatmateriaal wordt gedrukt.

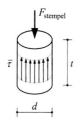

Figuur 5.124 De spanningen en krachten die op een cilindrische ponsdop werken. De ponsdop is het materiaal dat uit de plaat wordt geponst.

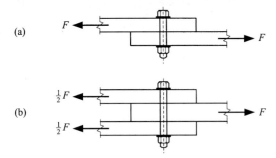

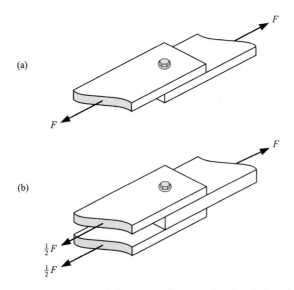

Figuur 5.125 Overlappende verbindingen, waarbij men een onderscheid kan maken tussen (a) de asymmetrische enkelsnedige verbinding en (b) de meestal symmetrische dubbelsnedige verbinding. Overlappende verbindingen worden onder meer toegepast in staal- en houtconstructies.

Figuur 5.126 Ruimtelijke voorstelling van (a) de enkelsnedige verbinding en (b) de dubbelsnedige verbinding

Gevraagd: De maximum diameter d van de te ponsen gaten.

Uitwerking: Het materiaal dat uit de plaat wordt geponst noemt men de ponsdop. In figuur 5.124 zijn alle spanningen en krachten getekend die op de cilindrische ponsdop werken.

Op de cilindermantel met oppervlakte $\pi d \cdot t$ werkt de schuifsterkte $\bar{\tau}$. Op de bovenkant van de ponsdop werkt de stempelkracht $F_{stempel}$. Uit het verticale evenwicht van de ponsdop volgt:

$$F_{stempel} = \pi d \cdot t \cdot \bar{\tau}$$

Hieruit volgt:

$$d_{max} = \frac{F_{stempel;max}}{\pi \cdot t \cdot \bar{\tau}} = \frac{40 \times 10^3 \text{ N}}{\pi \times (7{,}5 \text{ mm})(60 \text{ N/mm}^2)} = 28{,}3 \text{ mm}$$

Een ander voorbeeld betreft de boutverbindingen in figuur 5.125. Deze zogenaamd *overlappende verbindingen* worden onder meer toegepast in staal- en houtconstructies. Men kan een onderscheid maken tussen de (asymmetrische) *enkelsnedige verbinding* in figuur 5.125a en de (meestal symmetrische) *dubbelsnedige verbinding* in figuur 5.125b. In figuur 5.126 zijn de verbindingen ook nog eens ruimtelijk getekend. Uiteraard kan er ook meer dan één bout worden toegepast.

Als wrijving tussen de elkaar overlappende strippen mag worden verwaarloosd vindt de overdracht van de kracht F van de ene strip naar de andere strip(pen) geheel via de bout plaats[1]. In de enkelsnedige verbin-

---

[1] Bij zogenaamde *voorspanbouten*, toegepast in staalverbindingen, ligt dat anders. Hier worden de aansluitende delen door de bouten zo sterk op elkaar geklemd dat de kracht F volledig door wrijving wordt overgebracht.

ding in figuur 5.127a moet de boutsteel een dwarskracht F overbrengen, zie figuur 5.127b. Bij een diameter d van de boutsteel is de gemiddelde schuifspanning in de bout:

$$\tau_{\text{bout}} = \frac{F}{A_{\text{bout}}} = \frac{F}{\frac{1}{4}\pi d^2}$$

De contactspanning tussen bout en strip verloopt in werkelijkheid zeer ingewikkeld. In de praktijk vereenvoudigt men dat door te werken met de *stuikspanning* σ_{stuik}. Dit is de gemiddelde normaalspanning op de oppervlakte τd die men vindt uit de projectie van de boutsteel op de strip:

$$\sigma_{\text{stuik}} = \frac{F}{\tau d}$$

In figuur 5.127c is de stuikspanning op de bout getekend en in figuur 5.127d die op de bovenste strip.

De afstand van het boutgat tot het einde van de strip moet voldoende groot zijn om te voorkomen dat het stripmateriaal uitschuift. In figuur 5.127e is een eenvoudige schematisering van de uitschuifvorm gegeven. In de voorschriften worden de eisen met betrekking tot het uitschuiven vaak gecombineerd met die ten aanzien van de stuikspanning.

Ter afsluiting van deze paragraaf volgt een tweede rekenvoorbeeld.

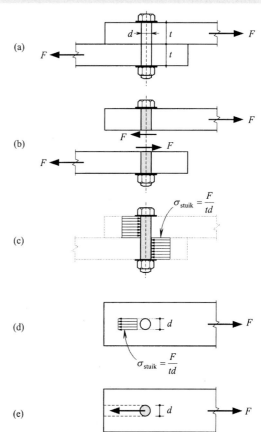

Figuur 5.127 (a) Een enkelsnedige verbinding tussen twee strippen. (b) De boutsteel moet hier een dwarskracht F overbrengen. (c) De contactspanning tussen bout en strip verloopt zeer ingewikkeld. In de praktijk vereenvoudigt men de situatie door te werken met de stuikspanning σ_{stuik}. Dit is de gemiddelde normaalspanning op de oppervlakte τd die men vindt uit de projectie van de boutsteel op de strip. (d) De stuikspanning zoals deze op de bovenste strip werkt. (e) De afstand van het boutgat tot het einde van de strip moet voldoende groot zijn om te voorkomen dat het stripmateriaal uitschuift. De stippellijn geeft een eenvoudige schematisering van de uitschuifvorm.

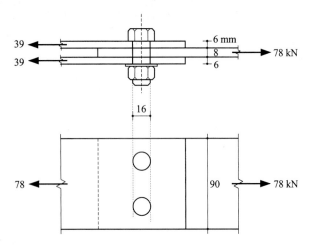

Figuur 5.128 De getekende dubbelsnedige overlappende verbinding met twee bouten moet een trekkracht van 78 kN overbrengen.

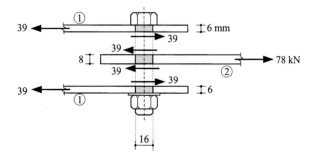

Figuur 5.129 De twee bouten moeten samen een dwarskracht van 39 kN overbrengen.

Voorbeeld 2: Dubbelsnedige overlappende boutverbinding • De dubbelsnedige verbinding met twee bouten in figuur 5.128 moet een trekkracht van 78 kN overbrengen. Alle benodigde informatie kan uit de figuur worden afgelezen.

Gevraagd:
a. De (gemiddelde) schuifspanning in de steeldoorsnede van de bout.
b. De stuikspanning in elk van de strippen.

Uitwerking:
a. Uit figuur 5.129 blijkt dat de twee bouten samen een dwarskracht van 39 kN moeten overbrengen. De (gemiddelde) schuifspanning in de boutsteel is dan:

$$\tau_{\text{bout}} = \frac{39 \times 10^3 \text{ N}}{2 \times \frac{1}{4}\pi \times (16 \text{ mm})^2} = 97 \text{ N/mm}^2$$

b. De stuikspanning in de buitenste strippen (1) is:

$$\sigma_{\text{stuik}}^{(1)} = \frac{39 \times 10^3 \text{ N}}{2 \times (16 \text{ mm})(6 \text{ mm})} = 203 \text{ N/mm}^2$$

De stuikspanning in de middelste strip (2) is:

$$\sigma_{\text{stuik}}^{(2)} = \frac{78 \times 10^3 \text{ N}}{2 \times (16 \text{ mm})(8 \text{ mm})} = 305 \text{ N/mm}^2$$

5.7 Samenvatting formules en regels

Paragraaf 5.7.1 geeft een overzicht van de belangrijkste formules voor het berekenen van de schuifkrachten en -spanningen, zowel in langsrichting als in het vlak van de doorsnede.
Ten behoeve van het kunnen schetsen van het schuifspanningsverloop in het vlak van de doorsnede zijn in paragraaf 5.7.2 een aantal regels op een rijtje gezet.

5.7.1 Formules

- Schuifkracht per lengte in langsrichting (ook wel schuifstroom in langsrichting genoemd) (paragraaf 5.1.2 en 5.1.3):

$$s_x^a = -\frac{V_z S_z^a}{I_{zz}} \quad \text{(de } z\text{-richting is een hoofdrichting)} \tag{7}$$

$$s_x^a = -V_z \cdot \left[\frac{N^a \text{ (tgv } M_z^*)}{M_z^*} \right] \tag{12}$$

In formule (12) is M_z^* een willekeurig buigend moment in hetzelfde vlak als waarin de dwarskracht werkt. De z-richting hoeft geen hoofdrichting te zijn.

- Resulterende schuifkracht in langsrichting (paragraaf 5.1.2):

$$R_{x;s}^a = -\frac{\Delta M_z S_z^a}{I_{zz}} \quad \text{(de } z\text{-richting is een hoofdrichting)} \tag{9}$$

- Gemiddelde schuifspanning in langsrichting (paragraaf 5.1.4):

$$\tau_{\text{gem}}^a = \frac{s_x^a}{b^a} \tag{13}$$

- De schuifspanningen in twee onderling loodrechte vlakjes zijn aan elkaar gelijk (paragraaf 5.3.1 en 5.3.2):

$$\sigma_{ij} = \sigma_{ji} \text{ met } i,j = x,y,z \text{ en } i \neq j$$

Voor de relatie tussen de schuifspanningen σ_{xm} in het vlak van de doorsnede en de schuifspanningen σ_{mx} in langsrichting betekent dit:

$$\sigma_{xm} = \sigma_{mx} = \frac{S_x^a}{b^a}$$

- Schuifspanningsformules (paragraaf 5.3.2):
De schuifspanningsformules gelden onder de *aanname* dat de schuifspanningen loodrecht op de snede werken en constant zijn over de breedte b^a van die snede.

$$\sigma_{xm} = -\frac{V_z S_z^a}{b^a I_{zz}} \quad \text{(de z-richting is een hoofdrichting)} \tag{14}$$

$$\sigma_{xm} = -\frac{V_z}{b^a}\left[\frac{N^a \text{ (tgv } M_z^*)}{M_z^*}\right] \tag{15}$$

Formule (15) geldt ook als de z-richting geen hoofdrichting is.

- Definitie dwarskrachtencentrum
Het *dwarskrachtencentrum* DC is dat punt in de doorsnede waar de werklijn van een dwarskracht door moet gaan opdat er geen wringing is.

5.7.2 Regels voor het schuifspanningsverloop in het vlak van de doorsnede

1 De schuifspanningen loodrecht op de randen van een doorsnede zijn nul (paragraaf 5.3.3).

De regels 2 t/m 4 gelden alleen voor doorsneden (of delen ervan) waarin de breedte b^a van het afschuivende deel constant is (paragraaf 5.3.3):

2 Als de buigspanning σ constant is moet de schuifspanning τ lineair (in m) verlopen.

3 Als de buigspanning σ lineair verloopt dan moet de schuifspanning τ parabolisch (kwadratisch in m) verlopen.

4 De schuifspanning τ is extreem in de snede door het normaalkrachtencentrum NC.

Andere regels (paragraaf 5.4.2, voorbeeld 1 en paragraaf 5.4.4, voorbeeld 1):

5 Er is continuïteit in de '*stroomrichting*' van de schuifspanningen.

6 De *schuifstroom* s is gelijk aan het produkt van schuifspanning τ en dikte t: $s = \tau t$.

7 Waar flenzen en lijven op elkaar aansluiten moet de schuifstroom voldoen aan de eis dat de totale instroom gelijk is aan de totale uitstroom: '*instroom = uitstroom*'.

8 De schuifstroom is altijd extreem in een snede door het normaalkrachtencentrum NC.

5.8 Vraagstukken

Algemene opmerkingen vooraf:
- Alle opgaven zijn zonder wringing.
- In een aantal opgaven wordt behalve naar de schuifspanning ook naar de normaalspanning gevraagd.
- Het eigen gewicht van de constructie blijft buiten beschouwing tenzij in de opgave duidelijk anders is vermeld.

Schuifkrachten en -spanningen in langsrichting (paragraaf 5.1 en 5.2)

5.1 Een prismatische balk wordt in het x-z-vlak belast op buiging met dwarskracht. In de balk heerst een constante normaalkracht. De normaalspanning in een vezel is een functie van x.

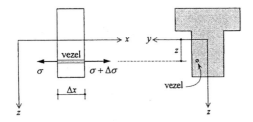

Gevraagd: Toon aan dat voor de verandering per lengte van de normaalspanning σ in een vezel op een afstand z van het x-y-vlak (zie de figuur) geldt:

$$\lim_{\Delta x \to 0} \frac{\Delta \sigma}{\Delta x} = \frac{d\sigma}{dx} = \frac{V_z z}{I_{zz}}$$

5.2 De getekende ligger bestaat uit twee op elkaar gelijmde balken en wordt op de aangegeven wijze belast door de puntlast F.
Houd in de berekening aan: $a = 90$ mm, $b = 120$ mm en $F = 6$ kN.

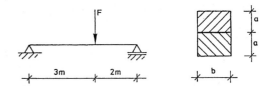

Gevraagd:
a. De maximum schuifstroom (kracht per lengte) in de lijmnaad. Waar treedt deze op?
b. De maximum schuifspanning in de lijmnaad. Waar treedt deze op?

5.3 Een balk is opgebouwd uit 5 op elkaar gelijmde delen van 40×120 mm². De ligger is vrij opgelegd, met een overspanning van 2 m, en draagt een gelijkmatig verdeelde volbelasting q.
De normaalspanning mag niet groter worden dan de grenswaarde $\bar{\sigma} = 7$ N/mm². De schuifspanning in de lijmnaden mag niet groter worden dan de grenswaarde $\bar{\tau} = 0{,}6$ N/mm².

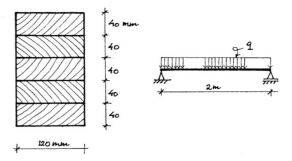

Gevraagd:
a. Bij welke belasting q bereikt de normaalspanning zijn grenswaarde?
b. Bij welke belasting q bereikt de schuifspanning in de lijmnaden zijn grenswaarde?
c. Welke grenswaarde (voor de normaalspanning of schuifspanning) is maatgevend voor het draagvermogen van de balk?

5.4 Een ingeklemde ligger is opgebouwd uit twee balken die met kramplaten op elkaar zijn geklemd. Per kramplaat kan maximaal een schuifkracht van 7 kN worden opgenomen.
Houd in de berekening aan: $a = 100$ mm, $b = 120$ mm, $\ell = 3$ m en $F = 4{,}5$ kN.

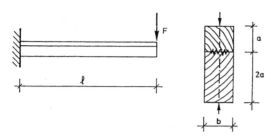

Gevraagd: Het minimaal benodigde aantal kramplaten in de ligger.

5.5 Van een dunwandig T-profiel zijn lijf en flens door middel van een dubbele hoeklas met elkaar verbonden. De doorsnedeafmetingen kunnen uit de figuur worden afgelezen (maten in mm). In het symmetrievlak van de doorsnede werkt een dwarskracht van 10 kN.

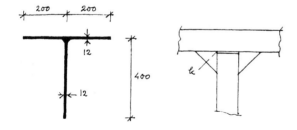

Gevraagd: De schuifkracht per lengte (in N/mm) in de keeldoorsnede k van één van de hoeklassen.

5.6 Een vierkant kokerprofiel is opgebouwd uit twee aan elkaar gelaste U-profielen. Het profiel is dunwandig met overal dezelfde wanddikte t. Het kokerprofiel kan in positie I of in positie II worden geplaatst.
Houd in de berekening aan: $q = 8$ kN/m, $a = 180$ mm en $t = 10$ mm.

Gevraagd:
a. De maximum schuifkracht per lengte in één enkele lasnaad voor het kokerprofiel in positie I.
b. De maximum schuifkracht per lengte in één enkele lasnaad voor het kokerprofiel in positie II.

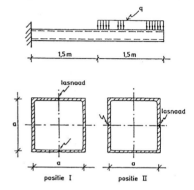

5.7 Een vrij opgelegde vierkante kokervormige balk bestaat uit vier aan elkaar gelijmde planken. Er wordt aangenomen dat de schuifspanning in de lijmnaden gelijkmatig is verdeeld over de breedte van de verbinding. De balk kan worden neergelegd in stand I of in stand II. Op de balk werkt de getekende verticale belasting.

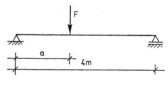

Gevraagd: Welke van onderstaande beweringen is juist?
De schuifspanning in de lijmnaden is:
a. in stand I groter dan in stand II.
b. in stand I even groot als in stand II.
c. in stand I kleiner dan in stand II.

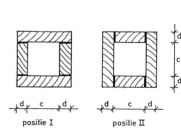

5.8 Dezelfde gegevens als opgave 5.7.
Houd in de berekening aan: $a = 1,5$ m, $F = 23,2$ kN, $c = 120$ mm en $d = 40$ mm.
Gevraagd:
a. De maximum schuifspanning in de lijmnaden voor de balk in stand I.
b. De maximum schuifspanning in de lijmnaden voor de balk in stand II.

5.9 Een vrij opgelegde ligger, met een lengte $\ell = 4$ m, is opgebouwd uit twee vierkante balken van 120×120 mm² die met deuvels aan elkaar zijn verbonden. Per deuvel is de opneembare schuifkracht 5 kN. De ligger draagt een gelijkmatig verdeelde volbelasting $q = 1,8$ kN/m.

Gevraagd: Het totaal aantal deuvels dat ten minste nodig is.

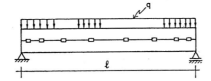

5.10 Een uitkragende balk AB wordt in het vrije einde B belast door een verticale kracht van 3600 N. De balk is opgebouwd uit twee delen van 100×240 mm² die door middel van deuvels met elkaar zijn verbonden, zie de figuur. De maximum schuifkracht die een deuvel kan overbrengen bedraagt 5,8 kN.

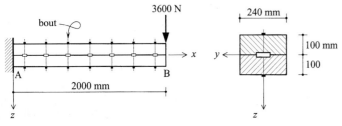

Gevraagd:
a. Het minimaal benodigde aantal deuvels.
b. De maximum kracht per deuvel.

5.11 Een vrij opgelegde ligger is opgebouwd uit drie balken die door met bouten aangeklemde kramplaten tot één geheel zijn verbonden. Per kramplaat kan maximaal 6 kN worden opgenomen. Houd voor het eigen traagheidsmoment in het verticale vlak aan: $I = 3,21 \times 10^9$ mm⁴.

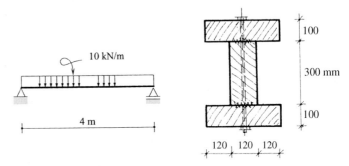

Gevraagd: Hoeveel bouten zijn er in de getekende situatie nodig?

5.12 De getekende houten ligger bestaat uit een badding en twee planken die door middel van draadnagels met elkaar zijn verbonden. Per draadnagel kan een schuifkracht van 300 N worden overgebracht. De ligger is vrij opgelegd met een overspanning van 4 m en draagt een gelijkmatig verdeelde volbelasting van 1,5 kN/m. Voor het eigen traagheidsmoment van de doorsnede mag men in de berekening aanhouden $I = 69,28 \times 10^6$ mm⁴.

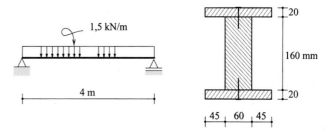

Gevraagd: Bij de gegeven belasting is het totaal benodigde aantal draadnagels het best benaderd met:
a. 40
b. 80
c. 160
d. 320

Schuifspanningen in het vlak van de doorsnede (paragraaf 5.3 en 5.4)

5.13 Een rechthoekige doorsnede brengt in het verticale vlak een dwarskracht $V = 58$ kN over. De oppervlakte van de doorsnede is $A = 14,5 \times 10^3$ mm².

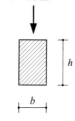

Gevraagd:
a. De gemiddelde verticale schuifspanning.
b. De maximum schuifspanning.
c. De schuifspanning op een kwart van de hoogte.
d. Hoe verandert de maximum schuifspanning als de dwarskracht niet verticaal, maar horizontaal werkt?

5.14-1/2 Gegeven twee verschillende balken met rechthoekige doorsnede.

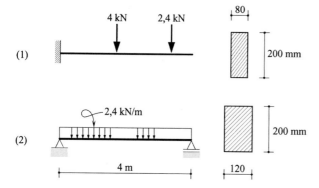

Gevraagd: De maximum schuifspanning in de balk.

5.15 De ingeklemde balk heeft een rechthoekige doorsnede en draagt een gelijkmatig verdeelde volbelasting.

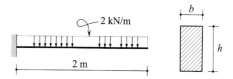

Gevraagd: De oppervlakte A van de doorsnede opdat de schuifspanning nergens de grenswaarde $\bar{\tau} = 0,5$ N/mm² overschrijdt.

5.16 Een vrij opgelegde balk met een overspanning van 1,2 m draagt een gelijkmatige verdeelde volbelasting q. De balk heeft een rechthoekige doorsnede met afmetingen 50×120 mm².

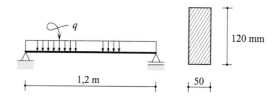

Gevraagd: De gelijkmatig verdeelde belasting q waarbij de maximum schuifspanning in de balk 0,6 N/mm² bedraagt.

5.17 Voor de dimensionering van de getekende houten balk is de schuifspanning maatgevend. De grenswaarde voor de schuifspanning is $\bar{\tau} = 0,6$ N/mm².
De balk heeft een rechthoekige doorsnede met een breedte $b = 80$ mm en draagt een gelijkmatig verdeelde volbelasting $q = 0,8$ kN/m.

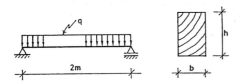

Gevraagd: De minimum hoogte h van de balk.

5.18 Een balk met rechthoekige doorsnede wordt op de aangegeven wijze belast.
Houd in de berekening aan: $F = 42$ kN, $b = 120$ mm en $h = 300$ mm.

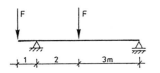

Gevraagd: De maximum verticale schuifspanning in de balk.

5.19 Een prismatische balk met rechthoekige doorsnede is op de aangegeven wijze opgelegd en wordt belast door een gelijkmatig verdeelde belasting $q = 40$ kN/m.

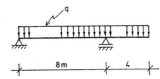

Gevraagd: De minimaal benodigde oppervlakte A van de doorsnede, opdat in de balk de schuifspanning nergens groter wordt dan $\bar{\tau} = 1,2$ N/mm².

5.20 De getekende rechthoekige doorsnede moet een verticale dwarskracht overbrengen.

Gevraagd:
a. In welk van de punten A, B en/of C is de schuifspanning het grootst?
b. In welk van deze punten is de schuifspanning het kleinst?

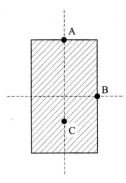

5.21 In de rechthoekige doorsnede uit opgave 5.20 werkt nu een horizontale dwarskracht.

Gevraagd:
a. In welk van de punten A, B en/of C is de schuifspanning het kleinst?
b. In welk van deze punten is de schuifspanning het grootst?

5.22 Een vrij opgelegde balk met een overspanning van 2,83 m draagt een gelijkmatig verdeelde volbelasting q. De balk heeft een rechthoekige doorsnede met afmetingen 100×200 mm².
De grenswaarde voor de buigspanning is $\bar{\sigma} = 7,5$ N/mm²; de grenswaarde voor de schuifspanning is $\bar{\tau} = 0,6$ N/mm².

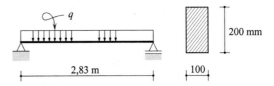

Gevraagd: De maximum belasting q die de balk kan dragen.

5.23 De ingeklemde houten balk heeft een rechthoekige doorsnede en draagt een gelijkmatig verdeelde belasting $q = 5$ kN/m.
De grenswaarde voor de buigspanning is $\bar{\sigma} = 7$ N/mm^2; de grenswaarde voor de schuifspanning is $\bar{\tau} = 1$ N/mm^2.

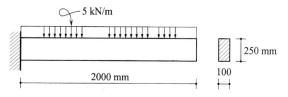

Gevraagd:
a. Onderzoek of de maximum buigspanning beneden de grenswaarde blijft.
b. Onderzoek of de maximum schuifspanning beneden de grenswaarde blijft.
c. De maximum belasting q die de balk kan dragen zonder dat de grenswaarden voor de buig- en schuifspanning worden overschreden.

5.24 Een vrij opgelegde balk met rechthoekige doorsnede draagt in het midden van de overspanning een puntlast F.

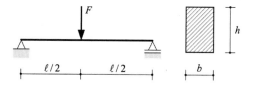

Gevraagd: Bepaal in de gegeven situatie de verhouding tussen de maximum buigspanning en maximum schuifspanning als $\ell = 15h$.

5.25-1/2 Gegeven twee verschillende balken met dezelfde rechthoekige doorsnede.

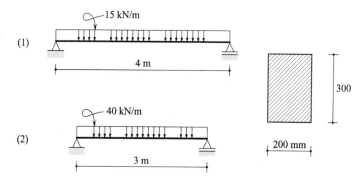

Gevraagd:
a. De maximum buigspanning in de balk.
b. De maximum schuifspanning in de balk.

5.26 De getekende ingeklemde balk heeft een rechthoekige doorsnede $b \times h$ met $b = \frac{1}{2}h$. De grenswaarde voor de schuifspanning is $\bar{\tau} = 0{,}33$ N/mm^2; de grenswaarde voor de buigspanning is $\bar{\sigma} = 15$ N/mm^2.

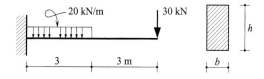

Gevraagd bij de gegeven belasting: De minimum balkhoogte h.

5.27-1/2 Een balkje met rechthoekige doorsnede wordt onderworpen aan de zogenaamde vierpuntsbuigproef.

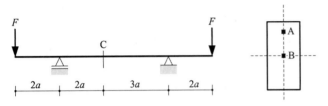

Gevraagd:
1. Welke bewering is juist voor de normaalspanning σ_A en schuifspanning τ_A in punt A van doorsnede C?
   a. $\sigma_A \neq 0$ en $\tau_A \neq 0$
   b. $\sigma_A = 0$ en $\tau_A \neq 0$
   c. $\sigma_A \neq 0$ en $\tau_A = 0$
   d. $\sigma_A = 0$ en $\tau_A = 0$
2. Welke bewering is juist voor de normaalspanning σ_B en schuifspanning τ_B in punt B van doorsnede C?
   a. $\sigma_B \neq 0$ en $\tau_B \neq 0$
   b. $\sigma_B = 0$ en $\tau_B \neq 0$
   c. $\sigma_B \neq 0$ en $\tau_B = 0$
   d. $\sigma_B = 0$ en $\tau_B = 0$

5.28 Een ingeklemde balk met rechthoekige doorsnede wordt in zijn vrije einde op de aangegeven wijze belast door de twee krachten F_1 en F_2.

Gevraagd:
a. In welk van de aangegeven punten is de buigtrekspanning maximaal?
b. In welk van de aangegeven punten is de buigdrukspanning maximaal?
c. In welk van de aangegeven punten is de schuifspanning maximaal?

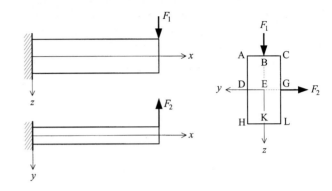

5.29 In de getekende doorsnede werkt een verticale dwarskracht van 42,8 kN. Het eigen traagheidsmoment in het verticale vlak is $I = 102 \times 10^3$ mm^4.

Gevraagd:
a. De verticale schuifspanning in A.
b. De verticale schuifspanning in B.
c. De maximum verticale schuifspanning in de doorsnede en de plaats waar deze optreedt.

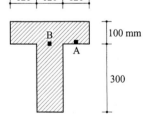

5.30 Een gelijmde houten T-balk is vrij opgelegd en draagt een gelijkmatig verdeelde volbelasting.

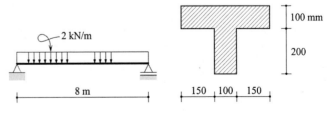

Gevraagd: De maximum schuifspanning in de balk.

5.31 Een vrij opgelegde betonnen T-balk draagt een gelijkmatig verdeelde volbelasting van 40 kN/m. De schuifspanning in de balk mag de grenswaarde $\bar{\tau} = 0{,}6$ N/mm² niet overschrijden.

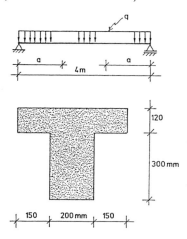

Gevraagd: Over welke lengte *a* moeten voorzieningen worden getroffen (in de vorm van bijvoorbeeld extra beugels of opgebogen wapening) om de te grote schuifspanningen op te nemen?

5.32 Het getekende T-profiel moet in het verticale symmetrievlak een naar beneden gerichte dwarskracht van 1 kN overbrengen. De doorsnede moet in de berekening als dunwandig worden opgevat.

Gevraagd:
a. Het verloop van de schuifspanningen als functie van de plaats in de doorsnede.
b. Teken het schuifspanningsdiagram, met hierin de richting van de schuifspanningen.
c. De schuifkracht per lengte in langsrichting in de aansluiting van het lijf op de flens.

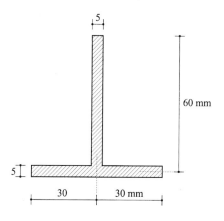

5.33 Een dunwandig symmetrisch U-profiel moet in het symmetrievlak de getekende dwarskracht $V_z = V$ overbrengen. De doorsnedeafmetingen kunnen uit de figuur worden afgelezen.

Gevraagd:
a. De plaats van het normaalkrachtencentrum NC en de grootte van het eigen traagheidsmoment I_{zz}.
b. Schets het buigspanningsdiagram ten gevolge van een (willekeurig) buigend moment M_z^*.
c. Wat kan men op grond van het buigspanningsverloop in de doorsnede zeggen over het schuifspanningsverloop? Geef een schets van het schuifspanningsdiagram (er wordt nog geen berekening gevraagd). Geef ook aan in welke richting de schuifspanningen werken.
d. Waar in de doorsnede is de schuifspanning extreem? Bereken deze extreme waarde.
e. Bereken ook de schuifspanningen in C, in zowel lijf als flens.

5.34 Een dunwandig gelijkzijdig hoekprofiel, met overal dezelfde wanddikte van 12 mm, moet in het horizontale symmetrievlak een dwarskracht $V = 48\sqrt{2}$ kN overbrengen.

Gevraagd:
a. Het schuifspanningsdiagram. Geef de richting van de schuifspanningen aan.
b. De maximum schuifspanning en waar in de doorsnede treedt deze op?
c. Toon aan dat de resultante van alle schuifspanningen in de doorsnede gelijk is aan de dwarskracht.

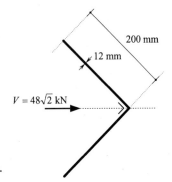

5.35 Een dunwandige T-profiel, met een lijfdikte van 10 mm en een flensdikte van 5 mm, moet in het symmetrievlak een dwarskracht van 18 kN overbrengen. De doorsnedeafmetingen kan men uit de figuur aflezen.

Gevraagd:
a. Bereken de plaats van het normaalkrachtencentrum NC.
b. Bereken de schuifspanningen in het lijf als functie van z.
c. Bereken de schuifspanningen in de flens als functie van y.
d. Teken voor de gehele doorsnede het schuifspanningsdiagram. Geef de richting van de schuifspanningen aan en schrijf de belangrijkste waarden er bij.

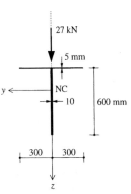

5.36 Van een dunwandig U-profiel zijn de doorsnedeafmetingen in de figuur gegeven. De doorsnede moet een dwarskracht $V_y = 7200$ N overbrengen.

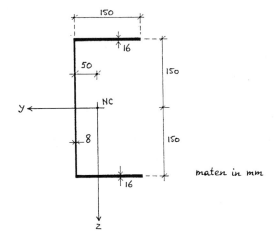

Gevraagd:
a. Toon aan dat voor het eigen traagheidsmoment I_{yy} geldt: $I_{yy} = 18 \times 10^6$ mm^4.
b. Schets het schuifspanningsdiagram (er wordt nog geen berekening gevraagd). Geef de richtingen aan.
c. Bereken voor een aantal interessante plaatsen de waarden. Hoe groot is de maximum schuifspanning en waar treedt deze op?

5.37 De vrij opgelegde ligger AB wordt in C, op eenderde van de overspanning, belast door een verticale kracht $3F$. De ligger heeft een dunwandige doorsnede (een U-profiel); de lijfdikte is t en de flensdikte $2t$. Profielhoogte en -breedte zijn h.

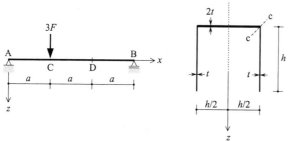

Gevraagd:
a. De plaats van het normaalkrachtencentrum NC en de grootte van het eigen traagheidsmoment I_{zz}.
b. Bereken en teken het verloop van de schuifspanningen die in doorsnede D op het linker deel van de ligger werken. Geef de richting van de schuifspanningen aan.
c. De schuifkracht per lengte in langsrichting ter plaatse van snede c-c, op de aansluiting van lijf en flens.

5.38 De getekende dunwandige T-balk met overal dezelfde wanddikte van 10 mm wordt op de aangegeven wijze belast door de krachten $F_1 = 240$ kN en $F_2 = 40$ kN.
Van het profiel is gegeven: $A = 12 \times 10^3$ mm² en $I_{zz} = 450 \times 10^6$ mm⁴.

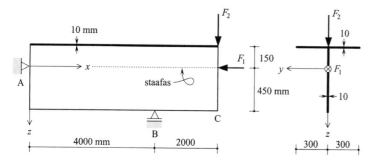

Gevraagd:
a. Schematiseer de balk tot lijnelement en teken de M-, V- en N-lijn.

b. In welke doorsnede is de normaalspanning maximaal. Bereken en teken voor die doorsnede het normaalspanningsdiagram.
c. Bereken en teken het schuifspanningsdiagram voor een doorsnede links van oplegging B. Hoe groot is in deze doorsnede de maximum schuifspanning en waar treedt deze op?
d. Bereken en teken het schuifspanningsdiagram voor een doorsnede rechts van oplegging B. Hoe groot is in deze doorsnede de maximum schuifspanning en waar treedt deze op?

5.39 Een dunwandig 'dubbel-T-profiel' heeft overal dezelfde wanddikte van 12 mm. De plaats van het normaalkrachtencentrum NC is in de figuur aangegeven. Verder is gegeven $I_{zz} = 40 \times 10^6$ mm⁴.
De doorsnede moet in het verticale symmetrievlak een dwarskracht van 32 kN overbrengen.

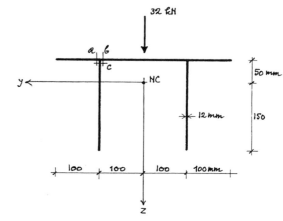

Gevraagd:
a. Bereken de schuifspanning in snede a.
b. Bereken de schuifspanning in snede b.
c. Bereken de schuifspanning in snede c.
d. Bereken de maximum schuifspanning in een lijf. Waar treedt deze op?
e. Schets voor de gehele doorsnede het verloop van de schuifspanningen, geef de richtingen aan en schrijf de belangrijkste waarden er bij.

5.40 In het verticale symmetrievlak van het getekende dunwandige I-profiel werkt een dwarskracht van 48 kN. Het profiel heeft overal dezelfde wanddikte van 12 mm. Het eigen traagheidsmoment in het verticale vlak is $I_{zz} = 256 \times 10^6$ mm^4.

Gevraagd:
a. Verifieer dat $I_{zz} = 256 \times 10^6$ mm^4.
b. De maximum schuifspanning in één van de flenzen.
c. De maximum schuifspanning in het lijf.
d. Een schets van het schuifspannings- diagram voor de gehele doorsnede. Schrijf de waarden er bij en geef met pijltjes de richting van de schuifspanningen aan.

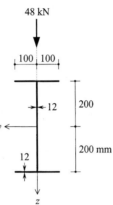

5.41 Een dunwandige stalen kolom met hoogte h en overal dezelfde wanddikte t is aan de voet ingeklemd en wordt in het vrije einde belast door de krachten F_1 en F_2, zie de figuur.
Houd in de berekening aan:
$F_1 = F_2 = 66{,}15$ kN, $h = 3$ m en $t = 10{,}5$ mm.
Verder is voor de doorsnede gegeven:
$A = 15{,}75 \times 10^3$ mm^2 en $I_{zz} = 882 \times 10^6$ mm^4.

Gevraagd:
a. Bereken de plaats van het normaalkrachtencentrum NC.
b. Schematiseer de kolom tot een lijnelement en teken alle krachten die er op werken, daarbij inbegrepen de oplegreacties.
c. Teken de N- V- en M-lijn, met de vervormingstekens.
d. Bereken en teken voor de doorsnede op 1 m boven de inklemming het normaalspanningsdiagram.
e. Bereken en teken voor de doorsnede op 1 m boven de inklemming het schuifspanningsdiagram.

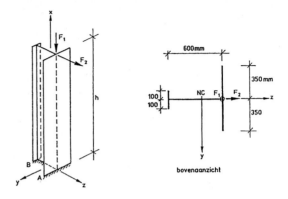

5.42 Voor de getekende ligger is een dunwandig kokerprofiel toegepast met een rechthoekige doorsnede en overal dezelfde wanddikte. Belasting en afmetingen zijn in de figuur gegeven.

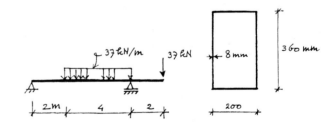

Gevraagd:
a. In welke doorsnede treedt de grootste normaalspanning op? Teken voor deze doorsnede het normaalspanningsdiagram, met de goede tekens voor trek en druk.
b. In welke doorsnede treedt de grootste schuifspanning op? Teken voor die doorsnede het schuifspanningsdiagram. Geef in de doorsnede de richting van de dwarskracht aan en de richting waarin de schuifspanningen werken.
c. Toon aan dat de resultante van alle schuifspanningen in de doorsnede gelijk is aan de dwarskracht.

5.43 In de getekende dunwandige doorsnede, met overal dezelfde wanddikte van 8 mm, werkt een dwarskracht $V_z = 44$ kN. Voor het eigen traagheidsmoment geldt: $I_{zz} = 396 \times 10^6$ mm^4.

Gevraagd:
a. De schuifspanning in snede a.
b. De schuifspanning in snede b.
c. De schuifspanning in snede c.
d. De maximum schuifspanning in de doorsnede.
e. Een schets van het volledige schuifspanningsdiagram. Schrijf de waarden erbij en geef met pijltjes de richting van de schuifspanningen aan.

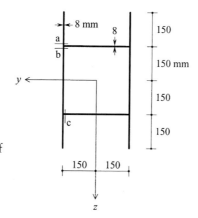

5.44 De getekende dunwandige doorsnede heeft overal dezelfde wanddikte van 10 mm en moet in het symmetrievlak een dwarskracht van 45 kN overbrengen.

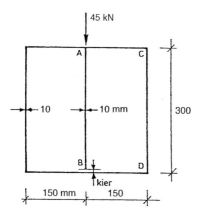

Gevraagd:
a. Bereken en teken het schuifspanningsdiagram voor AB. Hoe groot is de maximum schuifspanning in AB?
b. De resultante van alle schuifspanningen in AB.
c. De resultante van alle schuifspanningen in CD.
d. Bereken en teken het schuifspanningsdiagram voor CD. Hoe groot is de maximum schuifspanning in CD?
e. Toon aan dat de resultante van alle schuifspanningen in CD overeenstemt met het antwoord op vraag c.

5.45 Gegeven een dunwandige cirkelvormige kokerdoorsnede met straal R en wanddikte t. De doorsnede moet een dwarskracht V_z overbrengen.

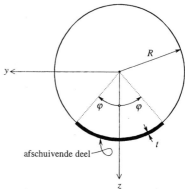

Gevraagd:
a. Bereken voor deze doorsnede I_{zz}.
b. Toon aan dat voor het statisch moment van het in de figuur aangegeven afschuivende deel geldt:
$$S_z^a = 2R^2 t \sin \varphi$$
c. Bereken en teken het schuifspanningsverloop als functie van φ ten gevolge van de dwarskracht V_z. Houd in de numerieke uitwerking aan: $R = 150$ mm; $t = 8,6$ mm en $V_z = 40,5$ kN.
d. Hoe groot is de maximum schuifspanning (in N/mm^2) en waar treedt deze op?

5.46 De getekende dunwandige kokerdoorsnede in de vorm van een gelijkbenige driehoek heeft overal dezelfde wanddikte van 10 mm. In het verticale symmetrievlak werkt een dwarskracht van 25 kN. Voor het eigen traagheidsmoment I_{zz} geldt $I_{zz} = 61{,}2 \times 10^6$ mm^4.

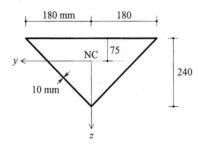

Gevraagd:
a. Verifieer de plaats van het normaalkrachtencentrum NC.
b. Toon aan dat $I_{zz} = 61{,}2 \times 10^6$ mm^4.
c. Schets het schuifspanningsdiagram voor de gehele doorsnede (zonder berekening!). Geef met pijltjes de richting van de schuifspanningen aan.
d. Bereken op een aantal interessante plaatsen de waarden in het schuifspanningsdiagram.
e. De maximum schuifspanning in de doorsnede en de plaats waar deze optreedt.
f. Toon aan dat de resultante van alle schuifspanningen in de doorsnede gelijk is aan de dwarskracht van 25 kN.

5.47 Een vrij opgelegde cirkelcilindrische staaf met een diameter van 100 mm wordt op de aangegeven wijze belast door een kracht van 36 kN.

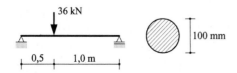

Gevraagd:
a. De maximum buigspanning in de staaf.
b. De maximum schuifspanning in de staaf.

5.48 De massieve doorsnede in de vorm van een gelijkbenige driehoek brengt in het verticale symmetrievlak een dwarskracht over van 75 kN.

Gevraagd:
a. De schuifspanning ter hoogte van het normaalkrachtencentrum van de doorsnede.
b. De maximum schuifspanning in de doorsnede.
c. Geef een schets van het schuifspanningsverloop over de hoogte van de doorsnede.

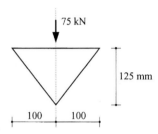

Dwarskrachtencentrum (paragraaf 5.5)

5.49 *Gevraagd:* Welke betekenis moet men toekennen aan het dwarskrachtencentrum DC in een doorsnede?

5.50 In de getekende doorsnede werkt een horizontale dwarskracht $V_y = 24$ kN. De doorsnedeafmetingen kunnen uit de figuur worden afgelezen.

Gevraagd:
a. Bereken de afstand *a* van het normaalkrachtencentrum NC tot de (hartlijn van de) bovenflens.
b. Bereken en teken voor de gehele doorsnede het schuifspanningsverloop ten gevolge van $V_y = 24$ kN. Geef de richtingen aan en schrijf de belangrijkste waarden er bij.

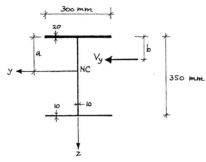

c. Bereken voor lijf en flenzen afzonderlijk de schuifspanningsresultanten.
d. Toon aan dat de resultante van alle schuifspanningen in de doorsnede gelijk is aan de dwarskracht $V_y = 24$ kN. Bereken de afstand b van de werklijn van V_y tot de bovenflens.
e. Waar in de doorsnede ligt het dwarskrachtencentrum DC?

5.51 In een dunwandig gelijkbenig hoekprofiel werkt loodrecht op het symmetrievlak van de doorsnede een dwarskracht $V_z = 40\sqrt{2}$ kN. Het profiel heeft overal dezelfde wanddikte van 12 mm. De afmetingen kunnen uit de figuur worden afgelezen.

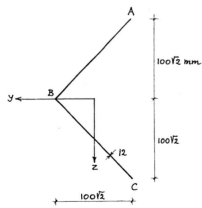

Gevraagd:
a. Bereken het verloop van de schuifspanningen als functie van z.
b. Teken het schuifspanningsdiagram. Geef de richtingen aan en schrijf de belangrijkste waarden erbij.
c. Bereken de resultante van alle schuifspanningen in respectievelijk AB en BC.
d. Toon aan dat de resultante van alle schuifspanningen in de doorsnede gelijk is aan de dwarskracht $V_z = 40\sqrt{2}$ kN. Waar ligt de werklijn van V_z?
e. Waar ligt het dwarskrachtencentrum DC?

5.52 In de getekende dunwandige doorsnede werkt loodrecht op de symmetrieas een verticale dwarskracht $V_z = 20$ kN. De afmetingen kunnen uit de figuur worden afgelezen.

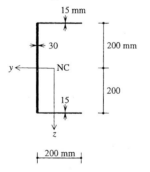

Gevraagd:
a. Bereken de plaats van het normaalkrachtencentrum NC.
b. Bereken doorsnedegrootheden die nodig zijn om het schuifspanningsverloop te kunnen berekenen.
c. Bereken en teken het schuifspanningsverloop. Geef de richtingen aan en schrijf de belangrijkste waarden er bij.
d. Bereken en teken de resultante van alle schuifspanningen in respectievelijk de bovenflens, de onderflens en het lijf.
e. Waar ligt de werklijn van de resultante van alle schuifspanningen in de doorsnede (dus de werklijn van de dwarskracht)?
f. Waar ligt het dwarskrachtencentrum DC van de doorsnede?

5.53 In een dunwandige vierkante doorsnede met spleet werkt een verticale dwarskracht V. De doorsnede heeft overal dezelfde wanddikte t. In positie I bevindt de spleet zich in het midden van de onderflens. In positie II is de doorsnede 90° gedraaid en bevindt de spleet zich in het midden van het rechter lijf.

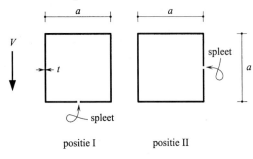

Gevraagd (zonder berekening):
a. Een schets van het schuifspanningsverloop voor de doorsnede in positie I. Geef met pijltjes de richting van de schuifspanningen aan.
b. Een schets van het schuifspanningsverloop voor de doorsnede in positie II. Geef met pijltjes de richting van de schuifspanningen aan.

5.54 Zie de gegevens in opgave 5.53
Houd in de berekening aan: $a = 240$ mm, $t = 12{,}5$ mm en $V = 32$ kN.
Gevraagd:
a. Bereken en teken het schuifspanningsdiagram voor de doorsnede in positie I.
b. Toon aan dat de resultante van alle schuifspanningen in de doorsnede gelijk is aan de dwarskracht. Waar ligt de werklijn van de dwarskracht?
c. Bereken en teken het schuifspanningsdiagram voor de doorsnede in positie II.
d. Toon aan dat de resultante van alle schuifspanningen in de doorsnede gelijk is aan de dwarskracht. Waar ligt de werklijn van de dwarskracht?
e. Waar in de doorsnede ligt het dwarskrachtencentrum?

Bijzondere gevallen van afschuiving (paragraaf 5.6)

5.55 In een aluminium plaat met dikte $t = 8$ mm worden ronde gaten met diameter d geponst. De schuifsterkte is $\bar{\tau} = 60$ MPa.

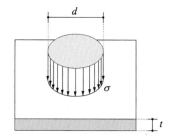

Gevraagd:
a. De benodigde stempeldruk σ bij een diameter $d = 30$ mm.
b. De benodigde stempeldruk σ bij een diameter $d = 40$ mm.

5.56 Spantbeen (1) is met zolderbalk (2) verbonden door middel van een tandverbinding. In spantbeen (1) heerst een drukkracht van 17,4 kN. Beide balken hebben een breedte van 80 mm. Alle andere gegevens kunnen aan de figuur worden ontleend. Neem in de berekening aan dat de tandverbinding glad (wrijvingsloos) is.

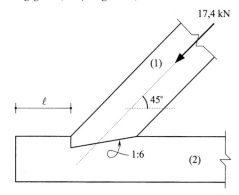

Gevraagd:
a. De op het voorhout uitgeoefende kracht.
b. De benodigde lengte ℓ van het voorhout als de schuifspanning beneden de grenswaarde $\bar{\tau} = 0{,}9$ MPa moet blijven.

5.57 De getekende overlappende lijmverbinding tussen drie 100 mm brede planken moet een trekkracht van 63 kN overbrengen. De gemiddelde schuifspanning in de lijmverbinding mag de grenswaarde $\bar{\tau} = 1{,}75$ MPa niet overschrijden.

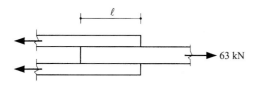

Gevraagd: De benodigde laslengte ℓ.

5.58 De getekende overlappende boutverbinding tussen drie 25 mm dikke planken brengt een trekkracht van 7,5 kN over. De bout heeft een diameter van 10 mm. De lengte van het voorhout bedraagt 60 mm voor de binnenste plank (1) en 50 mm voor de buitenste planken (2).

Gevraagd:
a. De schuifspanning in de bout.
b. De schuifspanning in het voorhout van plank (1).
c. De stuikspanning in plank (1).
d. De schuifspanning in het voorhout van de planken (2).
e. De stuikspanning in de planken (2).

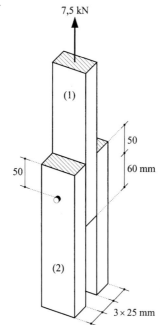

Gemengde opgaven

5.59 Een vrij opgelegde houten balk, 2 m lang, wordt in het midden van de overspanning belast door een puntlast van 10,5 kN. De rechthoekige doorsnede van de balk is 0,2 m breed en 0,1 m hoog, zoals is aangegeven in onderstaande figuur.

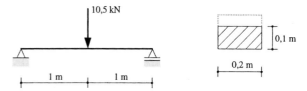

Gevraagd:
a. Bereken de grootste buigspanning in de balk.
b. Om te zorgen dat bij de aangegeven belasting de grootste buigspanning beneden een grenswaarde van 7 MPa blijft wordt er op de balk een 0,2 m brede strook gelijmd. Hoe dik moet die strook minstens zijn?
c. Bereken voor geval b de maximum schuifkracht per lengte die de lijmverbinding moet overbrengen. Waar treedt dit maximum op?

5.60 Een vrij opgelegde balk met een rechthoekige doorsnede van 80×180 mm^2 heeft een overspanning van 6 m en draagt een gelijkmatig verdeelde volbelasting van 12 kN/m.

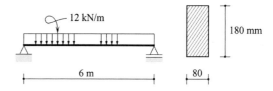

Gevraagd:
a. De maximum buigspanning in de balk.
b. De maximum schuifspanning in de balk.

5.61 Een dunwandig I-profiel moet in het verticale symmetrievlak een dwarskracht van 42 kN overbrengen. De doorsnedeafmetingen volgen uit de figuur. Houd in de berekening aan: $a = 300$ mm en $t = 15$ mm.

Gevraagd:
a. De schuifspanning ter plaatse van snede I in het lijf.
b. De schuifspanning ter plaatse van snede II in het lijf, direct onder de bovenflens.
c. De schuifspanning ter plaatse van snede II in de bovenflens, direct naast het lijf.
d. Teken het volledige schuifspanningsdiagram, schrijf de waarden er bij en geef de richting van de schuifspanningen aan.

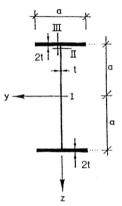

5.62 De getekende stalen kokerbalk is uitgevoerd als een gelaste koker. Voor het eigen traagheidsmoment in het verticale vlak (het vlak van de belasting) geldt $I = 13 \times 10^6$ mm^4.

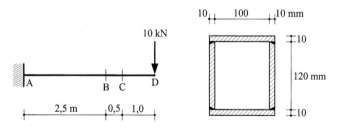

Gevraagd bij de gegeven belasting: De schuifkracht in langsrichting die één enkele lasnaad over de lengte BC moet overbrengen.

5.63 Een dunwandige buis met straal R en wanddikte t moet een verticale dwarskracht $V = 7$ kN overbrengen. De oppervlakte van de buisdoorsnede is $A = 1000$ mm^2.

Gevraagd:
a. De gemiddelde verticale schuifspanning.
b. De maximum schuifspanning.
c. De schuifspanning op een kwart van de hoogte.

5.64 Een vrij opgelegde T-balk draagt een gelijkmatig verdeelde volbelasting.

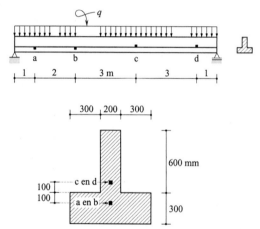

Gevraagd: In welk van de vier aangegeven punten is in de gegeven situatie:
a. de verticale schuifspanning het grootst?
b. de verticale schuifspanning het kleinst?

5.65 De getekende uitkragende ligger, met een lengte van 3 m, heeft een dunwandige doorsnede. De doorsnedeafmetingen en de plaats van het normaalkrachtencentrum NC kunnen uit de figuur worden afgelezen. Voor de eigen traagheidsmomenten geldt $I_{yy} = 90 \times 10^6$ mm^4 en $I_{zz} = 360 \times 10^6$ mm^4.
In het vrij zwevende einde werkt een verticale kracht van 4,5 kN en grijpt in het midden van de flens een trekkracht van 36 kN aan.

Gevraagd:
a. De verticale schuifspanning in A.
b. De verticale schuifspanning B.
c. De maximum verticale schuifspanning in de doorsnede en de plaats waar deze optreedt.

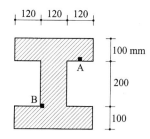

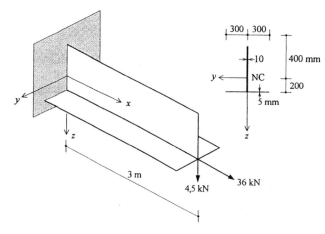

Gevraagd:
a. Schematiseer de ligger tot een lijnelement en teken alle krachten die er op werken. Teken de *M*- *V*- en *N*-lijn, met de vervormingstekens. Schrijf de waarden er bij.
b. Teken het normaalspanningsdiagram voor de doorsnede $x = 1$ m.
c. Bereken voor de doorsnede $x = 1$ m de schuifspanningen in het lijf als functie van *z*.
d. Teken voor de gehele doorsnede het schuifspanningsdiagram. Schrijf de waarden er bij. Geef de richting van de schuifspanningen zoals die werken op een positief snedevlak.

5.66 In de getekende doorsnede werkt een verticale dwarskracht van 42,8 kN.

5.67 De getekende vrij opgelegde houten ligger met gelijkmatig verdeelde volbelasting is samengesteld uit twee balken die met behulp van kramplaten op elkaar zijn geklemd. Elke kramplaat kan een schuifkracht van 5 kN overbrengen.

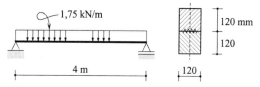

Gevraagd: Hoeveel kramplaten zijn er voor de hele balk nodig?

5.68 Een dunwandig U-profiel met constante wanddikte $t = 5$ mm moet in het verticale symmetrievlak de getekende dwarskracht van 45 kN overbrengen.

Gevraagd:
a. Het verloop van de schuifspanningen als functie van de plaats in de doorsnede.
b. Teken het schuifspanningsdiagram. Geef de richting aan waarin de schuifspanningen werken.
c. De schuifkracht per lengte in langsrichting ter plaatse van snede c-c, op de aansluiting van lijf en flens.

5.69 Een vrij opgelegde balk met rechthoekige doorsnede draagt een gelijkmatig verdeelde volbelasting.

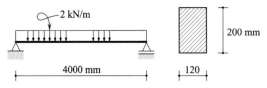

Gevraagd: Bepaal in de gegeven situatie de verhouding tussen de maximum schuifspanning en maximum buigspanning.

5.70 De getekende uitkragende ligger, in het vrije einde belast door een verticale kracht van 24 kN, is samengesteld uit twee gelijke rechthoekige balken, die door middel van ringdeuvels met elkaar zijn verbonden. Per deuvel kan een schuifkracht van 20 kN worden opgenomen.

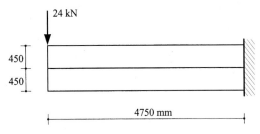

Gevraagd: Het minimaal benodigde aantal deuvels.

5.71 De getekende vrij opgelegde balk met overstekken heeft een rechthoekige doorsnede en draagt een gelijkmatig verdeelde volbelasting.

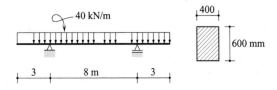

Gevraagd: De grootste schuifspanning in de balk en de plaats waar deze optreedt.

5.72 In de figuur zijn de hartmaten gegeven van een tot lijnelement geschematiseerde klembeugel ABCD. De klembeugel heeft een T-vormige doorsnede waarvan de afmetingen uit de figuur zijn af te lezen. De wanddikte is overal 12 mm. De doorsnede moet in de berekening als dunwandig worden opgevat.
De beugel wordt in A en D belast door twee drukkrachten van 5,76 kN.

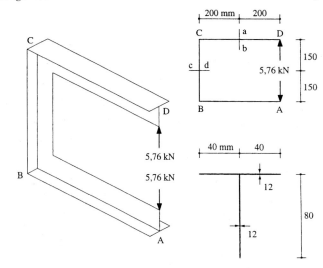

Gevraagd:
a. Bereken en teken het schuifspanningsverloop in (lijf en flens van) doorsnede a-b. Geef de richting van de schuifspanningen aan en schrijf de belangrijkste waarden er bij.
b. Bereken en teken evenzo het schuifspanningsverloop in (lijf en flens van) doorsnede c-d.

5.73 In een plaat worden ronde gaten geponst.

Gevraagd: Welke van onderstaande uitspraken is juist?
1. De benodigde stempeldruk is bij grote gaten groter dan bij kleine gaten.
2. De benodigde stempeldruk is bij grote gaten kleiner dan bij kleine gaten.
3. De benodigde stempeldruk is onafhankelijk van de gatdiameter.

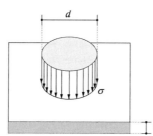

5.74 Van een dunwandig U-profiel zijn de doorsnedeafmetingen in de figuur gegeven. De doorsnede moet een dwarskracht $V_z = 11{,}2$ kN overbrengen.

Gevraagd:
a. Toon aan dat voor het eigen traagheidsmoment geldt: $I_{zz} = 126 \times 10^6$ mm^4.
b. Schets het schuifspanningsdiagram (er wordt nog geen berekening gevraagd). Geef de richtingen aan.
c. Bereken voor een aantal interessante plaatsen de waarden. Hoe groot is de maximum schuifspanning en waar treedt deze op?
d. Toon aan dat de resultante van alle schuifspanningen gelijk is aan de dwarskracht.
e. Waar ligt de werklijn van de dwarskracht V_z?
f. Waar ligt het dwarskrachtencentrum DC van de doorsnede?

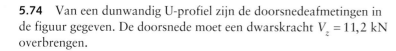

5.75 Voor een vrij opgelegde ligger met een gelijkmatig verdeelde belasting wordt een houten kokerprofiel toegepast. De verbindingen tussen de verschillende delen van het profiel worden uitgevoerd met verborgen pennen. Men kan kiezen tussen de profielen 1, 2 en 3.

Gevraagd: Rangschik de profielen naar het benodigde aantal pennen, te beginnen met het profiel waarvoor het grootste aantal pennen nodig is. Het antwoord bestaat dus uit een getal van drie cijfers.

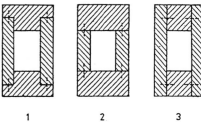

5.76 Een vrij opgelegde houten balk met rechthoekige doorsnede en een overspanning van 5 m draagt een gelijkmatig verdeelde volbelasting q. De oppervlakte van de balkdoorsnede is $A = 20 \times 10^3$ mm^2.

Gevraagd: Bij welke belasting q is de maximum schuifspanning in de balk 1,2 N/mm^2?

5.77 De vrij opgelegde betonnen I-balk heeft een overspanning van 4 m en draagt een gelijkmatig verdeelde volbelasting van 11 kN/m. De grenswaarde voor de schuifspanning is $\bar{\tau} = 0{,}7$ N/mm^2.

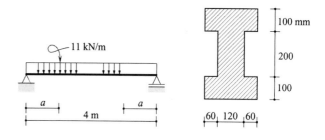

Gevraagd: Over welke lengte a zijn de schuifspanningen te groot en moeten extra voorzieningen worden getroffen (in de vorm van bijvoorbeeld beugels of opgebogen wapening)?

5.78 Een dunwandige kokerbalk met rechthoekige doorsnede is op de aangegeven wijze opgelegd en belast. De wanddikte van de flenzen is $2t$ en van de lijven $3t$.
Houd in de berekening aan: $a = 250$ mm, $t = 10$ mm en $F = 60$ kN.

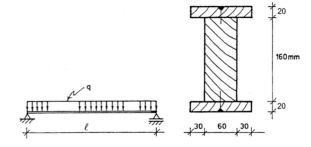

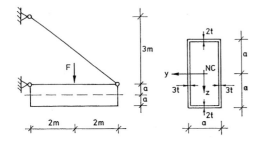

Gevraagd:
a. Het normaalspanningsdiagram voor de doorsnede waarin de normaalspanning maximaal is.
b. Het schuifspanningsdiagram voor de doorsnede waarin de schuifspanning maximaal is.

5.79 Een vrij opgelegde houten balk met lengte $\ell = 4$ m en een gelijkmatig verdeelde volbelasting $q = 2$ kN/m is op de aangegeven wijze opgebouwd uit drie delen die met draadnagels aan elkaar zijn bevestigd. De maximum schuifkracht die een draadnagel kan overbrengen bedraagt 200 N. Voor het traagheidsmoment van de doorsnede mag men in de berekening aanhouden $I_{zz} = 59{,}52 \times 10^6$ mm^4.

Gevraagd: Hoeveel draadnagels zijn er in totaal ten minste nodig?

5.80 De getekende dunwandige kokerdoorsnede in de vorm van een gelijkbenig trapezium heeft overal dezelfde wanddikte van 7 mm. In het verticale symmetrievlak werkt een dwarskracht van 99,3 kN. Voor het eigen traagheidsmoment I_{zz} geldt $I_{zz} = 90{,}1 \times 10^6$ mm^4.

Gevraagd:
a. Verifieer de plaats van het normaalkrachtencentrum NC.
b. Verifieer dat $I_{zz} = 90{,}1 \times 10^6$ mm^4.
c. De schuifspanning in de bovenflens ter plaatse van hoekpunt A.
d. De schuifspanning in de onderflens ter plaatse van hoekpunt B.
e. De maximum schuifspanning in één van de lijven.
f. Een schets van het schuifspanningsdiagram voor de gehele doorsnede. Schrijf de waarden erbij en geef met pijltjes de richting van de schuifspanningen aan.

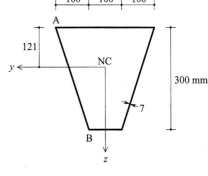

De op wringing belaste staaf

In het vorige hoofdstuk werd ingegaan op de schuifspanningen ten gevolge van dwarskracht. Ook een wringend moment veroorzaakt schuifspanningen. Deze krijgen hier de aandacht. Daarnaast wordt gekeken naar de vervorming door wringing.

In de meeste gevallen is het berekenen van de spanningen en vervormingen door wringing een ingewikkelde aangelegenheid. Een algemene en volledige aanpak van de theorie is op deze plaats dan ook niet mogelijk. Volstaan wordt met de behandeling van een aantal eenvoudige gevallen.

In paragraaf 6.1 wordt eerst opnieuw naar het materiaalgedrag gekeken en nu in het bijzonder naar de vervorming van het materiaal onder invloed van schuifspanningen.

Hierna wordt voor een aantal eenvoudige doorsnedevormen het geval van wringing onderzocht: in paragraaf 6.2 betreft dat cirkelvormige doorsneden en in paragraaf 6.3 dunwandige doorsneden. Hierbij wordt niet alleen ingegaan op het schuifspanningsverloop maar ook op de vervorming door wringing.

In paragraaf 6.4 worden enkele uitgewerkte rekenvoorbeelden gepresenteerd.

Het hoofdstuk wordt in paragraaf 6.5 afgesloten met een overzicht van de verschillende formules.

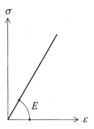

Figuur 6.1 In het lineair-elastische gebied geldt volgens de wet van Hooke een lineair verband tussen de normaalspanning σ en rek ε: $\sigma = E\varepsilon$. De elasticiteitsmodulus E karakteriseert de weerstand (stijfheid) van het materiaal tegen vervorming door lengteverandering.

6.1 Materiaalgedrag bij afschuiving

In hoofdstuk 1 werd voor het materiaalgedrag alleen maar naar de trekproef gekeken. Met de trekproef vindt men in een spanning-rek-diagram (of σ - ε - diagram) het verband tussen de normaalspanning σ en rek ε. In het lineair-elastische gebied geldt de wet van Hooke, zie figuur 6.1:

$$\sigma = E\varepsilon$$

De elasticiteitsmodulus E karakteriseert de weerstand (stijfheid) van het materiaal tegen vervorming door lengteverandering.

Bij dwarskracht en wringing geschiedt de krachtsoverdracht via schuifspanningen. Ook schuifspanningen geven vervormingen. In een op dwarskracht belaste balk zijn deze meestal zo gering dat ze buiten beschouwing kunnen blijven. Bovendien zijn ze niet nodig om het schuifspanningverloop te kunnen berekenen. In de elementaire balktheorie wordt het schuifspanningverloop ten gevolge van dwarskracht immers afgeleid uit het verschil in buigspanning tussen twee opeenvolgende doorsneden, zie paragraaf 5.1 t/m 5.4.

Om de schuifspanningen ten gevolge van wringing te kunnen berekenen is het wel nodig te weten hoe het materiaal onder invloed van de schuifspanningen vervormt.

In figuur 6.2a is het zijaanzicht van een zeer klein rechthoekig volume-elementje getekend dat in het vlak van tekening op (zuivere) afschuiving wordt belast.

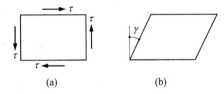

Figuur 6.2 (a) Zijaanzicht vaneen zeer klein rechthoekig volume-elementje dat in het vlak van tekening op (zuivere) afschuiving wordt belast. (b) Onder invloed van de schuifspanningen τ verandert de rechthoek in een parallellogram. De verandering γ van de rechte hoek noemt men de *afschuifhoek* of ook wel de *schuifrek*.

De schuifspanning τ op één van de zijden kan niet op zichzelf bestaan maar treedt altijd op in combinatie met de even grote schuifspanningen op de drie andere vlakjes, zie paragraaf 5.3.1.

Onder invloed van de schuifspanningen τ vervormt het rechthoekig volume-elementje: de rechthoek in figuur 6.2a verandert in een parallellogram, zie figuur 6.2b. De verandering van de rechte hoek wordt vaak met γ aangeduid en noemt men de *afschuifhoek* of soms ook wel de *schuifrek*.

Als men in een diagram de grootte van de schuifspanning τ uitzet tegen die van de schuifrek γ ontstaat een τ-γ-diagram dat wat betreft vorm veel gelijkenis vertoont met het σ-ε-diagram.

In het *lineair-elastische gebied* is er een lineair verband tussen de schuifspanning τ en de verandering γ van de aanvankelijk rechte hoek, zie figuur 6.3. Men schrijft hiervoor:

$$\tau = G\gamma$$

Ook dit is de wet van Hooke[1].

De evenredigheidsconstante G wordt *glijdingsmodulus* genoemd. De glijdingsmodulus is een materiaalgrootheid die de weerstand (*stijfheid*) van het materiaal tegen afschuiving karakteriseert. In het τ-γ-diagram vindt men de glijdingsmodulus terug als de helling $G = \tau/\gamma$ in het lineair-elastische gebied.

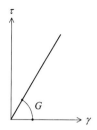

Figuur 6.3 In het lineair-elastische gebied geldt volgens de wet van Hooke een lineair verband tussen de schuifspanning τ en afschuifhoek γ: $\tau = G\gamma$. De glijdingsmodulus G karakteriseert de weerstand (stijfheid) van het materiaal tegen afschuiving.

---

[1] In TOEGEPASTE MECHANICA - deel 3 wordt de wet van Hooke in zijn algemene vorm behandeld.

De afschuifhoek γ wordt uitgedrukt in radialen en is dus dimensieloos. De glijdingsmodulus heeft daarom dezelfde dimensie als een spanning, dit is kracht/oppervlakte.

Om een idee te krijgen van de orde van grootte van de afschuifhoek γ wordt voor constructiestaal de waarde γ_{vloei} berekend op het ogenblik dat de *schuifvloeigrens* τ_{vloei} wordt bereikt. Bij constructiestaal is de schuifspanning waarbij vloeien optreedt ongeveer de helft van de vloeigrens bij trek, dus:

$$\tau_{\text{vloei}} = 120 \text{ N/mm}^2$$

Verder geldt voor constructiestaal:

$$G = 80 \text{ GPa}$$

Hiermee vindt men:

$$\gamma_{\text{vloei}} = \frac{\tau_{\text{vloei}}}{G} = \frac{120 \text{ N/mm}^2}{80 \times 10^3 \text{ N/mm}^2} = 1{,}5 \times 10^3 \text{ rad} \approx 0{,}09°$$

Deze verandering van de rechte hoek heeft een waarde die met het blote oog niet zichtbaar is.

Het τ-γ-diagram en de glijdingsmodulus G kunnen worden afgeleid uit de *torsie-* of *wringproef*. Bij deze proef wordt een staaf in de uiteinden belast door twee even grote tegengesteld gerichte *wringende momenten* M_t, zie figuur 6.4[1]. Meet men voor verschillende waarden van M_t de bij-

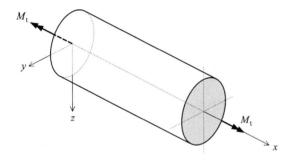

Figuur 6.4 Het τ-γ-diagram en de glijdingsmodulus G kunnen worden afgeleid uit de *torsie-* of *wringproef*.

---

[1] Wringende momenten werken in het vlak van de doorsnede. Men kan ze weergeven met gekromde pijlen in het vlak van de doorsnede, maar ook, zoals in figuur 6.4, met rechte pijlen met dubbele pijlpunt, loodrecht op het vlak van de doorsnede. Zie TOEGEPASTE MECHANICA - deel 1, paragraaf 10.1.3 en paragraaf 3.3.1.

behorende rotatie $\Delta\varphi_x$ van de einddoorsneden ten opzichte van elkaar, dan kunnen de resultaten worden uitgezet in een M_t - $\Delta\varphi_x$ - diagram. Zie figuur 6.5, waar alleen de lineair-elastische tak is getekend. De vertaling van dit M_t - $\Delta\varphi_x$ - diagram naar een τ - γ - diagram vergt nog wel wat inspanning. Dat zal blijken in de volgende paragraaf waar de omgekeerde weg wordt gevolgd: uitgaande van het τ - γ - diagram wordt het verband tussen M_t en $\Delta\varphi_x$ afgeleid.

6.2 Wringing van cirkelvormige doorsneden

Het eenvoudigste wringprobleem is misschien wel dat van een *dunwandige cirkelvormige buis*. Daar wordt in paragraaf 6.2.1 dan ook mee begonnen. De in deze paragraaf afgeleide *kinematische en constitutieve vergelijking voor wringing* hebben een algemeen geldende betekenis.

Vervolgens wordt in paragraaf 6.2.2 ingegaan op de wringing van een *massieve staaf met cirkelvormige doorsnede*. De staaf wordt daartoe opgebouwd gedacht uit een groot aantal precies in elkaar passende dunwandige cirkelvormige buizen.

Dezelfde aanpak wordt in paragraaf 6.2.3 gevolgd voor een *dikwandige cirkelvormige buis*.

Bij deze doorsnedenvormen wordt niet alleen ingegaan op het schuifspanningsverloop, maar ook op de vervorming door wringing.

6.2.1 Dunwandige cirkelvormige kokerdoorsneden

De dunwandige buis in figuur 6.6 heeft een lengte ℓ en een cirkelvormige doorsnede met straal R en wanddikte t. De buis wordt in de uiteinden belast door twee even grote tegengesteld gerichte wringende momenten M_t.

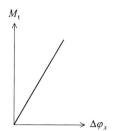

Figuur 6.5 Als men voor verschillende waarden van het wringend moment M_t de bijbehorende rotatie $\Delta\varphi_x$ meet die de einddoorsneden ten opzichte van elkaar verdraaien en men zet de resultaten tegen elkaar uit, dan ontstaat een M_t - $\Delta\varphi_x$ - diagram.

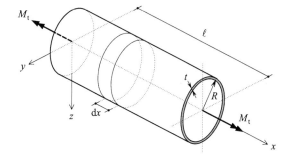

Figuur 6.6 Een dunwandige buis met cirkelvormige doorsnede wordt in de uiteinden belast door twee even grote tegengesteld gerichte wringende momenten M_t. Als men de buis in lengterichting opdeelt in een groot aantal plakjes met kleine lengte dx, dan worden al deze plakjes op dezelfde manier op wringing belast en zal overal dezelfde schuifspanningsverdeling optreden.

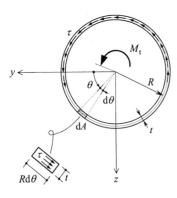

Figuur 6.7 Als de wanddikte dun is, mag men aannemen dat de schuifspanningen evenwijdig aan de hartlijn lopen en constant zijn over de wanddikte. Omdat buis en belasting axiaal-symmetrisch zijn is verder te verwachten dat de schuifspanningen τ constant zijn in omtreksrichting.

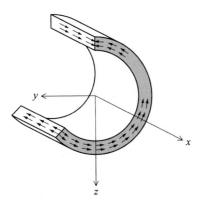

Figuur 6.8 Behalve schuifspanningen in het vlak van de doorsnede zijn er ook schuifspanningen in langsrichting.

- *Schuifspanningsformule.* Als men de buis in lengterichting opdeelt in een groot aantal plakjes met kleine lengte dx (zie figuur 6.6), dan worden al deze plakjes op dezelfde manier op wringing belast en zal overal dezelfde schuifspanningsverdeling optreden.

Omdat de wanddikte dun is mag men aannemen dat de schuifspanningen evenwijdig aan de hartlijn lopen en constant zijn over de wanddikte. Verder zijn buis en belasting axiaal-symmetrisch. Op grond hiervan is te verwachten dat de schuifspanningen τ constant zijn in omtreksrichting, zie figuur 6.7.

Uit figuur 6.7 kan men afleiden dat de schuifspanningen τ op het oppervlakte-elementje d$A = t \cdot R$dθ de volgende bijdrage geven tot het wringend moment M_t:

$$dM_t = R \cdot \tau dA = \tau \cdot R^2 t d\theta$$

Door integreren vindt men

$$M_t = \int_0^{2\pi} \tau \cdot R^2 t d\theta = 2\pi R^2 t \cdot \tau$$

Omdat de schuifspanningen in omtreksrichting constant zijn en alle schuifkrachtjes (schuifspanning × oppervlakte) dezelfde arm R hebben had men dit ook in één keer op kunnen schrijven:

$$M_t = \tau \cdot A \cdot R = \tau \cdot 2\pi Rt \cdot R = 2\pi R^2 t \cdot \tau$$

Dit leidt voor de dunwandige buis tot de volgende schuifspanningformule bij wringing:

$$\tau = \frac{M_t}{2\pi R^2 t} \tag{1a}$$

Men kan deze formule ook in de volgende vorm schrijven:

$$\tau = \frac{M_t R}{I_p} \tag{1b}$$

Hierin is I_p het polair traagheidsmoment van de dunwandige cirkelvormige doorsnede (zie ook paragraaf 3.3.2, voorbeeld 2):

$$I_p = 2\pi R^3 t$$

Opmerking: Behalve schuifspanningen in het vlak van de doorsnede zijn er ook schuifspanningen in langsrichting, zie figuur 6.8.

- **Vervorming door wringing.** Om meer te weten te komen over de vervorming van de buis in figuur 6.6 onder invloed van het wringend moment M_t is hieruit in figuur 6.9a een klein mootje met lengte dx vrijgemaakt.
Op het mootje bevindt zich een klein rechthoekige elementje ABCD. Dit elementje is weer vrijgemaakt in figuur 6.9b.

Door de schuifspanningen τ wordt het elementje ABCD op (zuivere) afschuiving belast en vervormt het tot een parallellogram, zie figuur 6.10.

De rechte hoek tussen AB en AD verandert met een bedrag γ:

$$\gamma = \frac{\tau}{G}$$

Hierdoor verplaatst punt B in omtreksrichting over een afstand $\gamma \mathrm{d}x$ naar B′. Dit betekent dat de twee doorsneden op een afstand dx over een hoek dφ_x ten opzichte van elkaar verdraaien:

$$\mathrm{d}\varphi_x = \frac{\gamma \mathrm{d}x}{R} = \frac{\tau \mathrm{d}x}{GR} \tag{2}$$

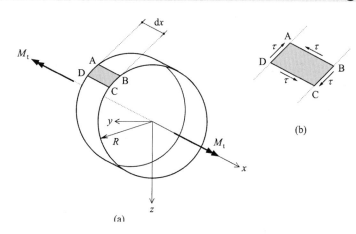

Figuur 6.9 (a) Om meer te weten te komen over de vervorming van de buis onder invloed van het wringend moment M_t is hieruit een klein mootje met lengte dx vrijgemaakt. Op het mootje bevindt zich een klein rechthoekige elementje ABCD dat in (b) is vrijgemaakt.

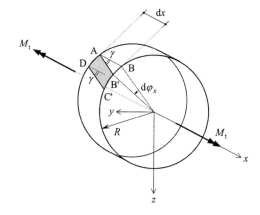

Figuur 6.10 Door de schuifspanningen τ wordt het elementje ABCD op (zuivere) afschuiving belast en vervormt het tot een parallellogram.

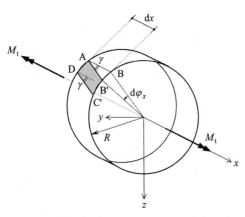

Figuur 6.10 Door de schuifspanningen τ wordt het elementje ABCD op (zuivere) afschuiving belast en vervormt het tot een parallellogram.

Het verhaal voor het rechthoekig elementje ABCD geldt voor alle rechthoekige elementjes op het mootje in figuur 6.9. Uit het feit dat al deze rechthoekige elementjes op dezelfde manier vervormen tot parallellogrammen die netjes op elkaar blijven aansluiten kan men afleiden *dat de vlakke (normaal-)doorsneden van de dunwandige buis na wringing vlak blijven en hun cirkelvorm behouden.*

De verandering van de rotatie $d\varphi_x$ per lengte dx noemt men de *verwringing* χ:

$$\chi = \frac{d\varphi_x}{dx} \qquad (3)$$

De verwringing χ heeft de dimensie van radiaal/lengte.

De verwringing χ is de *vervormingsgrootheid* bij wringing, zoals de rek ε dat bij extensie en de kromming κ dat bij buiging is.

Uitdrukking (3) legt een verband tussen de verwringing χ van de staaf (een vervormingsgrootheid) en de rotatie φ_x van de doorsnede (een verplaatsingsgrootheid) en is de *kinematische betrekking voor het geval van wringing.*

Door schuifspanningsformule (1) te combineren met de formules (2) en (3) vindt men voor de verwringing χ van de dunwandige cirkelvormige buis:

$$\chi = \frac{M_t}{GI_p} \qquad (4a)$$

of:

$$M_t = GI_p \chi \qquad (4b)$$

Tabel 6.1

	kinematische vergelijking	constitutieve vergelijking
Extensie	$\varepsilon = \dfrac{du}{dx}$	$N = EA\varepsilon$
Buiging	$\kappa_z = \dfrac{d\varphi_y}{dx} = -\dfrac{d^2w}{dx^2}$	$M_z = EI_{zz}\kappa_z$
Wringing	$\chi = \dfrac{d\varphi_x}{dx}$	$M_t = GI_t\chi$

Men noemt GI_p de *wringstijfheid* of *torsiestijfheid* van de buis. Deze grootheid karakteriseert de weerstand tegen *torsie*, dit is de weerstand tegen *vervorming door wringing*.
De wringstijfheid GI_p heeft de dimensie van kracht × lengte².

Uitdrukking (4) legt een verband tussen het wringend moment M_t (een snedekracht) en de verwringing χ (een vervormingsgrootheid) en is de *constitutieve vergelijking voor het geval van wringing*.

Opmerkingen:
- Het is gebruikelijk de wringstijfheid aan te geven met GI_t. Toevallig is bij cirkelvormige doorsneden de grootheid I_t gelijk aan het polair traagheidsmoment I_p. Voor uitdrukking (4) zou men dus eigenlijk moeten schrijven:

$$\chi = \frac{M_t}{GI_t} \quad \text{of} \quad M_t = GI_t \chi$$

- In schuifspanningsformule (1) ontbreekt de glijdingsmodulus G. De schuifspanningsformule is (in het lineair-elastische gebied) dus materiaalonafhankelijk. Als twee buizen van verschillend materiaal dezelfde afmetingen hebben en door even grote wringende momenten worden belast, dan werken hierin dezelfde schuifspanningen. Maar de verwringing is niet hetzelfde!
- De afgeleide *kinematische* en *constitutieve vergelijking voor wringing* gelden algemeen en passen in het rijtje vergelijkingen voor extensie en buiging, zoals opgenomen in tabel 6.1.

In figuur 6.11 is getekend hoe alle rechthoekige elementjes op de buis onder invloed van het wringend moment M_t vervormen tot parallellogrammen. De buis wordt *verwrongen* of *getordeerd*.

Duidelijk is te zien dat vlakke doorsneden vlak blijven. Verder blijven rechte lijnen evenwijdig aan de x-as recht na de vervorming door wringing. Al deze conclusies worden bevestigd door experimenten.

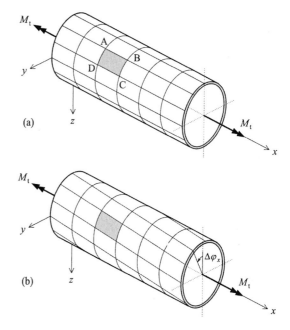

Figuur 6.11 De dunwandige buis (a) vóór en (b) na de vervorming door wringing. Alle rechthoekige elementjes op de buis vervormen tot parallellogrammen. Duidelijk is te zien dat vlakke doorsneden vlak blijven en dat rechte lijnen evenwijdig aan de *x*-as recht blijven.

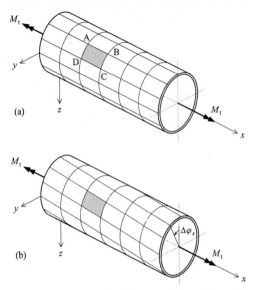

Figuur 6.11 De dunwandige buis (a) vóór en (b) na de vervorming door wringing. Alle rechthoekige elementjes op de buis vervormen tot parallellogrammen. Duidelijk is te zien dat vlakke doorsneden vlak blijven en dat rechte lijnen evenwijdig aan de x-as recht blijven.

Om de rotatie $\Delta\varphi_x$ van de rechter ten opzichte van de linker doorsnede te berekenen wordt uitgegaan van de formules (3) en (4):

$$\chi = \frac{d\varphi_x}{dx} = \frac{M_t}{GI_p}$$

waaruit volgt:

$$d\varphi_x = \frac{M_t}{GI_p} dx$$

Omdat M_t over de gehele lengte ℓ van de buis constant is vindt men hieruit:

$$\Delta\varphi_x = \int_0^\ell d\varphi_x = \frac{M_t}{GI_p} \int_0^\ell dx = \frac{M_t \ell}{GI_p}$$

Opmerking: Vergelijk de overeenkomst van dit resultaat met de uitdrukking voor de verlenging van een vakwerkstaaf:

$$\Delta\ell = \frac{N\ell}{EA}$$

6.2.2 Massieve cirkelvormige doorsneden

De staaf in figuur 6.12, met lengte ℓ en een massieve cirkelvormige doorsnede met straal R, wordt op wringing belast door de momenten M_t in de uiteinden. Hierna zal eerst worden ingegaan op de vervorming door wringing en daarna op het verloop van de schuifspanningen.

- ***Vervorming door wringing.*** Om dit wringprobleem aan te pakken, wordt de massieve staaf opgebouwd gedacht uit een groot aantal precies in elkaar passende dunwandige cirkelvormige buizen.

Stel de schuifspanningen in een dunwandige buis met straal r en dikte dr is $\tau(r)$, zie figuur 6.13. Stel verder dat dM_t de bijdrage is van de schuifspanningen in deze buis tot het totale wringend moment M_t in de massieve doorsnede.

Bij een verwringing $\chi = d\varphi/dx$ van de buis geldt volgens formule (4b):

$$dM_t = G \cdot 2\pi r^3 dr \cdot \chi$$

Hierin is $2\pi r^3 dr$ het polair traagheidsmoment van de buis met straal r en dikte dr.

Omdat de in elkaar passende buizen deel uitmaken van één en dezelfde doorsnede moeten ze na vervorming nog naadloos op elkaar aansluiten. Dit betekent dat de verwringing $\chi = d\varphi/dx$ voor alle in elkaar passende buizen hetzelfde moet zijn.

Door integratie vindt men het totale wringend moment M_t in de massieve doorsnede:

$$M_t = G\chi \int_0^R 2\pi r^3 dr = G\chi \cdot \tfrac{1}{2}\pi R^4 \tag{5a}$$

In de term $\tfrac{1}{2}\pi R^4$ kan men het polair traagheidsmoment I_p van de massieve cirkelvormige doorsnede herkennen:

$$I_p = \tfrac{1}{2}\pi R^4$$

zodat men voor (5a) ook kan schrijven:

$$M_t = GI_p\chi \tag{5b}$$

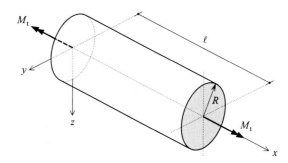

Figuur 6.12 Op wringing belaste staaf met massieve cirkelvormige doorsnede

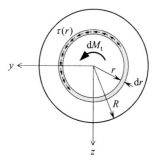

Figuur 6.13 De massieve staaf wordt opgebouwd gedacht uit een groot aantal precies in elkaar passende dunwandige cirkelvormige buizen, alle met dezelfde verwringing.

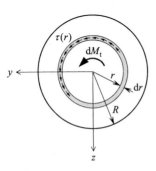

Figuur 6.13 De massieve staaf wordt opgebouwd gedacht uit een groot aantal precies in elkaar passende dunwandige cirkelvormige buizen, alle met dezelfde verwringing.

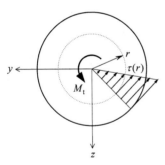

Figuur 6.14 De schuifspanning ten gevolge van wringing is evenredig met de afstand r tot de staafas.

of:

$$\chi = \frac{M_t}{GI_p} \qquad (5c)$$

Hierin is GI_p weer de wring- of torsiestijfheid van de doorsnede.

Voor de rotatie $\Delta\varphi_x$ van de einddoorsneden ten opzichte van elkaar vindt men op dezelfde manier als in paragraaf 6.2.1:

$$\Delta\varphi_x = \frac{M_t \ell}{GI_p}$$

- **Schuifspanningsformule.** De dunwandige buis in figuur 6.13, met straal r, wanddikte dr en schuifspanningen $\tau(r)$, levert een bijdrage dM_t tot het wringend moment en heeft een verwringing χ. Voor deze buis geldt volgens (1):

$$dM_t = 2\pi r^2 dr \cdot \tau(r)$$

en volgens (4):

$$dM_t = G \cdot 2\pi r^3 dr \cdot \chi$$

Door dM_t uit bovenstaande betrekkingen te elimineren ontdekt men dat de schuifspanning ten gevolge van wringing evenredig is met de afstand r tot de staafas, zie figuur 6.14:

$$\tau(r) = rG\chi$$

Substitueer hierin de eerder afgeleide uitdrukking (5c) voor de verwringing χ en men vindt de formule voor de wringspanningen:

$$\tau(r) = \frac{M_t r}{I_p} \tag{6}$$

Opmerking: De vorm van deze uitdrukking voor de wringspanningen toont sterke overeenkomst met de buigspanningsformule:

$$\sigma(z) = \frac{Mz}{I}$$

De staaf met massieve cirkelvormige doorsnede werd opgebouwd gedacht uit een groot aantal precies in elkaar passende dunwandige kokers, alle met dezelfde verwringing. In paragraaf 6.2.1 werd vastgesteld dat bij op wringing belaste dunwandige kokers met cirkelvormige doorsnede vlakke doorsneden vlak blijven en hun cirkelvorm behouden. Als verder wordt aangenomen dat de lengteverandering van de kokers bij wringing is te verwaarlozen, dan kan men ook voor de massieve doorsnede – als een samenstel van kokerdoorsneden – concluderen dat vlakke doorsneden bij wringing vlak blijven en hun cirkelvorm behouden. Omdat alle kokers dezelfde verwringing hebben, dat wil zeggen dezelfde rotatie per langs de staafas gemeten lengte, zullen ze binnen dezelfde doorsnede niet ten opzichte van elkaar verdraaien. Dit betekent dat rechte radiale lijnen in de massieve doorsnede bij wringing recht en radiaal gericht blijven.

Conclusies voor de staaf met massieve cirkelvormige doorsnede:
a. *Vlakke doorsneden blijven bij wringing vlak en behouden hun cirkelvorm.*
b. *Rechte stralen in de doorsnede blijven bij wringing recht en radiaal gericht.*

Deze conclusies worden bevestigd door experimenten.

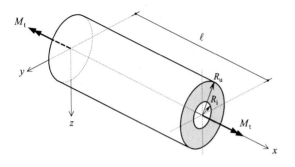

Figuur 6.15 Op wringing belaste dikwandige buis met cirkelvormige doorsnede

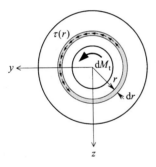

Figuur 6.16 De dikwandige buis met cirkelvormige doorsnede wordt opgebouwd gedacht uit een groot aantal precies in elkaar passende dunwandige cirkelvormige buizen, alle met dezelfde verwringing.

6.2.3 Dikwandige cirkelvormige kokerdoorsneden

In figuur 6.15 wordt een dikwandige buis met lengte ℓ op wringing belast door de momenten M_t in de uiteinden. De buis heeft een cirkelvormige doorsnede met binnenstraal R_i en buitenstraal R_u.

Ook voor de deze dikwandige buis kan met succes de aanpak uit paragraaf 6.2.2 worden gevolgd waarbij de doorsnede wordt opgebouwd gedacht uit een groot aantal precies in elkaar passende dunwandige kokers.

- **Vervorming door wringing.** Stel de schuifspanningen in een dunwandige koker met straal r en wanddikte dr leveren een bijdrage dM_t tot het totale wringend moment M_t in de dikwandige doorsnede, zie figuur 6.16.

Bij een verwringing $\chi = d\varphi/dx$ van de koker geldt volgens formule (4b):

$$dM_t = G \cdot 2\pi r^3 dr \cdot \chi$$

Hierin is $2\pi r^3 dr$ het polair traagheidsmoment van de koker met straal r en dikte dr.

Omdat de in elkaar passende kokers deel uitmaken van één en dezelfde doorsnede moeten ze ook na vervorming naadloos op elkaar aansluiten. Dit betekent dat de verwringing $\chi = d\varphi/dx$ voor alle in elkaar passende buizen hetzelfde moet zijn.

Door integratie kan men nu het totale wringend moment M_t in de dikwandige doorsnede vinden:

$$M_t = G\chi \int_{R_i}^{R_u} 2\pi r^3 dr = G\chi \cdot \tfrac{1}{2}\pi(R_u^4 - R_i^4) \tag{7a}$$

Merk op dat het verschil met uitdrukking (5a) zit in de integratiegrenzen.

Voor het polair traagheidsmoment I_p van een dikwandige cirkelvormige doorsnede geldt (zie paragraaf 3.2.4, voorbeeld 9):

$$I_p = \tfrac{1}{2}\pi(R_u^4 - R_i^4)$$

zodat men voor (7a) kan schrijven:

$$M_t = GI_p \chi \tag{7b}$$

of:

$$\chi = \frac{M_t}{GI_p} \tag{7c}$$

Hierin is GI_p weer de wring- of torsiestijfheid van de doorsnede.

- **Schuifspanningsformule.** Ook bij de dikwandige cirkelvormige kokerdoorsnede zijn de schuifspanningen ten gevolge van wringing evenredig is met de afstand r tot de staafas, zie figuur 6.17.
Men vindt dezelfde schuifspanningsformule als bij de massieve cirkelvormige doorsnede:

$$\tau(r) = \frac{M_t r}{I_p} \quad \text{met} \quad R_i \le r \le R_u \tag{8}$$

De afleiding is precies dezelfde als die in paragraaf 6.2.2 en wordt hier niet herhaald.

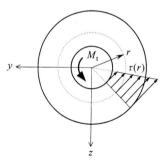

Figuur 6.17 De schuifspanning ten gevolge van wringing is evenredig met de afstand r tot de staafas.

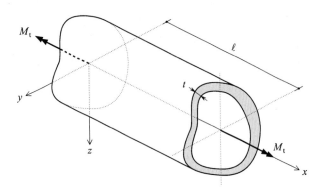

Figuur 6.18 Een op wringing belaste dunwandige koker. De kokerdoorsnede heeft een willekeurige vorm. De wanddikte t hoeft niet constant te zijn maar mag (geleidelijk) veranderen.

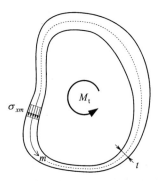

Figuur 6.19 Als de wanddikte klein is, mag men aannemen dat de schuifspanningen σ_{xm} evenwijdig aan middellijn m lopen. Verder mag men verwachten dat zij constant zijn over de wanddikte t.

6.3 Wringing van dunwandige doorsneden

In paragraaf 6.3.1 worden voor een *dunwandige koker van willekeurige vorm* de schuifspanningsformule en de formule voor het torsietraagheidsmoment afgeleid. Deze formules staan bekend als de *formules van Bredt*.

In paragraaf 6.3.2 wordt een *dunwandige strip* opgebouwd gedacht uit een groot aantal precies in elkaar passende dunwandige kokers waarvoor de formules van Bredt gelden.

De voor een dunwandige strip afgeleide formules worden in paragraaf 6.3.3 weer gebruikt voor het torsietraagheidsmoment en de schuifspanningsformule voor *dunwandige open profielen*.

In paragraaf 6.3.1 blijkt dat een vlakke doorsnede niet meer vlak blijft, maar welft. De afgeleide formules gelden alleen als deze welving vrij kan plaats vinden en niet wordt belet.
Wringing met verhinderde welving is een onderwerp dat buiten het kader van dit boek valt.

6.3.1 Dunwandige kokerdoorsneden

In figuur 6.18 wordt een dunwandige koker op wringing belast. Het wringend moment is M_t. De kokerdoorsnede heeft een willekeurige vorm. De wanddikte t hoeft niet constant te zijn maar mag (geleidelijk) veranderen.

Nadat de schuifspanningsformule is afgeleid zal naar de vervorming door wringing worden gekeken.

- **Schuifspanningsformule.** Vanuit een willekeurig punt is in figuur 6.19, in omtreksrichting, langs de *hartlijn* of *middellijn* van de dunwandige doorsnede de m-as gekozen.

Bij een dunwandige kokerdoorsnede is de wanddikte klein ten opzichte van de overige doorsnedeafmetingen. In dat geval is het aannemelijk dat de schuifspanningen in de wand evenwijdig aan middellijn m lopen. Verder mag men verwachten dat deze spanningen σ_{xm} constant zijn over de wanddikte t, zoals aangegeven in figuur 6.19.

In figuur 6.20 is uit een klein lengte-elementje dx van de koker een willekeurig deel vrijgemaakt. De sneden (1) en (2) staan loodrecht op middellijn m.
Omdat in twee onderling loodrechte vlakjes dezelfde schuifspanningen werken geven schuifspanningen in het vlak van de doorsnede ook schuifspanningen in langsrichting. Deze zijn dan ook getekend in de sneden (1) en (2).

Als wordt aangenomen dat de doorsnede alleen maar op wringing wordt belast en dat daarbij verder geen normaalspanningen worden opgewekt, volgt uit het krachtenevenwicht in x-richting van het in figuur 6.20 vrijgemaakte deel:

$$\sigma_{mx;1} \cdot t_1 \cdot dx = \sigma_{mx;2} \cdot t_2 \cdot dx$$

Omdat $\sigma_{mx} = \sigma_{xm}$ kan worden overgestapt naar de schuifspanningen in het vlak van de doorsnede. Na delen door de lengte dx vindt men:

$$\sigma_{xm;1} \cdot t_1 = \sigma_{xm;2} \cdot t_2$$

Omdat de sneden (1) en (2) willekeurig gekozen zijn kan men hieruit opmaken dat het product van schuifspanning σ_{xm} en wanddikte t constant is. Men noemt dit product de *schuifstroom* s_m, zie figuur 6.21:

$$s_m = \sigma_{xm} \cdot t = \text{constant} \tag{9a}$$

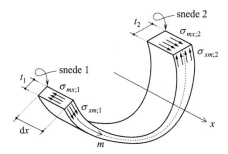

Figuur 6.20 Uit een klein lengte-elementje dx uit de koker is een willekeurig deel vrijgemaakt. De sneden (1) en (2) staan loodrecht op middellijn m.

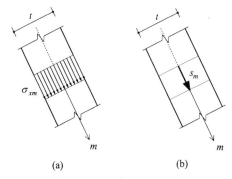

Figuur 6.21 (a) Het product van schuifspanning σ_{xm} en wanddikte t noemt men (b) de schuifstroom s_m. In een op wringing belaste dunwandige koker is de schuifstroom constant.

Dat de schuifstroom constant is kan men zonder m-as ook op de volgende manier schrijven:

$$s = \tau \cdot t = \text{constant} \tag{9b}$$

Uit formule (9) volgt dat de schuifspanning τ het grootst is waar de wanddikte t het kleinst is en omgekeerd.

Opmerking: Van het begrip schuifstroom, dat ook in vorige paragrafen al werd gehanteerd voor het product van schuifspanning en wanddikte, kan de naam op deze plaats pas goed worden verklaard.
Men kan de dunwandige doorsnede vergelijken met een overal even diepe ringvaart (zonder aftakkingen) waarvan de breedte t is en de stroomsnelheid van het water τ. De hoeveelheid water die per tijdseenheid door het dwarsprofiel van de ringvaart stroomt is gelijk aan het product van stroomsnelheid (τ) en breedte (t) en heet in de vloeistofmechanica *debiet* (schuifstroom $s = \tau \cdot t$). Omdat het debiet overal gelijk moet zijn is de stroomsnelheid (τ) omgekeerd evenredig met de breedte (t) van de ringvaart. De stroomsnelheid (τ) is het grootst waar de breedte van de vaart (t) het kleinst is en omgekeerd.

In figuur 6.22a wordt in de dunwandige doorsnede een klein oppervlakte-elementje met lengte dm in omtreksrichting nader bekeken. In dit kleine stukje van de doorsnede werkt een schuif*krachtje* waarvan de grootte gelijk is aan:

$$\text{schuifspanning} \times \text{wanddikte} \times \text{lengte} = \text{schuifstroom} \times \text{lengte} = s_m dm$$

Voor de duidelijk is dit kleine krachtje in figuur 6.22 groot getekend.

Stel de bijdrage van dit schuifkrachtje tot het totale wringend moment M_t in de doorsnede is dM_t:

$$dM_t = a s_m dm$$

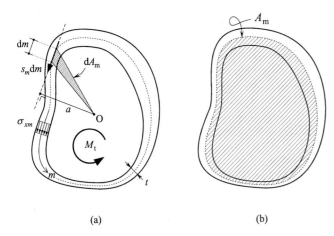

Figuur 6.22 (a) De bijdrage die de schuifspanningen op een klein oppervlakte-elementje met lengte dm leveren tot het totale wringend moment M_t is: $dM_t = a \cdot s_m dm = 2 s_m dA_m$. Hierin is $dA_m = \frac{1}{2} a dm$ de oppervlakte van het gearceerde driehoekje. (b) A_m is de oppervlakte die wordt ingesloten door de hartlijn of middellijn m van de dunwandige doorsnede.

Hierin is a de afstand van de werklijn van het krachtje $s_m \mathrm{d}m$ tot het punt O ten opzichte waarvan het wringend moment wordt bepaald.

Door alle bijdragen over de totale lengte c van de omtrek van de doorsnede bij elkaar op te tellen vindt men voor het totale wringend moment in de doorsnede:

$$M_t = \int_0^c a s_m \mathrm{d}m$$

Het integreren over de volledige omtrekslengte c kan men ook noteren met behulp van een kringintegraal:

$$M_t = \oint a s_m \mathrm{d}m = s_m \oint a \mathrm{d}m \tag{10}$$

Omdat de schuifstroom s_m constant (onafhankelijk van m) is kan deze buiten het integraalteken worden gebracht. Blijft nog te berekenen de door de geometrie van de doorsnede bepaalde integraal:

$$\oint a \mathrm{d}m$$

Verrassend genoeg heeft deze integraal een heel eenvoudige geometrische interpretatie. Het blijkt dat het product $a \mathrm{d}m$ gelijk is aan tweemaal de oppervlakte $\mathrm{d}A_m$ van het gearceerde driehoekje in figuur 6.22a, met basis $\mathrm{d}m$ en hoogte a.
Als men alle bijdragen $a \mathrm{d}m$ in omtreksrichting bij elkaar optelt vindt men tweemaal de oppervlakte A_m die wordt ingesloten door de hartlijn of middellijn van de dunwandige doorsnede, zie figuur 6.22b:

$$\oint a \mathrm{d}m = 2 A_m \tag{11}$$

Dit gesubstitueerd in (10) leidt tot de volgende betrekking tussen het wringend moment M_t en de schuifstroom s_m:

$$M_t = 2 A_m s_m \tag{12a}$$

Samen met

$$s_m = \sigma_{xm} t \tag{9a}$$

leidt dit tot de volgende schuifspanningsformule:

$$\sigma_{xm} = \frac{s_m}{t} = \frac{M_t}{2A_m t} \tag{13a}$$

Deze schuifspanningsformule staat bekend als de *eerste formule van Bredt*[1], en is geheel gebaseerd op een evenwichtsbeschouwing.

Zonder *m*-richting schrijft men voor de drie bovenstaande formules:

$$M_t = 2A_m s \tag{12b}$$

$$s = \tau t \tag{9b}$$

$$\tau = \frac{s}{t} = \frac{M_t}{2A_m t} \tag{13b}$$

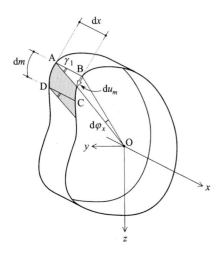

Figuur 6.23 Uit de dunwandige koker is een smalle strook met kleine lengte dx vrijgemaakt. Op deze strook ligt het kleine rechthoekige elementje ABCD. Door de rotatie dφ_x zal het rechthoekige elementje veranderen in een parallellogram. De verandering van de rechte hoek in A wordt veroorzaakt door de verplaatsing van B in de *m*-richting (de omtreksrichting).

Let op: A_m is de oppervlakte van het gebied dat wordt ingesloten door de hartlijn van de doorsnede, zie figuur 6.22b. Men mag deze niet verwarren met de echte oppervlakte A van de doorsnede!

Opmerking: Bij de afleiding van de eerste formule van Bredt (de schuifspanningsformule) blijkt de plaats van het punt O ten opzichte waarvan het moment wordt bepaald niet belangrijk te zijn.

---

[1] Rudolph Bredt (1842-1900), Duits ingenieur, ontwikkelde de theorie voor een op wringing belaste dunwandige koker en publiceerde deze in 1896.

- **Vervorming door wringing:** In figuur 6.23 is uit de dunwandige koker een smalle strook met kleine lengte dx vrijgemaakt. Op deze strook ligt het kleine rechthoekige elementje ABCD. Van dit elementje zal hierna de vervorming worden onderzocht.

Stel de twee doorsneden op onderlinge afstand dx roteren ten opzichte van elkaar over een hoek dφ_x. Bij een verwringing χ geldt (zie paragraaf 6.2.1):

$$d\varphi_x = \chi dx \tag{3}$$

Door de rotatie dφ_x zal het rechthoekige elementje ABCD veranderen in een parallellogram, zie figuur 6.23.

De verandering van de rechte hoek in A wordt veroorzaakt door de verplaatsing van B in de m-richting (de omtreksrichting).

De verplaatsing van B ten gevolge van de rotatie dφ_x staat loodrecht op de verbindingslijn OB als O het punt is waar de doorsnede om roteert. Deze verplaatsing heeft een component du_m in de m-richting, waarvoor geldt[1]:

$$du_m = a\,d\varphi_x$$

Hierin is a de afstand van O tot de raaklijn in B aan de hartlijn m, zie figuur 6.24.

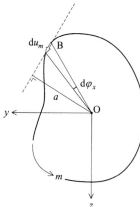

Figuur 6.24 De verplaatsing van B ten gevolge van de rotatie dφ_x staat loodrecht op de verbindingslijn OB als O het punt is waar de doorsnede om roteert. Deze verplaatsing heeft een component du_m in de m-richting, waarvoor geldt: $du_m = a\,d\varphi_x$.

---

[1] Zie ook TOEGEPASTE MECHANICA - deel 1, paragraaf 15.3.2.

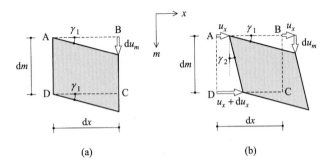

Figuur 6.25 (a) De vervorming van het rechthoekig elementje. Nader onderzoek leert dat γ_1 niet de juiste verandering van de rechte hoek kan zijn. (b) De werkelijkheid is gecompliceerder: doordat er ook verplaatsingen u_x in x-richting optreden is de verandering van de rechte hoek in A $\gamma_1 + \gamma_2$.

In figuur 6.25a is elementje ABCD nog eens apart getekend. Voor de verandering γ_1 van de rechte hoek in A geldt:

$$\gamma_1 = \frac{\mathrm{d}u_m}{\mathrm{d}x} = \frac{a\mathrm{d}\varphi_x}{\mathrm{d}x} = a\chi$$

De schuifspanningen τ op het kleine rechthoekige elementje ABCD zijn dan:

$$\tau = G\gamma_1 = Ga\chi \tag{14}$$

Er moet echter gelden:

$$\tau = \frac{s}{t} \tag{15}$$

Volgens (15) is de schuifspanning omgekeerd evenredig met de wanddikte t en hangt niet af van de afstand a, zoals in (14). Dit betekent dat γ_1 niet de juiste schuifrek kan zijn.

De werkelijkheid is gecompliceerder: vlakke doorsneden blijven niet meer vlak maar gaan *welven*. Punten op de doorsnede ondergaan ook verplaatsingen u_x in x-richting. De welving u_x is voor alle doorsneden gelijk en is alleen afhankelijk van m (en niet van x).

In figuur 6.26 is getekend hoe de doorsnede kan welven en figuur 6.25b laat zien wat er dan met elementje ABCD gebeurt:

$$\gamma_1 = \frac{\mathrm{d}u_m}{\mathrm{d}x} = \frac{a\mathrm{d}\varphi_x}{\mathrm{d}x} = a\chi$$

$$\gamma_2 = \frac{\mathrm{d}u_x}{\mathrm{d}m}$$

De totale verandering van de rechte hoek in A is:

$$\gamma = \gamma_1 + \gamma_2 = a\chi + \frac{du_x}{dm}$$

Voor de constante schuifstroom geldt:

$$s = \tau t = G\gamma t = Gt\left(a\chi + \frac{du_x}{dm}\right)$$

waaruit volgt:

$$du_x = \frac{s}{Gt}dm - a\chi dm$$

en dus:

$$\int du_x = \frac{s}{G}\int \frac{1}{t}dm - \chi \int a\,dm \qquad (16)$$

Omdat de schuifstroom s, glijdingsmodulus G en verwringing χ constant (onafhankelijk van m) zijn kunnen ze buiten het integraalteken worden gebracht.

Uitdrukking (16) kan men gebruiken om de *welving van de doorsnede* (u_x als functie van m) te berekenen.

Wanneer bij een complete rondgang langs de omtrek, bijvoorbeeld van B naar B, alle bijdragen du_x bij elkaar worden opgeteld moet men weer op dezelfde waarde van u_x uitkomen. Dit betekent:

$$\oint du_x = 0$$

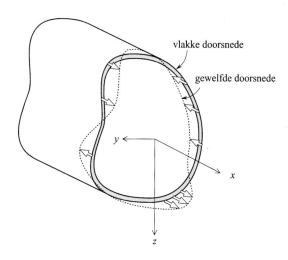

Figuur 6.26 Vlakke doorsneden blijven niet meer vlak maar gaan welven. De welving u_x is voor alle doorsneden gelijk en is alleen afhankelijk van m-coördinaat in omtreksrichting (en niet van de x-coördinaat).

In dat geval volgt uit (16):

$$\frac{s}{G}\oint\frac{1}{t}\mathrm{d}m - \chi\oint a\,\mathrm{d}m = 0$$

Met:

$$s = \frac{M_t}{2A_m} \qquad (12)$$

en

$$\oint a\,\mathrm{d}m = 2A_m \qquad (11)$$

kan men hiervoor schrijven:

$$\frac{M_t}{2GA_m}\oint\frac{1}{t}\mathrm{d}m - \chi \cdot 2A_m = 0$$

Dit levert de volgende betrekking tussen het wringend moment M_t en de verwringing χ:

$$M_t = G\frac{4A_m^2}{\oint\dfrac{1}{t}\mathrm{d}m} \cdot \chi$$

Voor deze constitutieve vergelijking schrijft men:

$$M_t = GI_t\chi \qquad (4)$$

waarin GI_t de *wringstijfheid* of *torsiestijfheid* is.

De grootheid I_t wordt *torsie- of wringtraagheidsmoment* genoemd[1].
Voor een dunwandige koker geldt:

$$I_t = \frac{4A_m^2}{\oint \frac{1}{t}\mathrm{d}m} \tag{17}$$

Deze uitdrukking staat bekend als de *tweede formule van Bredt*.

Opmerking: Ook bij de afleiding van de tweede formule van Bredt is de uitkomst onafhankelijk van de plaats van het punt O, het punt waar de doorsnede om roteert.

Opmerking: Met behulp van (12) en (4) vindt men voor de welving van de doorsnede:

$$\Delta u_x = \chi \left(\frac{I_t}{2A_m} \int_0^m \frac{1}{t}\mathrm{d}m - \int_0^m a\,\mathrm{d}m \right)$$

Bij voorkeur werkt men met de *welvingsfunctie* $\Delta u_x/\chi$ omdat deze alleen maar afhankelijk is van de m-coördinaat in omtreksrichting en de vorm van de doorsnede en onafhankelijk is van de grootte van het wringend moment.

Controle: De afgeleide formules kunnen worden gecontroleerd aan de hand van de dunwandige cirkelvormige kokerdoorsnede in figuur 6.27, met straal R en constante wanddikte t.

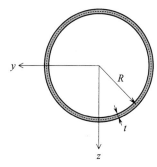

Figuur 6.27 De voor een dunwandige koker afgeleide formules van Bredt kunnen worden gecontroleerd aan de hand van een dunwandige cirkelvormige kokerdoorsnede.

---

[1] Deze nogal ongelukkige naamgeving vindt zijn oorsprong in de analogie met het geval van buiging waar in de constitutieve betrekking $M = EI\kappa$ de grootheid I bekend staat als traagheidmoment.

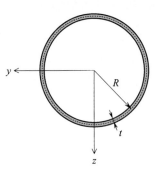

Figuur 6.27 De voor een dunwandige koker afgeleide formules van Bredt kunnen worden gecontroleerd aan de hand van een dunwandige cirkelvormige kokerdoorsnede.

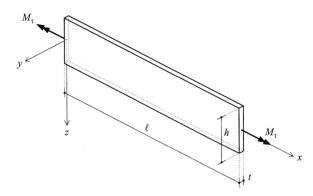

Figuur 6.28 Een op wringing belaste dunwandige strip. Een dunwandige strip is een staaf met een rechthoekige doorsnede waarvan de breedte of wanddikte t zeer veel kleiner is dan de hoogte h: $t \ll h$.

Voor deze doorsnede is de oppervlakte binnen de hartlijn:

$$A_m = \pi R^2$$

Verder geldt:

$$\oint \frac{1}{t} \mathrm{d}m = \frac{1}{t} \oint \mathrm{d}m = \frac{2\pi R}{t}$$

Schuifspanningsformule (13) leidt tot:

$$\tau = \frac{M_t}{2A_m t} = \frac{M_t}{2\pi R^2 t} = \frac{M_t R}{2\pi R^3 t} = \frac{M_t R}{I_p}$$

En met formule (17) vindt men voor het torsietraagheidsmoment I_t:

$$I_t = \frac{4 A_m^2}{\oint \frac{1}{t} \mathrm{d}m} = \frac{4 \times (\pi R^2)^2}{2\pi R / t} = 2\pi R^3 t = I_p$$

Dit alles is in overeenstemming met wat eerder in paragraaf 6.2.1 werd gevonden.

6.3.2 Dunwandige strip

Een dunwandige strip is een staaf met een rechthoekige doorsnede waarvan de breedte of wanddikte t zeer veel kleiner is dan de hoogte h: $t \ll h$, zie figuur 6.28.

Een exacte berekening van het schuifspanningverloop en het torsietraagheidsmoment valt buiten het kader van dit boek. Daarom geschiedt de berekening hier op basis van een aantal aannamen die worden gerechtvaardigd door experimenten en door nauwkeuriger berekeningen volgens de elasticiteitstheorie.

- *Schuifspanningsformule.* Een wringend moment M_t veroorzaakt in de strip schuifspanningen die als het ware rondlopen in de doorsnede, zie figuur 6.29. Over een groot deel van de hoogte lopen de schuifspanningen evenwijdig aan de hartlijn van de strip. Alleen nabij de einden treedt een verstoring van dit beeld op.

Er wordt aangenomen dat de grootte van de schuifspanning σ_{xz}, evenwijdig aan de hartlijn, evenredig is met de afstand y tot de hartlijn, dus:

$$\sigma_{xz} = ky$$

Hierin is k een nog nader te bepalen evenredigheidsconstante.

Om de constante k te bepalen wordt de dunwandige strip opgebouwd gedacht uit een stel precies in elkaar passende rechthoekige kokers met constante wanddikte.

In figuur 6.30 is één zo'n koker getekend. De breedte van de koker is $2y$. Voor de door deze koker ingesloten oppervlakte A_m geldt bij benadering:

$$A_m = 2hy$$

De werkelijke hoogte van de koker zal liggen tussen h en $(h-t)$. Omdat $t \ll h$ wordt voor alle kokers de hoogte bij benadering gelijk gesteld aan h. Verder dient men te bedenken dat de wanddikte dy van de koker klein is ten opzichte van de breedte $2y$.

Voor de schuifspanning in de koker geldt:

$$\sigma_{xz} = ky$$

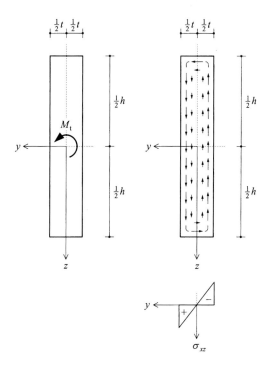

Figuur 6.29 Een wringend moment M_t veroorzaakt in de strip schuifspanningen die als het ware rondlopen in de doorsnede. Over een groot deel van de hoogte lopen de schuifspanningen evenwijdig aan de hartlijn van de strip. Alleen nabij de einden treedt een verstoring van dit beeld op. Er wordt aangenomen dat de schuifspanningen σ_{xz}, evenwijdig aan de hartlijn, evenredig zijn met de afstand y tot de hartlijn.

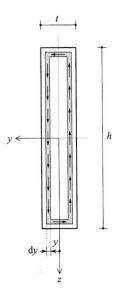

Figuur 6.30 De dunwandige strip wordt opgebouwd gedacht uit een groot aantal precies in elkaar passende rechthoekige kokers met constante wanddikte. Op elk van deze kokers worden de formules van Bredt toegepast.

Stel de bijdrage van deze schuifspanningen tot het wringend moment in de koker is dM_t. De eerst formule van Bredt (13) luidt:

$$M_t = 2A_m t\tau$$

Toegepast op de koker in figuur 6.30 wordt dit:

$$dM_t = 2 \cdot 2hy \cdot dy \cdot ky = 4khy^2 dy$$

Het totale wringend moment M_t in de strip volgt uit het sommeren (integreren) van alle bijdragen van de afzonderlijke kokers:

$$M_t = \int_0^{\frac{1}{2}t} 4khy^2 dy = \frac{1}{6}kht^3$$

Hiermee is de constante k gevonden:

$$k = \frac{M_t}{\frac{1}{6}ht^3}$$

De schuifspanningsformule wordt nu:

$$\sigma_{xz} = \frac{M_t y}{\frac{1}{6}ht^3} \tag{18a}$$

Als men niet in een assenstelsel werkt kan men schrijven:

$$\tau = \frac{M_t e_m}{\frac{1}{6}ht^3} \tag{18b}$$

Hierin is e_m de afstand tot hartlijn m. De richting van τ stelt men vast aan de hand van de richting van het wringend moment.

De maximum schuifspanning treedt op aan de buitenkant van de doorsnede, in $y = \pm\frac{1}{2}t$ of, zonder assenstelsel, in $e_m = \frac{1}{2}t$:

$$\tau_{max} = \frac{M_t}{\frac{1}{3}ht^2} \tag{19}$$

- **Vervorming door wringing.** Ook voor de dunwandige strip geldt (4):

$$M_t = GI_t\chi$$

Om het torsietraagheidsmoment I_t te vinden wordt de strip opnieuw opgebouwd gedacht uit een stel precies in elkaar passende rechthoekige kokers.

Voor de dunwandige koker in figuur 6.30 geldt bij benadering:

$$A_m = 2hy$$

en:

$$\oint \frac{1}{t}\mathrm{d}m = \frac{1}{\mathrm{d}y}(4y + 2h) \approx \frac{2h}{\mathrm{d}y}$$

Stel verder dat de bijdrage van deze koker tot het torsietraagheidsmoment I_t van de totale doorsnede $\mathrm{d}I_t$ is. Volgens (17), de tweede formule van Bredt, geldt:

$$I_t = \frac{4A_m^2}{\oint \frac{1}{t}\mathrm{d}m}$$

Toegepast op de koker in figuur 6.30 wordt dit:

$$dI_t = \frac{4 \cdot (2hy)^2}{2h/dy} = 8hy^2 dy$$

Door integratie vindt men voor het torsietraagheidsmoment I_t van de dunwandige strip:

$$I_t = \int_0^{\frac{1}{2}t} 8hy^2 dy = \frac{8}{3}hy^3 \Big|_0^{\frac{1}{2}t} = \frac{1}{3}ht^3 \qquad (20)$$

Opmerking: Nu van de strip het torsietraagheidsmoment bekend is kan men schuifspanningsformule (18) ook in de volgende vorm schrijven:

$$\sigma_{xz} = \frac{M_t y}{\frac{1}{6}ht^3} = \frac{M_t y}{\frac{1}{2}I_t} \qquad (18c)$$

of, zonder assenstelsel:

$$\tau = \frac{M_t e_m}{\frac{1}{2}I_t} \qquad (18d)$$

Opmerking: Bij de dunwandige strip verstoort de factor $\frac{1}{2}$ in de noemer de analogie met de buigspanningsformule:

$$\sigma = \frac{M_z z}{I_{zz}}$$

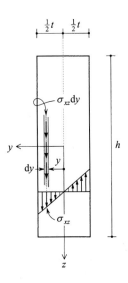

Figuur 6.31 De berekende schuifspanningen σ_{xz} blijken maar de helft van het wringend moment M_t te leveren.

Opmerking: In figuur 6.31 is het verloop van de schuifspanningen σ_{xz} getekend ten gevolge van het wringend moment M_t. Berekent men omgekeerd het wringend moment ten gevolge van deze schuifspanningen, dan vindt men:

$$\sum T_x = h \int_{-\frac{t}{2}}^{+\frac{t}{2}} y\sigma_{xz} dy = h \int_{-\frac{t}{2}}^{+\frac{t}{2}} y \frac{M_t y}{\frac{1}{6}ht^3} dy = \frac{M_t}{\frac{1}{6}t^3} \int_{-\frac{t}{2}}^{+\frac{t}{2}} y^2 dy = \frac{M_t}{\frac{1}{6}t^3} \frac{y^3}{3}\Big|_{-\frac{t}{2}}^{+\frac{t}{2}} = \frac{1}{2}M_t$$

De berekende schuifspanningen σ_{xz} blijken maar de helft van het wringend moment M_t te leveren! De andere helft van het wringend moment wordt geleverd door de schuifspanningen σ_{xy}. Deze schuifspanningen loodrecht op de hartlijn werken slechts over de kleine gebiedjes die gearceerd zijn weergegeven in figuur 6.32. En al zijn hun resultanten klein, door hun grote arm h leveren ze toch de helft van het wringend moment.

6.3.3 Dunwandige open doorsneden

Dunwandige open profielen zoals die in figuur 6.33 kan men opgebouwd denken uit dunwandige strippen. Cirkelvormige of anderszins gekromde delen zijn op te vatten als gebogen strippen, mits de wanddikte veel kleiner is dan de kromtestraal.

Als de wanddikte t voor alle delen gelijk is geldt volgens (20) voor het torsietraagheidsmoment I_t van deze profielen:

$$I_t = \frac{1}{3}ht^3 \tag{21}$$

Hierin is h de ontwikkelde lengte van de dunwandige doorsnede.

Is de wanddikte niet voor alle delen gelijk, dan geldt:

$$I_t = \sum_i \frac{1}{3} h_i t_i^3 \tag{22}$$

waarbij de sommatie moet worden uitgevoerd over het aantal samenstellende strippen.

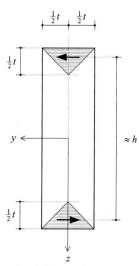

Figuur 6.32 De andere helft van het wringend moment M_t wordt geleverd door de schuifspanningen σ_{xy}. Deze schuifspanningen loodrecht op de hartlijn werken slechts over de kleine gearceerde gebiedjes. Al zijn hun resultanten klein, door de grote arm h leveren ze toch de helft van het wringend moment.

Figuur 6.33 De voor een strip afgeleide formules kunnen ook worden toegepast op uit strippen opgebouwde dunwandige open profielen. Cirkelvormige of anderszins gekromde delen zijn op te vatten als gebogen strippen, mits de wanddikte veel kleiner is dan de kromtestraal.

Figuur 6.34 In de binnenhoeken van dunwandige doorsneden kunnen aanzienlijke spanningsconcentraties optreden, afhankelijk van de afrondingsstraal *r*. De afgeleide schuifspanningsformules gelden niet voor deze spanningen.

De schuifspanning τ ten gevolge van wringing loopt in elke strip weer evenwijdig aan de hartlijn *m* en is evenredig met de afstand e_m tot de hartlijn:

$$\tau = \frac{M_t e_m}{\frac{1}{2} I_t} \tag{23}$$

De richting van τ volgt uit de richting van het wringend moment M_t.

De formules (21) t/m (23), gebaseerd op die van een dunwandige strip, worden gerechtvaardigd door experimenten en door nauwkeuriger berekeningen volgens de elasticiteitstheorie.

Opmerking: In de binnenhoeken van een dunwandige open doorsnede kunnen aanzienlijke spanningsconcentraties optreden, afhankelijk van de afrondingsstraal *r*, zie figuur 6.34. De afgeleide schuifspanningsformules gelden niet voor deze spanningen.

Opmerking: Uit (23) volgt dat in een *dunwandige open doorsnede* de schuifspanning ten gevolge van wringing maximaal is op de plaats waar e_m maximaal is; dit is aan de buitenkant van de strip met *de grootste wanddikte*.

Maar let op: In een *dunwandige gesloten doorsnede* is de schuifspanning constant over de wanddikte en is deze maximaal ter plaatse van de *kleinste wanddikte*.

6.4 Uitgewerkte rekenvoorbeelden

In deze paragraaf wordt een achttal rekenvoorbeelden met betrekking tot wringing uitgewerkt.

In voorbeeld 1 wordt voor een as met cirkelvormige doorsnede nagegaan hoeveel de schuifspanningen in de 'buitenste schil' van de doorsnede bijdragen tot het wringend moment.

Een staaf met cirkelvormige doorsnede wordt in voorbeeld 2 op wringing gedimensioneerd. Verder worden voor deze staaf de rotaties ten gevolge van wringing berekend.

In voorbeeld 3 wordt het gedrag van een rechthoekige kokerdoorsnede vergeleken met dat van een cirkelvormige kokerdoorsnede.

De vervorming door wringing komt opnieuw aan de orde in voorbeeld 4, waar bij een kokerliggerbrug één van de steunpunten een zetting ondergaat.

In voorbeeld 5 wordt voor een rechthoekige kokerdoorsnede het schuifspanningsverloop berekend ten gevolge van een excentrisch aangrijpende dwarskracht. Men heeft hier te maken met de schuifspanningen ten gevolge van zowel de dwarskracht als een wringend moment.

Vervolgens wordt in voorbeeld 6 het gedrag van een vierkante kokerdoorsnede vergeleken met dat van een strip.

In voorbeeld 7 worden de wringspanningen in een kokerdoorsnede vergeleken met die in een open doorsnede.

Ten slotte wordt in voorbeeld 8 voor een U-profiel het schuifspanningsverloop berekend ten gevolge van een dwarskracht waarvan de werklijn niet door het dwarskrachtencentrum gaat.

Voorbeeld 1 - Wringspanningen in een as met cirkelvormige doorsnede

Een as met massieve cirkelvormige doorsnede moet een wringend moment van 3,2 kNm overbrengen. De diameter van de as bedraagt 60 mm, zie figuur 6.35.

Gevraagd:
a. Bereken de maximum schuifspanning in de as.
b. Welk deel van het wringend moment wordt overgebracht door de buitenste cirkelvormige schil met een dikte van 15 mm, zie figuur 6.36.
c. Wat is de verhouding tussen de wringstijfheid van de dikwandige koker in figuur 6.36 en de massieve doorsnede in figuur 6.35?

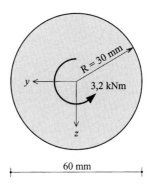

Figuur 6.35 Een as met massieve cirkelvormige doorsnede moet een wringend moment van 3,2 kNm overbrengen.

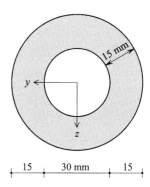

Figuur 6.36 Onderzocht wordt welk deel van het wringend moment wordt overgebracht door de buitenste cirkelvormige schil met een dikte van 15 mm.

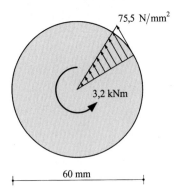

Figuur 6.37 Het verloop van de wringspanningen in de massieve as

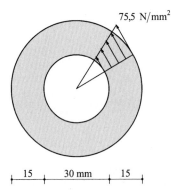

Figuur 6.38 De buitenste 15 mm dikke cirkelvormige schil brengt ongeveer 94% van het totale wringend moment in de massieve doorsnede over. Deze bijdrage is zo groot omdat in de buitenste schil de grootste schuifspanningen zitten met bovendien de grootste 'moment-arm'.

Uitwerking:
a. De massieve doorsnede heeft een straal $R = 30$ mm. Voor het polair traagheidsmoment geldt:

$$I_p = \tfrac{1}{2}\pi R^4 = \tfrac{1}{2} \times \pi \times (30 \text{ mm})^4 = 1{,}272 \times 10^6 \text{ mm}^4$$

De schuifspanningen ten gevolge van wringing zijn evenredig met de afstand tot het middelpunt van de doorsnede. De maximum schuifspanning treedt op aan de buitenkant, zie figuur 6.37, en bedraagt:

$$\tau_{max} = \frac{M_t R}{I_p} = \frac{(3{,}2 \times 10^6 \text{ Nmm})(30 \text{ mm})}{1{,}272 \times 10^6 \text{ mm}^4} = 75{,}5 \text{ N/mm}^2$$

b. In figuur 6.38 zijn de schuifspanningen in de buitenste schil van 15 mm getekend. In feite is dit het schuifspanningverloop in een dikwandige koker. Het polair traagheidsmoment van de koker is:

$$I_p = \tfrac{1}{2}\pi(R^4 - R_i^4) = \tfrac{1}{2} \times \pi \times \{(30 \text{ mm})^4 - (15 \text{ mm})^4\} = 1{,}193 \times 10^6 \text{ mm}^4$$

Voor de relatie tussen het wringend moment in de koker en de maximum schuifspanning geldt:

$$M_t^{koker} = \frac{\tau_{max} I_p}{R_u} = \frac{(75{,}5 \text{ N/mm}^2)(1{,}193 \times 10^6 \text{ mm}^4)}{30 \text{ mm}} = 3{,}0 \text{ kNm}$$

De buitenste schil van de doorsnede brengt dus

$$\frac{3{,}0}{3{,}2} \times 100\% = 93{,}7\%$$

van het totale wringend moment in de massieve doorsnede over. Dit is niet verwonderlijk als men bedenkt dat in de buitenste schil de grootste schuifspanningen zitten met bovendien ook nog de grootste 'moment-arm'.

c. Voor cirkelvormige doorsneden is het torsietraagheidsmoment I_t gelijk aan het polair traagheidsmoment I_p. Voor de gevraagde verhouding tussen de wringstijfheden van de koker en massieve doorsnede vindt men:

$$\frac{GI_t^{\text{koker}}}{GI_t^{\text{masieve dsn}}} = \frac{I_p^{\text{koker}}}{I_p^{\text{masieve dsn}}} = \frac{1{,}193 \times 10^6 \text{ mm}^4}{1{,}272 \times 10^6 \text{ mm}^4} = 0{,}937$$

Opmerking: De kokerdoorsnede in figuur 6.36, met een dikte van 15 mm (gelijk aan de halve straal van de massieve doorsnede), brengt bij 25% minder materiaalverbruik (ga dat na!) ongeveer 94% over van wringende moment in de massieve doorsnede en draagt ook voor 94% bij in de wringstijfheid van de massieve doorsnede.
Uit het voorgaande mag men concluderen dat kokerdoorsneden wat betreft het materiaalverbruik veel doelmatiger zijn dan massieve doorsneden.

Voorbeeld 2 - Dimensionering en vervorming van een staaf met cirkelvormige doorsnede • De in A ingeklemde prismatische staaf in figuur 6.39 heeft een massieve cirkelvormige doorsnede en wordt in B en C belast door wringende momenten van respectievelijk 2000 Nm en 870 Nm. In figuur 6.39a is de staaf met belasting ruimtelijk getekend. In figuur 6.39b is de staaf in het x-z-vlak getekend en zijn de wringende momenten voorgesteld door momentvectoren[1]. De lengten AB en BC kunnen uit de figuur worden afgelezen.
De schuifspanning mag de grenswaarde $\bar{\tau} = 90$ N/mm² niet overschrijden.

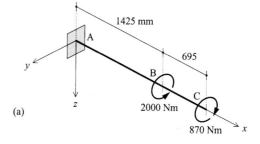

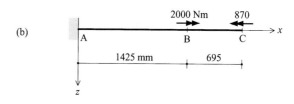

Figuur 6.39 (a) Ruimtelijke voorstelling van een in A ingeklemde staaf die in B en C wordt belast door wringende momenten. (b) De staaf getekend in het x-z-vlak met de wringende momenten voorgesteld door momentvectoren

---

[1] De momentvector, voorzien van dubbele pijlpunt, staat loodrecht op het vlak waarin het moment werkt. De richting van de momentvector en de draairichting van het wringend moment hangen met elkaar samen via de rechterhandregel, zie TOEGEPASTE MECHANICA - deel 1, paragraaf 3.3.1.

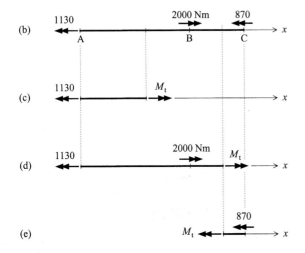

Figuur 6.40 (a) De vrijgemaakte staaf ABC. Het inklemmingsmoment (wringend moment) A_t volgt uit het momentenevenwicht van de staaf om de x-as. (b) De vrijgemaakte staaf met alle (wringende) momenten die er op werken. (c) Het wringend moment in AB kan men vinden uit het momentenevenwicht om de x-as van het deel links van een willekeurige snede tussen A en B. (d) Het wringend moment in BC kan men vinden uit het momentenevenwicht om de x-as van het deel links van een willekeurige snede tussen B en C. (e) Controle: ook het deel rechts van de snede moet in evenwicht zijn.

De glijdingsmodulus G bedraagt 80 MPa.

Gevraagd:
a. Wat betekent '*de staaf is prismatisch*'?
b. Teken de M_t-lijn.
c. Bereken de minimaal benodigde staafdiameter, afgerond op 1 mm.
d. Bereken de rotatie van de doorsneden in B en C.

Uitwerking:
a. Een prismatische staaf is een staaf waarin alle doorsnedegebonden grootheden onafhankelijk zijn van de plaats van de doorsnede, dus onafhankelijk van de langs de staafas gekozen x-coördinaat. Doorsnedegebonden grootheden zijn onder meer de oppervlakte A van de doorsnede, het traagheidsmoment I, het torsietraagheidsmoment I_t, de rekstijfheid EA, de buigstijfheid EI en de wringstijfheid GI_t.

b. Het berekenen van de M_t-lijn.
In figuur 6.40a is staaf ABC vrijgemaakt. Het nog onbekende inklemmingsmoment (wringende moment) A_t, waarvan de richting is aangenomen, volgt uit het momentenevenwicht van de staaf om de x-as:

$$\sum T_x = A_t + (2000 \text{ Nm}) - (870 \text{ Nm}) = 0 \rightarrow A_t = -1130 \text{ Nm}$$

In figuur 6.40b is het inklemmingsmoment getekend zoals het in werkelijkheid in A op de staaf werkt.

Het wringend moment in AB vindt men uit het momentenevenwicht om de x-as van het deel rechts of links van een willekeurige snede tussen A en B. In figuur 6.40c is het deel links van de snede getekend. De onbekende snedekracht M_t is getekend overeenkomstige de positieve richting.

In herinnering wordt gebracht dat het wringend moment in een snede positief is als het op een positief snedevlak volgens de positieve draaizin werkt en op het negatieve snedevlak overeenkomstig de negatieve draaizin[1].

Men kan ook zeggen dat een wringend moment positief is als de momentvector op een positief snedevlak in de positieve richting wijst en op een negatief snedevlak in de negatieve richting.

Het wringend moment in AB vindt men uit het momentenevenwicht om de x-as van het deel links of rechts van een willekeurige snede tussen A en B. Uit het evenwicht van het in figuur 6.40c getekende deel links van de snede volgt:

$$\sum T_x = -(1130 \text{ Nm}) + M_t = 0 \rightarrow M_t = +1130 \text{ Nm}$$

Het wringend moment in AB is positief.

Het wringend moment in BC vindt men uit het momentenevenwicht van het deel links van een willekeurige snede tussen B en C, zie figuur 6.40d:

$$\sum T_x = -(1130 \text{ Nm}) + (2000 \text{ Nm}) + M_t = 0 \rightarrow M_t = -870 \text{ Nm}$$

Hetzelfde resultaat bereikt men uit evenwicht van het deel rechts van de snede, zie figuur 6.40e:

$$\sum T_x = -M_t - (870 \text{ Nm}) = 0 \rightarrow M_t = -870 \text{ Nm}$$

Het wringend moment in BC is dus negatief.

---

[1] Zie TOEGEPASTE MECHANICA – deel 1, paragraaf 10.1.3.

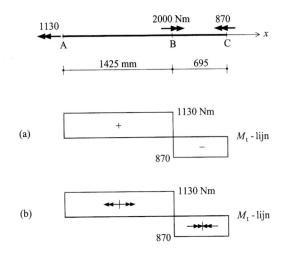

Figuur 6.41 Het verloop van de wringende momenten (a) met plus- en mintekens en (b) met vervormingstekens

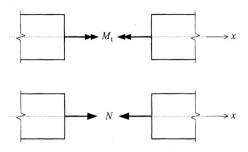

Figuur 6.42 De positieve richting van het wringend moment als snedekracht is in zijn vectorvoorstelling gelijk aan de positieve richting van de normaalkracht (een trekkracht).

Het verloop van de wringende momenten is getekend in figuur 6.41. In figuur 6.41a met plus- en mintekens, in figuur 6.41b met vervormingstekens.

Opmerking: Bij een *vectoroptelling*, hier het optellen van momentvectoren in de x-richting, is het resultaat onafhankelijk van het feit of de vectoren nu betrekking hebben op momenten of krachten. Daarom is het niet verwonderlijk dat de berekening van de wringende momenten in hun vectorvoorstelling veel overeenkomst vertoont met de berekening van de normaalkrachten in een op extensie belaste staaf.
Zelfs de positieve richting van het wringend moment als snedekracht is in zijn vectorvoorstelling gelijk aan de positieve richting van de normaalkracht (een trekkracht), zie figuur 6.42.

c. Berekening van de minimaal benodigde staafdiameter.
De maximum schuifspanning in de doorsnede moet beneden de grenswaarde $\bar{\tau} = 90$ N/mm² blijven. Dit betekent:

$$\tau_{max} = \frac{M_t R}{I_p} = \frac{M_t R}{\frac{1}{2}\pi R^4} = \frac{2M_t}{\pi R^3} \leq \bar{\tau}$$

waaruit volgt:

$$R^3 \geq \frac{2M_t}{\pi \bar{\tau}} = \frac{2 \times (1130 \times 10^3 \text{ Nmm})}{\pi \times (90 \text{ N/mm}^2)} = 7{,}993 \times 10^3 \text{ mm}^3$$

Voor de minimaal benodigde staafdiameter d vindt men hieruit:

$$d = 2R = 2 \times \sqrt[3]{7{,}993 \times 10^3 \text{ mm}^3} = 40 \text{ mm}$$

d. Berekening van de rotatie van de doorsneden in B en C:
De wringstijfheid van de berekende doorsnede met een diameter $d = 40$ mm is:

$$GI_t = GI_p = G \times \tfrac{1}{2}\pi R^4 = (80 \times 10^3 \text{ N/mm}^2) \times \tfrac{1}{2}\pi \times (40/2 \text{ mm})^4$$
$$= 20{,}11 \times 10^9 \text{ Nmm}^2$$

Voor de rotatie van B ten opzichte van A geldt:

$$\Delta\varphi_x^{AB} = \varphi_{x;B} - \varphi_{x;A} = \frac{M_t^{AB}\ell^{AB}}{GI_t}$$

Omdat de staaf in A is ingeklemd is $\varphi_{x;A} = 0$. Voor de rotatie in B vindt men nu:

$$\varphi_{x;B} = \frac{M_t^{AB}\ell^{AB}}{GI_t} = \frac{(+1130 \times 10^3 \text{ Nmm})(1425 \text{ mm})}{20{,}11 \times 10^9 \text{ Nmm}^2} = +80 \times 10^{-3} \text{ rad}$$
$$= (+80 \times 10^{-3} \text{ rad}) \times \frac{360°}{2\pi \text{ rad}} = +4{,}6°$$

Voor de rotatie van C ten opzichte van B geldt:

$$\Delta\varphi_x^{BC} = \varphi_{x;C} - \varphi_{x;B} = \frac{M_t^{BC}\ell^{BC}}{GI_t}$$

waaruit volgt:

$$\varphi_{x;C} = \varphi_{x;B} + \frac{M_t^{BC}\ell^{BC}}{GI_t}$$
$$= (+80 \times 10^{-3} \text{ rad}) + \frac{(-870 \times 10^3 \text{ Nmm})(695 \text{ mm})}{20{,}11 \times 10^9 \text{ Nmm}^2} = +50 \times 10^{-3} \text{ rad}$$
$$= (+50 \times 10^{-3} \text{ rad}) \times \frac{360°}{2\pi \text{ rad}} = 2{,}9°$$

De rotaties in B en C zijn getekend in figuur 6.43.

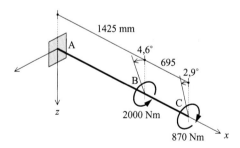

Figuur 6.43 De op wringing belaste staaf met de rotaties in B en C

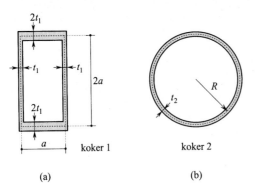

Figuur 6.44 (a) Rechthoekige kokerdoorsnede en (b) cirkelvormige kokerdoorsnede

Voorbeeld 3 - Rechthoekige kokerdoorsnede versus cirkelvormige kokerdoorsnede • De dunwandige rechthoekige koker 1, waarvan de afmetingen zijn gegeven in figuur 6.44a, wordt vervangen door de dunwandige koker 2 met cirkelvormige doorsnede, zoals aangegeven in figuur 6.44b. Beide kokers hebben dezelfde glijdingsmodulus G.
Verder is gegeven:
- dat het materiaalverbruik bij koker 2 de helft bedraagt van het materiaalverbruik bij koker 1 en
- dat een wringend moment M_t in beide kokers dezelfde maximum schuifspanning geeft.

Gevraagd:
a. Bepaal voor koker 2 de straal R (uitgedrukt in a) en de wanddikte t_2 (uitgedrukt in t_1).
b. Bepaal de verhouding tussen de wringstijfheden van beide kokers waarbij men voor koker 2 de onder a berekende waarden moet aanhouden.

Uitwerking:
a. Uit de gegevens over het materiaalverbruik volgt dat de oppervlakte A_2 van koker 2 de helft moet bedragen van de oppervlakte A_1 van koker 1:

$$A_2 = \tfrac{1}{2} A_1$$

Met

$$A_1 = 2 \times 2a \times t_1 + 2 \times a \times 2t_1 = 8at_1$$

$$A_2 = 2\pi R t_2$$

vindt men:

$$2\pi R t_2 = 4 a t_1 \tag{a}$$

De maximum schuifspanning $\tau_{max;1}$ in de rechthoekige koker 1 treedt op waar de wanddikte het kleinst is, dus ter plaatse van de lijven met dikte t_1. Er geldt:

$$\tau_{max;1} = \frac{M_t}{2A_m t_1}$$

Hierin is A_m de oppervlakte binnen de hartlijnen van de rechthoekige koker:

$$A_m = 2a^2$$

zodat:

$$\tau_{max;1} = \frac{M_t}{4a^2 t_1}$$

Voor de maximum schuifspanning in koker 2 met cirkelvormige doorsnede geldt:

$$\tau_{max;2} = \frac{M_t R}{I_p} = \frac{M_t R}{2\pi R^3 t_2} = \frac{M_t}{2\pi R^2 t_2}$$

Er is gegeven dat in beide kokers dezelfde maximum schuifspanning optreedt, dus:

$$\tau_{max;1} = \frac{M_t}{4a^2 t_1} = \tau_{max;2} = \frac{M_t}{2\pi R^2 t_2}$$

waaruit volgt:

$$2\pi R^2 t_2 = 4a^2 t_1 \tag{b}$$

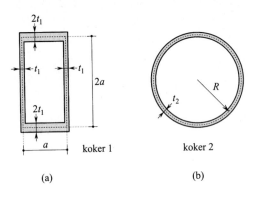

Figuur 6.44 (a) Rechthoekige kokerdoorsnede en (b) cirkelvormige kokerdoorsnede

Uit (a) en (b) vindt men de gevraagde afmetingen van de cirkelvormige kokerdoorsnede:

$R = a$

$t_2 = \dfrac{2}{\pi} t_1 \approx 0{,}64 t_1$

b. Voor de wringstijfheid van rechthoekige koker 1 geldt:

$$GI_{t;1} = G \dfrac{4 A_m^2}{\oint \dfrac{1}{t} dm} = G \dfrac{4 \times (2a^2)^2}{2\dfrac{2a}{t_1} + 2\dfrac{a}{2t_1}} = \dfrac{16}{5} G a^3 t_1$$

Met $R = a$ en $t_2 = 2t_1/\pi$ geldt voor de wringstijfheid van cirkelvormige koker 2:

$$GI_{t;2} = GI_p = G \cdot 2\pi R^3 t_2 = G \cdot 2\pi a^3 \cdot \dfrac{2}{\pi} t_1 = 4 G a^3 t_1$$

De verhouding tussen de wringstijfheden is dus:

$$\dfrac{GI_{t;2}}{GI_{t;1}} = \dfrac{4 G a^3 t_1}{\dfrac{16}{5} G a^3 t_1} = 1{,}25$$

Conclusie: Behalve dat de cirkelvormige doorsnede ten opzichte van de rechthoekige doorsnede een materiaalbesparing van 50% oplevert is ook de wringstijfheid 25% groter.

Voorbeeld 4 - Zetting van een kokerliggerbrug • Voor een als kokerligger uitgevoerde betonnen brug met een overspanning $\ell = 48$ m is in figuur 6.45a de (geschematiseerde) dwarsdoorsnede getekend en in figuur 6.45b het bovenaanzicht. De kokerligger is prismatisch en mag als dunwandig worden opgevat.

De ligger is vrij opgelegd in de punten A, B, C en D. De opleggingen worden in staat geacht trekkrachten op te nemen. Om de oplegreacties in te leiden in de kokerdoorsnede zijn ter plaatse van AB en CD dwarsschotten aangebracht.

Steunpunt A ondergaat een zetting (zakking) waardoor in de koker een wringend moment wordt opgewekt. De maximum schuifspanning ten gevolge van dit wringend moment bedraagt 1 N/mm².
Houdt in de berekening voor de glijdingsmodulus aan: $G = 13,5$ GPa.

Gevraagd:
a. Het wringend moment in de kokerdoorsnede.
b. De zetting van steunpunt A.
c De oplegreacties.

Uitwerking: Allereerst worden de doorsnedegrootheden berekend die bij de beantwoording van de gestelde vragen van belang zijn.
In figuur 6.45c zijn de hartlijnen van de doorsnede getekend. De afstand tussen de hartlijnen van boven- en onderflens bedraagt:

$$(1700 \text{ mm}) - \frac{220 \text{ mm}}{2} - \frac{150 \text{ mm}}{2} = 1515 \text{ mm}$$

De oppervlakte A_m binnen de hartlijnen van de doorsnede is:

$$A_m = (3300 \text{ mm})(1515 \text{ mm}) = 5 \times 10^6 \text{ mm}^2$$

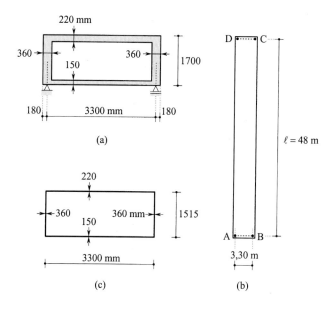

Figuur 6.45 (a) Geschematiseerde dwarsdoorsnede van (b) een betonnen kokerliggerbrug, vrij opgelegd in de punten A, B, C en D. (c) De hartlijnen van de als dunwandig op te vatten kokerdoorsnede

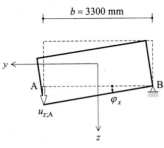

Figuur 6.46 Als steunpunt A een zetting $u_{z;A}$ ondergaat, zal doorsnede AB roteren over een hoek $\varphi_x = u_{z;A}/b$.

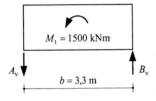

Figuur 6.47 Het wringend moment $M_t = 1500$ kNm, waardoor de ligger in einddoorsnede AB wordt belast, is statisch equivalent met de oplegreacties in A en B.

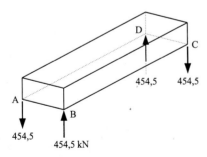

Figuur 6.48 De oplegreacties ten gevolge van een zetting van steunpunt A (onder de aanname dat de steunpunten deze trekkrachten kunnen opnemen)

Voor het torsietraagheidsmoment I_t vindt men:

$$I_t = \frac{4A_m^2}{\oint \frac{dm}{t}} = \frac{4 \times (5 \times 10^6 \text{ mm}^2)^2}{\frac{3300 \text{ mm}}{150 \text{ mm}} + \frac{3300 \text{ mm}}{220 \text{ mm}} + 2 \times \frac{1515 \text{ mm}}{360 \text{ mm}}} = 2{,}2 \times 10^{12} \text{ mm}^4$$
$$= 2{,}2 \text{ m}^4$$

a. Voor de schuifspanning ten gevolge van wringing geldt:

$$\tau = \frac{M_t}{2A_m t}$$

De maximum schuifspanning treedt op in de onderflens, want daar is de wanddikte het kleinst:

$$\tau_{max} = \frac{M_t}{2A_m t_{min}}$$

Hieruit volgt:

$$M_t = 2A_m t_{min} \tau_{max} = 2 \times (5 \times 10^6 \text{ mm}^2)(150 \text{ mm})(1 \text{ N/mm}^2)$$
$$= 1{,}5 \times 10^9 \text{ Nmm} = 1500 \text{ kNm}$$

b. Door de zetting $u_{z;A}$ van steunpunt A roteert doorsnede AB ten opzichte van doorsnede CD over een hoek φ_x, zie figuur 6.46:

$$\varphi_x = \frac{u_{z;A}}{b}$$

Hierin is:

$$\varphi_x = \frac{M_t \ell}{GI_t}$$

Voor de zetting in A vindt men nu:

$$u_{z;A} = \varphi_x b = \frac{M_t \ell b}{GI_t} = \frac{(1500 \times 10^3 \text{ Nm})(48 \text{ m})(3{,}3 \text{ m})}{(13{,}5 \times 10^9 \text{ N/m}^2)(2{,}2 \text{ m}^4)} = 8 \times 10^{-3} \text{ m}$$

$$= 8 \text{ mm}$$

c. Het wringend moment $M_t = 1500$ kNm waardoor de ligger in doorsnede AB wordt belast is statisch equivalent met de oplegreacties in A en B. De verticale oplegreacties A_v en B_v vormen dus samen het koppel M_t, zie figuur 6.47, waaruit volgt:

$$A_v = B_v = \frac{M_t}{b} = \frac{1500 \text{ kNm}}{3{,}3 \text{ m}} = 454{,}5 \text{ kN}$$

In figuur 6.48 zijn ook de oplegreacties in C en D getekend.

Voorbeeld 5 - Rechthoekige kokerdoorsnede met excentrisch aangrijpende dwarskracht

De dunwandige koker in figuur 6.49 heeft een rechthoekige doorsnede en brengt een excentrisch werkende dwarskracht $V_z = V = 60$ kN over. De doorsnedeafmetingen kunnen uit de figuur worden afgelezen.

Gevraagd: Het schuifspanningverloop in de doorsnede.

Uitwerking: De excentrisch werkende dwarskracht V kan men vervangen door een centrisch aangrijpende dwarskracht en een wringend moment M_t, zie figuur 6.50:

$$M_t = Ve = (60 \times 10^3 \text{ N})(125 \text{ mm}) = 7{,}5 \times 10^6 \text{ Nmm} = 7{,}5 \text{ kNm}$$

Het schuifspanningverloop ten gevolge van de dwarskracht in het verticale symmetrievlak werd eerder berekend in paragraaf 5.4.3, voor-

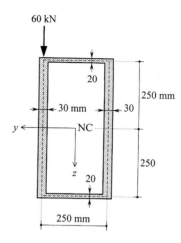

Figuur 6.49 Een dunwandige koker met rechthoekige doorsnede, belast door een excentrisch aangrijpende dwarskracht

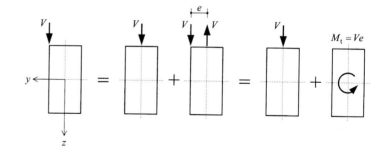

Figuur 6.50 De met een excentriciteit e aangrijpende dwarskracht V is statisch equivalent met een centrisch aangrijpende dwarskracht en een wringend moment $M_t = Ve$.

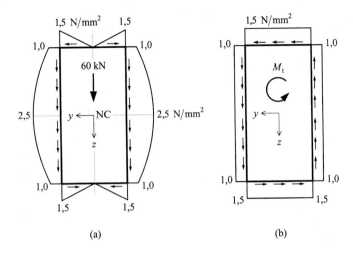

Figuur 6.51 Het schuifspanningsverloop ten gevolge van (a) de centrisch aangrijpende dwarskracht en (b) het wringend moment

beeld 1, en is getekend in figuur 6.51a. De schuifspanningen zijn gelijkmatig verdeeld over de wanddikte.

Ook de schuifspanningen ten gevolge van het wringend moment zijn gelijkmatig over de wanddikte verdeeld. De grootte van de schuifspanningen volgt uit:

$$\tau = \frac{M_t}{2A_m t}$$

waarin:

$$A_m = (250 \text{ mm})(500 \text{ mm}) = 125 \times 10^3 \text{ mm}^2$$

In de flenzen, met $t = 20$ mm, vindt men:

$$\tau_{\text{flens}} = \frac{7{,}5 \times 10^6 \text{ Nmm}}{2 \times (125 \times 10^3 \text{ mm}^2)(20 \text{ mm})} = 1{,}5 \text{ N/mm}^2$$

en in de lijven, met $t = 30$ mm:

$$\tau_{\text{lijf}} = \frac{7{,}5 \times 10^6 \text{ Nmm}}{2 \times (125 \times 10^3 \text{ mm}^2)(30 \text{ mm})} = 1{,}0 \text{ N/mm}^2$$

Omdat de schuifstroom $s = \tau t$ constant is zijn de schuifspanningen omgekeerd evenredig met de wanddikte en kan men de schuifspanning in het lijf ook op de volgende manier uit die in de flens berekenen:

$$\tau_{\text{lijf}} = \frac{t_{\text{flens}}}{t_{\text{lijf}}} \tau_{\text{flens}} = \frac{20 \text{ mm}}{30 \text{ mm}} (1{,}5 \text{ N/mm}^2) = 1{,}0 \text{ N/mm}^2$$

Het schuifspanningverloop ten gevolge van wringing is weergegeven in figuur 6.51b.

Het resulterend schuifspanningverloop is getekend in figuur 6.52 en vindt men door de diagrammen in figuur 6.51 op elkaar te superponeren.

Voorbeeld 6 - Vierkante kokerdoorsnede versus strip • De vierkante dunwandige koker in figuur 6.53a met een langs de hartlijnen gemeten hoogte en breedte $a = 200$ mm en overal dezelfde wanddikte $t = 2{,}5$ mm heeft hetzelfde materiaalverbruik als de dunwandige strip in figuur 6.53b, ook met een hoogte $a = 200$ mm, maar met een vier maal zo grote wanddikte $4t = 10$ mm. De glijdingsmodulus is G.
Beide doorsneden worden belast door een even groot wringend moment M_t.

Gevraagd:
a. De verhouding tussen de wringstijfheden van koker en strip.
b. De verhouding tussen maximum schuifspanning in koker en strip.

Uitwerking:
a. Voor de wringstijfheid van de koker geldt volgens (17):

$$GI_{t;koker} = G \cdot \frac{4 \cdot (a^2)^2}{\frac{4a}{t}} = Ga^3 t$$

Voor de wringstijfheid van de strip geldt volgens (20):

$$GI_{t;strip} = G \cdot \tfrac{1}{3} a \cdot (4t)^3 = \frac{64}{3} Gat^3$$

De gevraagde verhouding tussen de wringstijfheden is:

$$\frac{GI_{t;koker}}{GI_{t;strip}} = \frac{Ga^3 t}{\frac{64}{3} Gat^3} = \frac{3}{64} \frac{a^2}{t^2}$$

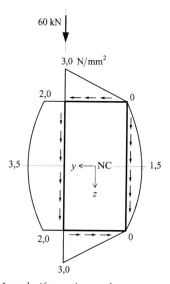

Figuur 6.52 Het schuifspanningsverloop ten gevolge van de excentrisch aangrijpende dwarskracht

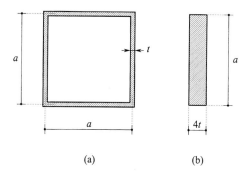

Figuur 6.53 (a) Een vierkante dunwandige koker en (b) een dunwandige strip, beide doorsneden hebben dezelfde oppervlakte. Bij $a/t = 80$ is de kokerdoorsnede 300 maal zo wringstijf als de strip en zijn de wringspanningen een factor 30 kleiner.

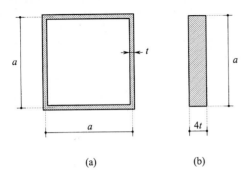

Figuur 6.53 (a) Een vierkante dunwandige koker en (b) een dunwandige strip, beide doorsneden hebben dezelfde oppervlakte. Bij $a/t = 80$ is de kokerdoorsnede 300 maal zo wringstijf als de strip en zijn de wringspanningen een factor 30 kleiner.

Met $a = 200$ mm en $t = 2{,}5$ mm en $a/t = 80$ vindt men:

$$\frac{GI_{t;koker}}{GI_{t;strip}} = \frac{3}{64} \times 80^2 = 300$$

Bij de gegeven afmetingen is de koker dus 300 maal zo wringstijf als de strip.

b. De schuifspanning in de dunwandige koker is overal even groot, zie paragraaf 6.3.1. Volgens (13) geldt:

$$\tau_{koker} = \frac{M_t}{2A_m t} = \frac{M_t}{2a^2 t}$$

De schuifspanning in de strip verloopt lineair over de dikte $4t$, zie paragraaf 6.3.2. De maximum schuifspanning in de strip is volgens (19):

$$\tau_{strip;max} = \frac{M_t}{\frac{1}{3} \cdot a \cdot (4t)^2} = \frac{3}{16} \frac{M_t}{at^2}$$

De verhouding tussen de maximum schuifspanning in koker en strip is:

$$\frac{\tau_{koker}}{\tau_{strip;max}} = \frac{M_t}{2a^2 t} \cdot \frac{16}{3} \frac{at^2}{M_t} = \frac{8}{3} \frac{t}{a}$$

Met $a = 200$ mm en $t = 2{,}5$ mm en $a/t = 80$ vindt men:

$$\frac{\tau_{koker}}{\tau_{strip;max}} = \frac{8}{3} \times \frac{1}{80} = \frac{1}{30}$$

De schuifspanning in de koker is bij gegeven afmetingen 30 maal zo klein als de maximum schuifspanning in de strip.

Voorbeeld 7 - Kokerdoorsnede versus open doorsnede • In figuur 6.54 zijn twee vierkante dunwandige doorsneden getekend met op de hartlijnen betroken afmetingen van 160×160 mm². Doorsnede I is gesloten en doorsnede II is open. De wanddikte van de flenzen is 10 mm en van de lijven 5 mm. In beide doorsneden werkt hetzelfde wringend moment $M_t = 768$ Nm.

Gevraagd:
a. De maximum schuifspanning in doorsnede I.
b. De maximum schuifspanning in doorsnede II.

Uitwerking:
a. In de gesloten doorsnede is de schuifspanning constant over de wanddikte en geldt:

$$\tau = \frac{M_t}{2 A_m t}$$

Hierin is A_m de door de hartlijnen van de doorsnede ingesloten oppervlakte:

$$A_m = (160 \text{ mm})(160 \text{ mm}) = 25{,}6 \times 10^3 \text{ mm}^2$$

De schuifspanning is maximaal waar de wanddikte het kleinst is, dat is in de lijven met $t = 5$ mm:

$$\tau_{\max}^{(I)} = \tau_{\text{lijf}} = \frac{768 \times 10^3 \text{ Nmm}}{2 \times (25{,}6 \times 10^3 \text{ mm}^2)(5 \text{ mm})} = 3{,}0 \text{ N/mm}^2$$

In de flenzen is de schuifspanning half zo groot. Ga dat na!

In figuur 6.55 is het schuifspanningverloop getekend.

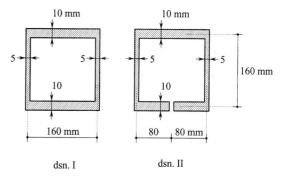

Figuur 6.54 Twee dunwandige doorsneden met dezelfde afmetingen. Doorsnede I is gesloten en doorsnede II is open.

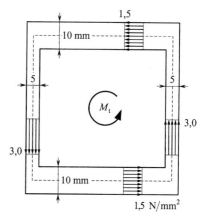

Figuur 6.55 Wringspanningen in de gesloten doorsnede. De schuifspanningen zijn constant over de wanddikte. De schuifspanning is omgekeerd evenredig met de wanddikte. Dit volgt uit de eigenschap dat de schuifstroom (schuifspanning × wanddikte) constant is. De grootste schuifspanning treedt dus op waar de wanddikte het kleinst is.

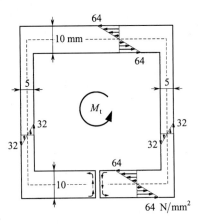

Figuur 6.56 Wringspanningen in de open doorsnede. De schuifspanningen verlopen lineair over de wanddikte. De maximum schuifspanning is recht evenredig met de wanddikte. De grootste schuifspanning treedt dus op waar de wanddikte het grootst is.

b. In de open doorsnede verlopen de schuifspanningen lineair over de wanddikte en luidt de schuifspanningsformule:

$$\tau = \frac{M_t e_m}{\frac{1}{2} I_t}$$

Hierin is e_m de afstand tot de hartlijn m en I_t het torsietraagheidsmoment:

$$I_t = \sum \tfrac{1}{3} h t^3$$
$$= \tfrac{1}{3}\{2 \times (80 \text{ mm})(10 \text{ mm})^3 + (160 \text{ mm})(10 \text{ mm})^3 + 2 \times (160 \text{ mm})(5 \text{ mm})^3\}$$
$$= 120 \times 10^3 \text{ mm}^4$$

Omdat de schuifspanning evenredig is met de afstand tot de hartlijn treedt de grootste schuifspanning op waar de wanddikte het grootst is, dat is in de flenzen met $t = 10$ mm en $e_{m;max} = \tfrac{1}{2} t = 5$ mm:

$$\tau_{max}^{(II)} = \tau_{flens} = \frac{(768 \times 10^3 \text{ Nmm})(5 \text{ mm})}{\tfrac{1}{2} \times (120 \times 10^3 \text{ mm}^4)} = 64 \text{ N/mm}^2$$

In de lijven is de maximum schuifspanning half zo groot. Ga dat na!

In figuur 6.56 zijn de schuifspanningen in lijven en flenzen in beeld gebracht.

Merk op dat de schuifspanningen in de open doorsnede aanzienlijk groter zijn dan die in de kokerdoorsnede! Bij de gegeven afmetingen is de maximum schuifspanning in de open doorsnede ruim 42 maal zo groot als die in de gesloten doorsnede.

Opmerking: Bij een dunwandige kokerdoorsnede is de maximum schuifspanning omgekeerd evenredig met de wanddikte.

Bij een dunwandig open profiel is de maximum schuifspanning recht evenredig met de wanddikte.
Dit betekent dat in een kokerdoorsnede de schuifspanning maximaal is waar de wanddikte het kleinst is, terwijl in een open profiel de schuifspanning maximaal is waar de wanddikte het grootst is.

Voorbeeld 8 - U-profiel met excentrisch aangrijpende dwarskracht •

Het dunwandige U-profiel in figuur 6.57 brengt een dwarskracht van 9,35 kN over waarvan de werklijn samenvalt met het lijf.

Gevraagd:
a. Het schuifspanningverloop ten gevolge van de dwarskracht (zonder wringing).
b. Het schuifspanningverloop ten gevolge van het wringend moment (zonder dwarskracht).
c. De maximum schuifspanning in de doorsnede.

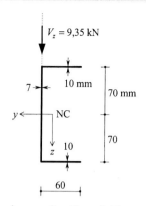

Figuur 6.57 Een dunwandige U-profiel brengt een dwarskracht over waarvan de werklijn samenvalt met het lijf.

Uitwerking:
a. In paragraaf 5.5, voorbeeld 1, werd voor de gegeven doorsnede het schuifspanningsverloop berekend ten gevolge van een verticale dwarskracht $V = 9{,}35$ kN met verder onbekende werklijn. Dat schuifspanningverloop is getekend in figuur 6.58a.

In hetzelfde voorbeeld werd aangetoond dat de dwarskracht V als resultante van al deze schuifspanningen zijn werklijn op een afstand $e = 23{,}6$ mm uit de hartlijn van het lijf heeft. Op deze lijn ligt het dwarskrachtencentrum DC, zie figuur 6.59b.

Het dwarskrachtencentrum DC is dat punt van de doorsnede waar de werklijn van de dwarskracht door moet gaan opdat er geen wringing optreedt.

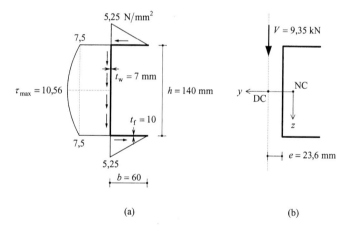

Figuur 6.58 (a) Schuifspanningsdiagram ten gevolge van de dwarskracht zonder wringing. (b) De dwarskracht V heeft, als resultante van al deze schuifspanningen, zijn werklijn op een afstand $e = 23{,}6$ mm uit de hartlijn van het lijf. Op deze lijn ligt het dwarskrachtencentrum DC, dat is gedefinieerd als het punt van de doorsnede waar de werklijn van de dwarskracht door moet gaan opdat er geen wringing optreedt.

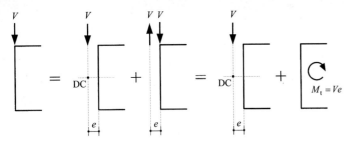

Figuur 6.59 Door de dwarskracht V over een afstand e te verschuiven van het lijf naar het dwarskrachtencentrum DC ontstaat er een wringend moment $M_t = Ve$.

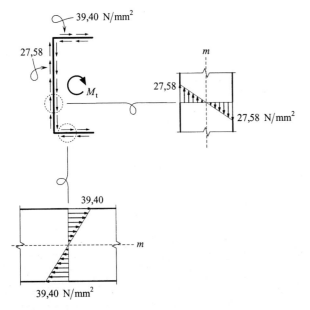

Figuur 6.60 De schuifspanningen ten gevolge van het wringend moment verlopen lineair over de wanddikte. De maximum schuifspanningen zijn recht evenredig met de wanddikte.

b. In deze opgave gaat de werklijn van de dwarskracht niet door het dwarskrachtencentrum en is er een wringend moment $M_t = Ve$, zie figuur 6.59:

$$M_t = Ve = (9{,}35 \times 10^3 \text{ N})(23{,}6 \text{ mm}) = 220{,}66 \times 10^3 \text{ Nmm}$$

Het wringend moment geeft in de dunwandige open doorsnede schuifspanningen die lineair verlopen over de wanddikte:

$$\tau = \frac{M_t e_m}{\tfrac{1}{2} I_t}$$

De schuifspanningen zijn het grootste in de randen van het profiel, waar $e_m = \tfrac{1}{2} t$.

Voor het torsietraagheidsmoment I_t geldt:

$$I_t = \Sigma \tfrac{1}{3} bt^3$$
$$= \tfrac{1}{3}\left\{2 \times (60 \text{ mm})(10 \text{ mm})^3 + (140 \text{ mm})(7 \text{ mm})^3\right\} = 56{,}0 \times 10^3 \text{ mm}^4$$

De maximum schuifspanning in de flenzen is:

$$\tau_{f;\max} = \frac{M_t \cdot \tfrac{1}{2} t_f}{\tfrac{1}{2} I_t} = \frac{(220{,}66 \times 10^3 \text{ Nmm})(\tfrac{1}{2} \times 10 \text{ mm})}{\tfrac{1}{2} \times 56{,}0 \times 10^3 \text{ mm}^4} = 39{,}40 \text{ N/mm}^2$$

De maximum schuifspanning in het lijf is:

$$\tau_{w;\max} = \frac{M_t \cdot \tfrac{1}{2} t_w}{\tfrac{1}{2} I_t} = \frac{(220{,}66 \times 10^3 \text{ Nmm})(\tfrac{1}{2} \times 7 \text{ mm})}{\tfrac{1}{2} \times 56{,}0 \times 10^3 \text{ mm}^4} = 27{,}58 \text{ N/mm}^2$$

De grootte en richting van de maximum schuifspanningen ten gevolge van het wringend moment zijn in figuur 6.60 in beeld gebracht.

c. De maximum schuifspanning in de doorsnede vindt men door de schuifspanningen ten gevolge van de dwarskracht (figuur 6.58a) te superponeren op die ten gevolge van het wringend moment (figuur 6.60). Hierbij dient men wel te bedenken dat de schuifspanningen ten gevolge van de dwarskracht constant zijn over de wanddikte terwijl die ten gevolge van het wringend moment lineair verlopen!

De maximum schuifspanning in de flenzen treedt op aan de binnenkant van het profiel ter plaatse van de aansluiting op het lijf, zie figuur 6.61, en bedraagt:

$$\tau_{f;max} = (5{,}25 \text{ N/mm}^2) + (39{,}40 \text{ N/mm}^2) = 44{,}65 \text{ N/mm}^2$$

De maximum schuifspanning in het lijf bevindt zich op halve hoogte en ook aan de binnenkant van het profiel, zie figuur 6.61:

$$\tau_{w;max} = (10{,}56 \text{ N/mm}^2) + (27{,}58 \text{ N/mm}^2) = 38{,}14 \text{ N/mm}^2$$

In figuur 6.61 is ook aangegeven hoe op deze plaatsen de schuifspanning over de wanddikte verloopt.

Als de dwarskracht niet aangrijpt in het dwarskrachtencentrum DC ontstaat er een wringend moment waardoor met name in open doorsneden de schuifspanningen aanzienlijk kunnen toenemen.

Opmerking: Er is geen rekening gehouden met mogelijke spanningsconcentraties in de hoeken. Deze kunnen niet worden berekend met de afgeleide formules.

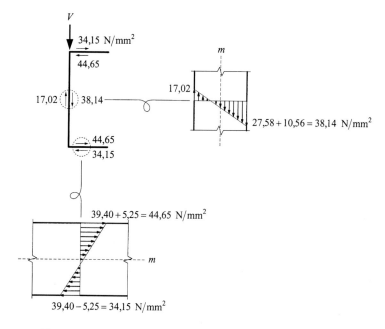

Figuur 6.61 De maximum schuifspanningen ten gevolge van de op het lijf aangrijpende dwarskracht treden op aan de binnenkant van het profiel: in de flenzen ter plaatse van de aansluiting op het lijf en in het lijf op halve hoogte.

6.5 Overzicht formules

In deze paragraaf wordt een beknopt overzicht gegeven van de belangrijkste formules voor het berekenen van de spanningen en vervormingen door wringing.

- **Constitutieve en kinematische vergelijking voor wringing** (paragraaf 6.2.1)

Constitutieve vergelijking

$$M_t = GI_t \cdot \chi$$

Kinematische vergelijking

$$\chi = \frac{d\varphi_x}{dx} \qquad \varphi_x = \int \chi \cdot dx$$

Hierin zijn:
G   - de glijdingsmodulus
I_t - het torsietraagheidsmoment
GI_t - de torsiestijfheid
χ - de verwringing
φ_x - de rotatie van de doorsnede

- **Cirkelvormige doorsneden (paragraaf 6.2.1 t/m 6.2.3)**

Bij cirkelvormige doorsneden is het torsietraagheidsmoment I_t gelijk aan het polair traagheidsmoment I_p.

Dunwandige kokerdoorsneden (paragraaf 6.2.1)

$$\tau = \frac{M_t R}{I_t} \qquad I_t = I_p = 2\pi R^3 t$$

Dikwandige kokerdoorsneden (paragraaf 6.2.3)

$$\tau = \frac{M_t r}{I_t} \qquad I_t = I_p = \tfrac{1}{2}\pi(R_u^4 - R_i^4)$$

Massieve doorsneden (paragraaf 6.2.2)

$$\tau = \frac{M_t r}{I_t} \qquad I_t = I_p = \tfrac{1}{2}\pi R^4$$

- **Dunwandige kokerdoorsneden** (paragraaf 6.3.1)

  $s = \tau t$ = constant (de schuifstroom is constant)

  $$\tau = \frac{M_t}{2A_m t} \qquad I_t = \frac{4A_m^2}{\oint \frac{1}{t}\,dm}$$

Hierin is A_m de oppervlakte die wordt ingesloten door de hartlijn m van de dunwandige kokerdoorsnede.

- **Dunwandige strip** (paragraaf 6.3.2)

  $$\tau = \frac{M_t e_m}{\tfrac{1}{2}I_t} \qquad I_t = \tfrac{1}{3}bt^3$$

- **Dunwandige open doorsneden** (paragraaf 6.3.3)

  $$\tau = \frac{M_t e_m}{\tfrac{1}{2}I_t} \qquad I_t = \Sigma \tfrac{1}{3}bt^3$$

6.6 Vraagstukken

Algemene opmerkingen vooraf:
- In een aantal opgaven wordt behalve naar de schuifspanning door wringing ook naar de schuifspanning door dwarskracht gevraagd en soms ook naar de normaalspanning.
- Het eigen gewicht van de constructie blijft buiten beschouwing tenzij in de opgave duidelijk anders is vermeld.

Materiaalgedrag bij afschuiving (paragraaf 6.1)

6.1 Een 25 mm dikke rubber plaat, die 200 mm lang en 120 mm hoog is, is aan de boven- en onderkant stevig bevestigd aan twee stalen strippen. Op de bovenste strip werkt een kracht van 500 N.

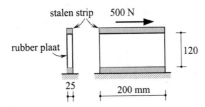

Gevraagd: De verplaatsing van de bovenste strip ten opzichte van de onderste als de glijdingsmodulus voor rubber 3 MPa bedraagt.

6.2 Een rubber blok van $200 \times 160 \times 50$ mm^3 is aan de boven- en onderkant stevig bevestigd aan twee stijve stalen platen. Onder invloed van de getekende kracht van 7,2 kN verschuift de bovenplaat 7,5 mm in x-richting.

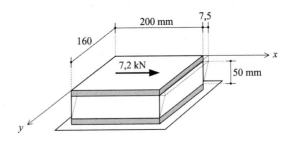

Gevraagd:
a. De glijdingsmodulus van de toegepaste rubbersoort.
b. De verplaatsing van de bovenplaat als de kracht van 7,2 kN niet in de x-, maar in de y-richting werkt.

Wringing van cirkelvormige doorsneden (paragraaf 6.2)

6.3 Een cirkelvormige doorsnede moet een wringend moment van 1 kNm overbrengen. De schuifspanning in de doorsnede mag niet groter worden dan 10 MPa.

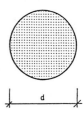

Gevraagd: De minimaal benodigde diameter d van de doorsnede.

6.4 Een massieve cirkelvormige doorsnede, met diameter $d_1 = 150$ mm, en een holle cirkelvormige doorsnede, met buitendiameter $d_2 = 180$ mm en nog onbekende binnendiameter d_3, worden door hetzelfde wringend moment M_t belast. Daarbij treedt in beide doorsneden dezelfde maximum schuifspanning $\tau_{max} = 8$ MPa op.

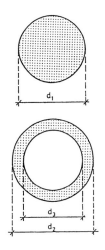

Gevraagd:
a. De grootte van het wringend moment M_t.
b. De binnendiameter d_3 van de holle doorsnede.
c. De schuifspanning aan de binnenkant van de holle doorsnede.

6.5 Een dunwandige cirkelvormige buis waarvan de doorsnede een straal $R = 150$ mm heeft en een oppervlakte $A = 8000$ mm² wordt belast door een wringend moment $M_t = 30$ kNm.

Gevraagd: De schuifspanning in de doorsnede.

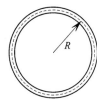

6.6 De getekende doorsnede van een dunwandige stalen buis heeft een oppervlakte $A = 1000$ mm². De schuifspanning mag de grenswaarde $\bar{\tau} = 90$ MPa niet overschrijden.

Gevraagd: Het maximum wringend moment dat de doorsnede kan overbrengen.

6.7 De dunwandige kokkerligger AB wordt belast door een met excentriciteit a aangrijpende kracht F. De koker heeft een cirkelvormige doorsnede met straal R en wanddikte t.
Houd in de berekening aan $F = 30$ kN, $a = 1{,}65$ m, $R = 150$ mm en $t = 7$ mm.

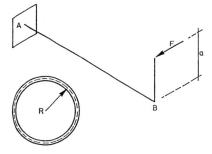

Gevraagd:
a. Het schuifspanningsverloop in de kokerdoorsnede ten gevolge van het wringend moment.
b. Het schuifspanningsverloop ten gevolge van de dwarskracht.
c. Het schuifspanningsverloop ten gevolge van wringend moment en dwarskracht.
d. De maximum schuifspanning en de plaats waar deze optreedt.

6.8 De tweemaal rechthoekig omgezette staafconstructie in het horizontale vlak is vervaardigd uit een dunwandig buisprofiel met straal $R = 200$ mm en wanddikte $t = 10$ mm. De constructie wordt belast door een verticale kracht van 15,7 kN in D. De kracht werkt in de symmetrieas van de doorsnede.

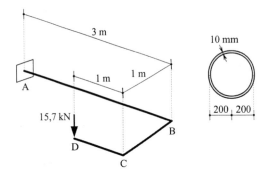

Gevraagd voor inklemmingsdoorsnede A:
a. Het schuifspanningsverloop ten gevolge van het wringend moment.
b. Het schuifspanningsverloop ten gevolge van de dwarskracht.
c. De plaats en grootte van de maximum schuifspanning.
d. Het normaalspanningsverloop ten gevolge van het buigend moment.

6.9 Een massieve as met cirkelvormige doorsnede moet een wringend moment van 1,96 kNm overbrengen. De grenswaarde van de schuifspanning is $\bar{\tau} = 80$ N/mm². De glijdingsmodulus is $G = 80$ GPa.

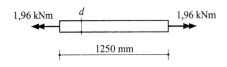

Gevraagd:
a. De diameter d van de as.
b. De rotatie van de einddoorsneden ten opzichte van elkaar.

6.10 De massieve as in opgave 6.9 wordt vervangen door een holle as met een buitendiameter van 75 mm. Alle overige gegevens blijven ongewijzigd.
Gevraagd:
a. De benodigde wanddikte van de as.
b. De rotatie van de einddoorsneden ten opzichte van elkaar.

6.11 De horizontale belasting in het dakvlak veroorzaakt wringing in de getekende kolom. De kolom is stijf verbonden met dakvlak en fundering. Voor de kolom is een stalen buis toegepast met een buitendiameter van 180 mm. Het polair traagheidsmoment is $I_p = 60 \times 10^6$ mm⁴. Houd voor de glijdingsmodulus van staal aan $G = 80$ GPa.

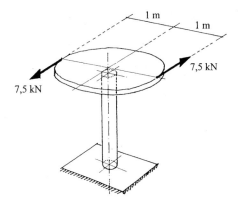

Gevraagd:
a. De maximum schuifspanning in de kolom.
b. De minimum schuifspanning in de kolom.
c. Het rotatieverschil $\Delta \varphi$ tussen beide einddoorsneden van de kolom (in graden) als de kolomlengte 2,40 m bedraagt.

6.12 De getekende massieve staaf, opgebouwd uit de twee even lange cirkelcilindrische delen AB en BC met verschillende diameter, is ingeklemd in A en wordt in het vrije einde C belast door een wringend moment van 200 Nm. De afmetingen kunnen uit de figuur worden afgelezen. De glijdingsmodulus is $G = 80$ GPa.

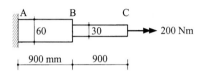

Gevraagd:
a. De maximum schuifspanning.
b. De hoekverdraaiing in B (in radialen).
c. De hoekverdraaiing in C (in graden).

6.13-1 t/m 3 De prismatische staaf AB heeft een massieve cirkelvormige doorsnede en wordt op wringing belast door de drie momenten $M_{t;1}$, $M_{t;2}$ en $M_{t;3}$. Het polair traagheidsmoment is $I_p = 2{,}578 \times 10^6$ mm^4. De glijdingsmodulus is $G = 80$ GPa.
Er zijn drie verschillende belastinggevallen:
(1) $M_{t;1} = 5$ kNm, $M_{t;2} = 3$ kNm en $M_{t;3} = 6$ kNm.
(2) $M_{t;1} = 5$ kNm, $M_{t;2} = 9$ kNm en $M_{t;3} = 5$ kNm.
(3) $M_{t;1} = 3{,}2$ kNm, $M_{t;2} = 12$ kNm en $M_{t;3} = 2{,}4$ kNm.

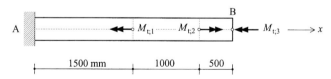

Gevraagd:
a. De M_t-lijn.
b. Het verloop van de verwringing χ over de lengte van de staaf.
c. De rotatie in B (in graden).

Wringing van dunwandige doorsneden (paragraaf 6.3)

6.14 Een dunwandige koker met een geleidelijk verlopende wanddikte t wordt belast door een wringend moment M_t.

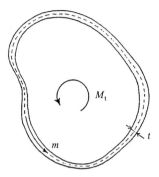

Gevraagd:
a. Wat verstaat men onder de schuifstroom in de doorsnede?
b. Toon aan dat de schuifstroom constant is.
c. Leid onderstaande formule af voor de schuifspanningen door wringing:

$$\sigma_{xm} = \frac{M_t}{2A_m t}$$

d. Welke betekenis heeft de grootheid A_m in deze schuifspanningsformule?

6.15 Door een wringend moment ontstaat in een dunwandige cirkelvormige buis een schuifspanning van 100 N/mm^2. De doorsnedeafmetingen kunnen uit de figuur worden afgelezen.

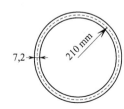

Gevraagd: De grootte van het wringend moment.

6.16-1 t/m 4 In de vier getekende dunwandige kokerdoorsneden werkt hetzelfde wringend moment $M_t = 1000$ Nm.

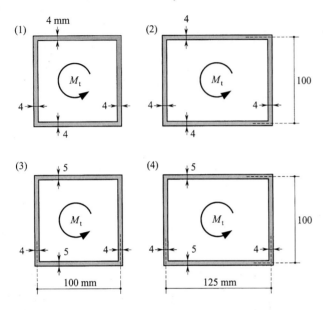

Gevraagd:
a. Het schuifspanningsverloop in de doorsnede.
b. De bijdrage van de schuifspanningen in de flenzen tot het wringend moment.
c. De bijdrage van de schuifspanningen in de lijven tot het wringend moment.

6.17 Een uitkragende ligger met een dunwandige driehoekige doorsnede wordt in het vrije einde belast door een excentrisch aangrijpende kracht $F = 45$ kN. De doorsnede heeft overal dezelfde wanddikte $t = 24$ mm. Houd verder in de berekening aan: $a = 260$ mm en $b = 375$ mm.

Gevraagd:
a. De grootte van het wringend moment in de ligger.
b. De maximum schuifspanning ten gevolge van uitsluitend het wringend moment.

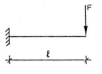

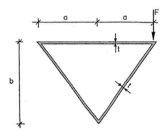

6.18 Gegeven twee dunwandige buisdoorsneden met straal R en wanddikte t. Doorsnede I is gesloten en doorsnede II heeft een spleet. In beide doorsneden werkt hetzelfde wringend moment M_t.

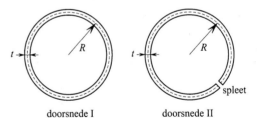

Gevraagd:
a. De uitdrukking voor de maximum schuifspanning $\tau_{max;I}$ in doorsnede I.
b. De uitdrukking voor de maximum schuifspanning $\tau_{max;II}$ in doorsnede II.
c. De verhouding $\tau_{max;II}/\tau_{max;I}$. Wat betekent deze verhouding numeriek als $R = 60$ mm en $t = 3$ mm?

6.19 Gegeven twee vierkante dunwandige doorsneden: doorsnede I is gesloten en doorsnede II is open (met een kleine spleet in het midden van de onderflens). De wanddikte van de flenzen is 15 mm en van de lijven 6 mm. In beide doorsneden werkt eenzelfde wringend moment $M_t = 735$ Nm.

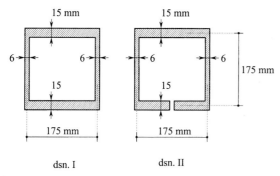

dsn. I   dsn. II

Gevraagd:
a. Teken het schuifspanningsverloop in doorsnede I.
b. De maximum schuifspanning in doorsnede I.
c. Teken het schuifspanningsverloop in doorsnede II.
d. De maximum schuifspanning in doorsnede II.

6.20-1/2 Gegeven de twee getekende dunwandige kokerdoorsneden.

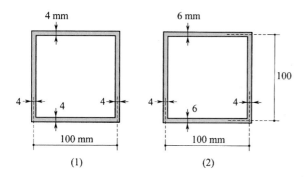

(1)   (2)

Gevraagd:
a. Het torsietraagheidsmoment.
b. Het torsietraagheidsmoment als de doorsneden niet meer gesloten zijn, maar in het midden van het rechter lijf een kleine spleet hebben.

6.21 Gegeven de drie dunwandige open doorsneden (a), (b) en (c) en de dunwandige kokerdoorsnede (d). De doorsnedeafmetingen kunnen uit de figuur worden afgelezen.

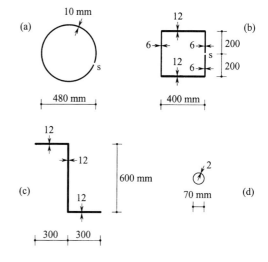

Gevraagd:
a. Rangschik (in opklimmende volgorde) de open doorsneden naar de grootte van het torsietraagheidsmoment.
b. Vergelijk het torsietraagheidsmoment van de kokerdoorsnede met het torsietraagheidsmoment van de open doorsneden.

6.22 De getekende dunwandige kokerdoorsnede, met overal dezelfde wanddikte van 15 mm, moet in het vlak van de doorsnede een excentrisch aangrijpende verticale kracht van 60 kN overbrengen. De doorsnedeafmetingen zijn aangegeven in de figuur.

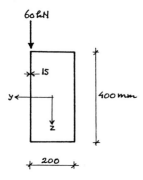

dwarskracht overbrengen. Alle benodigde gegevens kunnen aan de figuur worden ontleend.

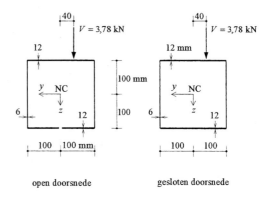

open doorsnede   gesloten doorsnede

Gevraagd:
a. De dwarskracht en het wringend moment in de doorsnede.
b. Het schuifspanningsverloop in de doorsnede ten gevolge van alleen de dwarskracht. Geef de richting van de schuifspanningen aan en schrijf op een aantal plaatsen de waarden er bij.
c. Het schuifspanningsverloop ten gevolge van alleen het wringend moment.
d. Het schuifspanningsverloop ten gevolge van de combinatie van dwarskracht en buigend moment.
e. De maximum schuifspanning en de plaats waar deze optreedt.

6.23 Gegeven twee dunwandige vierkante doorsneden met een flensdikte van 12 mm en een lijfdikte van 6 mm. De ene doorsnede is open, met een spleet in het midden van de onderflens, en de andere doorsnede is gesloten. Beide doorsneden moeten dezelfde excentrisch aangrijpende

Gevraagd:
a. Schets voor beide doorsneden het schuifspanningsverloop ten gevolge van alleen de dwarskracht. Geef de richting van de schuifspanningen aan en schrijf er een aantal waarden bij. Geef voor elk van de doorsneden aan waar de schuifspanning ten gevolge van dwarskracht maximaal is en hoe groot deze is.
b. Schets evenzo voor beide doorsneden het schuifspanningsverloop ten gevolge van alleen het wringend moment. Geef voor elk van de doorsneden aan waar de schuifspanning ten gevolge van wringing maximaal is en hoe groot deze is.
c. Geef voor de open doorsnede de plaats en grootte aan van de maximum schuifspanning ten gevolge van de combinatie van dwarskracht en wringing.
d. Geef voor de gesloten doorsnede de plaats en grootte aan van de maximum schuifspanning ten gevolge van de combinatie van dwarskracht en wringing.

6.24 De doorsnede van de getekende uitkragende kokerligger heeft de vorm van een dunwandige gelijkzijdige driehoek met overal dezelfde wanddikte. De doorsnedeafmetingen volgen uit de figuur. De ligger wordt op de aangegeven wijze in het vrije einde belast door een excentrisch aangrijpende kracht van 60 kN.

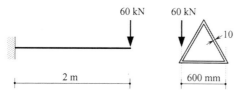

Gevraagd voor de inklemmingsdoorsnede:
a. Het schuifspanningsdiagram ten gevolge van het wringend moment.
b. Het schuifspanningsdiagram ten gevolge van de dwarskracht.
c. De plaats en grootte van de maximum schuifspanning.
d. Het normaalspanningsdiagram ten gevolge van het buigend moment.

6.25 Gegeven een dunwandig U-profiel. De getekende kracht van 4800 N is de resultante van alle schuifspanningen in de doorsnede. De afmetingen kunnen uit de figuur worden afgelezen.

Gevraagd:
a. De grootte en richting van de dwarskracht en het wringend moment in de doorsnede.
b. Het eigen traagheidsmoment I_{zz}.
c. Het schuifspanningsverloop ten gevolge van de dwarskracht. Teken dit verloop, geef de richting van de schuifspanningen aan en schrijf er een aantal waarden bij.

d. Het torsietraagheidsmoment I_t.
e. Het schuifspanningsverloop ten gevolge van het wringend moment. Teken dit verloop, geef de richting van de schuifspanningen aan en schrijf er een aantal waarden bij.
f. De plaats en grootte van de maximum schuifspanning ten gevolge van de combinatie van dwarskracht en wringend moment.

6.26 Voor een uitkragende ligger is een dunwandig U-profiel toegepast. De ligger wordt in het vrije einde belast door een verticale kracht van 9,35 kN waarvan de werklijn door het lijf gaat. Alle benodigde afmetingen kunnen uit de figuur worden afgelezen.

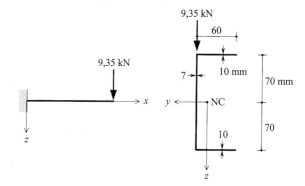

Gevraagd voor de doorsnede halverwege de uitkraging:
a. Het schuifspanningsverloop ten gevolge van de dwarskracht. Teken dit verloop, geef de richting van de schuifspanningen aan en schrijf er een aantal waarden bij.
b. De grootte en richting van het wringend moment.
c. Het schuifspanningsverloop ten gevolge van het wringend moment. Teken dit verloop, geeft de richting van de schuifspanningen aan en schrijf er een aantal waarden bij.
d. De plaats en grootte van de maximum schuifspanning in de doorsnede.

Gemengde opgaven

6.27 Een dunwandige buis wordt op de aangegeven manier belast door een excentrisch aangrijpende dwarskracht van 3 kN. De buis heeft een cirkelvormige doorsnede met een diameter van 120 mm en oppervlakte van 1250 mm².

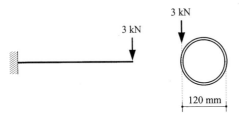

Gevraagd: De maximum schuifspanning in de buisdoorsnede.

6.28 De rechthoekig omgezette staafconstructie in het horizontale vlak is vervaardigd uit een dunwandig buisprofiel met straal $R = 100$ mm en wanddikte $t = 5$ mm. De constructie wordt belast door een verticale kracht in A en een horizontale kracht in B. Beide krachten grijpen aan in de hartlijnen van de constructie.

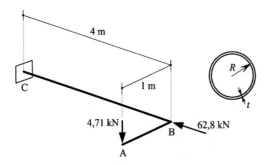

Gevraagd voor inklemmingsdoorsnede C:
a. Het schuifspanningsverloop ten gevolge van het wringend moment.
b. Het schuifspanningsverloop ten gevolge van de dwarskracht.
c. De plaats en grootte van de maximum schuifspanning.
d. Het normaalspanningsverloop ten gevolge van de normaalkracht.
e. Het normaalspanningsverloop ten gevolge van het buigend moment.
f. De plaats en grootte van de maximum trek- en drukspanning en de ligging van de neutrale lijn.

6.29 Een prismatische cirkelvormige buis met een binnendiameter van 63 mm en een wanddikte van 3 mm wordt belast door een wringend moment M_t. De verwringing van de buis mag niet meer bedragen dan $\bar{\chi} = 0{,}25°/\text{m}$ en de schuifspanning mag niet groter worden dan $\bar{\tau} = 20$ MPa. Voor de glijdingsmodulus geldt $G = 38$ GPa.
Gevraagd:
a. De waarde van M_t waarbij de grenswaarde $\bar{\chi}$ wordt bereikt.
b. De waarde van M_t waarbij de grenswaarde $\bar{\tau}$ wordt bereikt.
c. Het maximum wringend moment waarop de buis mag worden belast.

6.30-1/2 Staaf ABCD bestaat uit drie delen met verschillende torsiestijfheid:
$GI_t^{(AB)} = 4$ kNm², $GI_t^{(BC)} = 1{,}6$ kNm² en $GI_t^{(CD)} = 2{,}5$ kNm².
Er zijn twee belastinggevallen:
(1) $M_{t;1} = 120$ Nm, $M_{t;2} = 40$ Nm, $M_{t;3} = 20$ Nm en $M_{t;4} = 100$ Nm.
(2) $M_{t;1} = 80$ Nm, $M_{t;2} = 120$ Nm, $M_{t;3} = 90$ Nm en $M_{t;4} = 50$ Nm.

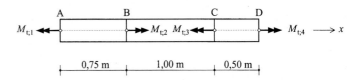

Gevraagd:
a. De M_t-lijn.
b. Het verloop van de verwringing over de lengte van de staaf (de χ-lijn).
c. De rotatieverandering $\Delta\varphi_x$ over AB, BC en CD.
d. De rotatie van doorsnede B ten opzichte van doorsnede A.
e. De rotatie van doorsnede C ten opzichte van doorsnede A.
f. De rotatie van doorsnede D ten opzichte van doorsnede A.

6.31 Van de getekende vierkante open doorsnede, met een spleet in S, kunnen de afmetingen uit de figuur worden afgelezen. In de doorsnede werkt een excentrisch aangrijpende dwarskracht van 1,68 kN.

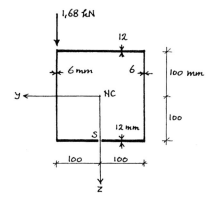

Gevraagd:
a. De grootte van de dwarskracht en het wringend moment in de doorsnede.
b. Het schuifspanningsverloop ten gevolge van alleen de dwarskracht. Geef de richting van de schuifspanningen aan en schrijf er een aantal waarden bij.
c. Teken evenzo het schuifspanningsverloop ten gevolge van alleen het wringend moment.

d. De maximum schuifspanning ten gevolge van de excentrisch aangrijpende dwarskracht en de plaats(en) waar deze optreedt.

6.32 De getekende dunwandige kokerdoorsnede, met overal dezelfde wanddikte van 18 mm, moet in het vlak van de doorsnede een excentrisch aangrijpende verticale kracht van 48 kN overbrengen. De doorsnedeafmetingen kunnen uit de figuur worden afgelezen.

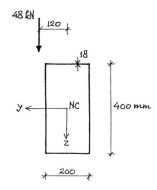

Gevraagd:
a. De dwarskracht en het wringend moment in de doorsnede.
b. Toon aan dat voor de eigen traagheidsmomenten van de doorsnede geldt:
$$I_{yy} = 168 \times 10^6 \text{ mm}^4 \text{ en } I_{zz} = 480 \times 10^6 \text{ mm}^4$$
c. Teken het schuifspanningsverloop in de doorsnede ten gevolge van alleen de dwarskracht. Geef de richting van de schuifspanningen aan en schrijf op een aantal plaatsen de waarden er bij.
d. Teken evenzo het schuifspanningsverloop ten gevolge van alleen het wringend moment.
e. Teken het schuifspanningsverloop ten gevolge van de combinatie van dwarskracht en buigend moment.
f. Waar in de doorsnede is de schuifspanning maximaal en hoe groot is deze maximale waarde?

6.33 Gegeven twee vierkante dunwandige doorsneden met overal dezelfde wanddikte t. Doorsnede I is gesloten en doorsnede II is open met een kleine spleet in het midden van de onderflens. De getekende (dwars)kracht V is de resultante van alle schuifspanningen in de doorsnede.
Houd in de berekening aan: $V = 31$ kN, $a = 360$ mm en $t = 20$ mm.

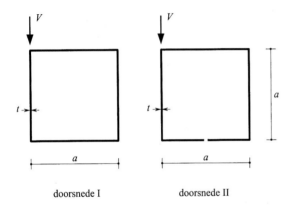

doorsnede I   doorsnede II

Gevraagd:
a. De plaats en grootte van de maximum schuifspanning in doorsnede I.
b. De plaats en grootte van de maximum schuifspanning in doorsnede II.

6.34 De getekende kracht van 65 kN is de resultante van alle schuifspanningen in de driehoekige doorsnede. De doorsnede is dunwandig met overal dezelfde wanddikte van 14 mm.

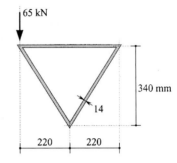

Gevraagd:
a. De grootte en richting van de dwarskracht en het wringend moment in de doorsnede.
b. Het schuifspanningsverloop ten gevolge van de dwarskracht.
c. Het schuifspanningsverloop ten gevolge van het wringend moment.
d. De maximum schuifspanning in de doorsnede en de plaats waar deze optreedt.

7

Vervorming van vakwerken

In een vakwerk worden alle staven op extensie belast. Is het vakwerk statisch bepaald, dan volgen alle staafkrachten direct uit het evenwicht en kan men met behulp van paragraaf 2.6 van alle staven de lengteverandering berekenen.

In dit hoofdstuk wordt beschreven hoe men in een vakwerk uit de lengteverandering van de staven de knoopverplaatsingen kan berekenen. Hierbij wordt aangenomen dat de vervorming van het vakwerk uitsluitend het gevolg is van de lengteverandering van de staven en niet het gevolg van vervormingen in de verbindingen. De verbindingen worden dus onvervormbaar geacht.

De beschouwingen gelden alleen als de vervormingen klein zijn, dat wil zeggen dat van de staven de lengteverandering klein moet zijn ten opzichte van de oorspronkelijke staaflengte. In paragraaf 7.1 wordt aangetoond dat in de praktijk aan deze voorwaarde vrijwel altijd wordt voldaan. Voorts wordt in deze paragraaf nagegaan welke invloed een kleine staafrotatie heeft op de knoopverplaatsingen.

In paragraaf 7.2 volgt een grafische aanpak voor het berekenen van de knoopverplaatsingen met behulp van een zogenaamd *Williot-diagram*. Het succes van deze methode is een gevolg van het feit dat men telkens een knooppunt kan vinden dat direct verbonden is met twee andere knooppunten waarvan de verplaatsingen bekend zijn.

Is dat laatste niet het geval dan wordt de berekening bewerkelijker. In paragraaf 7.3 wordt voor dergelijke situaties het *Williot-diagram met terugdraaien* behandeld en in paragraaf 7.4 het *Williot met nulstandsdiagram*, ook wel *Williot-Mohr-diagram* genoemd.

De verschillende methoden worden toegelicht aan de hand van voorbeelden.

Het hoofdstuk wordt afgesloten met een vraagstukkenverzameling.

7.1 Het gedrag van een enkele vakwerkstaaf

In deze paragraaf wordt aangetoond dat de lengteverandering van een vakwerkstaaf in de praktijk altijd zeer klein zal zijn. Daarna wordt er nog eens op gewezen dan men de verplaatsing langs een cirkelboog ten gevolge van een kleine rotatie mag vervangen door een even grote verplaatsing langs de raaklijn aan de cirkelboog[1].

- *Lengteverandering van een vakwerkstaaf.* Voor het berekenen van de lengteveranderingen $\Delta\ell$ wordt aangenomen dat:
  - de staven prismatisch zijn;
  - het materiaal zich lineair elastisch gedraagt en dus de wet van Hooke volgt.

Voor de op extensie belaste staaf in figuur 7.1 geldt dan (zie paragraaf 2.6.1):

$$\Delta\ell = \frac{N\ell}{EA}$$

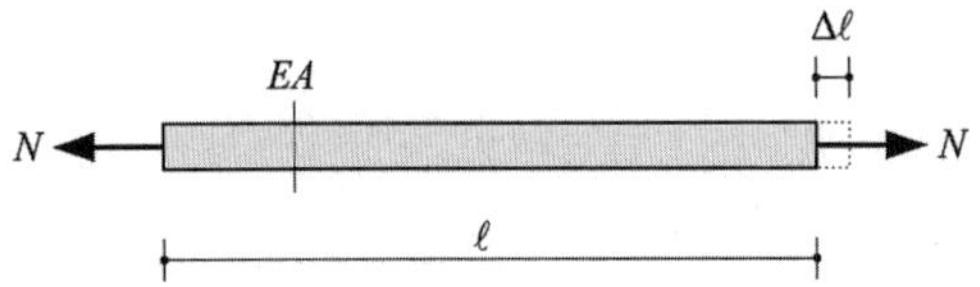

Figuur 7.1 Voor de lengteverandering $\Delta\ell$ van een op extensie belaste prismatische staaf geldt: $\Delta\ell = N\ell/EA$.

---

[1] Zie ook TOEGEPASTE MECHANICA - deel 1, paragraaf 15.3.2.

Moet de lengteverandering klein zijn ten opzichte van de oorspronkelijke staaflengte, dan betekent dit:

$$\frac{\Delta \ell}{\ell} = \frac{N}{EA} = \varepsilon \ll 1$$

De staafrek moet dus klein zijn.

Voor de materialen staal, aluminium en hout zal hierna worden nagegaan welke orde van grootte de in de gebruikstoestand optredende rekken hebben.

Staal. Staal Fe360 heeft een elasticiteitsmodulus:

$$E = 210 \text{ GPa} = 210 \times 10^3 \text{ N/mm}^2$$

en een vloeigrens:

$$f_y = 235 \text{ MPa} = 235 \text{ N/mm}^2$$

Voor de vloeirek volgt hieruit, zie figuur 7.2:

$$\varepsilon_y = \frac{f_y}{E} = \frac{235 \text{ N/mm}^2}{210 \times 10^3 \text{ N/mm}^2} \approx 1{,}1 \times 10^{-3} = 1{,}1\text{‰}$$

Een stalen staaf Fe360, van één meter lang, zal dus gaan vloeien bij een verlenging van ongeveer 1,1 mm. In de praktijk zal men in de gebruikstoestand duidelijk beneden de vloeigrens blijven en zullen de rekken dus minder dan 1‰ bedragen.

Aluminium. Aluminium heeft een driemaal zo kleine elasticiteitsmodulus als staal:

$$E = 70 \text{ GPa}$$

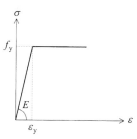

Figuur 7.2 Het σ-ε-diagram voor een elastisch-plastisch materiaal met vloeigrens f_y en vloeirek ε_y

maar de grenswaarde voor de spanningen ligt lager. Bij een 0,2%-rek-rens[1]:

$$f_{0,2} = 150 \text{ MPa}$$

is de optredende rek:

$$\varepsilon = \frac{f_{0,2}}{E} = \frac{150 \text{ N/mm}^2}{70 \times 10^3 \text{ N/mm}^2} \approx 2{,}1 \times 10^3 = 2{,}1‰$$

De vervormingen in een aluminium vakwerk zijn globaal dus ongeveer twee keer zo groot als die in een stalen vakwerk, maar nog altijd klein.

Hout. Bij hout, met een elasticiteitsmodulus E in de orde van grootte 10 MPa en een treksterkte f_t = 50 MPa, vindt men voor de breukrek:

$$\frac{f_t}{E} = \frac{50 \text{ N/mm}^2}{10 \times 10^3 \text{ N/mm}^2} = 5 \times 10^{-3} = 5‰$$

In een houten vakwerk zijn de vervormingen ongeveer vijf keer zo groot als in een stalen vakwerk, maar nog steeds klein.

Men mag dus aannemen dat in de praktijk vrijwel altijd wordt voldaan aan de voorwaarde dat de vervormingen klein zijn.

- *Rotatie van een vakwerkstaaf.* Als de knooppunten in een vakwerk verplaatsen zullen de staven in het algemeen ook roteren. Bij kleine verplaatsingen zijn ook de rotaties klein. Dit betekent een lineair verband tussen de staafrotatie en de daarmee samenhangende knoopverplaatsingen, zoals hierna wordt aangetoond.

---

[1] Zie paragraaf 1.2.

In figuur 7.3a ondergaat staaf AB met lengte ℓ een rotatie θ om A. Hierdoor beschrijft B een cirkelbeweging om A en komt terecht in B'. In figuur 7.3 zijn de verplaatsingen uitgedrukt in ℓ en θ. Blijft de rotatie θ klein, bijvoorbeeld $\theta < 0{,}05$ rad $\approx 3°$, dan geldt:

$$\sin\theta \approx \tan\theta \approx \theta \quad \text{en} \quad \cos\theta \approx 1$$

en kan men de cirkelboog niet meer onderscheiden van een recht lijnstuk loodrecht op de staafas. Bij kleine rotaties mag men de verplaatsing langs de cirkelboog vervangen door een even grote verplaatsing langs de raaklijn aan de cirkel[1], zie figuur 7.3b.

Van deze eigenschap zal hierna intensief gebruik worden gemaakt.

7.2 Williot-diagram

In deze paragraaf wordt aan de hand van een aantal voorbeelden een grafische methode gepresenteerd voor het berekenen van de knoopverplaatsingen ten gevolge van een lengteverandering van de staven.

Voorbeeld 1 • Figuur 7.4a toont een eenvoudig vakwerk, bestaande uit slechts twee staven. Afmetingen en belasting kunnen uit de figuur worden afgelezen. Het is gebruikelijk de knooppunten met hoofdletters aan te geven en de staven met cijfers. De twee staven hebben een verschillende rekstijfheid:

$$EA^{(1)} = 40 \times 10^3 \text{ kN en } EA^{(2)} = 20\sqrt{2} \times 10^3 \text{ kN}$$

Gevraagd: De verplaatsing van knooppunt C bij de gegeven belasting.

---

[1] Zie ook TOEGEPASTE MECHANICA - deel 1, paragraaf 15.3.2.

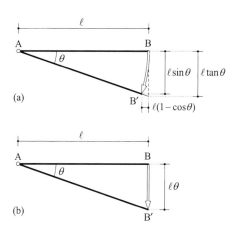

Figuur 7.3 (a) Als staaf AB om A roteert, ondergaat B een cirkelbeweging om A en komt terecht in B'. (b) Bij kleine rotaties mag men de verplaatsing langs de cirkelboog vervangen door een verplaatsing langs de raaklijn aan de cirkel.

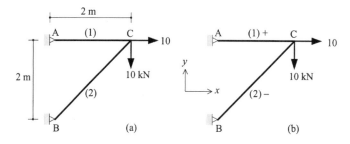

Figuur 7.4 (a) Een eenvoudig vakwerk, bestaande uit slechts twee staven (b) De trek- en drukstaven bij de aangegeven belasting

Uitwerking: De berekening bestaat uit twee fasen. In de eerste fase worden de staafkrachten en lengteveranderingen berekend en in de tweede fase de verplaatsing van knooppunt C.

Als eerste moeten de staafkrachten worden berekend. Deze berekening wordt overgelaten aan de lezer. Het resultaat is opgenomen in de tweede kolom van tabel 7.1.

Tabel 7.1

stnr i	$N^{(i)}$ (kN)	$\ell^{(i)}$ (mm)	$EA^{(i)}$ (kN)	$\Delta\ell^{(i)}$ (mm)
1	+20	2000	40×10^3	+1
2	$-10\sqrt{2}$	$2000\sqrt{2}$	$20\sqrt{2} \times 10^3$	$-\sqrt{2}$

In figuur 7.4b is het vakwerk opnieuw getekend waarbij voor elk van de staven is aangegeven of het een trek- of drukstaaf is.

Met de staaflengte $\ell^{(i)}$ in de derde kolom en de rekstijfheid $EA^{(i)}$ in de vierde kolom kan men voor elke staaf (i) nu de lengteverandering $\Delta\ell^{(i)}$ berekenen:

$$\Delta\ell^{(1)} = \frac{N^{(1)}\ell^{(1)}}{EA^{(1)}} = \frac{(+20 \text{ kN})(2000 \text{ mm})}{40 \times 10^3 \text{ kN}} = +1 \text{ mm}$$

$$\Delta\ell^{(2)} = \frac{N^{(2)}\ell^{(2)}}{EA^{(2)}} = \frac{(-10\sqrt{2} \text{ kN})(2000\sqrt{2} \text{ mm})}{20\sqrt{2} \times 10^3 \text{ kN}} = -\sqrt{2} \text{ mm}$$

Het resultaat is opgenomen in de laatste kolom van tabel 7.1.

Figuur 7.4 (a) Een eenvoudig vakwerk, bestaande uit slechts twee staven (b) De trek- en drukstaven bij de aangegeven belasting

Opmerkingen:
- Trekkrachten ($N > 0$) geven een verlenging van de staaf ($\Delta \ell > 0$) en drukkrachten ($N < 0$) een verkorting ($\Delta \ell < 0$). Een tekenfout leidt direct tot verkeerde knoopverplaatsingen. Men dient dus goed op de *tekens* te letten.
- Ook dient men goed te letten op de *eenheden* waarin men werkt. Het wordt aanbevolen vooraf duidelijk vast te stellen in welke eenheden men de berekening zal uitvoeren. Hier is gekozen voor kN en mm.

De tweede fase bestaat uit het berekenen van de verplaatsing van knooppunt C.
Knooppunt C zit via de staven (1) en (2) vast aan de knooppunten A en B, waarvan de verplaatsing bekend is, in dit geval nul.

Om de verplaatsing van knooppunt C te vinden worden de staven in C van elkaar losgemaakt, waarbij men de richting van de staven voorlopig vasthoudt. Vervolgens zet men de vervorming van de staven (1) en (2) uit in de oorspronkelijke richting van de staven.
Staaf (1) verlengt met 1 mm, waardoor C op staaf (1) over 1 mm naar rechts verplaatst. Staaf (2) verkort met $\sqrt{2}$ mm, waardoor C op staaf (2) over $\sqrt{2}$ mm naar links beneden verplaatst. In figuur 7.5a zijn deze verplaatsingen overdreven groot getekend, maar wel op dezelfde schaal (1 hokje $\equiv$ 0,5 mm).

Bij vastgehouden richtingen sluiten de vervormde staven niet meer op elkaar aan. Met andere woorden, de plaats van C gezien vanuit A is niet dezelfde als gezien vanuit B. Dit is het gevolg van het vasthouden van de richtingen van de staven (1) en (2). In werkelijkheid zijn deze richtingen niet gefixeerd en kunnen de staven nog roteren om A en B. De volgende stap is dan ook de richtingen van de staven (1) en (2) los te laten en deze om respectievelijk A en B te roteren of te '*zwaaien*'.
Door staaf (1) om A te zwaaien verplaatst uiteinde C loodrecht op AC, in figuur 7.5b aangegeven met een stippellijn. Zwaaien van staaf (2) om B geeft evenzo een verplaatsing van uiteinde C loodrecht op BC. Beide sta-

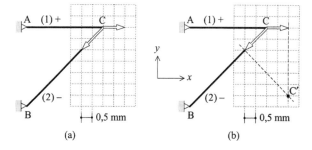

Figuur 7.5 (a) De staven worden in C van elkaar losgemaakt en hun richtingen worden vastgehouden. Staaf AC wordt langer waardoor C naar rechts verplaatst. Staaf BC wordt korter waardoor C naar links beneden verplaatst. De staven sluiten niet meer op elkaar aan. (b) Men roteert de staven AC en BC vervolgens om respectievelijk A en B tot ze in C' weer op elkaar aansluiten. $\overrightarrow{CC'}$ is nu de verplaatsingsvector van knooppunt C. De verplaatsingen zijn in de figuur ongeveer 570 maal zo groot getekend als de constructieafmetingen.

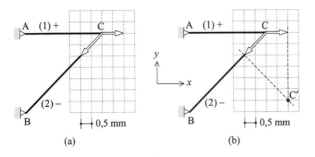

Figuur 7.5 (a) De staven worden in C van elkaar losgemaakt en hun richtingen worden vastgehouden. Staaf AC wordt langer waardoor C naar rechts verplaatst. Staaf BC wordt korter waardoor C naar links beneden verplaatst. De staven sluiten niet meer op elkaar aan. (b) Men roteert de staven AC en BC vervolgens om respectievelijk A en B tot ze in C′ weer op elkaar aansluiten. $\overrightarrow{CC'}$ is nu de verplaatsingsvector van knooppunt C. De verplaatsingen zijn in de figuur ongeveer 570 maal zo groot getekend als de constructieafmetingen.

ven roteert men tot ze in C′, het snijpunt van beide stippellijnen, weer op elkaar aansluiten.

In figuur 7.5b is $\overrightarrow{CC'}$ dus de verplaatsingsvector[1] van knooppunt C ten gevolge van de lengteverandering van de staven (1) en (2).

Omdat de verplaatsingen zeer klein zijn ten opzichte van de constructieafmetingen is het niet mogelijk de verplaatsingen in de oorspronkelijke constructie op schaal te tekenen. In figuur 7.5 is dat ondervangen door voor de constructie een andere schaal te kiezen dan voor de verplaatsingen: de constructie is sterk verkleind en de verplaatsingen zijn vergroot. Bij vakwerken met meer dan twee staven blijkt dat niet werkbaar. Daarom worden de verplaatsingen in een aparte figuur getekend, zie figuur 7.6. Dit *verplaatsingen-diagram* noemt men ook wel *Williot-diagram* of kortweg *Williot*[2].

De knooppunten die niet verplaatsen, in dit geval A en B, vallen in de oorsprong van het diagram, aangegeven met een omcirkelde stip. Voor de lengteveranderingen van de staven zijn in het diagram vette lijnstukken zonder pijlpunt[3] gebruikt. Bij elk lijnstuk is het nummer vermeld van de staaf waarop de getekende lengteverandering betrekking heeft. De verplaatsingen ten gevolge van het zwaaien van de staven worden met stippellijnen aangegeven. De verplaatste knooppunten worden in het diagram van een accent voorzien.

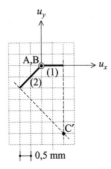

Figuur 7.6 Worden de knoopverplaatsingen in een aparte figuur getekend, dan krijgt men een Williot-diagram of verplaatsingen-diagram.

---

[1] De verplaatsingsvector is niet apart getekend in de figuur.

[2] Naar de Franse ingenieur Williot (1843-1907) die deze methode in 1877 presenteerde.

[3] De pijlrichtingen worden in het Williot weggelaten omdat zij in bepaalde situaties verwarrend kunnen werken.

De grootte van de verplaatsing vindt men uit het Williot door *opmeten* of *berekenen*. Uit het Williot in figuur 7.6 kan men met behulp van het ruitjesraster direct aflezen dat:

$u_{x;C} = +1$ mm en $u_{y;C} = -3$ mm

Voorbeeld 2 • Van het vakwerk in figuur 7.7a is de rekstijfheid van de diagonaalstaven $20\sqrt{2}$ MN en die van de overige staven 40 MN.

Gevraagd: De knoopverplaatsingen.

Uitwerking (eenheden kN en mm): Het berekenen van de krachten in en lengteveranderingen van de staven wordt aan de lezer overgelaten. De resultaten zijn opgenomen in tabel 7.2.

Tabel 7.2

stnr i	$N^{(i)}$ (kN)	$\ell^{(i)}$ (mm)	$EA^{(i)}$ (kN)	$\Delta\ell^{(i)}$ (mm)
1	+20	2000	40×10^3	+1
2	$-10\sqrt{2}$	$2000\sqrt{2}$	$20\sqrt{2} \times 10^3$	$-\sqrt{2}$
3	-10	2000	40×10^3	$-0{,}5$
4	0	$2000\sqrt{2}$	40×10^3	0
5	-10	2000	40×10^3	$-0{,}5$
6	$+10\sqrt{2}$	$2000\sqrt{2}$	$20\sqrt{2} \times 10^3$	$+\sqrt{2}$

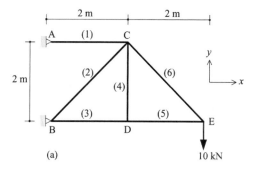

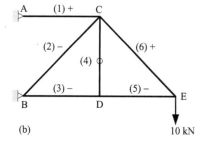

Figuur 7.7 (a) Een vakwerk, belast door een verticale kracht in E (b) De trek-, druk- en nulstaven bij de aangegeven belasting

In figuur 7.7b is het vakwerk opnieuw getekend waarbij voor elk van de staven is aangegeven of het een trek-, druk- of nulstaaf is.

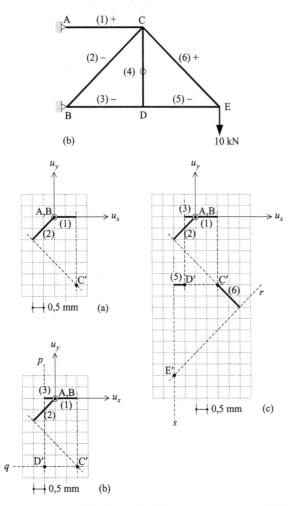

Voor het tekenen van het Williot-diagram, waaruit men de knoopverplaatsingen kan aflezen, wordt telkens gezocht naar een knooppunt dat vastzit aan twee andere knooppunten waarvan de verplaatsing bekend is.

Als eerste kan de verplaatsing van knooppunt C worden berekend; deze zit via de staven (1) en (2) vast aan de knooppunten A en B, waarvan de verplaatsing nul is. Is de verplaatsing van C bekend, dan kan men vervolgens verplaatsing van D berekenen; D is via de staven (3) en (4) immers verbonden met B en C. Ten slotte kan men de verplaatsing van E berekenen.

De volgorde waarin de knoopverplaatsingen in het Williot worden getekend is dus: A,B → C → D → E.

Knooppunt C. De configuratie van ABC en de lengteverandering van de staven (1) en (2) zijn precies gelijk aan die van de constructie in voorbeeld 1. Het Williot voor knooppunt C in figuur 7.8a is dan ook gelijk aan dat in voorbeeld 1 en komt op precies dezelfde wijze tot stand.

Knooppunt D. Knooppunt D zit met staaf (3) vast aan B. Staaf (3) wordt 0,5 mm korter. In het Williot verplaatst D dus ten opzichte van B over 0,5 mm (1 hokje) naar links, zie figuur 7.8.b. Door zwaaien om B komt D op de verticale stippellijn p te liggen.
Knoop D zit met staaf (4) ook vast aan C, beter gezegd aan het verplaatste knooppunt C′. Omdat staaf (4) een nulstaaf is verplaatst D niet verticaal ten opzichte van C′. Maar staaf (4) kan nog wel om C′ zwaaien. Dit betekent dat D in het Williot op de horizontale stippellijn q door C′ moet liggen. De nieuw positie van knoopppunt D wordt op die manier gevonden als het snijpunt D′ van de stippellijnen p en q.

Merk op dat men bij het tekenen van het Williot niet zonder figuur 7.7b kan. Aan deze figuur leest men elke keer weer opnieuw af wat de staafrichting is en of de betreffende staaf verlengt dan wel verkort.

Figuur 7.8 De verschillende stadia bij het tekenen van het Williot. Vanuit de vaste punten A en B is de volgorde (a) C, (b) D en (c) E.

Knooppunt E. De staven (5) en (6) verbinden knooppunt E met de knooppunten C en D, waarvan de verplaatsingen inmiddels zijn berekend.

Staaf (5) wordt langer. In het Williot verplaatst E ten opzichte van C′ naar rechts beneden, en wel over een afstand van $\sqrt{2}$ mm, zie figuur 7.8c. Na zwaaien van staaf (5) om C′ komt E op de schuine stippellijn r te liggen.

Staaf (6) wordt korter. In het Williot verplaatst E ten opzichte van D′ over 0,5 mm naar links. Na zwaaien om D′ komt E op de verticale stippellijn s te liggen.

De nieuw positie van E wordt gevonden als het snijpunt E′ van de stippellijnen r en s.

Met behulp van het ruitjesraster kunnen de knoopverplaatsingen direct uit het Williot in figuur 7.8c worden afgelezen. De waarden zijn verzameld in tabel 7.3.

Tabel 7.3

knoop-punt	u_x (mm)	u_y (mm)
C	+1	−3
D	−0,5	−3
E	−1	−7

Om een indruk te krijgen van de vervorming van het vakwerk zijn in figuur 7.9 de verplaatsingen 200 maal zo groot afgebeeld als de constructieafmetingen.

Voorbeeld 3 • In het in figuur 7.10a getekende vakwerk zijn de staven zodanig gedimensioneerd dat ze bij de aangegeven belasting alle (in absolute zin) dezelfde rek ondergaan: $|\varepsilon| = 1/1500$.

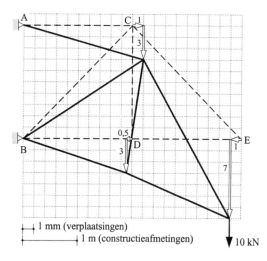

Figuur 7.9 Het vervormde vakwerk, waarbij de verplaatsingen 200 maal zo groot zijn getekend als de constructieafmetingen

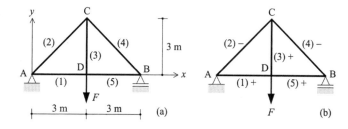

Figuur 7.10 (a) Een vakwerk met (b) de trek- en drukstaven ten gevolge van de aangegeven belasting

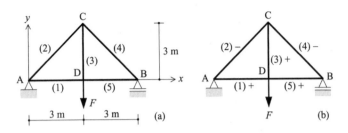

Figuur 7.10 (a) Een vakwerk met (b) de trek- en drukstaven ten gevolge van de aangegeven belasting

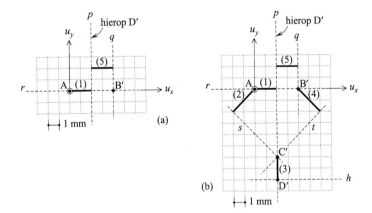

Figuur 7.11 (a) Omdat B alleen maar langs de horizontale rolbaan kan verplaatsen, moet B', de nieuwe positie van B, in het Williot op de horizontale lijn r door het vaste punt A liggen. De lengteverandering van de in elkaars verlengde liggende staven in (1) en (5) mag men in het Williot direct achter elkaar uitzetten. (b) Het volledige Williot voor de knoopverplaatsingen, vanuit A en B te construeren in de volgorde C en D

Gevraagd: De knoopverplaatsingen.

Uitwerking: Als de rek is gegeven hoeft men van de staven alleen maar het teken van de normaalkracht te kennen (en niet de grootte) om de lengteverandering te kunnen berekenen, immers $\Delta \ell = \varepsilon \ell$. In figuur 7.10b zijn in het vakwerk de trek- en drukstaven aangegeven. De lengteveranderingen zijn berekend in tabel 7.4.

Tabel 7.4

stnr i	$N^{(i)}$ teken	$\ell^{(i)}$ (mm)	$\Delta\ell^{(i)}$ (mm)
1	+	3000	+2
2	−	$3000\sqrt{2}$	$-2\sqrt{2}$
3	+	3000	+2
4	−	$3000\sqrt{2}$	$-2\sqrt{2}$
5	+	3000	+2

Voor het tekenen van het Williot wordt in een vakwerk steeds gezocht naar een knooppunt dat vastzit aan twee knooppunten waarvan de verplaatsingen bekend zijn. Hier lukt dat niet omdat B een rol is en horizontaal kan verplaatsen.

De oplossing wordt gevonden in de staven (1) en (5) die in elkaars verlengde liggen en scharnier A met rol B verbinden. Door de verlenging van de staven (1) en (5) zal rol B over een afstand $\Delta\ell^{(1)} + \Delta\ell^{(5)}$ naar rechts verplaatsen langs de horizontale rolbaan. Dat D verticaal nog kan verplaatsen speelt daarbij geen rol, zoals hierna wordt toegelicht aan de hand van het Williot in figuur 7.11a.

Knooppunt D. Staaf (1) wordt 2 mm langer, waardoor D over 2 mm (twee hokjes in het Williot) naar rechts verplaatst ten opzichte van het vaste punt A. Na zwaaien om A komt D', de nieuwe plaats van D, ergens op de verticale stippellijn p te liggen. Meer kan voorlopig niet over de nieuwe plaats van D worden gezegd.

Knooppunt B. Staaf (5) verlengt ook met 2 mm waardoor B over 2 mm (twee hokjes) naar rechts verplaatst ten opzichte van D', dit is dus 2 mm naar rechts ten opzichte van stippellijn p. Na zwaaien om D' moet B op de verticale stippellijn q liggen. Merk op dat men de ligging van stippellijn q kan vinden zonder de verticale verplaatsing van D te kennen.
B bevindt zich op een horizontale rolbaan en kan ten opzichte van A alleen maar horizontaal verplaatsen. In het Williot moet B dus liggen op de horizontale stippellijn r door A.
De nieuwe positie van B wordt nu gevonden als het snijpunt B' van de lijnen q en r.

Conclusie: Als de knooppunten A en B onderling zijn verbonden met twee (of meer) staven in elkaars verlengde, dan mag men voor het berekenen van de verplaatsing van A ten opzichte van B (of omgekeerd) de staven tussen A en B opvatten als een doorgaande staaf met een lengteverandering die gelijk is aan de som van de lengteveranderingen van de afzonderlijke staven.
Dit betekent dat men in het Williot de lengteverandering van staven in elkaars verlengde direct achter elkaar kan uitzetten.

In figuur 7.11b is het Williot uitgewerkt in de volgorde A → B → C → D.

Knooppunt C. Knooppunt C zit met de staven (2) en (4) vast aan de knooppunten A en B.
Staaf (2) wordt $2\sqrt{2}$ mm korter waardoor C ten opzichte van A naar links beneden verplaatst (diagonaal over twee hokjes). Na zwaaien om A komt C op stippellijn s te liggen.

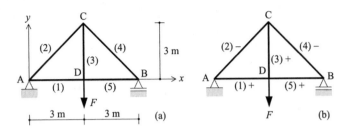

Staaf (4) wordt ook $2\sqrt{2}$ mm korter. Ten opzichte van B' verplaatst C naar rechts beneden (diagonaal over twee hokjes). Na zwaaien komt C op stippellijn t te liggen.
De nieuwe positie van C vindt men als het snijpunt C' van de lijnen s en t.

Knooppunt D. Knooppunt D zit met de staven (1) en (3) vast aan de punten A en C. Van C is de verplaatsing inmiddels bekend.
Door de verlenging van staaf (1) verplaatst D ten opzichte van A over 2 mm (twee hokjes) naar rechts. Na zwaaien om A komt D op de verticale stippellijn p te liggen. Dit gedeelte van het Williot werd al eerder getekend. Nieuw is hierna de inbreng van staaf (3).
Door de verlenging van staaf (3) verplaatst D ten opzichte van C' over 2 mm (twee hokjes) naar beneden. Na zwaaien om C' zal D op de horizontale stippellijn h liggen.
De nieuwe positie van D vindt men als het snijpunt D' van de lijnen p en h.

Opmerking: Men kan de plaats van D' uiteraard ook vinden via de staven (5) en (3) die knooppunt D verbinden met B en C. De lezer wordt verzocht dit zelf uit te werken.

Figuur 7.10 (a) Een vakwerk met (b) de trek- en drukstaven ten gevolge van de aangegeven belasting

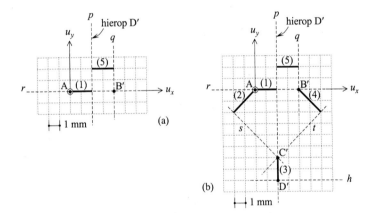

Met behulp van het ruitjesraster kunnen de knoopverplaatsingen direct uit het Williot worden afgelezen. De waarden zijn verzameld in tabel 7.5.

Tabel 7.5

knoop-punt	u_x (mm)	u_y (mm)
B	+4	0
C	+2	−6
D	+2	−8

Figuur 7.11 (a) Omdat B alleen maar langs de horizontale rolbaan kan verplaatsen, moet B', de nieuwe positie van B, in het Williot op de horizontale lijn r door het vaste punt A liggen. De lengteverandering van de in elkaars verlengde liggende staven in (1) en (5) mag men in het Williot direct achter elkaar uitzetten. (b) Het volledige Williot voor de knoopverplaatsingen, vanuit A en B te construeren in de volgorde C en D

Voorbeeld 4 • Staaf AB in figuur 7.12 is opgelegd op een scharnier in A en een rol met verticale rolbaan in B. De staaf wordt in B belast door een verticale kracht $F = 50$ kN. De rekstijfheid van de staaf is $EA = 43$ MN.

Gevraagd: De zakking van B.

Uitwerking: Met:

$$\cos\beta = \frac{2}{\sqrt{5}}$$

vindt men voor de normaalkracht N in en de verlenging $\Delta\ell$ van staaf AB:

$$N = -\frac{F}{\cos\beta} = -\tfrac{1}{2}F\sqrt{5} = -25\sqrt{5} \text{ kN}$$

$$\Delta\ell = \frac{N\ell}{EA} = \frac{(-25\sqrt{5} \text{ kN})(2\sqrt{5} \text{ m})}{43 \times 10^3 \text{ kN}} = -5{,}81 \times 10^{-3} \text{ m}$$

Onder invloed van de drukkracht verkort staaf AB met $|\Delta\ell| = 5{,}81$ mm, zie figuur 7.13a. De verkorte staaf AB komt hierdoor met zijn einde B in P te liggen, dus niet meer op de verticale rolbaan. Door *zwaaien* om A, aangegeven met stippellijn p, komt de verkorte staaf AB in B' weer op de rolbaan terecht. De verticale verplaatsing van B is:

$$w_B = \frac{|\Delta\ell|}{\cos\beta} = \tfrac{1}{2}|\Delta\ell|\sqrt{5} = \tfrac{1}{2}\sqrt{5} \times (5{,}81 \text{ mm}) = 6{,}5 \text{ mm}$$

Het antwoord is tot stand gekomen door de verplaatsingen in figuur 7.13a te tekenen. Men kan de verplaatsingen ook in een Williot tekenen, zie figuur 7.13b. A verplaatst niet en komt te liggen in de oorsprong van het Williot. Door de verkorting $|\Delta\ell|$ van AB verplaatst B ten opzichte van A naar rechts beneden. Na zwaaien om A komt B op stippellijn p te liggen. De verticale rolbaan laat in B alleen maar een verticale verplaatsing toe.

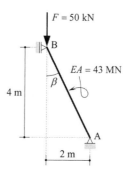

Figuur 7.12 Staaf AB is opgelegd op een scharnier in A en een rol met verticale rolbaan in B en wordt belast door een verticale kracht in B.

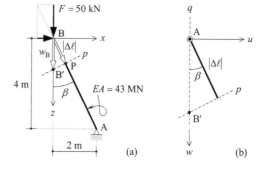

Figuur 7.13 (a) Onder invloed van de drukkracht in de staaf verkort AB met een bedrag $|\Delta\ell|$. Na zwaaien om A komt B weer in B' op de verticale rolbaan. (b) Het Williot-diagram voor de verplaatsing van knooppunt B

In het Williot is dat een verplaatsing langs de verticale stippellijn q door de oorsprong van het diagram. De nieuwe positie van B wordt gevonden als het snijpunt B′ van de lijnen p en q.

Uit het Williot vindt men, zoals eerder werd afgeleid:

$$w_B = \frac{|\Delta \ell|}{\cos \beta}$$

Voorbeeld 5 • Van het vakwerk in figuur 7.14 is de rekstijfheid van de even staven 60 MN en van de oneven staven $24\sqrt{5}$ MN.

Gevraagd: De knoopverplaatsingen bij de gegeven belasting.

Uitwerking (eenheden kN en mm): De berekening van de staafkrachten en de lengteverandering van de staven wordt opnieuw aan de lezer overgelaten. Het resultaat is opgenomen in tabel 7.6.

Tabel 7.6

stnr i	$N^{(i)}$ (kN)	$\ell^{(i)}$ (mm)	$EA^{(i)}$ (kN)	$\Delta\ell^{(i)}$ (mm)
1	$+18\sqrt{5}$	$2000\sqrt{5}$	$24\sqrt{5} \times 10^3$	$+1,5\sqrt{5}$
2	-60	5000	60×10^3	$+5$
3	$+24\sqrt{5}$	$1000\sqrt{5}$	$24\sqrt{5} \times 10^3$	$+\sqrt{5}$
4	-60	5000	60×10^3	$+5$
5	$+30\sqrt{5}$	$2000\sqrt{5}$	$24\sqrt{5} \times 10^3$	$+2,5\sqrt{5}$

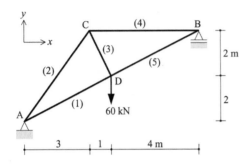

Figuur 7.14 Een vakwerk waarbij scharnieroplegging A en roloplegging B met horizontale rolbaan op ongelijke hoogte liggen. Verder liggen de staven (1) en (5) in elkaars verlengde.

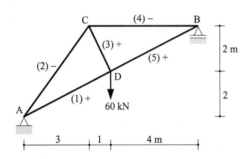

Figuur 7.15 De trek- en drukstaven bij de aangegeven belasting

In figuur 7.15 zijn met plus- en mintekens de trek- en drukstaven in het vakwerk aangegeven, dit om het Williot vlot te kunnen tekenen.

Wil men beginnen met het Williot, dan is er geen knooppunt te vinden dat direct is verbonden met twee andere knooppunten waarvan de verplaatsing bekend is.

De oplossing wordt gevonden in de staven (1) en (5) die in elkaars verlengde liggen en scharnier A verbinden met roloplegging B. Voor de verplaatsing van B ten opzichte van A mag men in het Williot de lengteveranderingen van de staven (1) en (5) direct achter elkaar uitzetten, zie voorbeeld 3.

Knooppunt B. Door de verlenging van de staven (1) en (5) verplaatst B ten opzichte van A naar rechts boven over een afstand $\Delta \ell^{(1)} + \Delta \ell^{(5)} = (1,5\sqrt{5} + 2,5\sqrt{5})$ mm $= 4\sqrt{5}$ mm, zie figuur 7.16. Na zwaaien van de staven komt D', de nieuwe plaats van D, ergens op stippellijn p te liggen en B' ergens op stippellijn q. B kan alleen langs de horizontale rolbaan bewegen. Deze verplaatsing wordt in het Williot voorgesteld door de horizontale stippellijn r door A. De nieuw plaats van B is dus het snijpunt B' van de lijnen q en r.

Nu de verplaatsing van B bekend is kan men vanuit A en B de verplaatsing van C bepalen en ten slotte vanuit A en C (of B en C) de verplaatsing van D, zie het Williot in figuur 7.16. Een overzicht van de knoopverplaatsingen is opgenomen in tabel 7.7.

Tabel 7.7

knooppunt	u_x (mm)	u_y (mm)
B	+10	0
C	+15	−17,5
D	+14	−20,5

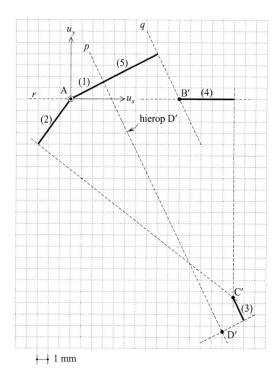

Figuur 7.16 Het Williot voor de knoopverplaatsingen. Om de verplaatsing van B te vinden, mag men in het Williot de lengteverandering van de in elkaars verlengde liggende staven (1) en (5) direct achter elkaar uitzetten. Het Williot is daarna vanuit A en B af te maken in de volgorde C en D.

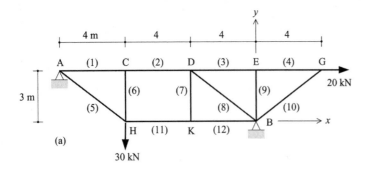

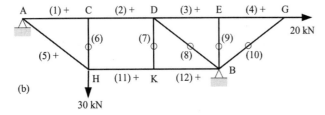

Figuur 7.17 (a) Een vakwerk met (b) de trek-, druk- en nulstaven bij de aangegeven belasting

Voorbeeld 6 • Het vakwerk in figuur 7.17a is zodanig gedimensioneerd dat bij de aangegeven belasting alle belaste staven een rek $|\varepsilon| = 0{,}75$‰ ondergaan.

Gevraagd: De knoopverplaatsingen.

Uitwerking: De berekening van de staafkrachten wordt aan de lezer overgelaten. De waarden staan vermeld in de tweede kolom van tabel 7.8.

Voor de lengteverandering van de staven geldt:

$$\Delta \ell^{(i)} = |\varepsilon| \times \ell \times \text{sign}(N^{(i)})$$

waarin $\text{sign}(N^{(i)})$ staat voor het teken van de normaalkracht $N^{(i)}$ in staaf i, dus:

$$\text{sign}(N^{(i)}) = +1 \quad \text{voor} \quad N^{(i)} > 0$$

$$\text{sign}(N^{(i)}) = -1 \quad \text{voor} \quad N^{(i)} < 0$$

$$\text{sign}(N^{(i)}) = 0 \quad \text{voor} \quad N^{(i)} = 0$$

De berekende waarden van $\Delta\ell$ zijn opgenomen in de laatste kolom van tabel 7.8.

De staven (6) t/m (10) zijn nulstaven en behouden hun oorspronkelijke lengte.

Tabel 7.8

stnr i	$N^{(i)}$ (kN)	$\ell^{(i)}$ (m)	$\Delta\ell^{(i)}$ (mm)	stnr i	$N^{(i)}$ (kN)	$\ell^{(i)}$ (m)	$\Delta\ell^{(i)}$ (mm)
1	+20	4	+3	7	0	3	0
2	+20	4	+3	8	0	5	0
3	+20	4	+3	9	0	3	0
4	+20	4	+3	10	0	5	0
5	+50	5	+3,75	11	+40	4	+3
6	0	3	0	12	+40	4	+3

De knooppunten A en B verplaatsen niet en vallen in het Williot samen met de oorsprong. Bij het bepalen van de knoopverplaatsingen wordt gebruikgemaakt van de eigenschap dat de lengteveranderingen van staven in elkaars verlengde achter elkaar in het Williot mogen worden uitgezet.

De verplaatsing van de knooppunten D, E, G en H vindt men op deze manier direct vanuit A en B. Vervolgens kan men de verplaatsing van C vinden vanuit A en H en die van K vanuit B en D.

Het Williot is getekend in figuur 7.18. Hierin is bij de stippellijnen ten gevolge van het zwaaien van nulstaven met $\perp(i)$ [1] het betreffende staafnummer i aangegeven.

De uit het Williot af te lezen knoopverplaatsingen zijn verzameld in tabel 7.9.

Tabel 7.9

knooppunt	u_x (mm)	u_y (mm)	knooppunt	u_x (mm)	u_y (mm)
C	+3	$i-14{,}25$	G	+12	−16
D	+6	+8	H	−6	−14,25
E	+9	0	K	−3	+8

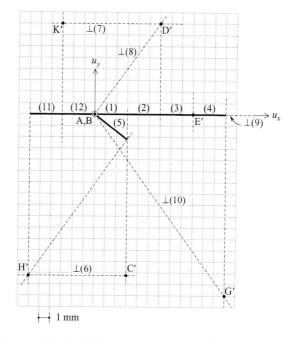

Figuur 7.18 Het Williot voor de knoopverplaatsingen. De knooppunten A en B verplaatsen niet en vallen in het Williot samen met de oorsprong. Bij het bepalen van de knoopverplaatsingen wordt gebruikgemaakt van de eigenschap dat de lengteveranderingen van staven in elkaars verlengde achter elkaar in het Williot mogen worden uitgezet. De verplaatsing van de knooppunten D, E, G en H vindt men direct vanuit A en B. Vervolgens kan men de verplaatsing van C vinden vanuit A en H en die van K vanuit B en D.

---

[1] De stippellijnen staan voor een verplaatsing loodrecht op de staven.

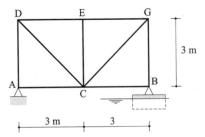

Figuur 7.19 Het vakwerk is in A scharnierend opgelegd op een landhoofd en in B op een ponton. Beide opleggingen bevinden zich op gelijke hoogte. Door verandering van de waterstand zakt oplegging B over een afstand van 0,2 m.

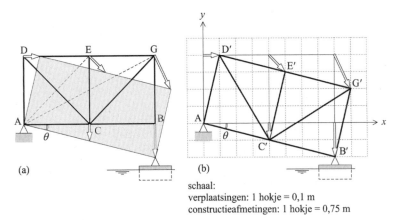

schaal:
verplaatsingen: 1 hokje = 0,1 m
constructieafmetingen: 1 hokje = 0,75 m

Figuur 7.20 (a) Als oplegging B zakt, ondergaat het vakwerk als star lichaam een rotatie om A. Ten gevolge van de rotatie verplaatsen de punten van het vakwerk loodrecht op hun verbindingslijn met A en is de grootte van de verplaatsing evenredig met de afstand tot A. (b) Het vakwerk na de rotatie om A. De verplaatsingen zijn 7,5 maal zo groot getekend als de constructieafmetingen.

Voorbeeld 7 • Het vakwerk in figuur 7.19 is in A scharnierend opgelegd op een landhoofd en in B op een ponton. Beide opleggingen bevinden zich op gelijke hoogte. Door verandering van de waterstand zakt oplegging B over een afstand van 0,2 m.

Gevraagd:
a. De knoopverplaatsingen ten gevolge van de zakking van B.
b. Deze verplaatsingen te tekenen in een Williot.

Uitwerking: Als oplegging B zakt, vervormt het vakwerk niet, maar ondergaat het als star lichaam een rotatie om A, zie figuur 7.20a.

Intermezzo[1]: Als een star lichaam over een kleine hoek θ om een punt P roteert, dan is de verplaatsing van een punt Q op een afstand ℓ van P gelijk aan $u = \ell\theta$ en staat deze verplaatsing loodrecht op de verbindingslijn PQ, zie figuur 7.21.
Voor u_h, de horizontale component van de verplaatsing van Q, en u_v, de verticale component, geldt:

$$u_h = \ell_v \cdot \theta$$

$$u_v = \ell_h \cdot \theta$$

Hierin is ℓ_h de horizontale component van afstand ℓ tussen P en Q en is ℓ_v de verticale component.

Samengevat geldt bij een kleine rotatie (het teken buiten beschouwing gelaten):
• de horizontale verplaatsing is gelijk aan 'verticale afstand tot het draaipunt × rotatie';
• de verticale verplaatsing is gelijk aan 'horizontale afstand tot het draaipunt × rotatie'.

[1] Zie ook TOEGEPASTE MECHANICA - deel 1, paragraaf 15.3.2.

Gebruikmakend van de regels in het intermezzo kan men de rotatie θ van het vakwerk berekenen uit de zakking $u_{v;B}$ van B, zie figuur 7.20:

$$\theta = \frac{u_{v;B}}{\ell_h^{AB}} = \frac{0,2 \text{ m}}{6 \text{ m}} = \frac{1}{30} \text{ rad} = 1,9°$$

In kolom 2 t/m 4 van tabel 7.10 zijn met deze waarde van θ de knoopverplaatsingen bepaald (de tekens buiten beschouwing gelaten).

Tabel 7.10

knooppunt	ℓ_v (m)	$u_h = \ell_v \cdot \theta$ (m)	ℓ_h (m)	$u_v = \ell_h \cdot \theta$ (m)	u_x (m)	u_y (m)
B	0	0	6	0,2	0	−0,2
C	0	0	3	0,1	0	−0,1
D	3	0,1	0	0	+0,1	0
E	3	0,1	3	0,1	+0,1	−0,1
G	3	0,1	6	0,2	+0,1	−0,2

In figuur 7.20 zijn de verplaatsingen van het vakwerk op schaal getekend, maar wel 7,5 maal zo groot als de constructieafmetingen.

De verplaatsingen van de punten van het vakwerk ten gevolge van de rotatie staan loodrecht op de verbindingslijn met het vaste punt A en zijn evenredig met de afstand tot A.
De verplaatsing in G staat dus loodrecht op verbindingslijn AG, die in E staat loodrecht op AE, die in C staat loodrecht op AC, enzovoort. De richting van de verplaatsingen zijn gemakkelijk aan de hand van deze figuur vast te stellen. In het in figuur 7.20b aangegeven x-y-assenstelsel

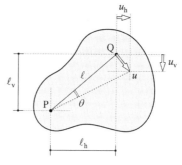

Figuur 7.21 Bij een kleine rotatie geldt (het teken buiten beschouwing gelaten):
- de horizontale verplaatsing u_h is gelijk aan 'de verticale afstand ℓ_v tot het draaipunt × rotatie θ';
- de verticale verplaatsing u_v is gelijk aan 'de horizontale afstand ℓ_h tot het draaipunt × rotatie θ'.

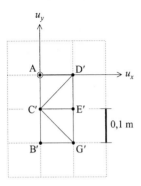

Figuur 7.22 De verplaatsingen ten gevolge van een rotatie θ om A, uitgezet in een Williot, vormen een figuur die gelijkvormig is met het vakwerk, maar dan over een hoek van 90° om A gedraaid (in de richting van θ).

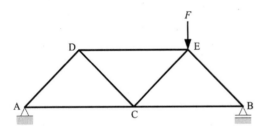

Figuur 7.23 Een vakwerk waarbij het tekenen van het Williot niet lukt: vanuit het vaste punt A komt men niet verder dan de verplaatsing van B langs de rolbaan.

zijn alle horizontale verplaatsingen (u_x) positief en alle verticale verplaatsingen (u_y) negatief, zie de laatste twee kolommen van tabel 7.10.

Merk op dat alle punten op een horizontale lijn dezelfde verticale afstand ℓ_v hebben en dus dezelfde horizontale verplaatsing u_h (u_x) ondergaan (zie bijvoorbeeld D, E en G). Evenzo ondergaan alle punten op een verticale lijn dezelfde verticale verplaatsing (zie bijvoorbeeld C en E of A en D).

In figuur 7.22 zijn de verplaatsingen in een Williot uitgezet. De verplaatste punten vormen een figuur die gelijkvormig is met het vakwerk, maar dan wel over een hoek van 90° om A gedraaid (in de richting van θ). De schaal is afhankelijk van de grootte van de rotatie. Van deze bijzonderheid zal gebruik worden gemaakt in de volgende paragraaf.

7.3 Williot-diagram met terugdraaien

Het succes van de grafische methode waarbij men in een Williot-diagram de knoopverplaatsingen van een vakwerk kan construeren is een gevolg van het feit dat telkens opnieuw een knooppunt is te vinden dat direct vastzit aan twee andere knooppunten waarvan de verplaatsingen bekend zijn. Dat is echter lang niet altijd het geval. Wanneer men bijvoorbeeld het Williot-diagram wil tekenen voor het vakwerk in figuur 7.23, dan komt men vanuit het vaste punt A niet verder dan de verplaatsing van B langs de rolbaan. Daarna stopt het: er is hierna geen enkel knooppunt te vinden dat direct vastzit aan de knooppunten A en B.

Een uitweg uit deze moeilijkheid kan worden verkregen door voorlopig aan te nemen dat één van de staven in het vaste punt A niet roteert, bijvoorbeeld staaf AD. Men zegt dan dat de richting van staaf AD wordt '*vastgehouden*'. Construeert men vanuit die situatie in een Williot de knoopverplaatsingen dan zal blijken dat knooppunt B (in het algemene geval) niet meer op de rolbaan ligt. Er moet dus nog een correctie plaats vinden. Deze bestaat uit het '*terugdraaien*' van het vakwerk om het vaste punt A tot B weer op de rolbaan ligt[1].

De verplaatsingen ten gevolge van het terugdraaien van het vakwerk kan men analytisch berekenen, of men kan hiervoor een (tweede) Williot tekenen (zie paragraaf 7.1, voorbeeld 7) en de waarden hieruit aflezen.

De resulterende knoopverplaatsingen van het vakwerk vindt men nu door superpositie van:
- de verplaatsingen uit het Williot bij een in A vastgehouden staafrichting (bijvoorbeeld staaf AD) en
- de verplaatsingen door de rotatie om A ten gevolge van het terugdraaien.

De werkwijze wordt hierna toegelicht aan de hand van twee voorbeelden.

Voorbeeld 1 • Van het vakwerk in figuur 7.23, belast door een verticale kracht in E, zijn in figuur 7.24 de afmetingen gegeven en is verder aangegeven welke staven op druk worden belast en welke op trek. De staven zijn zodanig gedimensioneerd dat bij de optredende belasting geldt: $|\varepsilon| = 1/1500$.

Gevraagd: De knoopverplaatsingen.

Uitwerking: Voor de lengteveranderingen van de staven geldt (zie ook paragraaf 7.1, voorbeeld 6):

$$\Delta \ell^{(i)} = |\varepsilon| \times \ell \times \text{sign}(N^{(i)})$$

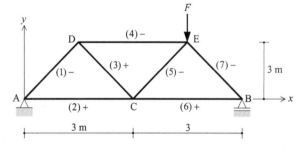

Figuur 7.24 De trek- en drukstaven in het vakwerk bij de aangegeven belasting

---

[1] Bij dit 'terugdraaien' wordt de voorlopige aanname dat de richting van AD is gefixeerd dus weer losgelaten.

De berekende waarden van $\Delta\ell$ zijn verzameld in tabel 7.11.

Tabel 7.11

stnr i	$N^{(i)}$ teken	$\ell^{(i)}$ (m)	$\Delta\ell^{(i)}$ (mm)
1	+	$1{,}5\sqrt{2}$	$-\sqrt{2}$
2	−	3	+2
3	+	$1{,}5\sqrt{2}$	$+\sqrt{2}$
4	−	3	−2
5	−	$1{,}5\sqrt{2}$	$-\sqrt{2}$
6	+	3	+2
7	−	$1{,}5\sqrt{2}$	$-\sqrt{2}$

Bij de berekening van de knoopverplaatsingen kunnen vier fasen worden onderscheiden:
1 tekenen van het Williot bij een vastgehouden staafrichting;
2 berekening van de hoek waarover het vakwerk moet worden teruggedraaid;
3 berekening van de verplaatsingen ten gevolge van het terugdraaien;
4 superpositie van de verplaatsingen berekend onder (1) en (3).

Eerste fase: tekenen van het Williot bij een vastgehouden staafrichting.
Allereerst wordt het vakwerk in B (tijdelijk) losgemaakt van de roplegging, zodat B vrij kan verplaatsen. Vervolgens wordt de richting van staaf AD vastgehouden en worden hierbij (in de volgorde C, E, B) alle knoopverplaatsingen geconstrueerd in een Williot, zie figuur 7.25.

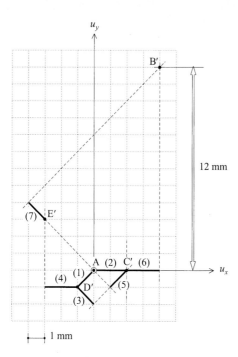

Figuur 7.25 Bij een vastgehouden richting van staaf AD kan men het Williot tekenen in de volgorde C, E, B. Uit het Williot blijkt dat B 12 mm omhoog verplaatst en dus niet meer op de rolbaan ligt.

Deze waarden zijn opgenomen in tabel 7.12.

Tabel 7.12

knoop-punt	u_x (mm)	u_y (mm)
B	+4	+12
C	+2	0
D	−1	−1
E	−3	+3

Deze verplaatsingen staan feitelijk voor de vervorming (vormverandering) van het vakwerk. Figuur 7.26 toont het vervormde vakwerk bij de vastgehouden richting van staaf AD. Hierbij dient men wel te bedenken dat de verplaatsingen 100 maal zo groot zijn getekend als de constructieafmetingen.

Opmerking: In plaats van de richting van staaf AD kan men ook die van staaf AC vasthouden. In het algemene geval leidt dat tot een ander Williot. Uit het vervormde vakwerk in figuur 7.26 blijkt dat, als de richting van AD wordt vastgehouden, staaf AC niet roteert. In dit voorbeeld zal het vasthouden van de richting van staaf AC daarom (toevallig) tot hetzelfde Williot leiden. De lezer wordt verzocht dat zelf na te gaan.

Tweede fase: berekening van de hoek waarover het vakwerk moet worden teruggedraaid. Uit het Williot in figuur 7.25 blijkt dat B 12 mm omhoog is verplaatst. Zie ook het vervormde vakwerk in figuur 7.26. Dit kan niet juist zijn omdat B rust op een roloplegging met horizontale rolbaan. B kan alleen maar horizontaal verplaatsen en moet in het Williot daarom op de horizontale lijn door A liggen.

Om de verplaatsing van knooppunt B te corrigeren wordt het vervormde vakwerk als geheel om het vaste punt A geroteerd of *teruggedraaid*, zodanig dat B over 12 mm naar beneden verplaatst. Omdat de knoop-

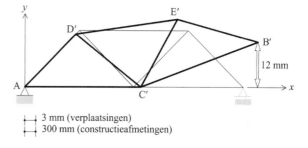

Figuur 7.26 Het vervormde vakwerk als de richting van staaf AD wordt vastgehouden. De verplaatsingen zijn honderd keer zo groot getekend als de constructieafmetingen. Om knooppunt B weer op de rolbaan te krijgen, wordt het vervormde vakwerk om het vaste punt A geroteerd of 'teruggedraaid'.

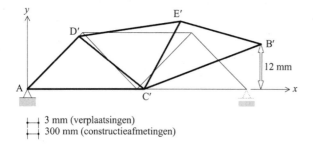

Figuur 7.26 Het vervormde vakwerk als de richting van staaf AD wordt vastgehouden. De verplaatsingen zijn honderd keer zo groot getekend als de constructieafmetingen. Om knooppunt B weer op de rolbaan te krijgen, wordt het vervormde vakwerk om het vaste punt A geroteerd of 'teruggedraaid'.

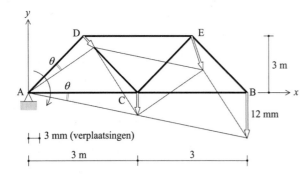

Figuur 7.27 De knoopverplaatsingen ten gevolge van het terugdraaien. Omdat de knoopverplaatsingen in het vervormde vakwerk klein zijn ten opzichte van de constructieafmetingen mag de berekening van de knoopverplaatsingen ten gevolge van het terugdraaien worden betrokken op het onvervormde vakwerk.

verplaatsingen in het vervormde vakwerk klein zijn ten opzichte van de constructieafmetingen mag men de berekening van de knoopverplaatsingen ten gevolge van het terugdraaien betrekken op het onvervormde vakwerk. Ten gevolge van het terugdraaien verplaatst B dus loodrecht op de lijn AB in het onvervormde vakwerk, zie figuur 7.27 (en niet loodrecht op de lijn AB′ in het vervormde vakwerk in figuur 7.26, waar een vertekend beeld van de werkelijkheid wordt gegeven!).

De hoek θ waarover het vakwerk moet roteren is, zie figuur 7.27:

$$\theta = \frac{12 \text{ mm}}{6 \text{ m}} = 2 \times 10^{-3} \text{ rad}$$

Derde fase: berekening verplaatsingen ten gevolge van het terugdraaien.
In figuur 7.27 zijn de knoopverplaatsingen ten gevolge van het terugdraaien van het vakwerk als geheel in beeld gebracht. Alle verplaatsingen staan loodrecht op de verbindingslijn met het vaste punt A en zijn evenredig met de afstand tot A.

Men kan met $u_h = |u_x| = \ell_v \cdot \theta$ en $u_v = |u_y| = \ell_h \cdot \theta$ respectievelijk de horizontale en verticale verplaatsing ten gevolge van de rotatie θ berekenen. Voor de aan het x-y-assenstelsel gerelateerde verplaatsingen u_x en u_y kan men de tekens afleiden uit de in figuur 7.27 aangegeven richtingen. De resultaten zijn verzameld in tabel 7.13.

Tabel 7.13

knooppunt	ℓ_v (m)	ℓ_h (m)	u_x (mm)	u_y (mm)
B	0	6	0	−12
C	0	3	0	−6
D	1,5	1,5	+3	−3
E	1,5	4,5	+3	−9

Men kan uiteraard ook een Williot tekenen voor de verplaatsingen ten gevolge van het roteren van het vakwerk. Dit is een met het vakwerk gelijkvormige figuur die over 90° is gedraaid (zie paragraaf 7.1, voorbeeld 7). In dat Williot is A het vaste punt terwijl verder de verplaatsing van B bekend is, namelijk 12 mm naar beneden. Omdat het Williot gelijkvormig is met het vakwerk is het snel tussen de bekende punten A en B te tekenen, zie figuur 7.28. De verplaatsingen die men uit het Williot afleest zijn uiteraard gelijk aan die berekend in tabel 7.13.

Vierde fase: superponeren van de berekende verplaatsingen. Om de resulterende knoopverplaatsingen te vinden zijn in tabel 7.14 de verplaatsingen ten gevolge van de *vervorming van het vakwerk* bij vastgehouden richting van staaf AD (tabel 7.12) en de verplaatsingen ten gevolge van het *terugdraaien van het vakwerk* (tabel 7.13) op elkaar gesuperponeerd.

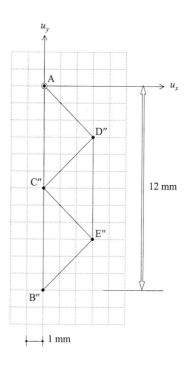

Tabel 7.14

knooppunt	verplaatsing t.g.v. vervorming		verplaatsing t.g.v. terugdraaien		resulterende verplaatsing	
	u_x (mm)	u_y (mm)	u_x (mm)	u_y (mm)	u_x (mm)	u_y (mm)
B	+4	+12	0	−12	+4	0
C	+2	0	0	−6	+2	−6
D	−1	−1	+3	−3	+2	−4
E	−3	+3	+3	−9	0	−6

Figuur 7.28 Het Williot voor de verplaatsingen ten gevolge van het terugdraaien van het vakwerk. In het Williot is A het vaste punt terwijl verder de verplaatsing van B bekend is, namelijk 12 mm naar beneden. Omdat het Williot gelijkvormig is met het vakwerk, maar dan over 90° gedraaid (in de richting van het terugdraaien), is het snel tussen de bekende punten A en B te tekenen.

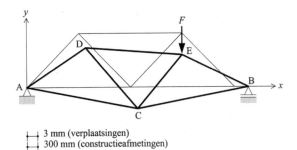

⊢ 3 mm (verplaatsingen)
⊢ 300 mm (constructieafmetingen)

Figuur 7.29 Het vervormde vakwerk na terugdraaien. De verplaatsingen zijn 100 keer zo groot getekend als de constructieafmetingen.

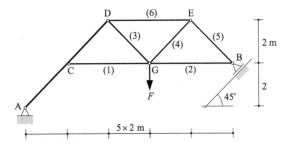

Figuur 7.30 Een constructie bestaande uit het vakwerk BCDE verbonden met de oneindig stijve staaf ACD

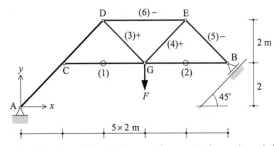

Figuur 7.31 De trek-, druk- en nulstaven in het vakwerkdeel van de constructie bij de aangegeven belasting

Figuur 7.29 toont het vakwerk in vervormde toestand, waarbij de verplaatsingen 100 maal zo groot zijn getekend als de constructieafmetingen.

Voorbeeld 2 • De constructie in figuur 7.30 bestaat uit de oneindig stijve staaf ACD en het vakwerk BCDE. De rolbaan in B staat onder een helling van 45°. In G werkt een verticale kracht F. De genummerde staven in het vakwerk zijn zodanig gedimensioneerd dat voor alle belaste staven geldt $|\varepsilon| = 1\%_0$.

Gevraagd: De knoopverplaatsingen.

Uitwerking: In de tweede kolom van tabel 7.15 zijn de staafkrachten vermeld. De berekening wordt aan de lezer overgelaten. In figuur 7.31 zijn de trek-, druk- en nulstaven aangegeven.
De lengteverandering van de staven ziet er als volgt uit:

$$\Delta \ell^{(i)} = |\varepsilon| \times \ell \times \text{sign}(N^{(i)})$$

waarin $\varepsilon = 0{,}001$. De berekende waarden zijn opgenomen in de laatste kolom van tabel 7.15.

Tabel 7.15

stnr i	$N^{(i)}$	$\ell^{(i)}$ (m)	$\Delta \ell^{(i)}$ (mm)	stnr i	$N^{(i)}$	$\ell^{(i)}$ (m)	$\Delta \ell^{(i)}$ (mm)
1	0	4	0	4	$+\tfrac{1}{2}F\sqrt{2}$	$2\sqrt{2}$	$+2\sqrt{2}$
2	0	4	0	5	$-\tfrac{1}{2}F\sqrt{2}$	$2\sqrt{2}$	$-2\sqrt{2}$
3	$+\tfrac{1}{2}F\sqrt{2}$	$2\sqrt{2}$	$+2\sqrt{2}$	6	$-F$	4	-4

In figuur 7.32 is het Williot getekend voor het geval de richting van ACD wordt vastgehouden. Omdat de staaf oneindig stijve staaf is, verplaatsen C en D niet en vallen ze in het Williot samen met het vaste punt A. Het Williot is te construeren in de volgorde G, E, B.

Uit het Williot blijkt dat B een verticale verplaatsing van 12 mm omhoog ondergaat (vector $\overrightarrow{AB'}$ in het Williot[1]).
In werkelijkheid kan B alleen maar langs de rolbaan onder 45° verplaatsen. In het Williot is dat een verplaatsing langs de lijn r door A. Om B op rolbaan r te brengen wordt het (vervormde) vakwerk over een hoek θ geroteerd om het vaste punt A. Bij dit terugdraaien verplaatst B in een richting loodrecht op AB. In het Williot verplaatst B dan van B' naar B''. Dit is een verplaatsing $u_{h;B} = 2$ mm naar rechts en $u_{v;B} = 10$ mm naar beneden, zie figuur 7.32.

De grootte van de rotatie θ volgt uit, zie figuur 7.33:

$$\theta = \frac{u_{v;B}}{\ell_h^{AB}} = \frac{10 \text{ mm}}{10 \text{ m}} = 10^{-3} \text{ rad}$$

Gaat men uit van de horizontale verplaatsing in B dan vindt men uiteraard dezelfde richting en grootte van θ:

$$\theta = \frac{u_{h;B}}{\ell_v^{AB}} = \frac{2 \text{ mm}}{2 \text{ m}} = 10^{-3} \text{ rad}$$

In figuur 7.33 zijn voor alle knooppunten de verplaatsingen ten gevolge van het terugdraaien getekend. De verplaatsingen zijn evenredig met de afstand tot het draaipunt A en kunnen worden berekend met $u_h = |u_x| = \ell_v \cdot \theta$ en $u_v = |u_y| = \ell_h \cdot \theta$.

---

[1] Verplaatsingsvector $\overrightarrow{AB'}$ is een vector die van A naar B' is gericht. Deze vector is niet apart getekend in figuur 7.32.

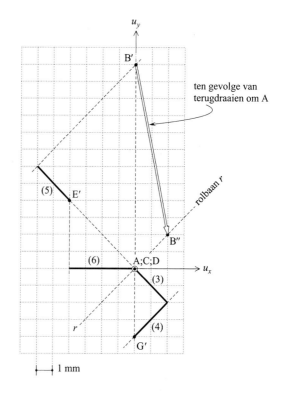

Figuur 7.32 Het Williot voor de knoopverplaatsingen is bij een vastgehouden richting van staaf ACD te tekenen in de volgorde G, E, B. Uit het Williot blijkt dat B een verticale verplaatsing van 12 mm omhoog ondergaat ($\overrightarrow{AB'}$ in het Williot) In werkelijkheid kan B alleen maar langs de rolbaan onder 45° verplaatsen, dat is in het Williot een verplaatsing langs de lijn r door A. Om B op rolbaan r te brengen roteert men het (vervormde) vakwerk over een hoek θ om het vaste punt A. Bij dit terugdraaien verplaatst B in een richting loodrecht op verbindingslijn AB in het vakwerk. In het Williot verplaatst B dan van B' naar B''.

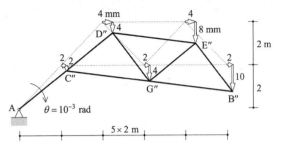

Figuur 7.33 De verplaatsingen ten gevolge van het terugdraaien zijn evenredig met de afstand tot het draaipunt A en kunnen worden berekend met $u_h = |u_x| = \ell_v \cdot \theta$ en $u_v = |u_y| = \ell_h \cdot \theta$. De verplaatsingen zijn hier 125 maal zo groot getekend als de constructieafmetingen.

In de figuur zijn de verplaatsingen 125 maal zo groot getekend als de constructieafmetingen.

Men kan voor de verplaatsingen ten gevolge van het terugdraaien ook een Williot tekenen, zie figuur 7.34. Van het Williot is het vaste punt A bekend en het punt B'', 2 mm rechts van A en 10 mm onder A. Tussen A en B'' kan men een figuur tekenen die gelijkvormig is met de constructie, maar 90° is gedraaid. Deze figuur is het gezochte Williot.

De verplaatsingen ten gevolge van de *vervorming van de constructie* bij een vastgehouden richting van staaf ACD zijn af te lezen uit het Williot in figuur 7.32 en zijn verzameld in de tweede en derde kolom van tabel 7.16. De verplaatsingen ten gevolge van het *terugdraaien* kunnen worden afgelezen uit figuur 7.33 of uit het Williot in figuur 7.34. Zij zijn opgenomen in kolom vier en vijf van tabel 7.16. De laatste twee kolommen van de tabel geven de resulterende knoopverplaatsingen, gevonden door de verplaatsing ten gevolge van de vervorming van het vakwerk en die ten gevolge van het terugdraaien op elkaar te superponeren.

Tabel 7.16

knoop-punt	verplaatsing t.g.v. vervorming		verplaatsing t.g.v. terugdraaien		resulterende verplaatsing	
	u_x (mm)	u_y (mm)	u_x (mm)	u_y (mm)	u_x (mm)	u_y (mm)
B	0	+12	+2	−10	+2	+2
C	0	0	+2	−2	+2	−2
D	0	0	+4	−4	+4	−4
E	−4	+4	+4	−8	0	−4
G	0	−4	+2	−6	+2	−10

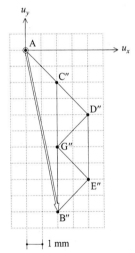

Figuur 7.34 Het Williot voor de verplaatsingen ten gevolge van het terugdraaien. Van het Williot kent men het vaste punt A en het punt B'' ten gevolge van een verplaatsing van B over 2 mm naar rechts en 10 mm naar beneden (zie figuur 7.33). Tussen A en B'' kan men een figuur tekenen die gelijkvormige is met de constructie, maar over 90° is gedraaid. Dit is het gezochte Williot.

Aan de lezer wordt overgelaten een schets te maken van de constructie in vervormde toestand. Werk op ruitjespapier en kies bijvoorbeeld als schaal 1 hokje ≡ 0,5 m voor de constructieafmetingen en 1 hokje ≡ 4 mm voor de verplaatsingen.

7.4 Williot-Mohr-diagram

De correctie ten gevolge van het terugdraaien kan men ook met behulp van een zogenaamd *nulstandsdiagram* of *Mohr-diagram* direct opnemen in het Williot, gebaseerd op een vastgehouden staafrichting. De methode blijft dan volledig grafisch. De correctie met het nulstandsdiagram is van de hand van Otto Mohr[1]. Een Williot met nulstandsdiagram wordt daarom wel *Williot-Mohr-diagram* genoemd.

De werkwijze wordt toegelicht aan de hand van twee voorbeelden.

Voorbeeld 1 • Uitgangspunt is het vakwerk in figuur 7.35, waarvan de lengteverandering van de staven is gegeven in tabel 7.17. Van dit vakwerk werden de knoopverplaatsingen eerder met behulp van terugdraaien berekend in paragraaf 7.2, voorbeeld 1.

Gevraagd: De knoopverplaatsingen te berekenen met behulp van een Williot-Mohr-diagram.

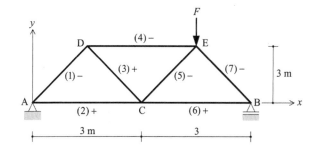

Figuur 7.35 Een vakwerk met de trek- en drukstaven bij de aangegeven belasting

Tabel 7.17

stnr i	$\Delta \ell^{(i)}$ (mm)
1	$-\sqrt{2}$
2	$+2$
3	$+\sqrt{2}$
4	-2
5	$-\sqrt{2}$
6	$+2$
7	$-\sqrt{2}$

---

[1] Otto Christian Mohr (1835-1918), Duits ingenieur, heeft veel bijgedragen aan de ontwikkeling van de mechanica van constructies. Is vooral bekend geworden door zijn vele grafische methoden.

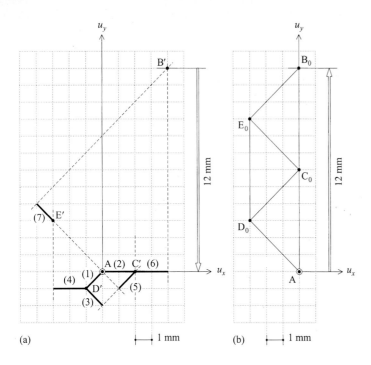

Figuur 7.36 (a) Het Williot voor de vervorming van het vakwerk als de richting van staaf AD wordt vastgehouden. (b) Het Williot voor het terugdraaien van het vakwerk, maar dan wel *uitgezet in tegengestelde richting!*

Uitwerking: In een Williot-Mohr-diagram worden feitelijk twee Williots in één figuur getekend.

Het eerste Williot heeft betrekking op de vervorming van de constructie bij een vastgehouden staafrichting. Zie figuur 7.36a, waar de richting van staaf AD is vastgehouden. De punten in het eerste Williot worden aangeduid met B', C', enzovoort.
Uit Williot blijkt dat B' 12 mm te hoog ligt en niet meer aansluit op de horizontale rolbaan. Om dit te corrigeren moet men de constructie zoveel om A roteren dat B' 12 mm naar beneden verplaatst.

Tot zover is de aanpak gelijk aan die in paragraaf 7.2, voorbeeld 1. Het verschil treedt op bij het tekenen van het tweede Williot dat te maken heeft met het terugdraaien.

Het tweede Williot heeft betrekking op de knoopverplaatsingen ten gevolge van het terugdraaien van de constructie, *maar LET OP!, de verplaatsingen worden in dit Williot uitgezet in een tegengestelde richting*. De verplaatsing van B is dus niet 12 mm naar beneden, maar 12 mm omhoog! Het tweede Williot is getekend in figuur 7.36b. De verplaatste knooppunten worden hierin aangeduid met B_0, C_0, enzovoort.

Het tweede Williot is een figuur die gelijkvormig is met de constructie, maar dan over 90° gedraaid, en daarom snel te tekenen vanuit de punten A en B_0.

Als beide Williots over elkaar worden getekend ontstaat het *Williot-Mohr-diagram*, zie figuur 7.37. De figuur $AB_0E_0D_0$ hierin noemt men het *nulstandsdiagram* of ook wel het *Mohr-diagram*.

In een Williot-Mohr-diagram worden de knoopverplaatsingen niet meer gemeten vanuit het vaste nulpunt A, maar heeft elk knooppunt zijn eigen nulpunt dat ligt op het nulstandsdiagram[1].

Het werken met een nulstandsdiagram komt er in feite op neer dat men niet het vervormde vakwerk terugdraait, maar het onvervormde vakwerk in zijn uitgangstoestand in tegengestelde zin roteert.

De verplaatsingsvector[2] van B is, zie figuur 7.37:

$$-\overrightarrow{AB_0} + \overrightarrow{AB'} = \overrightarrow{B_0 A} + \overrightarrow{AB'} = \overrightarrow{B_0 B'}$$

Hierin is $-\overrightarrow{AB_0}$ de verplaatsing ten gevolge van het terugdraaien en $\overrightarrow{AB'}$ de verplaatsing ten gevolge van de vervorming van het vakwerk als de richting van (in dit geval) staaf AD wordt vastgehouden.
Voor de verplaatsingsvector van C geldt:

$$-\overrightarrow{AC_0} + \overrightarrow{AC'} = \overrightarrow{C_0 A} + \overrightarrow{AC'} = \overrightarrow{C_0 C'}$$

Door opmeten uit de figuur, rekening houdend met de schaal, vindt men bijvoorbeeld dat knooppunt C (met verplaatsingsvector $\overrightarrow{C_0 C'}$) over een

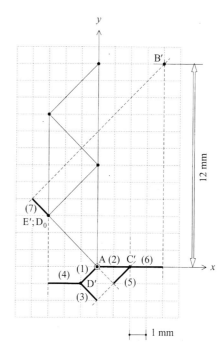

Figuur 7.37 Als beide Williots uit figuur 7.36 over elkaar worden getekend, ontstaat het Williot-Mohr-diagram. De figuur $AB_0 E_0 D_0$ hierin noemt men het nulstandsdiagram of ook wel Mohr-diagram. In het Williot-Mohr-diagram worden de knoopverplaatsingen niet meer gemeten vanuit het vaste nulpunt A, maar heeft elk knooppunt zijn eigen nulpunt dat ligt op het nulstandsdiagram. De verplaatsingsvector van B is $\overrightarrow{B_0 B'}$, van C is deze $\overrightarrow{C_0 C'}$, enzovoort.

---

[1] Het u_x-u_y-assenstelsel, dat zijn oorsprong in het vaste punt A had, is dan ook verdwenen. Hiervoor in de plaats zijn de x- en y-richting aangegeven.

[2] Verplaatsingsvector $\overrightarrow{AB_0}$ is een vector die van A naar B_0 is gericht. $\overrightarrow{B_0 A}$ is een vector die van B_0 naar A is gericht. Er geldt dus: $\overrightarrow{AB_0} = -\overrightarrow{B_0 A}$.

afstand van 2 mm naar rechts verplaatst (u_x = +2 mm) en over een afstand van 6 mm naar beneden (u_y = –6 mm).
Op dezelfde manier vindt men ook de verplaatsingen van D en E.

De lezer wordt verzocht te controleren of de uit het Williot-Mohr-diagram af te lezen knoopverplaatsingen inderdaad overeenstemmen met de waarden in tabel 7.18, die eerder werden berekend in paragraaf 7.2, voorbeeld 1.

Tabel 7.18

knoop-punt	verplaatsing	
	u_x (mm)	u_y (mm)
B	+4	0
C	+2	–6
D	+2	–4
E	0	–6

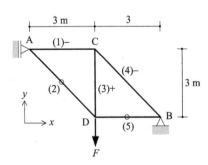

Figuur 7.38 Een vakwerk met de trek-, druk- en nulstaven bij de aangegeven belasting

Voorbeeld 2 • Van het vakwerk in figuur 7.38 is gegeven dat bij de getekende belasting voor alle belaste staven geldt: $|\varepsilon|$ = 1/1500. In de figuur is al aangegeven welke staven op trek en druk worden belast en welke staven nulstaven zijn.

Gevraagd: De knoopverplaatsingen te berekenen met behulp van een Williot-Mohr-diagram.

Uitwerking: De lengteverandering van de staven volgt uit
$\Delta \ell^{(i)} = |\varepsilon| \times \ell \times \text{sign}(N^{(i)})$ en is berekend in tabel 7.19.

Tabel 7.19

stnr i	$N^{(i)}$ teken	$\ell^{(i)}$ (m)	$\Delta \ell^{(i)}$ (mm)
1	−	3	−2
2	0	$3\sqrt{2}$	0
3	+	3	+2
4	−	$3\sqrt{2}$	$-2\sqrt{2}$
5	0	3	0

Eerst wordt nu vanuit het vaste punt B het Williot getekend waarbij de richting van één van de staven BC of BD wordt vastgehouden.
In figuur 7.39a is het Williot getekend voor het geval de richting van nulstaaf BD wordt vastgehouden.

Uit het Williot blijkt dat A over een afstand van 8 mm naar rechts verplaatst (de horizontale component van verplaatsingsvector $\overrightarrow{BA'}$) en dus niet meer op de verticale rolbaan ligt. Omdat A alleen maar verticaal kan verplaatsen is er dus een correctie nodig.

Werkt men met een nulstandsdiagram, dan zal, omdat A alleen maar verticaal kan verplaatsen, de verplaatsingsvector $\overrightarrow{A_0 A'}$ in het Williot-Mohr-diagram verticaal gericht moeten zijn. Dit betekent dat A_0 op de verticale lijn *a* door A' moet liggen, evenwijdig aan de rolbaan, zie figuur 7.39b.

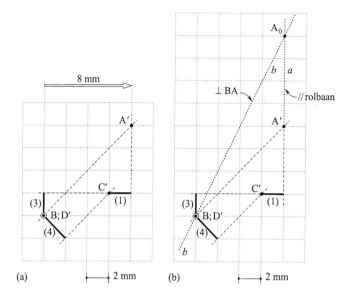

Figuur 7.39 (a) Het Williot voor de vervorming van het vakwerk als de richting van nulstaaf BD wordt vastgehouden, is te tekenen in de volgorde B, D, C, A. (b) Omdat A alleen maar verticaal kan verplaatsen, moet de verplaatsingsvector $\overrightarrow{A_0 A'}$ in het Williot-Mohr-diagram verticaal gericht zijn. Dit betekent dat het punt A_0 van het nulstandsdiagram op de verticale lijn *a* door A' moet liggen, evenwijdig aan de rolbaan.
Het nulstandsdiagram wordt verkregen door het vakwerk om het vaste punt B te roteren. Hierbij verplaatst A in een richting loodrecht op de verbindingslijn AB in het vakwerk. Dit betekent dat A_0 in het Williot-Mohr-diagram moet liggen op de lijn *b*, door het vaste punt B en loodrecht op verbindingslijn AB.

Het nulstandsdiagram wordt verkregen door het vakwerk om het vaste punt B te roteren. Hierbij verplaatst A loodrecht op de verbindingslijn AB in het vakwerk. Dit betekent dat A_0 in het Williot-Mohr-diagram moet liggen op de lijn b, door het vaste punt B en loodrecht op verbindingslijn AB, zie figuur 7.39b.

Conclusie: A_0 ligt op het snijpunt van de lijnen a en b.

Van het nulstandsdiagram zijn nu A_0 en het vaste punt B bekend. Omdat het nulstandsdiagram ontstaat uit een rotatie van het vakwerk om B is de figuur gelijkvormig met het vakwerk, maar dan 90° gedraaid. Tussen A_0 en B zijn nu betrekkelijk eenvoudig de punten C_0 en D_0 te vinden. In figuur 7.40 is het complete Williot-Mohr-diagram getekend.

Uit het diagram kan men aflezen dat bijvoorbeeld knooppunt C (met verplaatsingsvector $\overrightarrow{C_0 C'}$) over 2 mm naar links verplaatst en 6 mm naar beneden ($u_y = -6$ mm).
De uit het diagram af te lezen verplaatsingen zijn verzameld in tabel 7.20.

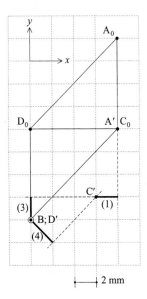

Figuur 7.40 Het Williot met nulstandsdiagram of Williot-Mohr-diagram. Het Williot is getekend bij een vastgehouden richting van staaf BD. Als de richting van staaf BC (in plaats van BD) wordt vastgehouden, ontstaat een ander Williot-Mohr-diagram. De knoopverplaatsingen die men hieruit afleest, blijven uiteraard hetzelfde.

Tabel 7.20

knooppunt	verplaatsing	
	u_x (mm)	u_y (mm)
A	0	−8
C	−2	−6
D	0	−8

Figuur 7.41 toont het vervormde vakwerk, waarbij de verplaatsingen 125 maal zo groot zijn getekend als de constructieafmetingen.

Opmerking: Wanneer de richting van staaf BC in plaats van BD wordt vastgehouden ontstaat een ander Williot-Mohr-diagram. De knoopverplaatsingen die hieruit worden afgelezen blijven uiteraard hetzelfde. Het wordt aan de lezer overgelaten dit na te gaan.

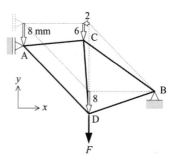

Figuur 7.41 Het vervormde vakwerk. De verplaatsingen zijn 125 maal zo groot getekend als de constructieafmetingen.

7.5 Vraagstukken

Algemene opmerkingen vooraf:
- Het materiaal gedraagt zich lineair elastisch waarbij mag worden aangenomen dat de spanning in alle opgaven beneden de vloeigrens blijft.
- Het eigen gewicht van de constructie blijft buiten beschouwing tenzij in de opgave duidelijk anders is vermeld.

Williotdiagram (paragraaf 7.1)

7.1 Een star lichaam ondergaat in het x-y-vlak een (kleine) rotatie $\varphi = 3{,}5°$ om het punt A met coördinaten $(x_A; y_A) = (+4{,}585 \text{ m}; +2{,}290 \text{ m})$. Een punt B op het lichaam, met coördinaten $(x_B; y_B) = (+0{,}525 \text{ m}; -0{,}755 \text{ m})$, ondergaat hierdoor een verplaatsing u_B.

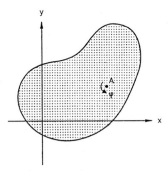

Gevraagd:
a. Punt B en de richting van de verplaatsing u_B in de figuur te schetsen.
b. De horizontale component $u_{x;B}$ van de verplaatsing van B.
c. De verticale component $u_{y;B}$ van de verplaatsing van B.

7.2 Ten gevolge van het eigen gewicht van het starre blok verlengt staaf AB met 8,5 mm.

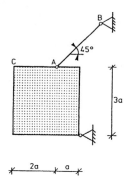

Gevraagd:
a. De horizontale verplaatsing van C.
b. De verticale verplaatsing van C.

7.3-1/2 Een star blok is op twee verschillende manieren opgelegd. Onder invloed van een temperatuurverhoging verlengt draad AB met $1{,}5\sqrt{2}$ mm.

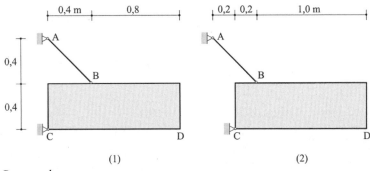

(1)   (2)

Gevraagd:
a. De horizontale verplaatsing van hoekpunt D.
b. De verticale verplaatsing van hoekpunt D.

7.4 Een onvervormbaar blok met een gewicht van 60 kN is op de aangegeven wijze opgelegd. In de getekende situatie is de veer spanningsloos. De stijfheid van de veer is $k = 5000$ kN/m. Houd verder in de berekening aan $c = 5$ m en $d = 4$ m.

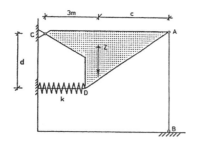

Gevraagd:
a. De indrukking van de veer nadat staaf AB is weggenomen.
b. De verticale verplaatsing van A.
c. De rotatie van het lichaam om C in graden.

7.5 Een oneindig stijve staaf AB is op de aangegeven wijze opgelegd en belast. Staaf CD, die wel kan vervormen, heeft een staafdoorsnede $A = 1500$ mm^2 en elasticiteitsmodulus $E = 200 \times 10^3$ N/mm^2.

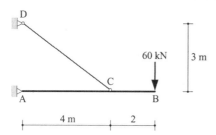

Gevraagd:
a. De lengteverandering van staaf CD.
b. De zakking van B.

7.6-1/2 Staaf AB is op twee verschillende manieren opgelegd. In beide gevallen ondergaat de roloplegging een voorgeschreven verplaatsing van 20 mm. De staaf is zo lang dat de rotatie ten gevolge van de voorgeschreven verplaatsing klein blijft.

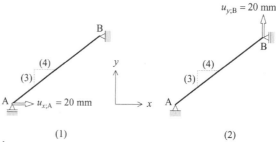

Gevraagd:
De lengteverandering van staaf AB.

7.7 Ten gevolge van een bepaalde belasting (niet in de figuur getekend) ondergaan de knooppunten C en D van het vakwerk de volgende verplaatsingen:
- knooppunt C: $u_{x;C} = +25$ mm; $u_{y;C} = -30$ mm
- knooppunt D: $u_{x;D} = 0$; $u_{y;D} = -15$ mm

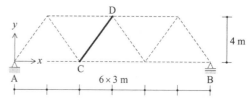

Gevraagd:
a. De lengteverandering van staaf CD ten gevolge van alleen de knoopverplaatsing $u_{x;C} = +25$ mm.
b. De lengteverandering van staaf CD ten gevolge van alleen de knoopverplaatsing $u_{y;D} = -15$ mm.
c. De lengteverandering van staaf CD in het vakwerk bij de gegeven knoopverplaatsingen van C en D.

7.8 In de getekende figuur is AB een uit een vakwerk vrijgemaakte staaf met een lengte van 3 m en een rekstijfheid van 750 MN. Voor de verplaatsingen van de staafeinden A en B geldt:

- $u_{xA} = +10$ mm
- $u_{yA} = -15$ mm
- $u_{xB} = -10$ mm
- $u_{yB} = -25$ mm

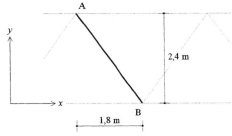

Gevraagd:
a. De lengteverandering van staaf AB.
b. De normaalkracht in staaf AB, met het goede teken.

7.9 In de getekende constructie heeft staaf BC een tweemaal zo grote rekstijfheid als staaf AC. De constructie wordt in C belast door een verticale kracht F.
Houd in de berekening aan: $a = 2,5$ m, $b = 1,25$ m, $EA = 11,3$ MN en $F = 25,6$ kN.

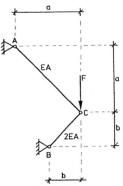

Gevraagd:
a. De verticale verplaatsing van C.
b. De horizontale verplaatsing van C.

7.10 Een last van 15 kN hangt aan twee stalen draden. De draaddoorsnede heeft een oppervlakte $A = 100$ mm^2. Voor de elasticiteitsmodulus van staal wordt gesteld $E = 200$ GPa.

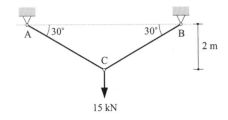

Gevraagd:
De verticale verplaatsing van C.

7.11 Een blok met gewicht G hangt aan drie draden. Alle draden hebben dezelfde rekstijfheid EA.
Houd in de berekening aan: $a = 2$ m, $G = 50$ kN en $EA = 12,5$ MN.

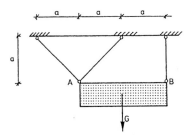

Gevraagd:
De grootste van de verticale verplaatsingen in A en B.

7.12 In het getekende vakwerk hebben alle staven dezelfde rekstijfheid $EA = 32$ MN. Het vakwerk wordt in C belast door de verticale kracht $F = 120$ kN. Houd verder in de berekening aan $a = 1$ m.

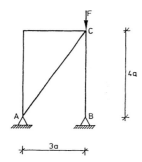

Gevraagd:
a. De verticale verplaatsing van knooppunt C.
b. De horizontale verplaatsing van knooppunt C.

7.13-1/2 Gegeven hetzelfde vakwerk op twee verschillende manieren in D belast door een kracht van 10 kN. Voor de staafdoorsneden geldt $A^{(1)} = A^{(3)} = 50\sqrt{5}$ mm^2 en $A^{(2)} = A^{(4)} = 50$ mm^2. De elasticiteitsmodulus is $E = 200$ GPa.

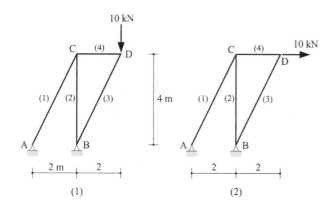

Gevraagd:
Bepaal met behulp van een Williot de verplaatsing van knooppunt D. Teken de verplaatsingen in het Williot 5 keer zo groot als zij in werkelijkheid zijn (kies dus als schaal 1 cm $\equiv$ 2 mm).

7.14 De getekende constructie is zo gedimensioneerd dat bij de verticale kracht F in A alle belaste staven dezelfde rek ondergaan: $|\varepsilon| = 0{,}001$. Houd verder in de berekening aan: $a = 1{,}5$ m, $b = 4{,}0$ m, $c = 1{,}0$ m, $d = 2{,}0$ m en $e = 1{,}5$ m.

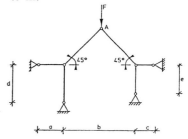

Gevraagd:
Bepaal met behulp van een Williot de verticale verplaatsing van punt A. Teken de verplaatsingen in het Williot 10 keer zo groot als zij in werkelijkheid zijn, dus kies als schaal: 1 cm $\equiv$ 1 mm.

7.15 Van het getekende vakwerk wil men topscharnier C over een afstand $a = 13$ mm omhoog brengen door inkorting van trekstang AC.

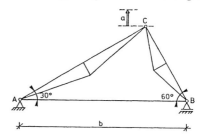

Gevraagd:
a. De lengte waarover men de trekstang moet inkorten als $b = 6$ m.
b. De lengte waarover men de trekstang moet inkorten als $b = 2$ m.

7.16 Het getekende vakwerkspant heeft in staaf CD een wartel. Door staaf CD in te korten kan men de hoogte van het spant corrigeren.

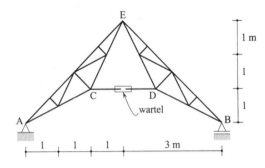

Gevraagd:
Hoeveel moet staaf CD worden ingekort als men knooppunt E 30 mm wil laten stijgen?

7.17 In het getekende vakwerk hebben alle staven dezelfde rekstijfheid $EA = 216$ MN. De belasting bestaat uit een verticale kracht van 240 kN in knooppunt D.

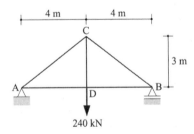

Gevraagd:
De verticale verplaatsing van knooppunt D.

7.18-1/2 De getekende vakwerken zijn zo gedimensioneerd dat bij de aangegeven belasting (die voor beide vakwerken gelijk is) in alle trekstaven een spanning van 100 N/mm² optreedt en in alle drukstaven een spanning van 50 N/mm². Houd voor de elasticiteitsmodulus aan $E = 200$ GPa.

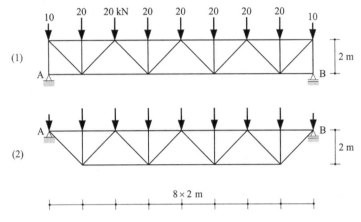

Gevraagd:
De verplaatsing van knooppunt B bij de aangegeven belasting.

7.19 In de getekende constructie zijn alle staafverbindingen scharnierend uitgevoerd.
Bij de aangegeven belasting geldt voor alle belaste staven $|\varepsilon| = 0{,}001$.

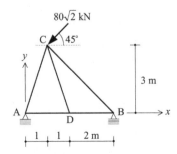

Gevraagd:
a. De staafkrachten.
b. De lengteverandering van de staven.
c. Het Williot voor de knoopverplaatsingen. Teken de verplaatsingen in het Williot 10 keer zo groot als zij in werkelijkheid zijn (kies dus als schaal: 1 cm ≡ 1 mm).
d. Verzamel van alle knooppunten de verplaatsingen u_x en u_y in een tabel.

7.20 In het getekende vakwerk hebben alle staven dezelfde rekstijfheid $EA = 40$ MN.

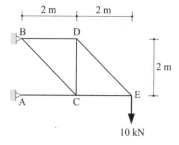

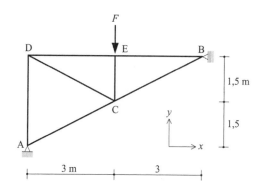

Gevraagd:
De horizontale verplaatsing van knooppunt E ten gevolge van de aangegeven belasting.

7.21 Bij de aanwezige belasting geldt voor alle belaste staven in het getekende vakwerk: $|\varepsilon| = 1/1500$.

Gevraagd:
a. Geef in het vakwerk alle trek-, druk- en nulstaven aan met respectievelijk +, – en 0, zonder direct de staafkrachten in grootte te berekenen.

b. Bereken met behulp van een Williot de verplaatsing van de knooppunten B t/m E. Teken het Williot op ruitjespapier en kies als schaal: 1 hokje ≡ 1 mm.

7.22 In het getekende vakwerk ondergaan alle staven bij de aangegeven belasting in absolute zin dezelfde rek: $|\varepsilon| = 0{,}8$ promille.

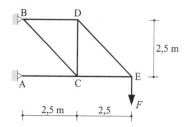

Gevraagd:
Bepaal met behulp van een Williot de verticale verplaatsing van knooppunt E. Teken het Williot op ruitjespapier en kies als schaal: 1 hokje ≡ 1 mm.

7.23 Het getekende vakwerk, waarin alle staven dezelfde rekstijfheid $EA = 35{,}2$ MN hebben, wordt in G belast door een verticale kracht $F = 44$ kN.

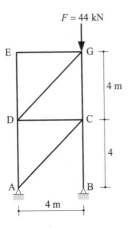

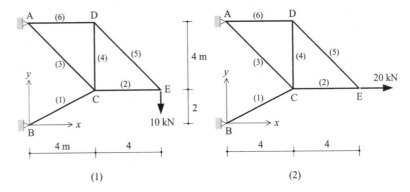

Gevraagd:
a. Teken het Williot voor de knoopverplaatsingen. Gebruik ruitjespapier en teken de verplaatsingen op ware grootte.
b. Teken op ruitjespapier de vervormde constructie. Kies voor de constructieafmetingen als schaal $1 \text{ cm} \equiv 1 \text{ m}$; teken de verplaatsingen op ware grootte.

7.24-1/2 Gegeven hetzelfde vakwerk op twee verschillende manieren belast door een kracht in D. Voor de staafdoorsneden geldt:
$A^{(1)} = 100\sqrt{5}$ mm²
$A^{(2)} = A^{(4)} = A^{(6)} = 100$ mm²
$A^{(3)} = A^{(5)} = 100\sqrt{2}$ mm²
De elasticiteitsmodulus is $E = 200$ GPa.

Gevraagd:
Bepaal met behulp van een Williot de knoopverplaatsingen. Teken het Williot op ruitjespapier (met hokjes van 5 mm) en kies als schaal 1 hokje $\equiv \frac{2}{3}$ mm. Verzamel de waarden u_x en u_y in een tabel.

7.25 In het getekende vakwerk hebben alle staven dezelfde rekstijfheid $EA = 400$ MN.

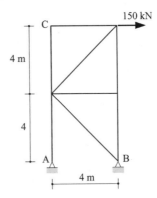

Gevraagd:
De verticale verplaatsing van knooppunt C ten gevolge van de aangegeven belasting.

7.26 In het getekende vakwerk hebben alle staven dezelfde doorsnede $A = 2000$ mm^2 en elasticiteitsmodulus $E = 200$ GPa.

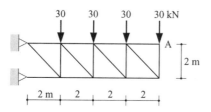

Gevraagd:
De horizontale verplaatsing van knooppunt A bij de aangegeven belasting.

7.27 Vakwerk ABC heeft in C een katrol waarvan de diameter verwaarloosbaar klein is ten opzichte van de overige afmetingen van de constructie. Een last met gewicht $G = 60$ kN hangt aan een kabel die in C wrijvingsloos over de katrol loopt en in D vast is bevestigd. Alle staven hebben dezelfde rekstijfheid $EA = 84{,}85$ MN.

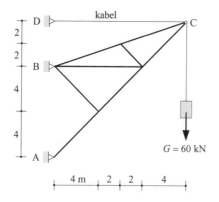

Gevraagd:
a. De staafkrachten en de lengteverandering van de staven.
b. De verplaatsing van knooppunt C.

c. De zakking van last G ten gevolge van de verplaatsing van knooppunt C (de lengteverandering van de kabel blijft buiten beschouwing).

7.28 Het getekende vakwerk wordt belast door een horizontale kracht van 15 kN in G. Alle staven hebben dezelfde rekstijfheid $EA = 22{,}5$ MN.

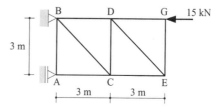

Gevraagd:
a. De horizontale verplaatsing van knooppunt G.
b. De verticale verplaatsing van knooppunt G.
c. Een schets van het vervormde vakwerk.

7.29 In het getekende vakwerk hebben alle staven dezelfde doorsnede $A = 2000$ mm^2 en elasticiteitsmodulus $E = 200$ GPa.

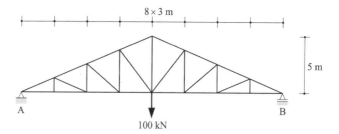

Gevraagd:
De verplaatsing van knooppunt B bij de aangegeven belasting.

7.30 In de getekende constructie wordt staaf AB met behulp van een wartel $15\sqrt{2}$ mm korter gemaakt.

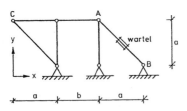

Gevraagd:
a. De verticale verplaatsing $u_{y;C}$ van knooppunt C.
b. Eens schets van de vervormde constructie.

7.31 Het getekende vakwerk heeft in staaf AB een wartel.

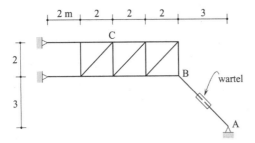

Gevraagd:
a. De verticale verplaatsing van knooppunt C als staaf AB met behulp van de wartel 20 mm langer wordt gemaakt.
b. Een schets de constructie in vervormde toestand.

7.32 Van de getekende luifelconstructie wil men dat knooppunt L 90 mm hoger komt te liggen dan in de tekening is aangegeven. Men kan dat bereiken door van één van de staven de lengte te veranderen.

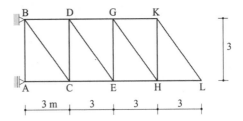

Gevraagd:
a. Met welke bedrag moet men de lengte van staaf CE veranderen om knooppunt L 90 mm naar boven te verplaatsen. Is dit een verlenging of verkorting? Schets de constructie in vervormde toestand.
b. Met welke bedrag moet men de lengte van staaf DE veranderen om knooppunt L 90 mm naar boven te verplaatsen. Is dit een verlenging of verkorting? Schets de constructie in vervormde toestand.

7.33 In het getekende vakwerk vervangt men staaf (1), die beschadigd is, door een staaf die 30 mm te lang is.

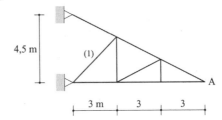

Gevraagd:
a. Hoeveel verandert hierdoor de horizontale positie van A?
b. Hoeveel verandert hierdoor de verticale positie van A?
c. Teken het vervormde vakwerk.

7.34 Het getekende vakwerk is zodanig gedimensioneerd dat bij de gegeven belasting in alle trekstaven een spanning van 140 N/mm² heerst en in alle drukstaven een spanning van 70 N/mm². De elasticiteitsmodulus is voor alle staven $E = 210$ GPa.

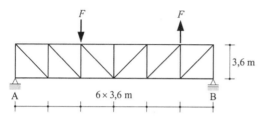

Gevraagd:
De verplaatsing van de rol in B.

7.35 In het getekende vakwerk hebben alle diagonaalstaven een rekstijfheid $EA\sqrt{2}$; de andere staven hebben een rekstijfheid EA. Houd verder in de berekening aan: $\ell = 5$ m; $EA = 125$ MN en $F = 25$ kN.

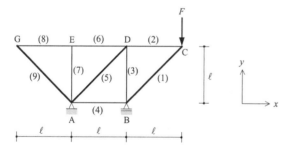

Gevraagd:
a. Bereken alle staafkrachten.
b. Bepaal voor alle staven de lengteverandering.
c. Bereken met behulp van een Williot de verplaatsingen van alle knooppunten. Teken in het Williot de verplaatsingen 10 keer zo groot als zij in werkelijkheid zijn (kies dus als schaal: 1 cm ≡ 1 mm).

7.36 Het getekende vakwerk is zodanig gedimensioneerd dat bij de aangegeven belasting voor alle belaste staven geldt: $|\varepsilon| = 0{,}6‰$.

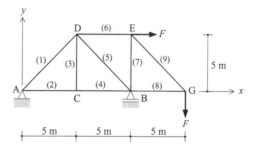

Gevraagd:
a. Verzamel in een tabel voor alle staven de lengteverandering $\Delta\ell$.
b. Bereken met behulp van een Williotdiagram voor alle knooppunten de horizontale en verticale verplaatsing en verzamel de waarden in een tabel. Teken het Williot op ruitjespapier en kies als schaal: 1 hokje ≡ 1,5 mm.

7.37-1/2 Gegeven hetzelfde vakwerk op twee verschillende manieren opgelegd. Het vakwerk is zo gedimensioneerd dat bij de aangegeven belasting voor alle belaste staven geldt: $|\varepsilon| = 0{,}001$.

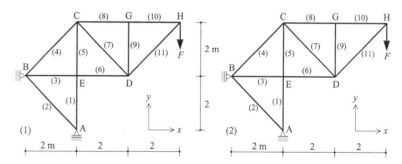

Gevraagd:
a. Geef voor elk van de staven aan of het een trek-, druk- of nulstaaf is (zonder de staafkrachten te berekenen).
b. Verzamel in een tabel de lengteverandering van de staven.
c. Teken op ruitjespapier het Williot voor de knoopverplaatsingen. Kies als schaal 1 hokje $\equiv$ 2 mm.
d. Verzamel van alle knooppunten de verplaatsingen u_x en u_y in een tabel.
e. Teken het vervormde vakwerk. Kies voor de constructieafmetingen als schaal 1 cm $\equiv$ 0,5 m en voor de verplaatsingen 1 cm $\equiv$ 20 mm.

7.38 Het getekende vakwerk is zodanig gedimensioneerd dat bij de aangegeven belasting voor alle belaste staven geldt: $|\varepsilon| = 0,5 \times 10^{-3}$.

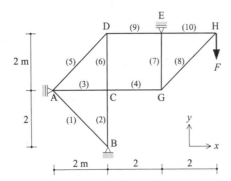

Gevraagd:
a. Bereken alle staafkrachten, uitgedrukt in F.
b. Bereken voor alle staven de lengteverandering $\Delta \ell$.
c. Bereken met behulp van een Williot de verplaatsingen van de knooppunten. Teken in het Williot de verplaatsingen vijf keer zo groot als zij in werkelijkheid zijn (kies dus als schaal: 5 mm $\equiv$ 1 mm).

7.39 In het getekende vakwerk wordt knooppunt B belast door een verticale kracht van 40 kN. Alle staven hebben dezelfde elasticiteits-modulus $E = 2 \times 10^5$ N/mm². Voor de oppervlakte van de staafdoor-sneden geldt:
staaf 1: $A = 150$ mm²
staaf 2 en 3: $A = 600$ mm²
staaf 4 t/m 7: $A = 300\sqrt{5}$ mm²

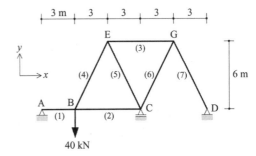

Gevraagd:
a. Verzamel in een tabel de staafkrachten en de lengteverandering van de staven.
b. Bepaal met behulp van een Williot van alle knooppunten de verplaatsing in respectievelijk de x- en y-richting. Verzamel deze waarden in een tabel.
Teken het Williot op ruitjespapier (met hokjes van 5 mm) en kies als schaal voor de verplaatsingen 1 hokje $\equiv$ 1 mm.

7.40-1/2 In de twee getekende vakwerken zijn de staven zodanig gedimensioneerd dat bij de aangegeven belasting alle belaste staven in absolute zin dezelfde rek $|\varepsilon| = 0,001$ ondergaan.

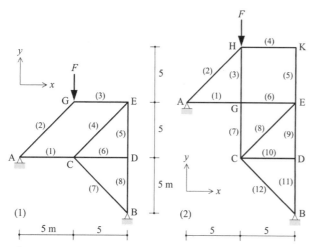

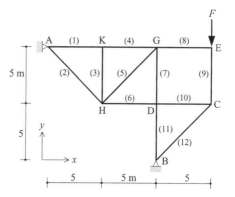

Gevraagd:
a. Bereken alle staafkrachten, uitgedrukt in F, en verzamel ze in een tabel.
b. Bepaal van alle staven de lengteverandering en neem de resultaten op in een tabel.
c. Teken het Williot voor de knoopverplaatsingen. Teken de verplaatsingen in het Williot op ware grootte.
d. Lees voor alle knooppunten uit het Williot de horizontale verplaatsingscomponent u_x en verticale verplaatsingscomponent u_y af en verzamel de waarden in een tabel.
e. Als bij gelijkblijvende belasting en rekstijfheden alle staaflengten twee maal zo groot worden gekozen, welke invloed heeft dit dan op de spanningen in de vakwerkstaven (sterkte) en op de knoopverplaatsingen (stijfheid)? Motiveer uw antwoord.

7.41 In het getekende vakwerk geldt voor alle belaste staven $|\varepsilon| = 0{,}001$.
Gevraagd:
a. Bepaal voor alle staven de lengteverandering in mm en verzamel de waarden in een tabel.

b. Bereken met behulp van een Williot de verplaatsing van knooppunt E. Teken in het Williot de verplaatsingen op ware grootte. Geef aan in welke volgorde u de knoopverplaatsingen berekent om zo snel mogelijk tot het gevraagde resultaat te komen.

7.42-1/2 Gegeven hetzelfde vakwerk op twee verschillende manieren belast. Het vakwerk is zo gedimensioneerd dat in beide belastinggevallen voor alle belaste staven geldt: $|\varepsilon| = 0{,}5‰$.

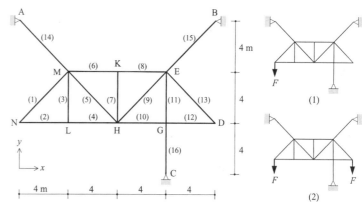

Gevraagd:
a. Geef in het vakwerk alle trek-, druk- en nulstaven aan met respectievelijk +, – en 0 zonder direct de staafkrachten in grootte te berekenen.
b. Bereken met een Williot, langs de kortste weg, de horizontale en verticale verplaatsing van knooppunt D.
c. Bereken met een Williot, langs de kortste weg, de horizontale en verticale verplaatsing van knooppunt N.

7.43 In het getekende vakwerk kruisen de staven (2) en (3) elkaar en ook de staven (6) en (7). Bij de aangegeven belasting geldt voor alle belaste staven $|\varepsilon|= 0,8‰$.

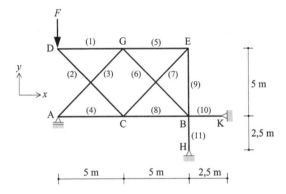

Gevraagd:
a. Verzamel in een tabel de staafkrachten en de lengteverandering van de staven.
b. Teken op ruitjespapier (met hokjes van 5 mm) een Williot voor de knoopverplaatsingen. Kies als schaal 1 hokje ≡ 4 mm.
c. Lees uit het Williot de knoopverplaatsingen u_x en u_y af en verzamel de waarden in een tabel.

7.44 In het op een ruitjesraster getekende vakwerk geldt bij de aangegeven belasting voor alle belaste staven $|\varepsilon|= 0,5‰$.

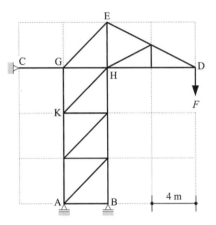

Gevraagd:
a. Geef in het vakwerk de trek-, druk- en nulstaven aan.
b. Bepaal met behulp van een Williot de verplaatsing van knooppunt D. Teken het Williot op ruitjespapier (met hokjes van 5 mm) en kies als schaal 1 hokje ≡ 2 mm.
Aanwijzing: bepaal vanuit C eerst de verplaatsing van de knooppunten G en H.

Williot-diagram met terugdraaien (paragraaf 7.2)

7.45 Bij de aangegeven belasting geldt voor de belaste staven in het vakwerk:
- diagonaalstaven (oneven genummerd): $|\varepsilon|= 0,50 \times 10^{-3}$
- overige staven (even genummerd): $|\varepsilon|= 0,25 \times 10^{-3}$

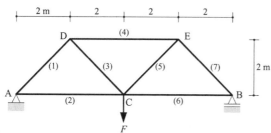

Gevraagd:
a. Geef aan welke staven trek-, druk- en nulstaven zijn. Bereken de lengteveranderingen van de staven.
b. Als het vakwerk in B wordt losgemaakt van de roloplegging en de richting van staaf AC wordt vastgehouden, bereken dan met behulp van een Williot de verplaatsingen van de knooppunten B t/m E. Kies als schaal voor de verplaatsingen in het Williot 1 cm ≡ 1 mm.
c. Over welke hoek moet het vakwerk worden teruggedraaid? Bereken de verplaatsingen van B t/m E ten gevolge van het terugdraaien.
d. Verzamel in een tabel de uiteindelijke verplaatsingen van B t/m E.

7.46 Als opgave 7.45, maar houd nu de richting van staaf AD vast.

7.47 Van het getekende vakwerk is gegeven dat ten gevolge van de verticale kracht F in D alle belaste staven een rek $|\varepsilon| = 1/1500$ ondergaan.

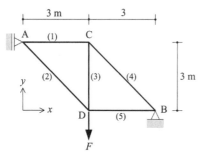

Gevraagd:
a. Teken op ruitjespapier het Williotdiagram in het geval de richting van staaf BC wordt vastgehouden. Kies als schaal voor de verplaatsingen 1 hokje ≡ 2 mm.
b. Bereken de knoopverplaatsingen ten gevolge van het terugdraaien.
c. Bereken de definitieve knoopverplaatsingen. Controleer de antwoorden aan de hand van voorbeeld 2 in paragraaf 7.4 (tabel 7.20).

7.48 In de getekende constructie is staaf BCD oneindig stijf. Als de constructie in G en K wordt belast door de krachten F geldt voor alle belaste staven $|\varepsilon| = 1‰$.

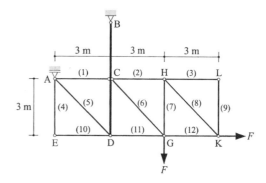

Gevraagd:
a. De staafkrachten, uitgedrukt in F, en de lengteveranderingen van de staven.
b. Teken het Williot voor de knoopverplaatsingen als de richting van staaf BCD wordt vastgehouden. Kies als schaal voor de verplaatsingen in het Williot 1 cm ≡ 3 mm.
c. Bereken de verplaatsingen ten gevolge van het terugdraaien.
d. Bereken de definitieve knoopverplaatsingen.

7.49 Bij de aangegeven belasting door de krachten F in D en G ondergaan alle belaste staven in het getekende vakwerk een rek $|\varepsilon| = 1‰$.

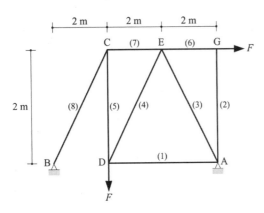

Gevraagd:
a. Teken het Williotdiagram als de richting van staaf AG wordt vastgehouden. Kies voor de verplaatsingen in het Williot als schaal 1 cm ≡ 2 mm.
b. De hoek waarover men het vakwerk moet terugdraaien en de knoopverplaatsingen die hiervan het gevolg zijn.
c. De resulterende knoopverplaatsingen.

7.50 Voor alle belaste staven in het getekende vakwerk geldt bij de aangegeven belasting $|\varepsilon| = 1‰$. Een uitzondering hierop is pendelstaaf EC; deze is oneindig stijf en vervormt dus niet.

Gevraagd:
a. Het Williotdiagram als de richting van staaf AB wordt vastgehouden. Teken de verplaatsingen in het Williot vijf keer zo groot als zij in werkelijkheid zijn (dus kies als schaal 1 cm ≡ 2 mm).
b. De knoopverplaatsingen ten gevolge van het terugdraaien.
c. De resulterende knoopverplaatsingen.

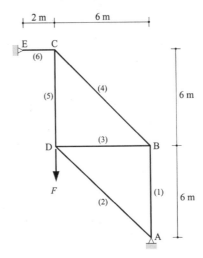

7.51 Als opgave 7.50, maar pendelstaaf EC is niet meer oneindig stijf; ook voor deze staaf geldt nu $|\varepsilon| = 1‰$.

7.52 Het getekende vakwerk is in A scharnierend opgelegd en in C opgehangen aan staaf BC. Als in E de verticale kracht F aangrijpt geldt voor alle belaste staven $|\varepsilon| = 1/1500$. Een uitzondering hierop is staaf BC; deze is oneindig stijf en vervormt dus niet.

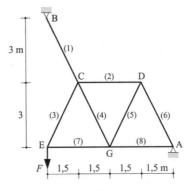

Gevraagd:
a. De staafkrachten, uitgedrukt in F, en de lengteveranderingen van de staven.
b. Omdat knooppunt G direct is verbonden met de vaste punten A en B, kan men in één keer met een Williot alle knoopverplaatsingen kan vinden. Ziet men dat niet dan kan men ook de constructie in B losmaken en het Williot-diagram tekenen bij een vastgehouden richting van staaf AG. Doe dat op ruitjespapier (met hokjes van 5 mm) en kies als schaal 1 hokje ≡ 1 mm.
c. De hoek waarover men het vakwerk moet terugdraaien en de verplaatsingen ten gevolge van het terugdraaien.
d. De uiteindelijke knoopverplaatsingen.

7.53 Als opgave 7.52, maar staaf BC is niet meer oneindig stijf; ook voor deze staaf geldt nu $|\varepsilon| = 1/1500$.

7.54 Bij de aangegeven belasting door de kracht F in E ondergaan alle belaste staven in het getekende vakwerk een rek $|\varepsilon| = 1$ promille.

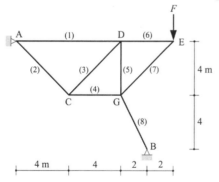

Gevraagd:
a. Alle staafkrachten, uitgedrukt in F, en de lengteveranderingen van de staven.
b. Het Williot voor de knoopverplaatsingen als de richting van staaf AC wordt vastgehouden. Teken het Williot op ruitjespapier (met hokjes van 5 mm) en kies als schaal 1 hokje ≡ 1 mm.

c. De hoek waarover het vakwerk moet worden teruggedraaid en de knoopverplaatsingen die hiervan het gevolg zijn.
d. De uiteindelijke knoopverplaatsingen.

7.55 Als opgave 7.54, maar houd nu de richting van staaf AD vast.

Opmerking: Ook de hierna volgende opgaven 7.56 t/m 7.66 lenen zich voor de methode gebaseerd op een Williot-diagram met terugdraaien.

Williot met nulstandsdiagram of Williot-Mohr-diagram (paragraaf 7.3)

7.56 Het getekende vakwerk wordt belast door een kracht F, die in D onder een hoek van 45° op de constructie aangrijpt. Voor alle belaste staven geldt $|\varepsilon| = 1‰$.

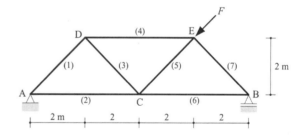

Gevraagd:
a. Geef aan welke staven trek-, druk- en nulstaven zijn. Bereken de lengteveranderingen van de staven.
b. Als het vakwerk in B wordt losgemaakt van de rolopleging en de richting van staaf AC wordt vastgehouden, bereken dan met behulp van een Williot de verplaatsingen van de knooppunten B t/m E. Kies als schaal voor de verplaatsingen in het Williot 1 cm ≡ 4 mm.
c. Teken het nulstandsdiagram en lees uit Williot-Mohr-diagram de verplaatsingen af van de knooppunten B t/m E.

7.57 Als opgave 7.56, maar houd nu de richting van staaf AD vast.

7.58 Bij de aangegeven belasting geldt voor alle belaste staven in het getekende vakwerk $|\varepsilon| = 1/1500$.

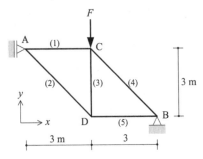

Gevraagd:
a. Teken het Williotdiagram als de richting van staaf BC wordt vastgehouden. Teken de verplaatsingen in het Williot vijf keer zo groot als zij in werkelijkheid zijn (dus kies als schaal 1 cm ≡ 2 mm).
b. Corrigeer het Williot-diagram met het Mohr-diagram en lees uit de figuur de verplaatsingen van de knooppunten af.

7.59 Als opgave 7.58, maar houd nu de richting van staaf BD vast.

7.60 Het getekende vakwerk is in A opgelegd op een scharnier en in B op een rol waarvan de rolbaan onder 45° staat. Het vakwerk wordt belast door een kracht van 30 kN die in C onder een hoek van 45° aangrijpt. Alle staven hebben dezelfde elasticiteitsmodulus $E = 200$ GPa. Voor de oppervlakte van de staafdoorsneden geldt:
 staaf 1 en 5: $A = 100\sqrt{2}$ mm²
 staaf 2 t/m 4: $A = 100$ mm²

Gevraagd:
a. Teken het Williotdiagram als de richting van staaf AC wordt vastgehouden. Kies voor de verplaatsingen in het Williot als schaal 1 cm ≡ 1,5 mm.

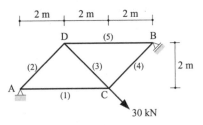

b. Teken het nulstandsdiagram en lees uit de figuur de verplaatsingen af van de knooppunten B t/m D.

7.61 Als opgave 7.60, maar houd nu de richting van staaf AD vast.

7.62 Bij de aangegeven belasting door de krachten F in D en G ondergaan alle belaste staven in het getekende vakwerk een rek $|\varepsilon| = 1‰$.

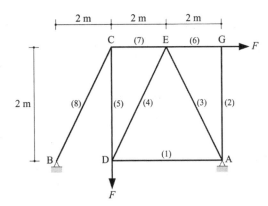

Gevraagd:
a. Teken het Williotdiagram als de richting van staaf AD wordt vastgehouden. Kies voor de verplaatsingen in het Williot als schaal 1 cm ≡ 2 mm.
b. Teken het nulstandsdiagram en lees uit de figuur de verplaatsingen af van de knooppunten C t/m G.

7.63 Voor alle belaste staven in het getekende vakwerk geldt bij de aangegeven belasting $|\varepsilon| = 1\text{‰}$. Een uitzondering hierop is pendelstaaf EC; deze is oneindig stijf en vervormt dus niet.

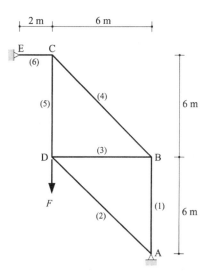

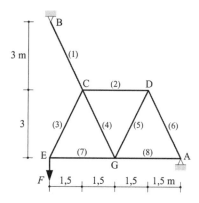

Gevraagd:
a. Teken het Williotdiagram als de richting van staaf AD wordt vastgehouden. Teken de verplaatsingen in het Williot vijf keer zo groot als zij in werkelijkheid zijn (dus kies als schaal 1 cm ≡ 2 mm).
b. Teken het nulstandsdiagram en lees uit de figuur de verplaatsingen af van de knooppunten B t/m D.

7.64 Als opgave 7.63, maar pendelstaaf EC is niet meer oneindig stijf; ook voor deze staaf geldt nu $|\varepsilon| = 1\text{‰}$.

7.65 Het getekende vakwerk is in A scharnierend opgelegd en in C opgehangen aan staaf BC. Als in E de verticale kracht F aangrijpt geldt voor alle belaste staven $|\varepsilon| = 1/1500$. Een uitzondering hierop is staaf BC; deze is oneindig stijf en vervormt dus niet.

Gevraagd:
a. De staafkrachten, uitgedrukt in F, en de lengteveranderingen van de staven.
b. Omdat knooppunt G direct is verbonden met de vaste punten A en B, kan men in één keer met een Williot alle knoopverplaatsingen kan vinden. Ziet men dat niet dan kan men ook de constructie in B losmaken en het Williot-diagram tekenen bij een vastgehouden richting van staaf AG. Doe dat op ruitjespapier (met hokjes van 5 mm) en kies als schaal 1 hokje ≡ 1 mm.
c. De correctie met het Mohr-diagram of nulstandsdiagram.
d. De uiteindelijke knoopverplaatsingen.

7.66 Als opgave 7.65, maar staaf BC is niet meer oneindig stijf; ook voor deze staaf geldt nu $|\varepsilon| = 1/1500$.

Opmerking: Ook de opgaven 7.45 t/m 7.55 lenen zich voor de methode gebaseerd op een Williot met nulstandsdiagram (Williot-Mohr-diagram).

Vormverandering door buiging

In dit hoofdstuk wordt aangegeven hoe de verplaatsing ten gevolge van buiging kan worden berekend. Aan de hand van voorbeelden wordt een viertal methoden besproken, gebaseerd op respectievelijk:
1 een rechtstreekse berekening uit het momentenverloop (paragraaf 8.1);
2 de differentiaalvergelijking voor buiging (paragraaf 8.2);
3 de vergeet-mij-nietjes (paragraaf 8.3);
4 de momentenvlakstellingen (paragraaf 8.4).

Het hoofdstuk wordt afgesloten met enkele aan de momentenvlakstellingen gerelateerde eigenschappen voor een vrij opgelegde ligger; het gaat daarbij om de rotatie in de opleggingen en een benaderingsformule voor de maximum doorbuiging (paragraaf 8.5).

Hierna volgt een korte toelichting bij de vier methoden om de verplaatsing ten gevolge van buiging te berekenen.

De eerste twee methoden zijn gebaseerd op *differentiaalbetrekkingen* en hebben een analytisch karakter.

De eerste methode, de rechtstreekse berekening uit het momentenverloop, wordt behandeld in paragraaf 8.1. Omdat men het momentenverloop hier vooraf moet kennen, is deze methode alleen maar te gebruiken bij statisch bepaalde liggers.
Dat geldt niet voor de in paragraaf 8.2 behandelde tweede methode, gebaseerd op de differentiaalvergelijking voor buiging. Deze methode

is bruikbaar bij zowel statisch bepaalde als statisch onbepaalde liggers en heeft als bijkomend voordeel dat, als eenmaal de verplaatsingen zijn berekend, men hieruit ook het verloop van de snedekrachten en de grootte van de oplegreacties kan berekenen. Een nadeel van de tweede methode ten opzichte van de eerste is dat deze meer werk vraagt.

De eerste twee methoden zijn eigenlijk alleen maar goed hanteerbaar voor rechte prismatische liggers met betrekkelijk eenvoudige belastingen. Zij geven de gevraagde grootheden als functie van de plaats x. Vaak is men daar niet echt in geïnteresseerd en gaat de belangstelling eerder uit naar de waarden in een beperkt aantal punten. Hieraan komen de twee laatstgenoemde methoden tegemoet.

Vergeet-mij-nietjes zijn formules voor de verplaatsingen en rotaties die behoren bij een beperkt aantal eenvoudige standaardgevallen. Door de vergeet-mij-nietjes te combineren kan men vaak zeer snel ook de verplaatsingen en rotaties voor andere dan de standaardgevallen berekenen. In paragraaf 8.3 wordt hiervan een aantal voorbeelden gegeven.

Een nadeel van de vergeet-mij-nietjes is dat men de formules direct bij de hand moet hebben, dan wel uit het hoofd moet kennen.

In beginsel kunnen vergeet-mij-nietjes ook worden toegepast op geknikte staven en portalen, maar erg handig werkt dat niet. De in paragraaf 8.4 behandelde methode gebaseerd op de *momentenvlakstellingen* leent zich daar veel beter voor. Omdat men de momentenvlakstellingen alleen maar kan toepassen als het momentenverloop bekend is, is de bruikbaarheid van de methode beperkt tot statisch bepaalde constructies.
Bij de uitwerking van de momentenvlakstellingen wordt gekozen voor een *visuele interpretatie*[1].

---

[1] Men kan de momentenvlakstellingen ook analytisch uitwerken, een aanpak die hier niet wordt gevolgd.

De methoden gebaseerd op vergeet-mij-nietjes en momentenvlakstellingen zijn sterk *visueel* gericht: bij de toepassing ervan moet men zich goed kunnen voorstellen hoe de staafconstructie gaat vervormen.

Bij alle vier genoemde methoden wordt gebruikgemaakt van de in paragraaf 4.3 afgeleide basisbetrekkingen voor een in het x-z-vlak op buiging belaste staaf. Deze betrekkingen en de in dit hoofdstuk hieruit af te leiden formules gelden alleen als de x-as samenvalt met de staafas (en dus door het normaalkrachtencentrum van de doorsnede gaat) en de z-as samenvalt met een hoofdrichting van de doorsnede[1].

Opmerking: De verplaatsing w in de z-richting, als functie van de plaats x, beschrijft de vorm van de staafas na de vormverandering door buiging. De door buiging vervormde staafas noemt men ook wel *doorbuigingslijn* of *elastische lijn*.

8.1 Directe berekening uit het momentenverloop

Is het momentenverloop bekend, dan kan men hieruit rechtstreeks de verplaatsing ten gevolge van buiging berekenen door gebruik te maken van de in paragraaf 4.3.2 afgeleide constitutieve betrekking:

$$M_z = EI_{zz}\kappa_z$$

en de in paragraaf 4.3.1 afgeleide kinematische betrekking:

$$\kappa_z = -\frac{d^2w}{dx^2}$$

---

[1] Zie paragraaf 4.3.2.

Door de uitdrukking voor de kromming κ_z te substitueren in de constitutieve betrekking vindt men het volgende verband tussen het buigend moment M_z en de tweede afgeleide van de verplaatsing w:

$$M_z = -EI_{zz} \frac{d^2 w}{dx^2}$$

Geschreven als:

$$\frac{d^2 w}{dx^2} = -\frac{M_z}{EI_{zz}}$$

kan men met deze formule de verplaatsing w direct uit het momentenverloop berekenen door de grootheid M_z/EI_{zz} (dit is de kromming κ_z) tweemaal te integreren.

In het geval van een prismatische staaf is de buigstijfheid EI_{zz} onafhankelijk van x en kan men schrijven:

$$EI_{zz} \frac{d^2 w}{dx^2} = -M_z$$

Het belang van deze formule wordt aangetoond aan de hand van een viertal voorbeelden. Ter vereenvoudiging van het schrijfwerk worden de indices z hierna weggelaten.

Voorbeeld 1 - Eenzijdig ingeklemde ligger met gelijkmatig verdeelde volbelasting • De eenzijdig ingeklemde ligger AB in figuur 8.1a, met lengte ℓ en buigstijfheid EI, draagt een gelijkmatig verdeelde volbelasting q.

Gevraagd:
a. De verplaatsing w en rotatie φ als functie van x.
b. De verplaatsing w_B en rotatie φ_B in het vrij zwevende einde B.

Uitwerking:
a. De differentiaalbetrekking:

$$EI\frac{d^2w}{dx^2} = -M$$

heeft alleen betekenis in een assenstelsel. Kent men de momentenlijn slechts met vervormingstekens, zoals in figuur 8.1b, dan zal men deze moeten vertalen naar de tekens in het assenstelsel. Het teken van het buigend moment is in de momentenlijn in figuur 8.1b tussen haakjes vermeld.

Bij het in figuur 8.1a aangegeven x-z-assenstelsel geldt voor het buigend moment:

$$M = -\tfrac{1}{2}q(\ell - x)^2 = -\tfrac{1}{2}qx^2 + q\ell x - \tfrac{1}{2}q\ell^2$$

Men vindt deze uitdrukking door het momentenevenwicht uit te schrijven voor het liggerdeel rechts van de snede op een afstand x van inklemming A, zie figuur 8.1c. Het te berekenen buigend moment in de snede kiest men daarbij in positieve zin. Men dient dus goed rekening te houden met de geldende tekenafspraken.

Het momentenverloop gesubstitueerd in de differentiaalbetrekking leidt tot:

$$EI\frac{d^2w}{dx^2} = -M = +\tfrac{1}{2}qx^2 - q\ell x + \tfrac{1}{2}q\ell^2$$

Hieruit vindt men na één keer integreren:

$$EI\frac{dw}{dx} = +\tfrac{1}{6}qx^3 - \tfrac{1}{2}q\ell x^2 + \tfrac{1}{2}q\ell^2 x + C_1$$

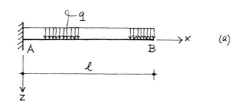

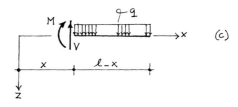

Figuur 8.1 (a) Ingeklemde ligger met gelijkmatig verdeelde volbelasting en (b) bijbehorende momentenlijn (b) Het buigend moment M als functie van x vindt men direct uit het momentenevenwicht van het liggerdeel rechts van de snede op een afstand x uit oplegging A.

en na twee keer:

$$EIw = +\tfrac{1}{24}qx^4 - \tfrac{1}{6}q\ell x^3 + \tfrac{1}{4}q\ell^2 x^2 + C_1 x + C_2$$

C_1 en C_2 zijn integratieconstanten. Deze constanten volgen uit de randvoorwaarden die iets vertellen over w en/of $\varphi = -\mathrm{d}w/\mathrm{d}x$. In dit voorbeeld weet men dat in inklemming A ($x = 0$) zowel de verticale verplaatsing w nul is alsook de rotatie φ van de doorsnede (of de helling $\mathrm{d}w/\mathrm{d}x$ van de staafas):

$$x = 0;\ w = 0$$

$$x = 0;\ \varphi = -\frac{\mathrm{d}w}{\mathrm{d}x} = 0$$

Uitwerking van de randvoorwaarden leidt tot:

$$C_1 = C_2 = 0$$

Voor het verloop van de zakking w en rotatie φ vindt men nu:

$$w = \frac{q\ell^4}{24EI}\left(+\frac{x^4}{\ell^4} - 4\frac{x^3}{\ell^3} + 6\frac{x^2}{\ell^2}\right)$$

$$\varphi = -\frac{\mathrm{d}w}{\mathrm{d}x} = \frac{q\ell^3}{6EI}\left(-\frac{x^3}{\ell^3} + 3\frac{x^2}{\ell^2} - 3\frac{x}{\ell}\right)$$

De uitdrukkingen voor w en φ als functie van x kunnen op meerdere manieren worden uitgeschreven. Hier is gekozen voor een vorm waarin de term tussen haken dimensieloos is.

b. De gevraagde verplaatsing en rotatie in het vrije einde B ($x = \ell$) vindt men door $x/\ell = 1$ te substitueren in voorgaande uitdrukkingen voor w en φ:

$$w_B = \frac{q\ell^4}{8EI}$$

$$\varphi_B = -\frac{q\ell^3}{6EI}$$

In figuur 8.2 is de vervorming van de tot lijnelement geschematiseerde ligger getekend; men noemt dit de *doorbuigingslijn* of *elastische lijn*. Om een leesbaar beeld te krijgen zijn de verplaatsingen groot getekend ten opzichte van de lengteafmeting van de ligger.

Volgens de berekening is φ_B negatief. Dit betekent dat de rotatie in B tegengesteld is aan de positieve draaizin in het aangegeven x-z-assenstelsel. In figuur 8.2 is de rotatie in B getekend in de richting zoals deze in werkelijkheid optreedt, en is de grootte (d.i. de absolute waarde) er bij geschreven.

Voorbeeld 2 - Vrij opgelegde ligger met gelijkmatig verdeelde volbelasting
• De vrij opgelegde ligger AB in figuur 8.3a heeft een lengte ℓ en buigstijfheid EI, en draagt een gelijkmatig verdeelde volbelasting q.

Gevraagd:
a. De maximum doorbuiging.
b. De rotaties φ_A en φ_B in de opleggingen.

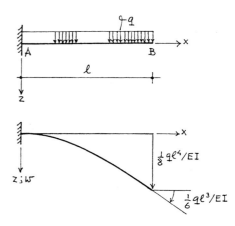

Figuur 8.2 Vervorming van de ingeklemde ligger ten gevolge van een gelijkmatig verdeelde volbelasting. Omwille van de duidelijkheid zijn de verplaatsingen groot getekend ten opzichte van de lengteafmeting van de ligger. De vervormde liggeras of doorbuigingslijn noemt men ook wel elastische lijn.

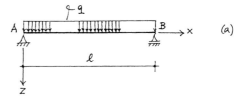

Figuur 8.3 (a) Vrij opgelegde ligger met gelijkmatig verdeelde volbelasting

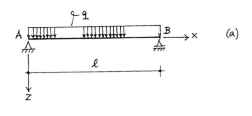

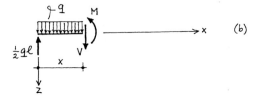

Figuur 8.3 (a) Vrij opgelegde ligger met gelijkmatig verdeelde volbelasting (b) Het buigend moment M als functie van x vindt men uit het momentenevenwicht van het liggerdeel links van de snede op een afstand x van oplegging A. (c) Momentenlijn

Uitwerking:

a. In het aangegeven x-z-assenstelsel geldt voor het momentenverloop:

$$M = -\tfrac{1}{2}qx^2 + \tfrac{1}{2}q\ell x$$

Men kan dit afleiden uit het evenwicht van het liggerdeel links of rechts van de snede op een afstand x van oplegging A, zie figuur 8.3b. De M-lijn is getekend in figuur 8.3c.

Uit de differentiaalbetrekking:

$$EI\frac{d^2w}{dx^2} = -M = +\tfrac{1}{2}qx^2 - \tfrac{1}{2}q\ell x$$

volgt, door herhaald integreren:

$$EI\frac{dw}{dx} = +\tfrac{1}{6}qx^3 - \tfrac{1}{4}qx^2\ell + C_1$$

$$EIw = +\tfrac{1}{24}qx^4 - \tfrac{1}{12}qx^3\ell + C_1 x + C_2$$

De twee benodigde randvoorwaarden vindt men in de opleggingen A ($x = 0$) en B ($x = \ell$), waar de verplaatsing nul is:

$$x = 0;\ w = 0$$

$$x = \ell;\ w = 0$$

Uit de eerste randvoorwaarde volgt:

$$C_2 = 0$$

Uitwerking van de tweede randvoorwaarde geeft:

$$+\tfrac{1}{24}q\ell^4 - \tfrac{1}{12}q\ell^3 \cdot \ell + C_1\ell + C_2 = 0$$

waaruit men vindt:

$$C_1 = +\tfrac{1}{24}q\ell^3$$

Hiermee zijn de uitdrukkingen voor respectievelijk w en φ gevonden:

$$w = \frac{q\ell^4}{24EI}\left(+\frac{x^4}{\ell^4} - 2\frac{x^3}{\ell^3} + \frac{x}{\ell}\right)$$

$$\varphi = -\frac{dw}{dx} = \frac{q\ell^3}{24EI}\left(-4\frac{x^3}{\ell^3} + 6\frac{x^2}{\ell^2} - 1\right)$$

In figuur 8.4 is de vervormde ligger getekend. De verplaatsingen zijn weer groot getekend ten opzichte van de lengteafmeting van de ligger.

De doorbuiging w is maximaal waar $\varphi = -dw/dx$ nul is. Formeel moet men dus zoeken naar die waarde van x waarvoor geldt $\varphi = 0$. Op grond van symmetrie mag men verwachten dat dit het geval zal zijn in het midden C van de overspanning, dus voor $x/\ell = \tfrac{1}{2}$:

$$w_C = \frac{q\ell^4}{24EI}\left\{+(\tfrac{1}{2})^4 - 2\times(\tfrac{1}{2})^3 + (\tfrac{1}{2})\right\} = \frac{5}{384}\frac{q\ell^4}{EI}$$

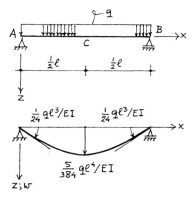

Figuur 8.4 Vervorming van de vrij opgelegde ligger onder invloed van een gelijkmatig verdeelde volbelasting. De verplaatsingen zijn groot getekend ten opzichte van de lengteafmeting van de ligger.

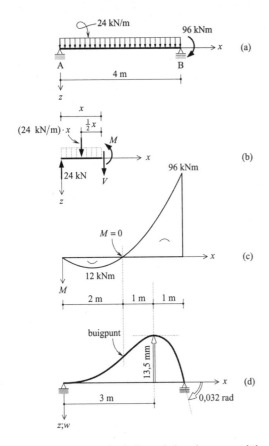

Figuur 8.5 (a) Vrij opgelegde ligger belast door een gelijkmatig verdeelde volbelasting en een koppel ter plaatse van de rechter oplegging (b) Het vrijgemaakte liggerdeel ter berekening van het buigend moment M als functie van x (c) Momentenlijn (d) Vervormde liggeras of elastische lijn. De verplaatsingen zijn ruim 100 keer zo groot getekend als de constructieafmetingen. Waar het buigend moment nul is en de vervormingstekens 'omslaan' heeft de elastische lijn een buigpunt.

Controle:

$$\varphi_C = \left(-\frac{dw}{dx}\right)_C = \frac{q\ell^3}{24EI}\left\{-4 \times (\tfrac{1}{2})^3 + 6 \times (\tfrac{1}{2})^2 - 1\right\} = 0$$

In het midden van de overspanning is de helling van de staafas inderdaad nul.

b. In de opleggingen A $(x/\ell = 0)$ en B $(x/\ell = 1)$ zijn de rotaties:

$$\varphi_A = -\frac{q\ell^3}{24EI}$$

$$\varphi_B = +\frac{q\ell^3}{24EI}$$

In overeenstemming met de symmetrie van het belastinggeval zijn de rotaties in A en B even groot, maar tegengesteld gericht.

Voorbeeld 3 - Vrij opgelegde ligger met gelijkmatig verdeelde volbelasting en een koppel ter plaatse van één van de opleggingen • De vrij opgelegde ligger AB in figuur 8.5a, met een overspanning van 4 m, draagt een gelijkmatig verdeelde volbelasting van 24 kN/m en wordt verder in B belast door een koppel met een moment van 96 kNm. De ligger heeft een buigstijfheid $EI = 2000$ kNm².

Gevraagd:
a. De vergelijking van de elastische lijn.
b. De maximum doorbuiging.
c. De rotaties φ_A en φ_B in de opleggingen.

Uitwerking (eenheden kN en m):
a. In figuur 8.5b is het liggerdeel vrijgemaakt links van de snede op een afstand x van A. In de snede werken een dwarskracht V en een bui-

gend moment M. Beide snedekrachten zijn in de figuur getekend in de positieve richting volgens het aangegeven assenstelsel. De oplegreactie in A, waarvan de berekening aan de lezer wordt overgelaten, bedraagt 24 kN.

Uit het momentenevenwicht van het vrijgemaakte deel:

$$\sum T_y \big|_{\text{snede}} = -(24 \text{ kN}) \cdot x + (24 \text{ kN/m}) \cdot x \cdot \tfrac{1}{2} x + M = 0$$

volgt:

$$M = -(12 \text{ kN/m}) \cdot x^2 + (24 \text{ kN}) \cdot x$$

De M-lijn is getekend in figuur 8.5c.

Uitgaande van de differentiaalbetrekking:

$$EI \frac{d^2 w}{dx^2} = -M = (12 \text{ kN/m}) \cdot x^2 - (24 \text{ kN}) \cdot x$$

vindt men na herhaald integreren:

$$EI \frac{dw}{dx} = (4 \text{ kN/m}) \cdot x^3 - (12 \text{ kN}) \cdot x^2 + C_1$$

$$EIw = (1 \text{ kN/m}) \cdot x^4 - (4 \text{ kN}) \cdot x^3 + C_1 x + C_2$$

De integratieconstanten C_1 en C_2 volgen uit de randvoorwaarden in de opleggingen A ($x = 0$) en B ($x = 4$ m), waar de verplaatsing w nul is:

$x = 0$; $\quad w = 0$

$x = 4$ m; $\quad w = 0$

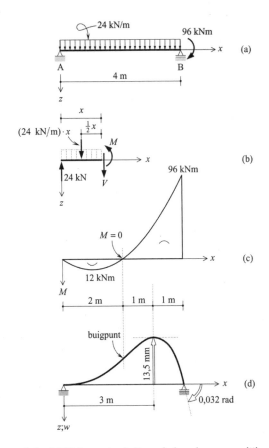

Figuur 8.5 (a) Vrij opgelegde ligger belast door een gelijkmatig verdeelde volbelasting en een koppel ter plaatse van de rechter oplegging (b) Het vrijgemaakte liggerdeel ter berekening van het buigend moment M als functie van x (c) Momentenlijn (d) Vervormde liggeras of elastische lijn. De verplaatsingen zijn ruim 100 keer zo groot getekend als de constructieafmetingen. Waar het buigend moment nul is en de vervormingstekens 'omslaan' heeft de elastische lijn een buigpunt.

Uitwerking van de randvoorwaarden leidt tot:

$$C_1 = 0 \text{ en } C_2 = 0$$

Met $EI = 2000$ kNm² vindt men nu voor het verloop van de verplaatsing w en rotatie φ:

$$w = \frac{x^4}{2000 \text{ m}^3} - \frac{4x^3}{2000 \text{ m}^2}$$

$$\varphi = -\frac{dw}{dx} = -\frac{x^3}{500 \text{ m}^3} + \frac{3x^2}{500 \text{ m}^2}$$

De door buiging vervormde as van de ligger (de elastische lijn) is getekend in figuur 8.5d. De verplaatsingen zijn ruim 100 keer zo groot getekend als de constructieafmetingen. De invloed van het koppel in B is blijkbaar zo groot dat de ligger niet 'doorbuigt', maar overal 'opbuigt'.

Opmerking: Het buigend moment is nul in $x = 2$ m, zie de M-lijn in figuur 8.5c. Op deze plaats verandert het buigend moment van teken. Ook de kromming, evenredig met het buigend moment, verandert hier van teken. Dit is niet alleen terug te vinden in het 'omslaan' van de vervormingstekens in de M-lijn, maar ook in de vorm van de elastische lijn, zie figuur 8.5d. Waar het buigend moment van teken wisselt heeft de elastische lijn een *buigpunt*.

b. De verplaatsing w is extreem waar de helling dw/dx van de elastische lijn nul is (of waar de rotatie $\varphi = -dw/dx$ van de doorsnede nul is):

$$\varphi = -\frac{dw}{dx} = -\frac{x^3}{500 \text{ m}^3} + \frac{3x^2}{500 \text{ m}^2} = 0 \rightarrow x = 3 \text{ m}$$

Deze waarde van x gesubstitueerd in de uitdrukking voor w leidt tot:

$$w_{(x=3\text{ m})} = \frac{(3\text{ m})^4}{2000\text{ m}^3} - \frac{4 \times (3\text{ m})^3}{2000\text{ m}^2} = -13{,}5 \times 10^{-3}\text{ m}$$

De maximum verplaatsing is dus een '*opbuiging*' (een verplaatsing omhoog) van 13,5 mm in $x = 3$ m, zie figuur 8.5d.

c. In de opleggingen A ($x = 0$) en B ($x = 4$ m) vindt men voor de rotaties:

$$\varphi_A = 0$$

$$\varphi_B = -\frac{(4\text{ m})^3}{500\text{ m}^3} + \frac{3 \times (4\text{ m})^2}{500\text{ m}^2} = -0{,}032\text{ rad } (\approx 1{,}83°)$$

Omdat $\varphi_A = 0$ heeft de elastische lijn in A een horizontale raaklijn, zie figuur 8.5d.

Opmerking: In het geval van een numerieke uitwerking dient men zich te realiseren dat de grootheden φ en dw/dx worden gevonden in radialen.

Voorbeeld 4 - Vrij opgelegde ligger met een puntlast in het midden van de overspanning

De vrij opgelegde ligger AB in figuur 8.6a, met lengte ℓ en buigstijfheid EI, wordt in C, het midden van de overspanning, belast door een kracht F.

Gevraagd:
a. De doorbuiging w_C ter plaatse van de puntlast.
b. De rotaties φ_A en φ_B in de opleggingen.

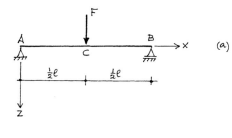

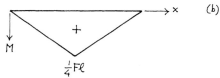

Figuur 8.6 (a) Vrij opgelegde ligger belast door een kracht F in het midden van de overspanning met (b) bijbehorende momentenlijn

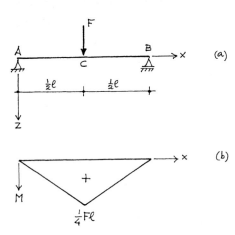

Figuur 8.6 (a) Vrij opgelegde ligger belast door een kracht F in het midden van de overspanning met (b) bijbehorende momentenlijn

Uitwerking:

a. De momentenlijn is getekend in figuur 8.6b. Het maximum buigend moment treedt op onder de puntlast en is groot $\frac{1}{4}F\ell$. Van hieruit verloopt het buigend moment lineair naar de waarde nul in de opleggingen.

Omdat de momentenlijn niet met één enkel functievoorschrift voor de gehele ligger kan worden beschreven moeten de velden links en rechts van de puntlast afzonderlijk worden bekeken. In dit geval is het echter mogelijk gebruik te maken van *symmetrie-overwegingen* en kan men volstaan met het berekenen van slechts één helft van de ligger, bijvoorbeeld de linkerhelft. In het aangegeven assenstelsel geldt daar voor het buigend moment:

$$M = +\tfrac{1}{2}Fx \quad \left(0 \leq x \leq \tfrac{1}{2}\ell\right)$$

Met:

$$EI\frac{d^2w}{dx^2} = -M = -\tfrac{1}{2}Fx \quad \text{voor} \quad 0 \leq x \leq \tfrac{1}{2}\ell$$

vindt men na integreren:

$$EI\frac{dw}{dx} = -\tfrac{1}{4}Fx^2 + C_1$$

$$EIw = -\tfrac{1}{12}Fx^3 + C_1 x + C_2$$

De integratieconstanten volgen uit een randvoorwaarde in A ($x = 0$) en een overgangsvoorwaarde in C ($x = \tfrac{1}{2}\ell$):

$$x = 0; \quad w = 0 \;\rightarrow\; C_2 = 0$$

$$x = \tfrac{1}{2}\ell; \quad \frac{dw}{dx} = 0 \;\rightarrow\; C_1 = +\tfrac{1}{16}F\ell^2$$

De overgangsvoorwaarde in C ($x = \tfrac{1}{2}\ell$) volgt uit de *spiegelsymmetrie* van ligger met belasting: de ligger zal in het midden van de overspanning niet verdraaien en dus blijft de raaklijn aan de staafas daar horizontaal.

In het linkerdeel van de ligger ($0 \le x \le \tfrac{1}{2}\ell$) geldt nu voor respectievelijk de verplaatsing w en de rotatie φ:

$$w = \frac{F\ell^3}{48EI}\left(-4\frac{x^3}{\ell^3} + 3\frac{x}{\ell}\right)$$

$$\varphi = -\frac{dw}{dx} = \frac{F\ell^2}{16EI}\left(+4\frac{x^2}{\ell^2} - 1\right)$$

De vervorming van de ligger is getekend in figuur 8.7.

De doorbuiging in C $\left(x/\ell = \tfrac{1}{2}\right)$, ter plaatse van de puntlast, is tevens de maximum doorbuiging van de ligger, en bedraagt:

$$w_C = w_{max} = \frac{F\ell^3}{48EI}$$

b. Voor de rotatie in oplegging A $\left(x/\ell = 0\right)$ vindt men:

$$\varphi_A = -\frac{F\ell^2}{16EI}$$

De rotatie in oplegging B is even groot, maar tegengesteld gericht. In het aangegeven assenstelsel betekent dat:

$$\varphi_B = +\frac{F\ell^2}{16EI}$$

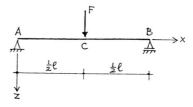

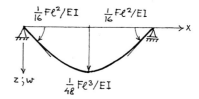

Figuur 8.7 Doorbuigingslijn van de vrij opgelegde ligger met een puntlast in het midden van de overspanning

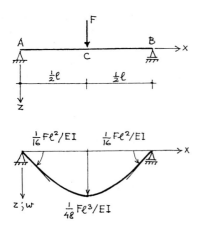

Figuur 8.7 Doorbuigingslijn van de vrij opgelegde ligger met een puntlast in het midden van de overspanning

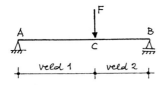

Figuur 8.8 Als men in dit geval de doorbuigingslijn wil bepalen met behulp van de differentiaalvergelijking, dan moeten twee velden worden onderscheiden, elk met hun eigen differentiaalvergelijking.

In figuur 8.7 zijn de verplaatsingen en rotaties getekend zoals zij in werkelijkheid optreden en is hun grootte (d.i. hun absolute waarde) er bijgeschreven.

Opmerking: Als het aangrijpingspunt C van de kracht F niet in het midden van de overspanning valt zal men in de ligger twee *velden* moeten onderscheiden: veld (1) links van C en veld (2) rechts van C, zoals aangegeven in figuur 8.8.
Per veld dient men de vergelijking van de M-lijn op te stellen. Door tweemaal integreren kan men hieruit het zakkingsverloop $w^{(1)}$ voor veld (1) vinden en $w^{(2)}$ voor veld (2).

Per veld verschijnen er twee integratieconstanten, zodat in totaal vier integratieconstanten moeten worden opgelost. Daarvoor staan in dit geval twee randvoorwaarden ter beschikking en twee overgangsvoorwaarden.

De randvoorwaarden hebben betrekking op het feit dat de verplaatsing in de opleggingen nul is:

$$w^{(1)}_A = 0$$

$$w^{(2)}_B = 0$$

De twee overgangsvoorwaarden hebben betrekking op het feit dat in C de velden (1) en (2) op elkaar moeten aansluiten en daar dezelfde verplaatsing en rotatie moeten hebben, dus:

$$w^{(1)}_C = w^{(2)}_C$$

$$\varphi^{(1)}_C = \varphi^{(2)}_C$$

Het zal duidelijk zijn dat het berekenen van de verplaatsingen bij dit toch betrekkelijk eenvoudige belastinggeval al behoorlijk bewerkelijk begint te worden. Andere methoden, zoals bijvoorbeeld die met *vergeet-mij-nietjes* (pargaraaf 8.3) of *momentenvlakstellingen* (paragraaf 8.4), verdienen nu de voorkeur.

8.2 Differentiaalvergelijking voor buiging

Voor een prismatische staaf werd in paragraaf 4.13 de 4e orde differentiaalvergelijking voor buiging in het x-z-vlak afgeleid, zie ook tabel 8.1:

$$-EI\frac{d^4w}{dx^4} + q = 0$$

of, anders geschreven:

$$EI\frac{d^4w}{dx^4} = q$$

Als de verdeelde belasting q bekend is, kan men hieruit door vier maal integreren de verplaatsing w vinden. Na elke integratie verschijnt er één integratieconstante. Het totaal aantal integratieconstanten in de algemene oplossing is gelijk aan vier.

De integratieconstanten volgen uit de *rand- en overgangsvoorwaarden*. Dit zijn de voorwaarden waaraan bepaalde, in w uit te drukken grootheden (of betrekkingen tussen deze grootheden) op de randen en veldovergangen moeten voldoen.

Een rand levert altijd twee randvoorwaarden en een veldovergang altijd vier overgangsvoorwaarden.

Tabel 8.1 De differentiaalbetrekkingen voor buiging in het x-z-vlak van een prismatische ligger met buigstijfheid EI

	kinematische betrekkingen	constitutieve betrekking	statische betrekkingen	differentiaalvergelijking
buiging	$\varphi = -\dfrac{dw}{dx}$ $\kappa = \dfrac{d\varphi}{dx}$ $\kappa = -\dfrac{d^2w}{dx^2}$	$M = EI\kappa$	$\dfrac{dV}{dx} + q_z = 0$ $\dfrac{dM}{dx} - V = 0$ $\dfrac{d^2M}{dx^2} + q_z = 0$	$-EI\dfrac{d^4w}{dx^4} + q_z = 0$

Tabel 8.1 De differentiaalbetrekkingen voor buiging in het x-z-vlak van een prismatische ligger met buigstijfheid EI

	kinematische betrekkingen	constitutieve betrekking	statische betrekkingen	differentiaal-vergelijking
buiging	$\varphi = -\dfrac{dw}{dx}$ $\kappa = \dfrac{d\varphi}{dx}$ $\kappa = -\dfrac{d^2w}{dx^2}$	$M = EI\kappa$	$\dfrac{dV}{dx} + q_z = 0$ $\dfrac{dM}{dx} - V = 0$ $\dfrac{d^2M}{dx^2} + q_z = 0$	$-EI\dfrac{d^4w}{dx^4} + q_z = 0$

Zij kunnen betrekking hebben op:

$$w$$

$$\varphi = -\frac{dw}{dx}$$

$$M = EI\kappa = -EI\frac{d^2w}{dx^2}$$

$$V = \frac{dM}{dx} = -EI\frac{d^3w}{dx^3}$$

De uitdrukkingen voor het buigend moment M en de dwarskracht V kan men eenvoudig afleiden uit de basisbetrekkingen in tabel 8.1.

De berekening van de doorbuiging w met behulp van de 4e orde differentiaalvergelijking voor buiging vergt meer werk dan de hiervoor behandelde methode gebaseerd op een 2e orde differentiaalvergelijking, maar is doeltreffender in het geval van een verlopende verdeelde belasting en kan bovendien ook worden gebruikt bij statisch onbepaalde liggers.
Een en ander wordt geïllustreerd aan de hand van een viertal voorbeelden.

Ter vereenvoudiging van het schrijfwerk zal de afgeleide naar x hierna met een accent ($'$) worden aangegeven:

$$\frac{d(\ldots)}{dx} = (\ldots)'$$

In deze nieuwe notatie luidt de differentiaalvergelijking voor buiging:

$$EIw'''' = q$$

Verder geldt in deze notatie:

$\varphi = -w'$

$M = -EIw''$

$V = M' = -EIw'''$

Voorbeeld 1 - Eenzijdig ingeklemde ligger belast door een koppel in het vrije einde • De eenzijdig ingeklemde ligger AB in figuur 8.9, met lengte ℓ en buigstijfheid EI, wordt in het vrij zwevende einde B belast door een koppel T.

Gevraagd:
a. De doorbuiging w als functie van x.
b. De verplaatsing w_B en rotatie φ_B in het vrij zwevende einde B.

Uitwerking:
a. Er is geen verdeelde belasting, dus $q = 0$. In dat geval luidt de differentiaalvergelijking voor buiging:

$EIw'''' = 0$

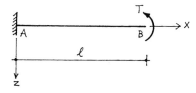

Figuur 8.9 Ingeklemde ligger, in het vrije einde belast door een koppel

Door herhaald integreren wordt gevonden:

$EIw''' = C_1$

$EIw'' = C_1 x + C_2$

$EIw' = \tfrac{1}{2}C_1 x^2 + C_2 x + C_3$

$EIw = \tfrac{1}{6}C_1 x^3 + \tfrac{1}{2}C_2 x^2 + C_3 x + C_4$

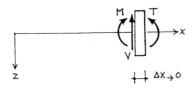

Figuur 8.10 De randvoorwaarden $V = 0$ en $M = +T$ in het vrije einde volgen uit het evenwicht van een klein randelementje met lengte Δx ($\Delta x \to 0$).

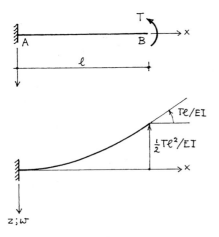

Figuur 8.11 Elastische lijn van een ingeklemde ligger die in het vrije einde wordt belast door een koppel

Er zijn vier randvoorwaarden: twee in A en twee in B. In A ($x = 0$) weet men dat de verplaatsing w en rotatie $\varphi = -w'$ nul zijn:

$$x = 0;\ w = 0\ \to\ C_4 = 0$$

$$x = 0;\ \varphi = -w' = 0\ \to\ C_3 = 0$$

In B ($x = \ell$) weet men dat de dwarskracht V nul is:

$$x = \ell;\ V = -EIw''' = 0\ \to\ C_1 = 0$$

Verder kent men in B het buigend moment M:

$$x = \ell;\ M = -EIw'' = +T\ \to\ C_2 = -T$$

Dat in B geldt $V = 0$ en $M = +T$ kan men ook nagaan door het evenwicht van een klein randelementje met lengte Δx ($\Delta x \to 0$) te beschouwen, zie figuur 8.10.

Nu de integratieconstanten zijn berekend kan men w, φ, M en V als functie van x schrijven:

$$w = -\frac{T\ell^2}{2EI}\frac{x^2}{\ell^2}$$

$$\varphi = -w' = +\frac{T\ell}{EI}\frac{x}{\ell}$$

$$M = -EIw'' = T$$

$$V = -EIw''' = 0$$

In figuur 8.11 is de vervormde ligger getekend.

b. Voor de verplaatsing en rotatie in B ($x/\ell = 1$) geldt:

$$w_B = -\frac{T\ell^2}{2EI}$$

$$\varphi_B = \left(-\frac{dw}{dx}\right)_B = +\frac{T\ell}{EI}$$

Opmerking: Aan de lezer wordt overgelaten na te gaan of de uitdrukkingen voor M en V in overeenstemming zijn met de M- en V-lijn.

Voorbeeld 2 - Waterkerende damwand ingeklemd in een betonnen vloer

• De in een betonnen vloer ingeklemde waterkerende damwand is in figuur 8.12 geschematiseerd tot de eenzijdig ingeklemde ligger AB. De ligger heeft een lengte ℓ en buigstijfheid EI. Voor de waterdruk, die lineair verloopt van q in inklemming A tot nul in het vrije einde B geldt in het aangegeven assenstelsel:

$$q(x) = -q\frac{x}{\ell} + q$$

Gevraagd:
a. De uitdrukkingen voor w, φ, M en V als functie van x.
b. De verplaatsing w_B en rotatie φ_B in het vrij zwevende einde B.

Uitwerking:
a. De differentiaalvergelijking voor buiging luidt:

$$EIw'''' = q(x) = -q\frac{x}{\ell} + q$$

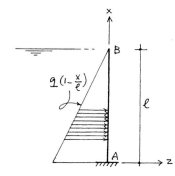

Figuur 8.12 De waterdruk op een tot lijnelement geschematiseerde waterkerende damwand ingeklemd in een betonnen vloer

Door integreren vindt men:

$$EIw''' = -\frac{1}{2}\frac{q}{\ell}x^2 + qx + C_1$$

$$EIw'' = -\frac{1}{6}\frac{q}{\ell}x^3 + \frac{1}{2}qx^2 + C_1x + C_2$$

$$EIw' = -\frac{1}{24}\frac{q}{\ell}x^4 + \frac{1}{6}qx^3 + \frac{1}{2}C_1x^2 + C_2x + C_3$$

$$EIw = -\frac{1}{120}\frac{q}{\ell}x^5 + \frac{1}{24}qx^4 + \frac{1}{6}C_1x^3 + \frac{1}{2}C_2x^2 + C_3x + C_4$$

Elke rand levert twee randvoorwaarden. De randvoorwaarden in A ($x = 0$) leiden tot:

$x = 0;\ w = 0 \rightarrow C_4 = 0$

$x = 0;\ \varphi = -w' = 0 \rightarrow C_3 = 0$

Uit de randvoorwaarden in B $(x = \ell)$ vindt men vervolgens, gebruikmakend van $C_3 = C_4 = 0$:

$x = \ell;\ M = -EIw'' = 0 \rightarrow -\frac{1}{6}q\ell^2 + \frac{1}{2}q\ell^2 + C_1\ell + C_2 = 0$

$x = \ell;\ V = -EIw''' = 0 \rightarrow -\frac{1}{2}q\ell + q\ell + C_1 = 0$

De randvoorwaarden in B leiden tot twee vergelijkingen met C_1 en C_2 als onbekenden. De oplossing is:

$C_1 = -\frac{1}{2}q\ell$

$C_2 = +\frac{1}{6}q\ell^2$

Samen met $C_3 = C_4 = 0$ vindt men nu:

$$w = \frac{q\ell^4}{120EI}\left(-\frac{x^5}{\ell^5} + 5\frac{x^4}{\ell^4} - 10\frac{x^3}{\ell^3} + 10\frac{x^2}{\ell^2}\right)$$

$$\varphi = -w' = \frac{q\ell^3}{120EI}\left(+5\frac{x^4}{\ell^4} - 20\frac{x^3}{\ell^3} + 30\frac{x^2}{\ell^2} - 20\frac{x}{\ell}\right)$$

$$M = -EIw'' = \frac{q\ell^2}{120}\left(+20\frac{x^3}{\ell^3} - 60\frac{x^2}{\ell^2} + 60\frac{x}{\ell} - 20\right)$$

$$V = -EIw''' = \frac{q\ell}{120}\left(+60\frac{x^2}{\ell^2} - 120\frac{x}{\ell} + 60\right)$$

Controle (na nog een keer differentiëren):

$$q(x) = EIw'''' = \frac{q}{120}\left(-120\frac{x}{\ell} + 120\right) = -q\frac{x}{\ell} + q$$

Dit is inderdaad de uitdrukking voor de verdeelde belasting op de damwand.

b. Voor de verplaatsing w en rotatie φ in B($x/\ell = 1$) wordt gevonden:

$$w_B = \frac{q\ell^4}{30EI}$$

$$\varphi_B = -\frac{q\ell^3}{24EI}$$

Een schets van de vervorming van de damwand is gegeven in figuur 8.13b.

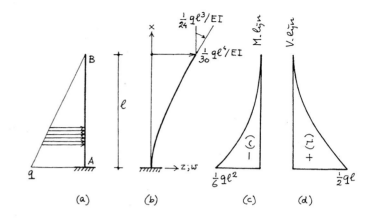

Figuur 8.13 Een tot lijnelement geschematiseerde waterkerende damwand ingeklemd in een betonnen vloer: (a) belasting, (b) elastische lijn, (c) momentenlijn en (d) dwarskrachtenlijn

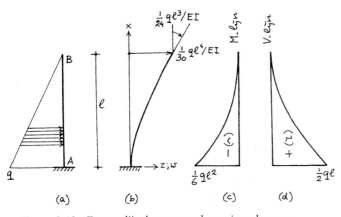

Figuur 8.13 Een tot lijnelement geschematiseerde waterkerende damwand ingeklemd in een betonnen vloer: (a) belasting, (b) elastische lijn, (c) momentenlijn en (d) dwarskrachtenlijn

In de figuren 8.13c en d zijn de *M*- en *V*-lijn getekend. Tussen haakjes staan de vervormingstekens vermeld.
Buigend moment en dwarskracht zijn extreem in inklemming A ($x/\ell = 0$):

$$M_A = -\tfrac{1}{6}q\ell^2$$

$$V_A = +\tfrac{1}{2}q\ell$$

Aan de lezer wordt overgelaten de juistheid van deze waarden te controleren aan de hand van het evenwicht van de ligger in zijn geheel, en daarbij niet alleen te letten op de grootte, maar ook op het teken.

Voorbeeld 3 - Een op twee verschillende manieren opgelegde ligger met gelijkmatig verdeelde volbelasting • Het derde voorbeeld betreft de twee liggers AB en CD in figuur 8.14. Beide liggers hebben dezelfde overspanning ℓ en buigstijfheid EI, en dragen een gelijkmatig verdeelde volbelasting q. Beide liggers zijn aan de linkerkant opgelegd op een rol, maar hun opleggingen aan de rechterkant verschillen. Ligger AB rust rechts op een scharnieroplegging, terwijl ligger CD rechts is ingeklemd.

Gevraagd:
a. Bereken voor beide liggers de verplaatsing w als functie van x.
b. Teken voor ligger CD de doorbuigingslijn en de *M*- en *V*-lijn.

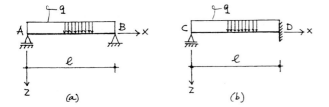

Figuur 8.14 Een op twee verschillende manieren opgelegde ligger met gelijkmatig verdeelde volbelasting: (a) statisch bepaald en (b) statisch onbepaald

> **Intermezzo:** Bij ligger CD is het beschikbare aantal evenwichtsvergelijkingen ontoereikend om alle oplegreacties te kunnen berekenen. Ligger CD is *statisch onbepaald*, dit in tegenstelling tot ligger AB, die *statisch bepaald* is.

De krachtsverdeling in de statisch onbepaalde ligger is zodanig dat de vervormde ligger *'blijft passen'* tussen de opleggingen. Om deze krachtsverdeling te vinden moet men naast het evenwicht ook de constitutieve en kinematische betrekkingen in de berekening betrekken. Zie figuur 8.15, waarin voor het geval van buiging in het x-z-vlak het verband tussen de verplaatsing w en de belasting q_z schematisch is weergegeven. Omdat in de afleiding van de 4e orde differentiaalvergelijking voor buiging van alle drie genoemde betrekkingen gebruik wordt gemaakt, kan men de 4e orde differentiaalvergelijking voor buiging algemeen toepassen, dus ook op statisch onbepaalde liggers.

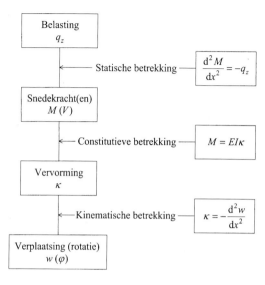

Figuur 8.15 Schematische weergave van het verband tussen de belasting q_z en verplaatsing w in het geval van buiging in het x-z-vlak. Bij een statisch bepaalde constructie kan men het momentenverloop direct uit de statische betrekking vinden. Bij een statisch onbepaalde constructie is dat niet mogelijk en heeft men alle drie typen basisvergelijkingen nodig.

Uitwerking:

a. Voor beide liggers in figuur 8.14 gaat de berekening gelijk op tot en met de randvoorwaarden ter plaatse van de roloplegging in $x = 0$. Pas bij het opstellen en uitwerken van de randvoorwaarden in rechter oplegging $x = \ell$ treden er verschillen op.

Voor beide liggers geldt dezelfde differentiaalvergelijking:

$$EIw'''' = q$$

en dus ook dezelfde algemene oplossing, te vinden door vier maal integreren:

$$EIw''' = qx + C_1$$

$$EIw'' = +\tfrac{1}{2}qx^2 + C_1 x + C_2$$

$$EIw' = +\tfrac{1}{6}qx^3 + \tfrac{1}{2}C_1 x^2 + C_2 x + C_3$$

$$EIw = +\tfrac{1}{24}qx^4 + \tfrac{1}{6}C_1 x^3 + \tfrac{1}{2}C_2 x^2 + C_3 x + C_4$$

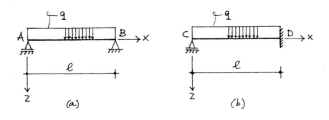

Figuur 8.14 Een op twee verschillende manieren opgelegde ligger met gelijkmatig verdeelde volbelasting: (a) statisch bepaald en (b) statisch onbepaald

De randvoorwaarden in de roloplegingen A en D ($x = 0$) zijn gelijk:

$$x = 0;\; w = 0 \;\rightarrow\; C_4 = 0$$

$$x = 0;\; M = -EIw'' = 0 \;\rightarrow\; C_2 = 0$$

De randvoorwaarden in scharnieropleging B en inklemming D ($x = \ell$) zijn verschillend. Hier gaan de oplossingen voor ligger AB en CD van elkaar afwijken.

Als eerste wordt de oplossing voor de statisch bepaalde ligger AB in figuur 8.14a uitgewerkt.

In B ($x = \ell$) geldt, gebruikmakend van $C_2 = C_4 = 0$:

$$x = \ell;\; w = 0 \;\rightarrow\; \tfrac{1}{24}q\ell^4 + \tfrac{1}{6}C_1\ell^3 + C_3\ell = 0$$

$$x = \ell;\; M = -EIw'' = 0 \;\rightarrow\; \tfrac{1}{2}q\ell^2 + C_1\ell = 0$$

De twee vergelijkingen in C_1 en C_3 hebben als oplossing:

$$C_1 = -\tfrac{1}{2}q\ell$$

$$C_3 = +\tfrac{1}{24}q\ell^3$$

Voor ligger AB vindt men dus:

$$w = \frac{q\ell^4}{24EI}\left(+\frac{x^4}{\ell^4} - 2\frac{x^3}{\ell^3} + \frac{x}{\ell}\right)$$

Dit is in overeenstemming met wat eerder in paragraaf 8.1, voorbeeld 2, met behulp van een 2e orde differentiaalvergelijking direct uit het momentenloop werd gevonden.

Ten slotte wordt de oplossing voor de statisch onbepaalde ligger CD in figuur 8.14b uitgewerkt. In inklemming D ($x = \ell$) geldt:

$$x = \ell;\ w = 0 \quad \rightarrow \quad \tfrac{1}{24}q\ell^4 + \tfrac{1}{6}C_1\ell^3 + C_3\ell = 0$$

$$x = \ell;\ \varphi = -w' = 0 \quad \rightarrow \quad \tfrac{1}{6}q\ell^3 + \tfrac{1}{2}C_1\ell^2 + C_3 = 0$$

Ook hier is gebruikgemaakt van het feit dat eerder werd gevonden $C_2 = C_2 = 0$.

De twee vergelijkingen in C_1 en C_3 hebben als oplossing:

$$C_1 = -\tfrac{3}{8}q\ell$$

$$C_3 = +\tfrac{1}{48}q\ell^3$$

Voor de doorbuiging van ligger CD vindt men hiermee:

$$w = \frac{q\ell^4}{48EI}\left(+2\frac{x^4}{\ell^4} - 3\frac{x^3}{\ell^3} + \frac{x}{\ell}\right)$$

en voor het verloop van φ, M en V:

$$\varphi = -w' = \frac{q\ell^3}{48EI}\left(-8\frac{x^3}{\ell^3} + 9\frac{x^2}{\ell^2} - 1\right)$$

$$M = -EIw'' = \frac{q\ell^2}{48}\left(-24\frac{x^2}{\ell^2} + 18\frac{x}{\ell}\right)$$

$$V = -EIw''' = \frac{q\ell}{48}\left(-48\frac{x}{\ell} + 18\right)$$

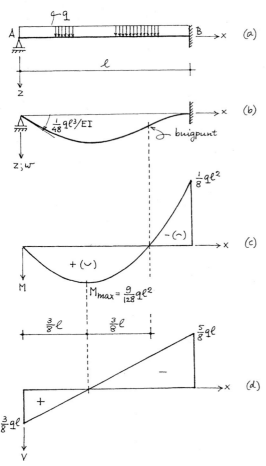

b. De vervormde ligger CD is getekend in figuur 8.16b.

De rotatie in C ($x/\ell = 0$) is:

$$\varphi_C = -\frac{q\ell^3}{48EI}$$

In de figuren 8.16c en d is het momenten- en dwarskrachtenverloop getekend.
Voor het inklemmingsmoment in D geldt:

$$M_D = -\tfrac{1}{8}q\ell^2$$

Voor de dwarskrachten in C ($x/\ell = 0$) en D ($x/\ell = 1$) geldt:

$$V_C = +\tfrac{3}{8}q\ell$$

$$V_D = -\tfrac{5}{8}q\ell$$

Het veldmoment is maximaal waar de dwarskracht V nul is, dat is in $x/\ell = \tfrac{3}{8}$:

$$M_{max} = \tfrac{9}{128}q\ell^2$$

In $x = \tfrac{3}{4}\ell$ verandert het buigend moment van teken en dus ook de kromming. Dit is terug te vinden in het omslaan van de vervormingstekens voor buiging, die in de M-lijn tussen haakjes staan aangegeven. In de elastische lijn treedt hier een buigpunt op.

Opmerking: De vervormingstekens in de momentenlijn kunnen een belangrijke hulp zijn bij het op juiste wijze schetsen van de vervorming van de ligger.

Figuur 8.16 (a) Statisch onbepaalde ligger belast door een gelijkmatig verdeelde volbelasting met (b) elastische lijn, (c) momentenlijn en (d) dwarskrachtenlijn. De elastische lijn heeft een buigpunt waar het buigend moment nul is. Het veldmoment is maximaal waar de dwarskracht nul is.

Opmerking: De lezer wordt verzocht de oplegreacties te tekenen in de richting waarin ze werken en het evenwicht van de ligger in zijn geheel te controleren.

Voorbeeld 4 - Voorgespannen plaatbrug onder invloed van zonbestraling

• Een over drie steunpunten doorgaande voorgespannen plaatbrug is in figuur 8.17 geschematiseerd tot lijnelement ABC. De overspanningen AB en BC hebben dezelfde lengte $\ell = 30$ m. De plaatdikte is constant en bedraagt $h = 1$ m.
Onder invloed van zonbestraling treedt in de plaat een temperatuurstijging op die lineair over de plaatdikte h verloopt, van $T = 15°$ K aan de bovenzijde van de plaat tot nul aan de onderzijde. Het verloop is in figuur 8.18 aangegeven.
De lineaire uitzettingscoëfficiënt is $\alpha = 10^{-5}$ K^{-1}. Voor de elasticiteitsmodulus van voorgespannen beton wordt aangenomen $E = 30 \times 10^3$ N/mm^2. Het eigen gewicht bedraagt 25 kN/m^3.

Gevraagd:
a. Leid de differentiaalvergelijking voor buiging af, rekening houdend met een constitutieve betrekking waarin de invloed van een temperatuurverandering is verdisconteerd.
b. Bereken met behulp van deze differentiaalvergelijking het verloop van de doorbuiging ten gevolge van de temperatuurverandering. Maak gebruik van symmetrie-overwegingen en werk in het aangegeven x-z-assenstelsel.
c. Geef voor de tot ligger geschematiseerde plaatbrug ABC een schets van de vervormde toestand. Hoe groot is de maximum doorbuiging en waar treedt deze op?
d. Teken voor een strook uit de plaat met een breedte van één meter de momenten- en dwarskrachtenlijn. Hoe groot zijn de oplegreacties?
e. Vergelijk de hiervoor berekende waarden met de momenten, dwarskrachten en oplegreacties ten gevolge van het eigen gewicht.

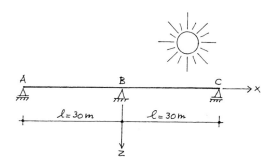

Figuur 8.17 Een over drie steunpunten doorgaande en tot lijnelement geschematiseerde voorgespannen plaatbrug onder invloed van zonbestraling

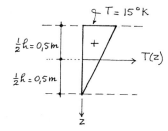

Figuur 8.18 Onder invloed van de zonbestraling treedt in de plaat een temperatuurstijging op, waarvan wordt aangenomen dat die lineair over de plaatdikte h verloopt, van $T = 15°$ K aan de bovenzijde van de plaat tot nul aan de onderzijde.

Tabel 8.2 De differentiaalbetrekkingen voor buiging in het x-z-vlak van een prismatische ligger met buigstijfheid EI

	kinematische betrekkingen	constitutieve betrekking	statische betrekkingen	differentiaal- vergelijking
buiging	$\varphi = -w'$ $\kappa = \varphi'$ $\kappa = -w''$	$M = EI(\kappa - \kappa^T)$	$V' + q_z = 0$ $M' - V = 0$ $M'' + q_z = 0$	$-\{EI(w'' + \kappa^T)\}'' + q_z = 0$

Uitwerking:

a. In tabel 8.2 zijn voor het geval van buiging met temperatuurinvloeden de verschillende betrekkingen nog eens op een rijtje gezet[1]. De kinematische betrekkingen blijven ongewijzigd:

$$\varphi = -w'$$

$$\kappa = \varphi' = -w''$$

De invloed van een temperatuurverandering komt alleen tot uiting in de constitutieve betrekking. Hiervoor werd in paragraaf 4.12 afgeleid:

$$M = EI(\kappa - \kappa^T) = -EI(w'' + \kappa^T)$$

waarin:

$$\kappa^T = \alpha \frac{dT(z)}{dz} = -\alpha \frac{T}{h}$$

De evenwichtsvergelijkingen blijven ook ongewijzigd, zodat:

$$V = M' = \{-EI(w'' + \kappa^T)\}'$$

en:

$$q = -V' = \{EI(w'' + \kappa^T)\}''$$

of:

$$\{EI(w'' + \kappa^T)\}'' = q$$

---

[1] Zie paragraaf 4.12.

Dit is de 4e orde differentiaalvergelijking voor buiging in zijn meest algemene vorm.

Is de staaf prismatisch (de buigstijfheid EI is onafhankelijk van x) dan kan men EI buiten de accoladen brengen. Is κ^T ook onafhankelijk van x, zoals in dit voorbeeld het geval is, dan verdwijnt deze term uit de differentiaalvergelijking. Onder deze twee voorwaarden geldt:

$EIw'''' = q$

Opmerking: Met deze vierde orde differentiaalvergelijking lijkt de invloed van de temperatuurverandering uit het probleem te zijn verdwenen. Dat is slechts schijn. De temperatuurinvloed komt weer tevoorschijn in de relaties die gelden voor de rand- en overgangsvoorwaarden.

b. Voor de berekening van de brug kan men zich op grond van de *spiegelsymmetrie* in B tot één helft beperken. Steunpunt B fungeert daarbij als een inklemming. De uitwerking van de differentiaalvergelijking geschiedt hierna voor ligger BC, zie figuur 8.19. In eerste instantie zal in symbolen worden gewerkt. In een later stadium worden de numerieke waarden ingevoerd.
In het voorbeeld is er geen verdeelde belasting q, en geldt dus:

$EIw'''' = 0$

De algemene oplossing vindt men na vier maal integreren:

$EIw''' = C_1$

$EIw'' = C_1 x + C_2$

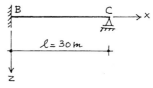

Figuur 8.19 Voor de berekening van de brug kan men zich op grond van de spiegelsymmetrie in B tot één helft beperken. Steunpunt B fungeert daarbij als een inklemming.

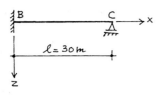

Figuur 8.19 Voor de berekening van de brug kan men zich op grond van de spiegelsymmetrie in B tot één helft beperken. Steunpunt B fungeert daarbij als een inklemming.

$$EIw' = \tfrac{1}{2}C_1x^2 + C_2x + C_3$$

$$EIw = \tfrac{1}{6}C_1x^3 + \tfrac{1}{2}C_2x^2 + C_3x + C_4$$

De randvoorwaarden in 'inklemming' B zijn:

$$x = 0;\ w = 0\ \rightarrow\ C_4 = 0$$

$$x = 0;\ \varphi = -w' = 0\ \rightarrow\ C_3 = 0$$

De randvoorwaarden in oplegging C zijn, gebruikmakend van $C_3 = C_4 = 0$:

$$x = \ell;\ w = 0\ \rightarrow\ \tfrac{1}{6}C_1\ell^3 + \tfrac{1}{2}C_2\ell^2 = 0$$

$$x = \ell;\ M = -EIw'' - EI\kappa^T = 0\ \rightarrow\ -C_1\ell - C_2 - EI\kappa^T = 0$$

De twee vergelijkingen in C_1 en C_2 hebben als oplossing:

$$C_1 = -\tfrac{3}{2}EI\frac{\kappa^T}{\ell}$$

$$C_2 = \tfrac{1}{2}EI\kappa^T$$

Voor de doorbuiging w vindt men nu:

$$w = \tfrac{1}{4}\kappa^T\ell^2\left(-\frac{x^3}{\ell^3} + \frac{x^2}{\ell^2}\right)$$

De afgeleiden van w zijn:

$$w' = \tfrac{1}{4}\kappa^T \ell \left(-3\frac{x^2}{\ell^2} + 2\frac{x}{\ell}\right)$$

$$w'' = \tfrac{1}{4}\kappa^T \left(-6\frac{x}{\ell} + 2\right)$$

$$w''' = \tfrac{1}{4}\frac{\kappa^T}{\ell}(-6) = -\tfrac{3}{2}\frac{\kappa^T}{\ell}$$

en ten slotte (ter controle):

$$w'''' = 0$$

c. In bovenstaande uitdrukkingen is:

$$\kappa^T = -\alpha\frac{T}{h} = -(10^{-5}\ \text{K}^{-1})\frac{15\ \text{K}}{1\ \text{m}} = -1{,}5 \times 10^{-4}\ \text{m}^{-1}$$

en

$$\ell = 30\ \text{m}$$

De doorbuiging ten gevolge van de zonbestraling is getekend in figuur 8.20.
De verplaatsing w is extreem daar waar w' nul is, dit is in:

$$x = \tfrac{2}{3}\ell = 20\ \text{m}$$

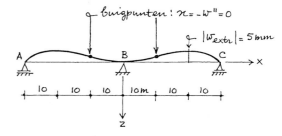

Figuur 8.20 Elastische lijn ten gevolge van de zonbestraling. Over de gehele lengte buigt de ligger op. In de buigpunten is de kromming nul.

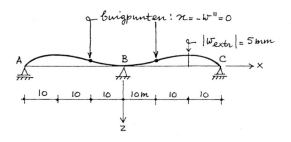

Figuur 8.20 Elastische lijn ten gevolge van de zonbestraling. Over de gehele lengte buigt de ligger op. In de buigpunten is de kromming nul.

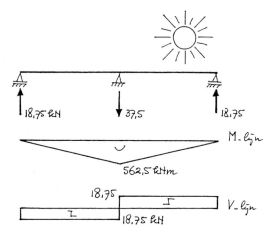

Figuur 8.21 Oplegreacties, momentenlijn en dwarskrachtenlijn ten gevolge van alleen de zonbestraling voor een plaatstrook met een breedte van 1 m. Merk op dat het verbuigingsteken in de *M*-lijn in de omgeving van de eindsteunpunten niet meer overeenstemt met de werkelijke kromming in figuur 8.19.

en bedraagt:

$$w_{\text{extr}} = \tfrac{1}{4}\kappa^T \ell^2 \left\{ -\left(\tfrac{2}{3}\right)^3 + \left(\tfrac{2}{3}\right)^2 \right\} = \tfrac{1}{27}\kappa^T \ell^2 =$$
$$= \tfrac{1}{27} \times (-1,5 \times 10^{-4} \text{ m}^{-1})(30 \text{ m})^2 = -5 \times 10^{-3} \text{ m}$$

dus een '*opbuiging*' van 5 mm.

De vervormde constructie heeft een *buigpunt* daar waar de kromming nul is, dat is in $x = \tfrac{1}{3}\ell = 10$ m. De lezer wordt verzocht dit na te gaan.

d. Om de momenten en dwarskrachten in een plaatstrook met een breedte $b = 1$ m te kunnen bepalen wordt voor deze strook eerst de buigstijfheid *EI* berekend:

$$EI = E \cdot \tfrac{1}{12}bh^3 = (30 \times 10^3 \text{ N/mm}^2) \times \tfrac{1}{12} \times (1 \text{ m})(1 \text{ m})^3 =$$
$$= 2,5 \times 10^6 \text{ kNm}^2$$

Let hierbij op de eenheden!

Voor het buigend moment geldt:

$$M = -EIw'' - EI\kappa^T = -\tfrac{1}{4}EI\kappa^T\left(-6\tfrac{x}{\ell} + 2\right) - EI\kappa^T =$$
$$= -\tfrac{3}{2}EI\kappa^T\left(-\tfrac{x}{\ell} + 1\right) =$$
$$= -\tfrac{3}{2} \times (2,5 \times 10^6 \text{ kNm}^2)(-1,5 \times 10^{-4} \text{ m}^{-1})\left(-\tfrac{x}{\ell} + 1\right) =$$
$$= +562,5 \times \left(-\tfrac{x}{\ell} + 1\right) \text{ kNm}$$

En voor de dwarskracht:

$$V = M' = +\tfrac{3}{2} EI \frac{\kappa^T}{\ell} =$$

$$= +\tfrac{3}{2} \times (2{,}5 \times 10^6 \text{ kNm}^2) \times \frac{-1{,}5 \times 10^{-4} \text{ m}^{-1}}{30 \text{ m}} = -18{,}75 \text{ kN}$$

In figuur 8.21 zijn de momentenlijn, dwarskrachtenlijn en oplegreacties ten gevolge van de zonbestraling getekend, waarbij de plus- en mintekens zijn vertaald naar vervormingstekens.

Opmerking: Het verbuigingsteken in de M-lijn in figuur 8.21 is nabij de eindsteunpunten niet in overeenstemming met de werkelijke kromming van de ligger, zoals getekend in figuur 8.20. Oorzaak hiervan is dat de werkelijke kromming is opgebouwd uit twee bestanddelen, te weten een kromming M/EI ten gevolge van de optredende momenten en een kromming κ^T behorend bij een vrije vervorming ten gevolge van de temperatuurverandering.

e. Ter vergelijking zijn in figuur 8.22 voor een één meter brede plaatstrook de momenten, dwarskrachten en oplegreacties ten gevolge van het eigen gewicht $q = 25$ kN/m getekend. Hiervoor is gebruikgemaakt van de resultaten uit het vorige voorbeeld, zoals gepresenteerd in figuur 8.16.

Het steunpuntsmoment in B neemt onder invloed van de zonbestraling met 20% af. Het maximum veldmoment neemt daarentegen met ongeveer 14% toe van 1582 kNm in $x = 0{,}625\ell = 18{,}75$ m tot 1800 kNm in $x = 0{,}6\ell = 18$ m.

Opmerking: De lezer wordt verzocht voor de één meter brede plaatstrook de momenten- en dwarskrachtenlijn ten gevolge van de combinatie van eigen gewicht en zonbestraling te tekenen en de genoemde waarden te controleren.

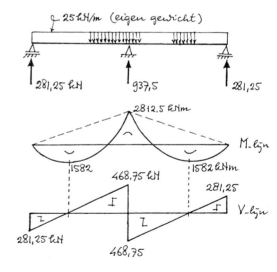

Figuur 8.22 Oplegreacties, momentenlijn en dwarskrachtenlijn ten gevolge van de zonbestraling en het eigen gewicht voor een plaatstrook met een breedte van 1 m

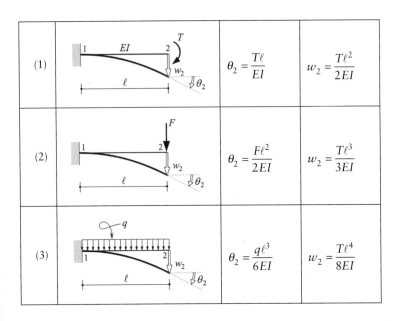

Tabel 8.3 Vergeet-mij-nietjes voor een ingeklemde prismatische ligger met lengte ℓ en buigstijfheid EI

8.3 Vergeet-mij-nietjes

Een aantal belastinggevallen komt zo vaak voor dat men ze, in navolging van de Griekse geleerde Myosotis Palustris, in een tabel kan opnemen. Zo zijn in tabel 8.3 voor een eenzijdig ingeklemde prismatische ligger, met lengte ℓ en buigstijfheid EI, voor drie belastinggevallen de uitdrukkingen verzameld voor de rotatie en verplaatsing in het vrij zwevende einde[1].

De vertaling van het Griekse woord 'myosotis' is 'vergeet-mij-nietje'. De formules in tabel 8.3 staan hier dan ook bekend als de *vergeet-mij-nietjes*.

Ze zijn eenvoudig te memoriseren als men voor de coëfficiënten in de noemer de getallenparen (1,2) (2,3) (6,8) kan onthouden. Is men de macht van de lengte ℓ vergeten, dan kan men deze vinden uit een dimensie-analyse.

Door handig gebruik te maken van deze simpele formules is het mogelijk ook andere, meer ingewikkelde vervormingstoestanden te berekenen. Een nadeel van de methode met vergeet-mij-nietjes is dat men de formules uit het hoofd moet kennen, dan wel de tabel binnen handbereik moet hebben.

De werkwijze met vergeet-mij-nietjes is sterk visueel georiënteerd; gewoonlijk werkt men zonder assenstelsel of laat deze in eerste instantie buiten beschouwing[2]. De verplaatsing w is nog steeds een verplaatsing lood-

---

[1] Deze uitdrukkingen kan men berekenen op de in paragraaf 8.1 en/of 8.2 aangegeven manier; zie paragraaf 8.2, voorbeeld 1 voor vergeet-mij-nietje (1) en paragraaf 8.1, voorbeeld 1, voor vergeet-mij-nietje (3). De berekening van vergeet-mij-nietje (2) wordt aan de lezer overgelaten.

[2] In tabel 8.3 ontbreekt dan ook een assenstelsel.

recht op de staafas, maar de positieve richting van w wordt nu niet ontleend aan een assenstelsel, maar aan het plaatje waarin een schets van de vervormde ligger is gegeven. Ook de positieve richting van de rotatie θ wordt aan dat plaatje ontleend. Zie bijvoorbeeld de vervorming door buiging van de onder een helling α ingeklemde staaf in figuur 8.23a.

Soms moeten de verplaatsingen[1] worden benoemd in een assenstelsel. Met name om verwarring met de letter w te voorkomen worden in een x-z-assenstelsel de verplaatsingen in respectievelijk de x- en z-richting nu niet meer aangeduid met u en w, maar met u_x en u_z, en de rotatie met φ (eigenlijk φ_y)[2].

In figuur 8.23b is de verplaatsing w in het vrije einde van de onder een helling ingeklemde staaf vertaald naar die in het (globale[3]) x-z-assenstelsel:

$$u_x = +w\sin\alpha$$

$$u_z = +w\cos\alpha$$

Omdat de richting van de rotatie θ in het vrije einde tegengesteld gericht is aan de positieve draairichting in het x-z-assenstelsel geldt verder:

$$\varphi = -\theta$$

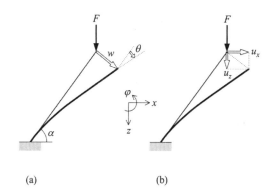

(a) (b)

Figuur 8.23 (a) De werkwijze met vergeet-mij-nietjes is sterk visueel georiënteerd. Gewoonlijk werkt men zonder assenstelsel en worden de positieve richtingen van de verplaatsing w, loodrecht op de staafas, en de rotatie θ ontleend aan een plaatje waarin een schets van de vervormde ligger is gegeven. (b) In een (globaal) x-z-assenstelsel worden, om verwarring met de letter w te voorkomen, de verplaatsingen niet meer aangeduid met u en w, maar met u_x en u_z, en de rotatie met φ (eigenlijk φ_y).

---

[1] Rotaties worden generaliserend ook wel 'verplaatsingen' genoemd.

[2] Omdat er geen misverstanden mogelijk zijn wordt de index y hier voor het gemak weggelaten.

[3] De stand van een globaal assenstelsel wordt in veruit de meeste gevallen gerelateerd aan de richting van de zwaartekracht.

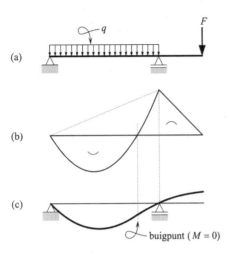

Figuur 8.24 (a) Ligger met overstek. Een uitwerking met vergeet-mij-nietjes geschiedt nagenoeg altijd aan de hand van (c) een schets van de vervormde ligger of elastische lijn. Voor een goede schets is het raadzaam eerst (b) de momentenlijn te tekenen, met daarin de vervormingtekens; een berekening is vaak niet nodig. De vervormingstekens uit de momentenlijn geven een directe aanwijzing over de manier waarop de ligger kromt. Waar het buigend moment van teken wisselt heeft de elastische lijn een buigpunt.

Een uitwerking met vergeet-mij-nietjes geschiedt nagenoeg altijd aan de hand van een schets van de vervormde ligger (de *elastische lijn*). Alvorens de vervorming van de ligger te schetsen is het raadzaam eerst een schets te maken van de momentenlijn, met daarin de vervormingtekens; een berekening is vaak niet nodig, zie figuur 8.24. Met de vervormingstekens heeft men een directe aanwijzing over de manier waarop de ligger kromt. Waar het moment van teken wisselt heeft de elastische lijn een buigpunt. Bij het schetsen van de elastische lijn moet men uiteraard rekening houden met de beperkte bewegingsvrijheid in de opleggingen. Zo kan de ligger in figuur 8.24 ter plaatse van de opleggingen niet verticaal verplaatsen.

Opmerking: De elastische lijn in figuur 8.24c is slechts een eerste schets. Berekeningen moeten aantonen of de ligger in het vrije einde inderdaad naar boven verplaatst. Zo niet dan zal de schets moeten worden aangepast.

Hierna volgen 10 voorbeelden met vergeet-mij-nietjes. Bij de eerste zes wordt gebruikgemaakt van de vergeet-mij-nietjes in tabel 8.3. Na voorbeeld 6 wordt een tabel met acht nieuwe vergeet-mij-nietjes gepresenteerd (tabel 8.4), waarvan gebruik wordt gemaakt bij de laatste vier voorbeelden.

De toepassing blijft beperkt tot rechte liggers. Alle liggers zijn prismatisch en hebben een buigstijfheid EI, tenzij anders is aangegeven.

In beginsel kan men de vergeet-mij-nietjes ook gebruiken bij geknikte en niet-prismatische staven, maar erg handig werkt dat meestal niet. De hierna in paragraaf 8.4 gepresenteerde methode, gebaseerd op de momentenvlakstellingen, leent zich vaak beter voor dergelijke gevallen.

Voorbeeld 1 - Kwispeleffect • Ligger ABC in figuur 8.25a is ingeklemd in A en wordt in B belast door de kracht F.

Gevraagd: De rotatie en verplaatsing in het vrije einde C.

Uitwerking: In figuur 8.25b is een schets gegeven van de momentenlijn en in figuur 8.25c een schets van de elastische lijn. Omdat het buigend moment in BC nul is blijft dit deel van de ligger recht (de kromming is nul). De rotatie θ_C in C is daarom gelijk aan de rotatie θ_B in B:

$$\theta_C = \theta_B$$

De verplaatsing w_C in C is gelijk aan de verplaatsing w_B in B, waarbij moet worden opgeteld de verplaatsing $b\theta_B$ ten gevolge van de rotatie θ_B in B:

$$w_C = w_B + b\theta_B$$

De verplaatsing $b\theta_B$ ten gevolge van de rotatie in B noemt men het *kwispeleffect*.

Bij de berekening van de verplaatsing ten gevolge van het kwispeleffect wordt weer gebruikgemaakt van het feit dat bij een kleine rotatie θ_B de verplaatsing $b\theta_B$ langs de cirkelboog (met middelpunt B en straal BC) mag worden vervangen door een even grote verplaatsing langs de raaklijn aan deze cirkel, dus loodrecht op BC[1].

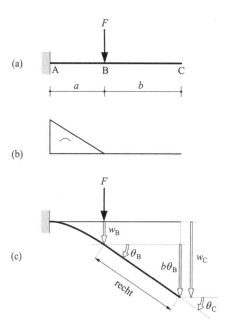

Figuur 8.25 (a) Ingeklemde ligger belast door een kracht F, met (b) momentenlijn en (c) elastische lijn. Omdat het buigend moment in BC nul is blijft dit deel van de ligger recht. De verplaatsing in C ten gevolge van de rotatie θ_B in B noemt men het kwispeleffect.

---

[1] Zie ook paragraaf 7.1 (het deel onder de titel: *Rotatie van een vakwerkstaaf*) en verder TOEGEPASTE MECHANICA - deel 1, paragraaf 15.3.2.

Gebruikmakend van de vergeet-mij-nietjes (2):

$$\theta_B = \frac{Fa^2}{2EI} \text{ en } w_B = \frac{Fa^3}{3EI}$$

vindt men voor de rotatie en verplaatsing in C:

$$\theta_C = \theta_B = \frac{Fa^2}{2EI}$$

$$w_C = w_B + b\theta_B = \frac{Fa^3}{3EI} + b\frac{Fa^2}{2EI} = \frac{Fa^2(2a+3b)}{6EI}$$

Voorbeeld 2 - Ingeklemde ligger met driehoeksbelasting • Ligger AB in figuur 8.26a is ingeklemd in A en draagt over de gehele lengte ℓ een lineair verlopende verdeelde belasting $q(x) = \hat{q}x/\ell$.

Gevraagd: De verplaatsing en rotatie van de ligger in het vrij zwevende einde B.

Uitwerking: In figuur 8.26b is een schets van de te verwachten vervorming van de ligger gegeven met in B de rotatie θ_B en verplaatsing w_B. De schets is gebaseerd op gezond verstand; het is niet nodig hiervoor eerst de M-lijn te tekenen.

Om de verplaatsing in B te berekenen wordt de verdeelde belasting opgedeeld in een groot aantal kleine krachtjes $q(x)\Delta x$, zie figuur 8.27a:

$$q(x)\Delta x = \hat{q}\frac{x}{\ell}\Delta x$$

Van elk van deze krachtjes afzonderlijk wordt de bijdrage $\Delta\theta_B$ tot de rotatie in B berekend en de bijdrage Δw_B tot de verplaatsing in B, zie

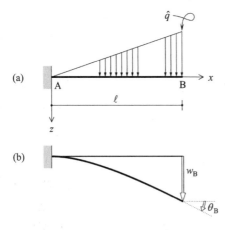

Figuur 8.26 (a) Ingeklemde ligger met driehoeksbelasting en (b) een schets van de elastische lijn

figuur 8.27b. In feite heeft men hier nu dezelfde situatie als in voorbeeld 1. Met behulp van de vergeet-mij-nietjes (2) vindt men:

$$\Delta\theta_B = \frac{\hat{q}\dfrac{x}{\ell}\Delta x \cdot x^2}{2EI}$$

$$\Delta w_B = \frac{\hat{q}\dfrac{x}{\ell}\Delta x \cdot x^3}{3EI} + \frac{\hat{q}\dfrac{x}{\ell}\Delta x \cdot x^2}{2EI} \cdot (\ell - x)$$

De tweede term in de uitdrukking voor Δw_B is de bijdrage door het kwispeleffect.

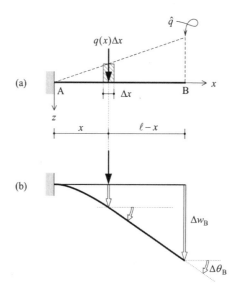

De rotatie en verplaatsing in B wordt gevonden door de bijdragen van alle krachtjes te sommeren, te bereiken door integreren over de lengte ℓ:

$$\theta_B = \sum \frac{\hat{q}\dfrac{x}{\ell}\Delta x \cdot x^2}{2EI} = \frac{\hat{q}}{2\ell EI}\int_0^\ell x^3 dx = \frac{1}{8}\frac{\hat{q}\ell^3}{EI}$$

$$w_B = \sum \left(\frac{\hat{q}\dfrac{x}{\ell}\Delta x \cdot x^3}{3EI} + \frac{\hat{q}\dfrac{x}{\ell}\Delta x \cdot x^2}{2EI} \cdot (\ell - x) \right)$$

$$= \frac{\hat{q}}{6\ell EI}\int_0^\ell \left(2x^4 + 3x^3(\ell - x)\right) dx = \frac{11}{120}\frac{\hat{q}\ell^4}{EI}$$

Figuur 8.27 (a) Om de verplaatsing in B te berekenen, wordt de verdeelde belasting opgedeeld in een groot aantal kleine krachtjes $q(x)\Delta x$. (b) De invloed van één enkel krachtje op de verplaatsing en rotatie in B

Dit zijn de verplaatsingen overeenkomstig de verwachting in figuur 8.26b. Vertaald naar het gegeven x-z-assenstelsel zijn de verplaatsingen:

$$\varphi_{y;B} = -\theta_B = -\frac{1}{8}\frac{\hat{q}\ell^3}{EI}$$

$$u_{z;B} = +w_B = +\frac{11}{120}\frac{\hat{q}\ell^4}{EI}$$

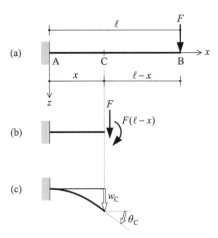

Figuur 8.28 (a) Ingeklemde ligger met een puntlast in het vrije einde (b) De belasting op liggerdeel AC (c) De verplaatsing en rotatie in C worden bepaald door vervorming van AC.

Voorbeeld 3 - Rotatie en verplaatsing als functie van de plaats x • De in A ingeklemde staaf AB, met lengte ℓ, wordt in het vrije einde B belast door de kracht F, zie figuur 8.28a.

Gevraagd: De verplaatsing u_z en rotatie φ_y als functie van de plaats x.

Uitwerking: De verplaatsing in C, op een afstand x van A, wordt bepaald door de vervorming van AC. In figuur 8.28b is deel AC vrijgemaakt van CB. De belasting op AC bestaat slechts uit de snedekrachten in C: een dwarskracht F en een buigend moment $F(\ell - x)$. De vervorming ten gevolge van deze belasting is geschetst in figuur 8.28c.

Door toepassing van de vergeet-mij-nietjes (1) en (2) en hun bijdragen te superponeren vindt men voor de rotatie en verplaatsing in C:

$$\theta_C = \frac{F(\ell - x) \cdot x}{EI} + \frac{F \cdot x^2}{2EI} = \frac{F\ell^2}{2EI}\left(-\frac{x^2}{\ell^2} + 2\frac{x}{\ell}\right)$$

$$w_C = \frac{F(\ell - x) \cdot x^2}{2EI} + \frac{F \cdot x^3}{3EI} = \frac{F\ell^3}{6EI}\left(-\frac{x^3}{\ell^3} + 3\frac{x^2}{\ell^2}\right)$$

De gevonden uitdrukkingen kan men op verschillende manieren schrijven; hier is gekozen voor een vorm waarbij de term tussen haken dimensieloos is.

De gevraagde verplaatsingen, geformuleerd in het aangegeven x-z-assenstelsel, zijn:

$$\varphi_y(x) = -\theta_C = \frac{F\ell^2}{2EI}\left(+\frac{x^2}{\ell^2} - 2\frac{x}{\ell}\right)$$

$$u_z(x) = +w_C = \frac{F\ell^3}{6EI}\left(-\frac{x^3}{\ell^3} + 3\frac{x^2}{\ell^2}\right)$$

Voorbeeld 4 - Superpositie van vervormingsbijdragen • De in A ingeklemde ligger ABC in figuur 8.29a draagt over de lengte BC een gelijkmatig verdeelde belasting q.

Gevraagd:
a. De verplaatsing in het vrije einde C.
b. De rotatie in het vrije einde.

Uitwerking:
a. In figuur 8.29b is de elastische lijn geschetst.
De verplaatsing in C kan men vinden door de invloed van de vervorming van AB en BC afzonderlijk te berekenen en hun bijdragen te superponeren.

Invloed vervorming AB. AB, vrijgemaakt van BC, is een ingeklemde ligger die in B wordt belast door een dwarskracht $q\ell$ en buigend moment $\frac{1}{2}q\ell^2$, zie figuur 8.29c. Met behulp van de vergeet-mij-nietjes (1) en (2) vindt men voor de rotatie en verplaatsing in B:

$$\theta_B = \frac{\frac{1}{2}q\ell^2 \cdot \ell}{EI} + \frac{q\ell \cdot \ell^2}{2EI} = \frac{q\ell^3}{EI}$$

$$w_B = \frac{\frac{1}{2}q\ell^2 \cdot \ell^2}{2EI} + \frac{q\ell \cdot \ell^3}{3EI} = \frac{7}{12}\frac{q\ell^4}{EI}$$

De vervorming van alleen AB (BC blijft dus recht) heeft in figuur 8.29c de bijdragen $w_{C;1}$ en $w_{C;2}$ tot gevolg. Bijdrage $w_{C;1}$ is gelijk aan de zakking in B:

$$w_{C;1} = w_B = \frac{7}{12}\frac{q\ell^4}{EI}$$

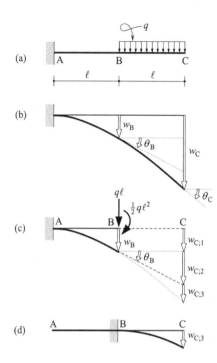

Figuur 8.29 (a) In A ingeklemde ligger ABC met op BC een gelijkmatig verdeelde belasting (b) Schets van de elastische lijn. De verplaatsing in C kan men vinden door de invloed van de vervorming van AB en BC afzonderlijk te berekenen en hun bijdragen te superponeren. (c) De vervorming van alleen AB (BC blijft recht) heeft de bijdragen $w_{C;1}$ en $w_{C;2}$ tot gevolg. (d) De vervorming van alleen BC (AB blijft recht) heeft de bijdrage $w_{C;3}$ tot gevolg.

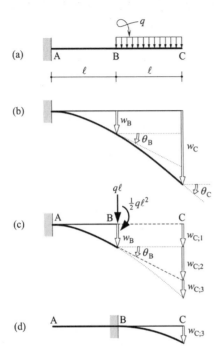

en bijdrage $w_{C;2}$ is het kwispeleffect ten gevolge van de rotatie in B:

$$w_{C;2} = \ell \cdot \theta_B = \ell \cdot \frac{q\ell^3}{EI} = \frac{q\ell^4}{EI}$$

Invloed vervorming BC. De verplaatsing ten gevolge van de vervorming van BC is in figuur 8.29c aangegeven als bijdrage $w_{C;3}$. Omdat AB recht blijft kan deze verplaatsing met vergeet-mij-nietje (3) worden berekend bij de in figuur 8.29d getekende situatie:

$$w_{C;3} = \frac{q\ell^4}{8EI}$$

Totale zakking. De totale zakking van C is gelijk aan de som van de drie bijdragen $w_{C;1}$ tot en met $w_{C;2}$:

$$w_C = w_{C;1} + w_{C;2} + w_{C;3} = \frac{7}{12}\frac{q\ell^4}{EI} + \frac{q\ell^4}{EI} + \frac{q\ell^4}{8EI} = \frac{41}{24}\frac{q\ell^4}{EI}$$

Opmerking: De zakking in C is slechts 15% minder dan die bij een volbelasting (ga dat na!). Dat is niet verwonderlijk als men bedenkt dat een belasting nabij het vrije einde relatief de grootste momenten veroorzaakt en de invloed op de verplaatsing daarbij ook nog over een grotere lengte werkt.

b. Ook de rotatie in C kan men vinden door de afzonderlijke bijdragen ten gevolge van de vervorming van AB (zie figuur 8.29c) en BC (zie figuur 8.29d) te superponeren:

$$\theta_C = \underbrace{\frac{\tfrac{1}{2}q\ell^2 \cdot \ell}{EI} + \frac{q\ell \cdot \ell^2}{2EI}}_{(=\theta_B) \text{ t.g.v. de vervorming van AB}} + \underbrace{\frac{q\ell^3}{6EI}}_{\text{t.g.v. de vervorming van BC}} = \frac{7}{6}\frac{q\ell^3}{EI}$$

Figuur 8.29 (a) In A ingeklemde ligger ABC met op BC een gelijkmatig verdeelde belasting (b) Schets van de elastische lijn. De verplaatsing in C kan men vinden door de invloed van de vervorming van AB en BC afzonderlijk te berekenen en hun bijdragen te superponeren. (c) De vervorming van alleen AB (BC blijft recht) heeft de bijdragen $w_{C;1}$ en $w_{C;2}$ tot gevolg. (d) De vervorming van alleen BC (AB blijft recht) heeft de bijdrage $w_{C;3}$ tot gevolg.

Voorbeeld 5 - Superpositie van belastinginvloeden • Het belastinggeval in figuur 8.30, dat eerder werd behandeld in voorbeeld 4, zal hier op een alternatieve manier worden uitgewerkt.

Gevraagd: De rotatie en verplaatsing in het vrije einde C.

Uitwerking: In figuur 8.31a is de belasting opgesplitst in twee belastinggevallen die elk op zich eenvoudig met vergeet-mij-nietjes zijn te berekenen: (1) een naar beneden gerichte belasting q over de gehele lengte van de ligger en (2) een naar boven gerichte belasting q over de halve liggerlengte AB. In figuur 8.31b is voor elk van de gevallen de elastische lijn geschetst[1]. Voor het berekenen van de rotatie en verplaatsing in C blijkt men te kunnen volstaan met alleen vergeet-mij-nietje (3).

Belastinggeval (1)

$$\theta_{C;1} = \frac{q(2\ell)^3}{6EI} = \frac{4}{3}\frac{q\ell^3}{EI}$$

$$w_{C;1} = \frac{q(2\ell)^4}{8EI} = 2\frac{q\ell^4}{EI}$$

Belastinggeval (2)

$$\theta_{C;2} = \frac{q\ell^3}{6EI}$$

$$w_{C;2} = \frac{q\ell^4}{8EI} + \frac{q\ell^3}{6EI} \cdot \ell = \frac{7}{24}\frac{q\ell^4}{EI}$$

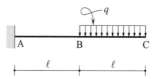

Figuur 8.30 In A ingeklemde ligger ABC met op BC een gelijkmatig verdeelde belasting

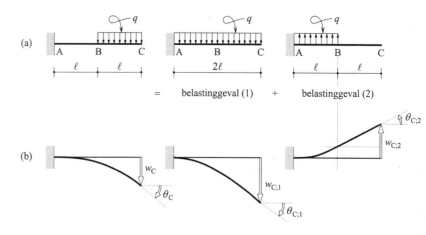

Figuur 8.31 (a) De belasting kan men opsplitsen in twee belastinggevallen die elk op zich eenvoudig met vergeet-mij-nietjes zijn te berekenen: (1) een naar beneden gerichte belasting q over de gehele lengte van de ligger en (2) een naar boven gerichte belasting q over de halve liggerlengte AB. (b) Een schets van de elastische lijn voor elk van de belastinggevallen. De schetsen geven alleen informatie over de richtingen van de optredende rotaties en verplaatsingen en niet over de grootte ervan.

---

[1] De schets van de elastische lijnen in figuur 8.31b geeft alleen informatie over de richtingen van de optredende rotaties en verplaatsingen en nog niet over de grootte ervan. De verplaatsingen zijn niet op schaal getekend.

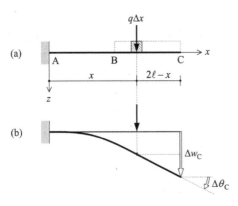

Figuur 8.32 (a) Om de verplaatsing in C te berekenen kan men de verdeelde belasting opdelen in een groot aantal kleine krachtjes $q(x)\Delta x$. (b) De invloed van één zo'n krachtje op de verplaatsing en rotatie in C

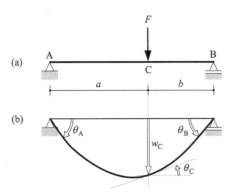

Figuur 8.33 (a) Vrij opgelegde ligger met een uit het midden aangrijpende kracht F (b) Schets van de elastische lijn

De tweede term in de uitdrukking voor $w_{C;2}$ is die ten gevolge van het kwispeleffect.

Totale rotatie en zakking. De rotatie en verplaatsing in C vindt men door superpositie van de belastinginvloeden (1) en (2). Rekening houdend met de richtingen in figuur 8.31b vindt men:

$$\theta_C = \theta_{C;1} - \theta_{C;2} = \frac{4}{3}\frac{q\ell^3}{EI} - \frac{q\ell^3}{6EI} = \frac{7}{6}\frac{q\ell^3}{EI}$$

$$w_C = w_{C;1} - w_{C;2} = 2\frac{q\ell^4}{EI} - \frac{7}{24}\frac{q\ell^4}{EI} = \frac{41}{24}\frac{q\ell^4}{EI}$$

Deze waarden zijn overeenkomstig met wat eerder in voorbeeld 4 werd gevonden.

Opmerking: Men kan de verplaatsingen ook berekenen op de in voorbeeld 2 aangegeven manier, waarbij men eerst de invloed van een klein krachtje $q\Delta x$ op de rotatie en verplaatsing berekent (zie figuur 8.32) en vervolgens, door integreren over de lengte BC, de invloed van al de belastingbijdragen bij elkaar optelt. De uitwerking wordt aan de lezer overgelaten. Ook bij deze aanpak superponeert men de belastinginvloeden.

Voorbeeld 6 - Vrij opgelegde ligger met een uit het midden aangrijpende puntlast • De vrij opgelegde ligger AB in figuur 8.33a wordt in C belast de kracht F.

Gevraagd:
a. De verplaatsing en rotatie in C, ter plaatse van de puntlast.
b. De rotatie in de opleggingen A en B.
c. De maximum doorbuiging en de plaats waar deze optreedt.

Uitwerking:

a. Figuur 8.33b toont een schets van de elastische lijn. De rotatie en verplaatsing in C zijn respectievelijk θ_C en w_C. Om de waarden hiervan te berekenen wordt de onvervormde ligger in A en B vrijgemaakt van de opleggingen. Vervolgens wordt de ligger in C opgepakt, verplaatst over de afstand w_C en geroteerd over de hoek θ_C, en bij deze stand ingeklemd, zie figuur 8.34a. De hierdoor in A en B optredende verplaatsingen zijn respectievelijk $(w_C + \theta_C \cdot a)$ ($\downarrow$) en $(w_C - \theta_C \cdot b)$ ($\downarrow$).

De onder een helling ingeklemde ligger blijft niet recht, maar zal vervormen onder invloed van de oplegreacties $Fb/(a+b)$ in A en $Fa/(a+b)$ in B. De hierdoor in A en B optredende verplaatsingen, in figuur 8.34b aangegeven met respectievelijk w_A ($\uparrow$) en w_B ($\uparrow$), kan men berekenen met vergeet-mij-nietje (2). Omdat de ligger in A en B is opgelegd moeten de resulterende verplaatsingen daar uiteindelijk nul zijn. In A moet dus gelden:

$$w_C + \theta_C \cdot a - w_A = w_C + \underbrace{\theta_C \cdot a}_{\substack{\text{kwispeleffect t.g.v.}\\ \text{de rotatie in C}}} - \underbrace{\dfrac{F\dfrac{b}{a+b}\cdot a^3}{3EI}}_{\substack{\text{t.g.v. de}\\ \text{vervorming van AC}}} = 0$$

Evenzo moet in B gelden:

$$w_C - \theta_C \cdot b - w_B = w_C - \underbrace{\theta_C \cdot b}_{\substack{\text{kwispeleffect t.g.v.}\\ \text{de rotatie in C}}} - \underbrace{\dfrac{F\dfrac{a}{a+b}\cdot b^3}{3EI}}_{\substack{\text{t.g.v. de}\\ \text{vervorming van BC}}} = 0$$

Hiermee beschikt men over twee vergelijkingen met θ_C en w_C als de onbekenden. De oplossing luidt:

$$w_C = \frac{F}{3EI}\frac{a^2b^2}{a+b}$$

$$\theta_C = \frac{Fab}{3EI}\frac{a-b}{a+b}$$

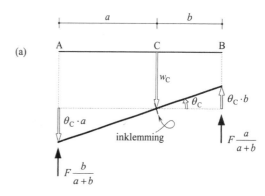

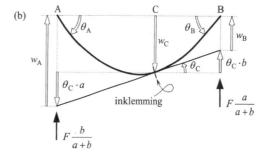

Figuur 8.34 Om θ_C en w_C te berekenen wordt de onvervormde ligger in A en B vrijgemaakt van de opleggingen. Vervolgens wordt de ligger in C opgepakt, verplaatst over de afstand w_C en geroteerd over de hoek θ_C en bij deze stand ingeklemd. Ligger ACB blijft niet recht, maar zal onder invloed van de oplegreacties $Fb/(a+b)$ in A en $Fa/(a+b)$ in B zal vervormen, waardoor in A en B de verplaatsingen w_A en w_B zullen optreden. Omdat de ligger in A en B is opgelegd moeten de resulterende verplaatsingen in A en B (ten gevolge van het kwispeleffect in C en de vervorming van ACB) uiteindelijk nul zijn.

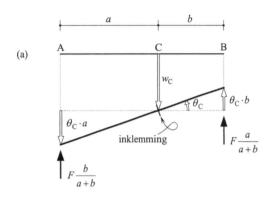

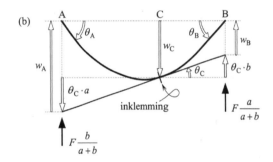

Figuur 8.34 Om θ_C en w_C te berekenen wordt de onvervormde ligger in A en B vrijgemaakt van de opleggingen. Vervolgens wordt de ligger in C opgepakt, verplaatst over de afstand w_C en geroteerd over de hoek θ_C en bij deze stand ingeklemd. Ligger ACB blijft niet recht, maar zal onder invloed van de oplegreacties $Fb/(a+b)$ in A en $Fa/(a+b)$ in B zal vervormen, waardoor in A en B de verplaatsingen w_A en w_B zullen optreden. Omdat de ligger in A en B is opgelegd moeten de resulterende verplaatsingen in A en B (ten gevolge van het kwispeleffect in C en de vervorming van ACB) uiteindelijk nul zijn.

Opmerking: Als $a < b$ wordt θ_C negatief. Dit betekent dat de rotatie in C dan tegengesteld is aan de in figuur 8.34 aangegeven richting van θ_C.

Opmerking: Als $\theta_C \neq 0$ is de doorbuiging onder de puntlast niet de maximum doorbuiging.
De maximum doorbuiging treedt alleen dan op onder de puntlast als $\theta_C = 0$. Dit doet zich voor als $a = b$ en de puntlast dus in het midden van de overspanning staat. Met $a = b = \tfrac{1}{2}\ell$ vindt men in dat geval voor de maximum doorbuiging:

$$w_{\max} = \frac{F\ell^3}{48EI}$$

Deze waarde is in overeenstemming met wat eerder werd gevonden in paragraaf 8.1, voorbeeld 4.

b. De rotaties θ_A en θ_B in respectievelijk A en B worden gevonden door de invloeden van de nu bekende rotatie in C en de vervorming van de ligger te superponeren, zie figuur 8.34:

$$\theta_A = -\theta_C + \frac{F\dfrac{b}{a+b} \cdot a^2}{2EI} = \frac{Fab}{6EI}\frac{a+2b}{a+b} \quad (a)$$

$$\theta_B = +\theta_C + \frac{F\dfrac{a}{a+b} \cdot b^2}{2EI} = \frac{Fab}{6EI}\frac{2a+b}{a+b}$$

In beide uitdrukkingen geeft de tweede term de bijdrage ten gevolge van de vervorming van de in C onder een helling ingeklemde ligger. Men dient hier goed op te letten met de tekens.

c. Stel de maximum doorbuiging treedt op in doorsnede D op een afstand d van A, waarbij wordt aangenomen $d \leq a$, zie figuur 8.35a.

In figuur 8.35b is voor deel AD de elastische lijn getekend. Men kan AD opvatten als een horizontaal in D ingeklemde ligger, in het vrije einde A belast door de oplegreactie $Fb/(a + b)$. Bij een lengte d van de ligger geldt:

$$\theta_A = \dfrac{F\dfrac{b}{a+b} \cdot d^2}{2EI} \quad \text{(b)}$$

$$w_{max} = \dfrac{F\dfrac{b}{a+b} \cdot d^3}{3EI} \quad \text{(c)}$$

Eerder werd afgeleid:

$$\theta_A = \dfrac{Fab}{6EI} \dfrac{a+2b}{a+b} \quad \text{(a)}$$

Uit de gelijkstelling van de uitdrukkingen (a) en (b) vindt men de plaats waar de doorbuiging maximaal is:

$$d = \sqrt{\tfrac{1}{3}a(a+2b)} \quad \text{(d)}$$

Door deze waarde van d te substitueren in (c) vindt men de uitdrukking voor de maximum doorbuiging:

$$w_{max} = \dfrac{Fb(a^2 + 2ab)^{\frac{3}{2}}}{9\sqrt{3}EI(a+b)} \quad \text{mits} \quad a \geq b \quad \text{(e)}$$

Opmerking: De afleiding werd uitgevoerd onder de aanname dat $d \leq a$. Uit (d) volgt in dat geval $a \geq b$. Uitdrukking (e) geldt dus alleen onder deze voorwaarde.

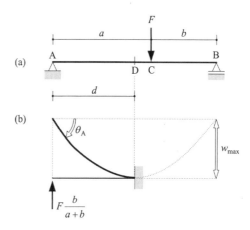

Figuur 8.35 (a) Ligger met (b) het schema voor het berekenen van de maximum doorbuiging, onder de aanname dat deze in D optreedt

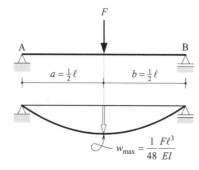

Figuur 8.36 De maximum doorbuiging van een vrij opgelegde prismatische ligger met de puntlast F in het midden van de overspanning ℓ is: $\dfrac{1}{48}\dfrac{F\ell^3}{EI}$

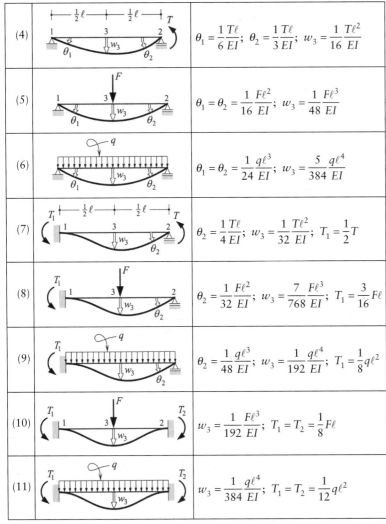

Tabel 8.4 Aanvullende vergeet-mij-nietjes voor een in beide einden opgelegde prismatische ligger met lengte ℓ en buigstijfheid EI (vervolg van tabel 8.3)

Controle formule (e). De lezer wordt verzocht na te gaan of formule (e) in het geval van figuur 8.36, met $a = b = \tfrac{1}{2}\ell$, inderdaad leidt tot:

$$w_{\max} = \frac{F\ell^3}{48EI}$$

Het belastinggeval in figuur 8.36 is al eerder ter sprake gekomen in paragraaf 8.1, voorbeeld 4. Men zou het ook als een vergeet-mij-nietje op kunnen vatten. Dat is gebeurd in tabel 8.4.

Tabel 8.4 geeft met acht belastinggevallen een aanvulling op de drie vergeet-mij-nietjes uit tabel 8.3. Uiteraard kan men de tabel naar eigen inzicht en behoefte uitbreiden.

De vergeet-mij-nietjes (7) t/m (11) hebben betrekking op een statisch onbepaalde ligger[1]. In deze gevallen zijn ook de inklemmingsmomenten gegeven. De verticale oplegreacties kan men zelf berekenen uit het momentenevenwicht van de ligger in zijn geheel.

Er volgen nu nog vier voorbeelden waarbij gebruikgemaakt wordt van de vergeet-mij-nietjes uit tabel 8.4.

Voorbeeld 7 - Scharnierligger • De scharnierligger ABCD in figuur 8.37a heeft scharnierende verbindingen in B en C en is volledig ingeklemd in A en D. AB heeft een buigstijfheid EI, CD heeft een buigstijfheid $2EI$ en BC is oneindig buigstijf. De ligger wordt in E, het midden van BC, belast door een verticale kracht $6F$.

---

[1] Deze belastinggevallen kan men op de in paragraaf 8.2 aangegeven manier berekenen met behulp van de 4e orde differentiaalvergelijking voor buiging.

Gevraagd:
a. De verticale verplaatsing in E en een schets van de elastische lijn van ABCD.
b. Hoe veranderen de onder a gevraagde verplaatsing en elastische lijn als BC niet oneindig stijf is, maar een eindige buigstijfheid EI heeft?

Uitwerking:
a. De scharnierkrachten in B en C op de liggerdelen AB en CD zijn de in figuur 8.37b getekende krachten $3F$. De figuur toont voor AB en CD tevens een schets van de bijbehorende elastische lijn. De verplaatsingen in B en C kan men berekenen met vergeet-mij-nietje (2):

$$w_B = \frac{3F \cdot a^3}{3EI} = \frac{Fa^3}{EI}$$

$$w_C = \frac{3F \cdot (2a)^3}{3 \times 2EI} = 4\frac{Fa^3}{EI}$$

In figuur 8.37c zijn de verplaatsingen op schaal getekend. BC blijft recht omdat de buigstijfheid oneindig groot is. Voor de verplaatsing in E geldt in het aangegeven x-z-assenstelsel:

$$u_{z;E} = w_{E;1} = \frac{w_B + w_C}{2} = \frac{5}{2}\frac{Fa^3}{EI}$$

b. Als BC niet oneindig stijf is moet op hiervoor gevonden verplaatsing in E de invloed van de vervorming van BC worden gesuperponeerd, zie figuur 8.37d. De bijkomende verplaatsing $w_{E;2}$ vindt men met vergeet-mij-nietje (5):

$$w_{E;2} = \frac{6F \cdot (2a)^3}{48EI} = \frac{Fa^3}{EI}$$

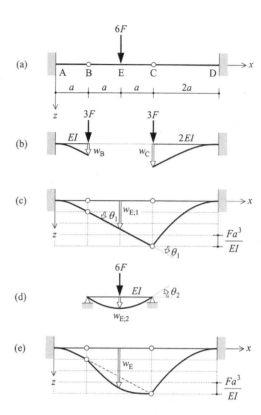

Figuur 8.37 (a) Scharnierligger met een puntlast F op middenveld BC (b) Belasting op en vervorming van de eindvelden AB en CD (c) De elastische lijn als middenveld BC oneindig buigstijf is (d) Belasting op en vervorming van middenveld BC bij eindige buigstijfheid (e) De elastische lijn als middenveld BC een eindige buigstijfheid heeft

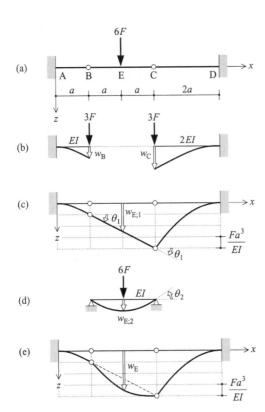

Figuur 8.37 (a) Scharnierligger met een puntlast F op middenveld BC (b) Belasting op en vervorming van de eindvelden AB en CD (c) De elastische lijn als middenveld BC oneindig buigstijf is (d) Belasting op en vervorming van middenveld BC bij eindige buigstijfheid (e) De elastische lijn als middenveld BC een eindige buigstijfheid heeft

De totale verplaatsing in E wordt nu:

$$u_{z;E} = w_E = w_{E;1} + w_{E;2} = \frac{5}{2}\frac{Fa^3}{EI} + \frac{Fa^3}{EI} = \frac{7}{2}\frac{Fa^3}{EI}$$

Figuur 8.37e toont de nieuwe schets van de elastische lijn.

Opmerking: Als men de rotatie φ_C^{BC} in het einde C van liggerdeel BC[1] nader onderzoekt, blijkt deze nul te zijn, zie figuur 8.37c t/m e:

$$\varphi_C^{BC} = -\theta_1 + \theta_2 = -\frac{w_C - w_B}{2a} + \frac{6F \cdot (2a)^2}{16EI} = -\frac{3}{2}\frac{Fa^3}{EI} + \frac{3}{2}\frac{Fa^3}{EI} = 0$$

De raaklijn aan de elastische lijn van BC loopt in C dus horizontaal.

Voorbeeld 8 - Statisch onbepaalde ligger • De statisch onbepaalde ligger in figuur 8.38a heeft een overspanning ℓ en draagt een gelijkmatig verdeelde volbelasting q. Voor dit belastinggeval gelden de vergeet-mij-nietjes (9) in tabel 8.4.

Gevraagd: Bereken de zakking in het midden C als deze waarde in tabel 8.4 is weggevallen.

Uitwerking: Uit tabel 8.4 kan men aflezen dat het inklemmingsmoment in A $\frac{1}{8}q\ell^2$ is[2], zie figuur 8.38b. In deze figuur is tevens de elastische lijn geschetst.

---

[1] De rotatie in C is verschillend voor ligger BC en CD. Daarom is met een bovenindex aangegeven op welk deel van de ligger de rotatie in C betrekking heeft.

[2] In paragraaf 8.3 werd dit afgeleid met behulp van de 4e orde differentiaalvergelijking voor buiging.

De momentenlijn en dus ook de vervorming van de ligger verandert niet als men de inklemming in A vervangt door een scharnieroplegging en daar een moment aan laat grijpen dat gelijk is aan het inklemmingsmoment, zie figuur 8.38c.

De verplaatsing w_C in C wordt hierna gevonden door de bijdragen $w_{C;1}$ ten gevolge van de verdeelde belasting op AB en $w_{C;2}$ ten gevolge van het moment in A afzonderlijk te berekenen. Daarbij wordt aangenomen dat een verplaatsing in C naar beneden positief is, zoals is aangegeven in figuur 8.38b.

De verplaatsing ten gevolge van de volbelasting q is naar beneden gericht (dus positief) en te berekenen met vergeet-mij-nietje (6):

$$w_{C;1} = \frac{5}{384}\frac{q\ell^4}{EI}$$

De verplaatsing door het moment $\frac{1}{8}q\ell^2$ in A is omhoog gericht (dus negatief) en te berekenen met vergeet-mij-nietje (4):

$$w_{C;2} = -\frac{\frac{1}{8}q\ell^2 \cdot \ell^2}{16EI} = -\frac{1}{128}\frac{q\ell^4}{EI}$$

De resulterende verplaatsing in C is:

$$w_C = w_{C;1} + w_{C;2} = \frac{5}{384}\frac{q\ell^4}{EI} - \frac{1}{128}\frac{q\ell^4}{EI} = \frac{1}{192}\frac{q\ell^4}{EI}$$

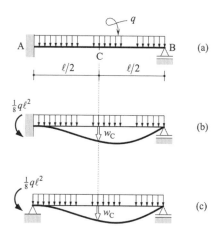

Figuur 8.38 (a) Statisch onbepaalde ligger met gelijkmatig verdeelde volbelasting waarvan men de verplaatsing in C wil berekenen. (b) Elastische lijn van de ligger. Het inklemmingsmoment in A is $\frac{1}{8}q\ell^2$ en kan men aflezen uit tabel 8.4. (c) De momentenlijn en elastische lijn veranderen niet als men de inklemming in A vervangt door een scharnieroplegging en daar een moment aan laat grijpen dat gelijk is aan het inklemmingsmoment. De verplaatsing in C wordt hierna gevonden door de bijdragen ten gevolge van de verdeelde belasting op AB en ten gevolge van het moment in A afzonderlijk met vergeet-mij-nietjes te berekenen en te superponeren.

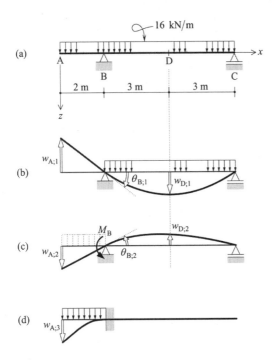

Figuur 8.39 (a) Vrij opgelegde ligger met overstek en gelijkmatig verdeelde volbelasting (b) Elastische lijn ten gevolge van de vervorming van BC onder invloed van de belasting op BC (c) Elastische lijn ten gevolge van de vervorming van BC onder invloed van de belasting op AB (d) Verplaatsingen ten gevolge uitsluitend de vervorming van AB

Voorbeeld 9 - Vrij opgelegde ligger met overstek en gelijkmatig verdeelde volbelasting • De vrij opgelegde ligger ABC met overstek, in figuur 8.39a, draagt een gelijkmatig verdeelde volbelasting $q = 16$ kN/m. De buigstijfheid van de ligger is $EI = 20$ MNm². De afmetingen zijn in de figuur aangegeven.

Gevraagd:
a. De verplaatsing in D.
b. De verplaatsing in A.
c. Een schets van de elastische lijn.

Uitwerking:
a. De verplaatsing in D kan men vinden door de invloed van de belasting op BC en AB afzonderlijk te bekijken en hun bijdragen te superponeren.

De verdeelde belasting op BC geeft in D een zakking $w_{D;1}$, zie figuur 8.39b. Met vergeet-mij-nietje (6) vindt men:

$$w_{D;1} = \frac{5}{384} \frac{(16 \text{ kN/m})(6 \text{ m})^4}{20 \text{ MNm}^2} = 13{,}5 \text{ mm } (\downarrow)$$

De verdeelde belasting op AB oefent in B een moment M_B op BC uit, zie figuur 8.39c:

$$M_B = \tfrac{1}{2} \times (16 \text{ kN/m})(2 \text{ m})^2 = 32 \text{ kNm}$$

Hierdoor ondergaat D een verplaatsing $w_{D;2}$ omhoog, te berekenen met vergeet-mij-nietje (5):

$$w_{D;2} = \frac{1}{16} \frac{(32 \text{ kNm})(6 \text{ m})^2}{20 \text{ MNm}^2} = 3{,}6 \text{ mm } (\uparrow)$$

Omdat $w_{D;1} > w_{D;2}$ is de resulterende verplaatsing w_D in D naar beneden gericht:

$$w_D = w_{D;1} - w_{D;2} = (13,5 \text{ mm}) - (3,6 \text{ mm}) = 9,9 \text{ mm } (\downarrow)$$

of, in het aangegeven x-z-assenstelsel:

$$u_{z;D} = +9,9 \text{ mm}$$

b. De verplaatsing in A vindt men door de invloed van de vervorming van AB op te tellen bij het kwispeleffect ten gevolge van de rotatie in B. Voor de berekening van het kwispeleffect wordt de invloed van de belasting op AB en BC afzonderlijk bekeken.

De verdeelde belasting op BC geeft in A een verplaatsing $w_{A;1}$ omhoog, zie figuur 8.39b. Met vergeet-mij-nietje (5) vindt men voor het kwispeleffect in A:

$$w_{A;1} = (2 \text{ m}) \times \theta_{B;1} = (2 \text{ m}) \times \frac{1}{24} \frac{(16 \text{ kN/m})(6 \text{ m})^3}{20 \text{ MNm}^2} = 14,4 \text{ mm } (\uparrow)$$

Het moment van 32 kNm in B ten gevolge van de verdeelde belasting op AB geeft in A een verplaatsing $w_{A;2}$ omlaag, zie figuur 8.39c. Met vergeet-mij-nietje (4) vindt men voor het kwispeleffect in A:

$$w_{A;2} = (2 \text{ m}) \times \theta_{B;2} = (2 \text{ m}) \times \frac{1}{3} \frac{(32 \text{ kNm})(6 \text{ m})}{20 \text{ MNm}^2} = 6,4 \text{ mm } (\downarrow)$$

De verplaatsing $w_{A;3}$ ten gevolge van uitsluitend de vervorming van AB volgt uit figuur 8.39d en berekent men met vergeet-mij-nietje (3):

$$w_{A;3} = \frac{1}{8} \frac{(16 \text{ kN/m})(2 \text{ m})^4}{20 \text{ MNm}^2} = 1,6 \text{ mm } (\downarrow)$$

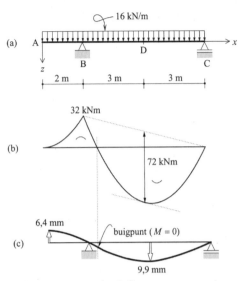

De resulterende verplaatsing w_A is omhoog gericht:

$$w_A = w_{A;1} - w_{A;2} - w_{A;3}$$
$$= (14,4 \text{ mm}) - (6,4 \text{ mm}) - (1,6 \text{ mm}) = 6,4 \text{ mm} (\uparrow)$$

of, in het aangegeven x-z-assenstelsel:

$$u_{z;A} = -6,4 \text{ mm}$$

c. In figuur 8.40 is voor de ligger de momentenlijn en elastische lijn geschetst. De elastische lijn heeft een buigpunt op de plaats waar het buigend moment van teken wisselt.

Voorbeeld 10 - Onder een helling geschoorde staaf • De onder een helling geschoorde staaf ACD in figuur 8.41 wordt in D belast door een verticale kracht van 20 kN. De staaf heeft een buigstijfheid van 40 MNm². Vervorming door normaalkracht wordt verwaarloosd.

Gevraagd: De verticale verplaatsing van D in het aangegeven x-y-assenstelsel.

Uitwerking: Voor ACD is in figuur 8.42a de momentenlijn getekend. De kracht van 20 kN in D heeft een component van 12 kN loodrecht op de staafas. Het is deze kracht die in ACD de buigende momenten en buigvervorming veroorzaakt.

Omdat er geen normaalkrachtvervorming is zal C niet verplaatsen en mag men C opvatten als een 'vast punt'. Door de verbuiging van ACD zal D loodrecht op de staafas verplaatsen. In figuur 8.42b is een schets van de elastische lijn gegeven.

Figuur 8.40 (a) Vrij opgelegde ligger met overstek en gelijkmatig verdeelde volbelasting met (b) momentenlijn en (c) elastische lijn. De elastische lijn heeft een buigpunt op de plaats waar het buigend moment nul is.

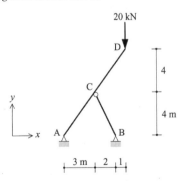

Figuur 8.41 Onder een helling geschoorde staaf met in de top een verticale kracht van 20 kN

Bij de berekening van de verplaatsing w in D worden hierna de bijdragen door de vervorming van AC en CD afzonderlijk bekeken. Zij zijn in figuur 8.42b aangegeven met respectievelijk w_1 en w_2.

In C werkt op AC een moment van 60 kNm, zie figuur 8.42c. Hierdoor vervormt AC en treedt in C een rotatie θ_C op, te berekenen met vergeet-mij-nietje (4):

$$\theta_C = \frac{1}{3}\frac{(60\text{ kNm})(5\text{ m})}{40\text{ MNm}^2} = 2{,}5\times 10^{-3}\text{ rad}$$

De rotatie in C geeft in D het kwispeleffect w_1:

$$w_1 = \theta_C \times (5\text{ m}) = (2{,}5\times 10^{-3}\text{ rad})(5\text{ m}) = 12{,}5\text{ mm}$$

Bij deze verplaatsing moet worden opgeteld de verplaatsing w_2 ten gevolge van de vervorming van CD, zie figuur 8.42d. Deze is te berekenen met vergeet-mij-nietje (2):

$$w_2 = \frac{1}{3}\frac{(12\text{ kN})(5\text{ m})^3}{40\text{MNm}^2} = 12{,}5\text{ mm}$$

De totale verplaatsing in D is, zie figuur 8.42b:

$$w = w_1 + w_2 = (12{,}5\text{ mm}) + (12{,}5\text{ mm}) = 25\text{ mm}$$

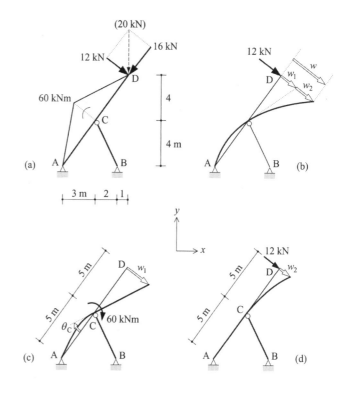

Figuur 8.42 (a) Momentenlijn voor de onder een helling geschoorde staaf (b) Schets van de elastische lijn. Door de verbuiging van ACD verplaatst D loodrecht op de staafas. (c) w_1 is de verplaatsing in D ten gevolge van de vervorming van AC. (d) w_2 is de verplaatsing in D ten gevolge van de vervorming van CD.

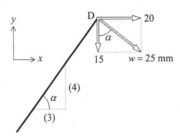

Figuur 8.43 De verplaatsing in D, loodrecht op de staafas, ontbonden in een horizontale en verticale component

In figuur 8.43 is de omgeving van D vergroot getekend. De verplaatsing w in D van 25 mm, loodrecht op ACD, heeft een horizontale component van 20 mm ($\rightarrow$) en een verticale component van 15 mm ($\downarrow$). In het aangegeven y-z-assenstelsel betekent dit voor de horizontale verplaatsing:

$$u_{x;D} = +20 \text{ mm}$$

en voor de gevraagde verticale verplaatsing:

$$u_{y;D} = -15 \text{ mm}$$

8.4 Momentenvlakstellingen

Met de momentenvlakstellingen wordt een krachtige methode gepresenteerd om de hoekverdraaiing en zakking ten gevolge van buiging te berekenen voor constructies waarin het momentenverloop bekend is.

De momentenvlakstellingen zijn gebaseerd op de kinematische en constitutieve betrekkingen die in paragraaf 4.3 werden afgeleid voor een in het x-z-vlak op buiging belaste staaf.

In paragraaf 8.4.1 worden de momentenvlakstellingen afgeleid en wordt een visuele interpretatie van het resultaat gegeven, waarna in paragraaf 8.4.2 aan de hand van een aantal voorbeelden de kracht van de visuele interpretatie wordt gedemonstreerd.

8.4.1 Afleiding

Er zijn twee momentenvlakstellingen, de eerste heeft betrekking op de rotatie φ en de tweede op de verplaatsing w.

Bij de afleiding wordt gebruikgemaakt van de kinematische betrekkingen (zie paragraaf 4.3.1):

$$\varphi = -\frac{dw}{dx} \quad (1)$$

$$\kappa = \frac{d\varphi}{dx} \quad (2)$$

en de constitutieve betrekking (zie paragraaf 4.3.2):

$$M = EI\kappa \quad \text{of} \quad \kappa = \frac{M}{EI} \quad (3)$$

De afleiding van de momentenvlakstellingen geschiedt aan de hand van liggerdeel AB in figuur 8.44a, waarvan in figuur 8.44b de momentenlijn is getekend.

Bij de afleiding wordt gewerkt in het x-z-assenstelsel waarin ook de kinematische en constitutieve formules zijn afgeleid. In de momentenlijn is het vervormingsteken daarom tussen haakjes geplaatst. Na de afleiding volgt een visuele interpretatie van de momentenvlakstellingen. Het vervormingsteken geeft daarbij informatie over de manier waarop de ligger kromt.

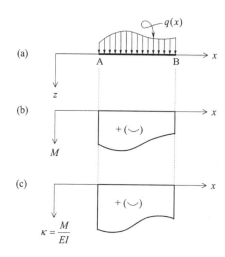

Figuur 8.44 (a) Deel AB van een ligger met verdeelde belasting en bijbehorende (b) momentenlijn en (c) *M/EI*-vlak of gereduceerd momentenvlak

Afleiding eerste momentenvlakstelling. De eerste momentenvlakstelling heeft betrekking op de rotatie φ. Door de kromming κ te elimineren uit (2) en (3) vindt men:

$$\frac{d\varphi}{dx} = \frac{M}{EI} \quad (4)$$

De verandering van de rotatie φ wordt bepaald door de waarde van de grootheid *M/EI*. Deze grootheid noemt men wel het *gereduceerde moment*. In feite is het echter gewoon de *kromming* κ; volgens constitutieve betrekking (3) geldt immers $\kappa = M/EI$.

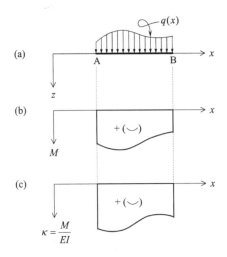

Figuur 8.44 (a) Deel AB van een ligger met verdeelde belasting en bijbehorende (b) momentenlijn en (c) *M/EI*-vlak of gereduceerd momentenvlak

Uit (4) volgt:

$$d\varphi = \frac{M}{EI}dx$$

Integreert men deze vergelijking over de lengte AB dan vindt men:

$$\Delta\varphi = \varphi_B - \varphi_A = \underbrace{\int_A^B \frac{M}{EI}dx}_{\substack{\text{oppervlakte} \\ M/EI\text{-vlak}}} \tag{5a}$$

De integraal in het rechterlid is in absolute zin gelijk aan de oppervlakte die wordt ingesloten tussen de *x*-as en de kromme die het verloop van de kromming $\kappa = M/EI$ tussen A en B aangeeft, zie figuur 8.44c. Men noemt dit vlak gewoonlijk het *M/EI-vlak* of het *gereduceerde momentenvlak*.

Volgens (5) is de toename $\Delta\varphi$ van de rotatie tussen A en B gelijk aan de oppervlakte van het *M/EI*-vlak tussen A en B. Men noemt dit de *eerste momentenvlakstelling*.

Als de rotatie in A bekend is vindt men de rotatie in B met:

$$\varphi_B = \varphi_A + \underbrace{\int_A^B \frac{M}{EI}dx}_{\substack{\text{oppervlakte} \\ M/EI\text{-vlak}}} \tag{5b}$$

Opmerking 1: Afhankelijk van het teken van *M* kan de integraal, die de oppervlakte van het *M/EI*-vlak voorstelt, positief of negatief zijn.

Opmerking 2: De eerste momentenvlakstelling (5) geldt alleen als de rotatie φ continu en continu differentieerbaar is over de lengte AB.

Dit betekent dat er zich tussen A en B geen scharnierende verbindingen mogen bevinden.

Afleiding tweede momentenvlakstelling. De tweede momentenvlakstelling heeft betrekking op de verplaatsing w. Uit kinematische betrekking (1):

$$\varphi = -\frac{dw}{dx}$$

volgt:

$$dw = -\varphi\,dx$$

De verandering van de verplaatsing w wordt bepaald door de waarde van de rotatie φ. Integreren tussen de grenzen A en B geeft:

$$\Delta w = w_B - w_A = -\int_A^B \varphi\,dx$$

Met behulp van partiële integratie vindt men vervolgens:

$$\Delta w = w_B - w_A = -\varphi x\Big|_A^B + \int_A^B \frac{d\varphi}{dx} x\,dx = -\varphi_B x_B + \varphi_A x_A + \int_A^B \frac{d\varphi}{dx} x\,dx$$

Voor de differentiaal onder het integraalteken geldt volgens (4):

$$\frac{d\varphi}{dx} = \frac{M}{EI}$$

zodat men voor Δw ook kan schrijven:

$$\Delta w = w_B - w_A = -\varphi_B x_B + \varphi_A x_A + \int_A^B \frac{M}{EI} x\,dx \qquad (6)$$

Met de eerste momentenvlakstelling (5b) werd voor de rotatie φ_B gevonden:

$$\varphi_B = \varphi_A + \int_A^B \frac{M}{EI} dx$$

Hiervan gebruikmakend is (6) als volgt te herschrijven:

$$\Delta w = w_B - w_A = -\varphi_A(x_B - x_A) - \underbrace{\int_A^B \frac{M}{EI}(x_B - x)dx}_{\substack{\text{statisch moment} \\ M/EI\text{-vlak t.o.v. B}}} \tag{7a}$$

Men noemt dit de *tweede momentenvlakstelling*.

De betekenis van de integraal in het rechterlid wordt toegelicht aan de hand van het M/EI-vlak in figuur 8.45. Hierin is de oppervlakte van het gearceerde strookje, met breedte dx, gelijk aan: $\frac{M}{EI}dx$. Deze waarde vermenigvuldigd met de afstand $(x_B - x)$ is gelijk aan het statisch moment (lineair oppervlaktemoment) van de gearceerde oppervlakte ten opzichte van punt B. De integraal in (7a) staat dus voor het statisch moment van het M/EI-vlak tussen A en B, ten opzichte van punt B.

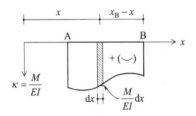

Figuur 8.45 In de integraal $\int_A^B \frac{M}{EI}(x_B - x)dx$ is de term onder het integraalteken gelijk aan het statisch moment van de gearceerde oppervlakte ten opzichte van B.

Zijn in A de verplaatsing w_A en rotatie φ_A bekend, dan vindt men de verplaatsing in B uit:

$$w_B = w_A - \underbrace{\varphi_A(x_B - x_A)}_{\substack{pq \\ \text{kwispeleffect} \\ \text{t.g.v. de rotatie} \\ \text{in A}}} - \underbrace{\int_A^B \frac{M}{EI}(x_B - x)dx}_{\substack{qr \\ \text{t.g.v. de vervorming} \\ \text{van AB}}} \text{(7b)} \tag{7b}$$

Zie figuur 8.46 voor de bijgeschreven visuele interpretatie.

Opmerking: De tweede momentenvlakstelling (7) geldt alleen als de rotatie φ en verplaatsing w continu en continu differentieerbaar zijn over AB.

Visuele interpretatie van de momentenvlakstellingen. In figuur 8.46a is voor liggerdeel AB het M/EI-vlak getekend, waarbij is aangenomen dat de kromming tussen A en B het gevolg is van een positief buigend moment, zodat de integraal in het rechterlid van (7) positief is.
In figuur 8.46b is een schets gegeven van de bijbehorende vervorming van liggerdeel AB (de *elastische lijn*).

De afstand $|\text{pr}|$ in de figuur is het verschil in zakking tussen A en B. Hiervan is de afstand $|\text{pq}|$ een gevolg van het kwispeleffect door de rotatie φ_A in A:

$$|\text{pq}| = \varphi_A(x_B - x_A)$$

De afstand $|\text{qr}|$ is een gevolg van de vervorming van AB en is gelijk aan het statisch moment van het M/EI-vlak ten opzichte van B:

$$|\text{qr}| = \int_A^B \frac{M}{EI}(x_B - x)\,\mathrm{d}x$$

Het statisch moment ten opzichte van B kan men ook schrijven als het product van de oppervlakte van het M/EI-vlak en de afstand $(x_B - x_C)$ van B tot het zwaartepunt C van het M/EI-vlak, zie figuur 8.46a:

$$|\text{qr}| = \underbrace{\int_A^B \frac{M}{EI}(x_B - x)\,\mathrm{d}x}_{\substack{\text{statisch moment} \\ M/EI\text{-vlak t.o.v. B}}} = (x_B - x_C)\underbrace{\int_A^B \frac{M}{EI}\,\mathrm{d}x}_{\substack{\text{oppervlakte} \\ M/EI\text{-vlak}}}$$

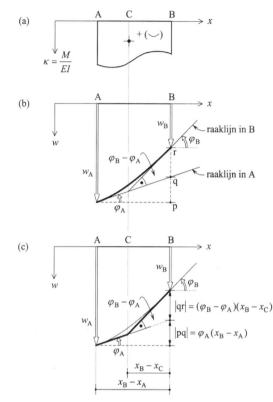

Figuur 8.46 (a) Het M/EI-vlak voor liggerdeel AB (b) De raaklijnen in A en B aan de vervormde ligger (de elastische lijn van) AB snijden elkaar in C, ter hoogte van het zwaartepunt van het M/EI-vlak, en maken daar een hoek met elkaar die gelijk is aan de oppervlakte van het M/EI-vlak. (c) De verplaatsing in B door de vervorming van AB kan men vanuit A berekenen als het kwispeleffect $|\text{pq}|$ ten gevolge van de rotatie φ_A in A en het kwispeleffect $|\text{qr}|$ ten gevolge van de knik in C die in grootte gelijk is aan de oppervlakte van het M/EI-vlak.

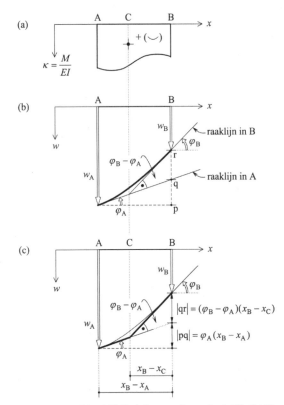

Figuur 8.46 (a) Het M/EI-vlak voor liggerdeel AB (b) De raaklijnen in A en B aan de vervormde ligger (de elastische lijn van) AB snijden elkaar in C, ter hoogte van het zwaartepunt van het M/EI-vlak, en maken daar een hoek met elkaar die gelijk is aan de oppervlakte van het M/EI-vlak. (c) De verplaatsing in B door de vervorming van AB kan men vanuit A berekenen als het kwispeleffect $|pq|$ ten gevolge van de rotatie φ_A in A en het kwispeleffect $|qr|$ ten gevolge van de knik in C die in grootte gelijk is aan de oppervlakte van het M/EI-vlak.

Volgens de eerste momentenvlakstelling is de oppervlakte van het M/EI-vlak gelijk aan de toename van de rotatie tussen A en B:

$$\int_A^B \frac{M}{EI} dx = \varphi_B - \varphi_A$$

Hiervan gebruikmakend vindt men voor de afstand $|qr|$ (en dus voor de integraal die het statisch moment van het M/EI-vlak voorstelt):

$$|qr| = \int_A^B \frac{M}{EI}(x_B - x) dx = (x_B - x_C)\int_A^B \frac{M}{EI} dx = (x_B - x_C)(\varphi_B - \varphi_A)$$

De tweede momentenvlakstelling (7b) kan men dus ook schrijven als:

$$w_B = w_A - \underbrace{\varphi_A(x_B - x_A)}_{\substack{pq \\ \text{kwispeleffect} \\ \text{t.g.v. de rotatie} \\ \text{in A}}} - \underbrace{(x_B - x_C)(\varphi_B - \varphi_A)}_{\substack{qr \\ \text{t.g.v. de vervorming} \\ \text{van AB}}} \quad (7c) \tag{7c}$$

Zie de betekenis van elk van de termen figuur 8.46c.

Conclusie: De raaklijnen in A en B aan de vervormde ligger (de elastische lijn van) AB snijden elkaar in C, ter hoogte van het zwaartepunt van het M/EI-vlak, en maken daar een hoek (knik) met elkaar die gelijk is aan de oppervlakte van het M/EI-vlak, zie figuur 8.46b.

Als men vanuit A de rotatie en verplaatsing in B wil berekenen kan men de elastische lijn schematiseren tot twee rechte lijnen, de raaklijnen in A en B, die ter hoogte van het zwaartepunt van het M/EI-vlak een knik met elkaar maken ter grootte van de oppervlakte van het M/EI-vlak, zie figuur 8.46c.
De verplaatsing in B door de vervorming van AB kan men berekenen als het kwispeleffect ten gevolge van de knik tussen de raaklijnen in A en B.

Opmerking: Men kan de knik in C ontstaan denken door de kromming van AB in één punt te concentreren. De knik moet dus in overeenstemming zijn met het vervormingsteken in de M-lijn (of het M/EI-vlak).

De afgeleide momentenvlakstellingen (5a/b) en (7a/b) kan men analytisch uitwerken. Men dient dan wel bij alle grootheden rekening te houden met het teken in het gehanteerde assenstelsel. De integralen voor de oppervlakte en het statisch moment van het M/EI-vlak kunnen in dat geval zowel positief als negatief uitvallen.

Een bezwaar van de analytische aanpak is dat deze eigenlijk alleen maar mogelijk is bij rechte liggers[1]. Een ander nadeel is dat men niet '*ziet wat er gebeurt*'.

Bij de toepassing van de momentenvlakstellingen wordt hierna gebruikgemaakt van de visuele interpretatie zoals geformuleerd aan de hand van momentenvlakstelling (7c). Behalve dat men bij deze aanpak 'ziet wat er gebeurt' kan men er ook geknikte liggers en portalen mee berekenen.

Bij de visuele aanpak spelen de oppervlakte en het zwaartepunt van het M/EI-vlak een belangrijke rol. Voor een aantal veel voorkomende vormen van M/EI-vlakken zijn deze eigenschappen opgenomen in tabel 8.5.

8.4.2 Voorbeelden

In deze paragraaf wordt de kracht van de momentenvlakstellingen geïllustreerd aan de hand van een tiental voorbeelden.
De voorbeelden 1 t/m 4 betreffen een ingeklemde ligger. De ligger in voorbeeld 3 is niet-prismatisch. Voorbeeld 5 behandelt een ingeklemde geknikte staaf.

---

[1] Bij geknikte liggers ontstaan er problemen omdat men bij elke knik van het ene (lokale) assenstelsel naar het andere moet overstappen.

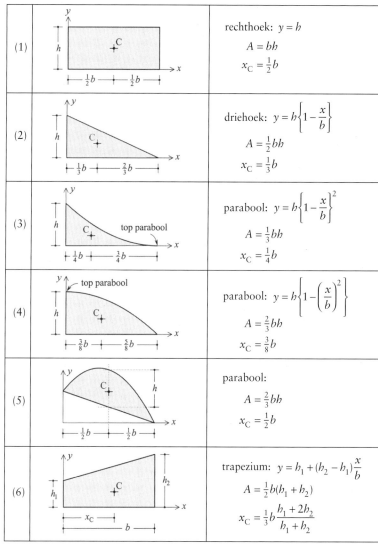

Tabel 8.5 Oppervlaktefiguren met hun oppervlakte A en x-coördinaat van het zwaartepunt C

In de voorbeelden 6 t/m 9 is de constructie vrij opgelegd. De constructie is hier een rechte ligger, al dan niet met overstek (voorbeeld 6 en 7) of bestaat uit meerdere stijf met elkaar verbonden rechte staven (voorbeeld 8 en 9).
Ten slotte worden in voorbeeld 10 de verplaatsingen van een driescharnierenspant berekend.

Opmerking: In de eerste vijf voorbeelden wordt bij het toepassen van de momentenvlakstellingen gestart vanuit een inklemming; daar is zowel de rotatie φ als verplaatsing w bekend[1]. Dat verandert echter vanaf voorbeeld 6. In de voorbeelden 6 t/m 9 is de rotatie in het startpunt niet bekend, maar moet deze worden berekend uit een elders bekende verplaatsing.
Nog verder gaat voorbeeld 10, waar de benodigde rotaties moeten worden berekend uit aansluitvoorwaarden.

Omdat de hier gepresenteerde methode met de momentenvlakstellingen sterk visueel is georiënteerd werkt men in het geval van rechte liggers vaak zonder assenstelsel, of laat men deze in eerste instantie buiten beschouwing. Een verplaatsing door buiging, loodrecht op de liggeras, wordt w genoemd en een rotatie θ. De positieve richting van w wordt, op dezelfde manier als bij de vergeet-mij-nietjes[2], ontleend aan het plaatje waarin een schets van de vervormde ligger is gegeven. Ook de positieve richting van de rotatie θ wordt aan dat plaatje ontleend.

Bij geknikte staven (voorbeelden 5) en bij andere, ingewikkelder staafconstructies (de voorbeelden 8 t/m 10), verdient het aanbeveling te

---

[1] In een inklemming geldt: $\varphi = 0$ en $w = 0$.

[2] Zie paragraaf 8.3.

werken in een *globaal assenstelsel*[1] en de verplaatsingen hierin te benoemen. Om verwarring met de letter w te voorkomen worden in een globaal x-z-assenstelsel de verplaatsingen in respectievelijk de x- en z-richting niet meer aangeduid met u en w, maar met u_x en u_z, en de rotatie met φ (eigenlijk φ_y)[2].

Voorbeeld 1 - Een vergeet-mij-nietje • Voor de prismatische ligger in figuur 8.47a, met buigstijfheid EI, gelden de vergeet-mij-nietjes (2) uit tabel 8.3.

Gevraagd: Verifieer de uitdrukkingen voor de rotatie en verplaatsing in B met behulp van de momentenvlakstellingen.

Uitwerking: In figuur 8.47b is het M/EI-vlak getekend, met daarin het vervormingsteken.

Om de verplaatsing in B te vinden kan men de vervormde ligger schematiseren tot twee rechte lijnen (de raaklijnen in A en B aan de elastische lijn), die ter plaatse van het zwaartepunt van het M/EI-vlak een knik θ met elkaar maken ter grootte van de oppervlakte van het M/EI-vlak.

Het zwaartepunt van het M/EI-vlak ligt in C, op $\tfrac{1}{3}\ell$ vanaf inklemming A. In figuur 8.47c is op deze plaats de knik θ getekend.
De knik kan men ontstaan denken door de kromming van de ligger in één punt te concentreren. De knik moet dus bij het vervormingsteken passen.

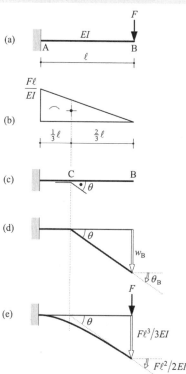

Figuur 8.47 (a) Ingeklemde ligger belast door de kracht F in het vrije einde met (b) het M/EI-vlak (c) De vervorming van de ligger kan men geconcentreerd denken in een knik C, ter hoogte van het zwaartepunt van het M/EI-vlak. De grootte van de knik θ is gelijk aan de oppervlakte van het M/EI-vlak. Als het M/EI-vlak op de juiste manier is uitgezet, dat wil zeggen aan de getrokken zijde van de liggeras, dan zal de knik altijd buiten het M/EI-vlak liggen, en er nooit in 'prikken'. De open zijde van de knik θ wijst in de richting waar men de rotatie en/of verplaatsing wil weten, in dit geval in de richting van B. Met enige fantasie kan men in de knik een 'oogje' zien dat kijkt in de richting waar men naar toe werkt. (d) De verplaatsing in B vindt men als het kwispeleffect ten gevolge van de knik θ in C. (e) De rechte lijnen in (d) zijn in A en B de raaklijnen aan de vervormde liggeras. Met deze lijnen is het mogelijk een snelle en nauwkeurige schets van de doorbuigingslijn te maken.

---

[1] Een globaal assenstelsel is een assenstelsel dat voor de constructie in zijn geheel geldt. De stand van een globaal assenstelsel wordt in veruit de meeste gevallen gerelateerd aan de richting van de zwaartekracht.

[2] Omdat misverstanden zijn uitgesloten wordt de index y hier voor het gemak weggelaten.

De knik wordt uitgezet met de open zijde naar de kant waar men de rotatie en/of verplaatsing wil weten. Met enige fantasie en goede wil kan men in de knik een 'oogje' zien dat kijkt in de richting waar men naar toe werkt, in dit geval in de richting van B.

Opmerking: De knik wordt gewoonlijk getekend in het M/EI-vlak, dus in figuur 8.47b.
Als het M/EI-vlak op de juiste manier is uitgezet, dat wil zeggen aan de getrokken zijde van de liggeras, dan zal de knik altijd buiten het M/EI-vlak liggen, en er nooit in 'prikken'.

De knik θ is gelijk aan de oppervlakte van het M/EI-vlak:

$$\theta = \tfrac{1}{2} \cdot \ell \cdot \frac{F\ell}{EI} = \frac{F\ell^2}{2EI}$$

De rotatie en verplaatsing in B laten zich berekenen uit figuur 8.47d. Voor de rotatie in B geldt:

$$\theta_B = \theta = \frac{F\ell^2}{2EI}$$

De verplaatsing in B vindt men als het kwispeleffect ten gevolge van de knik θ in C:

$$w_B = \theta \cdot \tfrac{2}{3}\ell = \frac{F\ell^2}{2EI} \cdot \tfrac{2}{3}\ell = \frac{F\ell^3}{3EI}$$

De gevonden waarden zijn in overeenstemming met vergeet-mij-nietje (2) uit tabel 8.3.

De rechte lijnen in figuur 8.47d zijn in A en B de raaklijnen aan de vervormde ligger. Met deze lijnen is het mogelijk een snelle en nauwkeurige schets van de elastische lijn te maken, zie figuur 8.47e.

Voorbeeld 2 - Verplaatsing in de top van een onder een helling ingeklemde staaf • Staaf AB in figuur 8.48a is in A ingeklemd onder een helling, en wordt in het vrije einde belast door een verticale kracht van 30 kN. De buigstijfheid van de staaf is $EI = 5,2$ MNm². Vervorming door normaalkracht wordt verwaarloosd.

Gevraagd: De horizontale verplaatsing in B ten gevolge van buiging.

Uitwerking: Het buigend moment in A bedraagt: $(30 \text{ kN})(1 \text{ m}) = 30$ kNm. Figuur 8.48b toont het M/EI-vlak, met het vervormingsteken. Het zwaartepunt van het M/EI-vlak ligt ter hoogte van C, op éénderde van de staaflengte vanuit A. Op deze plaats is de knik θ getekend.

De grootte van de knik θ is gelijk aan de oppervlakte van het driehoekige M/EI-vlak. Bij een staaflengte van $\sqrt{(1 \text{ m})^2 + (2,4 \text{ m})^2} = 2,6$ m en een buigstijfheid EI van $5,2$ MNm² vindt men voor deze oppervlakte:

$$\theta = \tfrac{1}{2} \times (2,6 \text{ m}) \times \frac{30 \text{ kNm}}{5,2 \times 10^3 \text{ kNm}^2} = 7,5 \times 10^{-3} \text{ rad}$$

De knik θ in C geeft de hoek aan waarover het bovenste deel CB gezwaaid moet worden om de verplaatsing in B te vinden, zie figuur 8.48c.

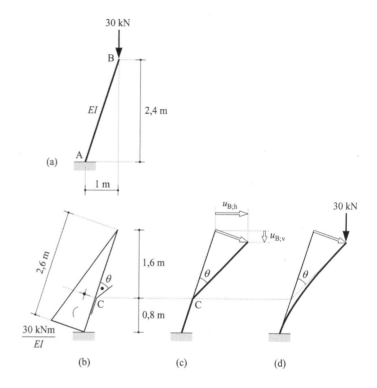

Figuur 8.48 (a) Onder een helling ingeklemde staaf, in de top belast door een verticale kracht, met (b) het M/EI-vlak. De buigvervorming van AB kan men geconcentreerd denken in de knik θ in C, ter hoogte van het zwaartepunt van het M/EI-vlak. (c) De verplaatsing in B vindt men door het bovenste deel CB te zwaaien over de hoek θ in C. (d) Schets van de elastische lijn. De verplaatsing door buiging staat altijd loodrecht op de staafas.

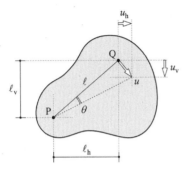

Figuur 8.49 Voor de verplaatsing ten gevolge van een kleine rotatie θ geldt (het teken buiten beschouwing gelaten):
- De horizontale component van de verplaatsing in Q is gelijk aan 'rotatie × verticale afstand tot het draaipunt P':
$u_h = \theta \cdot \ell_v$.
- De verticale component van de verplaatsing in Q is gelijk aan 'rotatie × horizontale afstand tot het draaipunt P':
$u_v = \theta \cdot \ell_h$.

Intermezzo[1]: Voor de verplaatsing ten gevolge van een kleine rotatie θ geldt (het teken buiten beschouwing gelaten), zie figuur 8.49:
- De horizontale component van de verplaatsing in Q is gelijk aan 'rotatie × verticale afstand tot het draaipunt P':

$$u_h = \theta \cdot \ell_v$$

- De verticale component van de verplaatsing in Q is gelijk aan 'rotatie × horizontale afstand tot het draaipunt P':

$$u_v = \theta \cdot \ell_h$$

[1] Zie ook paragraaf 7.2, voorbeeld 7, en TOEGEPASTE MECHANICA - deel 1, paragraaf 15.3.2.

Voor de horizontale (component van de) verplaatsing in B vindt men, met $\theta = 7{,}5 \times 10^{-3}$ rad en $\ell_v = \tfrac{2}{3} \times (2{,}4 \text{ m}) = 1{,}6$ m, zie figuur 8.48c:

$$u_{B;h} = \theta \cdot \ell_v = (7{,}5 \times 10^{-3} \text{ rad})(1{,}6 \text{ m}) = 12 \times 10^{-3} \text{ m} = 12 \text{ mm}$$

In figuur 8.48d is de elastische lijn geschetst. Er wordt nogmaals op gewezen dat de verplaatsing door buiging (in het geval van kleine verplaatsingen) altijd loodrecht op de staafas staat.

Opmerking: De aanpak met de momentenvlakstellingen werkt hier veel sneller dan die met vergeet-mij-nietjes. Om dit te verifiëren wordt de lezer verzocht dit voorbeeld ook met vergeet-mij-nietjes uit te werken.

Voorbeeld 3 - Ingeklemde niet-prismatische ligger • De in A ingeklemde ligger ABC in figuur 8.50a wordt in het vrije einde C belast door een kracht F. De buigstijfheid is $2EI$ voor deel AB en EI voor deel BC.

Gevraagd:
a. De rotatie en zakking in B en C.
b. Een schets van de elastische lijn.
c. Met hoeveel procent neemt de zakking in C toe als de ligger prismatisch is met buigstijfheid EI?

Uitwerking:
a. In figuur 8.50b is de M-lijn getekend en in figuur 8.50c het M/EI-vlak, beide met de vervormingstekens.

Voor het berekenen van de verplaatsingen kan men de vervorming van AB en BC geconcentreerd denken in de knikken θ_1 en θ_2 ter hoogte van de zwaartepunten van respectievelijk het trapeziumvormige M/EI-vlak voor AB en het driehoekige M/EI-vlak voor BC. Bij het trapeziumvormige M/EI-vlak voor AB kan men de grootte en plaats van de knik vinden met behulp van de formules uit tabel 8.5.

Voor de grootte van de knikken θ geldt:

$$\theta_1 = \tfrac{1}{2} \cdot \ell \cdot \left(\frac{F\ell}{EI} + \frac{F\ell}{2EI} \right) = \frac{3}{4} \frac{F\ell^2}{EI} \quad \text{(oppervlakte trapezium)}$$

$$\theta_2 = \tfrac{1}{2} \cdot \ell \cdot \frac{F\ell}{EI} = \frac{1}{2} \frac{F\ell^2}{EI} \quad \text{(oppervlakte driehoek)}$$

Voor de plaats van deze knikken geldt, zie figuur 8.50c:

$$a_1 = \tfrac{1}{3} \cdot \ell \cdot \frac{\dfrac{F\ell}{EI} + 2 \times \dfrac{F\ell}{2EI}}{\dfrac{F\ell}{EI} + \dfrac{F\ell}{2EI}} = \tfrac{4}{9}\ell$$

$$a_2 = \ell + \tfrac{1}{3}\ell = \tfrac{4}{3}\ell$$

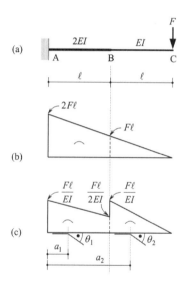

Figuur 8.50 (a) Ingeklemde niet-prismatische ligger, belast door de kracht F in het vrije einde, met (b) de momentenlijn en (c) het gereduceerde momentenvlak. De vervorming van AB en BC kan men geconcentreerd denken in de knikken θ_1 en θ_2 ter hoogte van de zwaartepunten van respectievelijk het trapeziumvormige M/EI-vlak voor AB en het driehoekige M/EI-vlak voor BC.

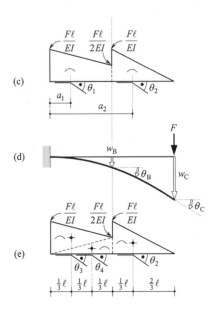

Figuur 8.50 (vervolg) (c) Het gereduceerde momentenvlak. De vervorming van AB en BC kan men geconcentreerd denken in de knikken θ_1 en θ_2 ter hoogte van de zwaartepunten van respectievelijk het trapeziumvormige M/EI-vlak voor AB en het driehoekige M/EI-vlak voor BC. (d) Schets van de elastische lijn. De verplaatsing in B en C vindt men als het kwispeleffect ten gevolge van θ_1, respectievelijk θ_1 en θ_2. (e) Om de berekening te vereenvoudigen kan men het trapeziumvormige deel van het M/EI-vlak ook opsplitsen in twee driehoeken.

In de knikken θ_1 en θ_2 in figuur 8.50c kan men (mits goed uitgezet) weer de 'oogjes' herkennen die kijken in de richting waar men de verplaatsing wil weten.

In figuur 8.50d is de te verwachten vorm van de elastische lijn geschetst.

De zakking in B berekent men als het kwispeleffect ten gevolge van θ_1:

$$w_B = (\ell - a_1) \cdot \theta_1 = \tfrac{5}{9}\ell \cdot \frac{3}{4}\frac{F\ell^2}{EI} = \frac{5}{12}\frac{F\ell^3}{EI}$$

De zakking in C berekent men als het kwispeleffect ten gevolge van θ_1 en θ_2:

$$w_C = (2\ell - a_1) \cdot \theta_1 + (2\ell - a_2) \cdot \theta_2$$
$$= \tfrac{14}{9}\ell \cdot \frac{3}{4}\frac{F\ell^2}{EI} + \tfrac{2}{3}\ell \cdot \frac{1}{2}\frac{F\ell^2}{EI} = \frac{3}{2}\frac{F\ell^3}{EI}$$

Voor de rotaties in B en C geldt:

$$\theta_B = \theta_1 = \frac{3}{4}\frac{F\ell^2}{EI}$$

$$\theta_C = \theta_1 + \theta_2 = \frac{3}{4}\frac{F\ell^2}{EI} + \frac{1}{2}\frac{F\ell^2}{EI} = \frac{5}{4}\frac{F\ell^2}{EI}$$

Opmerking: Beschikt men niet over de formules voor de oppervlakte en het zwaartepunt van een trapezium, dan kan men het trapeziumvormige M/EI-vlak voor AB opsplitsen in twee eenvoudiger te berekenen vormen, zoals bijvoorbeeld de twee driehoeken in figuur 8.50e. In dat geval geldt:

$$\theta_2 = \theta_3 = \tfrac{1}{2} \cdot \ell \cdot \frac{F\ell}{EI} = \frac{1}{2}\frac{F\ell^2}{EI}$$

$$\theta_4 = \tfrac{1}{2} \cdot \ell \cdot \frac{F\ell}{2EI} = \frac{1}{4}\frac{F\ell^2}{EI}$$

De verplaatsing en rotatie in B vindt men nu als het kwispeleffect ten gevolge van de knikken θ_3 en θ_4; die in C vindt men als het kwispeleffect ten gevolge van θ_2 t/m θ_4. Bijvoorbeeld:

$$w_C = \tfrac{5}{3}\ell \cdot \theta_3 + \tfrac{4}{3}\ell \cdot \theta_4 + \tfrac{2}{3}\ell \cdot \theta_2$$

$$= \tfrac{5}{3}\ell \cdot \frac{1}{2}\frac{F\ell^2}{EI} + \tfrac{4}{3}\ell \cdot \frac{1}{4}\frac{F\ell^2}{EI} + \tfrac{2}{3}\ell \cdot \frac{1}{2}\frac{F\ell^2}{EI} = \frac{3}{2}\frac{F\ell^2}{EI}$$

b. In figuur 8.51 zijn de verplaatsingen op schaal getekend. Daarbij zijn zij sterk vergroot ten opzichte van de constructieafmetingen. Met behulp van de raaklijnen in A, B en C krijgt men al zeer snel een nauwkeurige schets van de elastische lijn.

c. Als de ligger prismatisch is, met buigstijfheid EI, wordt de zakking in C volgens vergeet-mij-nietje (2):

$$w_C = \frac{F(2\ell)^3}{3EI} = \frac{8}{3}\frac{F\ell^3}{EI}$$

Ten opzichte van de eerder onder vraag a gevonden waarde

$w_C = \dfrac{3}{2}\dfrac{F\ell^3}{EI}$ neemt de zakking in C dus toe met: $\dfrac{\tfrac{8}{3}-\tfrac{3}{2}}{\tfrac{3}{2}} \times 100\% \approx 78\%$.

Opmerking: In gebied AB zijn de momenten het grootst en is ook de invloed op de verplaatsing in het vrije uiteinde C (het kwispeleffect ten gevolge van θ_1, zie figuur 8.50c) het grootst. Een vergroting van de buigstijfheid in dit gebied geeft daarom een relatief sterke reductie van de doorbuiging in C.

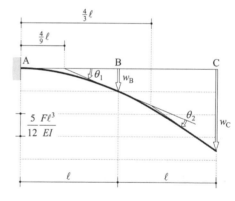

Figuur 8.51 De elastische lijn op schaal getekend, met de raaklijnen in A, B en C en de knikken θ_1 en θ_2

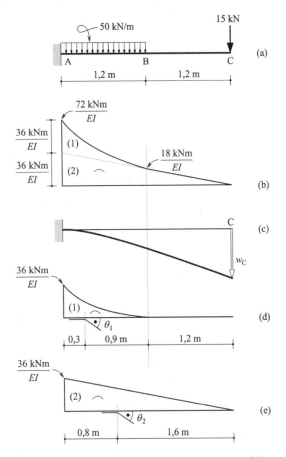

Figuur 8.52 (a) Ingeklemde ligger belast door een gelijkmatig verdeelde belasting en een puntlast, met (b) het M/EI-vlak en (c) een schets van de elastische lijn (d) De vervorming ten gevolge van het parabolische verlopende deel (1) van het M/EI-vlak kan men geconcentreerd denken in de knik θ_1. (e) De vervorming ten gevolge van het lineair verlopende deel (1) van het M/EI-vlak kan men geconcentreerd denken in de knik θ_2.

Voorbeeld 4 - Ingeklemde ligger met verdeelde belasting en puntlast

• Ligger ABC in figuur 8.52a, ingeklemd in A en vrij zwevend in C, draagt over AB een gelijkmatig verdeelde belasting $q = 50$ kN/m en in C een puntlast $F = 15$ kN.
De buigstijfheid is $EI = 7{,}36$ MNm².

Gevraagd: De zakking in C.

Uitwerking: In figuur 8.52b is het M/EI-vlak getekend. Om de vorm van de M-lijn in het M/EI-vlak te kunnen herkennen is de numerieke waarde van de buigstijfheid EI nog niet in het M/EI-vlak verwerkt. Figuur 8.52c toont een schets van de te verwachten elastische lijn.

Voor het berekenen van de zakking w_C in C wordt het M/EI-vlak gesplitst in de delen (1) ten gevolge van de verdeelde belasting q en (2) ten gevolge van de puntlast F, zie de figuren 8.52d en e.
Met $EI = 7{,}36$ MNm² vindt men voor de knikken θ_1 en θ_2:

$$\theta_1 = \tfrac{1}{3} \times (1{,}2 \text{ m}) \times \frac{36 \text{ kNm}}{EI} = 1{,}957 \times 10^{-3} \text{ (oppervlakte parabool)}$$

$$\theta_2 = \tfrac{1}{2} \times (2{,}4 \text{ m}) \times \frac{36 \text{ kNm}}{EI} = 5{,}870 \times 10^{-3} \text{ (oppervlakte driehoek)}$$

De zakking $w_{C;1}$ ten gevolge van de verdeelde belasting en $w_{C;2}$ ten gevolge van de puntlast worden berekend als het kwispeleffect ten gevolge van respectievelijk de knikken θ_1 en θ_2:

$$w_{C;1} = \theta_1 \times (2{,}1 \text{ m}) = (1{,}957 \times 10^{-3}) \times (2{,}1 \text{ m}) = 4{,}109 \times 10^{-3} \text{ m}$$

$$w_{C;2} = \theta_2 \times (1{,}6 \text{ m}) = (5{,}870 \times 10^{-3}) \times (1{,}6 \text{ m}) = 9{,}391 \times 10^{-3} \text{ m}$$

Ten gevolge van de verdeelde belasting en puntlast samen is de totale zakking in C:

$$w_C = w_{C;1} + w_{C;2} = 13{,}5 \times 10^{-3} \text{ m} = 13{,}5 \text{ mm}$$

Opmerking: De verplaatsing in C wordt voor ongeveer 70% veroorzaakt door de puntlast van 15 kN in C en voor ongeveer 30% door de verdeelde belasting van 50 kN/m over AB. Dit was te verwachten, want de puntlast veroorzaakt over de gehele lengte grotere momenten dan de verdeelde belasting.

Voorbeeld 5 - Ingeklemde geknikte staaf • De constructie in figuur 8.53a bestaat uit een in B rechthoekig omgezette prismatische staaf ABC met buigstijfheid EI, ingeklemd in A en in het vrije einde C belast door de kracht F. Vervorming door normaalkracht wordt verwaarloosd.

Gevraagd:
a. De verplaatsing van B en C in het aangegeven x-y-assenstelsel.
b. Een schets op schaal van de elastische lijn.

Uitwerking:
a. In figuur 8.53b is het M/EI-vlak getekend. De vervorming van AB kan men geconcentreerd denken in de knik θ_1 en die van BC in de knik θ_2. De plaats van deze knikken (ter hoogte van het zwaartepunt van het betreffende deel van het M/EI-vlak) is in de figuur aangegeven. Voor de grootte geldt:

$$\theta_1 = \ell \cdot \frac{F\ell}{EI} = \frac{F\ell^2}{EI} \quad \text{(oppervlakte rechthoek)}$$

$$\theta_2 = \tfrac{1}{2} \cdot \ell \cdot \frac{F\ell}{EI} = \frac{1}{2}\frac{F\ell^2}{EI} \quad \text{(oppervlakte driehoek)}$$

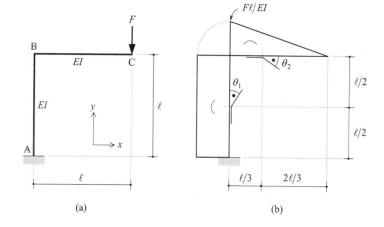

Figuur 8.53 (a) Ingeklemde geknikte staaf belast door de kracht F in het vrije einde (b) Het M/EI-vlak. De knikken θ_1 en θ_2 staan voor de vervorming van respectievelijk AB en BC en zijn zo getekend dat hun open zijden 'kijken' in de richting waar naar toe wordt gewerkt, dat is vanuit A (het punt waar de verplaatsing en rotatie bekend is) naar B en C (de punten waar men de verplaatsing wil weten).

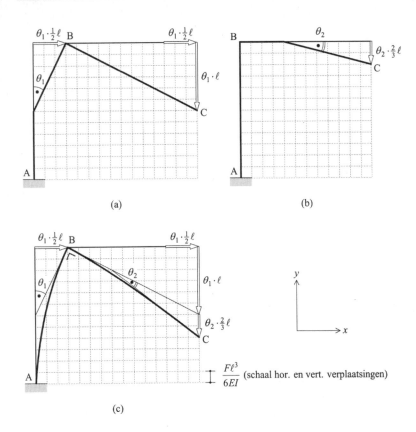

(a) (b) (c)

Figuur 8.54 (a) Verplaatsingen en rotaties in B en C ten gevolge van de vervorming van AB (b) Verplaatsing en rotatie in C ten gevolge van de vervorming van BC (c) De elastische lijn, op schaal getekend. Omdat de hoekverbinding (volkomen) stijf is, is de vervorming van de constructie uitsluitend het gevolg van de vervorming van de staven en blijft de rechte hoek in B na vervorming nog steeds een rechte hoek.

De knikken zijn weer zo getekend dat de open zijde '*kijkt*' in de richting waar men naar toe werkt, dat is vanuit A (het punt waar de verplaatsing en rotatie bekend is) in de richting van B en C (de punten waar men de verplaatsing wil weten).

Voor het berekenen van de verplaatsing in B en C worden hierna afzonderlijk bekeken: (1) de invloed van de vervorming van AB en (2) de invloed van de vervorming van BC.

De invloed van de vervorming van AB kan men berekenen als het kwispeleffect ten gevolge van de knik θ_1, zie figuur 8.54a.
In het aangegeven assenstelsel geldt:

$$u^{(1)}_{x;B} = u^{(1)}_{x;C} = +\theta_1 \cdot \tfrac{1}{2}\ell = +\frac{F\ell^2}{EI} \cdot \tfrac{1}{2}\ell = +\frac{1}{2}\frac{F\ell^3}{EI}$$

B en C hebben dezelfde verticale afstand tot de knik θ_1 en ondergaan daarom dezelfde horizontale verplaatsing[1].
Omdat de horizontale afstand van B tot de knik θ_1 nul is, is de verticale verplaatsing van B ook nul:

$$u^{(1)}_{y;B} = 0$$

Verder geldt:

$$u^{(1)}_{y;C} = -\theta_1 \cdot \ell = -\frac{F\ell^2}{EI} \cdot \ell = -\frac{F\ell^3}{EI}$$

---

[1] Zie ook het *Intermezzo* opgenomen in voorbeeld 2.

De verticale verplaatsing van C ten gevolge van θ_1 is omlaag, tegen de positieve y-richting in, vandaar het minteken.

De invloed van de vervorming van BC berekent men als het kwispeleffect ten gevolge van de knik θ_2, zie figuur 8.54b. De vervorming van BC heeft alleen invloed op de verplaatsing van C. In het aangegeven assenstelsel geldt:

$$u_{x;C}^{(2)} = 0$$

$$u_{y;C}^{(2)} = -\theta_2 \cdot \tfrac{2}{3}\ell = -\frac{1}{2}\frac{F\ell^2}{EI} \cdot \tfrac{2}{3}\ell = -\frac{1}{3}\frac{F\ell^3}{EI}$$

Resulterend vindt men:

$$u_{x;B} = u_{x;B}^{(1)} = +\frac{1}{2}\frac{F\ell^3}{EI}$$

$$u_{y;B} = u_{y;B}^{(1)} = 0$$

$$u_{x;C} = u_{x;C}^{(1)} + u_{x;C}^{(2)} = +\frac{1}{2}\frac{F\ell^3}{EI} + 0 = +\frac{1}{2}\frac{F\ell^3}{EI}$$

$$u_{y;C} = u_{y;C}^{(1)} + u_{y;C}^{(2)} = -\frac{F\ell^3}{EI} - \frac{1}{3}\frac{F\ell^3}{EI} = -\frac{4}{3}\frac{F\ell^3}{EI}$$

b. In figuur 8.54c zijn de verplaatsingen in B en C op schaal getekend. Zij zijn daarbij weer sterk vergroot ten opzichte van de constructieafmetingen. Verder zijn in A, B en C de raaklijnen aan de elastische lijn getekend. Met deze raaklijnen bereikt men al snel een nauwkeurige schets van de elastische lijn.

Opmerking: De vervorming van de constructie is het gevolg van de vervorming van de staven. Stijve[1] hoekverbindingen vervormen niet. De rechte hoek in B blijft na vervorming dus nog steeds een rechte hoek, zie figuur 8.54c.

Opmerking: In de eerste vijf voorbeelden werd bij het toepassen van de momentenvlakstellingen gestart vanuit een inklemming A waar zowel de rotatie φ_A als verplaatsing w_A bekend (nul) is. Dat verandert echter vanaf voorbeeld 6. In de voorbeelden 6 t/m 9 is de rotatie in het startpunt niet bekend, maar moet deze worden berekend uit een elders bekende verplaatsing.
Nog verder gaat voorbeeld 10, waar de benodigde rotaties moeten worden berekend uit aansluitvoorwaarden.

Voorbeeld 6 - Vrij opgelegde ligger met overstek • De in A en B vrij opgelegde ligger ABC draagt in het vrije einde C van het overstek de kracht F, zie figuur 8.55a. De ligger is prismatisch met buigstijfheid EI.

Gevraagd:
a. De zakking in C.
b. De plaats en grootte van de maximum verplaatsing in veld AB.

Uitwerking:
a. In figuur 8.55b is de M-lijn getekend. Figuur 8.55c toont een schets van de elastische lijn. In A treedt een vooralsnog onbekende rotatie θ_A op. Deze kan met de momentenvlakstelling worden berekend uit het gegeven dat de verplaatsing in B nul is. Om vanuit A de verplaatsing in B te berekenen heeft men slechts te maken met de vervorming

---

[1] Als een hoekverbinding niet (volkomen) stijf is, maar bijvoorbeeld verend, zal de hoek tussen de staven wel veranderen. Dit beïnvloedt de verplaatsingen van de knooppunten. De berekening hiervan valt buiten het kader van dit boek.

van AB. In figuur 8.55d is het M/EI-vlak voor alleen dit deel van de ligger getekend. Voor de knik θ_1 geldt:

$$\theta_1 = \tfrac{1}{2} \cdot a \cdot \frac{Fb}{EI} = \frac{1}{2}\frac{Fab}{EI}$$

Uit:

$$w_B(\downarrow) = -\theta_A \cdot a + \theta_1 \cdot \tfrac{1}{3}a = 0$$

volgt:

$$\theta_A = \tfrac{1}{3}\theta_1 = \frac{1}{6}\frac{Fab}{EI}$$

Voor de verplaatsing van C moet het M/EI-vlak voor de gehele ligger in de beschouwing worden betrokken, zie figuur 8.55e. Met:

$$\theta_2 = \tfrac{1}{2} \cdot b \cdot \frac{Fb}{EI} = \frac{1}{2}\frac{Fb^2}{EI}$$

vindt men:

$$\begin{aligned}w_C(\downarrow) &= -\theta_A \cdot (a+b) + \theta_1 \cdot (\tfrac{1}{3}a + b) + \theta_2 \cdot \tfrac{2}{3}b \\ &= -\frac{1}{6}\frac{Fab}{EI} \cdot (a+b) + \frac{1}{2}\frac{Fab}{EI} \cdot (\tfrac{1}{3}a + b) + \frac{1}{2}\frac{Fb^2}{EI} \cdot \tfrac{2}{3}a \\ &= \frac{1}{3}\frac{F(a+b)b^2}{EI}\end{aligned}$$

b. Stel de maximum verplaatsing in veld AB treedt op in D, op een afstand x van A, zie figuur 8.55b. De elastische lijn heeft in D een horizontale raaklijn, dus geldt daar $\theta_D = 0$. Met behulp van dit

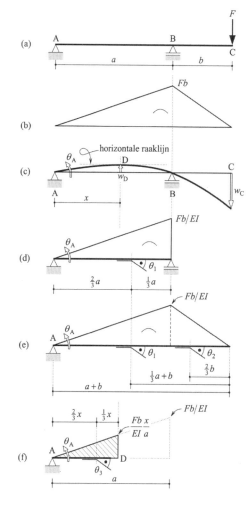

Figuur 8.55 (a) Vrij opgelegde ligger met overstek, belast door de kracht F op het overstek, met (b) de momentenlijn en (c) een schets van de elastische lijn. De maximum verplaatsing in veld AB treedt op in D. De elastische lijn heeft hier een horizontale raaklijn. (d) M/EI-vlak voor AB. De nog onbekende rotatie θ_A in A kan men met de momentenvlakstelling berekenen uit het gegeven dat de verplaatsing in B nul is. Om vanuit A de verplaatsing in B te berekenen heeft men slechts te maken met de vervorming van AB. (e) Voor de verplaatsing van C moet het M/EI-vlak voor de gehele ligger in de beschouwing worden betrokken. De vervorming van AB en BC is geconcentreerd in respectievelijk de knikken θ_1 en θ_2. (f) Als de elastische lijn in D een horizontale raaklijn heeft, moet gelden $\theta_3 = \theta_A$. Met dit gegeven kan men de afstand x van D tot oplegging A berekenen.

gegeven kan men de afstand x berekenen. Voor het over de lengte x gearceerde gedeelte van het M/EI-vlak in figuur 8.55f geldt:

$$\theta_3 = \tfrac{1}{2} \cdot x \cdot \frac{Fb}{EI} \cdot \frac{x}{a} = \frac{1}{2}\frac{Fab}{EI}\frac{x^2}{a^2}$$

Uit:

$$\theta_D(\circlearrowright) = \theta_A - \theta_3 = \frac{1}{6}\frac{Fab}{EI} - \frac{1}{2}\frac{Fab}{EI}\frac{x^2}{a^2} = 0$$

volgt:

$$\theta_3 = \theta_A \text{ en } x = \tfrac{1}{3}a\sqrt{3} = 0{,}577a$$

Hiermee vindt men voor de verplaatsing van D (deze is omhoog gericht):

$$w_D(\uparrow) = \theta_A \cdot x - \theta_3 \cdot \tfrac{1}{3}x = \theta_A \cdot \tfrac{2}{3}x = \frac{1}{6}\frac{Fab}{EI} \cdot \tfrac{2}{9}a\sqrt{3} = \frac{1}{27}\frac{Fa^2 b}{EI}\sqrt{3}$$

Bij de uitwerking is gebruikgemaakt van het feit dat $\theta_3 = \theta_A$.

Voorbeeld 7 - Vrij opgelegde ligger met gelijkmatig verdeelde volbelasting

De vrij opgelegde ligger in figuur 8.56a heeft een overspanning van 12 m en draagt een gelijkmatig verdeelde volbelasting van 15 kN/m. De ligger is prismatisch met een buigstijfheid $EI = 320$ MNm^2.

Gevraagd: De zakking in de C en D op ééndérde van de overspanning.

Uitwerking: Figuur 8.56b toont een schets van de elastische lijn en figuur 8.56c het M/EI-vlak[1].

---

[1] Om de vorm van de M-lijn in het M/EI-vlak te kunnen herkennen is de numerieke waarde van de buigstijfheid EI nog niet in het M/EI-vlak verwerkt.

Om de verplaatsing w_C in C te kunnen berekenen moet men eerst de rotatie in één van de opleggingen kennen.
De rotatie θ_A in A volgt uit het gegeven dat de zakking in B nul is. Werkend vanuit A naar B is in in het M/EI-vlak in figuur 8.56b de knik θ_1 met de open zijde uitgezet in de kijkrichting. Voor de grootte van θ_1 geldt:

$$\theta_1 = \tfrac{2}{3} \times (12 \text{ m}) \times \frac{(270 \text{ kNm})}{EI} = \frac{2160 \text{ kNm}^2}{EI} \quad \text{(oppervlakte parabool)}$$

Uit:

$$w_B(\downarrow) = \theta_A \times (12 \text{ m}) - \theta_1 \times (6 \text{ m}) = 0$$

volgt:

$$\theta_A = \tfrac{1}{2}\theta_1 = \tfrac{1}{2} \times \frac{2160 \text{ kNm}^2}{EI} = \frac{1080 \text{ kNm}^2}{EI}$$

Vanuit A kan men vervolgens de verplaatsing in C berekenen. Hierbij telt alleen de vervorming van AC. Het M/EI-vlak voor AC is getekend in figuur 8.56d. De berekening wordt aan de lezer overgelaten. Het M/EI-vlak wordt opgesplitst in een parabolisch deel en een driehoekig deel, waarvan de bijdragen hierna afzonderlijk worden berekend. Met:

$$\theta_2 = \tfrac{2}{3} \times (4 \text{ m}) \times \frac{(30 \text{ kNm})}{EI} = \frac{80 \text{ kNm}^2}{EI} \quad \text{(oppervlakte parabool)}$$

$$\theta_3 = \tfrac{1}{2} \times (4 \text{ m}) \times \frac{240 \text{ kNm}}{EI} = \frac{480 \text{ kNm}^2}{EI} \quad \text{(oppervlakte driehoek)}$$

vindt men:

$$w_C(\downarrow) = \theta_A \times (4 \text{ m}) - \theta_2 \times (2 \text{ m}) - \theta_3 \times (\tfrac{1}{3} \times 4 \text{ m})$$

$$= \frac{1080 \text{ kNm}^2}{EI} \times (4 \text{ m}) - \frac{80 \text{ kNm}^2}{EI} \times (2 \text{ m}) - \frac{480 \text{ kNm}^2}{EI} \times (\tfrac{1}{3} \times 4 \text{ m})$$

$$= \frac{3520 \text{ kNm}^3}{EI}$$

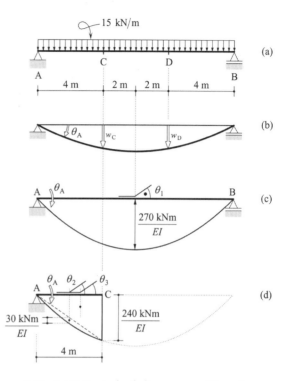

Figuur 8.56 (a) Vrij opgelegde ligger met gelijkmatig verdeelde volbelasting (b) Schets van de elastische lijn (c) Het M/EI-vlak. (d) Deel van het M/EI-vlak dat nodig is voor de berekening van de verplaatsing in C. In de berekening wordt het M/EI-vlak voor AC opgesplitst in een parabolisch deel (knik θ_2) en een driehoekig deel (knik θ_3).

Met $EI = 220$ MNm² is de numerieke waarde van de zakking in C:

$$w_C = \frac{3520 \text{ kNm}^3}{320 \text{ MNm}^2} = 11 \times 10^{-3} \text{ m} = 11 \text{ mm } (\downarrow)$$

Op grond van symmetrie is de verplaatsing in D gelijk aan die in C, dus:

$$w_D = w_C = 11 \text{ mm } (\downarrow)$$

Voorbeeld 8 - Vrij opgelegde rechthoekig omgezette staaf • De constructie in figuur 8.57a is scharnierend opgelegd in C en in A opgelegd op een rol met horizontale rolbaan. De hoekverbinding in B is (volkomen) stijf. De constructie wordt in A belast door een horizontale kracht F. AB en BC hebben dezelfde buigstijfheid EI. Normaalkrachtvervorming wordt verwaarloosd.

Gevraagd:
a. De horizontale verplaatsing van de roloplegging in A.
b. Een schets van de elastische lijn voor ABC.

Uitwerking:
a. In figuur 8.57b is het M/EI-vlak getekend. De berekening wordt aan de lezer overgelaten.

C is een vast punt waar de rotatie nog onbekend is. Deze kan men echter berekenen met behulp van het gegeven dat de verticale verplaatsing in A nul is.

Om vergissingen uit te sluiten worden de berekeningen hierna consequent uitgevoerd in het in figuur 8.57a aangegeven x-y-assenstelsel.

Stel de rotatie in C is φ_C, zie figuur 8.57b. Werkend vanuit C naar A worden de knikken θ_1 en θ_2, die staan voor respectievelijk de vervorming van BC en AB, met de open zijde uitgezet in de *'kijkrichting'*.

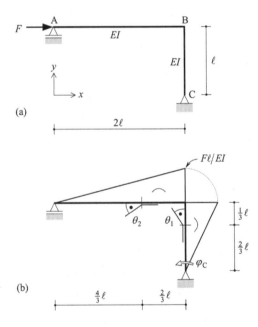

Figuur 8.57 (a) Vrij opgelegde rechthoekig omgezette staaf, in roloplegging A belast door de horizontale kracht F (b) Het M/EI-vlak. De knikken θ_1 en θ_2 staan voor de vervorming van respectievelijk CB en BA. De open zijden van de knikken 'kijken' in werkrichting: die is vanuit C over B naar A. De nog onbekende rotatie in C vindt men uit de aansluitvoorwaarde dat de verticale verplaatsing in A nul moet zijn.

Voor deze knikken geldt:

$$\theta_1 = \tfrac{1}{2} \cdot \ell \cdot \frac{F\ell}{EI} = \frac{1}{2}\frac{F\ell^2}{EI}$$

$$\theta_2 = \tfrac{1}{2} \cdot 2\ell \cdot \frac{F\ell}{EI} = \frac{F\ell^2}{EI}$$

De verticale verplaatsing in A berekent men als het kwispeleffect ten gevolge van φ_C, θ_1 en θ_2:

$$u_{y;A} = -\varphi_C \cdot 2\ell - \theta_1 \cdot 2\ell - \theta_2 \cdot \tfrac{4}{3}\ell$$

Uit $u_{y;A} = 0$ volgt:

$$\varphi_C = -\theta_1 - \tfrac{2}{3}\theta_2 = -\frac{1}{2}\frac{F\ell^2}{EI} - \frac{2}{3} \times \frac{F\ell^2}{EI} = -\frac{7}{6}\frac{F\ell^2}{EI}$$

φ_C is negatief; dit betekent dat de rotatie in C tegengesteld is aan de richting waarvan in figuur 8.57b werd uitgegaan.

De horizontale verplaatsing in A berekent men als het kwispeleffect ten gevolge van φ_C en θ_1. Opgemerkt zij dat het kwispeleffect ten gevolge van θ_2 geen invloed heeft op de horizontale verplaatsing van A, zie opnieuw figuur 8.57b.

$$u_{x;A} = -\varphi_C \cdot \ell - \theta_1 \cdot \tfrac{1}{3}\ell = -(-\tfrac{7}{6}\frac{F\ell^2}{EI}) \cdot \ell - (\tfrac{1}{2}\frac{F\ell^2}{EI}) \cdot \tfrac{1}{3}\ell = +\frac{F\ell^3}{EI}$$

b. In figuur 8.58 zijn de verplaatsingen van A en B op schaal getekend. Met enige inspanning is het ook mogelijk de raaklijnen in A, B en C te tekenen. Dit alles tezamen geeft voldoende houvast voor een zeer goede schets van de elastische lijn.

Opmerking: Omdat de hoekverbinding in B (volkomen) stijf is blijft de rechte hoek in B na vervorming recht.

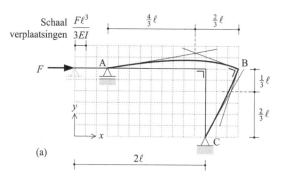

Figuur 8.58 Op schaal getekende elastische lijn, met de raaklijnen in A, B en C. De rechte hoek in B blijft recht.

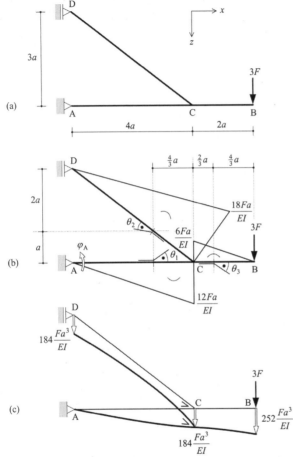

Voorbeeld 9 - Vrij opgelegde constructie samengesteld uit twee stijf met elkaar verbonden staven • De in figuur 8.59a getekende constructie is opgelegd op een scharnier in A en een rol met verticale rolbaan in D. De hoekverbinding in C is (volkomen) stijf. Alle staven hebben dezelfde buigstijfheid EI.
Bij de gegeven belasting $3F$ in B wordt alleen rekening gehouden met de vervorming door buiging; normaalkrachtvervorming wordt verwaarloosd.
Werk in het in figuur 8.59a aangegeven x-z-assenstelsel.

Gevraagd:
a. De rotatie in A.
b. De zakking in C.
c. De zakking in D.
d. De zakking in B.

Uitwerking:
a. In figuur 8.59b is het M/EI-vlak getekend. Omdat alle staven dezelfde buigstijfheid EI hebben heeft het M/EI-vlak dezelfde vorm als de M-lijn. De berekening wordt aan de lezer overgelaten.

A is een vast punt waar de rotatie φ_A nog onbekend is, zie figuur 8.59b. Deze rotatie kan men vinden uit de voorwaarde dat de rol in D niet horizontaal kan verplaatsen:

$$u_{x;D} = 0$$

Vanuit A bekeken is (naast de rotatie φ_A) alleen de vervorming van AC en CD van invloed op verplaatsing in D, geschematiseerd weergegeven door de knikken θ_1 en θ_2. De open zijde van deze knikken staan weer in de '*kijkrichting*' van A via C naar D.

Figuur 8.59 (a) Vrij opgelegde constructie samengesteld uit twee in C stijf met elkaar verbonden staven, in het vrije einde B belast door de verticale kracht $3F$ (b) Het M/EI-vlak. De nog onbekende rotatie φ_A kan men berekenen uit de aansluitvoorwaarde dat de horizontale verplaatsing in D nul is. Hierbij telt alleen de vervorming van ACD, geconcentreerd in de knikken θ_1 en θ_2, die met hun open zijden 'kijken' in de werkrichting: die is van A over C naar D. (c) Schets van de elastische lijn. De stijve hoek in C verandert niet in grootte.

Voor de knikken θ_1 en θ_2 geldt:

$$\theta_1 = \tfrac{1}{2} \cdot 4a \cdot \frac{12Fa}{EI} = 24\frac{Fa^2}{EI}$$

$$\theta_2 = \tfrac{1}{2} \cdot 5a \cdot \frac{18Fa}{EI} = 45\frac{Fa^2}{EI}$$

Uit:

$$u_{x;D} = -\varphi_A \cdot 3a - \theta_1 \cdot 3a - \theta_2 \cdot 2a = 0$$

volgt:

$$\varphi_A = -\theta_1 - \tfrac{2}{3}\theta_2 = -54\frac{Fa^2}{EI}$$

Het minteken duidt er op dat de rotatie in A tegengesteld is aan de richting zoals in figuur 8.59b is aangegeven, zie de schets van de elastische lijn in figuur 8.59c.

b. De verticale verplaatsing in C is:

$$u_{z;C} = -\varphi_A \cdot 4a - \theta_1 \cdot \tfrac{4}{3}a = +184\frac{Fa^3}{EI}$$

c. Voor de verticale verplaatsing in D geldt:

$$u_{z;D} = +\theta_1 \cdot \tfrac{8}{3}a + \theta_2 \cdot \tfrac{8}{3}a = +184\frac{Fa^3}{EI}$$

Opmerking: Omdat D recht boven A ligt en de horizontale component van de afstand AD dus nul is, heeft een rotatie in A geen invloed op de verticale verplaatsing van D.

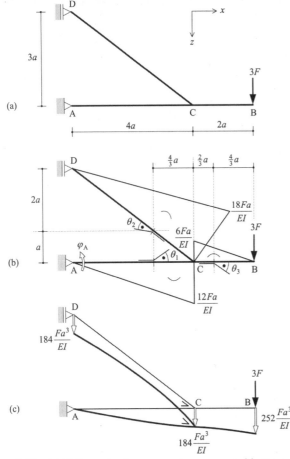

Figuur 8.59 (a) Vrij opgelegde constructie samengesteld uit twee in C stijf met elkaar verbonden staven, in het vrije einde B belast door de verticale kracht $3F$ (b) Het M/EI-vlak. De nog onbekende rotatie φ_A kan men berekenen uit de aansluitvoorwaarde dat de horizontale verplaatsing in D nul is. Hierbij telt alleen de vervorming van ACD, geconcentreerd in de knikken θ_1 en θ_2, die met hun open zijden 'kijken' in de werkrichting: die is van A over C naar D. (c) Schets van de elastische lijn. De stijve hoek in C verandert niet in grootte.

d. Om de verticale verplaatsing in B te kunnen berekenen moet men ook de knik θ_3 kennen:

$$\theta_3 = \tfrac{1}{2} \cdot 2a \cdot \frac{6Fa}{EI} = 6\frac{Fa^2}{EI}$$

Men vindt nu:

$$u_{z;C} = -\varphi_A \cdot 6a - \theta_1 \cdot (\tfrac{4}{3}a + 2a) + \theta_3 \cdot \tfrac{4}{3}a = +252\frac{Fa^3}{EI}$$

Figuur 8.59c toont een schets van de elastische lijn. Omdat de hoekverbinding in C (volkomen) stijf is, heeft de vervorming van de constructie geen invloed op de hoek die de staven ACB en CD in C met elkaar maken.

Voorbeeld 10 - Driescharnierenspant • Van het driescharnierenspant in figuur 8.60a heeft ACSD een buigstijfheid EI en heeft BD een buigstijfheid $EI\sqrt{5}$. Het spant wordt in D belast door een verticale kracht $8F$.

Gevraagd:
a. De verplaatsing in S, C en D.
b. Een schets van de elastische lijn.

Uitwerking:
a. In figuur 8.60b is het M/EI-vlak getekend. De berekening wordt aan de lezer overgelaten.

De verplaatsingen en rotaties worden hierna consequent benoemd in het in figuur 8.59a aangegeven x-z-assenstelsel. Het werken in een assenstelsel verkleint bij ingewikkelder constructies de kans op vergissingen, ook als in de uitwerking met behulp van de momentenvlakstellingen de visuele aanpak wordt gevolgd.

A en B zijn vaste punten waar de rotaties onbekend zijn. Stel φ_A is de rotatie in A en φ_B is de rotatie in B, zie figuur 8.60c.

Omdat de rotatie direct links van S niet gelijk hoeft te zijn aan de rotatie direct rechts van S kan men met de momentenvlakstelling niet in één keer van A naar B werken[1]. De delen AS en BS worden daarom in S voorlopig van elkaar losgemaakt en apart bekeken.

Vanuit respectievelijk A en B kan men voor zowel AS als BS de uitdrukkingen opstellen voor de horizontale en verticale verplaatsing in S. De nog onbekende rotaties φ_A en φ_B in deze uitdrukkingen volgen uit de *aansluitvoorwaarde* dat de verplaatsingen direct links en rechts van S aan elkaar gelijk moeten zijn, ofwel:

$$u_{x;S}^{(AS)} = u_{x;S}^{(BS)}$$

$$u_{z;S}^{(AS)} = u_{z;S}^{(BS)}$$

In figuur 8.60c zijn de knikken θ_1 t/m θ_4 getekend die de geschematiseerde vervorming van de verschillende delen van het driescharnierenspant voorstellen. Van de knikken θ_1 en θ_2 '*kijkt*' de open zijde in de werkrichting van A naar S. De open zijde van de knikken θ_3 en θ_4 '*kijkt*' in de werkrichting van B naar S.

Om het schrijfwerk hierna te vereenvoudigen wordt de grootheid θ ingevoerd:

$$\theta = \frac{Fa^2}{EI}$$

---

[1] Als de rotaties direct links en rechts van scharnier S niet aan elkaar gelijk zijn en $\varphi_S^{(AS)} \neq \varphi_S^{(BS)}$, dan is de rotatie φ discontinu in S. Bij de afleiding in paragraaf 8.4.1 kwam echter naar voren dat de momentenvlakstellingen alleen gelden als de rotatie continu is.

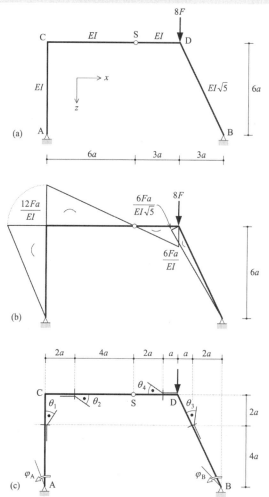

Figuur 8.60 (a) Driescharnierenspant, in D belast door de verticale kracht 8F, met (b) het M/EI-vlak (c) De nog onbekende rotaties φ_A en φ_B in de opleggingen berekent men uit de aansluitvoorwaarde dat de verplaatsingen direct links en rechts van scharnier S aan elkaar gelijk moeten zijn. Voor AS werkend vanuit A naar S, en voor BS werkend vanuit B naar S 'kijken' alle knikken in de richting van S.

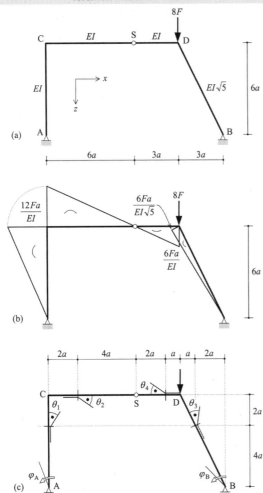

Figuur 8.60 (a) Driescharnierenspant, in D belast door de verticale kracht $8F$, met (b) het M/EI-vlak (c) De nog onbekende rotaties φ_A en φ_B in de opleggingen berekent men uit de aansluitvoorwaarde dat de verplaatsingen direct links en rechts van scharnier S aan elkaar gelijk moeten zijn. Voor AS werkend vanuit A naar S, en voor BS werkend vanuit B naar S 'kijken' alle knikken in de richting van S.

De knikken θ_1 t/m θ_4 zijn, uitgedrukt in θ:

$$\theta_1 = \tfrac{1}{2} \cdot 6a \cdot \frac{12Fa}{EI} = 36\frac{Fa^2}{EI} = 36\theta$$

$$\theta_2 = \theta_1 = 36\theta$$

$$\theta_3 = \tfrac{1}{2} \cdot 3a\sqrt{5} \cdot \frac{6Fa}{EI\sqrt{5}} = 9\frac{Fa^2}{EI} = 9\theta$$

$$\theta_4 = \tfrac{1}{2} \cdot 3a \cdot \frac{6Fa}{EI} = 9\frac{Fa^2}{EI} = 9\theta$$

Voor de verplaatsing direct links van S (op AS) vindt men:

$$u_{x;S}^{(AS)} = -\varphi_A \cdot 6a + \theta_1 \cdot 2a = -6\varphi_A a + 72\theta a$$

$$u_{z;S}^{(AS)} = -\varphi_A \cdot 6a + \theta_1 \cdot 6a + \theta_2 \cdot 4a = -6\varphi_A a + 360\theta a$$

De verplaatsing direct rechts van S (op BS) is:

$$u_{x;S}^{(BS)} = -\varphi_B \cdot 6a + \theta_3 \cdot 2a = -6\varphi_B a + 18\theta a$$

$$u_{z;S}^{(BS)} = +\varphi_B \cdot 6a - \theta_3 \cdot 4a - \theta_4 \cdot 2a = +6\varphi_B a - 54\theta a$$

Uit de gelijkstelling $u_{x;S}^{(AS)} = u_{x;S}^{(BS)}$ volgt:

$$-6\varphi_A a + 72\theta a = -6\varphi_B a + 18\theta a \quad \rightarrow \quad \varphi_A - \varphi_B = +9\theta \quad \text{(a)}$$

Evenzo volgt uit $u_{z;S}^{(AS)} = u_{z;S}^{(BS)}$:

$$-6\varphi_A a + 360\theta a = +6\varphi_B a - 54\theta a \quad \rightarrow \quad \varphi_A + \varphi_B = +69\theta \quad \text{(b)}$$

(a) en (b) zijn twee vergelijkingen met φ_A en φ_B als de twee onbekenden. De oplossing is:

$$\varphi_A = 39\theta = +39\frac{Fa^2}{EI}$$

$$\varphi_B = 30\theta = +30\frac{Fa^2}{EI}$$

De rotaties in A en B zijn beide positief; hun richtingen zijn dus in overeenstemming met de in figuur 8.60c aangegeven richtingen.

Vanuit A kan men nu de volgende verplaatsingen en rotaties berekenen[1]:

$$u_{x;C} = -\varphi_A \cdot 6a + \theta_1 \cdot 2a = -162\frac{Fa^3}{EI}$$

$$u_{z;C} = 0$$

$$\varphi_C = \varphi_A - \theta_1 = +3\frac{Fa^2}{EI}$$

$$u_{x;S} = -\varphi_A \cdot 6a + \theta_1 \cdot 2a = u_{x;C} = -162\frac{Fa^3}{EI}$$

$$u_{z;S} = -\varphi_A \cdot 6a + \theta_1 \cdot 6a + \theta_2 \cdot 4a = +126\frac{Fa^3}{EI}$$

$$\varphi_S^{(AS)} = \varphi_A - \theta_1 - \theta_2 = -33\frac{Fa^2}{EI}$$

---

[1] De tussenberekeningen worden aan de lezer overgelaten.

Vanuit B zijn de volgende verplaatsingen en rotaties te berekenen:

$$\varphi_S^{(BS)} = \varphi_B - \theta_3 - \theta_4 = +12\frac{Fa^2}{EI}$$

$$u_{x;D} = -\varphi_B \cdot 6a + \theta_3 \cdot 2a = -162\frac{Fa^3}{EI}$$

$$u_{x;D} = +\varphi_B \cdot 3a - \theta_3 \cdot a = +81\frac{Fa^3}{EI}$$

Opmerking: De verplaatsing in S is niet meer vanuit B berekend omdat deze gelijk is aan de vanuit A berekende verplaatsing. De lezer wordt verzocht dit door berekening na te gaan.

b. In figuur 8.61 is de elastische lijn geschetst. Hierbij kunnen de volgende kanttekeningen worden geplaatst:
- De hoeken in C en D zijn stijve hoeken en veranderen dus niet in grootte.
- De zakkingslijn voor CSD toont een knik in scharnier S. Hier is de rotatie φ (de afgeleide van de zakking) dus inderdaad discontinu.
- Omdat er geen normaalkrachtvervorming is verandert de horizontale afstand tussen C, S en D niet. Alle punten op CSD ondergaan dus dezelfde horizontale verplaatsing. De vervorming door buiging geeft uitsluitend verplaatsingen loodrecht op CSD.
- De verplaatsing in D staat loodrecht op BD, omdat – het zij herhaald – de vervorming door buiging uitsluitend verplaatsingen loodrecht op de staafas geeft.

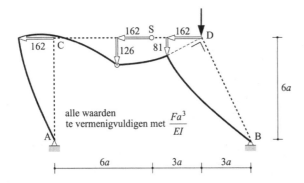

Figuur 8.61 Op schaal getekende elastische lijn. De stijve hoeken in C en D veranderen niet in grootte. Vervorming treedt alleen op in de staven. De verplaatsing in C staat loodrecht op AC en de verplaatsing van D staat loodrecht op BD. Verder toont de zakkingslijn voor CSD een knik in scharnier S.

8.5 De vrij opgelegde ligger en het M/EI-vlak

In deze laatste paragraaf van hoofdstuk 8 worden voor een vrij opgelegde ligger twee aan het *M/EI*-vlak gerelateerde eigenschappen behandeld. In paragraaf 8.5.1 wordt aangetoond dat men de rotaties in de opleggingen kan vinden als de oplegreacties ten gevolge van een verdeelde belasting die in vorm en grootte gelijk is aan het *M/EI*-vlak. In paragraaf 8.5.2 wordt vervolgens een benaderingsformule afgeleid voor de maximum doorbuiging van een vrij opgelegde ligger. Deze formule wordt gerelateerd aan de oppervlakte van het *M/EI*-vlak.

8.5.1 Rotatie in de uiteinden van een vrij opgelegde ligger

In deze paragraaf wordt aangetoond dat men de rotaties in de opleggingen van een vrij opgelegde ligger kan vinden als de oplegreacties ten gevolge van een verdeelde belasting die in vorm en grootte gelijk is aan het *M/EI*-vlak.

Van de vrij opgelegde ligger AB in figuur 8.62a, waarvan de belasting verder niet is gegeven, is in figuur 8.62b het *M/EI*-vlak getekend. In figuur 8.62c zijn de verplaatsingen en rotaties getekend ten gevolge van de vervorming van uitsluitend een klein liggerelementje dx in C, op een afstand x van A en $(\ell - x)$ van B. Omdat de vervorming van AC en BC buiten beschouwing wordt gelaten, blijven deze delen recht. In C maken ze een hoek dφ met elkaar, waarvan de grootte gelijk is aan de oppervlakte van het in figuur 8.62b gearceerde strookje van het *M/EI*-vlak:

$$\mathrm{d}\varphi = \frac{M}{EI}\mathrm{d}x$$

De rotatie dθ_A in A ten gevolge van uitsluitend de vervorming dφ van de ligger ter plaatse van C vindt men uit de geometrie (kinematische betrekkingen) in figuur 8.62c. Voor de afstand BB' geldt:

$$\mathrm{BB'} = \ell \mathrm{d}\theta_A = (\ell - x)\mathrm{d}\varphi$$

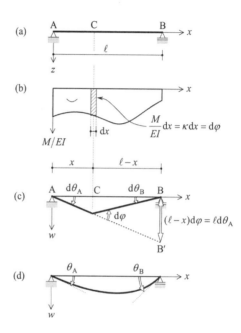

Figuur 8.62 (a) Vrij opgelegde ligger met (b) het gereduceerde momentenvlak ten gevolge van een niet nader gegeven belasting (c) Elastische lijn ten gevolge van alleen de vervorming van een klein liggerelementje dx in C. De delen AC en BC blijven recht en maken in C een hoek dφ met elkaar, waarvan de grootte gelijk is aan de oppervlakte van het in figuur (b) gearceerde strookje van het *M/EI*-vlak. (d) De uiteindelijke elastische lijn behorend bij het volledige *M/EI*-vlak in figuur (b)

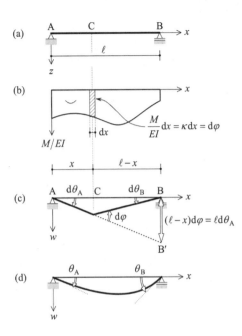

waaruit volgt:

$$d\theta_A = (1 - \frac{x}{\ell})d\varphi = (1 - \frac{x}{\ell})\frac{M}{EI}dx \tag{a}$$

Omdat:

$$d\varphi = d\theta_A + d\theta_B$$

geldt verder voor de rotatie in B:

$$d\theta_B = d\varphi - d\theta_A = \frac{x}{\ell}\frac{M}{EI}dx \tag{b}$$

De totale rotatie θ_A in A en θ_B in B (zie figuur 8.62d) vindt men door de vervormingsbijdragen van alle kleine lengte-elementjes dx tussen $x = 0$ en $x = \ell$ bij elkaar op te tellen, ofwel door alle bijdragen over de lengte ℓ te integreren:

$$\theta_A = \int_0^\ell (1 - \frac{x}{\ell})\frac{M}{EI}dx \tag{c}$$

$$\theta_B = \int_0^\ell \frac{x}{\ell}\frac{M}{EI}dx \tag{d}$$

Figuur 8.63a toont dezelfde vrij opgelegde ligger met een willekeurig verdeelde belasting q. De oplegreacties in A en B zijn respectievelijk A_v en B_v. De berekening ervan geschiedt hierna aan de hand van figuur 8.63b, waarin de oplegreacties dA_v en dB_v zijn getekend ten gevolge van uitsluitend de resultante qdx van de verdeelde belasting q over een kleine lengte dx in C. Uit het evenwicht volgt:

$$dA_v = (1 - \frac{x}{\ell})qdx \tag{e}$$

Figuur 8.62 (a) Vrij opgelegde ligger met (b) het gereduceerde momentenvlak ten gevolge van een niet nader gegeven belasting (c) Elastische lijn ten gevolge van alleen de vervorming van een klein liggerelementje dx in C. De delen AC en BC blijven recht en maken in C een hoek $d\varphi$ met elkaar, waarvan de grootte gelijk is aan de oppervlakte van het in figuur (b) gearceerde strookje van het M/EI-vlak. (d) De uiteindelijke elastische lijn behorend bij het volledige M/EI-vlak in figuur (b)

$$\mathrm{d}B_\mathrm{v} = \frac{x}{\ell} q \mathrm{d}x \tag{f}$$

De oplegreacties A_v in A en B_v in B vindt men weer door de belastinginvloeden van alle liggerelementjes $\mathrm{d}x$ over de lengte ℓ te integreren:

$$A_\mathrm{v} = \int_0^\ell (1 - \frac{x}{\ell}) q \mathrm{d}x \tag{g}$$

$$B_\mathrm{v} = \int_0^\ell \frac{x}{\ell} q \mathrm{d}x \tag{h}$$

Als men de evenwichtsbetrekkingen (e) t/m (h) voor de oplegreacties in A en B vergelijkt met kinematische betrekkingen (a) t/m (d) voor de rotaties in A en B dan blijkt er een duidelijke overeenkomst in de opbouw. Vervangt men in de evenwichtsbetrekkingen (e) t/m (h) de verdeelde belasting q door M/EI, dan zijn de bijbehorende oplegreacties precies gelijk aan de rotaties.

Conclusie: Bij een vrij opgelegde ligger kan men de rotaties in de opleggingen vinden als de oplegreacties ten gevolge van een verdeelde belasting die in vorm en grootte gelijk is aan het *M/EI*-vlak.
De richting van de rotaties in figuur 8.62d kan men relateren aan de richting van de oplegreacties in figuur 8.63a. Veelal kan men de richting van de rotaties ook vooraf voorspellen met behulp van gezond verstand.

Opmerking: Wanneer men de analogie correct toepast zet men het *M/EI*-vlak als verdeelde belasting altijd *aan de andere kant van de liggeras* uit dan het *M/EI*-vlak zelf, vergelijk daartoe figuur 8.63a met figuur 8.62b. In figuur 8.62b is *M/EI* positief in het aangegeven assenstelsel en dus werkt deze in figuur 8.63a als belasting naar beneden.

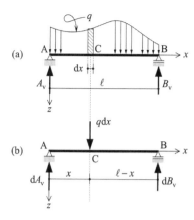

Figuur 8.63 (a) Vrij opgelegde ligger met een willekeurige verdeelde belasting $q = q(x)$ (b) De oplegreacties $\mathrm{d}A_\mathrm{v}$ en $\mathrm{d}B_\mathrm{v}$ ten gevolge van de resultante $q\mathrm{d}x$ van de verdeelde belasting q over een kleine lengte $\mathrm{d}x$ in C

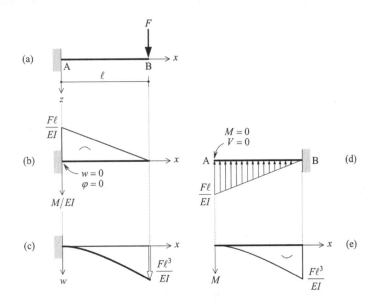

Figuur 8.64 (a) Ingeklemde ligger belast door de kracht F in het vrije einde, met (b) het M/EI-vlak en (c) de elastische lijn (d) Als het M/EI-vlak in (b) wordt opgevat als een verdeelde belasting – maar aan de andere kant van de liggeras uitgezet dan het M/EI-vlak –, dan heeft de bijbehorende momentenlijn (e) dezelfde vorm als de elastische lijn (c). Verwarrend is echter dat de randvoorwaarden in A en B moeten worden aangepast.

Opmerking: De uitdrukkingen (e) t/m (h) zijn gebaseerd op de *evenwichtsbetrekkingen* en (a) t/m (d) op de *kinematische betrekkingen*. Beide typen betrekkingen zijn, zoals ze eerder[1] werden afgeleid in een x-z-assenstelsel, hieronder naast elkaar gezet:

Kinematische betrekkingen   **Evenwichtsbetrekkingen**

$$\frac{d(-\varphi)}{dx} = -\kappa = -\frac{M}{EI} \qquad \frac{dV}{dx} = -q$$

$$\frac{dw}{dx} = (-\varphi) \qquad \frac{dM}{dx} = V$$

$$\frac{d^2w}{dx^2} = -\kappa = -\frac{M}{EI} \qquad \frac{d^2M}{dx^2} = -q$$

De kinematische betrekkingen blijken dezelfde opbouw te hebben als de evenwichtsbetrekkingen. Vat men de kromming $\kappa = M/EI$ op als een verdeelde belasting q, dan is de bijbehorende dwarskracht V op het teken na gelijk aan de rotatie φ, en is het buigend moment gelijk aan de verticale verplaatsing w. De dwarskrachtenlijn geeft dus (op het teken na) het verloop van de rotatie φ en de momentenlijn geeft de doorbuigingslijn.

Bij de uitwerking van deze analogie dient men echter ook rekening te houden met de mogelijkheid dat de randvoorwaarden veranderen. Voor de in A ingeklemde ligger AB in figuur 8.64a, belast door een puntlast in het vrij zwevende einde B, is zowel de verplaatsing als rotatie in A nul. In figuur 8.64d is het M/EI-vlak als belastingvlak ingevoerd. In A moet nu de dwarskracht (die in absolute zin staat voor de rotatie) nul zijn en ook het buigend moment (dat staat voor de zakking) moet nul zijn. Blijkbaar

---

[1] Zie paragraaf 4.3.

is A in de analogie een vrij zwevend uiteinde geworden, en B een inklemming. In deze situatie is de momentenlijn ten gevolge van de driehoeksbelasting (zie figuur 8.64e) gelijk aan de zakkingslijn ten gevolge van de ligger met puntlast (zie figuur 8.64c)[1].

Omdat dit alles bij elkaar behoorlijk verwarrend kan werken wordt deze aanpak niet in zijn algemeenheid uitgewerkt, maar blijft de toepassing hier beperkt tot de vrij opgelegde ligger in welk geval de randvoorwaarden in de analogie niet veranderen. Dit wordt geïllustreerd aan de hand van een drietal voorbeelden, waarvan de uitwerking vaak voor een belangrijk deel aan de lezer wordt overgelaten.

Voorbeeld 1 - Vrij opgelegde ligger belast door een koppel in een van de uiteinden • De vrij opgelegde ligger in figuur 8.65a wordt in A belast door het koppel T. De ligger is prismatisch met buigstijfheid EI.

Gevraagd: De rotaties in A en B.

Uitwerking: In figuur 8.65b is het M/EI-vlak getekend en in figuur 8.65c een schets van de elastische lijn. De rotaties θ_A en θ_B zijn gelijk aan de oplegreacties A_v en B_v van de vrij opgelegde ligger in figuur 8.65d, waarop het M/EI-vlak als een verdeelde belasting is aangebracht. Voor de resultante R geldt:

$$R = \tfrac{1}{2} \cdot \frac{T}{EI} \cdot \ell = \frac{T\ell}{2EI}$$

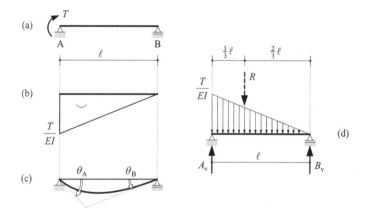

Figuur 8.65 (a) Vrij opgelegde ligger belast door een koppel in het linker uiteinde, met (b) het M/EI-vlak en (c) de elastische lijn. De rotaties θ_A en θ_B in de opleggingen zijn in grootte gelijk aan de oplegreacties A_v en B_v ten gevolge van (d) een verdeelde belasting die in vorm en grootte gelijk is aan het M/EI-vlak in (b).

---

[1] In figuur 8.64b is M/EI in het aangegeven x-z-assenstelsel negatief en werkt deze als verdeelde belasting dus omhoog. Het M/EI-vlak als verdeelde belasting wordt dus, zoals eerder opgemerkt, aan de andere kant van de liggeras uitgezet dan het M/EI-vlak zelf.

Uit het momentenevenwicht om respectievelijk B en A vindt men vervolgens:

$$\theta_A = A_v = \tfrac{2}{3}R = \tfrac{2}{3} \cdot \frac{T\ell}{2EI} = \frac{T\ell}{3EI}$$

$$\theta_B = B_v = \tfrac{1}{3}R = \tfrac{1}{3} \cdot \frac{T\ell}{2EI} = \frac{T\ell}{6EI}$$

Deze uitkomst is in overeenstemming met vergeet-mij-nietje (4) uit tabel 8.4.

Voorbeeld 2 - Vrij opgelegde, niet-prismatische ligger met gelijkmatig verdeelde volbelasting • Van de vrij opgelegde ligger ACB in figuur 8.66a hebben de delen AC en BC een buigstijfheid EI, respectievelijk $2EI$. De ligger draagt een gelijkmatig verdeelde volbelasting q.

Gevraagd: De rotaties in A en B.

Uitwerking: In figuur 8.66b is het M/EI-vlak getekend en in figuur 8.66c een schets van de elastische lijn. In figuur 8.66d is het M/EI-vlak vertaald naar een verdeelde belasting. De oplegreacties A_v en B_v zijn gelijk aan respectievelijk de rotaties θ_A en θ_B, en kunnen worden berekend uit het evenwicht.

Voor de resultanten $R^{(AC)}$ en $R^{(BC)}$ geldt:

$$R^{(AC)} = \tfrac{2}{3} \cdot \tfrac{1}{2}\ell \cdot \frac{\tfrac{1}{8}q\ell^2}{EI} = \frac{q\ell^3}{24EI}$$

$$R^{(BC)} = \tfrac{2}{3} \cdot \tfrac{1}{2}\ell \cdot \frac{\tfrac{1}{8}q\ell^2}{2EI} = \frac{q\ell^3}{48EI}$$

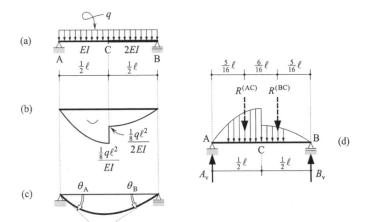

Figuur 8.66 (a) Niet-prismatische vrij opgelegde ligger met gelijkmatig verdeelde volbelasting (b) Het M/EI-vlak en (c) de elastische lijn. De rotaties θ_A en θ_B in de opleggingen zijn in grootte gelijk aan de oplegreacties A_v en B_v ten gevolge van (d) een verdeelde belasting die in vorm en grootte gelijk is aan het M/EI-vlak in (b).

Uit het momentenevenwicht om B, respectievelijk A, vindt men vervolgens:

$$\theta_A = A_v = \tfrac{11}{16} \cdot R^{(AC)} + \tfrac{5}{16} \cdot R^{(BC)} = \frac{9}{256} \frac{q\ell^3}{EI}$$

$$\theta_B = B_v = \tfrac{5}{16} \cdot R^{(AC)} + \tfrac{11}{16} \cdot R^{(BC)} = \frac{7}{256} \frac{q\ell^3}{EI}$$

Voorbeeld 3 - Ligger met overstekken en gelijkmatig verdeelde volbelasting • De in A en B vrij opgelegde ligger in figuur 8.67a heeft twee overstekken van gelijke lengte en draagt een gelijkmatig verdeelde volbelasting q. De ligger is prismatisch en heeft een buigstijfheid EI.

Gevraagd: De rotaties in de opleggingen.

Uitwerking: In figuur 8.67b is het M/EI-vlak getekend. De berekening wordt aan de lezer overgelaten.
Figuur 8.67c toont een schets van de te verwachten elastische lijn.

De rotaties in de opleggingen A en B worden geheel bepaald door de vervorming van AB. De invloed van de overstekken komt tot uiting in de momentenlijn en dus in het M/EI-vlak voor AB. Bij het berekenen van de rotaties in A en B blijft het M/EI-vlak van de overstekken dan ook buiten beschouwing.

In figuur 8.67d is het M/EI-vlak voor AB vertaald naar een verdeelde belasting[1].

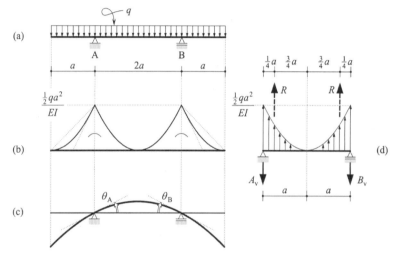

Figuur 8.67 (a) Vrij opgelegde ligger met overstekken en een gelijkmatig verdeelde volbelasting (b) Het M/EI-vlak en (c) de elastische lijn. De rotaties θ_A en θ_B in de opleggingen zijn in grootte gelijk aan de oplegreacties A_v en B_v ten gevolge van (d) een verdeelde belasting op AB die in vorm en grootte gelijk is aan het M/EI-vlak in (b).

---

[1] Het M/EI-vlak als verdeelde belasting wordt tegengesteld uitgezet aan het werkelijke M/EI-vlak en werkt dan omhoog. Hier is de omhoog werkende verdeelde belasting niet aan de onderkant maar aan de bovenkant van de liggeras getekend.

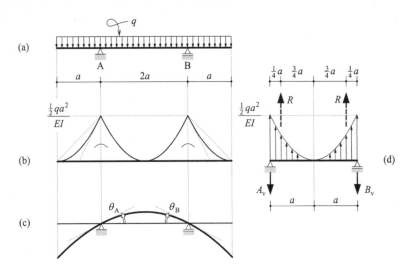

Figuur 8.67 (a) Vrij opgelegde ligger met overstekken en een gelijkmatig verdeelde volbelasting (b) Het M/EI-vlak en (c) de elastische lijn. De rotaties θ_A en θ_B in de opleggingen zijn in grootte gelijk aan de oplegreacties A_v en B_v ten gevolge van (d) een verdeelde belasting op AB die in vorm en grootte gelijk is aan het M/EI-vlak in (b).

De belastingresultanten R op beide liggerhelften zijn aan elkaar gelijk:

$$R = \frac{1}{3} \cdot \frac{\frac{1}{2}qa^2}{EI} \cdot a = \frac{qa^3}{6EI}$$

Op grond van symmetrie zijn de verticale oplegreacties in A en B ook aan elkaar gelijk:

$$A_v = B_v = R = \frac{qa^3}{6EI}$$

En de gevraagde rotaties θ_A en θ_B in figuur 8.67c zijn weer gelijk aan de verticale oplegreacties in respectievelijk A en B:

$$\theta_A = \theta_B = \frac{qa^3}{6EI}$$

8.5.2 Maximum doorbuiging van een vrij opgelegde ligger

In deze paragraaf wordt een benaderingsformule afgeleid voor de maximum doorbuiging van een vrij opgelegde ligger. Deze formule wordt gerelateerd aan de oppervlakte van het M/EI-vlak.

Eenzelfde vrij opgelegde prismatische ligger met overspanning ℓ en buigstijfheid EI draagt in figuur 8.67a een gelijkmatig verdeelde volbelasting q en in figuur 8.68b een puntlast F in het midden van de overspanning. Voor beide gevallen is in figuur 8.68 het M/EI-vlak getekend. De maximum doorbuiging van de ligger met gelijkmatig verdeelde volbelasting q is[1]:

$$w_{\max}^{(q)} = \frac{5}{384} \frac{q\ell^4}{EI}$$

---

[1] Zie paragraaf 8.1, voorbeeld 2 en paragraaf 8.2, voorbeeld 3.

De oppervlakte van het M/EI-vlak is:

$$\text{opp.} \frac{M}{EI}\text{-vlak} = \tfrac{2}{3} \cdot \frac{\tfrac{1}{8}q\ell^2}{EI} \cdot \ell = \frac{1}{12}\frac{q\ell^3}{EI}$$

Hiermee kan men voor $w_{\max}^{(q)}$ ook schrijven:

$$w_{\max}^{(q)} = \frac{5}{384}\frac{q\ell^4}{EI} = \frac{5}{32} \times (\text{opp.}\frac{M}{EI}\text{-vlak}) \times \ell \qquad \text{(a)}$$

Opmerking: Een dimensiecontrole leert dat de oppervlakte van het M/EI-vlak dimensieloos is!

Op dezelfde manier kan men de maximum doorbuiging van de ligger met een puntlast F in het midden van de overspanning in de oppervlakte van het M/EI-vlak uitdrukken.
De maximum doorbuiging[1] is:

$$w_{\max}^{(F)} = \frac{1}{48}\frac{F\ell^3}{EI}$$

De oppervlakte van het M/EI-vlak is:

$$\text{opp.}\frac{M}{EI}\text{-vlak} = \tfrac{1}{2} \cdot \frac{\tfrac{1}{4}F\ell}{EI} \cdot \ell = \frac{1}{8}\frac{F\ell^2}{EI}$$

Hiermee kan men voor $w_{\max}^{(F)}$ schrijven:

$$w_{\max}^{(F)} = \frac{1}{48}\frac{F\ell^3}{EI} = \frac{1}{6} \times (\text{opp.}\frac{M}{EI}\text{-vlak}) \times \ell \qquad \text{(b)}$$

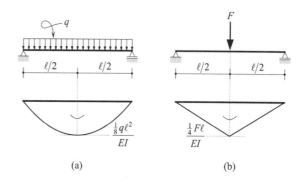

(a)   (b)

Figuur 8.68   Het M/EI-vlak voor een vrij opgelegde ligger met (a) een gelijkmatig verdeelde volbelasting en (b) een puntlast in het midden van de overspanning

---

[1] Zie paragraaf 8.1, voorbeeld 4.

De coëfficiënten in de $5/32 = 15/96$ en $1/6 = 16/96$ in de uitdrukkingen (a) en (b) verschillen ongeveer 6,5% in grootte. Uitdrukking (b) zou men dus goed als een benaderingsformule voor de maximum doorbuiging kunnen gebruiken:

$$w_{max} = \frac{1}{6} \times (\text{opp.} \frac{M}{EI} \text{- vlak}) \times \ell \qquad (c)$$

Deze benaderingsformule blijkt ook nog aardig te werken als de ligger niet-prismatisch is.

Opmerking: De benaderingsformule voldoet minder goed als het buigend moment ter plaatse van de opleggingen niet nul is.

Hierna volgen vier voorbeelden.

Voorbeeld 1 - Vrij opgelegde ligger met twee puntlasten • De vrij opgelegde prismatische ligger in figuur 8.69a draagt twee puntlasten F.

Gevraagd: Een schatting van de maximum doorbuiging.

Uitwerking: Figuur 8.69b toont het M/EI-vlak. De oppervlakte hiervan is $2Fa/EI$. Volgens benaderingsformule (c) is de maximum doorbuiging:

$$w_{max} = \frac{1}{6} \times 2\frac{Fa^2}{EI} \times 3a = \frac{Fa^3}{EI}$$

Dit is ongeveer 4,3% groter dan de waarde volgens een nauwkeurige berekening, die $\frac{23}{24}\frac{Fa^3}{EI}$ bedraagt.

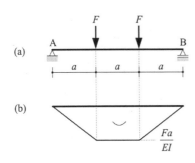

Figuur 8.69 (a) Vrij opgelegde ligger met twee puntlasten en (b) het bijbehorende M/EI-vlak

Voorbeeld 2 - Vrij opgelegde prismatische ligger met een puntlast uit het midden van de overspanning • De vrij opgelegde ligger AB in figuur 8.70a heeft een overspanning ℓ en buigstijfheid EI en wordt belast door een puntlast F in C op een afstand $\frac{1}{3}\ell$ vanuit oplegging A.

Gevraagd: Een benadering van de maximum doorbuiging.

Uitwerking: In figuur 8.70b is het *M/EI*-vlak getekend. De oppervlakte hiervan is:

$$\text{opp.} \frac{M}{EI}\text{-vlak} = \frac{1}{2} \times \frac{2}{9}\frac{F\ell}{EI} \times \ell = \frac{1}{9}\frac{F\ell^2}{EI}$$

Met behulp van benaderingsformule (c) vindt men voor de maximum doorbuiging:

$$w_{\max} = \frac{1}{6} \times \frac{1}{9}\frac{F\ell^2}{EI} \times \ell = \frac{1}{54}\frac{F\ell^3}{EI} = 18{,}5 \times 10^{-3} \times \frac{F\ell^3}{EI}$$

Let op: de maximum doorbuiging treedt niet op in het midden van de overspanning.

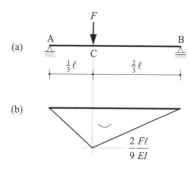

Figuur 8.70 (a) Vrij opgelegde ligger met een puntlast op een-derde van de overspanning en (b) het bijbehorende *M/EI*-vlak

Opmerking: De exacte waarde van de doorbuiging kan men berekenen met formule (d), afgeleid in paragraaf 8.3, voorbeeld 6:

$$w_{\max} = \frac{Fb(a^2 + 2ab)^{\frac{3}{2}}}{9\sqrt{3}EI(a+b)} \quad \text{waarin} \quad a+b=\ell \quad \text{en} \quad a>b$$

In de situatie van figuur 8.64 moet men aanhouden $a = \frac{2}{3}\ell$ en $b = \frac{1}{3}\ell$, zodat:

$$w_{\max} = \frac{F \cdot \frac{1}{3}\ell \cdot \{(\frac{2}{3}\ell)^2 + 2(\frac{2}{3}\ell)(\frac{1}{3}\ell)\}^{\frac{3}{2}}}{9\sqrt{3} \cdot EI\ell} = 17{,}92 \times 10^{-3} \times \frac{F\ell^3}{EI}$$

De benaderingsformule leidt dus tot een maximum doorbuiging die ongeveer 3% hoger ligt dan de exacte waarde.

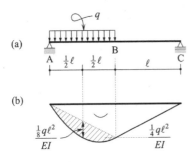

Figuur 8.71 a) Vrij opgelegde ligger met een gelijkmatig verdeelde belasting over de helft van zijn lengte en (b) het bijbehorende M/EI-vlak. De oppervlakte van het M/EI-vlak berekent men het eenvoudigst als de som van de gearceerde oppervlakte onder de parabool over AB en de oppervlakte van de driehoek over ABC.

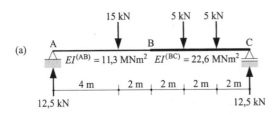

Figuur 8.72 (a) Een vrij opgelegde niet-prismatische ligger, belast door een stel puntlasten, met (b) de momentenlijn en (c) het M/EI-vlak. In het M/EI-vlak moet men voor EI aanhouden: $EI = EI^{(AB)} = 11{,}3$ MNm².

Voorbeeld 3 - Vrij opgelegde prismatische ligger met een gelijkmatig verdeelde belasting over de halve lengte • De vrij opgelegde ligger ABC in figuur 8.71a heeft een lengte 2ℓ en buigstijfheid EI. De ligger draagt over AB een gelijkmatig verdeelde belasting q.

Gevraagd: Een schatting van de maximum doorbuiging.

Uitwerking: In figuur 8.71b is het M/EI-vlak getekend, waarvan de berekening aan de lezer wordt overgelaten. De oppervlakte van het M/EI-vlak kan men berekenen als de som van de gearceerde oppervlakte onder de parabool over AB en de oppervlakte van de driehoek over ABC:

$$\text{opp.} \frac{M}{EI}\text{-vlak} = \frac{2}{3} \cdot \frac{\frac{1}{8}q\ell^2}{EI} \cdot \ell + \frac{1}{2} \cdot \frac{\frac{1}{4}q\ell^2}{EI} \cdot 2\ell = \frac{1}{3}\frac{q\ell^3}{EI}$$

Met benaderingsformule (c) vindt men nu voor de maximum doorbuiging:

$$w_{max} = \frac{1}{6} \times \frac{1}{3}\frac{q\ell^3}{EI} \times 2\ell = \frac{1}{9}\frac{q\ell^4}{EI} = 0{,}111\frac{q\ell^4}{EI}$$

Een computerberekening leert dat de maximum doorbuiging $0{,}105\frac{q\ell^4}{EI}$ bedraagt.
De benaderingsformule geeft dus een overschatting van de maximum doorbuiging met ongeveer 5,5%.

Voorbeeld 4 - Vrij opgelegde niet-prismatische ligger met drie puntlasten • De vrij opgelegde ligger ABC in figuur 8.72a heeft over AB een buigstijfheid $EI = 11{,}3$ MNm² en over BC een buigstijfheid $2EI = 22{,}6$ MNm². De plaats en grootte van de puntlasten is uit de figuur af te lezen.

Gevraagd: Een schatting van de maximum doorbuiging.

Uitwerking: In figuur 8.72b is de *M*-lijn getekend en in figuur 8.72c het *M/EI*-vlak. De berekening wordt aan de lezer overgelaten.
De oppervlakte van het *M/EI*-vlak kan men berekenen door deze in driehoeken en rechthoeken (of trapezia) op te splitsen. Men vindt dan:

$$\text{Opp.} \frac{M}{EI}\text{-vlak} = \frac{282{,}5 \text{ kNm}^2}{EI} = \frac{282{,}5 \text{ kNm}^2}{11{,}3 \text{ MNm}^2} = 25 \times 10^{-3}$$

Opmerking: Uit dit numerieke voorbeeld blijkt nog eens duidelijk dat de oppervlakte van het *M/EI*-vlak dimensieloos is.

Een benadering van de maximum doorbuiging met formule (c) leidt tot:

$$w_{max} = \frac{1}{6} \times (\text{opp.} \frac{M}{EI}\text{-vlak}) \times \ell = \frac{1}{6} \times (25 \times 10^{-3}) \times (12 \text{ m}) = 50 \text{ mm}$$

Deze waarde is ongeveer 4% groter dan de maximum doorbuiging van 48 mm die met een nauwkeurige berekening wordt gevonden. In figuur 8.73 is een schets gegeven van de met een computerprogramma berekende elastische lijn. De maximum doorbuiging van 48 mm bevindt zich in veld AB.

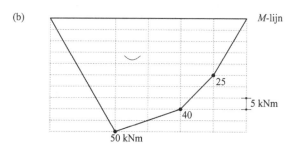

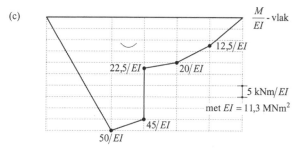

Figuur 8.72 (vervolg) (b) De momentenlijn en (c) het *M/EI*-vlak. In het *M/EI*-vlak moet men voor *EI* aanhouden: $EI = EI^{(AB)} = 11{,}3 \text{ MNm}^2$.

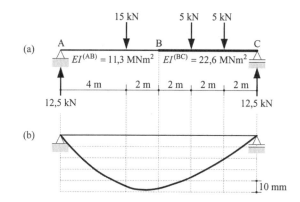

Figuur 8.73 (rechts) (a) De vrij opgelegde niet-prismatische ligger, belast door een stel puntlasten, met (b) de elastische lijn volgens een nauwkeurige berekening. De maximum doorbuiging treedt links van B op en bedraagt 48 mm.

8.6 Vraagstukken

Algemene opmerkingen vooraf:
- In alle opgaven gedraagt het materiaal zich lineair elastisch.
- Tenzij in de opgave anders is aangegeven zijn de staven prismatisch met buigstijfheid EI.
- Vervorming door normaalkracht wordt verwaarloosd, tenzij in de opgave anders is aangegeven.
- Het eigen gewicht van de constructie blijft buiten beschouwing tenzij in de opgave duidelijk anders is vermeld.
- Zogenaamde 'tweede-orde-effecten' worden buiten beschouwing gelaten.[1]

Directe berekening van de verplaatsingen uit het momentenverloop
(paragraaf 8.1)

8.1-1/2 De getekende ingeklemde ligger wordt in het vrije einde belast door respectievelijk een koppel T en een kracht F.

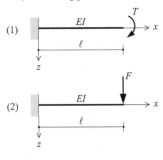

Gevraagd:
a. Bereken, met de in paragraaf 8.1 beschreven methode, uit het momentenverloop de vergelijking van de elastische lijn en schets deze.
b. De verplaatsing en rotatie in het vrije einde $x = \ell$. Vergelijk deze waarden voor wat betreft grootte en richting met het overeenkomstige belastinggeval in tabel 8.3.

8.2 De vrij opgelegde ligger AB wordt ter plaatse van oplegging B belast door een koppel T.

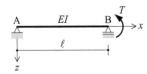

Gevraagd:
a. De momentenlijn en een schets van de elastische lijn.
b. De vergelijking van de elastische lijn te berekenen uit het momentenverloop.
c. De rotaties in de opleggingen en de verplaatsing in het midden. Vergelijk deze waarden voor wat betreft grootte en richting met het overeenkomstige belastinggeval in tabel 8.4.

8.3-1 t/m 4 De vrij opgelegde ligger AB wordt op vier verschillende manieren belast door koppels.

---

[1] Onder 'tweede orde effecten' verstaat men de verandering van de krachtsverdeling onder invloed van de verandering van de geometrie van de constructie. Deze kan een belangrijke rol spelen bij met name op druk belaste staven. Dit onderwerp wordt behandeld in TOEGEPASTE MECHANICA - deel 3.

Gevraagd:
a. De momentenlijn en een schets van de elastische lijn.
b. De vergelijking van de elastische lijn te berekenen uit het momentenverloop.
c. De rotaties in de opleggingen en de verplaatsing in het midden van de overspanning.

8.4 Een ingeklemde balk met lengte ℓ heeft een constante hoogte h en een lineair verlopende breedte $b(x) = b(1 - x/\ell)$. De balk wordt op buiging belast door een kracht F in het vrije einde.
Het materiaal gedraagt zich lineair elastisch met elasticiteitsmodulus E.

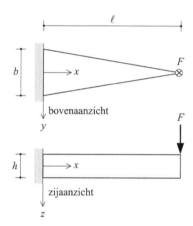

Gevraagd:
a. De vergelijking van de elastische lijn te berekenen uit het momentenverloop.
b. De zakking en rotatie in het vrije einde. Vergelijk deze waarden met die van een prismatische balk met hoogte h en (constante) breedte b.

Differentiaalvergelijking voor buiging (paragraaf 8.2)

8.5 *Gevraagd:*
a. Welke drie typen basisbetrekkingen liggen ten grondslag aan de vierde orde differentiaalvergelijking voor buiging. Omschrijf hun betekenis in woorden.
b. Leid voor een prismatische staaf de vierde orde differentiaalvergelijking voor buiging af.
c. In hoeverre verandert deze differentiaalvergelijking als de staaf niet-prismatisch is?

8.6 Van een in onbelaste toestand rechte prismatische ligger AB met lengte ℓ en buigstijfheid EI is de doorbuigingslijn gegeven:

$$w = \frac{q}{48EI} x^3 (2x - 3\ell)$$

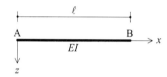

Gevraagd:
a. Teken de elastische lijn.
b. Toon aan dat op de ligger een gelijkmatig verdeelde belasting q werkt.
c. Teken de momentenlijn en dwarskrachtenlijn.
d. Teken de krachten en momenten die op de staafeinden werken en toon aan dat de staaf in zijn geheel in evenwicht is.
e. Hoe kan de ligger zijn opgelegd, en waaruit bestaat dan de belasting?

8.7 De getekende statisch onbepaalde ligger AB met lengte ℓ en buigstijfheid EI draagt een gelijkmatig verdeelde volbelasting q.

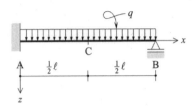

Gevraagd:
a. De verplaatsing w als functie van x.
b. De rotatie in B en de zakking in het midden C. Controleer de juistheid van de uitkomsten aan de hand van tabel 8.4.
c. Het buigend moment M en de dwarskracht V als functie van x.
d. Teken de momenten- en dwarskrachtenlijn met de vervormingstekens voor het geval dat $q = 10$ kN/m en $\ell = 4$ m. Teken in A en B ook de raaklijnen aan de momentenlijn.
e. De plaats en grootte van het maximum buigend moment.
f. De oplegreacties in A en B, zoals zij in werkelijkheid werken; schrijf hun waarden er bij. Controleer de juistheid van de uitkomsten aan de hand van tabel 8.4.

8.8-1 t/m 4 De vrij opgelegde ligger AB wordt op vier verschillende manieren belast door koppels.

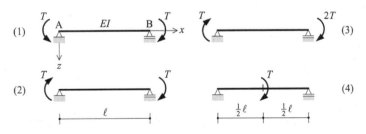

Gevraagd:
a. Bereken met behulp van de differentiaalvergelijking voor buiging de vergelijking van de elastische lijn en teken deze.
b. Bereken uit de elastische lijn het buigend moment en de dwarskracht als functie van x en teken deze functies.
c. De uitdrukkingen voor de rotaties in de opleggingen en de verplaatsing in het midden van de overspanning.

8.9 De vrij opgelegde ligger AB wordt belast door een lineair verlopende verdeelde belasting $q_z = \hat{q}(1 - \frac{x}{\ell})$. De buigstijfheid van de ligger is EI.

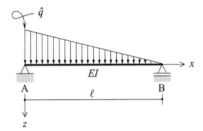

Gevraagd:
a. De vergelijking van de elastische lijn.
b. De rotaties in A en B.
c. De maximum doorbuiging.
d. De momentenlijn en dwarskrachtenlijn, met de vervormingstekens en de raaklijnen in A en B. Houd in de numerieke uitwerking aan: $\hat{q} = 80$ kN/m en $\ell = 4,5$ m.
e. De grootte en plaats van het maximum buigend moment.

8.10-1 t/m 3 Een op drie verschillende manieren statisch onbepaald opgelegde ligger AB draagt dezelfde lineair verlopende verdeelde belasting $q_z = \hat{q}\frac{x}{\ell}$.

Houd in de numerieke uitwerking aan: $\hat{q} = 20$ kN/m en $\ell = 6$ m.

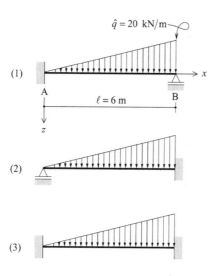

Gevraagd:
a. Bereken met behulp van de differentiaalvergelijking voor buiging het verloop van het buigend moment en de dwarskracht.
b. Teken de momenten- en dwarskrachtenlijn, met de vervormingstekens.
c. Teken de oplegreacties in A en B, zoals zij in werkelijkheid werken en schrijf hun waarden er bij.
d. Bereken het maximum veldmoment.

8.11 De aan beide einden ingeklemde ligger ABC, met lengte 2ℓ en buigstijfheid EI, wordt in het midden B belast door een puntlast F.

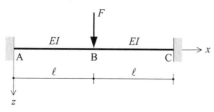

Gevraagd:
a. Los de differentiaalvergelijking voor buiging op voor de halve ligger AB. Welke rand en overgangsvoorwaarden worden hierbij gebruikt?
b. Teken voor de gehele ligger de elastische lijn.
c. Bepaal de zakking in B. Controleer de juistheid van de uitkomst aan de hand van tabel 8.4.
d. Bereken voor AB het buigend moment en de dwarskracht als functie van x.
e. Teken voor de gehele ligger de momenten- en dwarskrachtenlijn.
f. Teken de oplegreacties in A en B, zoals zij in werkelijkheid werken en schrijf hun waarden er bij. Controleer de juistheid van de uitkomsten aan de hand van tabel 8.4.

De drie vergeet-mij-nietjes (paragraaf 8.3, tabel 8.3)

8.12 De drie getekende kolommen hebben alle drie dezelfde buigstijfheid EI. In geval (a) bedraagt de uitwijking aan de top 4 mm.

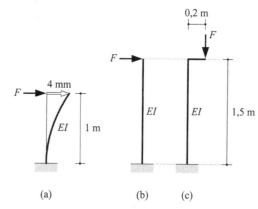

Gevraagd:
a. De uitwijking aan de top in geval (b).
b. De uitwijking aan de top in geval (c).

8.13 Uitkragende ligger ABC draagt over AB een gelijkmatig verdeelde belasting $q = 16$ kN/m. De buigstijfheid is $EI = 23{,}4$ MNm².

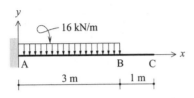

Gevraagd (met het goede teken in het aangegeven x-y-assenstelsel):
a. De rotatie in C in radialen.
b. De rotatie in C in graden.
c. De verplaatsing in C.

8.14 Gegeven een ingeklemde prismatische ligger die in het vrije einde wordt belast door een koppel T. De zakking in B bedraagt 12 mm.

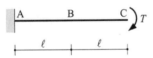

Gevraagd:
De zakking in het vrije einde C.

8.15 In de getekende scharnierligger ASB heeft AS een buigstijfheid $EI = 5$ MNm², terwijl SB oneindig buigstijf is. Afmetingen en belasting volgen uit de figuur.

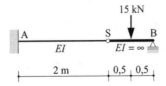

Gevraagd:
De zakking in S.

8.16-1 t/m 3 De ingeklemde ligger ACB wordt op drie verschillende manieren belast.

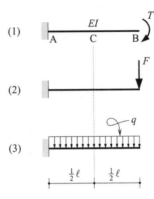

Gevraagd:
a. Schets de doorbuigingslijn.
b. Bereken met vergeet-mij-nietjes de zakking en rotatie in het midden C.

8.17 In de getekende constructie heeft staaf AA' een buigstijfheid $EI = 15$ MNm² en heeft staaf BB' een buigstijfheid $2EI = 30$ MNm². Alle andere staven zijn oneindig stijf. Afmetingen en belasting kunnen uit de figuur worden afgelezen.

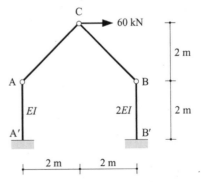

Gevraagd:
a. De verplaatsing van A.
b. De verplaatsing van B.

8.18 Gegeven een prismatische kolom met buigstijfheid EI.

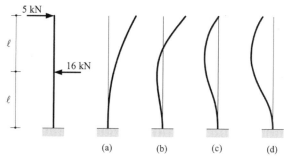

Gevraagd:
Ga na hoe de kolom bij de aangeven belasting vervormt.

8.19 Gegeven twee constructies waarvan afmetingen en belasting uit de figuur kunnen worden afgelezen. Beide staven AB hebben dezelfde buigstijfheid $EI = 18$ MNm². Alle andere staven zijn oneindig stijf.

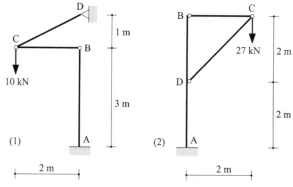

Gevraagd:
De verplaatsing in B.

8.20 De in A ingeklemde ligger ABC draagt over deel BC een gelijkmatig verdeelde belasting $q = 9{,}5$ kN/m. De buigstijfheid van de ligger is $EI = 19$ MNm².

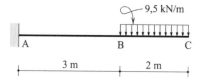

Gevraagd:
a. De zakking in C ten gevolge van de vervorming van AB.
b. De zakking in C ten gevolge van de vervorming van BC.
c. De resulterende zakking in C.

8.21 De in A ingeklemde kolom AB wordt in het vrije einde B belast door een horizontale kracht van 50 kN en een koppel T, waarvan de richting nog onbekend is. De buigstijfheid is $EI = 4{,}1$ MNm².

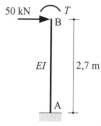

Gevraagd:
a. De richting en grootte van T opdat B niet horizontaal verplaatst.
b. De momenten- en dwarskrachtenlijn; schrijf de waarden er bij.
c. Een schets van de elastische lijn.
d. De rotatie in B.
e. De verplaatsing in het midden van AB.
f. Kunt u dit belastinggeval terugvinden in tabel 8.4? Controleer de juistheid van de door u berekende waarden aan de hand van deze tabel.

8.22 De in A ingeklemde ligger ACB wordt belast door een kracht van 96 kN in het midden C en een nog onbekende kracht F in het vrije einde B. De richting van de kracht F is niet gegeven.

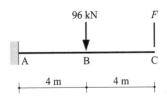

Gevraagd:
a. De richting en grootte van de kracht F opdat de verplaatsing in het vrije einde B nul is.
b. De momentenlijn voor AB en tevens een schets van de elastische lijn.
c. De verplaatsing in C als voor de buigstijfheid van de ligger geldt $EI = 16$ MNm².
d. Kunt u dit belastinggeval terugvinden in tabel 8.4? Zijn de door u berekende waarden in overeenstemming met de waarden in de tabel?

Andere vergeet-mij-nietjes (paragraaf 8.3, tabel 8.3 en 8.4)

8.23 Gegeven een vrij opgelegde balk AB. In positie (a) buigt de balk onder invloed van zijn eigen gewicht 12 mm door.

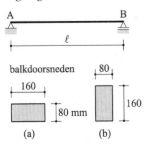

Gevraagd:
De doorbuiging onder invloed van het eigen gewicht in positie (b).

8.24-1 t/m 4 De vrij opgelegde ligger AB wordt op vier verschillende manieren belast door koppels.

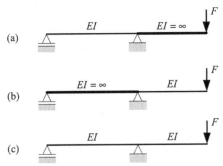

Gevraagd:
a. De momentenlijn en een schets van de elastische lijn.
b. De rotaties in de opleggingen.
c. De verplaatsing in het midden van de overspanning.

8.25 Gegeven de drie getekende liggers. De last F zakt in geval (a) 15 mm en in geval (b) 10mm.

Gevraagd:
De zakking van de last F in geval (c).

8.26 Gegeven vier verschillende liggers met dezelfde buigstijfheid EI.

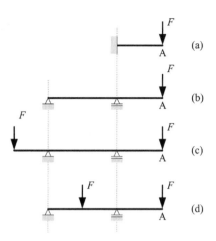

Gevraagd:
Bij welke ligger is de doorbuiging in liggereinde A het grootst.

8.27 Zie opgave 8.26 voor de gegevens.

Gevraagd:
a. Schets voor elk van de liggers de elastische lijn.
b. Rangschik de liggers naar de grootte van de zakking in A, te beginnen bij de ligger met de kleinste zakking.

Opmerking: Er worden geen uitvoerige berekeningen gevraagd.

8.28 De getekende ligger met overstek heeft een buigstijfheid $EI = 4{,}5$ MNm². Afmetingen en belasting kunnen uit de figuur worden afgelezen.

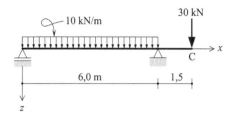

Gevraagd:
a. De momentenlijn met vervormingstekens.
b. Een schets van de elastische lijn met de buigpunten.
c. De verticale verplaatsing $u_{z;C}$ in C, te berekenen met vergeet-mij-nietjes.

8.29 De in A en B vrij opgelegde ligger ABC met een overstek in B draagt een gelijkmatig verdeelde volbelasting $q = 12$ kN/m. De buigstijfheid van de ligger is $EI = 15$ MNm².

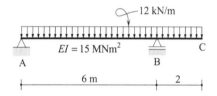

Gevraagd:
a. De verplaatsing in het midden van overspanning AB.
b. De verplaatsing in het vrije einde C.
c. Een schets van de elastische lijn. Geef in de schets de plaats van de buigpunten aan.

8.30 De in A en B vrij opgelegde ligger heeft twee overstekken en draagt een gelijkmatig verdeelde volbelasting $q = 16$ kN/m. De buigstijfheid van de ligger is $EI = 20$ MNm².

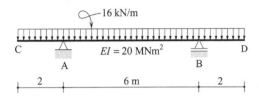

Gevraagd:
a. De verplaatsing in het midden van overspanning AB.
b. De verplaatsing in het vrije einde C.
c. Een schets van de elastische lijn met de buigpunten.

8.31 De vrij opgelegde ligger ABC heeft over AB een buigstijfheid $2EI$, tweemaal zo groot als de buigstijfheid EI van BC. De ligger draagt een gelijkmatig verdeelde volbelasting $q = 16$ kN/m. Houd ten behoeve van de numerieke uitwerking aan $EI = 15$ MNm².

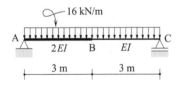

Gevraagd:
a. De verplaatsing in B.
b. De rotatie in B.
c. De rotatie in A.
d. De rotatie in C.

8.32-1/2 In constructie (1) heeft AB een oneindig grote buigstijfheid, terwijl BC een eindige buigstijfheid $EI = 40$ MNm² heeft. Dit is ook de buigstijfheid van AB en BC in constructie (2). Afmetingen en belasting volgen uit de figuur.

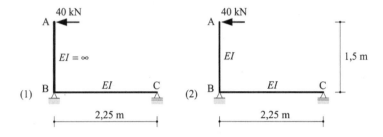

Gevraagd:
De verplaatsing van A.

8.33 In de getekende constructie is de geknikte staaf ABC opgelegd op een scharnier in C en een pendelstaaf in B. Staaf ABC heeft een buigstijfheid $EI = 176$ MNm².

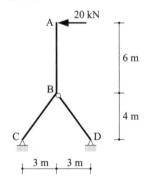

Gevraagd:
De verplaatsing in A bij de aangegeven belasting.

8.34 De getekende scharnierligger ABCD heeft scharnieren in B en C en is ingeklemd in A en D. Alle delen hebben dezelfde buigstijfheid EI. De ligger wordt in het midden van BC belast door een verticale kracht $6F$.

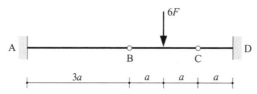

Gevraagd:
a. De momentenlijn.
b. Een schets van de elastische lijn.
c. De zakking in B.
d. De zakking in C.
e. De zakking in het midden van BC.

8.35 Gegeven de getekende scharnierligger met buigstijfheid $EI = 13{,}5$ MNm^2. Afmetingen en belasting volgen uit de figuur.

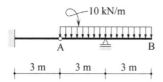

Gevraagd:
a. Een schets van de elastische lijn.
b. De verplaatsing in A.
c. De verplaatsing in B.

8.36 De getekende scharnierligger ACDB heeft scharnieren in C en D en is ingeklemd in A en B. Alle delen hebben dezelfde buigstijfheid EI. Over de lengte ACD werkt een gelijkmatig verdeelde belasting q.

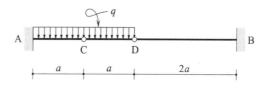

Gevraagd:
a. De momentenlijn.
b. Een schets van de elastische lijn.
c. De zakking in C.
d. De zakking in D.
e. De zakking in het midden van CD.
f. De elastische lijn op schaal getekend.

8.37-1/2 Gegeven twee scharnierliggers. In beide gevallen is de buigstijfheid $EI = 10$ MNm^2. Afmetingen en belasting zijn aangegeven in de figuren.

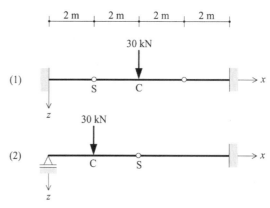

Gevraagd:
a. Een schets van de elastische lijn.
b. De zakking in C.
c. De gaping $\Delta\varphi$ in scharnier S.

8.38 In de getekende constructie heeft AB een buigstijfheid $EI = 15$ MNm². Alle andere staven zijn oneindig stijf. A is een inklemming, C een scharnieroplegging en B en D zijn scharnierende verbindingen. Afmetingen en belasting kunnen uit de figuur worden afgelezen.

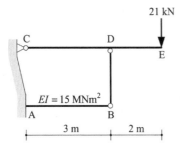

Gevraagd:
a. De verticale verplaatsing van E.
b. De horizontale verplaatsing van E.

Momentenvlakstellingen (paragraaf 8.4)

8.39 Ten gevolge van de kracht F in A ondergaat B een verplaatsing van 15 mm.

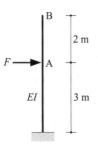

Gevraagd:
De verplaatsing in A.

8.40 De in C ingeklemde ligger ABC heeft over AB een oneindig grote buigstijfheid en over BC een eindige buigstijfheid $EI = 47{,}5$ MNm². Op AB werkt een gelijkmatig verdeelde belasting $q = 15$ kN/m.

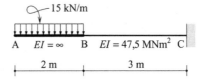

Gevraagd:
De zakking in A.

8.41 De uitkragende ligger ABC wordt in het vrije einde A belast door een kracht van 10 kN. De ligger heeft een buigstijfheid van 45 MNm².

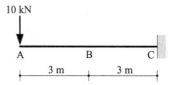

Gevraagd:
a. De zakking in A ten gevolge van de vervorming van BC.
b. De zakking in A ten gevolge van de vervorming van AB.
c. De resulterende zakking in A. Verklaar (in woorden) het grote verschil tussen de onder a en b gevonden bijdragen.

8.42 Gegeven vier verschillende uitkragende liggers, in het vrije einde B belast door puntlasten F en $2F$.

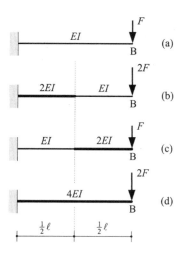

Gevraagd:
Rangschik de liggers naar de grootte van de zakking in het vrije einde B, te beginnen bij de ligger met de grootste zakking.
Opmerking: Er worden geen uitvoerige berekeningen gevraagd.

8.43 De buigstijfheid van de getekende balk verloopt lineair van $4EI$ bij de inklemming tot EI bij het vrij zwevende einde. Afmetingen en belasting zijn in de figuur aangegeven. Houd in de uitwerking aan $EI = 2{,}5$ MNm².

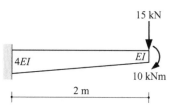

Gevraagd:
De zakking in het vrij zwevende einde.

8.44 Gegeven de drie getekende staven met dezelfde buigstijfheid EI en dezelfde belasting door een verticale kracht F in het vrije einde.

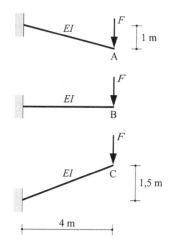

Gevraagd:
Als men in deze drie gevallen de verticale verplaatsing in het vrije einde onderling vergelijkt, welke bewering is dan juist?
a. De verticale verplaatsing is het grootst in A.
b. De verticale verplaatsing is het grootst in B.
c. De verticale verplaatsing is het grootst in C.
d. De verticale verplaatsing in A, B en C zijn even groot.

Opmerking: Er worden geen uitvoerige berekeningen gevraagd.

8.45-1/2 Staaf AB is in A onder een helling ingeklemd en wordt op twee manieren in het vrije einde B belast door een kracht van 8 kN. Voor de buigstijfheid geldt $EI = 52$ MNm².

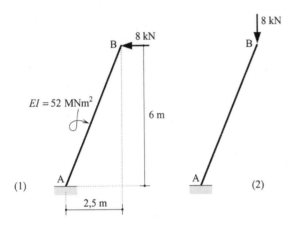

Gevraagd:
a. Schets de elastische lijn.
b. Bereken met de momentenvlakstellingen de horizontale component van de verplaatsing in B.
c. Bereken evenzo de verticale component van de verplaatsing in B.

8.46 In de getekende constructies hebben alle staven dezelfde buigstijfheid $EI = 3$ MNm². Afmetingen en belasting kunnen uit de figuur worden afgelezen.

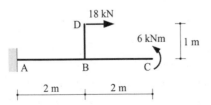

Gevraagd:
a. De verticale verplaatsing in C.
b. De verticale verplaatsing in C in het geval de buigstijfheid van AB niet EI, maar $4EI = 12$ MNm² is.

8.47 In de getekende constructie hebben alle staven dezelfde buigstijfheid $EI = 40$ MNm². Afmetingen en belasting volgen uit de figuur.

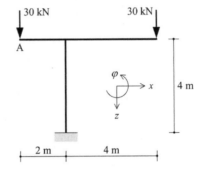

Gevraagd (in het aangegeven x-z-assenstelsel):
a. De verticale verplaatsing in A.
b. De rotatie in A.

8.48-1 t/m 4 De getekende constructie wordt op vier verschillende manieren belast door krachten F. Staaf ABC heeft een buigstijfheid EI. Vervorming door normaalkracht wordt verwaarloosd.

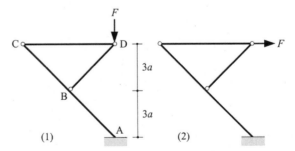

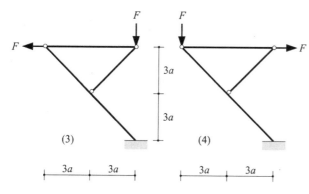

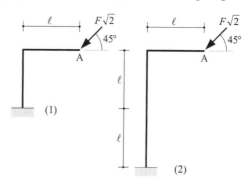

8.50-1/2 Gegeven twee ingeklemde geknikte staven met overal dezelfde buigstijfheid EI. Afmetingen en belasting volgen uit de figuur.

Gevraagd:
a. De grootte en richting van de verplaatsing in B, uitgedrukt in a, F en EI.
b. De grootte en richting van de verplaatsing in C.
c. Een schets van de elastische lijn van ABC.

Gevraagd:
a. De horizontale verplaatsing in A.
b. De verticale verplaatsing in A.
c. De rotatie in A.

8.49-1/2 Gegeven twee ingeklemde geknikte staven. Afmetingen en belasting volgen uit de figuur. De buigstijfheid is overal $EI = 50$ MNm².

8.51 In de getekende constructie hebben alle staven dezelfde buigstijfheid $EI = 54 \times 10^3$ kNm². Afmetingen en belasting kunnen uit de figuur worden afgelezen.

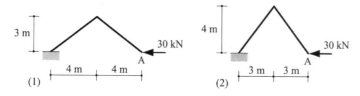

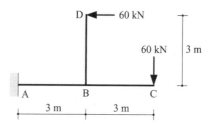

Gevraagd:
a. De verticale verplaatsing van A.
b. De horizontale verplaatsing van A.

Gevraagd:
a. De grootte en richting van de verplaatsing in C.
b. De grootte en richting van de verplaatsing in D.

8.52-1 t/m 4 In de getekende constructie hebben alle staven dezelfde buigstijfheid $EI\sqrt{2}$. De constructie wordt op vier verschillende manieren belast door krachten F.

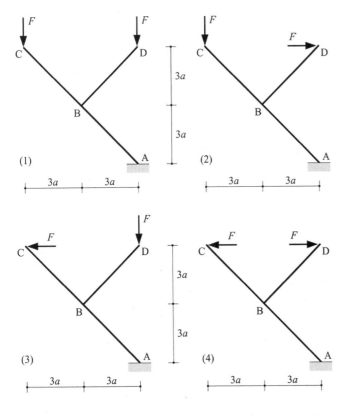

Gevraagd:
a. De horizontale en verticale component van de verplaatsing in B.
b. De horizontale en verticale component van de verplaatsing in C.
c. De horizontale en verticale component van de verplaatsing in D.

8.53 De getekende ligger met overstek heeft een buigstijfheid $EI = 4{,}5$ MNm². Afmetingen en belasting kunnen uit de figuur worden afgelezen.

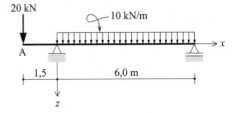

Gevraagd:
a. De momentenlijn met vervormingstekens.
b. Een schets van de elastische lijn met de buigpunten.
c. De verticale verplaatsing $u_{z;A}$ in A, te berekenen met de momentenvlakstellingen.

8.54 In de getekende constructie hebben alle staven dezelfde buigstijfheid $EI = 7{,}5$ MNm². Afmetingen en belasting zijn af te lezen uit de figuur.

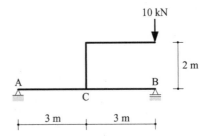

Gevraagd:
a. De verplaatsing van C.
b. Een schets van de elastische lijn voor ACB.

8.55 Gegeven de getekende ligger met overstek waarvan een deel oneindig buigstijf is. Voor het deel met een eindige buigstijfheid geldt $EI = 5$ MNm².

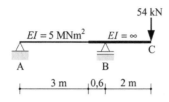

Gevraagd:
a. Een schets van de elastische lijn.
b. De rotaties in A en B.
c. De zakking in C.
d. De plaats en grootte van de maximum verplaatsing voor AB.

8.56-1/2 Gegeven een ligger met buigstijfheid $EI = 3$ MNm², op twee verschillende manieren belast. Afmetingen en belasting volgen uit de figuur.

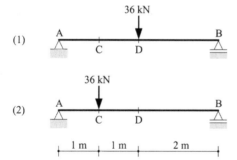

Gevraagd:
a. De rotatie in A.
b. De doorbuiging in C.
c. De doorbuiging in D.
d. De plaats en grootte van de maximum doorbuiging.

8.57-1/2 Gegeven twee constructies waarvan afmetingen en belasting uit de figuur kunnen worden afgelezen. Alle staven hebben dezelfde buigstijfheid $EI = 140$ MNm².

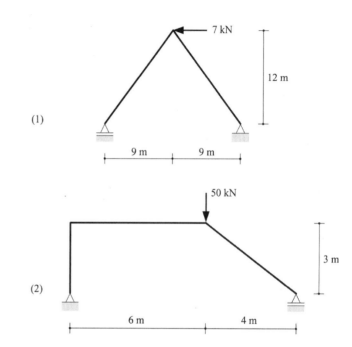

Gevraagd:
a. De verplaatsing van de rol.
b. De verplaatsing van het aangrijpingspunt van de kracht.

8.58 In de getekende constructie heeft AC een buigstijfheid EI en BC een buigstijfheid $EI\sqrt{2}$. Houd in de berekening aan $EI = 261$ MNm². Afmetingen en belasting kunnen uit de figuur worden afgelezen.

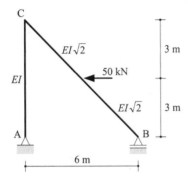

Gevraagd:
a. De verplaatsing van B.
b. De verplaatsing van C.
c. Een schets van de elastische lijn.

8.59 In de getekende constructie hebben alle staven dezelfde buigstijfheid $EI = 96$ MNm². Afmetingen en belasting kunnen uit de figuur worden afgelezen.

Gevraagd:
a. De verplaatsing van de rol in C.
b. De verplaatsing van B.
c. Een schets van de elastische lijn.

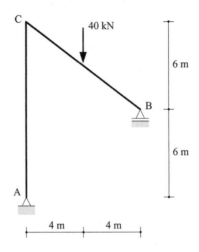

8.60-1/2 Gegeven dezelfde constructie, op twee verschillende manieren belast. Houd in de berekening aan $F_1 = 30$ kN, $F_2 = 15$ kN en $EI = 9$ MNm². Werk in het aangegeven x-y-assenstelsel.

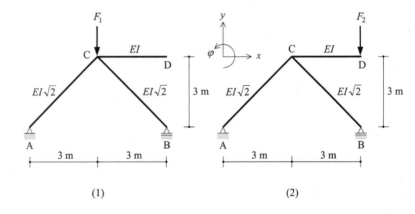

(1) (2)

Gevraagd:
a. De rotatie in A.
b. De verplaatsing van roloplegging B.
c. De verplaatsing van D.
d. De verplaatsing van C.
e. Een schets van de elastische lijn.

8.61 In de getekende constructie hebben alle staven dezelfde buigstijfheid $EI = 10$ MNm². Afmetingen en belasting kunnen uit de figuur worden afgelezen.

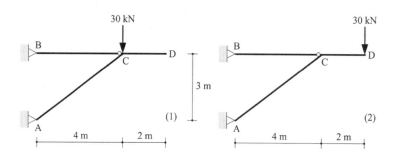

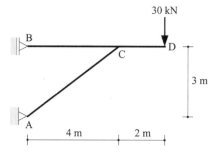

Gevraagd:
a. Een schets van de (te verwachten) elastische lijn.
b. De verplaatsing in B.
c. De verplaatsing in C.
d. De verplaatsing in D.

8.62-1/2 In de getekende constructie zijn ACD en BC in C scharnierend met elkaar verbonden. Alle staven hebben dezelfde buigstijfheid $EI = 10$ MNm². De constructie wordt op twee verschillende manieren belast door een kracht van 30 kN.

Gevraagd:
a. Een schets van de (te verwachten) elastische lijn.
b. De verplaatsing in C.
c. De verplaatsing in D.

8.63 In het getekende driescharnierenspant is de bovenregel oneindig buigstijf. De buigstijfheid van het linker spantbeen is $EI = 5$ MNm². De buigstijfheid van het rechter spantbeen is $3EI = 15$ MNm², dus driemaal zo groot. Afmetingen en belasting volgen uit de figuur. Werk in het aangegeven x-y-assenstelsel.

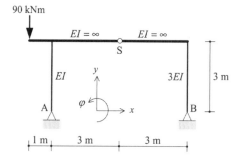

Gevraagd:
a. De rotaties in A en B.
b. De horizontale en verticale verplaatsing in scharnier S.
c. De gaping $\Delta\varphi$ in scharnier S.
d. Een schets van de elastische lijn.

De vrij opgelegde ligger en het M/EI-vlak (paragraaf 8.5)

8.64-1/2 Ligger ACB is oneindig stijf over AC en heeft een eindige stijfheid $EI = 2$ MNm² over CB. De belasting bestaat uit een koppel van 60 kNm in één van de opleggingen.

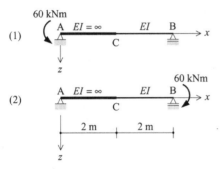

Gevraagd (in het aangegeven x-z-assenstelsel):
a. Een schets van de elastische lijn.
b. De rotaties in A en B, zowel in radialen als in graden.
c. De verplaatsing in C.

8.65-1/2 Gegeven twee verschillende liggers. Alle benodigde gegevens kunnen uit de figuren worden afgelezen.

Gevraagd:
a. Een globale schets van de elastische lijn.
b. De rotaties in A en B, zowel in graden als in radialen.

8.66 Gegeven een niet-prismatische ligger waarin de delen BC en DE een eindige buigstijfheid $EI = 36$ MNm² hebben en alle andere delen oneindig buigstijf zijn.

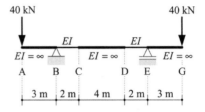

Gevraagd:
a. Een schets van de elastische lijn.
b. De rotatie in B.
c. De rotatie in C.
d. De verplaatsing in A.

8.67 Alle benodigde informatie kan worden ontleend aan de figuur.

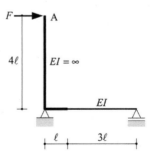

Gevraagd:
De verplaatsing in A.

8.68 Gegeven een ligger met overstek. Alle benodigde informatie is opgenomen in de figuur. Houd in de berekening aan $EI = 5$ MNm².

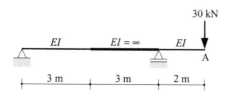

Gevraagd:
De zakking in A.

8.69 Gegeven de getekende constructie. Houd in de numerieke uitwerking aan $EI = 50$ MNm².

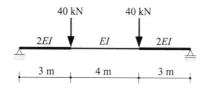

Gevraagd:
a. Een benadering van de maximum doorbuiging.
b. De nauwkeurig berekende grootte van de maximum doorbuiging.

8.70 Een vrij opgelegde prismatische ligger draagt over de linkerhelft een gelijkmatig verdeelde belasting van 12 kN/m. De buigstijfheid van de ligger bedraagt 31 MNm².

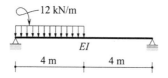

Gevraagd:
a. Een benadering van de maximum doorbuiging.
b. De nauwkeurig berekende plaats en grootte van de maximum doorbuiging.

8.71-1 t/m 4 Gegeven vier verschillende liggers belast door een puntlast. Alle benodigde informatie kan aan de figuur worden ontleend.

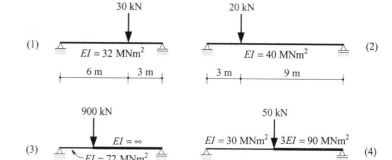

Gevraagd:
a. Een benadering van de maximum doorbuiging.
b. De nauwkeurig berekende plaats en grootte van de maximum doorbuiging.

Gemengde opgaven

8.72 Gegeven de twee belastinggevallen (a) en (b) voor dezelfde ligger. In geval (a) bedraagt de zakking in het midden van de overspanning 10 mm.

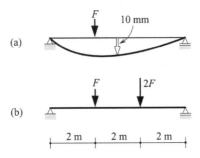

Gevraagd:
De zakking in het midden van de overspanning in geval (b).

8.73 Een blok met een massa van 3000 kg wordt aan een kabel gehangen die via een katrol is verbonden met een ingeklemde kolom. De buigstijfheid van de kolom is $EI = 12{,}5$ MNm². Onder invloed van het gewicht van het blok rekt de kabel 10 mm uit. Houd voor de zwaarteveldsterkte aan $g = 10$ N/kg.

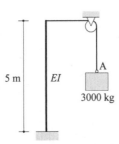

Gevraagd:
De zakking van punt A.

8.74 Twee ingeklemde kolommen van verschillende lengte maar met dezelfde buigstijfheid EI worden in de top belast door even grote horizontale krachten F. De horizontale verplaatsing in A bedraagt 10 mm.

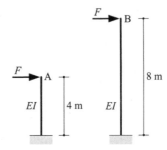

Gevraagd:
De horizontale verplaatsing in B.

8.75 De getekende niet-prismatische balk AB is ingeklemd in A en wordt in het vrije einde B belast door een koppel T.

Gevraagd:
a. De rotatie in B in radialen.
b. De rotatie in B in graden.
c. De verplaatsing in B.

8.76 De uitbuiging aan de top van kolom (a) bedraagt 20 mm.

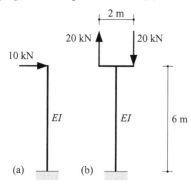

Gevraagd:
De uitbuiging aan de top van kolom (b).

8.77 Gegeven een prismatische kolom.

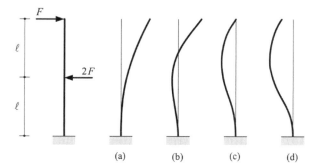

Gevraagd:
Op welke manier zal de kolom bij de aangegeven belasting vervormen? Motiveer uw antwoord zonder uitvoerige berekeningen.

8.78 De in A ingeklemde ligger AB wordt in het vrije einde B belast door een koppel T en een kracht F. De richting van de kracht is nog onbekend.

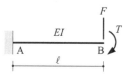

Gevraagd:
a. De richting en grootte van de kracht F, uitgedrukt in T en ℓ, opdat de verplaatsing in het vrije einde B nul is.
b. De momenten- en dwarskrachtenlijn voor AB.
c. Een schets van de elastische lijn.
d. De rotatie in B.
e. De zakking in het midden van AB.
f. Kunt u dit belastinggeval terugvinden in tabel 8.4? Zijn de door u berekende waarden in overeenstemming met de waarden in de tabel?

8.79-1/2 Gegeven twee statisch onbepaald opgelegde liggers met lengte ℓ, buigstijfheid EI en verschillende belastingen.

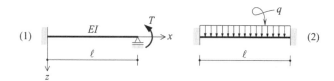

Gevraagd:
a. Geef zonder berekening een schets van de momentenlijn en doorbuigingslijn.
b. Bereken met behulp van de differentiaalvergelijking voor buiging de vergelijking van de doorbuigingslijn.
c. Bereken vervolgens het buigend moment en de dwarskracht als functie van x en teken de momenten- en dwarskrachtenlijn.
d. In tabel 8.4 zijn voor het berekende belastinggeval een aantal waarden gegeven. Vergelijk deze voor wat betreft grootte en richting met de hier berekende waarden.

8.80 Staaf AB is in A onder een helling van 30° ingeklemd en wordt in het vrije einde B belast door een verticale kracht F.

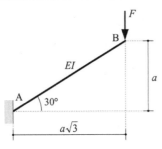

Gevraagd:
a. Schets de elastische lijn.
b. Bereken met vergeet-mij-nietjes de verticale component van de verplaatsing in B.
c. Bereken evenzo de horizontale component van de verplaatsing in B.

8.81 Als opgave 8.80, maar voer de berekening nu uit met behulp van de momentenvlakstellingen.

8.82 In de getekende constructie heeft AB een buigstijfheid $EI = 3{,}75$ MNm^2 is BC oneindig buigstijf.

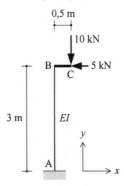

Gevraagd (met het goede teken in het aangegeven x-y-assenstelsel):
a. De verticale verplaatsing van C.
b. De horizontale verplaatsing van C.

8.83 Gegeven een niet-prismatische uitkragende balk belast door een kracht F in het vrije einde. De afmetingen kunnen uit de figuur worden afgelezen. Houd in de berekening aan: $F = 4$ kN, $b = h = 200$ mm, $\ell = 1$ m en $E = 11$ GPa.

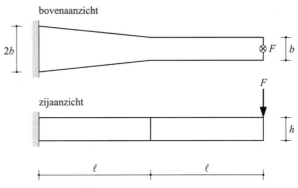

Gevraagd:
De zakking ter plaatse van de kracht F.

8.84 Gegeven de getekende ligger met overstek waarvan een deel oneindig buigstijf is. Belasting en afmetingen zijn in de figuur aangegeven.

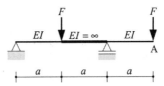

Gevraagd:
a. Een schets van de elastische lijn.
b. De verplaatsing in A, uitgedrukt in F, a en EI.

8.85 De getekende vrij opgelegde ligger ABC, met een overspanning van 6 m, wordt in het midden B belast door een kracht van 40 kN. De buigstijfheid van AB is $2EI$, tweemaal zo groot als de buigstijfheid EI van BC. Houdt ten behoeve van de numerieke uitwerking aan: $EI = 15$ MNm².
Voer de berekening uit met de momentenvlakstellingen.

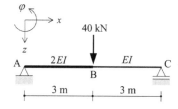

Gevraagd:
a. De rotatie in A.
b. De rotatie in B.
c. De rotatie in C.
d. De verplaatsing in B.

8.86 Als opgave 8.85, maar voer de berekening nu uit met vergeet-mij-nietjes.

8.87-1/2 Dezelfde ligger met overstek wordt op twee verschillende manieren belast. De buigstijfheid is $EI = 40$ MNm².

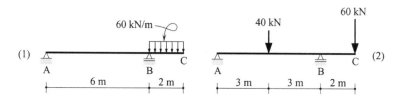

Gevraagd:
a. De rotatie in A
b. De verplaatsing in het midden van AB.
c. De verplaatsing in C.
d. Een schets van de elastische lijn.

8.88-1 t/m 3 De getekende ligger met twee overstekken wordt op drie verschillende manieren belast door krachten F.

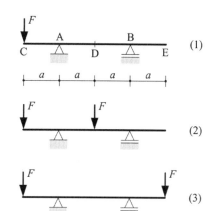

Gevraagd:
a. Een schets van de doorbuigingslijn.
b. De verplaatsing in C.
c. De verplaatsing in D.
d. De verplaatsing in E.

8.89-1/2 Een ligger met overstek heeft een buigstijfheid $EI = 5$ MNm². De ligger wordt op twee verschillende manieren belast. Afmetingen en belasting kunnen uit de figuren worden afgelezen.

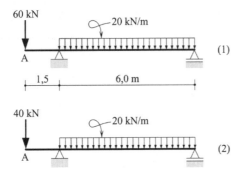

Gevraagd:
a. De momentenlijn met vervormingstekens.
b. Een schets van de elastische lijn met de buigpunten.
c. De verplaatsing van het overstek in A.

8.90 In de getekende constructie hebben alle staven dezelfde buigstijfheid $EI = 15$ MNm². Afmetingen en belasting zijn gegeven in de figuur.

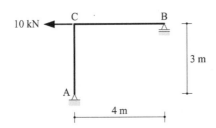

Gevraagd:
De verplaatsing van C.

8.91-1/2 Gegeven twee constructies waarvan afmetingen en belasting uit de figuur kunnen worden afgelezen. Alle staven hebben dezelfde buigstijfheid $EI = 40$ MNm².

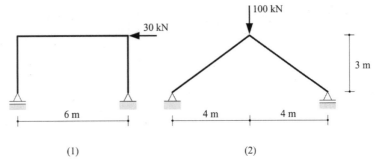

Gevraagd:
a. De verplaatsing van de rol.
b. De verplaatsing van het aangrijpingspunt van de kracht.

8.92 In de getekende constructie heeft AC een buigstijfheid EI en BC een buigstijfheid $3EI$. Houd in de berekening aan $EI = 28$ MNm². Afmetingen en belasting kunnen uit de figuur worden afgelezen.

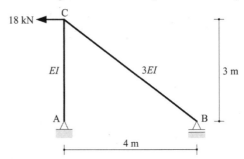

Gevraagd:
a. De verplaatsing van B.
b. De verplaatsing van C.
c. Een schets van de elastische lijn.

8.93 In de getekende constructie heeft de regel een buigstijfheid $2EI$ en de stijl een buigstijfheid EI. Belasting en afmetingen volgen uit de figuur.

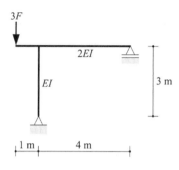

Gevraagd:
De verplaatsing van de rol.

8.94-1/2 Gegeven twee verschillende constructies waarin alle staven dezelfde buigstijfheid $EI = 80$ MNm² hebben. Beide constructies dragen een gelijkmatig verdeelde belasting van 30 kN/m. De afmetingen volgen uit de figuren.

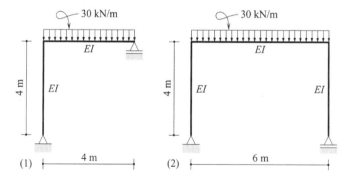

Gevraagd:
a. De verplaatsing van de rol.
b. Een schets van de elastische lijn.

8.95-1/2 Gegeven twee constructies waarin alle staven dezelfde buigstijfheid $EI = 80$ MNm² hebben. Afmetingen en belasting volgen uit de figuren.

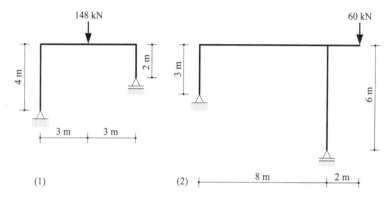

Gevraagd:
a. De verplaatsing van de rol.
b. De verplaatsing van de regel.
c. Een schets van de elastische lijn.

8.96 De getekende constructie bestaat uit de delen AS en SB die in S scharnierend met elkaar zijn verbonden. Alle delen hebben dezelfde buigstijfheid EI. Belasting en afmetingen kunnen uit de figuur worden afgelezen. Werk in het aangegeven x-z-assenstelsel.

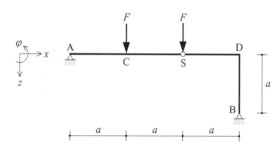

Gevraagd:
a. Een schets van de (te verwachten) elastische lijn.
b. De verplaatsing in S.
c. De gaping $\Delta\varphi$ in S.
d. De verplaatsing in C.

8.97-1/2 In het getekende driescharnierenspant heeft regel CS een buigstijfheid EI en hebben de schuine stijlen een buigstijfheid $EI\sqrt{5}$. De constructie wordt op twee manieren belast door een kracht $4F$ in C. Werk in het aangegeven x-y-assenstelsel.

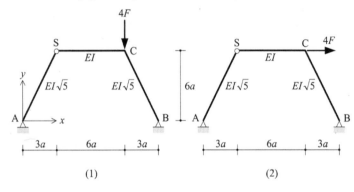

(1)   (2)

Gevraagd:
a. De rotaties in A en B.
b. De verplaatsing van S.
c. De verplaatsing van C.
d. Een schets van de elastische lijn.

Gemengde opgaven waarin elementen uit hoofdstuk 7 zijn toegevoegd

8.98 In de getekende constructie hebben alle staven dezelfde buigstijfheid EI. Afmetingen en belasting kunnen uit de figuur worden afgelezen. Benoem de verplaatsingen in het aangegeven x-y-assenstelsel. Normaalkrachtvervorming wordt verwaarloosd.

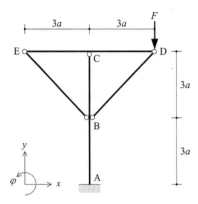

Gevraagd:
a. De momentenlijn voor ABC.
b. De verplaatsing van B.
c. De verplaatsing van C.
d. De verplaatsing van D.

8.99 In de getekende constructie heeft staaf AA' een buigstijfheid $EI = 40$ MNm^2 en heeft staaf BB' een buigstijfheid $\frac{1}{2}EI = 20$ MNm^2. Alle andere staven zijn oneindig stijf. Afmetingen en belasting kunnen uit de figuur worden afgelezen.

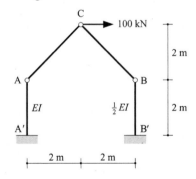

Gevraagd:
De verplaatsing van C.

8.100-1/2 Gegeven twee constructies waarvan afmetingen en belasting uit de figuur kunnen worden afgelezen. Beide staven AB hebben dezelfde buigstijfheid $EI = 18$ MNm². Alle andere staven zijn oneindig stijf.

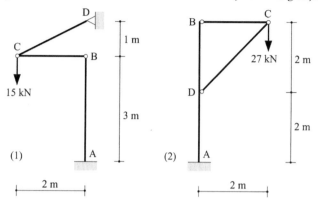

Gevraagd:
De verplaatsing van C.

8.101-1/2 Gegeven dezelfde constructies als in opgave 8.100, maar nu belast door horizontale krachten.

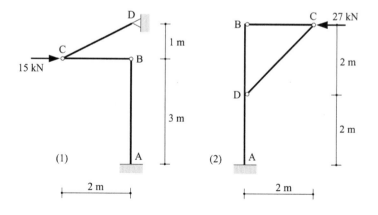

Gevraagd:
De verplaatsing van C.

8.102-1 t/m 4 De getekende constructie wordt op vier verschillende manieren belast door krachten F. Staaf ABC heeft een buigstijfheid EI. Vervorming door normaalkracht wordt verwaarloosd.

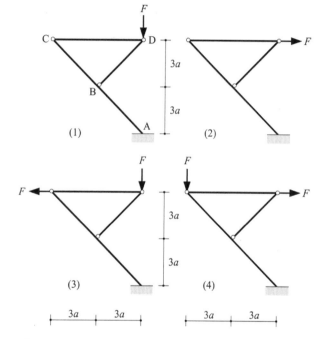

Gevraagd:
De verplaatsing in D, uitgedrukt in a, F en EI.

8.103 De onder een helling geschoorde staaf ACD wordt in D belast door een verticale kracht van 20 kN. ACD heeft een buigstijfheid van 40 MNm².

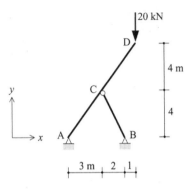

Gevraagd:
a. Bereken de verticale verplaatsing van D als de vervorming door normaalkracht wordt verwaarloosd.
b. Bereken evenzo de horizontale verplaatsing van D.
c. Hoe veranderen de verticale en horizontale verplaatsing van D als ook de normaalkrachtvervorming van (alleen) staaf BC in rekening wordt gebracht. De rekstijfheid van BC bedraagt $12\sqrt{5}$ MN.

8.104 De ingeklemde geknikte staaf ABC wordt in C belast door een verticale kracht $F\sqrt{2}$.
De buigstijfheid is EI en de rekstijfheid is EA.

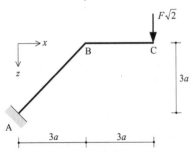

Gevraagd:
a. De momentenlijn met de vervormingstekens en schrijf de waarden er bij.
b. De horizontale verplaatsing $u_{x;\text{buiging}}$ van C ten gevolge van alleen buiging.
c. De horizontale verplaatsing $u_{x;\text{extensie}}$ van C ten gevolge van alleen extensie.
d. De totale horizontale verplaatsing van C ten gevolge van zowel buiging als extensie.
e. Als de staaf een rechthoekige doorsnede heeft met breedte b en (in het vlak van buiging) hoogte $h = 0{,}6a$, hoe groot is dan in C de verhouding $u_{x;\text{extensie}}/u_{x;\text{buiging}}$?

Trefwoordenregister

0,2%-rekgrens 8
ε-lijn 35
σ-ε-diagram 5
τ-γ-diagram 371

A

afschuifhoek 371
afschuifvervorming 207, 370
afschuivende deel van de doorsnede 248
afschuiving 207, 370
afschuiving, bijzondere gevallen van 340
    overlappende boutverbindingen 342
    ponsen 341
algemene spanningsformule bij buiging 178
analogie tussen kinematische en
    evenwichtsbetrekkingen 584
anisotroop materiaal 10

B

basisbetrekkingen
    bij buiging 198
    bij buiging met extensie 140, 198
    bij extensie 16, 28, 198
beginsel van de Saint Venant 207
belastingfactoren 170, 174
belastinggestuurde trekproef 2
Bernoulli, Jacob 15, 137

blijvende verlenging 3
bovenkernpunt 187
bovenkernstraal 187
Bredt, Rudolph 388
breedflensbalken 169
breekpunt 3
breukrek 6
bruikbaarheidsgrenstoestanden 11
buiging 135, 148
    differentiaalbetrekkingen 198
    gunstigste doorsnedevorm bij buiging 167
    spanningsformule 152, 165, 178
    vormverandering door ~ 491
buiging met extensie 135
    differentiaalbetrekkingen 198
    spanningsformule 150
buigpunt 502, 524
buigspanning 152
    maximum 166, 176
buigsterkte 170
buigstijfheid 148
buigvervorming berekend met de differenti-
    aalvergelijking voor buiging 507
    ingeklemde ligger met een koppel in het
        vrije einde 509
    ingeklemde waterkerende wand 511
    statisch bepaalde en statisch onbepaalde
        ligger 514

buigvervorming berekend met de momenten-
    vlakstellingen 548
    driescharnierenspant 546
    ingeklemde geknikte staaf 565
    ingeklemde niet-prismatische ligger 560
    ingeklemde prismatische ligger 557, 564
    onder een helling ingeklemde staaf 559
    vrij opgelegde constructie samengesteld uit
        twee stijf met elkaar verbonden
        staven 574
    vrij opgelegde geknikte staaf 572
    vrij opgelegde ligger 570
    vrij opgelegde ligger met overstek 568
buigvervorming berekend met vergeet-mij-
    nietjes 526
    ingeklemde ligger 529, 530
    onder een helling geschoorde staaf 546
    rotatie en verplaatsing als functie van de
        plaats 532
    scharnierligger 540
    statisch onbepaalde ligger 542
    superpositie van de
        belastinginvloeden 535
    superpositie van de
        vervormingsbijdragen 533
    vrij opgelegde ligger 536
    vrij opgelegde ligger met overstek 544

buigvervorming direct berekend uit het
    momentenverloop 493
    ingeklemde ligger 494
    vrij opgelegde ligger 497, 500, 503

C

centrische voorspanning 188, 190
cirkelvormige doorsnede, massieve
    schuifspanningen door dwarskracht 325
    schuifspanningen door wringing 380
    traagheidsmomenten 106
    vervorming door wringing 378
constitutieve betrekkingen
    buiging 198
    buiging met extensie 144, 198
    extensie 17, 198
    temperatuurinvloeden 201
    wringing 377
Coulomb, Charles Augustin de 137

D

deuvels 261
differentiaalvergelijkingen voor
    buiging 199, 507
    buiging met extensie 199
    extensie 28, 199
dimensionering op sterkte
    gelamineerde houten ligger 170
    stalen vloerbalk 174
doorbuigingslijn 493, 497
doorsnedegrootheden 63
doorsneden in het staafmodel 15, 137
draadnagels 266
dubbele hoeklas 258
dubbelsnede 267, 294, 310

dunwandige buis
    schuifspanningen door dwarskracht 315
    schuifspanningen door wringing 374
    traagheidsmomenten 116
    vervorming door wringing 375
dunwandige kokerdoorsneden
    schuifspanningen door dwarskracht 310
    schuifspanningen door wringing 384
    vervorming door wringing 389
dunwandige open doorsneden
    schuifspanningen door dwarskracht 290
    schuifspanningen door wringing 395, 400
    vervorming door wringing 397, 399
dunwandige strip
    eigen traagheidsmomenten 95
    schuifspanningen door wringing 395
    vervorming door wringing 397
dwarskrachtencentrum 331, 336, 419

E

eencellige kokerdoorsnede 311
eigen traagheidsmomenten 87
elasticiteitsmodulus 6
elastische lijn 493, 497, 502, 528, 546
elastische verlenging 3
elastisch-plastisch materiaalgedrag 10
evenredigheidsgrens 3
evenwichtsbetrekkingen
    buiging 198
    buiging met extensie 148, 198
    extensie 20, 198
excentrisch aangrijpende dwarskracht
    dunwandig U-profiel 419
    rechthoekige kokerdoorsnede 413
excentrische voorspanning 188, 191

extensie 13, 135, 148
    differentiaalbetrekkingen 28, 198
    spanningsformule 152

F

formules en regels met betrekking tot de
    op buiging en extensie belaste staaf 208
    op wringing belaste staaf 422
    schuifkrachten en -spanningen ten
    gevolge van dwarskracht 345
formules van Bredt 384
    eerste formule 388
    tweede formule 393
formules voor de lengteverandering door
    extensie 32
formules voor de schuifspanningen in een
    dunwandig U-profiel 336
formules voor het spanningsverloop, zie
    spanningsformules

G

geconstrueerd stalen profiel 258
gemiddelde normaalspanning 4
gemiddelde schuifspanning
    in een boutsteel 343
    in een lijmverbinding 257
    in langsrichting 255
gereduceerd moment 549
gereduceerd momentenvlak 550
gewapend beton 170
glijdingsmodulus 371
globaal assenstelsel 527, 557
gording 178, 180
grenstoestanden 10
grenswaarde 168, 261

gronddruk
  onder stijve funderingsplaat 193
  tekenafspraak 194

H
helling rekdiagram 140
hoeklas 258
homogene doorsnede 4, 16, 137
hoofdassen van de doorsnede 87
hoofdrichtingen van de doorsnede 87, 147
Hooke, Robert 11
hypothese van Bernoulli 15, 137

I
inhomogene doorsnede 16
insnoering 3
insnoeringsgebied 3
isotroop materiaal 10

K
keeldoorsnede 260
kern van de doorsnede 183, 186
kernpunt 187
kernstraal 185, 187
kinematische betrekkingen
  buiging 198
  buiging met extensie 141, 198
  extensie 17, 198
  wringing 376, 377
krachtpunt 165, 184
kromming 140, 143, 494, 525
kwadratische oppervlaktemomenten 64, 82
kwispeleffect 529

L
lengteverandering door extensie 32
lineair rekverloop 139, 140
lineaire (thermische) uitzettingscoëfficiënt 202
lineaire elasticiteitstheorie 11
lineaire oppervlaktemomenten 65
lineair-elastisch gebied 2
lineair-elastisch materiaalgedrag 2, 16, 137, 371

M
M/EI-vlak 549
  als belastingvlak 581
materiaalgedrag 1, 370
  bij afschuiving 370
  bij extensie 1
  elastisch-plastisch 10
  lineair-elastisch 2, 16, 137, 371
  star-plastisch 11
maximum buigspanning 166
  in T-balk met overstek 176
maximum doorbuiging, benadering 588
  vrij opgelegde niet-prismatische ligger 592
  vrij opgelegde prismatische ligger 590, 592
meercellige kokerdoorsnede 311
Mohr, Otto 465
Mohr-diagram 465, 466
momentenvlakstelling 548
  eerste ~ 549
  tweede ~ 551
M_t-lijn 404

N
neutrale lijn 140, 151, 182
niet-prismatische kolom, op extensie belaste 39
niet-prismatische staaf, differentiaalvergelijkingen voor een 201
normaalkrachtencentrum 24, 27, 69, 148, 336
normaalspanning 4, 23, 151
normaalspanningsdiagram 23, 151, 182
  interpretatie 163
normaalspanningsverloop in een
  centrisch voorgespannen balk 188
  dakgording 180
  excentrisch gedrukte staaf 153, 158
  excentrisch getrokken staaf 155
  excentrisch voorgespannen balk 160, 188
  T-balk met overstek 176
nulstandsdiagram 436, 465, 466

O
onderkernpunt 187
onderkernstraal 187
opbuiging 503, 524
oppervlakte onder de ε-lijn 37
oppervlakte van de doorsnede 64
  binnen de hartlijnen 388
oppervlaktemomenten 64
  kwadratische 82
  lineaire 65
  van de eerste orde 64
  van de tweede orde 64

overgangsvoorwaarden
    buiging 200, 507
    extensie 29, 30, 200
overlappende boutverbindingen
    dubbelsnedig 342, 344
    enkelsnedig 342

P
Parent, Antoine 137
plaatbrug onder invloed van
    zonbestraling 519
plasticiteitsleer 11
plastisch gebied 3
plastische verlenging 3
polair traagheidsmoment 64, 90
ponsen 341
prismatische kolom, op extensie belaste
    statisch bepaald 43
    statisch onbepaald 45
prismatische staaf 29, 201
puntsymmetrische doorsnede 71

R
randvoorwaarden
    buiging 200, 507
    extensie 29, 31, 200
regels met betrekking tot het schuifspan-
    ningsverloop 277
    dunwandige doorsneden 298
rek 4
rekdiagram 22, 140
rekenwaarden 170, 174
rekstijfheid 20, 148
resulterende schuifkracht in langsrichting 252

ringdeuvels 261
rotatie in de opleggingen van een
    vrij opgelegde ligger 581
rotatiesymmetrische doorsnede 72

S
Saint-Venant, Barré de 207
scharnierligger 540
schuifkracht in langsrichting 245?
    alternatieve formule 253, 254
    resulterende schuifkracht 252
    tekenafspraak 249
    traditionele formule 248, 250
schuifkracht in langsrichting in een
    gelijmde houten balk 256
    hoeklas in een stalen I-profiel 258
    houten kokerdoorsnede met draadnagels 266
    houten ligger met deuvels 260
schuifrek 371
schuifspanning in een boutsteel 343
schuifspanningen door dwarskracht 245
    in het vlak van de doorsnede 271, 275
    in langsrichting 255, 274
    schuifspanningsformule 273, 275
schuifspanningen door van wringing 369
schuifspanningen in twee onderling lood-
    rechte vlakjes 271
schuifspanningsdiagram ten gevolge van
    dwarskracht 281, 296
schuifspanningsverloop ten gevolge van
    dwarskracht in een
    balk met rechthoekige doorsnede 280
    doorsneden met verlopende breedte 320

dunwandig I-profiel 290
dunwandig I-profiel op zijn kant 338
dunwandig symmetrisch hoekprofiel 302
dunwandig U-profiel 305, 331
dunwandige buis 315
dunwandige kokerdoorsneden 310
dunwandige open doorsneden 290
dunwandige rechthoekige kokerdoor-
    snede 312
massieve cirkelvormige doorsnede 325
massieve driehoekige doorsnede 320
T-balk 285
vierkante doorsnede op zijn punt 329
schuifsterkte 341
schuifstroom 296, 385
schuifvloeigrens 372
spanning-rek-diagram 5
    voorbeelden 7
spanningsdiagram
    zie normaalspanningsdiagram
    zie schuifspanningsdiagram ten gevolge
        van dwarskracht
spanningsformules
    normaalspanningen door buiging 152
    normaalspanningen door buiging met
        extensie 151
    normaalspanningen door extensie 23, 152
    schuifspanningen door dwarskracht 274, 275
    schuifspanningen door wringing 375, 381, 388, 395
specifieke lengteverandering 4
spiegelsymmetrische doorsnede 71

staaf
    niet-prismatische 39, 201
    op buiging en extensie belaste 135
    op extensie belaste 13
    op wringing belaste 370
    prismatische 29, 201
staafas 15, 24, 27, 138
star-plastisch materiaalgedrag 11
statisch bepaalde ligger 514
statisch moment van het afschuivende deel 250
statisch (on)bepaalde ligger 514
statische betrekkingen
    buiging 198
    buiging met extensie 148, 198
    extensie 20, 198
statische momenten 65, 70
    interpretatie 66
    verschuivingsregel 67
Steiner, Jacob 90
sterkte 1
sterkte eis 176
stijfheid 1, 6, 12, 371
stijfheidseis 176
stuik 4
stuikspanning 343
superpositie
    van belastinginvloeden 535
    van vervormingsbijdragen 533
symmetrische doorsneden 71

T
taaiheid 1
tekenafspraak
    gronddruk 194

m-richting 273
schuifkracht in langsrichting 249
schuifspanning 272
    wringende momenten 405
temperatuurgradiënt 203
temperatuurinvloeden 201
terugdraaien in een Williot 456
thermische uitzettingscoëfficiënt 202
timmermandeuvels 261
toelaatbare waarde 168, 261
torsie 377
torsieproef 372
torsiestijfheid 377
torsietraagheidsmoment 393
traagheidsmomenten 64, 82
    eigen traagheidsmomenten 87
    hoofdwaarden 87
    interpretatie 84
    verschuivingsregel 89
traagheidsmomenten van een
    cirkelvormige doorsnede, massieve 106
    dikwandige ring 109
    doorsnede opgebouwd uit rechthoeken en driehoeken 94, 103, 104
    driehoekige doorsnede 99
    dunwandig I-profiel 111
    dunwandig Z-profiel 115
    dunwandige driehoekige kokerdoorsnede 118
    dunwandige ring 116
    dunwandige strip 95
    parallellogramvormige doorsnede 97
    rechthoekige doorsnede 92
    rechthoekige doorsnede met cirkelvormige gaten 110

traagheidsproduct 64, 83
    interpretatie 84
traagheidsstraal 87
trekproef 2
treksterkte 5
tweede orde oppervlaktemomenten 64

U
uiterste grenstoestanden 10
uitzettingscoëfficiënt 202

V
vakwerkstaaf
    gedrag van een 436
vakwerkstaaf, gedrag van een
    lengteverandering 436
    rotatie 438
vectoroptelling wringende momenten 406
veld 29, 506
vergeet-mij-nietjes 526
    aanvulling 540
verplaatsing ten gevolge van een kleine rotatie 439, 454, 559
verplaatsingendiagram 442
verschuivingsformules
    voor statische momenten 67
    voor traagheidsmomenten 89
verschuivingsregel van Steiner 82, 88, 90
verstevigingsgebied 3
vervorming
    door afschuiving 207, 370
    door extensie 32
    door wringing 377, 389
    van vakwerken 435
vervormingsgestuurde trekproef 2

verwringing 376
vezelmodel 14, 136
vezels in het staafmodel 137
vloeien 3
vloeigebied 3
vloeigrens 5
vloeirek 6
voorgespannen balk/ligger 160, 188
voorgespannen beton 170
voorspanbouten 342
voorspanning 170
    centrische 188, 190
    excentrische 160, 188, 191
vormverandering door buiging 491
    differentiaalvergelijking voor buiging 507
    momentenvlakstellingen 548
    rechtstreekse berekening uit het momentenverloop 493
    zie ook buigvervorming
vrij opgelegde ligger en het M/EI-vlak 581
    benaderingsformule van de maximum doorbuiging 588
    rotatie in de uiteinden 581
vrije vervorming bij temperatuurverandering 205

W

walsprofiel 258
weerstandsmoment 165
welven van de doorsnede 207, 390
welvingsfunctie 393
werkzame gebied van een deuvel 264
wet van Hooke 10, 11, 137, 371
Williot 442
Williot met nulstandsdiagram, zie Williot-Mohr-diagram
Williot-diagram 435, 439, 442
    staven in elkaars verlengde 444, 446, 447, 448
    zwaaien 441, 449
Williot-diagram met terugdraaien 436, 456, 457, 459
    vasthouden van een staafrichting 458
Williot-Mohr-diagram 436, 465, 466
wiskundige beschrijving van het probleem van
    buiging 197
    buiging met extensie 197
    extensie 28, 197
wringende momenten, 372, 420, 413
    tekenafpraak 405
    vectoroptelling 406

wringing van
    cirkelvormige doorsneden 373
    dunwandige kokerdoorsneden 384
    dunwandige open doorsneden 399
    een strip 394
wringproef 372
wringstijfheid 377
wringtraagheidsmoment 393

Z

zetting kokerliggerbrug 411
zonbestraling 519
zwaaien in een Williot 441
zwaartepunt 26, 68
zwaartepunt van een
    cirkelvormige doorsnede met rond gat 81
    driehoekige doorsnede 73
    dunwandige halve ring 75
    halve cirkelvormige doorsnede 77
    L-vormige doorsnede 78
    paraboolsegment 74
    symmetrische doorsnede 71

Latijnse hoofdletters

grootheid		SI-eenheid
symbool	naam	symbool[1]
A^a	oppervlakte van het afschuivende deel van de doorsnede	m^2
A_m	oppervlakte ingesloten door de hartlijn van een dunwandige koker-doorsnede	m^2
E	elasticiteitsmodulus	N/m^2
EA	rekstijfheid	N
EI	buigstijfheid	Nm^2
EI_{zz}	buigstijfheid in het x-z-vlak	Nm^2
G	glijdingsmodulus, afschuivingsmodulus	N/m^2
GI_t	wringstijfheid	Nm^2
I	kwadratisch oppervlaktemoment, traagheidsmoment	m^4
I_{yy}	traagheidsmoment in het x-y-vlak	m^4
$I_{yz} = I_{zy}$	traagheidsproduct	m^4
I_{zz}	traagheidsmoment in het x-z-vlak	m^4
I_p	polair traagheidsmoment	m^4
I_t	torsietraagheidsmoment	m^4
M_z^*	buigend moment van willekeurige grootte in het x-z-vlak	Nm

grootheid		SI-eenheid
symbool	naam	symbool[1]
N^a	resultante van alle normaalspanningen op het afschuivende deel van de doorsnede	N
R	straal, kromtestraal	m
R_i	binnenstraal van een cirkelvormige koker-doorsnede	m
R_u	buitenstraal van een cirkelvormige koker-doorsnede	m
$R_{x;s}^a$	resulterende schuifkracht in langsrichting op het afschuivende deel	N
S	lineair oppervlakte-moment, statisch moment	m^3
S_y	statisch moment in het x-y-vlak	m^3
S_z	statisch moment in het x-z-vlak	m^3
S_z^a	statisch moment in het x-z-vlak van het afschuivende deel van de doorsnede	m^3
T	temperatuur (temperatuurtoename)	K
W	weerstandsmoment	m^3
W_b	weerstandsmoment met betrekking tot de bovenste vezellaag	m^3

grootheid		SI-eenheid
symbool	naam	symbool[1]
W_o	weerstandsmoment met betrekking tot de onderste vezellaag	m^3
W_z	weerstandsmoment in het x-z-vlak	m^3

[1] Uitgedrukt in de grondeenheden.

Latijnse kleine letters

grootheid		SI-eenheid
symbool	naam	symbool[1]
b^a	breedte van het afschuivende deel	m
e_b	afstand van de bovenste vezellaag tot de staafas	m
e_m	afstand tot de hartlijn m van (een dunwandig deel van) de doorsnede	m
e_o	afstand van de onderste vezellaag tot de staafas	m
$e_y; e_z$	y- en z-coördinaat van het krachtpunt in de doorsnede	m
$f_{0,2}$	0,2%-rekgrens	N/m^2
f_t	treksterkte	N/m^2
f_y	vloeigrens	N/m^2
i	traagheidsstraal	m
i_y	traagheidsstraal in de y-richting	m
i_z	traagheidsstraal in de z-richting	m